Siemens PLM 应用指导系列丛书

NX 7 CAD 快速入门指导

洪如瑾　编著

李　亢　等审校

清华大学出版社

北　京

内 容 简 介

本书旨在为 NX 7 新用户提供快速有效的设计方案，内容包括 NX 用户交互技术、产品模型构思、产品模型详细设计、装配建模、主模型概念及应用。读者通过学习与上机实践，能够熟悉与使用 NX 用户界面，熟练掌握零件与产品设计的 3D 建模和 2D 出图的操作技能，以增强对实体建模与装配工具灵活性的了解及在现实世界产品开发协作中的应用。

本书参考 Siemens PLM Software 公司学习介质开发部提供的全球通用优秀 NX 7 培训教程 Student Guide: Essentials for NX Designer 和 Drafting Essentials 编著。所有章节练习均经过上机复核，所附光盘除练习实例部件文件外，还提供有简洁的视频演示文件。

本书可作为初学者的 CAD 基础培训教材与自学参考书，也可作为有一定基础的老用户升级版本时学习参考书，还可作为大中专学生及职业培训人员的 3D CAD 课程教材。

图书在版编目（CIP）数据

NX 7 CAD 快速入门指导/洪如瑾编著. —北京：清华大学出版社，2011.6
（Siemens PLM 应用指导系列丛书）

ISBN 978-7-302-25465-2

I. ①N… II. ①洪… III. ①计算机辅助设计-应用软件，UG NX 7 IV. ①TP391.72

中国版本图书馆 CIP 数据核字（2011）第 061033 号

责任编辑：许存权 钟志芳
封面设计：刘 超
版式设计：文森时代
责任校对：王国星
责任印制：何 芊
出版发行：清华大学出版社　　**地 址**：北京清华大学学研大厦 A 座
http://www.tup.com.cn　　**邮 编**：100084
社 总 机：010-62770175　　**邮 购**：010-62786544
投稿与读者服务：010-62776969，c-service@tup.tsinghua.edu.cn
质 量 反 馈：010-62772015，zhiliang@tup.tsinghua.edu.cn
印 刷 者：北京市人民文学印刷厂
装 订 者：北京市密云县京文制本装订厂
经 销：全国新华书店
开 本：185×260　**印 张**：28.5　**字 数**：656 千字
（附光盘 1 张）
版 次：2011 年 6 月第 1 版　　**印 次**：2011 年 6 月第 1 次印刷
印 数：1～4000
定 价：56.00 元

产品编号：042322-01

前　言

计算机辅助设计（CAD）是企业应用计算机辅助技术的基础。由 CAD 建立的产品零件三维相关参数化模型是产品并行协作开发过程中的主模型。

本书旨在为 NX 7 新用户提供一个坚实的设计基础。读者通过学习教程与上机实践，能够熟悉与使用 NX 用户界面，熟练掌握零件与产品设计的 3D 建模与 2D 出图的操作技能，以增强对实体建模与装配工具灵活性的了解及在现实世界产品开发协作中的应用。

本书作为学习 NX CAD 的入门级基础教程，是基于 Siemens PLM Software 公司学习介质开发部于 2010 年 5 月提供的全球通用优秀 NX 7 培训教程 Student Guide: Essentials for NX Designer 和 Drafting Essentials 编著的。

本书共有正文 16 章、附录 6 个，内容简介如下。

第 1 章　NX 综述与 NX 部件文件：本章主要介绍 NX 的基本设计概念与系统概念，包括启动 NX 作业、建立新部件、打开已存部件、复制已存部件、关闭部件和退出 NX、查看与改变客户默认设置。

第 2 章　NX 入门与用户界面：本章主要介绍 NX 用户界面，包括定制工具条、应用角色储存与恢复定制工具条、利用鼠标工作、选择对象和操纵工作视图方位。

第 3 章　坐标系、层与加入值：本章主要介绍 NX 中的坐标系及层管理，包括绝对坐标系与工作坐标系的描述、工作坐标系的动态操纵，以及获取相对于工作坐标系的几何体信息。了解在 NX 中的层状态、层设置与层类目。执行层标准，了解 NX 中选择对象与加入数值的方法。

第 4 章　实体建模基础：本章是学习 NX 实体建模的基础，包括实体建模过程和复合建模特点、NX 7 实体建模模式、建模参数预设置、体素特征与布尔运算。

第 5 章　草图：本章主要介绍创建和编辑草图的方法，包括定义草图平面、外部草图与内部草图、直接草图、建立草图曲线、使用尺寸约束与几何约束到草图，以及转换草图曲线和尺寸到参考状态、拖拽草图对象、用推断约束工作、镜像草图、建立交替解、重排序草图及重附着草图。

第 6 章　表达式：本章主要介绍表达式，包括建立与编辑表达式。

第 7 章　基准特征：本章主要介绍基准面与基准轴特征，包括建立基准面、建立基准轴、建立基准坐标系，以及利用基准特征去定位其他特征。

第 8 章　扫掠特征：本章将识别和建立利用截面线串去定义实体或片体的 3 种类型的扫掠特征，包括建立拉伸特征、建立旋转特征、建立沿引导线的扫掠特征、作用选择意图到有相交曲线或多环的截面和建立带偏置的拉伸。

第 9 章　孔、凸台、凸垫和型腔特征：本章主要介绍具有预定义形状的标准成形特征的建立与编辑，包括孔、凸台、凸垫与型腔。

第 10 章 特征操作：本章主要介绍特征操作，包括细节特征（边缘倒圆、边缘倒角、面倒圆、软倒圆和拔锥等），相关复制（WAVE 几何链接器、抽取、合成曲线、特征引用阵列、镜像特征、镜像体、几何体引用阵列和提升体等），组合体（布尔求和、求差与求交、缝合与补片体等），修剪（修剪体、修剪片、修剪与延伸等），偏置与比例（偏置面、比例体与挖空抽壳等）。

第 11 章 部件结构：本章主要介绍更新部件结构的方法，包括利用部件导航器、识别表达式、利用回放特征、抑制与释放特征、重排特征时序了解模型构造过程、测量距离及计算质量特性。

第 12 章 装配介绍：本章主要介绍装配应用，包括设置装配加载选项、用装配导航器工作。

第 13 章 添加和约束组件：本章主要介绍添加组件到装配，用约束设计在组件间的关联性，包括添加组件到装配、移动组件和定义约束。

第 14 章 编辑模型：本章主要介绍主模型概念与编辑模型技术，包括建立与检查非主模型部件、编辑主模型参数，并更新相关的非主模型及利用同步建模技术编辑模型。

第 15 章 制图介绍（一）：本章主要介绍制图应用，包括建立、打开和删除图纸，添加、编辑和移除在图纸上的视图。

第 16 章 制图介绍（二）：本章继续介绍制图应用，包括建立实用符号、建立尺寸和注释。

为了向读者更详细地介绍 NX 7 CAD 相关的实用功能，本书附加 6 个附录。

附录 A 表达式运算符：本附录包括可用于表达式的各种运算符。

附录 B 点对话框选项：本附录描述可以使用的各种点构造方法。

附录 C 有预定义形状的特征的定位：本附录讨论有预定义形状特征（先前称为成形特征）的定位。

附录 D 客户默认：本附录包括影响 NX 默认界面与行为的客户默认设置。这些主题通常涉及系统管理员的职责。

附录 E 定制角色：本附录讨论建立用户级和组级的角色。

附录 F NX 7 HD3D 与 Check Mate：本附录介绍 NX 的 HD3D 与 Check Mate 新功能。

本书的主要章节均附有逐步求解过程的示范练习。本书所附光盘含有所有练习中需要的部件文件，供读者自己动手实践练习。

本书由 Siemens PLM Software 研发中心（上海 PPDC），NX Part Modeling QA Team 工程师李亢、蔡昊、黄征宏、冯春晟、向东、徐刘春、吴志合审校，他们对本书初稿做了非常认真细致的校核，在此表示衷心的感谢。

编 者

Siemens PLM 应用指导系列丛书序

Siemens PLM Software 公司是全球领先的产品生命周期管理（PLM）软件和服务供应商，在全世界拥有近 56000 个客户，全球装机量超过 600 万台。公司倡导软件的开发性与标准化，并与客户密切协作，提供产品数据管理、工程协同和产品设计、分析与加工的完整解决方案，帮助客户实现管理流程的改革与创新，以期真正获得 PLM 所带来的价值。

计算机辅助技术发展与应用极为迅速，软件的技术含量和功能更新极快。为了帮助客户正确与高效地应用 CAD/CAE/CAM 技术于产品开发过程和满足广大 UG（NX）爱好者了解和学习的要求，优集系统（中国）有限公司与清华大学出版社北京清大金地科技有限公司从 2000 年起，联合组织出版了中文版 UGS PLM 应用指导系列丛书。该系列丛书的出版深受广大用户与读者的欢迎。

2007 年，西门子自动化与驱动集团成功并购 UGS 公司，UGS PLM Software 系列产品更名为 Siemens PLM 系列产品，为此系列丛书也更名为 Siemens PLM 应用指导系列丛书。

培训教程均采用全球通用的、最优秀的学员指导（UG Student Guide）教材为基础，组织国内优秀的 UG 培训教员与 UG 应用工程师编译，最后由 Siemens PLM Software（上海）有限公司（中国）指定的专家们审校。

应用指导汇集有关专家的使用经验，以简洁、清晰的形式写成应用指导，帮助广大用户快速掌握和正确应用相应的 NX 产品模块功能与技巧。

本系列丛书的读者对象为：

（1）已购 Siemens PLM Software NX 软件的广大用户

培训教程可作为 CAD、CAE、CAM 离线培训与现场培训的教材或自学参考书。

实用指导可作为快速入门或进一步自学提高的参考书。

（2）选型中的 NX 的潜在用户

培训教程可作为预培训的教材，或深入了解 Siemens PLM Software NX 软件产品、模块与功能的参考书。

（3）在校机械、机电专业本科生与研究生

培训教程可作为 CAD、CAE、CAM 专业课教材，也可作为研究生做课题用的自学参考书。

应用指导可作为快速入门或进一步自学提高的参考书。

（4）机械类工程技术人员

培训教程可作为再教育的教材或自学参考书。

应用指导可作为快速入门或进一步自学提高的参考书。

系列丛书的编译、编著、审校工作得到 Siemens PLM Software 公司（上海）有限公司与各授权 NX 培训中心的大力支持，特别是得到 Siemens PLM Software 大中华区总裁袁超明先生和技术总监宣志华先生的直接指导与支持，在此表示衷心的感谢。

2010 年 Siemens PLM Software 正式发布 NX 7 最新的软件版本，反映了全球当前 CAD/CAE/CAM 的最新技术，为了及时以高质量推出新版本的应用指导系列丛书，Siemens PLM Software 研发中心（上海 PPDC）总裁徐居仁先生和技术总监史桂蓉女士给予系列丛书的编写与审校工作的直接指导与大力支持，在此表示衷心的感谢。

参与系列丛书的编译、编著、审校的全体工作人员认真细致地写稿、审稿、改稿，正是他们付出的辛勤劳动，系列丛书才得以在短时间内完成，在此也表示衷心的感谢。

最后要感谢清华大学出版社第六事业部，在系列丛书的策划、出版过程中一贯给予的特别关注、指导与支持。

Siemens PLM Software 软件在继续发展与升版，随着新版本、新模块与新功能的推出，PLM 系列丛书也将定时更新和不断增册。

由于时间仓促，书中难免存在疏漏与出错之处，敬请广大读者批评指正。

Siemens PLM Software 应用指导系列丛书工作组

教 程 简 介

【读者对象】

本教程适用于设计师、工程师、制造工程师，以及需要管理与使用 NX 软件的 CAD/CAE/CAM 管理员和系统管理员，包括 NX 的新用户和当前用户。

【教程目的】

在成功地完成本教程学习后，将能够：

- 打开和查看 NX 模型。
- 创建和编辑参数化的实体模型。
- 创建和修改基本的装配结构。
- 生成和修改二维工程图。

1. 符号说明

本教程使用如下特殊符号：

- 设计意图——关于任务与必须完成项目的信息。
- 提示——有益的信息或建议。
- 注意——值得注意的信息。
- 实例——用于展示当前讨论的主题可以使用的一种可能的方法。
- 小心——关于一个任务的重要提醒或信息。
- 警告——关系到成功的主要信息。

2. NX 75 在线帮助库

任何时候如果需要了解一个功能的更多信息，都可以在线访问 NX75 Help Library。为了访问 NX75 Help Library，可从 NX 菜单栏中选择 Help→NX Help 命令，也可按下快捷键 F1。

3. 模板部件

模板部件是一个建立客户默认或任一依附于部件的设置的有效工具（随部件储存）。模板部件可以包括非几何数据，如：

- 一个参考框架，如基准坐标系。
- 共同使用的表达式。
- 一个初始的应用，如建模、制图或钣金。
- 部件属性，如部件明细表的属性。
- 图格式。
- 用户定义的视图。
- 层类目。

在创建新的部件文件时，NX 提供的模板部件如图 0-1 所示。

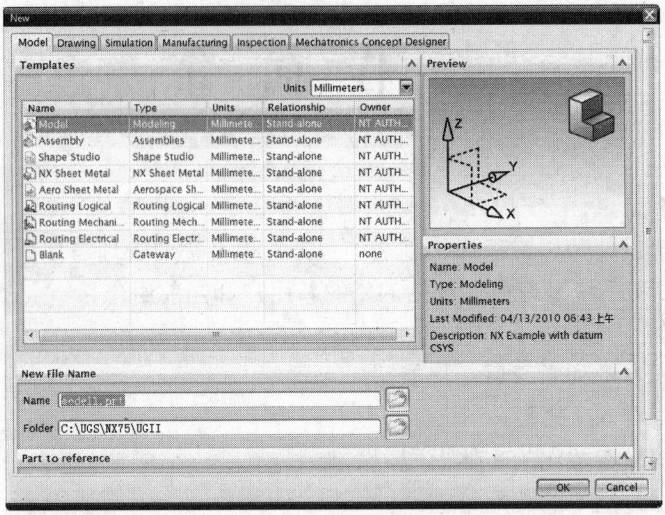

图 0-1 模板部件

4. 使用模板部件的好处

- 方便遵循和强制执行公司标准。
- NX 自动启动相应的应用。
- 当建立新文件时，通过定义主模型部件的预设置，简化使用主模型过程。

5. Teamcenter Integration 与本地 NX 术语

表 0-1 列出了 Teamcenter Integration 术语与对应的用于本地 NX 中的术语。

表 0-1 Teamcenter Integration 术语与本地 NX 术语对照

Teamcenter Integration 术语	本地 NX 术语
项目（Item）	部件（Part）
项目修订版（Item Revision）	部件修订版（Part Revision）
数据集（Dataset）	部件文件（Part File）
项目识别符（Item ID）	部件号码（Part Number）
UG 主控数据集（UGMASTER Dataset）	主控部件文件（Master Part File）
UG 部件数据集（UGPART Dataset）（specification or manifestation）	非主控部件文件（Non-master part File）（如图或加工部件文件）

当在 NX 中工作时，操纵部件、部件修订版和部件文件对应到 Teamcenter Integration 中的项目、项目修订版和数据集。

6. 层标准

本教程中使用的部件是利用与在 Modeling 模板部件中找到的相同层类目标准建立的。层提供另一种高级显示管理方法去组织数据。

表 0-2 列出了模型模板（Model Template）中的层类目。

表 0-2　层类目

层	类　目	描　述
1～10	Solids	实体
11～20	Sheets	片体
21～40	Sketches	所有外部草图
41～60	Curves	非草图曲线
61～80	Datums	基准平面、轴、坐标系
81～255	未指定	

7. 执行层标准

可以使用下列方法中的某些执行层或强制层标准：

- 建立 NX Open 程序创建标准的部件组织并在版本上检验它。
- 使用 Macro 创建层类目：通过选择 Tools→Macro→Playback 命令。
- 通过提供适宜的模板，管理员可执行强制层公司标准。

目　　录

第 1 章　NX 综述与 NX 部件文件

【目的】

在完成本章学习之后，将能够：

- 了解关于 NX 的基本设计概念与系统概念。
- 启动一个 NX 作业。
- 建立、打开和储存一个部件文件。
- 复制一个部件文件。
- 关闭一个部件文件。
- 退出 NX 作业。
- 查看与改变客户默认设置。

1.1　NX 综述

NX 是一个交互的计算机辅助设计、计算机辅助制造和计算机辅助工程系统（CAD/CAM/CAE）。CAM 功能利用 NX 描述的零件最终设计模型，为数控机床提供 NC 编程。CAE 功能跨越广泛的工程学科，提供了产品、装配和零件性能的仿真能力。

NX 功能被划分成不同功能的“应用（Applications）”，这些应用均由称为 NX Gateway 的先决必备的应用支持。每个 NX 用户必须有 NX Gateway，而其他的应用是可选项，并可以进行配置以适合个别用户的需求。

NX 是一个全三维、双精度系统，允许用户精确地描述几乎所有的几何形状。通过组合这些形状，用户可以设计、分析、存档和制造他们的产品。

NX 部件文件中含有的数据在任何时侯可以由任一 NX 应用（如建模、制图、制造或仿真）或任一外部与 NX 兼容的应用使用。为了被其他非 NX 应用使用，NX 支持以各种数据格式输出。

1.1.1　在 NX 中设计产品

NX 是集成的 CAD/CAM/CAE 应用组。如图 1-1 所示，这些应用横越产品设计、文档、仿真和制造的整个产品生命周期开发过程，通称为数字化产品开发过程（DPD）。

当在 NX 中设计产品时，了解某些重要的软件概念与最佳实践能帮助用户有效地工作。

1. 产品生命周期管理

NX 是一个大的 PLM 构架的一部分，PLM 管理整个产品的生命周期从初始需求到设计、制造、维护和再循环，如图 1-2 所示。

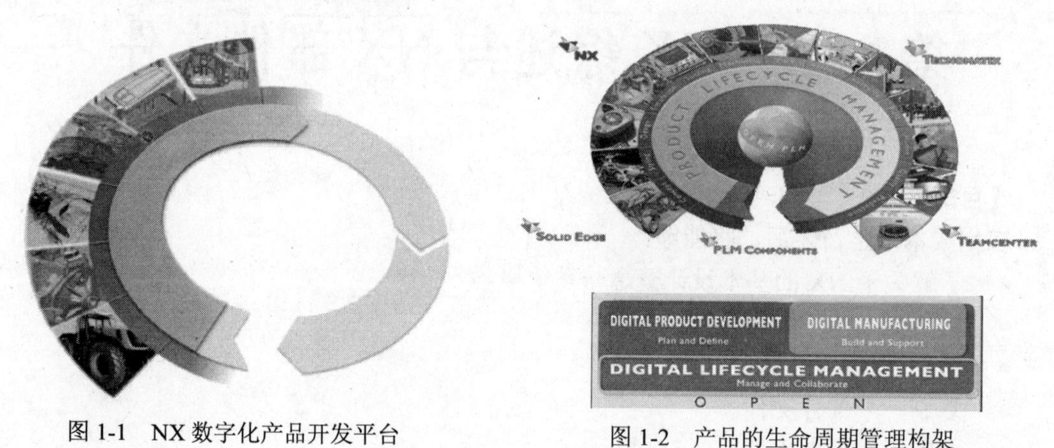

图 1-1 NX 数字化产品开发平台

图 1-2 产品的生命周期管理构架

2. 并行工程

Teamcenter 用于控制 NX 文件的数据存取。Teamcenter 使用户能并行地工作在设计任务上，代替串行过程。例如，当某些用户设计产品时，其他用户可以开始有限元分析仿真或加工研究。如图 1-3 所示，并行工程将大大缩短产品投放市场的时间。

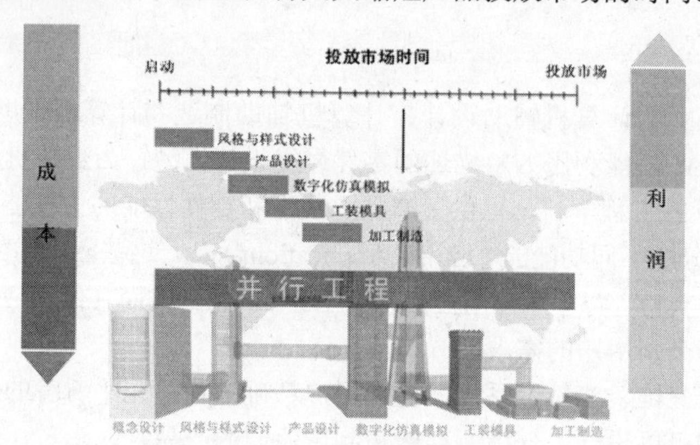

图 1-3 并行工程

3. 从底向上和自顶向下设计

NX 帮助用户自顶向下或从底向上设计产品装配。如图 1-4 所示为从底向上设计产品装配。

在从底向上设计中创建零件模型，然后添加它们到装配中，利用 Add Component 命令创建并引用已存部件的新组件。这是设计产品最普通的方法。

图 1-5 所示为自顶向下设计产品装配。在自顶向下设计中，设计零件前先创建产品装配结构，然后在装配级建立几何体，移动或复制它到一个或更多个组件，利用 Create New Component 命令创建新的部件文件。

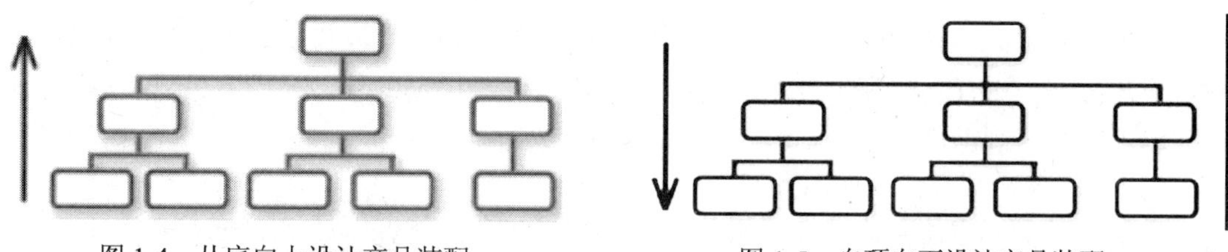

图 1-4　从底向上设计产品装配　　　图 1-5　自顶向下设计产品装配

大多数设计是上述两种方法的组合。

4. 在装配上下文中设计

新的产品装配可以含有从先前设计的部件、标准件重用的部件、从先前设计需要被修改的部件和必须从最开始设计的新部件。NX 帮助用户在装配的上下文中设计与编辑零件，建立正确的配合，避免干涉。

5. 系统工程

系统工程的定义是，产品结构怎样被组织在子系统中，所有组件与子系统怎样相互关联。在细节部件几何体设计之前将其定义在组件间界面和关键表达式是较好的选择。图 1-6 所示为利用系统工程方法设计实例。

6. 历史模式和独立于历史模式

在历史模式中设计部件为特征序列。对高工程化的部件建议使用历史模式。此模式对利用预定义的基于构入草图、特征内的设计意图的参数和用于建立部件模型的特征序去修改设计部件也是有用的。

在独立于历史模式中使用特征建立与编辑模型，但最终的特征不是排序，仅有不依附于顺序结构的局部特征被建立。独立于历史模式对仿真与制造研究特别有用，因为其有助于在设计者预期方式中直接修改部件。当用来自外部 CAD 系统可能是无历史被读入的部件工作时，也是有用的。

7. 相关性

相关性是在部件中对几何或非几何信息做改变的能力和自动地传播那个改变到出部件影响的其他部件的能力。

例如，当编辑部件参数时，改变自动地传播到其他视图、特征、部件和装配，不需要在多处做改变。

相关性可以应用到几何对象，如曲线、体以及非几何对象（如属性、文本和视图）。

为了辅助自动化零件的设计与制造，NX 利用相关性概念把分离的信息片连接在一起。

- 在对象间的相关性

相关性同时在任意数量的对象间构建连接。例如，一条直线同时可以是一个组的成员、一个边界的一部分和一个片体的生成曲线。

- 制图对象的相关性

在 NX 中所有制图对象都是相关的。某些制图对象，如尺寸是直接连接到几何体的，所以当改变发生时，它们会自动更新。其他制图对象，如注释被关联到某一位置而非任一特定的几何体。还有一些制图对象，如标记、ID 符号和形位公差，它们既可以关联到几何体，也可以关联到位置。

- 对象关联到部件或视图

当在应用中创建几何体时使用相关性。例如，一个对象可以是模型的一部分（在建模应用中）或专门连接到单个视图（在制图应用中）。对象的显示可以被控制，因而它既可出现在所有视图中，也可仅出现在特定视图中，或在除该视图外的所有视图中（视图相关擦去）。曲线可以在一个视图中以不同线型显示，而不影响它在其他视图中的显示（视图相关修改）。几何体修改将反映在所有视图中。

- 非几何信息关联到对象、组或部件

NX 也能够关联非几何信息到对象和部件。可以连接任意数量的属性到对象，以记录对象的专门特性。

NX 有两种类型属性，即系统和用户定义。系统属性是那些由系统识别和用户指定的属性。例如，当为辅助选择过程指定一名称到某对象或某组时，系统将识别那个名字直到显式地改变它。

用户定义属性指由用户创建的那些属性，但对系统无意义。例如，可以添加材料属性信息到组几何对象，结果是它们将正确地出现在产品的材料清单中。

8. 可重用性

NX 提供方法设计子装配，部件和特征为可被重用的组合式单位。图 1-7 所示为产品设计中重用数据例。

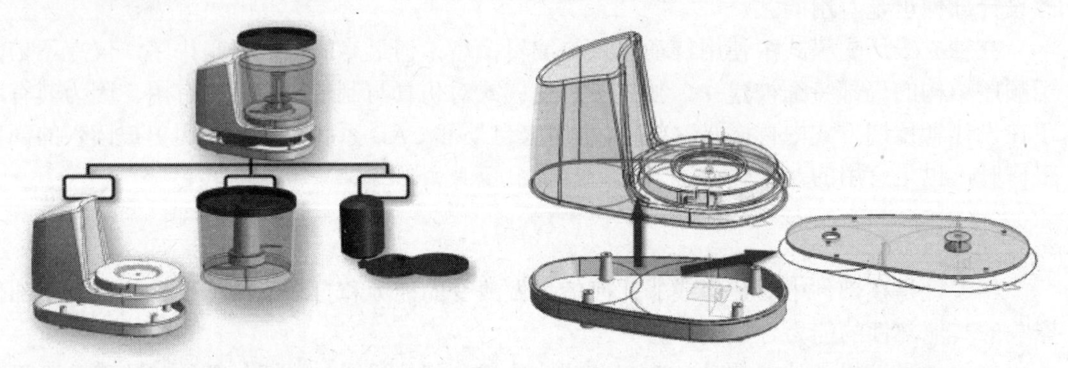

图 1-6 系统工程方法设计实例　　图 1-7 产品设计中重用数据例

9. 设计意图

在 NX 中可以建立相关的参数、表达式和约束去捕捉设计意图，因而模型能够在可预期的方式中被修改。

在独立于历史模式中，从已存的几何关系中推断设计意图规则。

10. 主模型

产品设计通常在 NX 建模与装配应用中创建。制图、高级仿真和制造应用通常被认为是下游应用。在并行工程工作流中，在设计完成之前，这些应用中的工作可以开始。NX 使用主模型技术提供支持并能够在下游应用中并行工作流。图 1-8 所示为主模型与并行工程示例。

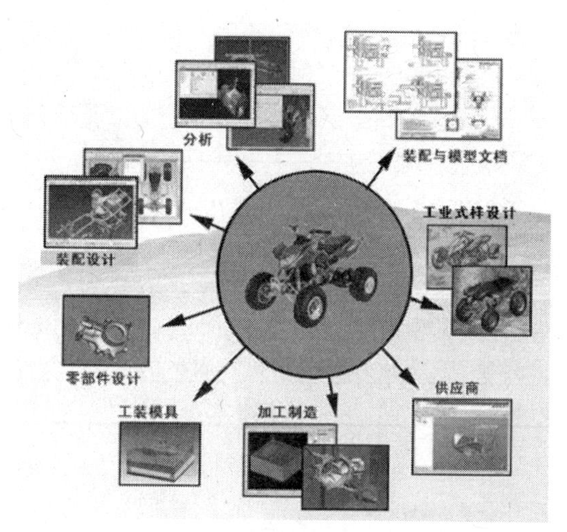

图 1-8　主模型与并行工程示例

主模型可以永久地被存储，存储的部件随后可用于：

- 产生全尺寸的工程图。
- 为 NC 加工和制造工作流过程生成指令。

1.1.2　基本的系统概念

1. 系统协定

表 1-1 描述了用于整个系统中的 NX 协定。

表 1-1　用于整个系统中的 NX 协定

协　　定	描　　述
坐标系	NX 允许定义平面和坐标系去构建几何体。这些平面和坐标系完全独立于观察方向，可以将几何体建立在不平行于屏幕的平面上 一个三轴符号用于标识一个坐标系。轴的交点称为坐标系的原点。原点的坐标值是 X=0，Y=0 和 Z=0。如下图所示，每个轴起始于原点并用一条直线表示正方向 ZC YC XC 绝对坐标系（Absolute Coordinate System，ACS）：是当一个新模型启动时使用的坐标系。该坐标系定义模型空间并被固定在适当位置上 工作坐标系（Work Coordinate System，WCS）：NX 允许建立任意数的其他坐标系，用这些坐标系去建立几何体。然而一次仅可使用一个坐标系去构建几何体，这个坐标系被称为工作坐标系。绝对坐标系也可以作为工作坐标系

续表

协定	描述
角度测量	NX 按逆时针方向从正 X（或 XC）轴到正 Y（或 YC）轴测量角度，如下图所示 +Y 270 +X -90 角度测量被记录为度和度的十进制分数。当加入正值时，角度是从正 X 轴或特定基线逆时针测量的。当加入负值时，系统显示负号（-），表示在顺时针方向中运动
右手规则	用于决定旋转方向和坐标系方位。此规则也决定顺时针和逆时针方针

2. 模态（Modality）

许多 NX 参数是模态的，即它们保持有效直到显式地被改变。模态有 3 个级别，即系统、部件和工作作业，如表 1-2 所示。

表 1-2 参数的模态级别

模态级别	描述
系统级模态	系统级模态参数是在客户默认文件中的基本默认信息。该信息是当 NX 安装时由系统管理员设置的，包括信息如小数点位数、默认圆角半径等。这些值保持作用直到对特定部件或在工作作业期改变它们。当然，当客户默认文件被更新时它们可以被更改 某些属性也是系统模态，如片体格网、颜色、线型与宽度等
部件级模态	仅作用到特定部件的部件级模态参数是保存部件时被储存的值。例如，字符大小、线宽、任一视图相关修改或任一用户定义属性。这些值在下一次部件被恢复时仍然有效
工作作业级模态	工作作业级模态参数是仅在特定工作作业期（从登录到退出）保留的有效值。这些默认参数不随部件储存。例如，当打开部件文件时出现的当前打开的部件清单

3. 设置登录选项

NX 将用户特定的设置和其他信息储存在称为系统登录的文件中，它允许在 NX 作业间维持设置，不要直接改变登录条目；反之，当通过 NX 的对话框如 Preferences 对话框进行改变时，它们将被储存。

- Windows 平台

在 Windows 平台上，NX 利用和遵循 Windows Registry 的使用规则。

- UNIX 平台

在 UNIX 平台上，位于用户 Home 目录中的一个文件将含有所有 NX 登录信息。该文件的文件名含有 NX 版本以作为注释。

1.2　启动 NX 作业

在 NX 中工作的第一步是启动 NX 作业。

在启动 NX 后，将打开无部件状态的 NX 界面，如图 1-9 所示。此时可以改变默认设置和参数预设置、打开一个已存部件或建立一个新部件。

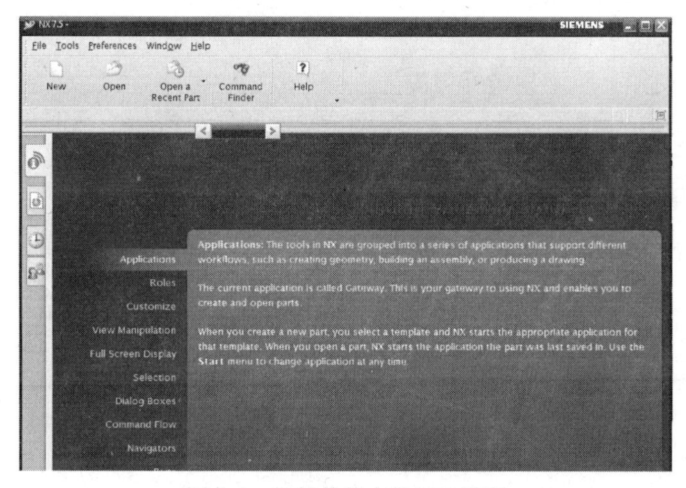

图 1-9　无部件状态的 NX 界面

1.3　NX 部件文件

1.3.1　使用模板建立新的部件文件

1. 使用新文件模板

当通过 File→New 命令建立新部件时，选择模板建立一个新的产品文件。

- 标准模板是有效的，模板按照应用类型分类编组，如 Modeling、Drawing、Simulation 和 Manufacturing 等。
- 可使用空白模板建立没有定制内容的文件。
- 系统管理员可基于站点需求建立定制的模板。

在建立文件后，NX 基于模板启动相应的应用。例如，如果选择一个建模模板，NX 将启动建模应用。

基于对每个模板类型的客户默认设置，NX 为新文件生成一个默认名和位置。下列情况下可以改变名字与位置：

- 在部件上开始工作之前。
- 如果是在本地模式中，在第一次储存部件时。

当建立一个新的非主模型文件时，可以规定一个引用的主模型部件。

2. 利用模板建立新文件的步骤

（1）在 Standard 工具条上单击 New 按钮。

（2）打开如图 1-10 所示的对话框，选择需要的文件类型选项卡（Model、Drawing、Simulation、Manufacturing 或 Inspection）。

（3）选择需要的模板。

（4）可选项，加入名字与路径信息。

注意：也可以在储存部件时加入此信息。

（5）单击 OK 按钮。

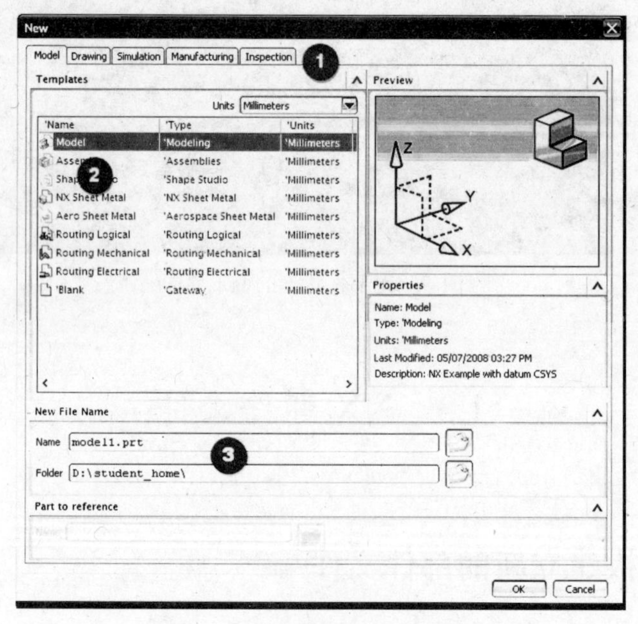

图 1-10 利用模板建立新文件

【练习 1-1】 建立一个新部件

本练习通过建立一个新的部件文件，讲述如下内容。

- 利用模板建立新部件。
- 建立新的空白部件。
- 考察信息：基准对象和层。
- 储存和关闭部件文件。

第 1 步 建立新的模型部件。

- 在 Standard 工具条上单击 New 按钮。

注意： 在打开的对话框中有 5 个选项卡，即 Model、Drawing、Simulation、Manufacturing 和 Inspection。

第 2 步　为新部件规定测量单位。

- 在 Templates 组的 Units 下拉列表框中选择 Millimeters 选项。

第 3 步　命名新部件。

- 在 Model 选项卡中选择 Model 模板。
- 在 New File Name 组的 Name 文本框中输入***_new_1，其中***代表用户自定义的名称；在 Folder 文本框中输入希望保存部件的路径。
- 单击 OK 按钮。

注意： 模板部件使用规定的文件名与路径被复制。当此部件建立时，用户有读写权，可以修改文件并储存部件。

第 4 步　列出关于对象的信息。

注意： 部件已有显示在图形窗口中的对象。

- 在 Standard 工具条的 Start 下拉列表框中选择 Modeling 选项。
- 绕可见对象拖拽成一个矩形，如图 1-11 所示。
- 在菜单条上选择 Information→Object 命令。
- 考察信息列表，如图 1-12 所示。

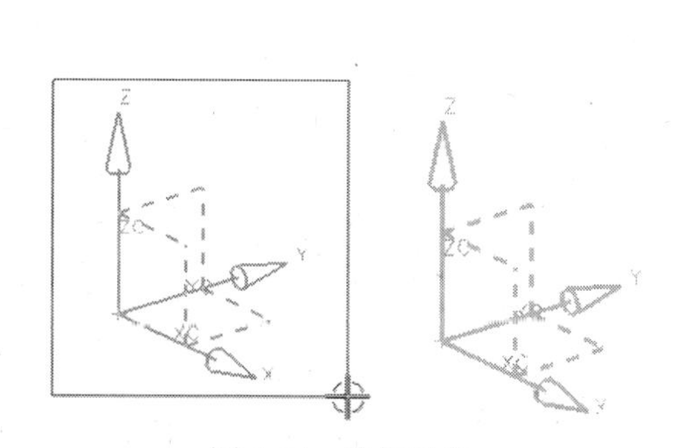

图 1-11　选择对象

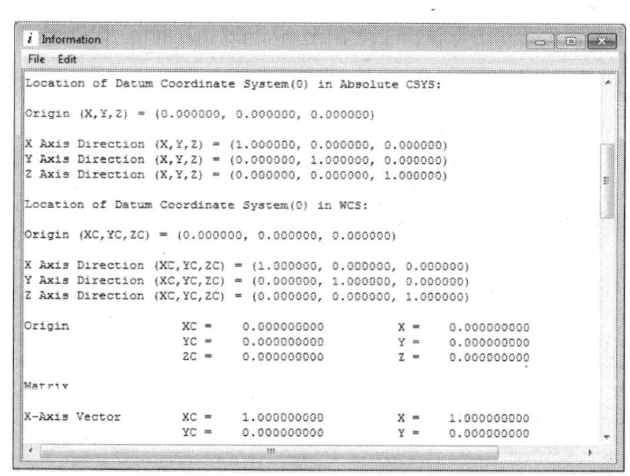

图 1-12　信息窗口

- 关闭信息窗口。
- 在菜单条上选择 Format→Layer Settings 命令。
- 在打开的 Layer Settings 对话框中单击 Close 按钮。

第 5 步　储存和关闭部件。

- 选择 File→Close→Save and Close 命令。或在 Standard 工具条上单击 Save 按钮，选择 File→Close→All Parts 命令。

第 6 步 建立新的空白部件。

- 在 Standard 工具条上单击 New 按钮。
- 在 Templates 组的 Units 下拉列表框中选择 Millimeters 选项。
- 在 Model 选项卡中选择 Blank 模板。
- 在 New File Name 组的 Name 文本框中输入* **_blank，其中***代表用户自定义的名称；在 Folder 文本框中输入希望保存部件的路径。
- 单击 OK 按钮。
- 在 Standard 工具条的 Start 下拉列表框中选择 Modeling 选项。

第 7 步 储存和关闭部件。

- 选择 File→Close→Save and Close 命令。

1.3.2 储存一个未命名的模板

储存一个未命名模板的步骤如下：

（1）在 Standard 工具条上单击 Save 按钮。

（2）打开如图 1-13 所示的对话框，在 Parts to Name 组中注意文件名，必须为它提供一个名称。

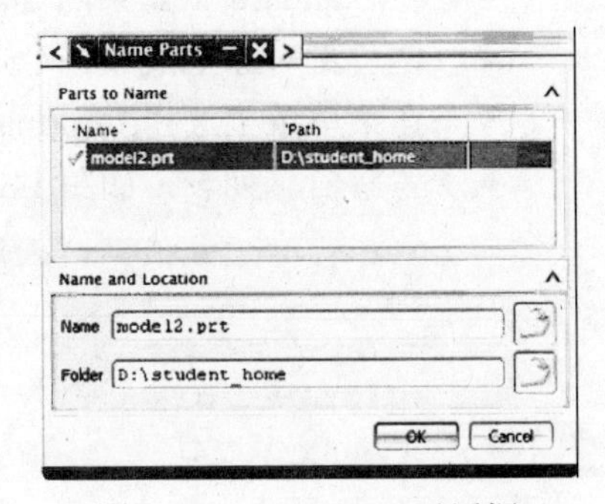

图 1-13 Name Parts 对话框

注意：*如果选择 File→Save All 命令，将列出所有未命名的部件，可以分别为每一个部件提供新名称。*

（3）在 Name 文本框中输入新名称并按 Enter 键。

（4）（可选项）使用“浏览”按钮帮助定义名称和文件夹。

（5）单击 OK 按钮。

1.3.3 打开已存部件文件

通过选择 File→Open 命令打开已存部件文件。

注意：*NX 部件以.prt 为扩展名。*

当一个部件文件被打开时：

- 图形窗口展示部件最后被储存时的模型。
- 图形窗口的标题栏显示当前工作部件的名称。
- 如果部件是只读，Read Only 将显示在部件名旁边。这意味着此文件不可修改。
- 如果一个应用未被激活，NX 将启动部件储存时的应用。

一个加载的部件仅是储存在硬盘上的一个副本。用户做的任何新工作只有储存以后才能保留。

1. 在 Open 对话框中有用的特征

- “查找范围（Look in）”下拉列表框：展示当前选择的驱动器或文件夹名，如图 1-14 所示。

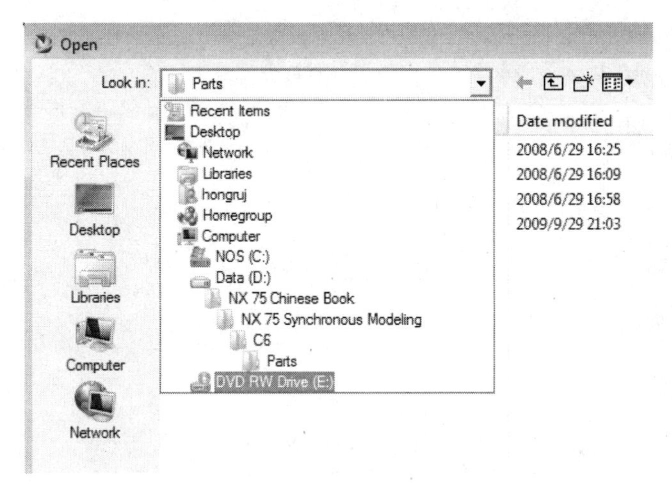

图 1-14　Look in 下拉列表框

- “向上一级（Up One Level）”按钮：从上一级目录中查找。
- “建立新文件夹”按钮：允许在当前文件夹中建立新的子文件夹。
- “观看菜单”按钮：允许在窗口的列表中查找部件。

2. 打开多个部件

在任何时候都可以打开（加载）多个部件，对加载的部件有两种状态，下面分别进行介绍。

- 显示的（Displayed）：部件被显示在图形窗口中。
- 工作的（Work）：部件对建立与编辑操作是可存取的。

当需要的工作部件是显示在装配部件中的某一组件时，可以切换工作部件。

3. 改变显示部件

在任一给定时间都可以打开多个部件。利用 Window 菜单条选项可以控制哪个部件被显示在图形窗口中。

Window 选项工作在以下两种方式下：

- Window 列表展示多个先前显示的部件。

该列表含有最多 10 个目前显示的部件，从列表中选择来显示部件。

- 选择 Window→More 命令，打开 Change Window 对话框。

Change Window 对话框中列出所有打开的部件，除去当前显示的部件，该列表还包括装配结构中的所有组件。

1.3.4 部件另存为

选择 File→Save As 命令，打开 Save As 对话框，允许以不同名称和位置储存当前部件，如图 1-15 所示。

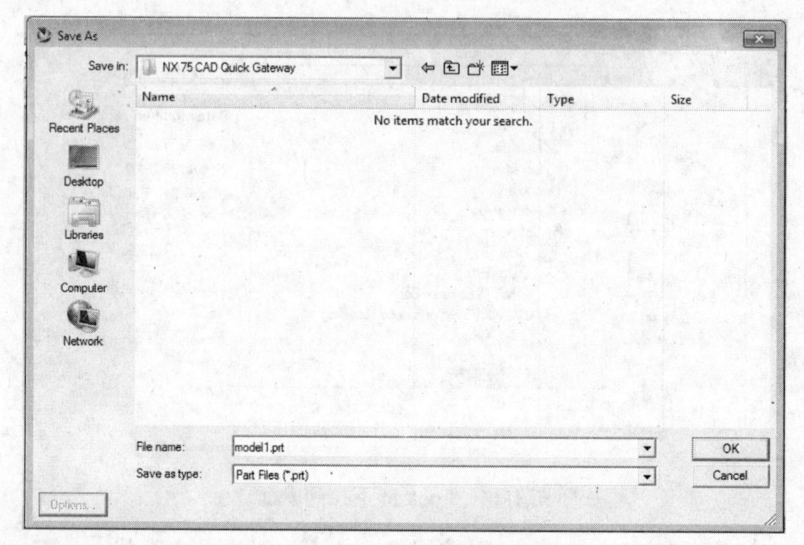

图 1-15 Save As 对话框

当选择 Save As 命令时，在打开的对话框中要求输入新的文件名称与位置。文件名称与位置在当前目录内必须是唯一的。如果指定某已有部件名，将显示错误信息。当前部件以新名称存档，并且新部件文件名将显示在图形窗口中。

1.3.5 关闭选择的部件

关闭选择的部件的步骤如下：

（1）选择 File→Close→Selected Parts 命令。

（2）在打开的 Close Part 对话框中选择要关闭的部件，如图 1-16 所示。

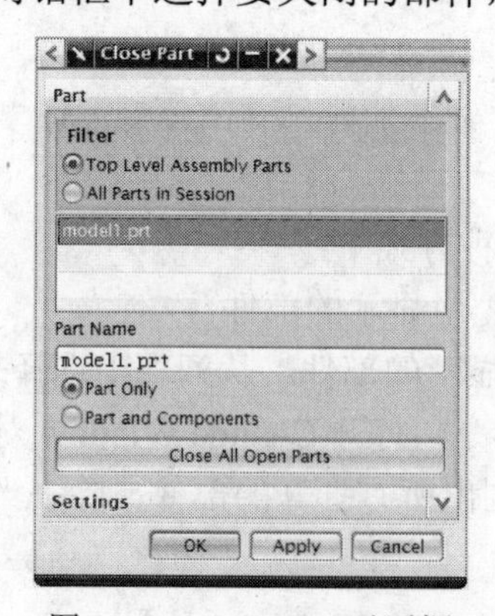

图 1-16 Close Part 对话框

（3）单击 OK 按钮，关闭选择的部件。

1.3.6　退出 NX

通过选择 File→Exit 命令终止 NX 作业。

如果修改了任一部件却没有储存它们，系统将弹出警告信息，如图 1-17 所示。

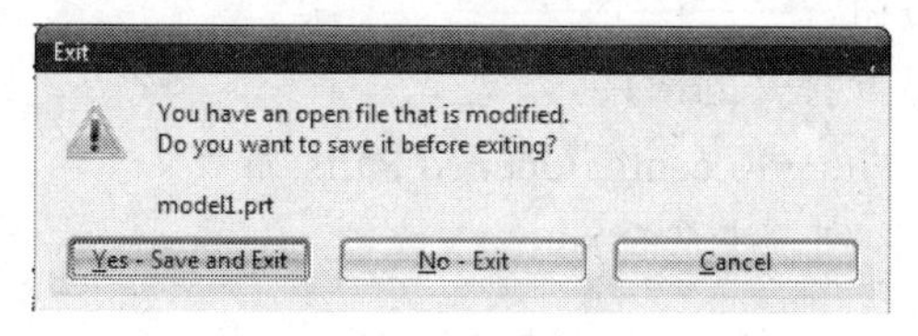

图 1-17　警告信息

【练习 1-2】　打开、储存与关闭已存部件文件

在本练习中，学习如下内容：

- 打开已存部件文件。
- 用新名称储存已有部件的副本。
- 当多个部件被打开时，关闭一个或多个特定的部件。

第 1 步　从目录\Parts_1 中打开 intro_1.prt。

- 在 Standard 工具条上单击 Open 按钮。
- 在打开对话框的 Look in 下拉列表框中选择 Parts 文件夹。
- 在文件列表中选择 intro_1 选项并单击 OK 按钮打开部件，如图 1-18 所示。

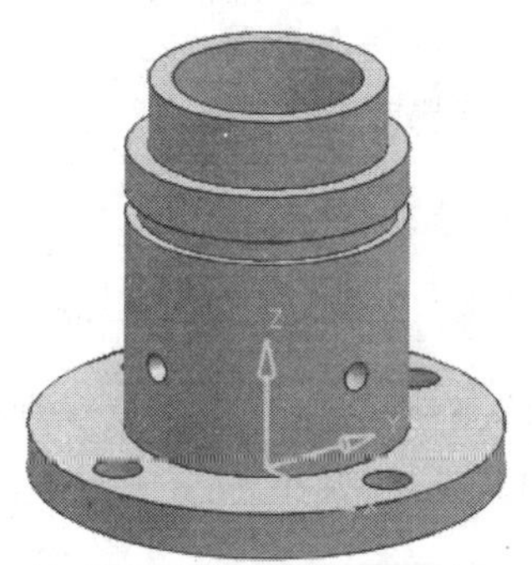

图 1-18　intro_1.prt

- 在 NX 窗口的标题栏中，注意 Modeling 是当前应用。

注意：当最后储存这个部件时，Modeling 是激活的应用。

第 2 步　关闭所有部件。

- 在菜单条上选择 File→Close→All Parts 命令。

注意：如果在当前的作业中有打开的被修改和未储存的部件，将弹出如图 1-19 所示的警告信息。

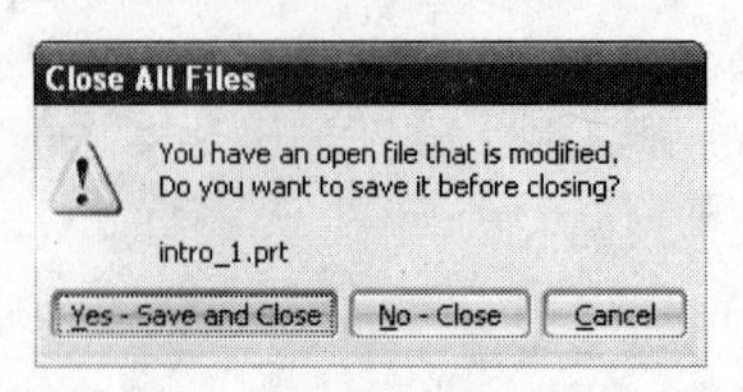

图 1-19 Close All Files 警告信息

- 单击 No-Close 按钮。

第 3 步 打开一个最近打开的部件。

- 在菜单条上选择 File→Recently Opened Parts 命令。
- 从最近打开的部件列表中选择 intro_1 选项。

注意：当部件正被恢复时，状态行将显示信息。

第 4 步 建立一个部件的备份。

- 在菜单条上选择 File→Save As 命令。
- 打开如图 1-20 所示的 Save As 对话框，在 Save in 下拉列表框中选择 Parts 文件夹。

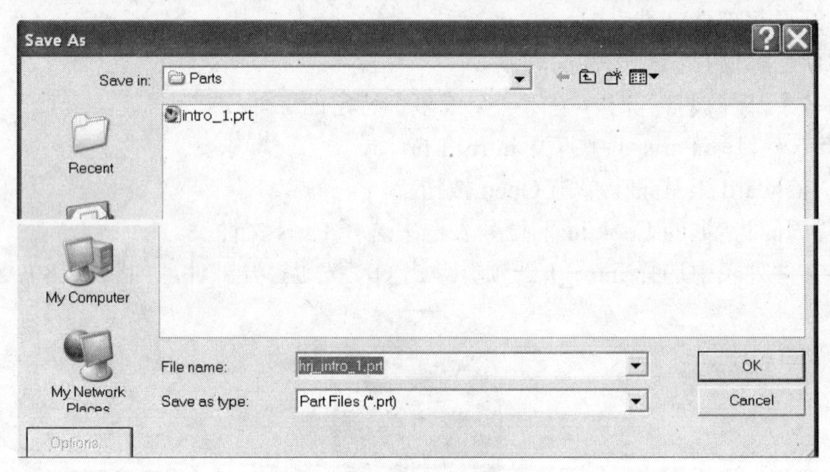

图 1-20 Save As 对话框

- 在 File name 文本框中输入***_intro_1，其中***代表用户的姓名。
- 单击 OK 按钮。

注意：状态行陈述：The part is being saved。

- 当完成储存时，信息“Part file saved”出现在状态行中。
- 当前显示工作部件切换到***_intro_1.prt。用户可以继续在 NX 中工作。

第 5 步 利用历史面板再次打开 intro_1 部件。

- 在资源条上单击 History 面板。
- 选择 intro_1 选项。

第 6 步 从目录\Parts_1 中打开 intro_2 部件。

- 在 Standard 工具条上单击 Open 按钮。

- 在打开对话框的 Look in 下拉列表框中选择 Parts 文件夹。
- 在文件列表中选择 intro_2 选项并单击 OK 按钮打开部件，如图 1-21 所示。

第 7 步　检查有多少部件被打开。

- 在菜单条上选择 Window 菜单，如图 1-22 所示。

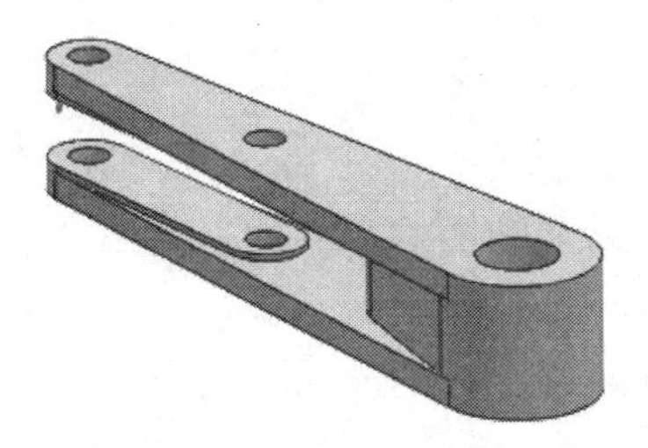

图 1-21　intro_2.prt

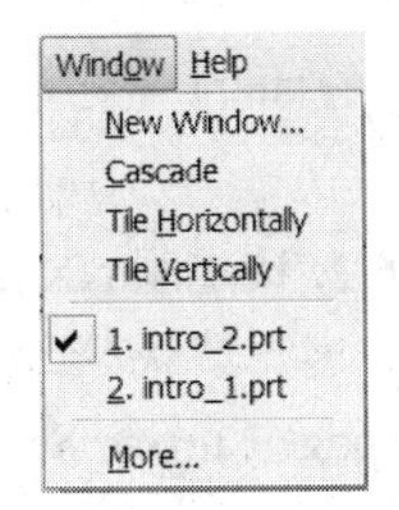

图 1-22　Window 菜单

注意：

- 选择 More 命令，打开 Change Window 对话框。
- 利用 Information→Part→Loaded Parts 命令可以得到更多的综合信息。

第 8 步　关闭特定部件。

- 选择 File→Close→Selected Parts 命令，打开如图 1-23 所示的 Close Part 对话框。
- 从列表框中选择***_intro_1 并单击 MB2。

注意：因为此部件储存以来未被改变，所以被立即关闭。如果部件被改变，将弹出如图 1-24 所示的警告信息，在继续之前要先储存部件。

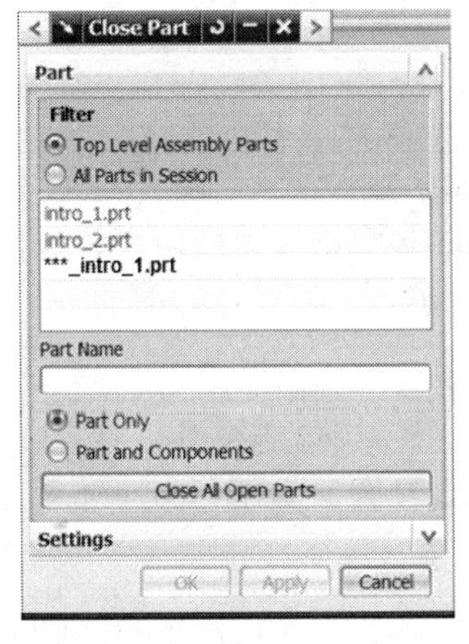

图 1-23　Close Part 对话框

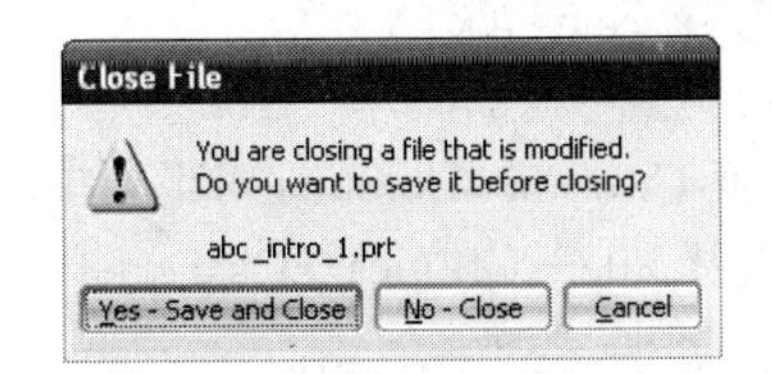

图 1-24　Close File 警告信息

第 9 步　改变显示部件。

- 在菜单条上选择 Window→intro_1 命令。
- 在 NX 窗口的标题栏上确认 intro_1 是显示部件。

第 10 步　关闭所有部件。

- 选择 File→Close→All Parts 命令。

1.4 客 户 默 认

1.4.1 客户默认综述

利用客户默认定制 NX 启动。许多功能及对话框的初始设置和参数由客户默认控制。

通过打开客户默认对话框，可以查看当前客户默认设置。

利用 Manage Current Settings 对话框中的 Import Defaults 选项可以转换用户先前定制的默认文件。

选择 File→Utilities→Customer Defaults 命令，打开 Customer Defaults 对话框，如图 1-25 所示。

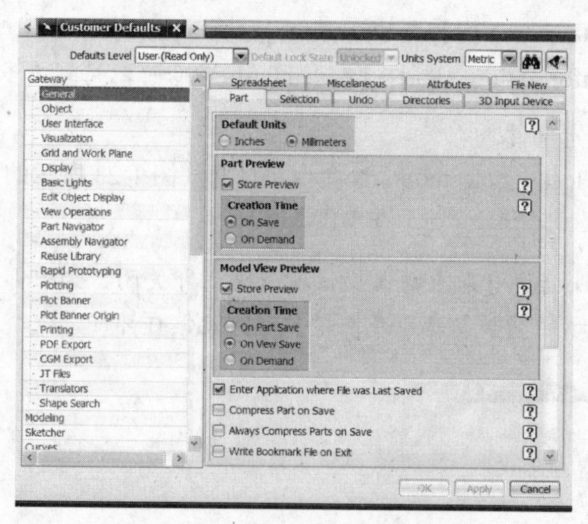

图 1-25 Customer Defaults 对话框

1.4.2 改变客户默认

为了改变 Customer Defaults 对话框中的客户默认设置，需要按以下步骤执行。

（1）选择 File→Utilities→Customer Defaults 命令。

注意：不需要打开一个部件。

（2）在 Customer Defaults 对话框的 Defaults Level 下拉列表框中确认用户需要的级别。这里显示用户是否是在 read-only 级别。

注意：如果在 Defaults Level 下拉列表框中选择 Shipped 选项，说明 Site、Group 和 User 级别还未被定义。应该设置环境变量到用户需要的默认级别。

（3）确认 Default Units 设置是用户要使用的部件文件的正确单位。

（4）在 Customer Defaults 对话框左侧的列表框中选择一个应用。

注意： 可扩展选择的应用以展示它的类目。如果不知道客户默认位于何处，可以通过单击 Find Default 按钮搜索它。

（5）在 Customer Defaults 对话框左侧的列表框中选择一个类目。

注意： 该对话框的右侧将发生改变，以展现在选择的类目中的 Tabs。

（6）单击 Tab 打开默认被放置在该处的页。

（7）如果需要，可改变默认值。

注意： 如果当前默认级别是只读，将弹出警告信息告知将不能储存改变。此信息只出现在第一次企图在对话框中做改变时。

值可以表现为多种形式，如触发开关、滑条、选项菜单、Radio 按键、文本域或颜色框等。

某些值有特定范围，如果加入的值超出此范围，将弹出警告信息。

（8）如果要查看哪些默认已从默认级的原来文件被修改，可以单击 Manage Current Settings 按钮。

（9）当完成所有客户默认的改变时，单击 OK 或 Apply 按钮储存改变。

注意： 如果是只读默认的级别，这些选项是灰色的。

1.4.3　客户默认控制

Customer Defaults 对话框允许在 NX 用户界面内交互地查看与编辑客户默认设置。关键优势包括：

- 默认可以针对局部用户、用户组或站点级别来设置。
- 默认可以被个别地锁住。
- 注释可以放置在每个锁住的客户默认上。
- 默认可以按照应用与类目来组织。
- 用户界面允许本地化。
- 可以交互地观看、查找和修改默认。
- 为了进一步分析，可以在电子表格文件中查看默认。如果需要，还可以打印默认数据。
- 可以方便地导入和输出默认数据，使其他站点和位置能方便地使用类似数据。
- 能够直接在 Customer Defaults 对话框的用户界面内获取 Online help。

第 2 章　NX 入门与用户界面

【目的】

本章是对 NX Gateway 与用户界面的一个基本介绍，在完成本章学习之后，将能够：

- 了解关于 NX Gateway 的基本概念与 NX 窗口的基本组成。
- 定制菜单与工具条。
- 在 NX 中选择对象。
- 选择与创建角色。
- 利用鼠标工作。
- 在图形窗口中操纵视图。

2.1　NX 入门与 NX 窗口

2.1.1　入门综述

NX 中的工具被组织为一系列支持不同主要工作流的应用，包括建立几何体、构建装配或生成图。如：

- 建立一个新的空白部件时。
- 打开一个在 NX 4 之后的 Gateway 中储存的部件时。
- 打开一个在 NX 3 或更早版本 NX 中最后储存的部件时。

入门（Gateway）是用户进入的第一个应用。Gateway 允许审视和分析已存部件。

为了在一个部件内建立或编辑对象，必须启动另一个应用，如建模。

2.1.2　NX 窗口的基本组成

1. 标准与全屏幕显示

（1）NX 窗口标准显示

NX 窗口的标准显示如图 2-1 所示。

标准显示元件描述如表 2-1 所示。

（2）NX 窗口全屏幕显示

NX 窗口的全屏幕显示如图 2-2 所示。

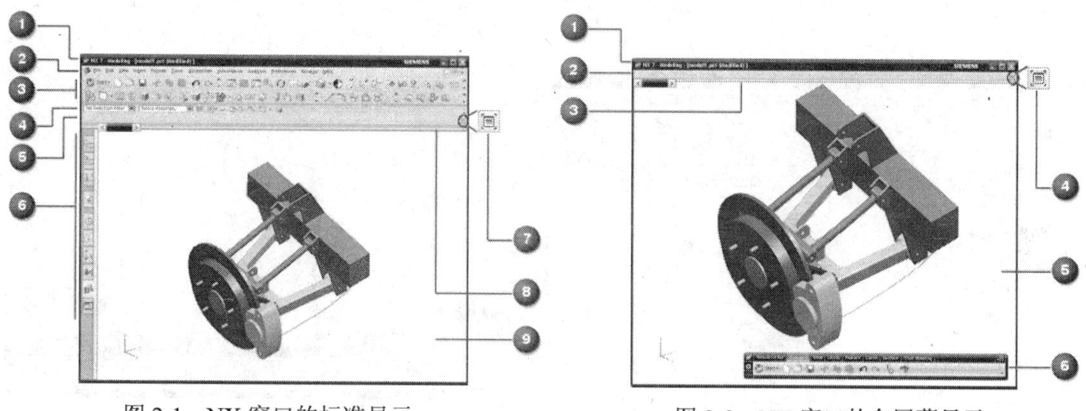

图 2-1　NX 窗口的标准显示　　　图 2-2　NX 窗口的全屏幕显示

表 2-1　标准显示元件描述

#	元　　件	描　　述
①	标题条	显示当前部件文件信息
②	菜单条	显示有命令列表的菜单
③	工具条区	显示激活的工具条
④	选择条	设置选择选项
⑤	提示与状态行	提示需要采取的下一步动作，显示功能与动作信息
⑥	资源条	含有导航器、浏览器和面板的 TAB 键
⑦	全屏幕按钮	在标准和全屏幕显示间切换
⑧	对话框轨道	定位对话框
⑨	图形窗口	创建、显示和修改部件

全屏幕显示元件描述如表 2-2 所示。

表 2-2　全屏幕显示元件描述

#	元　　件	描　　述
①	标题条	显示当前部件文件信息
②	提示与状态行	提示需要采取的下一步动作，显示功能与动作信息
③	对话框轨道	定位对话框
④	全屏幕按钮	在标准和全屏幕显示间切换
⑤	图形窗口	创建、显示和修改部件
⑥	工具条管理器	提供对菜单、激活的工具条和资源条的存取

2. 工具条

（1）标准显示中的工具条

在标准显示中，工具条出现在菜单条下的工具条区中（①），如图 2-3 所示。用户见到的工具条取决于选择的角色。

（2）全屏幕显示中的工具条

工具条管理器提供对全屏幕显示中的菜单、激活的工具条和资源条的存取，如图 2-4

所示。

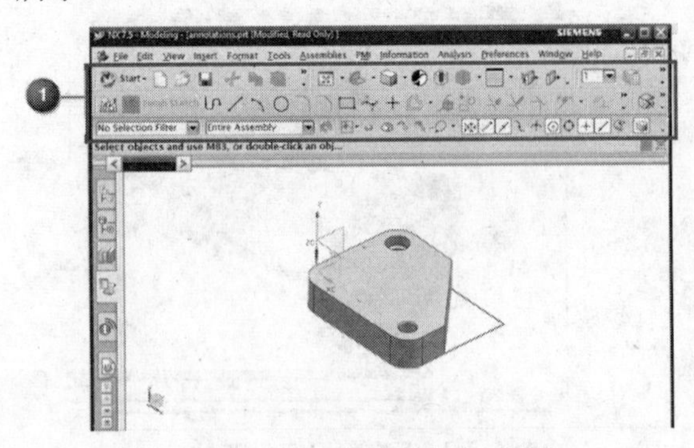

图 2-3 标准显示中的工具条

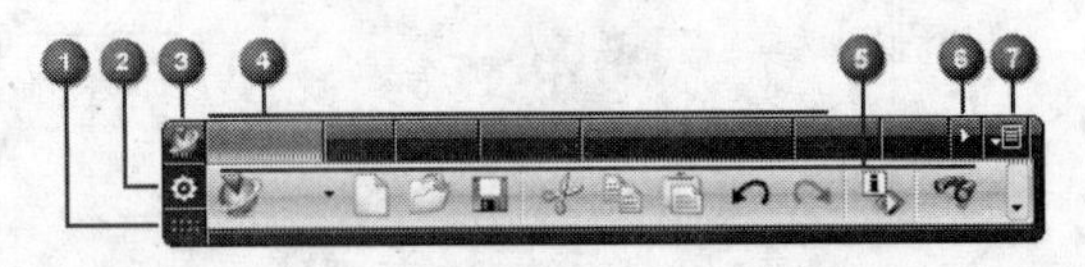

图 2-4 全屏幕显示中的工具条管理器

工具条管理器元件描述如表 2-3 所示。

表 2-3 工具条管理器元件描述

#	元 件	描 述
1	控制手柄	移动工具条管理器到新的位置
2	工具条管理器选项按钮	显示工具条管理器的定制和其他选项
3	菜单条按钮	显示菜单和子菜单
4	工具条 TAB 键区	显示在当前角色中调用的工具条
5	工具条命令显示区	显示选择的工具条 TAB 键的命令
6	卷轴按钮	滚卷工具条 TAB 键区中调用的工具条
7	所有工具条按钮	列出在工具条管理器中所有有效的工具条

（3）辐射式工具条

当在视图窗口空白处或几何对象上单击和按下鼠标右键时，辐射式工具条有效。辐射式工具条如图 2-5 所示。

（a）有视图命令的辐射式工具条

（b）内容敏感的辐射式工具条

图 2-5 辐射式工具条

3. 对话框

NX 中的大多数命令对话框处于自顶向下的工作流中，聚焦在任务和呈现选项上，如图 2-6 所示。

NX 对话框元件描述如表 2-4 所示。

4. 资源条

如图 2-7 所示，资源条含有导航器、HD3D、浏览器和面板的 TAB 键。每个 TAB 键显示一页信息。

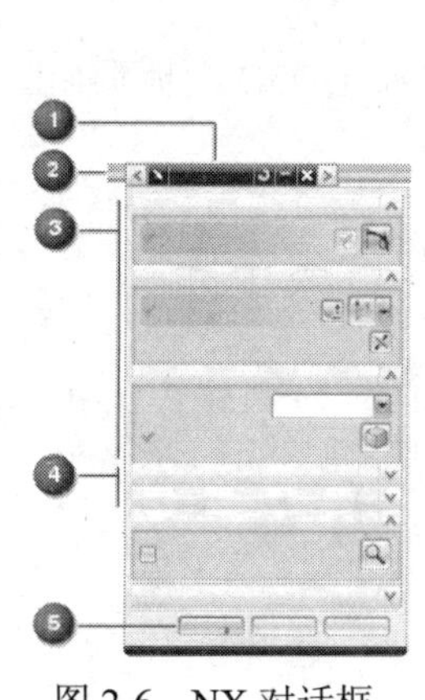

图 2-6　NX 对话框

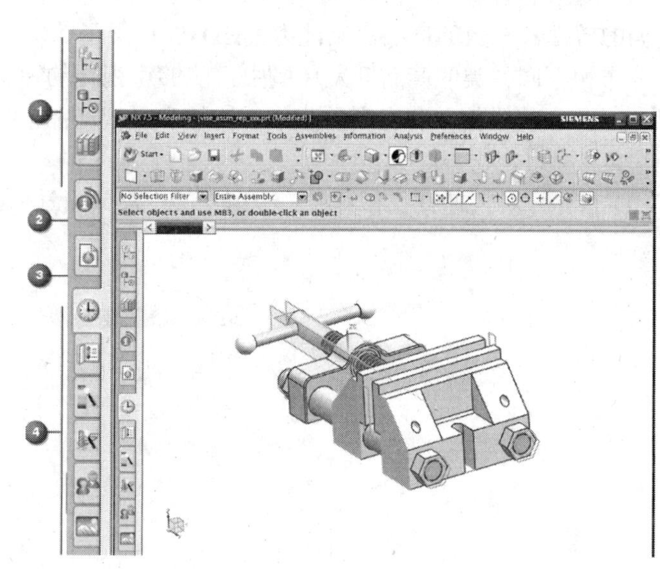

图 2-7　NX 资源条

表 2-4　NX 对话框元件描述

#	元　　件
①	标题条
②	对话框轨道
③	组
④	折叠组
⑤	OK、Apply 和 Cancel 按钮

NX 资源条元件描述如表 2-5 所示。

表 2-5　NX 资源条元件描述

#	元　　件	描　　述
①	导航器	显示信息，如在部件中的特征和在装配中的组件 可以使用导航器管理与编辑数据，观看和改变建立顺序，选择对象如特征、刀具或操作
②	HD3D 工具	提供对 HD3D 工具的存取，用于显示及在 3D 模型上的信息交互
③	集成的 Web 浏览器	提供在软件内对互联网的存取（仅 Windows 平台）
④	面板	提供对标准和频繁使用的模型数据的存取 可以使用面板去存取用户定义的模板、角色、系统可视化场景和系统材料

5. HD3D

HD3D 是一个创新的环境，将从各种资源接收数据为产品开发中“高清晰度定义（High-Definition）”的三维可视化分析设置新的标准。

一个开放和直观的可视化环境可以帮助全球产品开发团队开启 PLM 信息价值，大大增强他们的效率和有效的产品决策能力。HD3D 扩展了 NX 和 Teamcenter 的能力，在今天的全球分布和不同种类的产品开发环境中，能够可视化的递交公司需要了解、协作和决策的信息。HD3D 提供简单和直观的收集、比较和呈现产品信息的方法，而且可以立即应用在关键决策中。

HD3D 是一种快速查找和解释关于用户的产品或设计信息的技术。HD3D 面板页如图 2-8 所示。

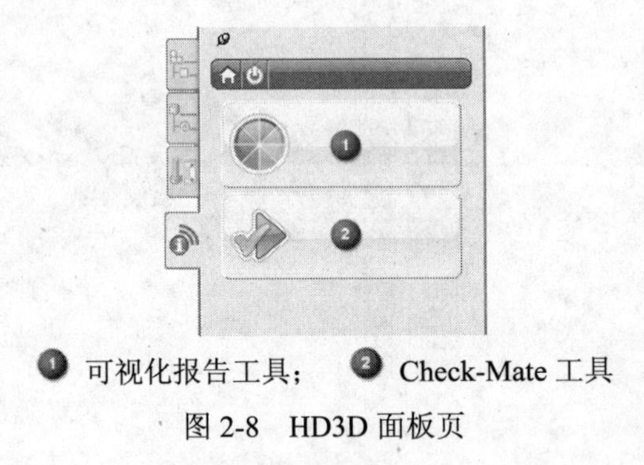

❶ 可视化报告工具；　❷ Check-Mate 工具

图 2-8　HD3D 面板页

2.2　快捷菜单与工具条定制

2.2.1　快捷菜单

NX 提供一组快捷或称“弹出”菜单，它们在光标位置显示一个即时的命令列表。单击的对象类型不同，将呈现不同的命令列表。

1. 视图快捷菜单

右击图形窗口空白处，弹出如图 2-9 所示的视图快捷菜单。

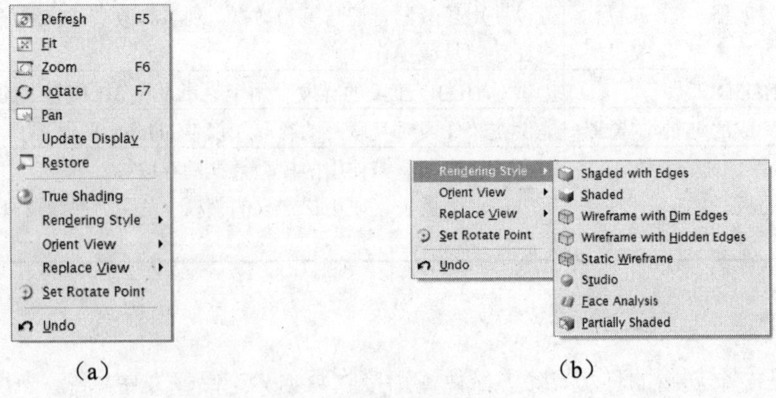

（a）　　（b）

图 2-9　视图快捷菜单

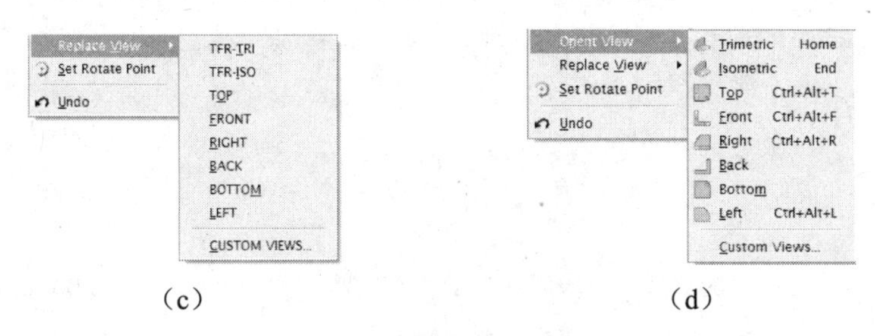

（c）　　（d）

图 2-9　视图快捷菜单（续）

视图快捷菜单命令选项描述如表 2-6 所示。

表 2-6　视图快捷菜单命令选项描述

选　　项	描　　述
Refresh（刷新）	通过消除留下的孔、隐藏或删除对象来更新图形窗口。它也可以移除临时显示的项目，如星号和锥形矢量符号
Fit（拟合）	拟合模型在定位光标的视图中。在 Preferences→Visualization→View/Screen 中设置的拟合百分比
Zoom（缩放）	激活缩放模式
Rotate（旋转）	激活旋转模式
Pan（平移）	激活平移模式
Update Display（更新显示）	通过清理图形窗口更新显示。更新 WCS、曲线和边缘、草图和相关定位尺寸、自由度指示器、基准面和平面。更新显示也执行刷新选项的任务，如擦去临时显示和刷新屏幕。它也影响名称的显示并取决于在 Preferences→Visualization→Names/Borders 中的设置。旋转引起 Update Display，再显示面的轮廓和实体的消隐边缘
Restore（恢复）	立即恢复跟随在大多数操作下的原视图
Rendering Style（渲染式样）	控制在视图中表面对象的外观
True Shading	显示真实渲染视图
Orient View（定向视图）	修改特定视图的方向到预定义视图。只改变视图的方向而不改变视图名
Replace View（代替视图）	从特定视图切换到预定义视图
Set Rotate Point（设置旋转点）	当选择一个屏幕位置或捕捉点时，建立改变的旋转中心
Undo	取消前一个操作

2. 特定对象的快捷菜单

当无对话框显示时，特定对象的快捷菜单允许快速执行选择对象上的动作。

许多操作是可利用的，它比使用工具条或菜单条更快捷，并仅显示相关命令。

特定对象的快捷菜单内容随选择的应用和选择的对象类型而改变。例如，当 Gateway 是选择的应用时，对于特征仅 Properties 是可用的。特征与组件各自拥有不同的特定对象快捷菜单。

通用对象、组件、特征的特定对象的快捷菜单如图 2-10 所示。

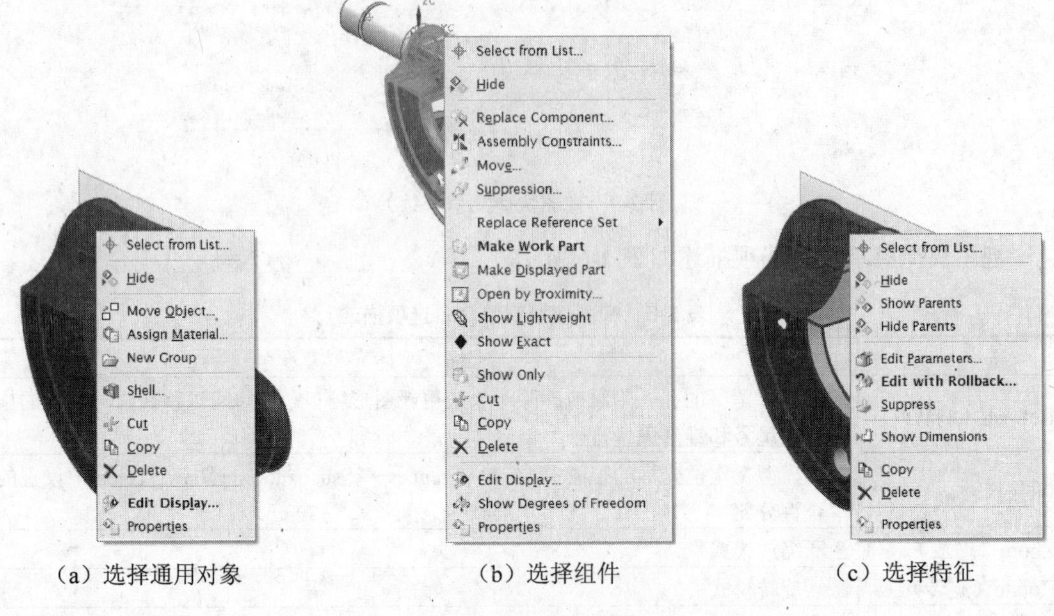

（a）选择通用对象　　（b）选择组件　　（c）选择特征

图 2-10　特定对象的快捷菜单

表 2-7 中描述了不同对象类型的特定对象的快捷菜单的内容。

表 2-7　不同对象类型的特定对象的快捷菜单的内容

对象类型	菜单内容
通用对象	消隐、移动对象、指定材料、新组、抽壳、剪切、复制、删除、编辑显示、特性
特征	消隐、展现父、消隐父、编辑参数、带回退的编辑、抑制、展现尺寸、复制、删除、特性
组件	消隐、代替组件、装配约束、移动、抑制、代替引用集、使为工作部件、使为显示部件、用邻近区打开、仅展现、剪切、复制、删除、编辑显示、展现自由度、特性

2.2.2　定制与显示工具条

- 可以对每个应用消隐或显示可用的工具条。每个应用都有自己的工具条集。
- 对每个工具条可以显示或消隐可用的按钮。
- 对每个工具条可以添加或移除来自其他工具条的按钮。
- 利用角色（Roles）可以对所有或选择的应用储存和共享工具条排列。

1. 工具条入坞与离坞

如图 2-11 所示，工具条放置可以是入坞或离坞的。

- 可以水平（❶）或垂直（❷）地入坞工具条在 NX 窗口中。
- 可以在屏幕上移动离坞（❸）的工具条。

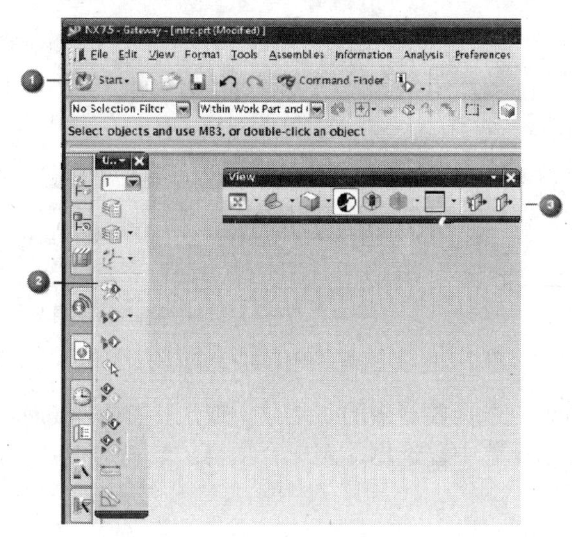

图 2-11　工具条的放置

2. 工具条的显示控制

如图 2-12 所示，具体步骤如下：

（1）从主菜单条中选择 Tools→Customize 命令。

（2）在 Toolbars（❶）选项卡中选中复选框（❷）显示工具条或取消选中复选框（❷）消隐它们。

（3）选中 Text Below Icon 复选框（❸）可在按钮上显示名称。

3. 利用快捷菜单显示工具条

如图 2-13 所示，具体步骤如下：

（1）在工具条区（❶）任一位置右击显示工具条的所有快捷菜单。

（2）选择列表中的工具条名显示工具条，取消选中复选框（❷）消隐它们。

（3）选择 Customize 命令（❸）打开定制对话框。

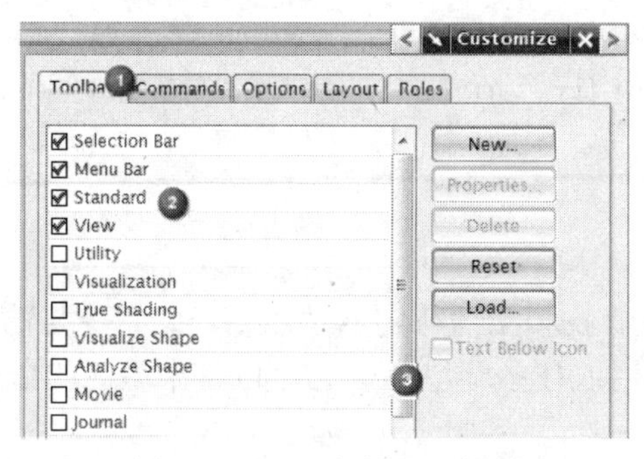

图 2-12　工具条的显示控制

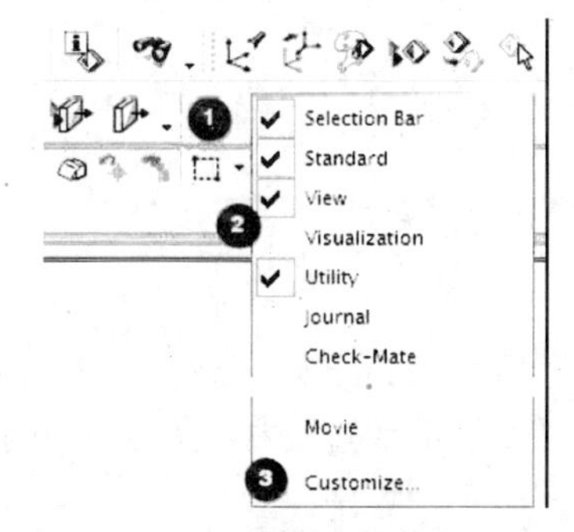

图 2-13　显示工具条的捷径菜单

4. 添加或移除工具条按钮

工具条选项是添加和删除工具条内按钮的有效方法。添加或移除工具条按钮的步骤如下：

（1）如图 2-14 所示，单击工具条上的 Toolbar Options 按钮，再单击 Add or Remove Buttons 按钮。

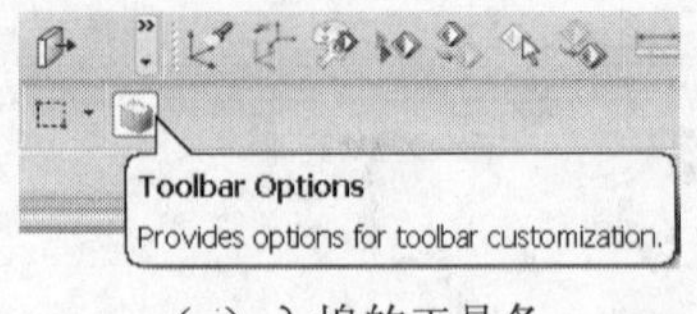

（a）入坞的工具条

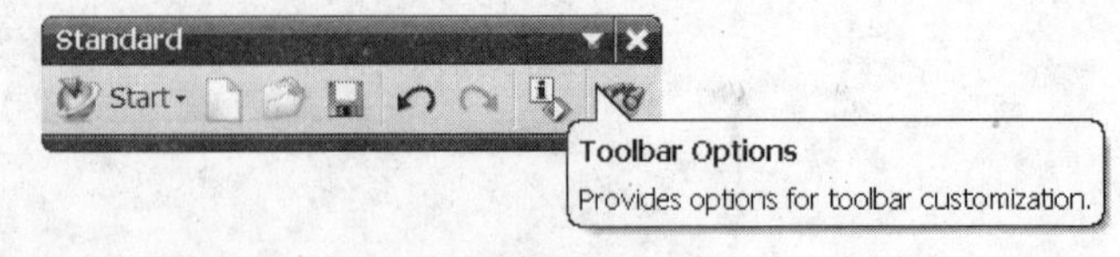

（b）离坞的工具条

图 2-14 工具条上的 Toolbar Options 按钮

（2）如图 2-15 所示，选择要修改的工具条，或选择 Customize 命令打开定制对话框。

（3）如图 2-16 所示，选中复选框显示一个项目，取消选中复选框消隐该项目。

5. 在离坞工具条上获取选项

在离坞工具条上获取选项如图 2-17 所示。

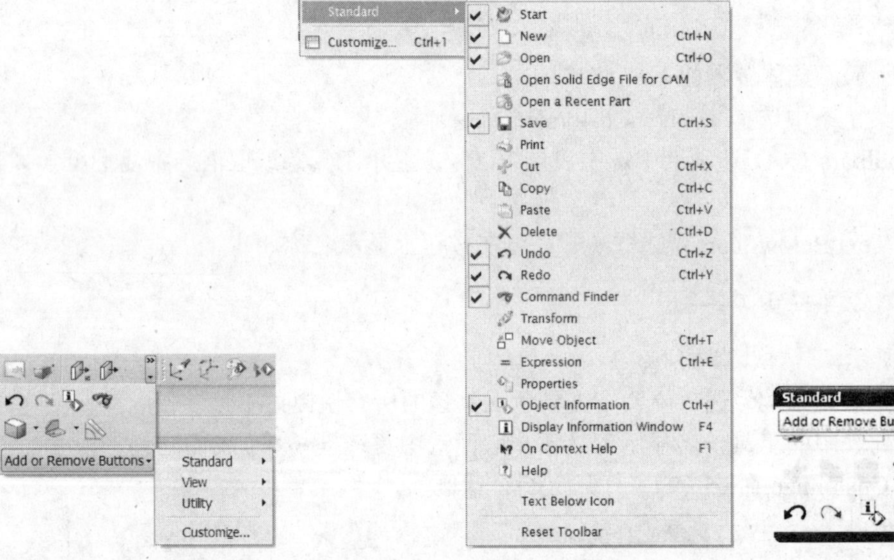

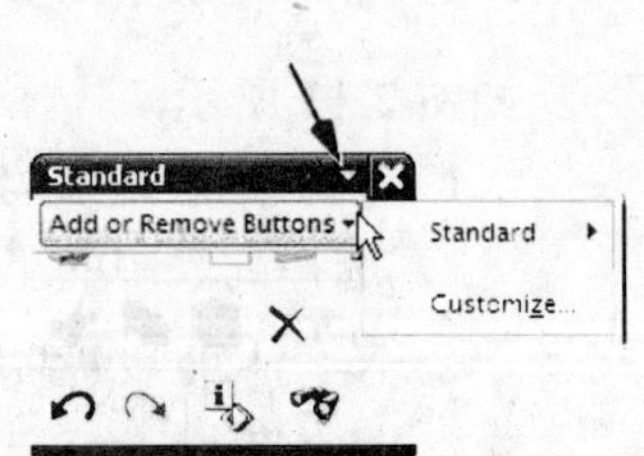

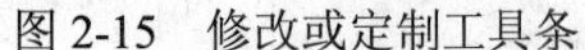

图 2-15 修改或定制工具条　　图 2-16 显示和消隐工具条上的项目　　图 2-17 离坞工具条

2.2.3 命令寻找器

利用 Command Finder（命令寻找器）命令寻找和激活特定 NX 命令，此命令与输入的一个、多个字或短语相关，并且包括在当前应用或任务环境中，它可以是未激活的命令。

在命令列表中：

- 当它在当前环境中有效时，显示命令位置。
- 如果它有效，启动该命令。
- 当它在当前环境中有效时，接通触发命令。
- 获取该命令的 Help 信息。

选择 Help→Command Finder 命令或在 Standard 工具条上单击按钮，打开如图 2-18 所示的 Command Finder 对话框。

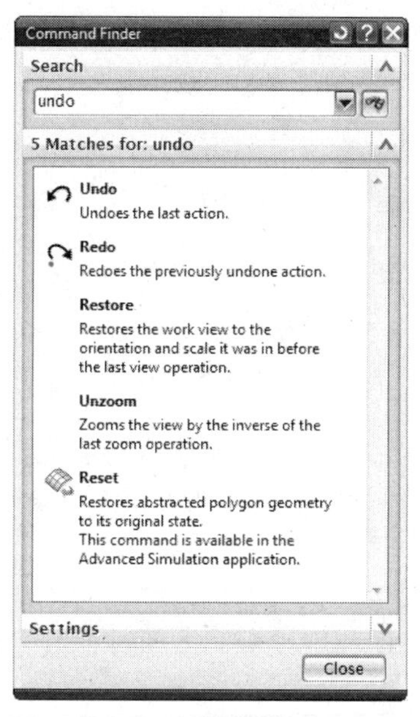

图 2-18　Command Finder 对话框

搜索命令的步骤如下：

（1）在 Standard 工具条上单击 Command Finder 按钮。

（2）在弹出对话框的 Search 文本框中输入一个、多个字或短语。

（3）单击 Find Command 按钮或按 Enter 键。

（4）放置光标在 Matches for 列表中的任一命令上，如图 2-19 所示。如果该命令可立即使用，正确的菜单路径或工具条按键将高亮显示，如图 2-20 所示。

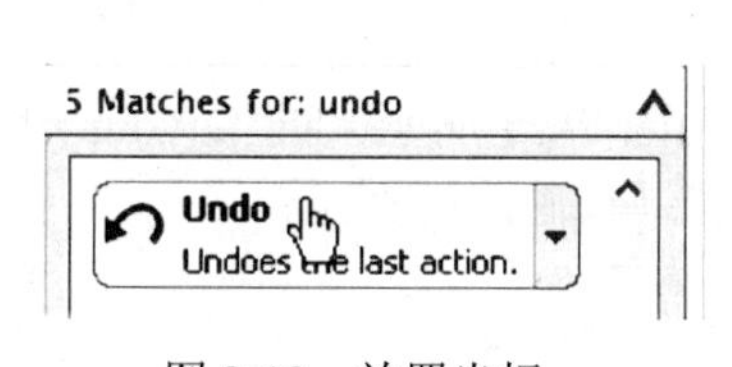

图 2-19　放置光标

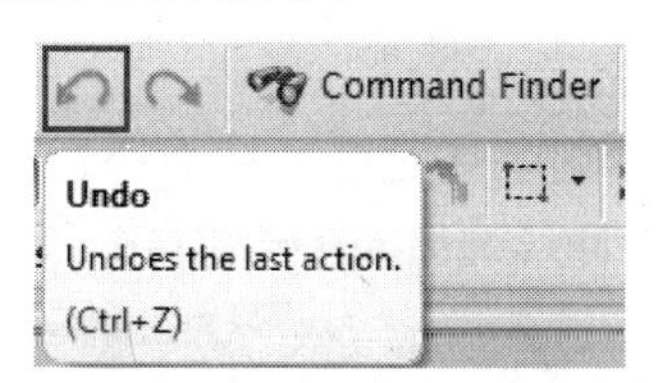

图 2-20　工具条按键高亮显示

（5）（可选项）单击列表中任一有效命令，立即激活它。

（6）（可选项）右击列表中任一命令，并在弹出的快捷菜单中选择 Help 命令显示关于该命令的附加信息。

2.2.4　选择对象与选择意图

1. 选择条

选择条在一个方便的位置合并各种选择选项，如图 2-21 所示。

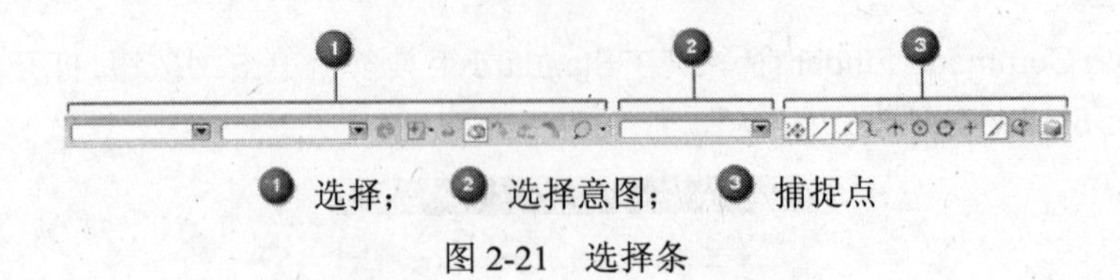

❶ 选择； ❷ 选择意图； ❸ 捕捉点

图 2-21 选择条

选择❶选项细分如图 2-22 所示。

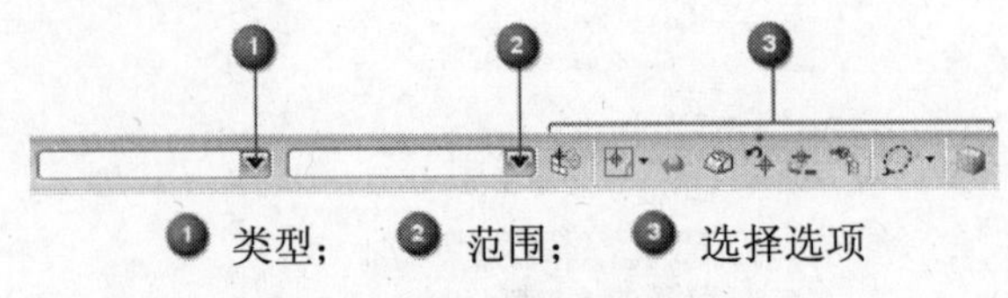

❶ 类型； ❷ 范围； ❸ 选择选项

图 2-22 选择条的选择选项

利用类型（Type）列表的属性（如颜色、层或对象类型）过滤对象。

利用范围（Scope）列表过滤对象，按照模型的范围（如仅在工作部件内或整个装配）去选择。

选择条的选择选项图示区域包括执行专门选择任务的选项，如选择所有、不选择所有和除选择的所有。也可以规定怎样利用光标，或通过拖拽矩形或画边界来选择多个对象。

选择意图❷选项细分如图 2-23 所示。

使用在选择条上的选择意图区定义边缘、曲线或面段的收集。

捕捉点❸选项细分如图 2-24 所示。

使用 Snap Point 选项选择在曲线、边缘和面上的控制点。

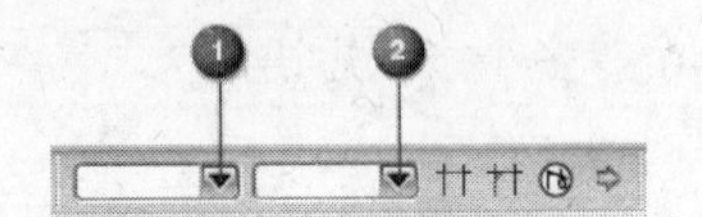

图 2-23 选择条的选择意图选项

图 2-24 选择条的捕捉点选项

2. 袖珍型选择条

选择 Tools→Customize 命令，在弹出对话框（如图 2-25 所示）的 Layout 选项卡中选中 Show Selection MiniBar 复选框，激活袖珍型选择条，如图 2-26 所示。

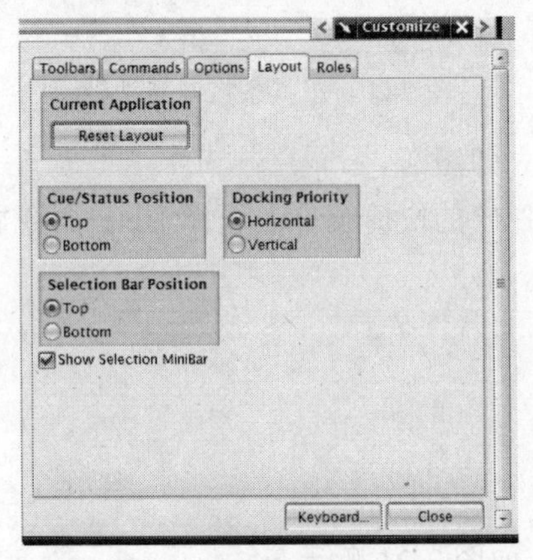

图 2-25 定制显示袖珍型选择条

图 2-26 袖珍型选择条

注意：袖珍型选择条在 NX 标准显示与全屏幕显示中均有效。

3. 快速拾取过滤器选项

当选择对象时，在选择球内常常有多个对象存在，Quick Pick（快速挑选）能方便地浏览这些候选对象。

如果在选择球位置有多于一个的可选对象，光标逗留一段时间后将改变为快速挑选指示器，如图 2-27 所示。

图 2-27　快速挑选指示器

显示此光标指示的那个位置有多于一个的可选对象。在光标改变后单击 MB1，打开如图 2-28 所示的 QuickPick 对话框。

QuickPick 对话框过滤器的选项描述如表 2-8 所示。

表 2-8　QuickPick 对话框过滤器的选项描述

选　项	描　述
所有对象	从在选择半径内所有对象选择
构建对象	从草图、曲线、约束和基准选择
特征	从建模特征选择
体对象	从实体和片体选择
组件	从装配组件选择
注释	从尺寸和 PMI 注释选择

在 QuickPick 中可以改变让 Quick Pick 指示器光标出现而必须静止逗留的时间，如图 2-29 所示。

- 选择 Preferences→Selection 命令。
- 在 QuickPick 组中改变 Delay 数值框中的值（秒）。

图 2-28　QuickPick 对话框

图 2-29　改变延迟值

4. 取消选择对象

如果选择了一个并不需要对象，可在按下 Shift 键的同时再次单击它以取消选择。

要取消选择图形窗口中的所有已选对象，可按 Esc（Escape）键。

5. 预览选择

当移动选择球光标经过对象时，它们会以预览选择颜色高亮。默认预览选择是激活的，可通过选择 Preferences→Selection 命令关闭它，如图 2-30 所示。

预览高亮颜色由 Preferences→Visualization→Color Settings 下的预选设置决定，如图 2-31 所示。该颜色也作用到当按下 Shift 键时可以被取消选择的对象。

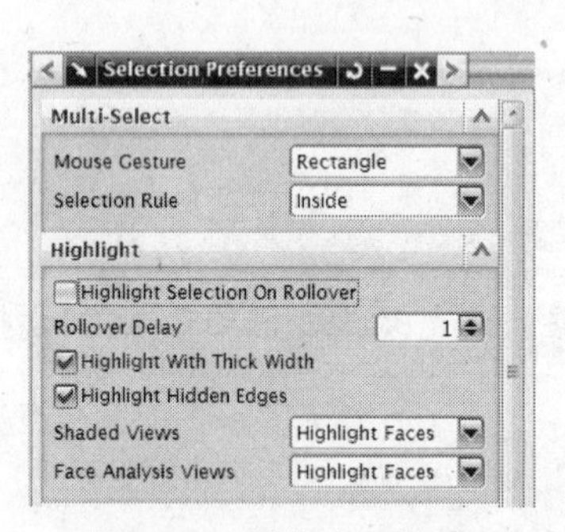

图 2-30 预览选择设置

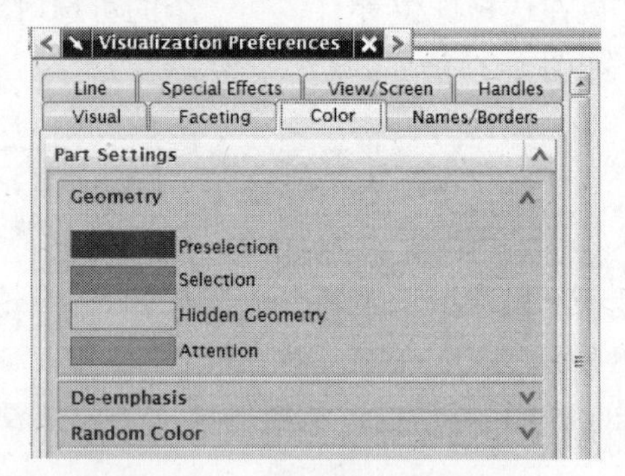

图 2-31 预览选择颜色设置

注意：预览选择颜色设置不随部件储存。设置保留仅对当前 NX 作业有效。

2.2.5 在作业间储存工具条配置

默认设置下，当退出某 NX 作业时，工具条的当前状态将被储存；当启动新作业时，它们的状态将是相同的。

可以控制当前工具条状态在退出作业时是否储存，具体步骤如下：

（1）选择 Preferences→User Interface 命令。

（2）在弹出对话框的 Layout 选项卡中选中或取消选中 Save Layout at Exit 复选框。

2.3 角 色

角色可以用多种方式来控制用户界面的外观。例如：

- 在菜单条上的显示项目。
- 在工具条上的显示按钮。
- 按钮名称是否显示在按钮下方。

当定义自己的角色时，系统管理员可以添加它们到面板，以方便与他人共享。

2.3.1 角色样例

NX 提供了多种角色样例。当定制工具条来满足自己的需求时，这些样例提供了起始点的选择。

角色面板包括下列 3 个组，分别介绍如下。

- 系统默认：针对新用户和高级用户的普通角色，如图 2-32 所示。
- 行业特定：为各种行业配置的实例，如图 2-33 所示。

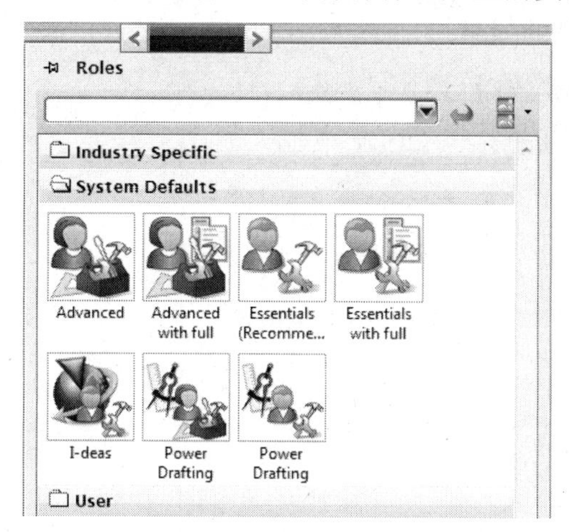

图 2-32　系统默认角色

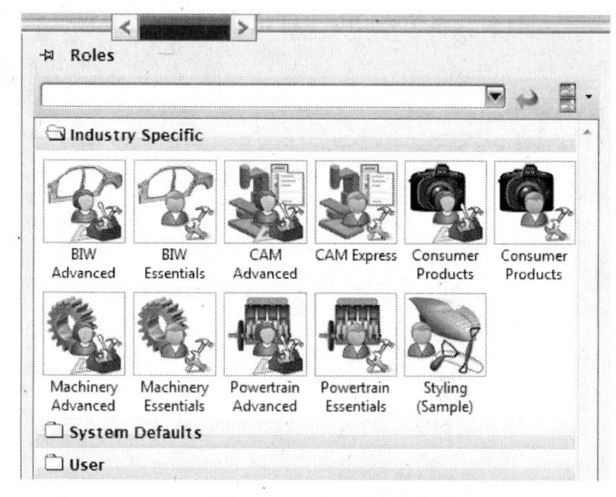

图 2-33　行业特定角色

- 用户：在储存一个或多个个人配置之后出现，如图 2-34 所示。

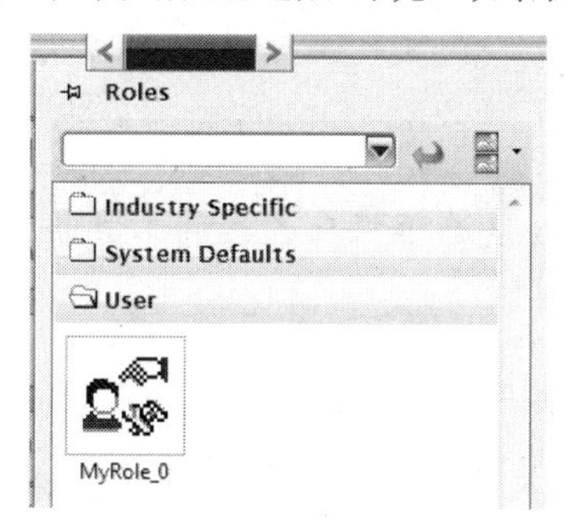

图 2-34　用户定义角色

2.3.2　选择一个角色

选择角色的步骤如下：

（1）在资源条中单击 Roles 按钮，打开 Roles 面板。

（2）单击所要的角色或拖拽它到图形窗口中。

【练习 2-1】　定制工具条

在本练习中，将学习显示、消隐、入坞与离坞工具条。

第 1 步　从目录\Part_C1 中打开 intro_1。

- 在 Standard 工具条上单击 Open 按钮。
- 在列表中双击 intro_1 打开部件。

第 2 步 检查在 Gateway 应用中显示了哪些工具条。

- 在 Standard 工具条的 Start 下拉列表框中选择 Gateway 选项。
- 在 NX 窗口的工具条区❶右击，并在弹出的快捷菜单中选择 Customize 命令❷，如图 2-35 所示。

在打开的 Customize 对话框中可以控制工具条的显示。

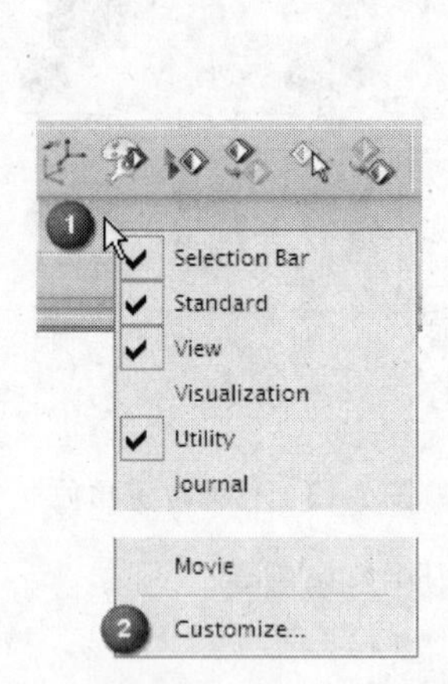

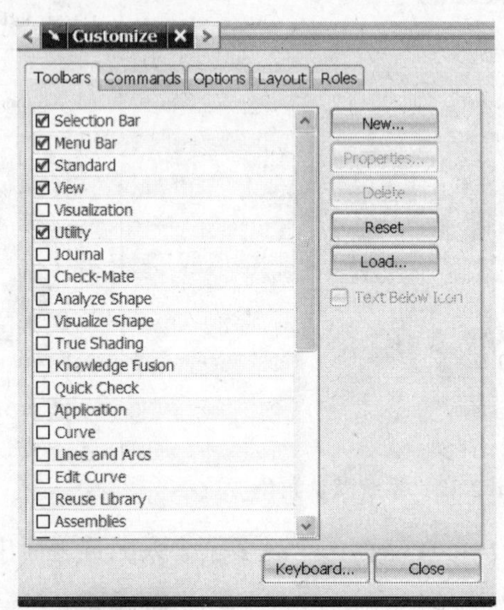

图 2-35 Customize 对话框

提示： 选中 Text Below Icon 复选框将在选择的工具条中展现按键名，取消选中该复选框将消隐按键名。

- 在列表框中确认 Selection Bar、Menu Bar、Standard、View 和 Utility 复选框被选中。

注意： 默认情况下工具条是入坞的。可以在 NX 窗口的顶部或底部水平地入坞，或者在左侧或右侧垂直地入坞。

- 在 Customize 对话框中单击 Close 按钮。

第 3 步 离坞工具条。

- 放置光标在 Utility 工具条的手柄部分，按下并拖拽工具条到图形窗口上，如图 2-36 所示。
- 当工具条离坞时，工具条名称显示在它的标题栏上，如图 2-37 所示。

图 2-36 拖拽工具条

图 2-37 离坞工具条

第 4 步 入坞工具条。

- 放置光标在 Utility 工具条的标题栏部分（❶），按下并拖拽工具条使标题栏部分落于菜单条内（❷），如图 2-38 所示。

第 5 步　移动入坞工具条。

- 放置光标在 Utility 工具条的手柄部分，按下并拖拽它到新的一行，如图 2-39 所示。

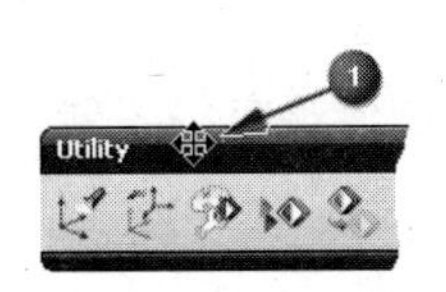

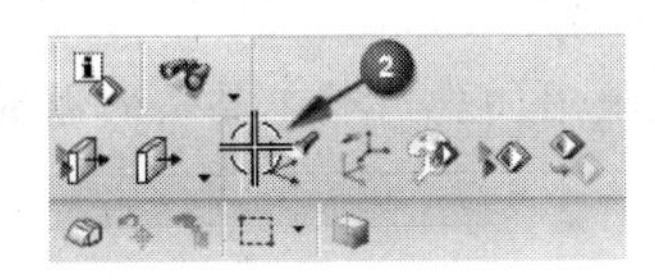

图 2-38　入坞工具条

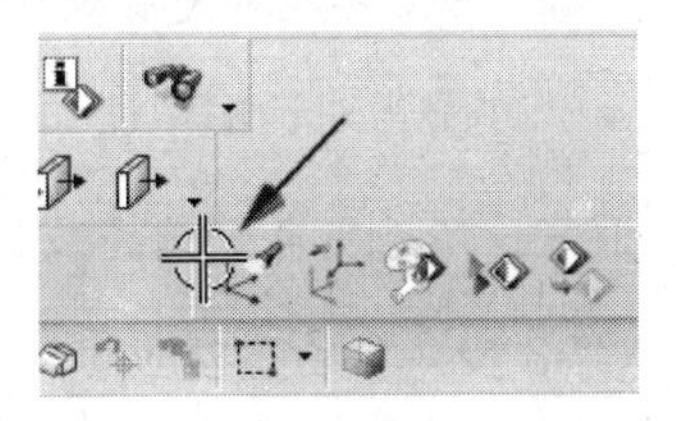

图 2-39　移动入坞工具条

第 6 步　关闭部件。

- 在菜单条上选择 File→Close→All Parts 命令。
- 如果显示警告信息并询问是否要关闭部件，单击 No-Close 按钮。

【练习 2-2】　建立新用户角色

在本练习中将学习：

- 调用 Essentials with full menus 角色。
- 定制工具条。
- 建立用户定义的角色。

第 1 步　从目录\Part_C2 中打开 intro_1.prt。

- 在 Standard 工具条上单击 Open 按钮。
- 在列表中双击 intro_1 打开部件。

第 2 步　在 Gateway 中调用 Essentials with full menus 角色。

- 在资源条上单击 Roles 按钮。
- 改变 Roles 面板到 Tiles，如图 2-40 所示。
- 如图 2-41 所示，按钮此时显示较小，因而一次可以看到所有角色。

图 2-40　改变 Roles 面板到 Tiles

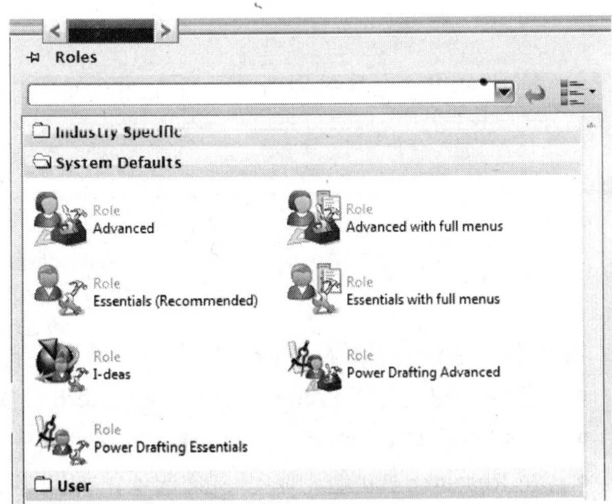

图 2-41　Tiles 显示

- 单击 Essentials with full menus 角色。

注意：Essentials with full menus 角色显示最常使用的按钮与工具条。在菜单条上的所有 NX 功能都是有效的。

- 在警告对话框中通知工具条定制将被重写，单击 OK 按钮。

注意：所选角色定义的工具条设置被使用。先前对工具条所做的任何改变将不储存。

第 3 步 启动建模应用。

- 选择 Start→Modeling 命令。

注意：启动不同应用将引入一组新的工具条。

- 在 Gateway 中建立的工具条可能被移动，而且可以包括不同按钮。

注意：Utility 工具条在 Modeling 应用中没有文本显示在它的按钮上。

第 4 步 在 Modeling 应用中定制一个工具条。

- 查找 Utility 工具条。
- 在 Utility 工具条上单击 Toolbar Options 按钮（❶），并选择 Add or Remove Buttons →Utility 命令。
- 如图 2-42 所示，选中 Work Layer、Layer Settings、Layer Drop-down 和 WCS Drop-down 复选框。

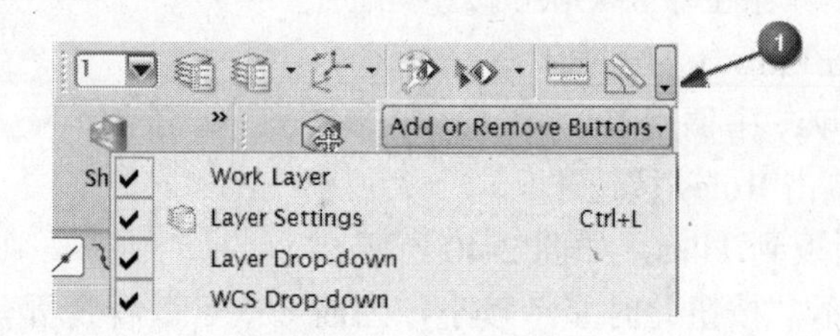

图 2-42 添加按钮

- 拖拽Utility 工具条到新的一行左端，如图 2-43 所示。

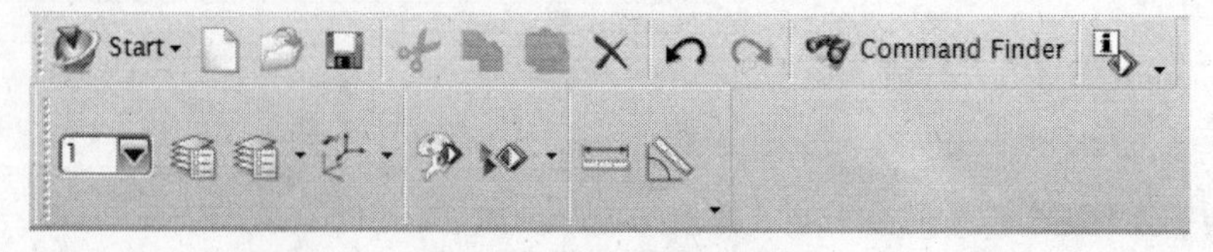

图 2-43 移动工具条位置

第 5 步 查看关于资源条的用户界面参数预设置。

- 在菜单条上选择 Preferences→User Interface 命令。
- 在弹出的 User Interface Preferences 对话框中选择 Layout 选项卡。
- 在 Resource Bar 组中考察 3 个选项，如图 2-44 所示。

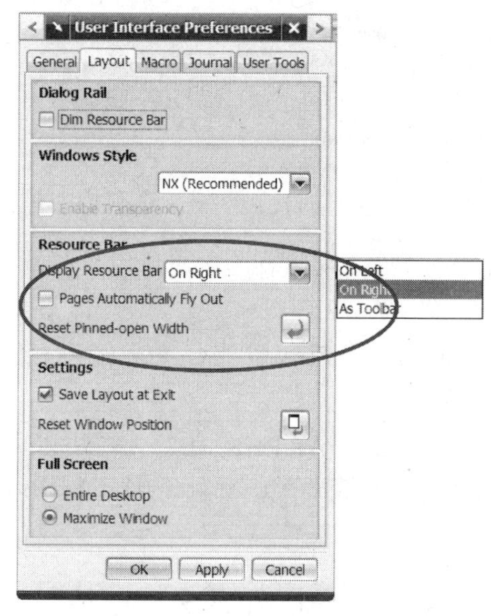

图 2-44　UI 参数预设置

- 单击 OK 按钮。

第 6 步　钉住和释放资源条。

- 单击资源条顶部外拐角上的图钉按钮，改变它为不钉住状态。
- 从资源条移出光标，确认它被自动消隐。

第 7 步　建立新的用户角色用于以后恢复对用户界面所作的改变。

- 在资源条上单击 Roles 按钮。
- 在 Roles 面板的背景中右击，并在弹出的快捷菜单中选择 New User Role 命令，如图 2-45 所示。
- 在打开的 Role Properties 对话框中单击 OK 按钮接受 MyRole_0 默认名。

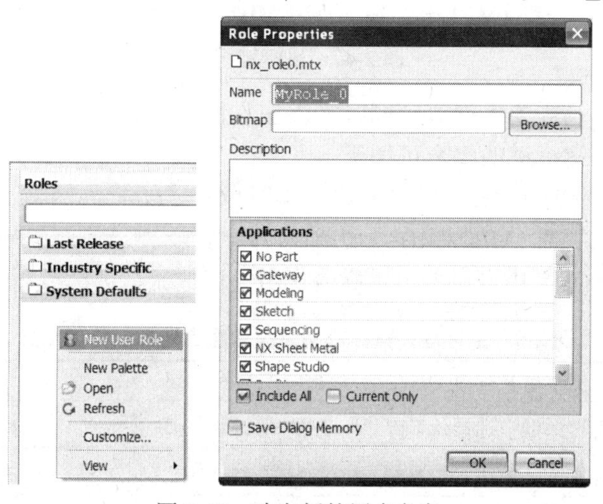

图 2-45　建立新的用户角色

新的用户角色出现在 User 文件夹中，如图 2-46 所示。

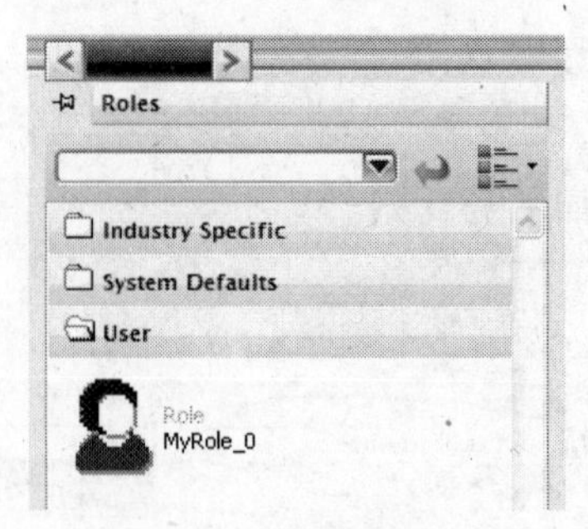

图 2-46　新的用户角色

第 8 步　关闭部件。

- 在菜单条上选择 File→Close→All Parts 命令。
- 如果显示警告信息并询问是否要关闭部件，则单击 No-Close 按钮。

2.4　利用鼠标工作

通常使用的鼠标有 3 种配置类型，如图 2-47 所示。

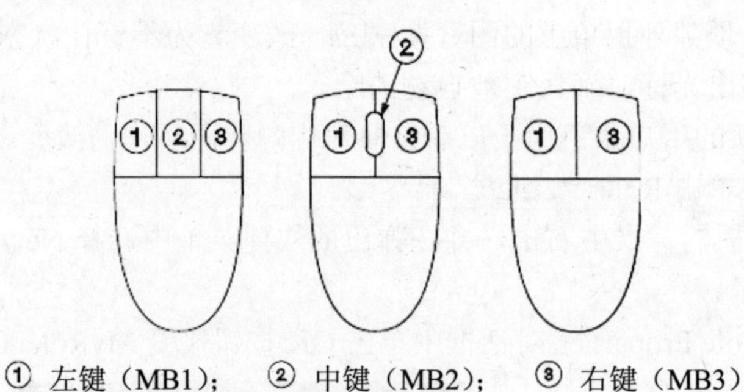

① 左键（MB1）；　② 中键（MB2）；　③ 右键（MB3）

图 2-47　鼠标键识别

在两键鼠标上，当需要中键时，同时按下左右键即可。

在三键鼠标上，鼠标键的组合可用于：

- 使用中键加右键（MB2+MB3）去平移对象。
- 使用中键加左键（MB2+MB1）去缩放对象。

如表 2-9 所示，在 NX 中可以使用鼠标或使用鼠标按钮与键盘组合的方式完成许多任务。

表 2-9　鼠标键、鼠标键与键盘键组合可以执行的动作

为了做此任务	鼠　标　键	执行此动作
从菜单中选择命令或在对话框中选择选项		选择命令或选项
选择在图形窗口中的对象		单击对象
选择列表框中的连续项目		按下 Shift 键并单击项目
选择不在列表框中的不连续项目		按下 Ctrl 键并单击项目

续表

为了做此任务	鼠　标　键	执行此动作
启动对象的默认动作		双击对象
在单击 OK 或 Apply 按钮之前循环通过在命令中所有要求的步骤		单击鼠标中键
取消对话框		按下 Alt 键并单击鼠标中键
显示对象特定的快捷菜单		右击对象
显示 View Popup 菜单		在图形窗口背景中右击

表 2-10 是通过移动鼠标光标可以做的事情的摘要。

表 2-10　移动鼠标光标可以做的事情的摘要

鼠 标 光 标	动　　作
在工具条的按钮上	显示该图符按钮的气球式帮助（Balloon Help）信息
在对话框中的按钮上	显示该图符按钮的名称
在图形窗口中的对象、特征或组件上	基于选择类型过滤器（Type Filter）预先高亮对象

2.5　操纵工作视图方位

1. 图形窗口视图操纵

如图 2-48 所示，可以用鼠标中键拖拽来旋转视图，释放鼠标键停止旋转。如果光标靠近图形窗口边界，系统推断会绕水平、垂直或法向轴旋转；如果光标是在图形窗口的中间，旋转轴由拖拽光标的方向决定。

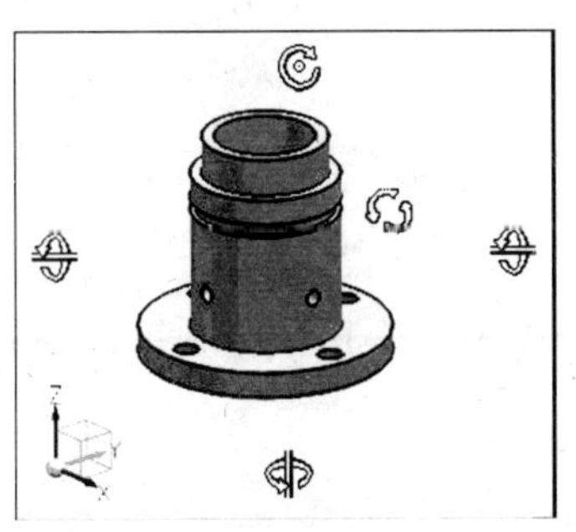

图 2-48　图形窗口视图操纵

其他操纵视图方向的选项描述如下所示。

2. 确定视图方向（Orient View）

修改特定视图方向到预定义的视图，改变的仅是视图对准而非视图名。如图 2-49 所示，此选项可以从 View 工具条的按钮上或从快捷菜单中调用。

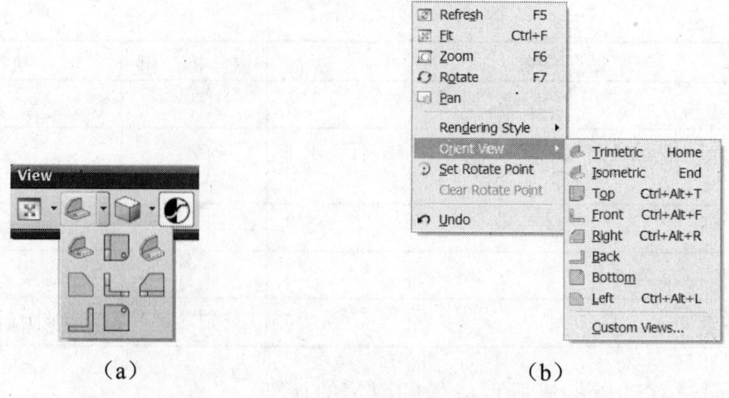

（a）　　　　（b）

图 2-49　View 工具条与快捷菜单中的 Orient View 命令

3. 快捷键

- Home 键：改变当前视图到 Trimetric 视图。
- End 键：改变当前视图到 Isometric 视图。
- F8 键：改变当前视图到选择的平面、基准平面或与当前视图方位最接近的平面视图（顶、前、右、后、底、左等）。

4. 视图三重轴

View Triad 是表示模型绝对坐标系方位的可视指示器。它显示在图形窗口的左下拐角处，如图 2-50 所示。

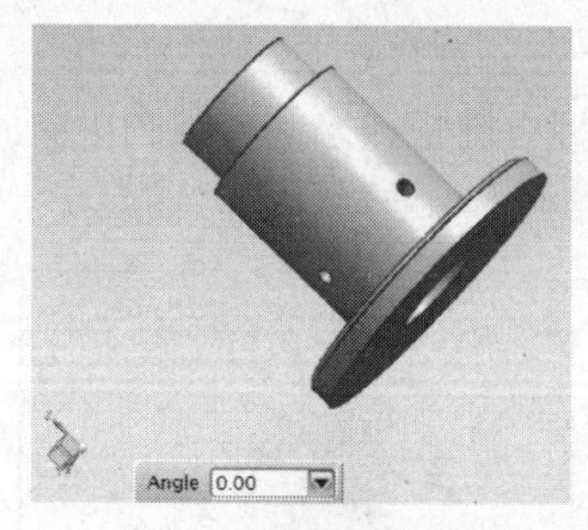

图 2-50　View Triad

- 单击视图三重轴中的一个轴，在用鼠标中键拖拽视图时将限制只能绕该轴旋转，如图 2-51 所示。

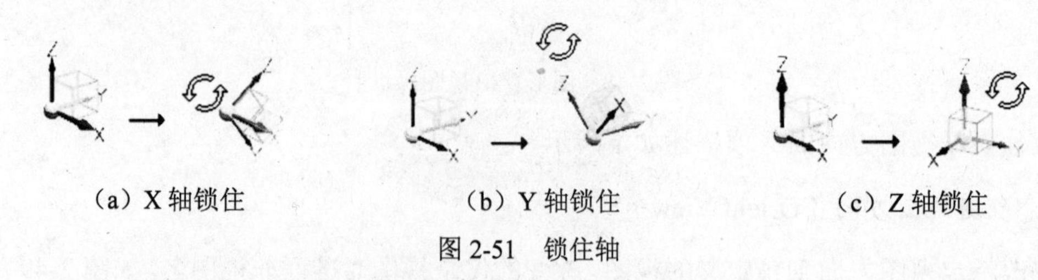

（a）X 轴锁住　　（b）Y 轴锁住　　（c）Z 轴锁住

图 2-51　锁住轴

- 按 Esc 键或单击视图三重轴原点手柄将返回正常旋转。

【练习 2-3】　改变视图显示

在本练习中，将改变视图显示与方向，并利用快速挑选选择对象：

- 改变视图方向。
- 利用快速挑选（Qucik Pick）。

第 1 步　从目录\Part_C2 中打开 clevis_1.prt，如图 2-52 所示。

第 2 步　操纵视图。

注意：要打开视图快捷菜单，可在视图内空白处单击 MB3。要打开视图辐射式菜单，可在视图内空白区域按 MB3，并保持约 1 秒钟。

- 从视图辐射式菜单中选择 Wireframe with Dim Edges 选项，如图 2-53 所示。

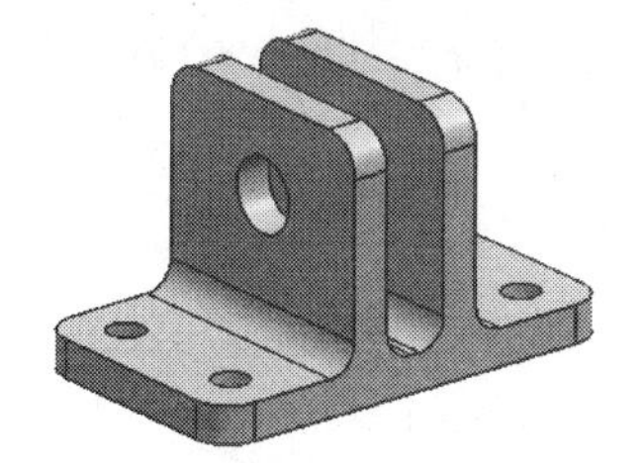

图 2-52　clevis_1.prt

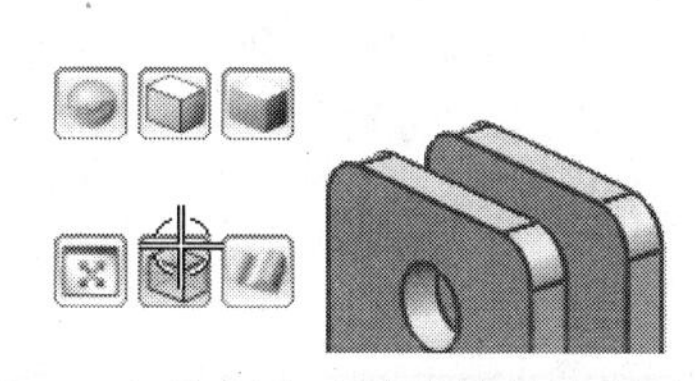

图 2-53　选择有暗淡边缘的线框显示

- 从视图快捷菜单中选择 Orient View→Right 命令。
- 按下 Home 键，视图方向改变为 Trimetric。
- 在 View 工具条的 Rendering Style 下拉列表框中选择 Shaded with Edges 选项，如图 2-54 所示。

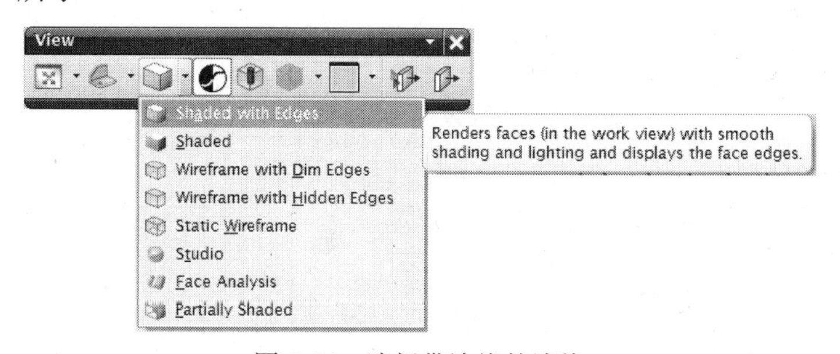

图 2-54　选择带边缘的渲染

- 将光标放在如图 2-55 所示位置，直到出现 Quick Pick 指示器。

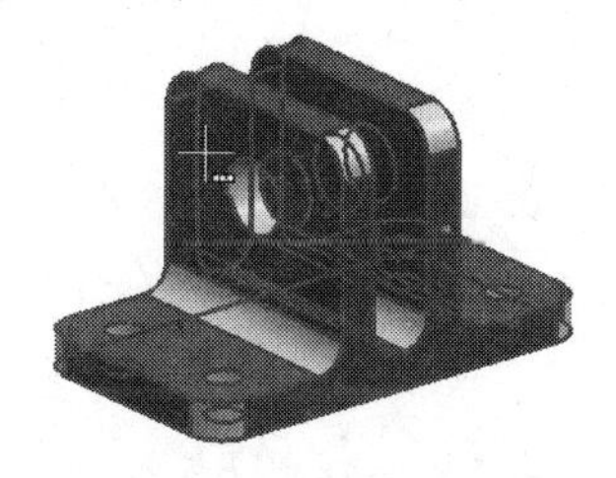

图 2-55　放置光标位置

- 单击 MB1，打开如图 2-56 所示的 QuickPick 对话框。
- 单击鼠标中键直到前表面高亮，如图 2-57 所示。

图 2-56 QuickPick 对话框

图 2-57 选择面

- 单击 MB1 确认面的选择。
- 按下 F8 键，视图改变方向，因而选中的平面已平行于图形窗口。
- 按下 Home 键，视图改变方向到 TFR-Trimetric。
- 按下 End 键，视图改变方向到 TFR-Isometric。

第 3 步 关闭部件。

第 3 章　坐标系、层与加入值

【目的】

本章是对 NX 中的坐标系、层管理、选择对象与加入值的基本介绍，在完成本章学习之后，将能够：

- 描述绝对坐标系（ACS）和工作坐标系（WCS）的差异。
- 移动工作坐标系（WCS）。
- 得到相对于工作坐标系的几何信息。
- 了解 NX 中的层状态、层设置与层类目。
- 了解 NX 中加入数值的方法。

3.1　NX 坐标系

3.1.1　坐标系综述

在 NX 中有不同的坐标系。三轴符号用于识别坐标系。轴的交点称为坐标系的原点。原点的坐标值是 X = 0，Y = 0 和 Z = 0。每一个轴线代表那个轴的正方向，如图 3-1 所示。

图 3-1　坐标系符号

设计与模型建立中最常使用的坐标系有 3 种，下面分别进行介绍。

1. 绝对坐标系（ACS）

绝对坐标系如图 3-2 所示。

绝对坐标系是不可见且不可移动的。全局坐标系轴的方向与图 2-50 所示的视图三重轴 View Triad 相同，但原点不同。

当利用 Model 模板建立新部件时，绝对坐标系和图形窗口中的基准坐标系及工作坐标系具有相同的位置与方向。当然，模板中的基准坐标系是实际的模型几何体，而绝对坐标系却是概念上的位置与方向。

2. 工作坐标系（WCS）

工作坐标系如图 3-3 所示，它是可移动的坐标系。

可以定义其他坐标系，但只有一个被称为工作坐标系或 WCS 的特定坐标系用于构建几何体。在任何部件中，不管在哪个位置与方向上是否有任何几何坐标系存在，总是可以将工作坐标系返回到绝对坐标系。

可以在模型空间中的任何位置定位与定向工作坐标系。WCS 本身不是几何体，然而它可以被定位在已存坐标系几何体上。

如图 3-3 所示，工作坐标系有标识颜色：X 轴是红色、Y 轴是蓝色、Z 轴是绿色。WCS 轴也有附加到轴名上的字母 C。

利用 WCS 参考在模型空间中对象的位置与方向，如可用它：

- 创建体素。
- 定义草图平面。
- 创建固定基准平面或固定基准轴。
- 创建矩形引用阵列。

3. 基准坐标系

基准坐标系如图 3-4 所示，提供一组关联对象，即 3 个轴、3 个平面、一个坐标系和原点。在 Part Navigator 中基准坐标系为单独特征，它的对象可以被个别地选择去支持其他特征建立和组件在装配中定位。

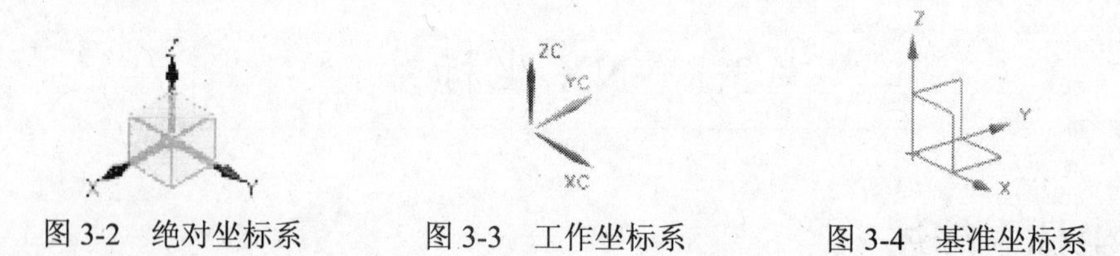

图 3-2　绝对坐标系　　图 3-3　工作坐标系　　图 3-4　基准坐标系

当建立新文件时，默认的基准坐标系被定位在绝对零点处。可以建立许多自己需要的基准坐标系。

3.1.2　工作坐标系选项

如图 3-5 所示，从 Utility 工具条或菜单条上选择 Format→WCS 命令获取 WCS 选项。

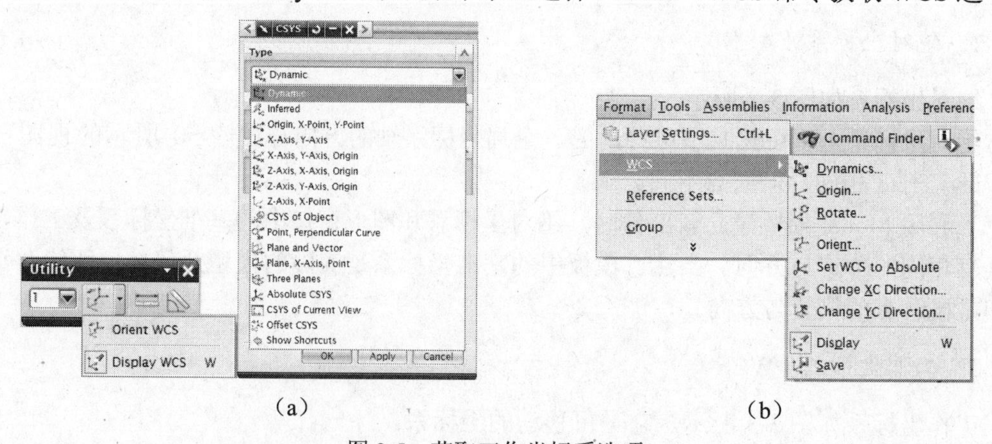

（a）　　（b）

图 3-5　获取工作坐标系选项

操纵 WCS 的有效选项描述如表 3-1 所示。

表 3-1　WCS 的有效选项描述

选　　项	描　　述
原点	规定位置而不改变方向
动态操纵	利用手柄调整原点与方向
旋转	在对话框中规定旋转
方向	利用有动态操纵、绝对、当前视图和其他几种方法的对话框来调整 WCS
设置 WCS 到绝对	WCS 返回到绝对坐标系
改变 XC 方向	利用有几个选项的对话框去规定 XC 轴
改变 YC 方向	利用有几个选项的对话框去规定 YC 轴
显示	显示或消隐 WCS
存储	在当前 WCS 的原点和方向上建立坐标系几何体

3.1.3　动态操纵工作坐标系

可利用 WCS Dynamics 命令去操纵工作坐标系的位置与方向。在任何时候均可以进入 WCS 的动态操纵方式并且支持 Undo 功能。如图 3-6 所示，（❶）为平移手柄，（❷）为旋转手柄，（❸）为原点手柄。

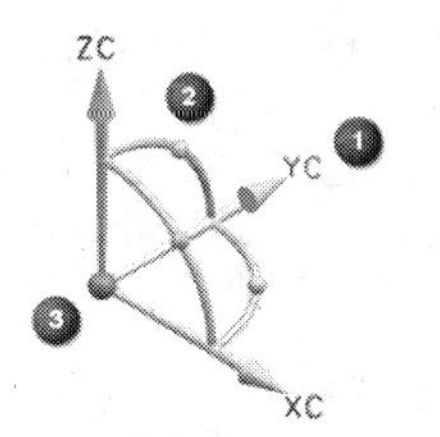

图 3-6　工作坐标系动态操纵手柄

获取 WCS 动态操纵模式的步骤如下：

- 在 Utility 工具条上单击 Orient WCS 按钮，在弹出的 CSYS 对话框的 Type 下拉列表框中选择 Dynamics 选项。
- 从菜单条上选择 Format→WCS→Dynamics 命令。
- 双击 WCS。

退出 WCS 动态操纵模式的步骤如下：

- 单击鼠标中键。
- 按下 Esc 键。
- 从菜单条上选择 Format→WCS→Dynamics 命令。

3.1.4　移动和定向工作坐标系

1. 移动 WCS（自由）

具体步骤如下：

（1）接通 WCS 动态操纵模式。

（2）放置光标在 WCS 的原点手柄上（立方体形）。

（3）拖拽 WCS 到任一位置。

（4）退出 WCS 动态操纵模式。

2. 移动 WCS 原点到指定点

（1）激活 WCS 动态操纵模式。

（2）选择在 WCS 上的原点手柄，如图 3-7（a）所示。

（3）拖拽原点到要求的位置，如图 3-7（b）所示。

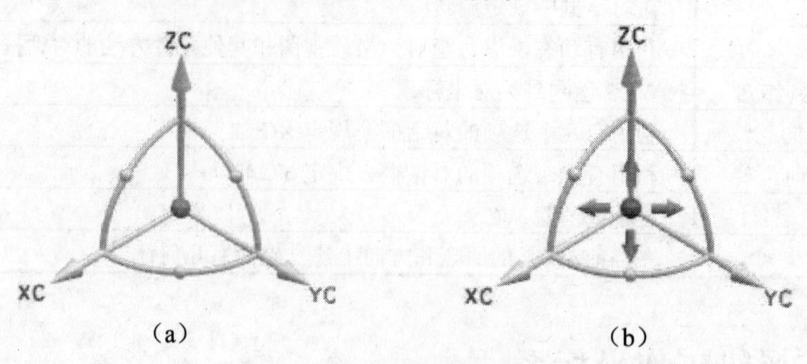

图 3-7 移动工作坐标系原点

注意：也可以利用 Point Constructor 命令将 WCS 移动到指定的点。

（4）退出 WCS 动态操纵模式。

3. 沿一轴移动 WCS

具体步骤如下：

（1）激活 WCS 动态操纵模式。

（2）选择一方向，单击轴手柄上的箭头，如图 3-8 所示。

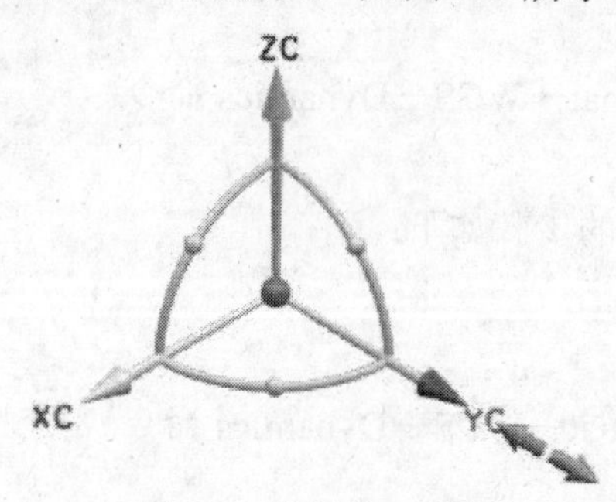

图 3-8 选择移动方向

（3）拖拽 WCS 到要求的位置或在在屏文本框中输入 Distance 值并按 Enter 键。

（4）退出 WCS 动态操纵模式。

利用 WCS Dynamics 命令动态地重定向 WCS。

4. 旋转 WCS

具体步骤如下：

（1）接通 WCS 动态操纵模式。

（2）利用下列 3 种方法之一旋转 WCS 到要求的角。

- 放置光标在 WCS 的 3 个旋转手柄中的任意一个上，绕其轴拖拽旋转 WCS，如图 3-9 所示。
- 在 Angle 和 Snap 文本框中设置旋转角度和级进增量，如图 3-10 所示。

注意：Angle 和 Snap 文本框中的默认值指示当前旋转角度和级进增量。

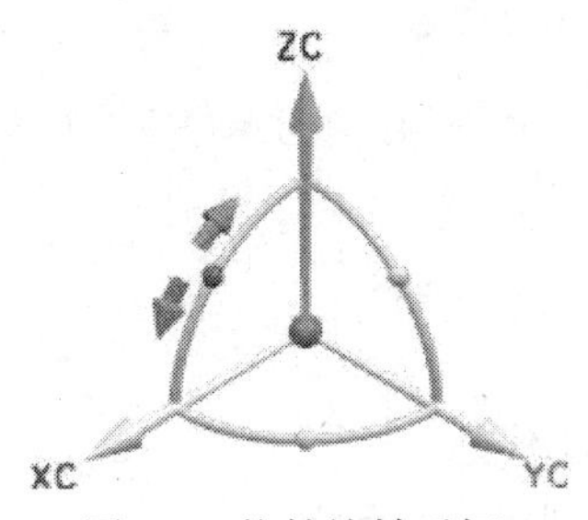

图 3-9　拖拽旋转手柄

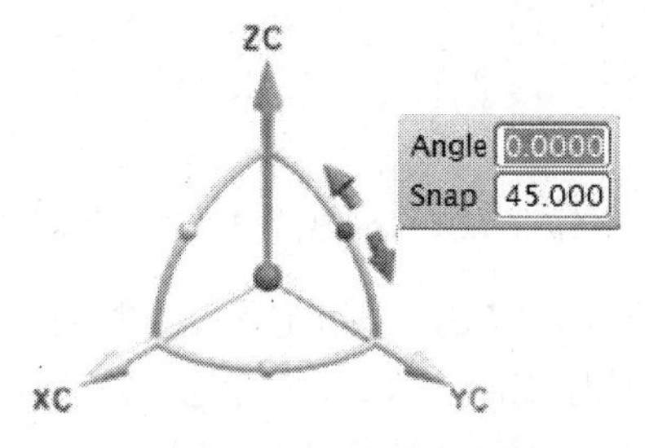

图 3-10　设置旋转角度和级进增量

（3）退出 WCS 动态操纵模式。

5. 定向 WCS 到对象

（1）接通 WCS 动态操纵模式。
（2）选择 WCS 中的一个轴。
（3）选择一个对象，如一条边缘，选择的 WCS 轴将对准到该对象。
（4）退出 WCS 动态操纵模式。

注意：为了指定矢量，在 WCS Dynamics 对话框中单击 Vector Constructor 按钮。WCS 仅定向到与对象平行，并不改变原点坐标。

6. 反转 WCS 的方向

为了 180° 反转 WCS，具体步骤如下：
（1）接通 WCS 动态操纵模式。
（2）双击 WCS 的某个轴。
（3）退出 WCS 动态操纵模式。

【练习 3-1】　坐标系

在本练习中，将利用 WCS 动态操纵手柄去移动 WCS。

第 1 步　打开 wcs_1.prt。

- 从目录\Part_C3 中打开 wcs_1，如图 3-11 所示。

第 2 步　改变工作坐标系原点。

- 在 Utility 工具条上单击 Orient WCS 按钮，在打开的 CSYS 对话框的 Type 下拉列表框中选择 Dynamics 选项。或在图形窗口中双击工作坐标系激活 WCS Dynamics。
- 在 Selection 条上确认 Control Point是激活的。
- 选择底部边缘中点，如图 3-12 所示。

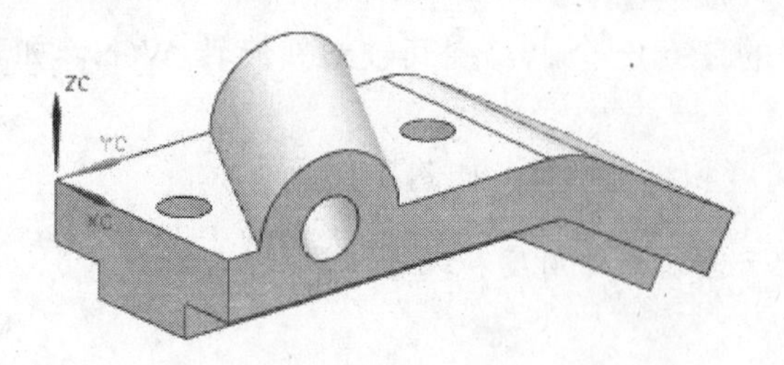

图 3-11 wcs_1.prt

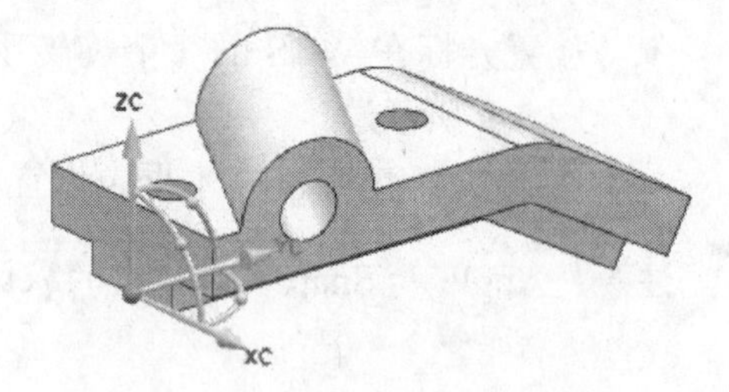

图 3-12 选择底部边缘中点

注意：默认状态下，原点手柄高亮。

为了移动 WCS，需指定新坐标原点。

当移动原点时，WCS 维持它的 XC、YC 与 ZC 方向不变。

- 单击鼠标中键退出 WCS Dynamics，WCS 返回到正常显示。

第 3 步 旋转工作坐标系。

- 在菜单条上选择 Format→WCS→Dynamics 命令。
- 选择旋转手柄，如图 3-13 所示。

注意：显示在屏文本框并允许输入特定角度和拖拽的级进角。

- 在 Angle 文本框中输入 90 并按 Enter 键。

注意：WCS 的原点不变。基于右手规则，坐标系绕 XC 轴旋转了 90°，如图 3-14 所示。

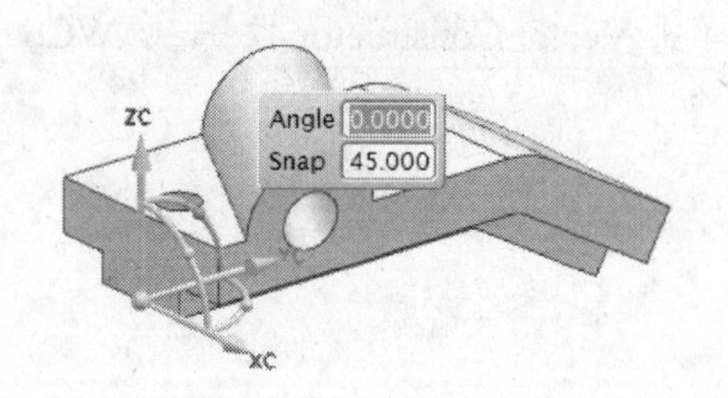

图 3-13 选择旋转手柄

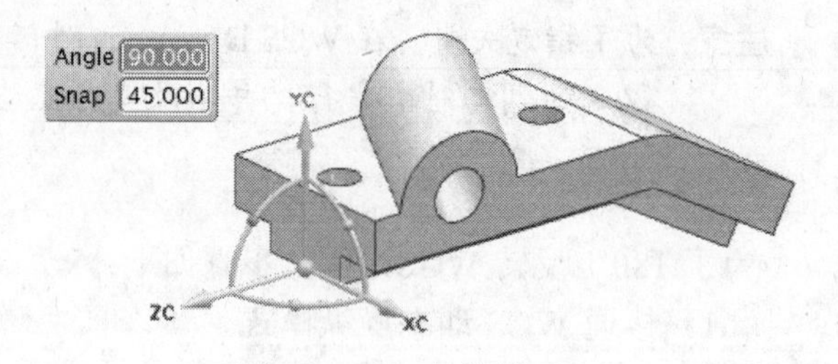

图 3-14 XC 轴旋转 90°

提示：也可以简单地拖拽旋转手柄，如图 3-15 所示。

- 单击鼠标中键，退出 WCS 动态操纵模式。

第 4 步 查询模型上的某点相对于 WCS 的位置。

- 在菜单条上选择 Information→Point 命令，打开 Point 对话框。
- 选择圆弧圆心，如图 3-16 所示。
- 比较相对于 WCS 方位的坐标值，然后关闭信息窗口。
- 在 Point 对话框中单击 Cancel 按钮。

第 5 步 反转 WCS 的 YC 轴。

- 单击 WCS Dynamics 按钮。

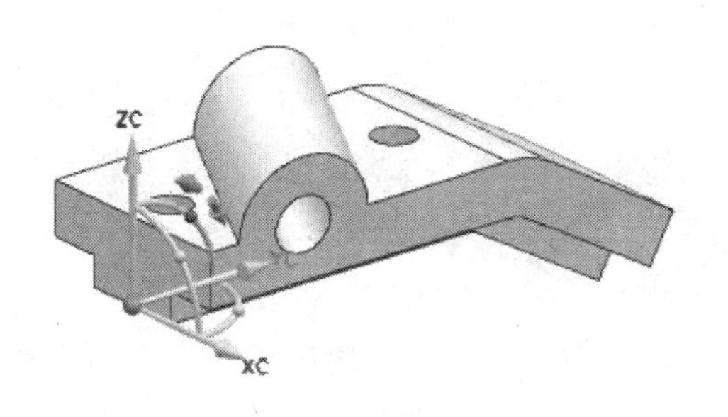

图 3-15　拖拽旋转手柄

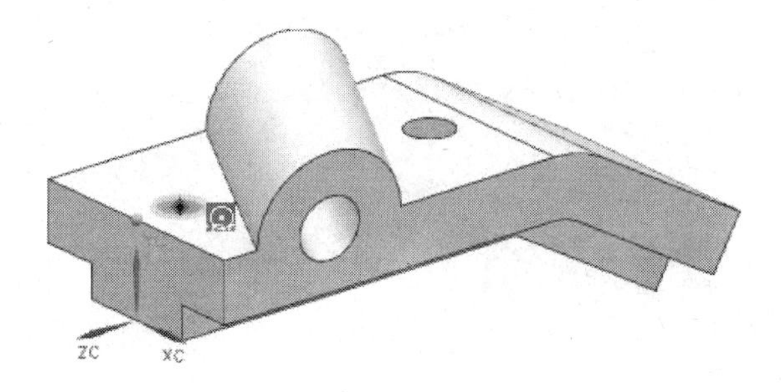

图 3-16　选择圆弧圆心

- 双击 YC 轴手柄，将使 YC 轴反向，结果如图 3-17 所示，YC 轴方向朝下。
- 单击鼠标中键，退出 WCS 动态操纵模式。

第 6 步　改变 WCS 的方位。

- 单击 WCS Dynamics 按钮。
- 移动 WCS 原点到如图 3-18 所示的位置。

注意：为清晰起见，下面图像已旋转。

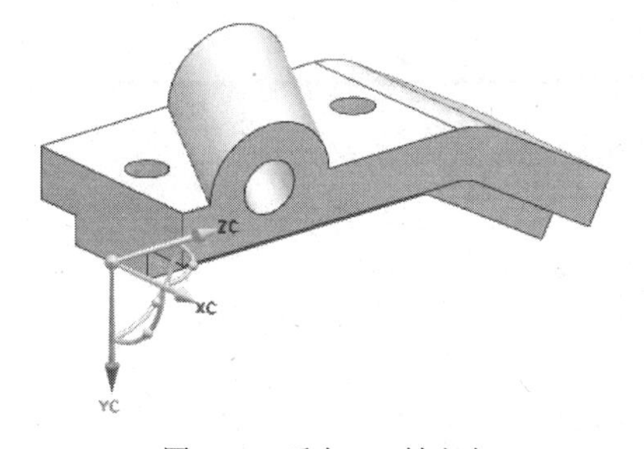

图 3-17　反向 YC 轴方向

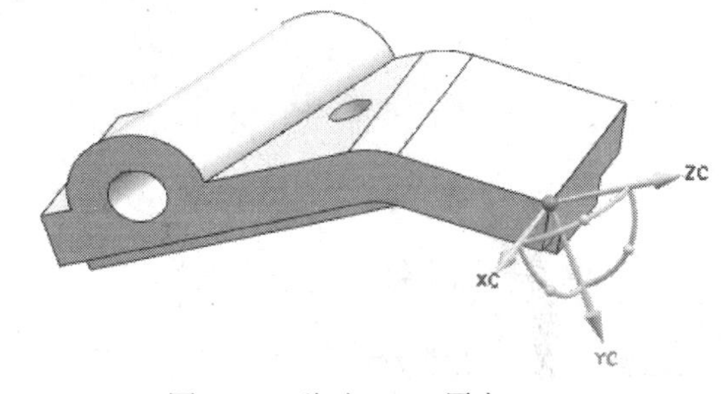

图 3-18　移动 WCS 原点

- 选择 XC 轴手柄，如图 3-19 所示。
- 选择如图 3-20 所示位置上的边缘。

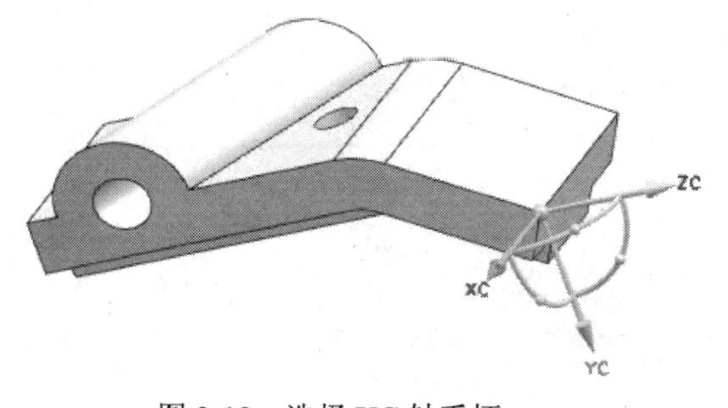

图 3-19　选择 XC 轴手柄

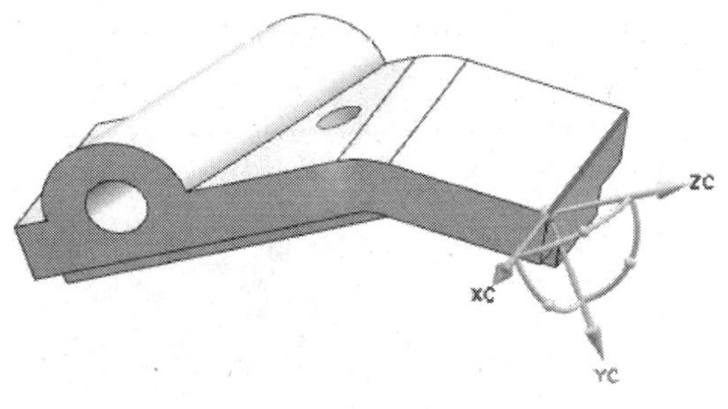

图 3-20　选择边缘

- 选择 YC 轴手柄，如图 3-21 所示。
- 选择如图 3-22 所示位置上的边缘。

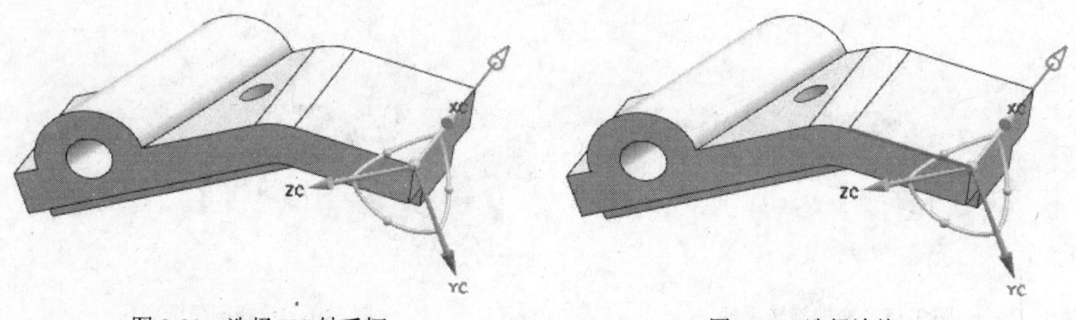

图 3-21 选择 YC 轴手柄　　图 3-22 选择边缘

- 单击鼠标中键即可完成设置。

第 7 步 查询一个对象相对于 WCS 的位置。

- 选择 Information→Object 命令。
- 在 Selection 工具条上改变 Type Filter 为 Edge。
- 选择如图 3-23 所示的下边缘。

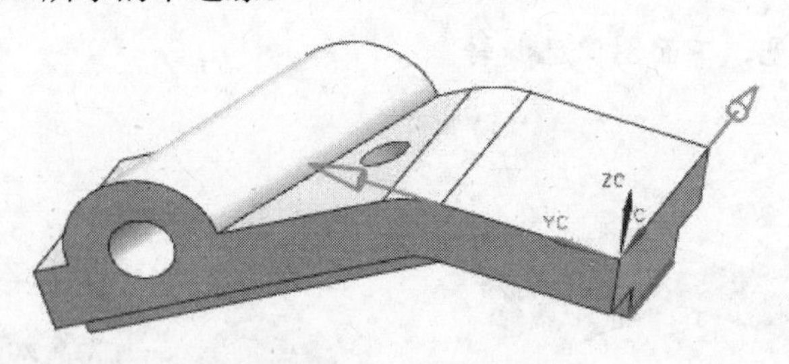

图 3-23 选择下边缘

- 单击鼠标中键接受选择的边缘。

注意： 关于边缘的信息出现在信息窗口中。起始点与终止点的坐标分别以相对于 WCS 与 ACS 的两组数据显示。

- 关闭信息窗口。

第 8 步 移动 WCS 返回到绝对坐标系。

- 选择 Format→WCS→Set WCS to Absolute 命令。

WCS 返回到绝对坐标系，它们的原点及方向完全重合，如图 3-24 所示。

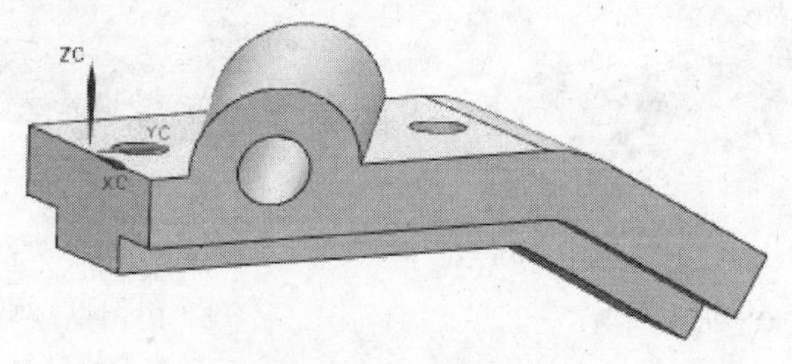

图 3-24 WCS 返回 ACS

提示： 在 Utility 工具条中可以利用 Add or Remove Buttons 命令添加 Set WCS to Absolute。

第 9 步　关闭所有部件，不储存。

- 选择 File→Close→All Parts 命令。
- 单击 No-Close 按钮确认要关闭修改过的部件。

3.2　层

3.2.1　层综述

NX 利用层（Layer）来组织部件文件的数据，利用层类目（Layer Categories）来组织和命名层。

在 NX 中有 256 层，层的状态有 4 种：

- 工作层（Work）。
- 可选层（Selectable）。
- 仅可见层（Visible Only）。
- 不可见层（Invisible）。

其中总有一层是工作层。工作层是对象创建在其中的层，它总是可见与可选的。当创建新部件时，层 1 是默认的工作层。当改变工作层时，先前的工作层自动成为可选层，然后可以指定其为其他层状态。

NX 没有限制在一个层上的对象数量。

3.2.2　层选项

如图 3-25 所示，为了获取层选项，有以下两种方式：

- 从菜单条上选择 Format→Layer Settings/Layer Visible in View/Layer Category/Move to Layer/Copy to Layer 命令。
- 在 Utility 工具条上单击层相关选项。

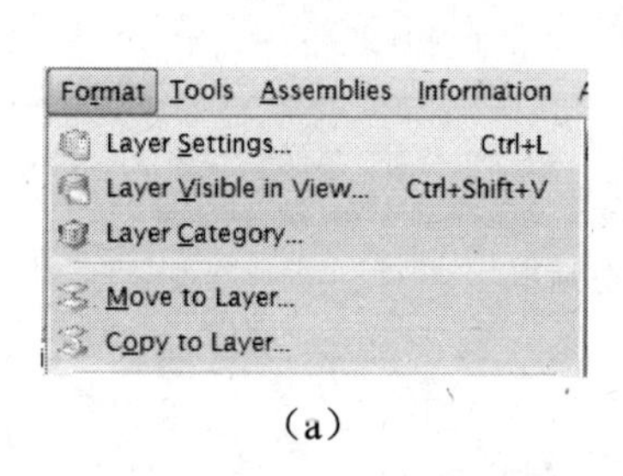

(a)

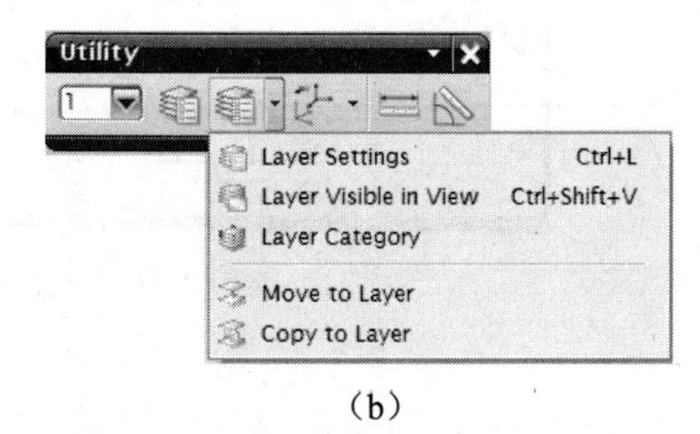

(b)

图 3-25　获取层选项

1. 层设置

利用 Layer Settings 对话框去设置带有对象的层状态，如图 3-26 所示。其中层 1 为工作层，层 21 为可选层，层 61 为仅可见层，层 62 为不可见层。

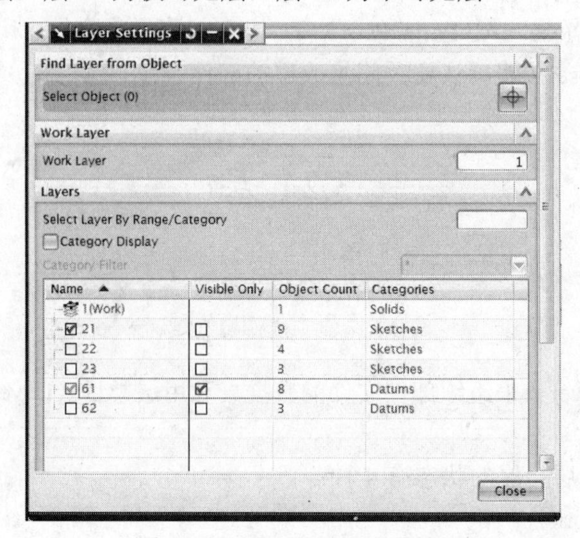

图 3-26 Layer Settings 对话框

2. 层类目

利用 Layer Category 对话框去创建或编辑层类目，如图 3-27 所示。

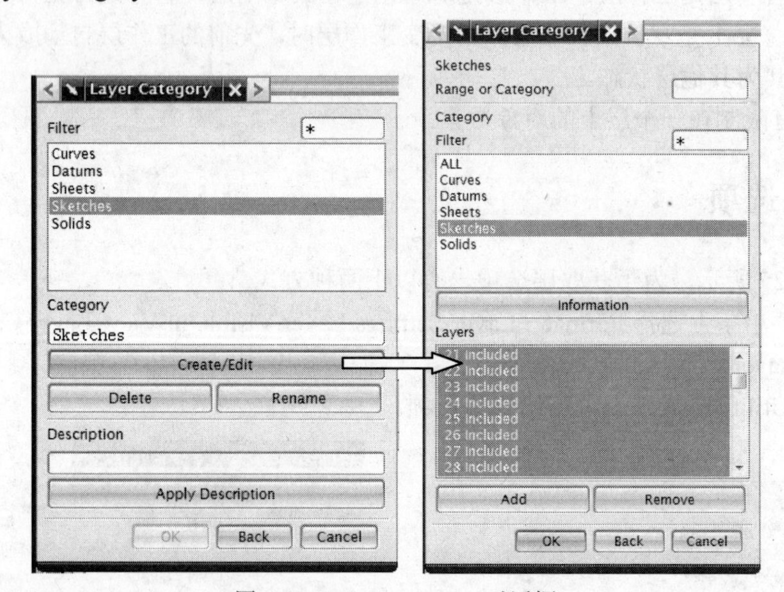

图 3-27 Layer Category 对话框

3.3 加入数值

NX 功能常常要求加入数值。在下列这些案例中，系统提供文本框或区域，可在其中加入值。

- 常数值：常数值 10.000、5.000 和 2.500 用于定义块（长 XC=10.0，宽 YC=5.0，高 ZC =2.5）。
- 表达式名：如 p6 或 WIDTH。
- 公式：如(3*6)/(5^2)。

要求加入数值的类型描述如表 3-2 所示。

表 3-2　要求加入数值的类型描述

类　　型	描　　述
常数	为了加入常数，可简单输入数值。软件存储的所有数为双精度常数，如 6 和 6.0000000 有相同的值 也可以加入一个在系统中有效的内置常数，如 pi()
使用表达式	可以在要求加入数值的实数文本域中加入任一已有的表达式名 当在某数值处加入表达式名时，在那个值与表达式间将维持连接。如果表达式改变，则值自动更新 注意：当表达式用于定义点对象和点位置时，没有维持连接到原表达式。当在点构造器中加入的表达式名为某值时，名字被转换为那个表达式的值。例如，如果加入表达式名 length1 去定义一条线端点的 X 坐标，则长度值增加，线将不改变。
数学公式语句	可以加入数学公式语句到任一要求加入数值的实数文本域 数学公式语句是含有常数、变量、内置函数和运算符的任意组合。例如： ● 1/2 ● 3*cos(25)/2 ● pi()*radius^2 ● 1+2 注意：也可以在科学计数法符号中加入语句。加入的值必须含有正或负的符号。例如: ● 2e+5 与 200000 有同值。 ● 2e-5 与.00002 有同值。

第 4 章　实体建模基础

【目的】

本章是学习 NX 实体建模的基础。在完成本章学习之后，将能够：

- 了解实体建模过程和复合建模特点。
- 利用 NX 7 实体建模模式完成模型设计。
- 完成建模参数预设置。
- 掌握体素特征与布尔运算的相关操作。

4.1　实体建模概念

4.1.1　实体建模综述

NX 建模应用提供了实体建模系统，从而帮助用户实现快速概念设计，并且可以利用该系统交互地建立与编辑复杂、逼真的实体模型。通过直接编辑尺寸或使用其他构造技术可以改变和更新实体模型。

1. 创建模型的实体毛坯

- 由草图特征扫掠形成

利用草图模块绘制草图，并标注曲线外形尺寸，然后利用拉伸或旋转功能进行扫掠创建实体毛坯。

- 由体素特征形成

NX 的设计特征功能提供了基于 WCS 直接生成解析形状的块、柱、锥、球等体素特征的能力，是创建实体毛坯的另一种方法。

2. 创建模型的实体粗略结构

NX 的设计特征功能提供了在实体毛坯上生成各种类型的孔、型腔、凸台与凸垫等特征的能力，以仿真在实体毛坯上移除或添加材料的加工，从而创建模型的实体粗略结构。

NX 的体素特征也可相关于已存实体的创建，然后通过布尔运算来仿真在实体毛坯上移除或添加材料的加工，是创建模型的实体粗略结构的另一种方法。

3. 完成模型的实体精细结构

NX 的细节特征功能提供了在实体上创建边缘倒圆、边缘倒角、面倒圆、拔模与体拔模等特征的能力，NX 的偏置与比例功能提供了片体增厚与实体挖空的能力。最后完成模型的实体精细结构设计。

4. 特征的相关性

相关性用于指示构建模型的特征间的相互关系，这些关系在设计者利用上述各种功能创建模型时建立。在相关的模型中，当模型被创建时，系统自动地捕捉约束与关系。

例如，在相关的模型中，一个孔与孔穿透的那个面相关联。如果之后模型改变，那个面被移动，孔将自动更新。

4.1.2　NX 复合建模

NX 的复合建模包括基于特征的参数化设计、传统的显式建模及独特的能够处理任何几何模型的同步建模。

利用参数化、基于特征的 CAD 建模功能，设计人员能够从一个基础形状开始，应用共用的机械产品特征（如孔、凸台、切口和圆角等）快速地创建实体模型。基于特征的建模方法将根据设计人员选择的特征参数值，在模型元件中自动地执行细节操作。

通过在设计前期捕捉设计意图，参数化建模使设计修改得以加速，可以很容易、很直观地用尺寸驱动的技术来进行设计变更。

NX 不限于参数化实体建模，它包括一个为显式定义线框、曲面和实体几何体的完整系统。通过这些传统的建模工具，设计人员能够用一系列不受限制的操作来处理二维或三维几何体，包括曲线和样条定义，扫掠、旋转和放样后的实体，求和、求减和求交实体的布尔操作，通过一条曲线或点网络的精密曲面建模。在 NX 中，总是可用多种方法来实现产品的几何形状定义。

4.1.3　NX 7 的建模模式

当工作在 NX 7 建模应用中时，可以是下列两种模式之一：

- 基于历史的模式（History Mode）。
- 独立于历史的模式（History-Free Mode）。

1. 基于历史的建模模式（History Mode）

该模式利用显示在部件导航器中的有时序的特征线性树来建立与编辑模型。这是传统的基于历史的特征建模模式，也是在 NX 中进行设计的主要模式。

该模式对创新产品中的部件设计是有用的。对利用基于植入草图及特征内的设计意图、预定义的参数和用建模时序去修改设计的部件，它也是有用的。

图 4-1 所示六角螺母的建模模式是基于历史的模式，它是相关参数化模型。

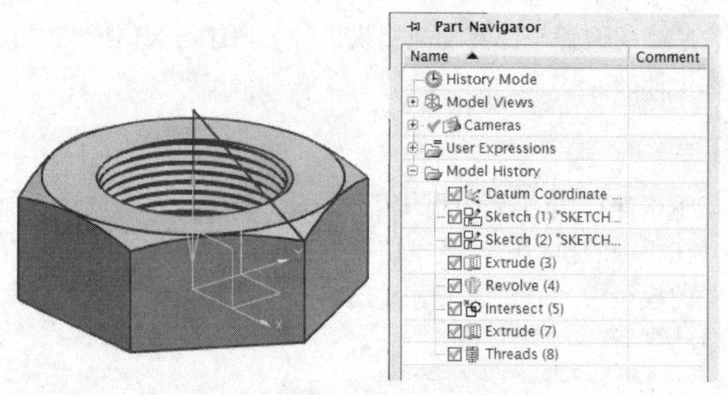

图 4-1 基于历史的建模模式

2. 独立于历史的建模模式（History-Free Mode）

该模式是一种没有线性历史的设计方法，仅强调修改模型的当前状态，并用同步关系维护存在于模型中的几何条件。在几何构建或修改期，特征操作历史不被储存，没有对线性特征建立时间表的依赖。

独立于历史的建模模式提供了除基于历史建模模式以外的另一种全新建模模式，可在更简单、更开放的环境中快速设计与修改。

- 不限制模型到线性特征操作时间表。
- 同步建模命令让用户修改任一模型时，不用去管它的由来、相关性或它是怎样建立的。
- 因为没有特征操作时间表，所以也没有特征回放。
- 独立于历史的建模模式并不意味没有特征。在此模式中，某些 NX 命令，如孔、倒圆、倒角和同步建模的尺寸等命令被处理为“同步特征（Synchronous Feature）”。可以在与建立它们时相同的方式中编辑它们。

在独立于历史的模式中，建立与编辑模型是基于模型的当前状态，并且仅建立不依附顺序结构的同步特征，而没有排列好的特征顺序。

当需要探测设计概念或无须预先计划建模步骤时，独立于历史的模式是有用的。对下游的修改，如加工，那里的部件模型可以是缺乏历史的，或是机械师不想冒进行改变的风险时，它是有价值的。

图 4-2 所示模型的建模模式是独立于历史的模式。它利用同步建模技术添加了线性尺寸约束，从而改变了两同轴柱面与顶面的位置。

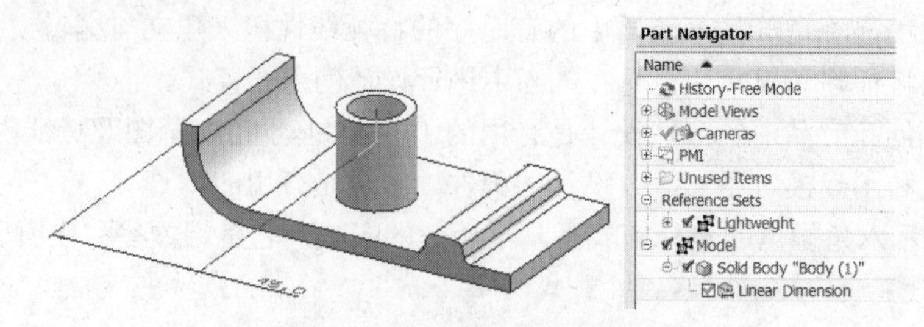

图 4-2 独立于历史的建模模式

3. 使用同步技术的同步建模

NX 7 提供了独特的同步建模功能，使设计人员能够改动模型，而不用管这些模型来自哪里；也不用管创建这些模型所使用的技术；也不用管是原生的 NX 参数化、非参数化模型，还是从其他 CAD 系统导入的模型。利用直接处理任何模型的能力，NX 节约了浪费在重新建造或转换几何模型上的时间。使用同步建模，设计人员能够继续使用参数化特征，但却不再受特征历史的限制。

注意：

（1）本书《NX 7 CAD 快速入门指导》培训教程中的实体建模主要介绍“基于历史的建模模式”。

（2）“独立于历史的建模模式”将在《NX 7 同步建模技术应用》培训教程一书中专题介绍。

4.1.4　部件建模综述

建模应用为设计师提供了直观、舒适的建模技术，如草绘、基于特征的建模及尺寸驱动的编辑等。

不管是设计单独部件还是设计在装配内的部件，所遵循的建模过程都是相同的。在每一步做的决定取决于用户的设计目的。

1. 由新部件文件启动

- 为部件模型建立空文件。
- 添加空文件到装配作为新组件，在装配上下文中设计部件，如图 4-3 所示。

在装配中设计部件，建立与其他部件的正确拟合与对准，避免无意识的干涉。

2. 建立基准

建立基准如图 4-4 所示。

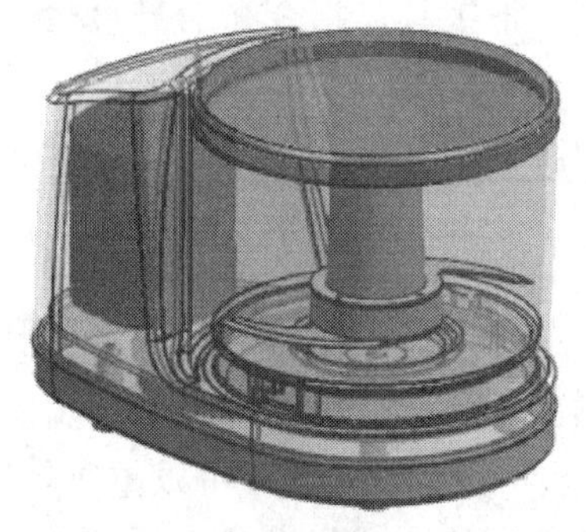

图 4-3　在装配上下文中设计

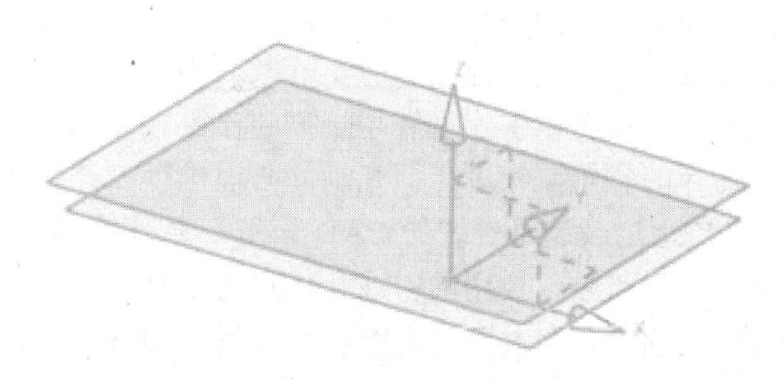

图 4-4　建立基准

建立基准坐标系与基准平面去定位建模特征。这些基准为用户添加特征构成相关链的开始部分。

3. 建立特征

按照建模策略建立特征：

- 用设计特征启动，如拉伸、旋转或扫掠去定义基本形状。这些特征典型地使用定义截面。
- 继续添加其他特征设计模型。
- 用细节特征完成，如边缘倒圆、倒角和拔模去添加最后的细节，如图 4-5 所示。

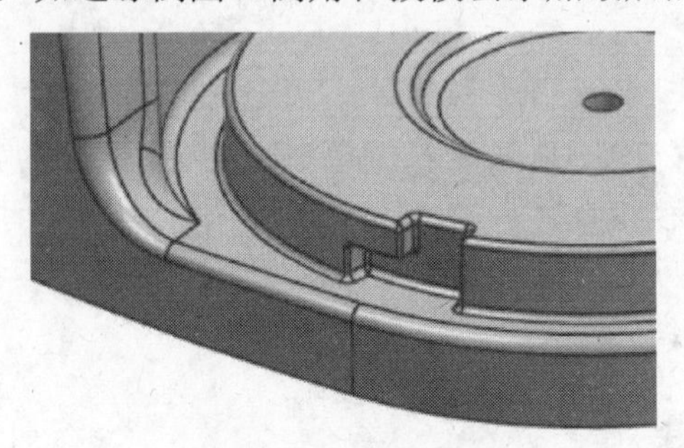

图 4-5 添加细节特征

4.2 设计意图与实体建模

设计意图由下列两方面组成。

- 设计考虑：在实际部件上的几何需求，包括决定部件细节配置的工程和设计规则。
- 潜在的改变区域：称之为设计改变或迭代，它们影响部件配置。

设计意图决定建模策略的选用，主要表现在以下 3 方面。

- 零件的潜在改变区：决定零件建模的关键设计变量与关联变量。
- 装配件组件间的关联性：形状与位置决定部件间相关建模技术的选用。
- 设计数据的重用。

NX 的设计是智能的，它提供一个极具生产力的环境，把工具、指令和信息直接组织在工作流程中，指导设计人员进行输入，从而高效地完成各项任务。屏幕显示提供即时反馈和方便的用户输入控制，而不分散对当前任务的注意力。利用部件和装配导航器辅助工具，设计人员可以快速理解用于创建产品模型的结构和技术。为了减少差错，NX 提供对设计命令的预览，让设计师充满信心地进行设计。

NX 远远超越了传统的 CAD 系统。通过使用过程自动化和知识捕捉工具，NX 可以在需要时提供可重复使用的专业化的过程，从而直接支持精益设计、六西格玛设计、组部件和过程的重复使用及符合组织和行业标准的各种过程。NX 使公司最佳实践得以重复使用。

通过智能用户输入方法，NX 可以捕捉设计意图，进而智能地实现设计变更和模型更新，它引导设计人员通过一个直观的过程来查询在变更发生时需要做出的不明确的设计决策。

4.3　建模参数预设置

选择 Preferences→Modeling 命令，打开如图 4-6 所示的 Modeling Preferences 对话框。

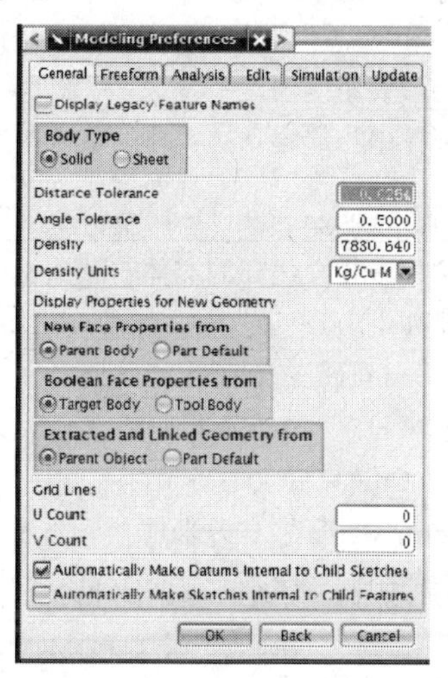

图 4-6　Modeling Preferences 对话框

一旦预设置了某个建模参数，相继建立的对象将默认使用它。有些设置也可以在某些建模命令对话框内规定。

在任一建模操作中，建模预设置参数总是有效的。在创建对象的过程中，可以改变设置。

表 4-1 是对建模参数预设置 General 选项卡的选项描述。

表 4-1　建模参数预设置 General 选项卡的选项描述

选　项	描　述
Display Legacy Feature Names（显示遗留的特征名）	规定特征名在部件导航器和其他对话框中显示的式样 选中该复选框将以老的不一致的式样显示特征名。通常是所有字母大写并用下划线连接 取消选中该复选框，特征名将以可移动的纯文本显示，它们与菜单条名相匹配。例如： 纯文本特征名　　遗留的特征名 Mirror Set　　MIRROR_SET Simple Hole　　SIMPLE_HOLE Datum Coordinate System　　DATUM_CSYS
Body Type（体类型）	规定用某些命令如 Extrude、Revolve、Through Curve Mesh、Through Curves、Section 和 Ruled 等建立体的类型 ● Solid：设置默认体类型为实体 注意：如果对选择的输入几何体用给出的命令不能产生实体，则以片体代替。 ● Sheet：设置默认体类型为片体

续表

选　　项	描　　述
Distance Tolerance（距离公差）	规定默认的建模距离公差 该值用于整个建模应用，如当建立扫掠、旋转实体和二次截面实体时。例如，当建立片体时，距离公差规定在原面和最终 B-曲面上相应点间可允许的最大距离
Angle Tolerance（角度公差）	规定默认的角度公差 角度公差是在相应点上曲面法向间所允许的最大角度偏差或在相应点上曲线矢量间所允许的最大角度偏差
Density（密度）	规定在当前部件中相继建立的实体的默认密度值 **注意：**利用 Assign Solid Density 命令改变已有实体的密度值。
Density Units（密度单位）	规定在当前部件中相继建立的实体的默认密度单位 有效的单位是如下： ● Lb/Cu In (磅/立方英寸) ● Lb/Cu Ft (磅/立方英尺) ● g/Cu Cm (克/立方厘米) ● Kg/Cu M (千克/立方米) 改变密度单位将引起系统基于新单位重新计算当前密度值。如果需要，仍然可以改变密度值
Display Properties for New Geometry（显示新几何体特性）	
New Face Properties from（新的面特性来自）	● Parent Body（父体）：规定新建的面使用该面所添加到其上的那个体的显示特性。当这个预设置参数被设置为 Parent Body 时，在圆柱上进行倒圆的结果如下图：新的面用与在其上建立该面的体的相同显示特性建立 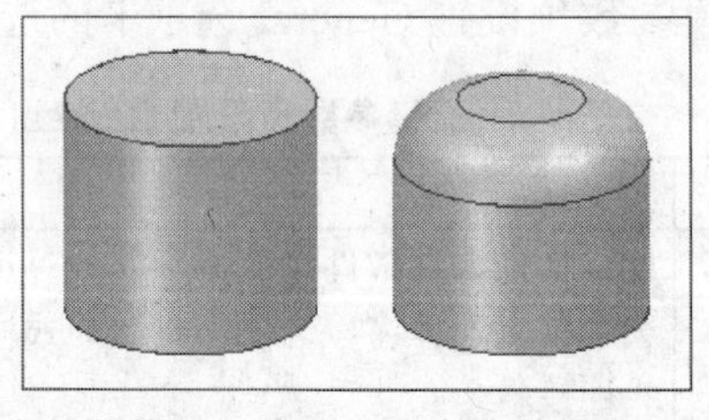 如果要显示特性与体内的其他面一致，可选中该单选按钮 ● Part Default（部件默认）：规定新建的面使用部件的默认显示特性，即在 Preferences→Object 命令下的那些设置 当这个预设置参数被设置为 Part Default 时，在圆柱上进行倒圆的结果如下图：倒圆面用与圆柱体不相同的颜色建立 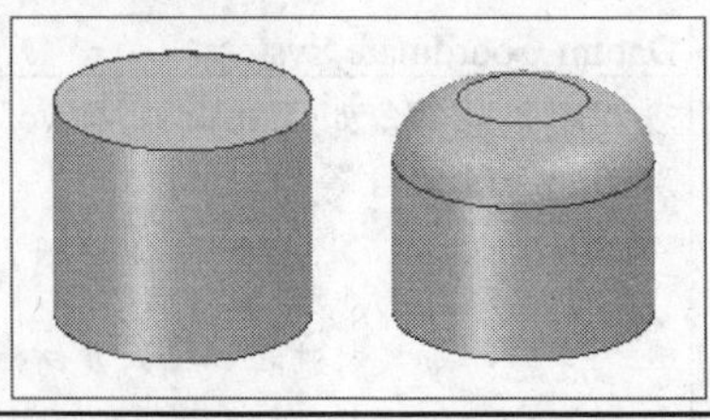

续表

选　项	描　述
Boolean Face Properties from（布尔面特性来自）	● Target Body（目标体）：布尔操作结果产生的新面特性将继承目标体的那些面特性。下图中在进行布尔减操作时，棕褐色圆柱体为目标体，蓝色块为工具体。当这个参数预设置为 Target Body 时，结果是两个新面拥有目标体的显示特性 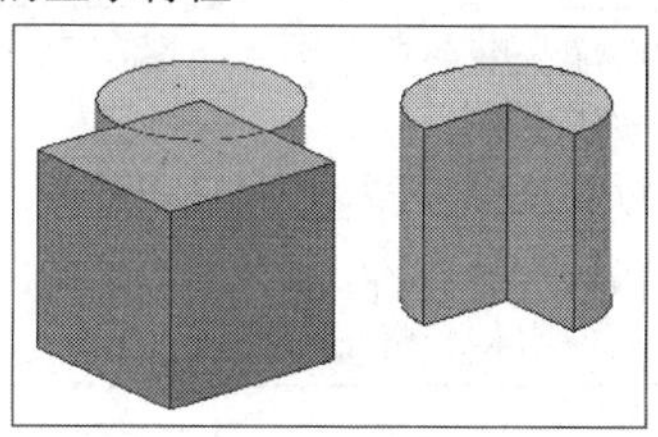 ● Tool Body（工具体）：布尔操作结果产生的新面特性将继承工具体的那些面特性 在下图中进行一个布尔求减操作，茶色圆柱体为目标体，蓝色块为工具体，当这个参数预设置为 Tool Body 时，求减操作结果产生的两个新面拥有工具体的显示特性 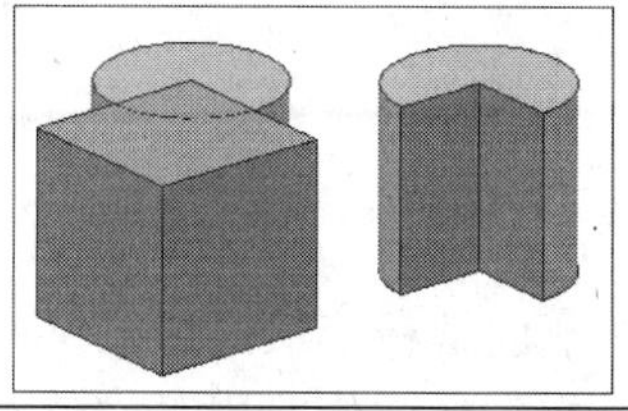
Extracted and Linked Geometry from（抽取的和连接的几何体来自）	为抽取和用 WAVE Geometry 连接到装配的对象的显示特性规定源 ● Parent Object（父对象）：新连接的对象使用来自父部件中父对象的显示特性 ● Part Default（部件默认）：新连接的对象使用目标部件的默认显示特性，如在 Preferences→Object 下设置的那些
Grid Lines（网格线）	规定正在建立的体的面的 U 和 V 方向中网格曲线数（通过利用 Edit→Object Display 命令，可以添加网格线到任一先前创建的片体或实体上） 除非 U Count 和 V Count 两者都为零，否则网格线显示将被添加到新建立的 B 样条曲面、自由形状和扫掠表面上 网格线仅是一个显示特征。网格曲线数不影响实际曲面的精度。然而如果网格曲线数过少，曲面看上去可能会有锯齿。为了获得比较光顺的显示，可指定较大的网格曲线数，如下图 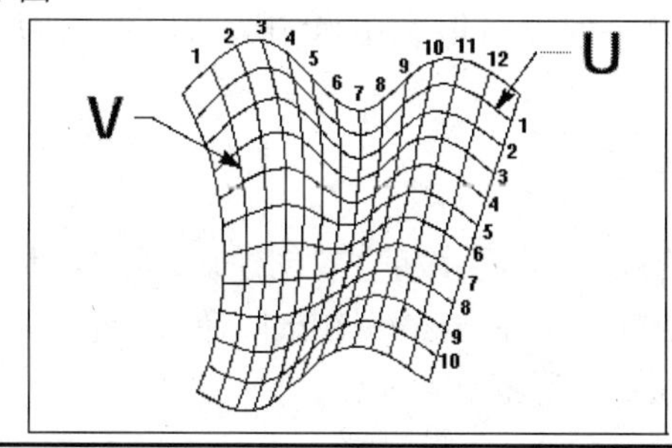

续表

选　项	描　述
Automatically Make Datums Internal to Child Sketches（自动地使基准内部到子草图）	当可能时，自动地使基准内部到它们的子草图 当可能时，自动地使基准内部到它们的子特征
Automatically Make Sketches Internal to Child Features（自动地使草图内部到子特征）	内部基准与草图不会出现在 Part Navigator 中，所以可以利用这些设置去缩短模型历史 仅当建立子草图或子特征时，软件自动地内部化基准或草图。利用已有 Part Navigator 命令，仍然可以使基准或草图外部化。当编辑特征时，新的设置将不会再次引起基准或草图内部化

4.4 体素特征与布尔操作

4.4.1 体素特征

1. 体素特征综述

体素特征是基本的几何解析形状，包括块、圆柱、圆锥和球。

体素特征关联到当初创建它们时用于定位它们的点、矢量和曲线对象。如果随后移动一个定位对象，体素特征也会因此而移动和更新。此新的相关性使体素特征更加有用。

为建立体素特征，需进行以下操作：

- 选择要创建的体素类型，即块、圆柱、圆锥或球。
- 选择创建方法。
- 输入创建值。

如果部件中已存在一个实体，可以规定下列布尔操作选项之一。

- None（无）：创建新实体。
- Unite（求和）：添加体素特征到当前目标实体。
- Subtract（求减）：从当前目标实体减去体素特征。
- Intersect（求交）：体素特征与当前目标实体求交。

在创建体素特征时，可以利用点构造器、矢量构造器或通过选择几何体来定位体素实体的位置。

2. Block（块）

通过规定它的方向、尺寸和位置创建块体素实体。块关联到它们的定位对象。

选择 Insert→Design Feature→Block 命令或在 Features 工具条上单击按钮，打开如图 4-7 所示的 Block 对话框。

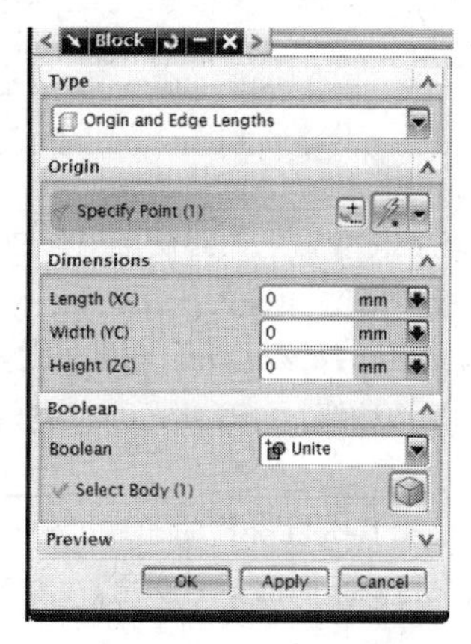

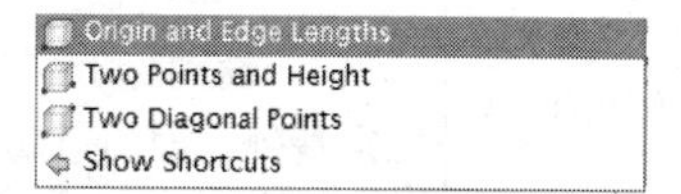

图 4-7　Block 对话框

Block 对话框的选项描述如表 4-2 所示。

表 4-2　Block 对话框的选项描述

组	选　项	描　述
Type（类型）	Origin and Edge Lengths（原点与边缘长）	利用拐角顶点和 3 个边缘长，即长、宽和高建立一个块，如下图
	Two Points and Height（两点和高）	利用一个高和两个处于基础平面上的对角拐点建立一个块，如下图 第一个拐角点决定块的基础平面。该平面平行于 WCS 的 XC-YC 平面 第二点定义块基础平面上的相对拐角顶点。如果在与第一拐角点不同的平面上规定第二点，软件将通过法向于第二点的平面投射点去定义相对拐角顶点
	Two Diagonal Points（两个体对角线点）	利用 3D 对角线点作为相对拐角顶点建立一个块，如下图 软件基于在规定点间的 3D 距离来决定块尺寸，并将边缘平行于 WCS 轴建立块

续表

组	选　项	描　述
Origin（原点）	Specify Point（规定点）	利用捕捉点选项为块定义一个原点 可以拖拽点手柄到一个新的点位置，它始终满足当前 Snap Point 的设置 ● 推断点：一种点类型。单击查看 Point type 列表。从列表中选择一种类型，然后选择该类型所支持的对象 ● 点构造器：单击该按钮，打开 Point 对话框。如果需要定义点，单击该按钮
从原点的 XC, YC 点	Specify Point（规定点）	当 Type 设置为 Two Points and Height 类型时出现 规定基础平面的第二点为块基础平面的相对拐角 与上述原点有相同的选项
从原点的 XC, YC,ZC 点	Specify Point（规定点）	当 Type 设置为 Two Diagonal Points 类型时出现 规定块的 3D 对角线点 与上述原点有相同的选项
Dimensions（尺寸） 当 Type 设置为 Origin and Edge Lengths 或 Two Points and Height 类型时出现	Length (XC)（长 (XC)）	当设置为 Origin and Edge Lengths 类型时出现 为块的长（XC 方向）规定一个值
	Width (YC)（宽 (YC)）	当设置为 Origin and Edge Lengths 类型时出现 为块的宽（YC 方向）规定一个值
	Height (ZC)（高 (ZC)）	当设置为 Origin and Edge Lengths 或 Two Diagonal Points 类型时出现 为块的高（ZC 方向）规定一个值
Boolean（布尔操作）	Boolean（布尔）	规定布尔操作，包括以下 4 个选项。 ● None（无）：建立一个独立于任一已存实体的新块 ● Unite（求和）：新块的体积与相交的目标体合并 ● Subtract（求减）：从相交的目标体减去新块的体积 ● Intersect（求交）：利用新块与相交的目标体所共享的体积建立实体 注意： ● 如果在部件中没有实体，仅 None 选项有效。 ● 如果在部件中存在一个实体，所有选项有效。如果选择非 None 选项，此实体自动被选择。 ● 如果在部件中存在多于一个实体，所有选项有效。如果选择非 None 选项，在 Apply 或 OK 按钮生效之前，必须选择一个目标实体。
	Select Body（选择体）	当布尔操作设置为 Unite、Subtract 或 Intersect 时出现 让用户选择目标体
Preview（预览）	Show Result（显示结果）	显示结果选项将对特征进行预计算并显示出结果。当单击 OK 或 Apply 按钮建立特征时，软件会调用预计算，使建立过程加快
	Undo Result（取消结果）	取消结果选项将退出结果显示并返回到对话框

3. Cylinder（圆柱）

通过规定它的方向、尺寸和位置创建圆柱体素实体。圆柱关联到它们的定位对象。

选择 Insert→Design Feature→Cylinder 命令或在 Features 工具条上单击按钮，打开如图 4-8 所示的 Cylinder 对话框。

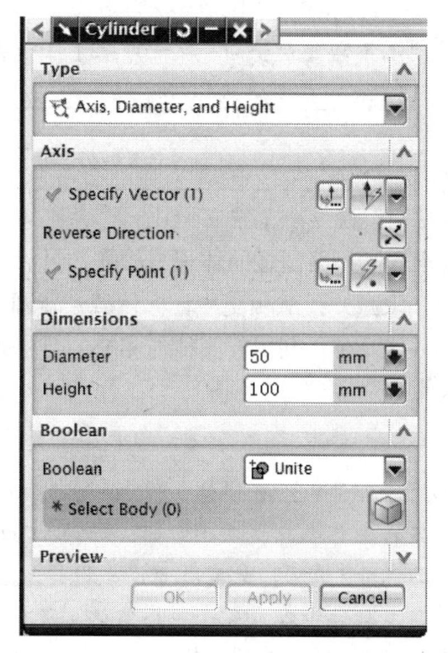

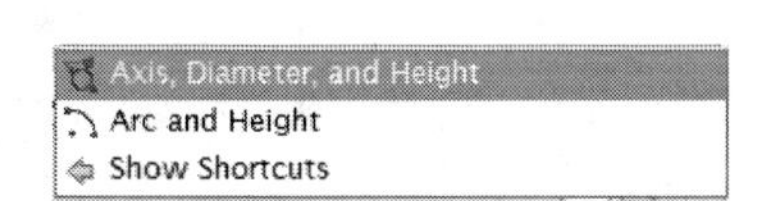

图 4-8　Cylinder 对话框

Cylinder 对话框的选项描述如表 4-3 所示。

表 4-3　Cylinder 对话框的选项描述

组	选　项	描　述
Type（类型）	Axis, Diameter, and Height（轴、直径与高）	利用一个方向矢量、一个直径和一个高度建立一个圆柱
	Arc and Height（圆弧和高）	利用一个圆弧和一个高度建立一个圆柱
Axis（轴）当 Type 设置为“轴、直径与高”类型时出现	Specify Vector（规定矢量）	为圆柱轴向规定一个矢量 ● 矢量构造器：单击该按钮，打开 Vector 对话框 ● 推断矢量：这是默认的矢量类型。单击查看 Vector type 列表，选择所要的矢量类型。然后选择该矢量类型所支持的对象。任何时刻均可以改变矢量并选择新的对象
	Reverse Direction（反转方向）	反转圆柱轴的方向
	Specify Point（规定点）	为圆柱规定一个原点 ● 点构造器：单击该按钮，打开 Point 对话框 ● 推断点：这是默认的点类型。单击查看 Point type 列表，选择所要的点类型，然后选择该点类型所支持的对象。任何时刻均可以改变点并选择新的对象

续表

组	选　项	描　述
Arc（圆弧）当 Type 设置为“圆弧和高”类型时出现	Select Arc（选择圆弧）	选择一个圆弧或圆 软件从选择的圆弧获得圆柱的轴向。圆柱的轴法向于圆弧的平面并通过圆弧中心。系统显示一个矢量来指示这个方向 注意：选择的圆弧不需要是整圆，软件可基于任一圆弧对象建立完整圆柱。
Dimensions（尺寸）	Diameter（直径）	规定圆柱的直径
	Height（高）	规定圆柱的高
Boolean（布尔操作）	Boolean（布尔）	• None（无）：建立一个独立于任一已存实体的新圆柱 • Unite（求和）：新圆柱的体积与相交的目标体合并 • Subtract（求减）：从相交的目标体减去新圆柱的体积 • Intersect（求交）：利用新圆柱与相交的目标体所共享的体积建立实体 注意： • 如果在部件中没有实体，仅 None 选项有效。 • 如果在部件中存在一个实体，所有选项有效。如果选择非 None 选项，此实体自动被选择。 • 如果在部件中存在多于一个实体，所有选项有效。如果选择非 None 选项，在 Apply 或 OK 按钮生效之前，必须选择一个目标实体。
	Select Body（选择体）	当布尔操作设置为 Unite、Subtract 或 Intersect 时出现 选择目标体
Preview（预览）	Show Result（显示结果）	显示结果选项将对特征进行预计算并显示出结果。当单击 OK 或 Apply 按钮建立特征时，软件会调用预计算，使建立过程加快
	Undo Result（取消结果）	取消结果选项将退出结果显示并返回到对话框

4. Cone（圆锥）

通过规定它的方向、尺寸和位置创建圆锥体素实体。圆锥关联到它们的定位对象。圆锥具有如图 4-9 所示的参数。

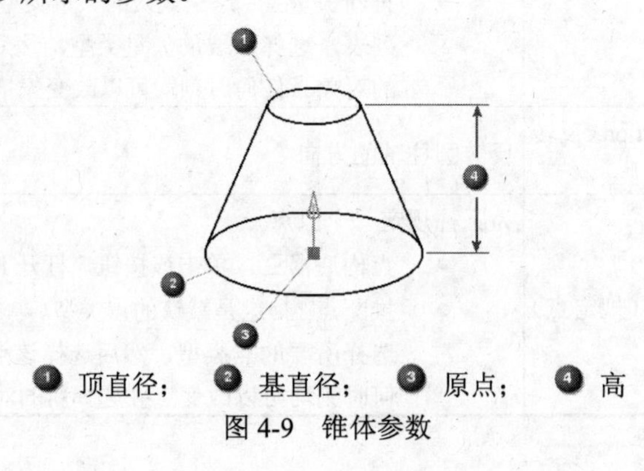

图 4-9　锥体参数

选择 Insert→Design Feature→Cone 命令或在 Features 工具条上单击按钮，打开如图 4-10 所示的 Cone 对话框。

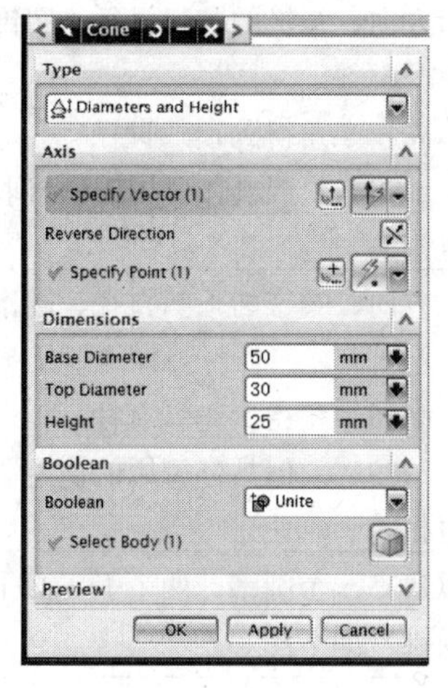

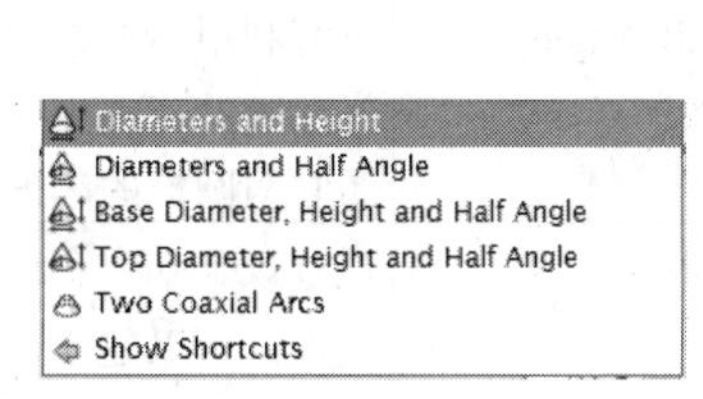

图 4-10　Cone 对话框

Cone 对话框的选项描述如表 4-4 所示。

表 4-4　Cone 对话框的选项描述

组	选　　项	描　　述
Type（类型）	Diameters and Height（直径与高）	利用下列参数建立一个圆锥 ❶ 原点和圆锥轴方向；❷ 圆锥的基弧直径；❸ 圆锥的顶弧直径；❹ 圆锥的高度
	Diameter and Half Angle（直径和半角）	利用原点和圆锥轴的方向、圆锥的基弧和顶弧直径、一个半角建立一个圆锥 圆锥的高度可通过三角函数推导获得，如下图 ❶ 圆锥轴；❷ 半角，半角值的范围为 1°～89°

续表

组	选　　项	描　　述
Type（类型）	Base Diameter, Height and Half Angle（基直径、高和半角）	利用原点和圆锥轴的方向、圆锥的基弧直径、圆锥的高度值及一个半角建立一个圆锥 系统利用基弧直径、高和半角得到顶弧直径 半角值的范围为 1°～89°，但具体可用的值将取决于基弧直径，因为它与圆锥的高度值相关
	Top Diameter, Height and Half Angle（顶直径、高和半角）	利用原点和圆锥轴的方向、圆锥的顶弧直径、圆锥的高度值及一个半角建立一个圆锥 系统利用顶弧直径、高和半角得到基弧直径 半角值的范围为 1°～89°，但具体可用的值将取决于顶弧直径，因为它与圆锥的高度值相关
	Two Coaxial Arcs（两个同轴弧）	通过规定基弧和顶弧建立一个圆锥。两个弧不必平行。在选择两个弧之后，可以建立整圆锥，如下图 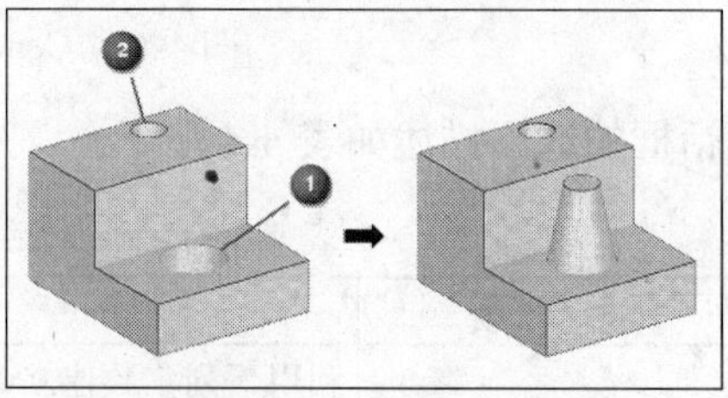 ❶ 基弧；❷ 顶弧 圆锥轴经过基弧的中心并法向于基弧。圆锥的基弧和顶弧直径取自于两个选择的弧。圆锥的高度等于顶弧中心和基弧平面间的距离 如果选择的弧不同轴，顶弧平行投射到由基弧形成的平面上，直到两弧同轴 **注意：基弧和顶弧的直径不能相等。**
Axis（轴） 当 Type 设置为"两个同轴弧"时无效	Specify Vector（规定矢量）	规定圆锥轴矢量 ● 矢量构造器：单击该按钮，打开 Vector 对话框 ● 推断矢量：这是默认的矢量类型。单击查看 Vector type 列表，选择所要的矢量类型，然后选择该矢量类型所支持的对象。任何时刻均可以改变矢量并选择新的对象
	Reverse Direction（反转方向）	反转圆锥轴的反向
	Specify Point（规定点）	为圆锥规定一个原点 ● 点构造器：单击该按钮，打开 Point 对话框 ● 推断点：这是默认的点类型。单击查看 Point type 列表，选择所要的点类型，然后选择该点类型所支持的对象。任何时刻均可以改变点并选择新的对象

续表

组	选　　项	描　　述
Base Arc/Top Arc（基弧/顶弧） 当 Type 设置为“两个同轴弧”时，出现Base Arc和Top Arc选项	Select Arc（选择弧）	选择一个圆弧或圆。软件从选择的圆弧获得圆锥的方向。圆锥的轴法向于圆弧的平面并通过圆弧中心。系统显示一个矢量来指示这个方向 注意：选择的圆弧不需要是整圆，软件可基于任一圆弧对象建立完整圆锥。
Dimensions（尺寸）	Base Diameter（基圆直径）	仅在 Diameters and Height、Diameters and Half Angle 及 Base Diameter, Height and Half Angle 类型中有效
	Top Diameter（顶圆直径）	仅在 Diameters and Height、Diameters and Half Angle 及 Top Diameter, Height and Half Angle 类型中有效
	Height（高）	仅在 Diameters and Height、 Base Diameter, Height and Half Angle 及 Top Diameter, Height and Half Angle 类型中有效 设置圆锥的高度值
	Half Angle（半角）	仅在 Diameters and Half Angle、Base Diameter, Height and Half Angle 及 Top Diameter, Height and Half Angle 类型中有效 设置半角值，在圆锥轴的最高点与它的母线间测量
Boolean（布尔操作）	Boolean（布尔）	规定布尔操作，包括以下 4 个选项。 ● None（无）：建立一个独立于任一已存实体的新圆锥 ● Unite（求和）：新圆锥的体积与相交的目标体合并 ● Subtract（求减）：从相交的目标体减去新圆锥的体积 ● Intersect（求交）：利用新圆锥与相交的目标体所共享的体积建立实体 注意： ● 如果在部件中没有实体，仅 None 选项有效。 ● 如果在部件中存在一个实体，所有选项有效。如果选择非 None 选项，此实体自动被选择。 ● 如果在部件中存在多于一个实体，所有选项有效。如果选择非 None 选项，在 Apply 或 OK 按钮生效之前，必须选择一个目标实体。
	Select Body（选择体）	当布尔操作设置为 Unite、Subtract 或 Intersect 时出现 选择目标体
Preview（预览）	Show Result（显示结果）	显示结果选项将对特征进行预计算并显示出结果。当单击 OK 或 Apply 按钮建立特征时，软件会调用预计算，使建立过程加快
	Undo Result(取消结果）	取消结果选项将退出结果显示并返回到对话框

5. Sphere（球）

通过规定它的方向、尺寸和位置创建球体素实体。球关联到它们的定位对象。

选择 Insert→Design Feature→Sphere 命令或在 Features 工具条上单击按钮，打开如图 4-11 所示的 Sphere 对话框。

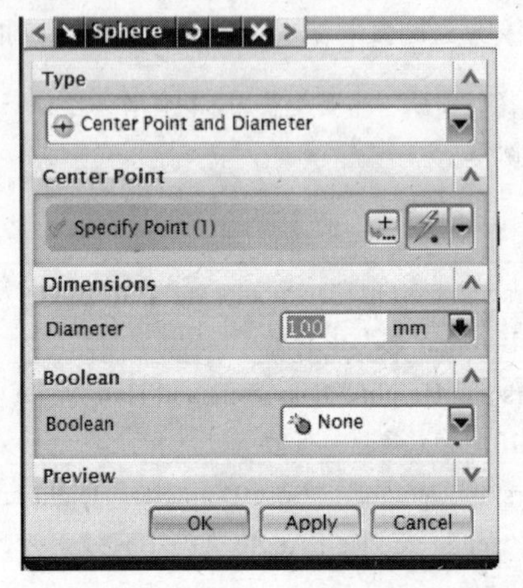

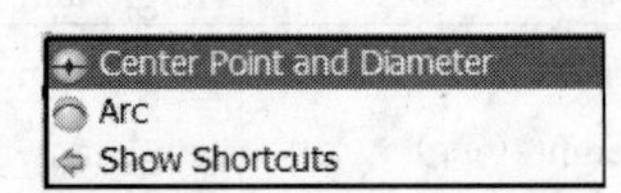

图 4-11 Sphere 对话框

Sphere 对话框的选项描述如表 4-5 所示。

表 4-5 Sphere 对话框的选项描述

组	选 项	描 述
Type（类型）	Center Point and Diameter（中心点和直径）	利用规定的中心点和直径建立球体
	Arc（弧）	利用选择的圆弧建立球体。圆弧不必是整圆，软件可基于任一圆弧对象建立整球。选择的圆弧定义了球中心和直径
Center Point（中心点）	Specify Point（规定点）	为球定义一个原点（中心点），捕咬点选项对定义该点有效 ● 推断点：一种点类型。单击查看 Point type 列表，从列表中选择所要的点类型，然后选择该点类型所支持的对象 ● 点构造器：单击该按钮，打开 Point 对话框。如果需要定义点，单击该按钮
Arc（弧）当 Type 设置为 Arc 时出现	Select Arc（选择弧）	选择一个圆弧或圆。软件从选择的圆弧推导出球的方向。球的轴法向于圆弧的平面，并通过圆弧中心。系统显示一个矢量来指示这个方向 注意：选择的圆弧不需要是一个整圆，软件可基于任一圆弧对象建立一个完整的球。
Dimensions（尺寸）	Diameter（直径）	当 Type 设置为 Center Point and Diameter 类型时才出现 规定球直径

续表

组	选　　项	描　　述
Boolean（布尔操作）	Boolean（布尔）	规定布尔操作，包括以下 4 个选项。 ● None（无）：建立一个独立于任一已存实体的新球 ● Unite（求和）：新球的体积与相交的目标体合并 ● Subtract（求减）：从相交的目标体减去新球的体积 ● Intersect（求交）：利用新球与相交的目标体所共享的体积建立实体 **注意：** ● 如果在部件中没有实体，仅 None 选项有效。 ● 如果在部件中存在一个实体，所有选项有效。如果选择非 None 选项，此实体自动被选择。 ● 如果在部件中存在多于一个实体，所有选项有效。如果选择非 None 选项，在 Apply 或 OK 按钮有效之前，必须选择目标实体。
	Select Body（选择体）	当布尔操作设置为 Unite、Subtract 或 Intersect 时出现 选择目标体
Preview（预览）	Show Result（显示结果）	显示结果选项将对特征进行预计算并显示出结果。当单击 OK 或 Apply 按钮建立特征时，软件会调用预计算，使建立过程加快
	Undo Result（取消结果）	取消结果选项将退出结果显示并返回到对话框

6. 编辑体素特征

体素特征是相关参数化的。可以通过：

● 部件导航器中的 MB3 弹出菜单进行编辑，如图 4-12 所示。

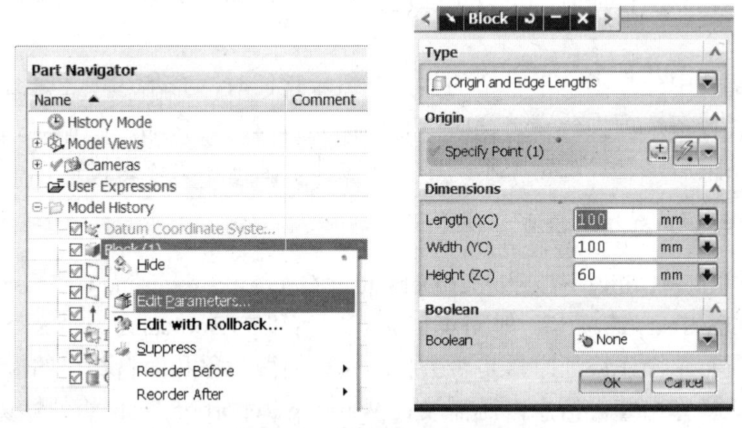

图 4-12　编辑 Block 对话框

● 选择 Edit→Feature→Edit Parameters 命令进行编辑，如图 4-13 所示。

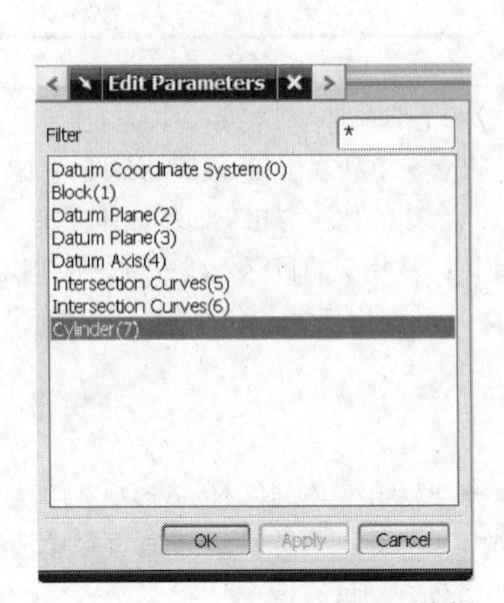

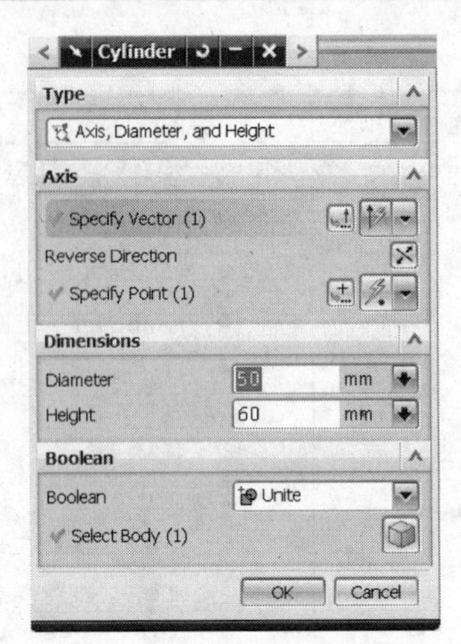

图 4-13 编辑 Cylinder 对话框

4.4.2 布尔操作

布尔操作用于组合先前已存在的实体和/或片体。可以作用下列布尔操作到这些实体：

- Unite（求和）。
- Subtract（求减）。
- Intersect（求交）。

1. 目标实体

每个布尔操作选项都将提示识别目标实体和一个或多个工具实体。目标实体被工具体修改。在操作终止时，工具体将成为目标体的一部分。可用选项去控制是否储存目标体和工具体未被修改的副本。

当建立或编辑布尔特征时，可以选择已存布尔特征的一部分来作为其他布尔特征的工具体。

当已经在部件中建立了多于一个的体并要组合它们时，布尔选项才是必需的。另一方面，当利用各种特征选项去建立特征时，布尔操作可以是隐含的，如创建孔和型腔；也可以在特征创建结束后以显式规定布尔操作，如拉伸、圆柱和块体素特征。

2. 细微对象和面自相交检查

通过选择 File→Utility→Customer Defaults→General→Examine Geometry Tests，进入 Examine Geometry Tests 选项卡，如图 4-14 所示，可以在 Boolean Features 下拉列表框中设置在建立或更新布尔操作特征时，是否去自动执行细微对象和面自相交的检查。

为了控制怎样弹出警告信息，还需设置 Warning Report of Tests 组的默认选项。

如图 4-15 所示，在 Analysis→Examine Geometry 主对话框中的 Check Criteria 值用于设置细微对象测试的公差。

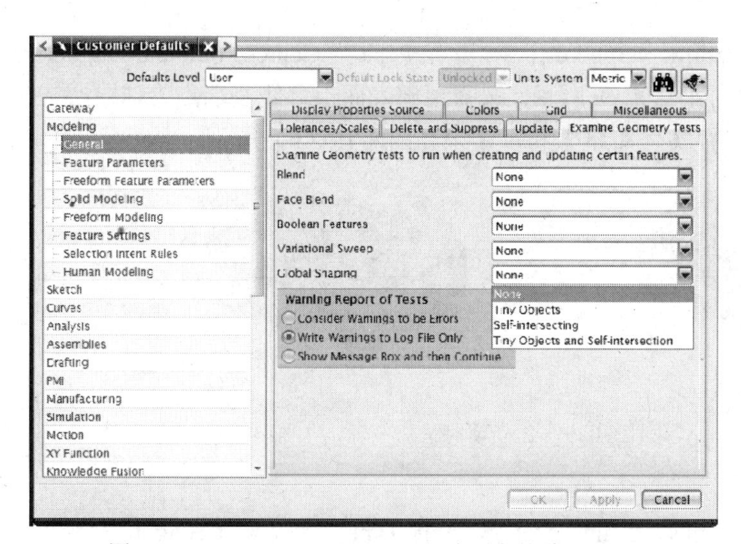

图 4-14　Examine Geometry Tests 选项卡的默认设置

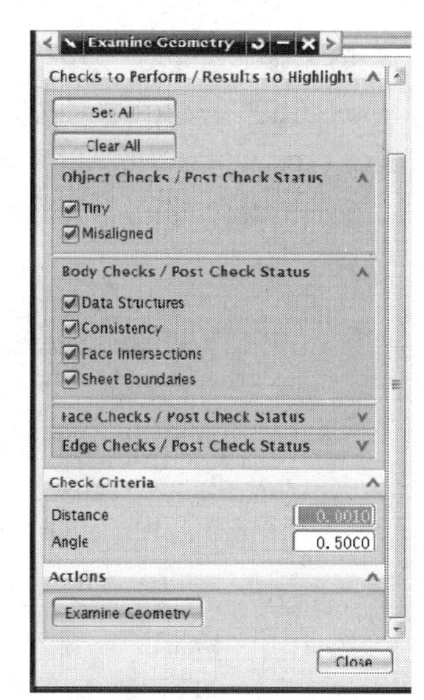

图 4-15　Examine Geometry 对话框

3. 布尔操作错误报告

如果在布尔操作时发生错误，操作将终止，并显示错误通知以告知用户布尔操作错误的原因，如图 4-16 所示。

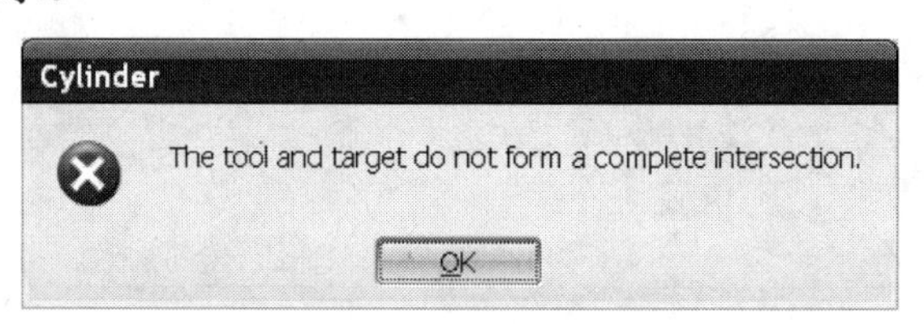

图 4-16　布尔操作错误通知

【练习 4-1】　体素特征

第 1 步　从目录\Part_C4 中打开 design_feature.prt，如图 4-17 所示。

第 2 步　建立一个块填充部件中的坡口。

- 启动 Modeling 应用。
- 选择 Insert→Design Features→Block 命令。
- 利用两对角点建立块并与已存实体布尔求和，如图 4-18 所示。

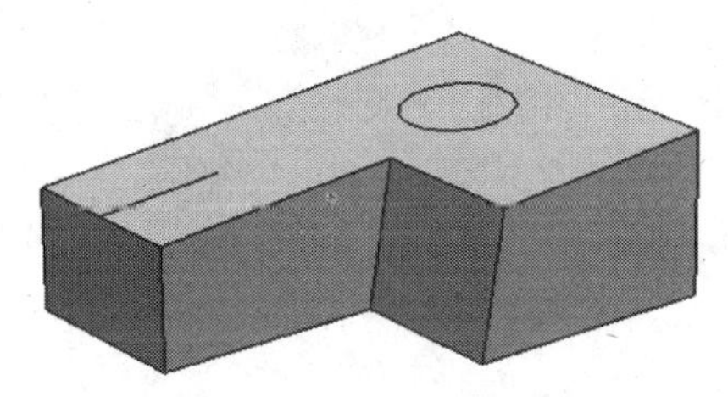

图 4-17　design_feature.prt

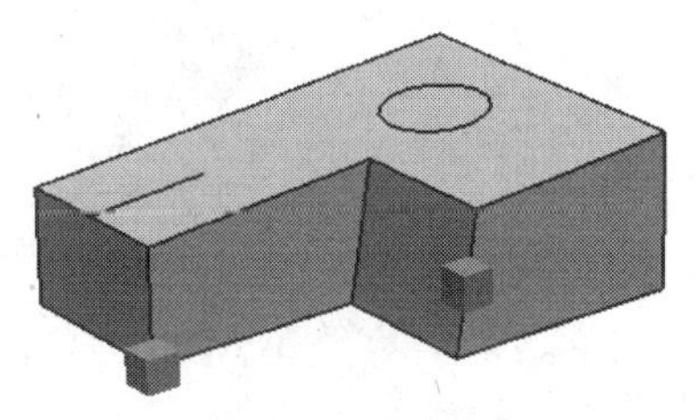

图 4-18　建立块

第 3 步 建立一个球。

- 选择 Insert→Design Features→Sphere 命令，设置 Type 为 Center Point and Diameter，Diameter = 30mm，如图 4-19（a）所示，选择顶部表面上直线右端点为球中心。输入直径 30mm，并与已存实体布尔求和，结果如图 4-19（b）所示。

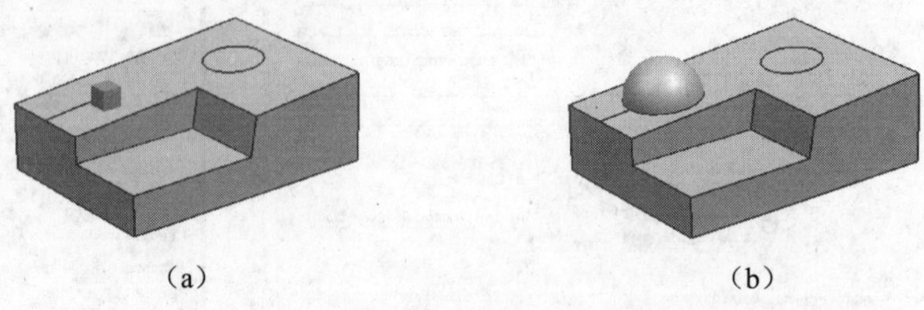

图 4-19 建立球

第 4 步 建立一个圆柱。

- 选择 Insert→Design Features→Cylinder 命令，设置 Type 为 Arc and Height，Height = 20mm。
- 如图 4-20（a）所示，选择部件顶部表面上的圆。输入高度 20mm，并与已存实体布尔求和，结果如图 4-20（b）所示。

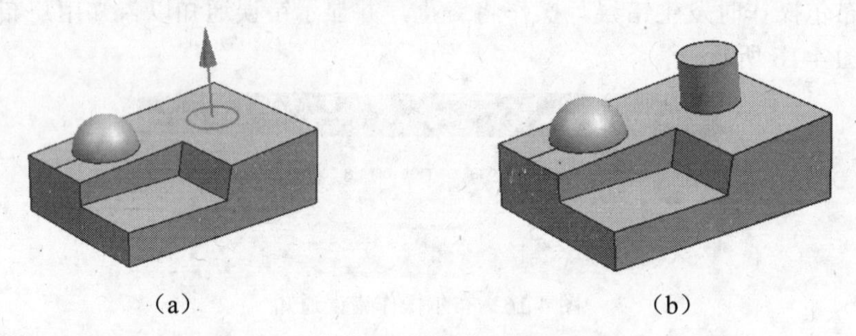

图 4-20 建立圆柱

第 5 步 建立另一个圆柱。

- 选择 Insert→Design Features→Cylinder 命令，设置 Type 为 Axis, Diameter,and Height，Diameter 为 12mm，Height 为 24mm。
- 如图 4-21（a）所示，选择轴矢量与圆柱中心。输入直径 12 mm，高度 24mm，并与已存实体布尔求和，结果如图 4-21（b）所示。

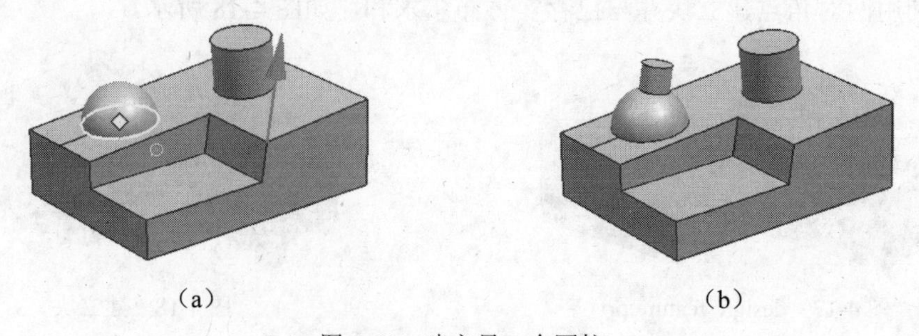

图 4-21 建立另一个圆柱

第 6 步　测试设计特征的相关性。

编辑 SKETCH_000 中的尺寸：

- 在部件导航器中单击 Sketch (9) “SKETCH_000” 节点。
- 在 Details 面板中设置尺寸值：p175=120.0，p176=80.0，p177=65.0，p178=35.0。

结果如图 4-22 所示。

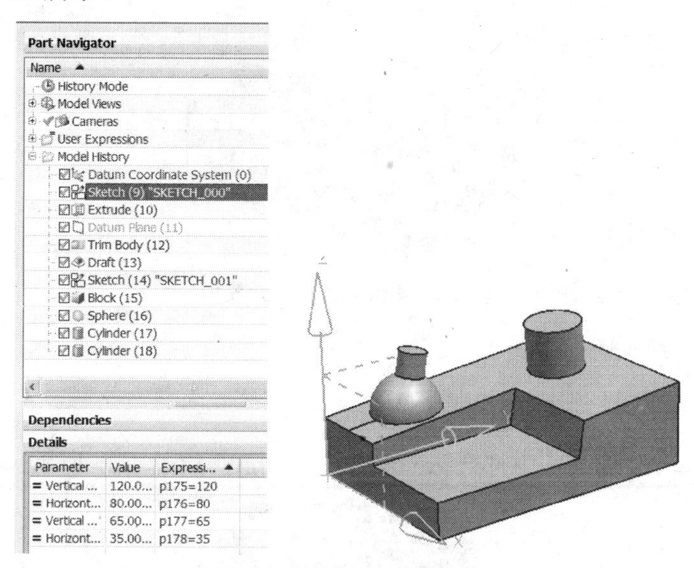

图 4-22　编辑草图更新模型

编辑 SKETCH_001 中的尺寸：

- 在部件导航器中单击 Sketch (14) “SKETCH_001” 节点。
- 在 Details 面板中设置尺寸值：p173=40.0，p174=40.0，p179=40.0，p180=25。

结果如图 4-23 所示。

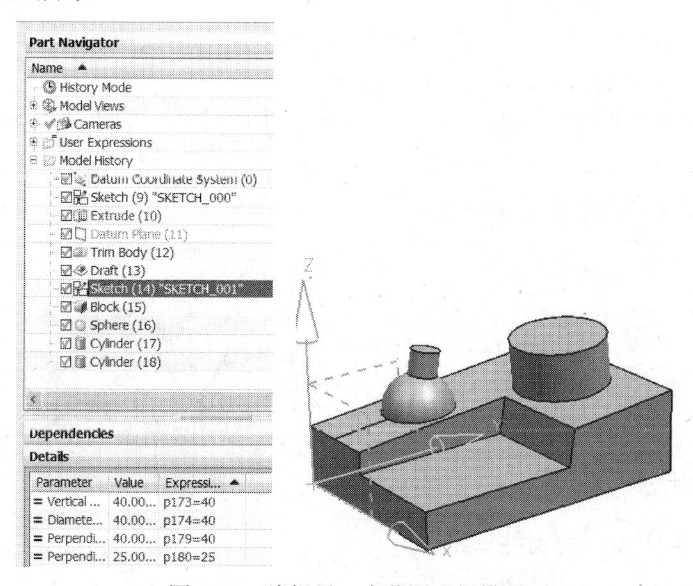

图 4-23　编辑另一个草图更新模型

更改拔模面的角度：

- 在部件导航器中单击 Draft (13)节点。
- 在 Details 面板中设置角度值：p169=20。

结果如图 4-24 所示。

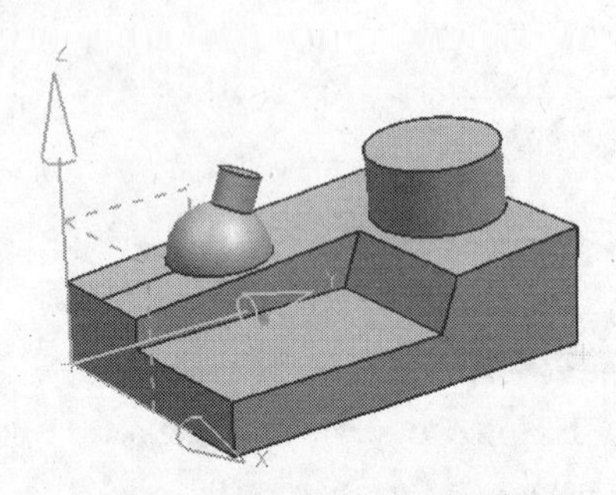

图 4-24　编辑拔模角更新模型

第 7 步　不储存关闭部件。

【练习 4-2】　布尔操作的成组工具体

第 1 步　从目录\Part_C4 中打开 group_booleans.prt，如图 4-25 所示。

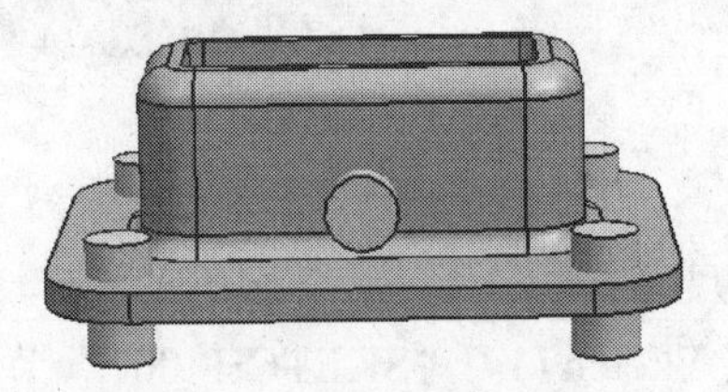

图 4-25　group_booleans.prt

第 2 步　建立一个组。

- 启动 Modeling 应用。
- 选择 Format→Group→New Group 命令。
- 在 Name 文本框中输入 hole_tools，选择 5 个圆柱体，如图 4-26 所示。
- 单击 OK 按钮，建立圆柱体组。

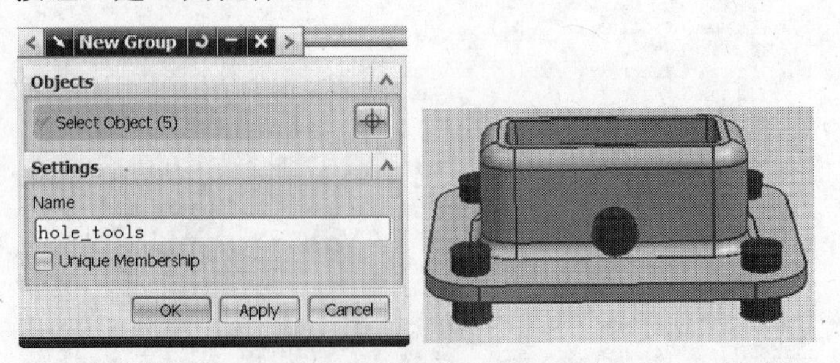

图 4-26　建立 hole_tools 组

第 3 步　从主实体减去圆柱体组。

- 选择 Insert→Combine Body→Subtract 命令。

- 选择目标体，如图 4-27 所示。
- 选择 hole_tools 组为工具体，如图 4-28 所示。

图 4-27　选择目标体

图 4-28　选择工具体

- 单击 OK 按钮，结果如图 4-29 所示。

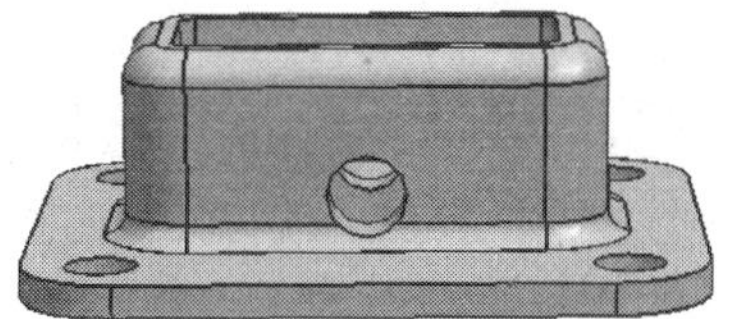

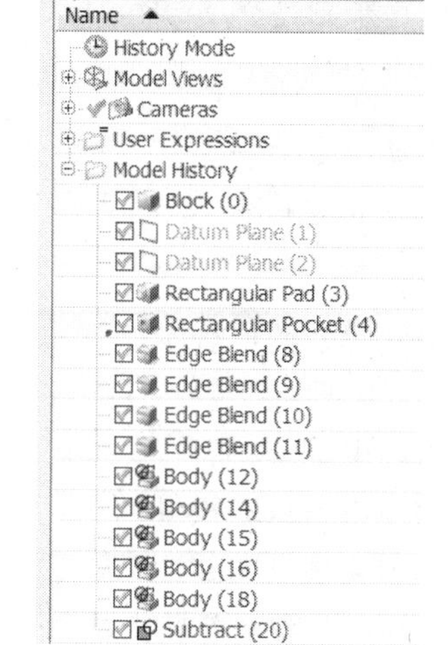

图 4-29　求减结果

第 4 步　不储存关闭部件。

第5章 草　图

【目的】

本章介绍建立和编辑草图的方法。在完成本章学习之后，将能够：

- 理解设计意图与建模策略。
- 创建草图。
- 了解内部草图与外部草图。
- 了解直接草图。
- 创建草图曲线。
- 添加尺寸约束到草图。
- 添加几何约束到草图。
- 识别约束。
- 转换草图曲线及约束到参考状态。
- 拖拽草图对象。
- 使用推断约束。
- 使用自动约束与自动尺寸。
- 重排序草图。
- 使用替换解。
- 重附着草图。
- 镜像草图曲线。

5.1 草图综述

5.1.1 建立设计意图与建模策略

在建立参数化模型之前，应该首先建立部件的设计意图，它是决定建模策略选用的一个重要步骤，这应是标准实践。

当建立设计意图时有两个要考虑的项目，分别介绍如下：

- 设计考虑。
  - 部件的功能需求是什么？
  - 部件上特征间的关系是什么？
- 潜在的改变区。

- ➢ 模型的哪部分将会被改变？
- ➢ 改变的范围是什么？
- ➢ 模型将被其他项目复制与修改吗？

设计意图可以基于多种因素，包括：

- 已知信息。
- 外形、配合和功能需求。
- 制造需求。
- 外部的方程式。

设计意图将决定建模策略和下列类型的任务：

- 选择特征类型（特征、特征操作、草图）。
- 建立特征关系（尺寸、附着、位置与顺序）。
- 定义草图约束。
- 建立表达式（方程、条件）。
- 建立部件间的关系（部件间表达式、连接的几何体）。

注意：可以在模型初始构建后再将设计意图添加到该模型。然而，原来所使用的建模技术将会决定返工量的大小。

5.1.2 草图及其使用

1. 什么是草图

草图是 NX 中用于在部件内建立 2D 几何体的应用。草图就是被创建在规定平面上且命名了的二维曲线和点的集合。

2. 利用草图的方法

有许多可以利用草图的方法。

任一从草图创建的特征都是相关的，并将随草图的任一改变而更新。

- 可以旋转草图。
- 可以拉伸草图。
- 可以建立扫掠特征。
- 可以在草图中建立引导线串和截面线串。
- 可以利用多草图作为片体的生成轮廓。
- 在可变扫掠中可以利用草图类型的组合。
- 草图也可用作规律曲线控制模型或特征的形状。

3. 利用草图的通用过程

当在模型中要利用草图时，跟随此通用过程：

- 建立设计意图。

- 检查和设置草图首选项。
- 建立草图和草图几何体。
- 按照设计意图约束草图。

5.1.3 直接草图

直接草图工具条与草图任务环境提供了两种可用来建立草图的模式。

1. 直接草图

在 Modeling 应用中 Direct Sketch 工具条是有效的。可利用此工具条上的命令在平面上建立草图，而无须进入草图任务环境。

直接草图工具条如图 5-1 所示。

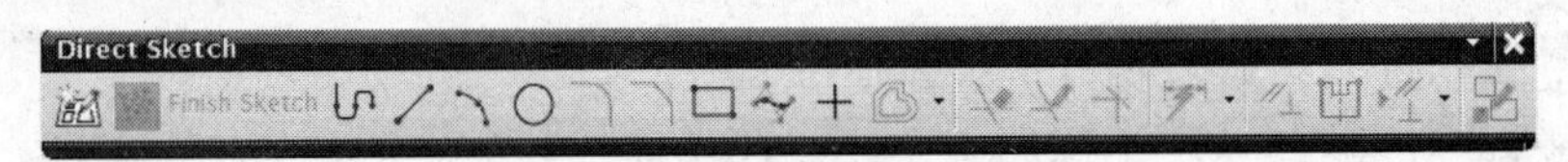

图 5-1 Direct Sketch 工具条

当利用此工具条上的命令建立点或曲线时，一个草图被建立并激活。新草图被列在 Part Navigator 的模型历史中。

规定的第一点定义草图平面、方位与原点。可以在下列各位置上定义第一点：

- 屏幕位置。
- 点。
- 曲线。
- 表面。
- 平面。
- 边缘。
- 规定的平面。
- 规定的基准坐标系。

直接草图要求较少的鼠标单击，它使创建与编辑草图更快、更容易。当要：

- 在当前 3D 方位中建立新草图时。
- 实时查看草图改变对模型的影响时。
- 编辑有限数的下游特征的草图时。

选择直接草图绘制草图。

2. 利用直接草图创建草图

当创建草图时，可以利用下列两种方法之一来定义草图的平面和方向。

在已存平面、新的基准平面或已存基准平面上创建草图。创建的草图与选择的平面相关。是否选择该类型的关键是：

- 正建立的草图是用于定义部件的基础特征吗？如果是，建立基准平面或基准坐标系，然后在其上创建草图。

- 草图是添加到已存的基础特征上吗？如果是，选择已存基准平面或部件平面，或建立与已存基准平面、部件几何体有相关关系的新基准平面。

图 5-2 是一个在平面上的草图实例。

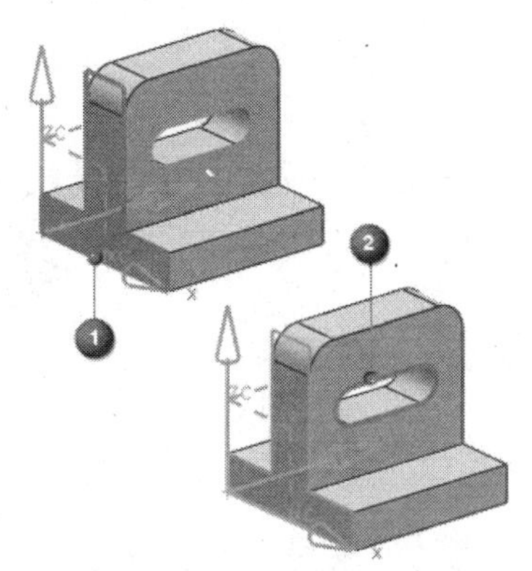

❶ 在基准坐标系的平面上的草图； ❷ 在拉伸的草图的表面上的草图

图 5-2 在平面上的草图

（1）在平面上建立草图例

① 在 Direct Sketch 工具条上单击 Profile 按钮。

② 通过选择已存平面定义草图平面，如图 5-3 所示。

③ 建立草图曲线，如图 5-4 所示。

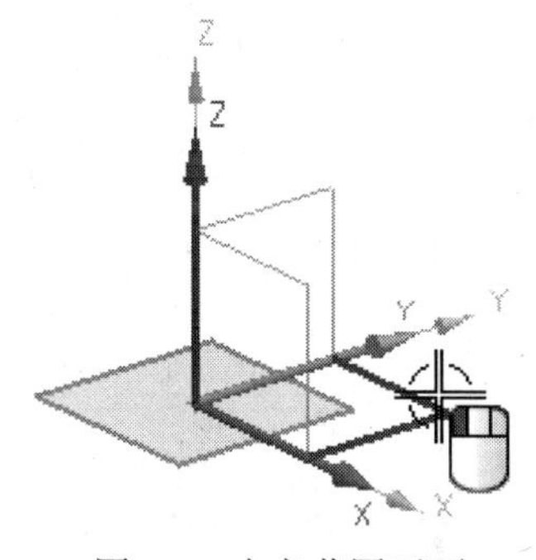

图 5-3 定义草图平面

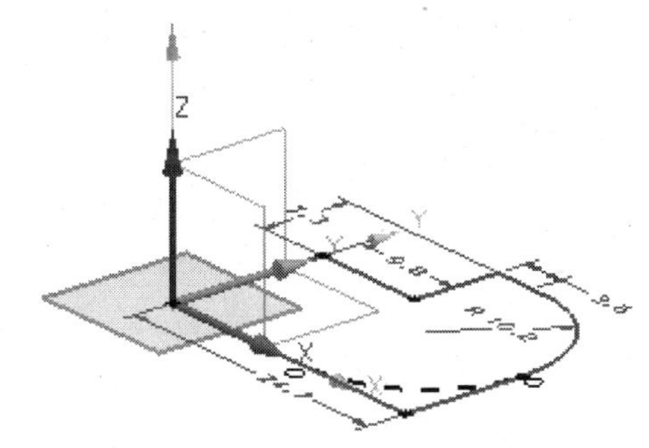

图 5-4 建立草图曲线

④ 定义需要的草图约束或尺寸。

⑤ 选择命令或在 Direct Sketch 工具条上单击 Finish 按钮，结果如图 5-5 所示。

（2）在表面上建立草图例

当设计意图要求当表面移动时草图相关移动，利用此程序。具体步骤如下：

① 在 Direct Sketch 工具条上单击 Profile 按钮。

② 通过选择已存表面定义草图平面，如图 5-6 所示。

第一个单击定义草图：

- 平面。
- 方位。
- 原点。

- 轮廓第一点。

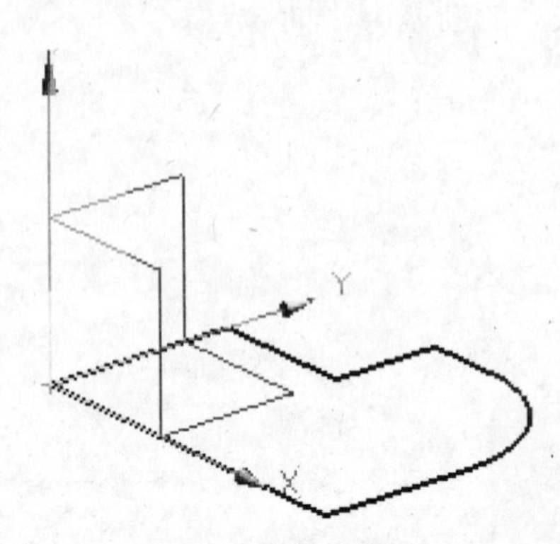

图 5-5　建立的草图

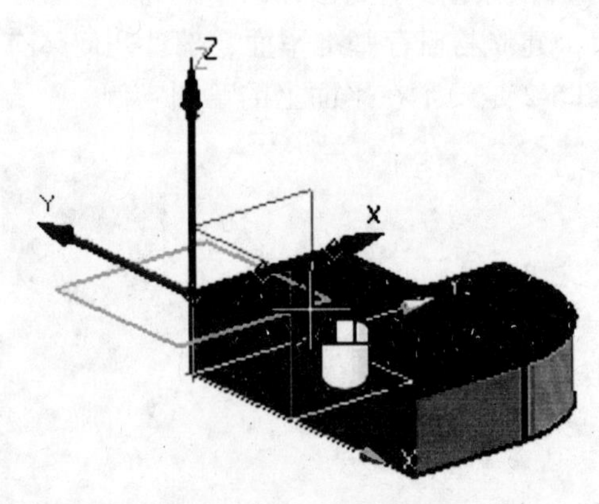

图 5-6　定义草图平面

注意：可以按下 Alt 键并单击表面，以定义草图平面而不定义轮廓第一点。

③ 建立草图曲线。

④ 定义需要的草图约束或尺寸。

⑤ 选择命令或在 Direct Sketch 工具条上单击 Finish 按钮。

【练习 5-1】　建立快速草绘与模型

在本练习中，将直接在建模应用中建立与拉伸草图。

第 1 步　利用 Model 模板建立新的 Millimeters 部件文件，进入建模应用。

第 2 步　在 Direct Sketch 工具条上单击 Profile 按钮。

第 3 步　选择 Point of the Datum Coordinate System（基准坐标系的点），如图 5-7 所示。

第 4 步　移动鼠标到右边。当看到带箭头的帮助虚线时，单击任一屏幕位置，建立水平线，如图 5-8 所示。

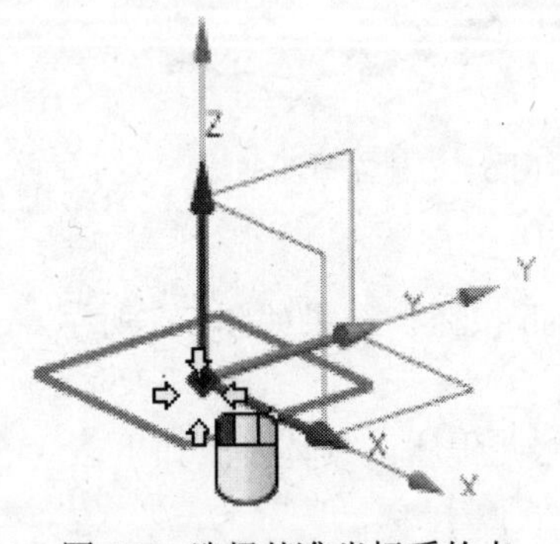

图 5-7　选择基准坐标系的点

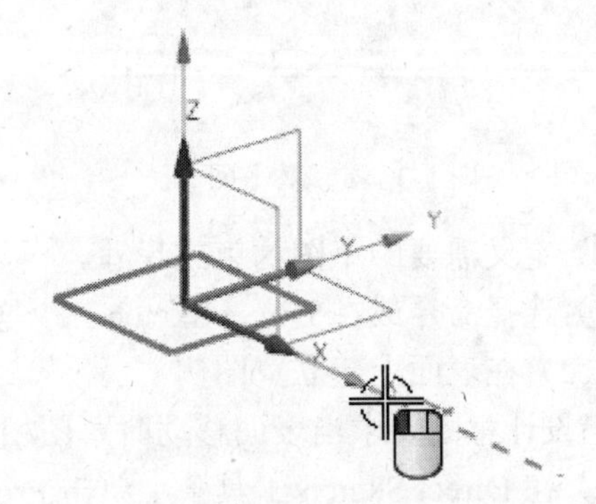

图 5-8　建立水平线

第 5 步　在线上方移动鼠标。当看到带箭头的帮助虚线时，单击任一屏幕位置，建立垂直线，如图 5-9 所示。

第 6 步　单击任一屏幕位置，建立斜线，如图 5-10 所示。

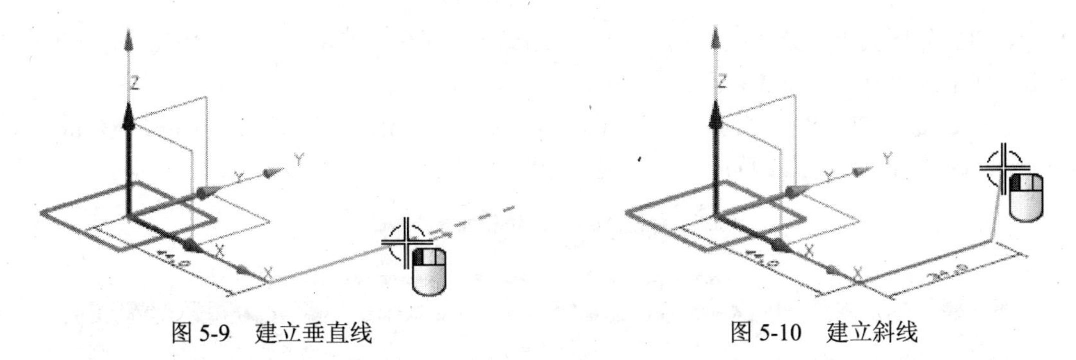

图 5-9 建立垂直线　　图 5-10 建立斜线

第 7 步 移动鼠标到坐标系左上方。当看到带点状的帮助线时，单击任一屏幕位置，建立法向于点状的帮助线的水平线，如图 5-11 所示。

第 8 步 选择 Point of the Datum Coordinate System（基准坐标系的点），建立与 Y 轴重合的垂直线，如图 5-12 所示，草图轮廓线闭合。

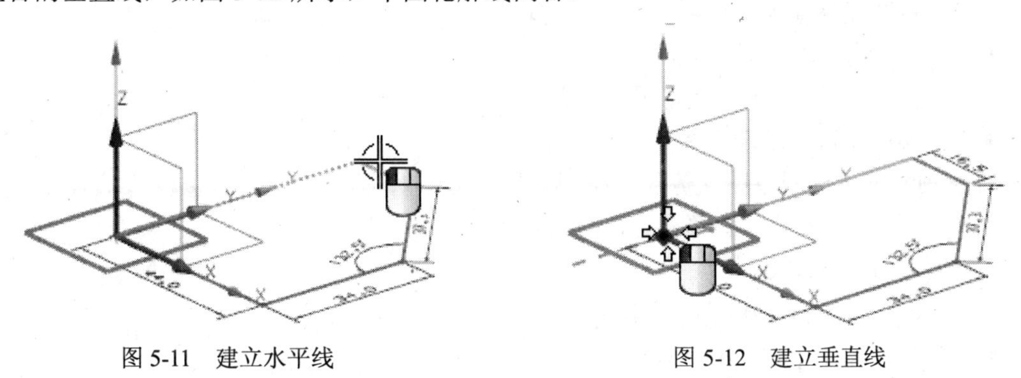

图 5-11 建立水平线　　图 5-12 建立垂直线

第 9 步 当 Direct Sketch 工具条仍然激活时，单击 Extrude 按钮。

显示如图 5-13 所示拉伸预览。

第 10 步 单击 OK 按钮，建立如图 5-14 所示的拉伸体。

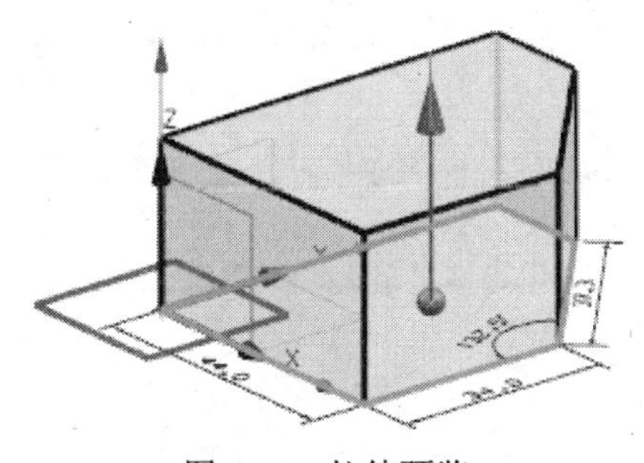

图 5-13 拉伸预览

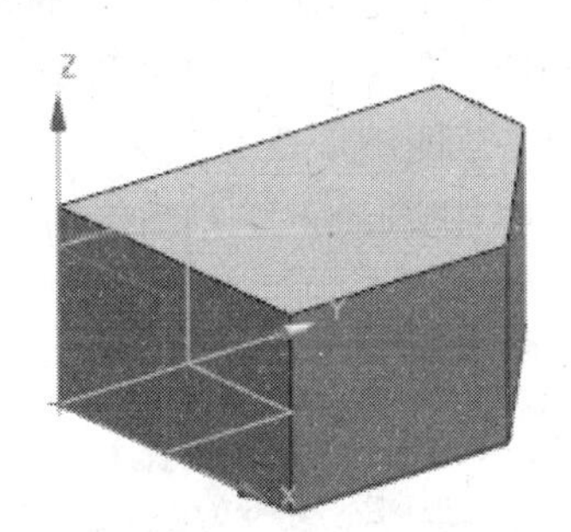

图 5-14 建立拉伸体

5.1.4 草图任务环境

在 NX 中使用 Sketch Task Environment 命令建立或编辑草图，允许完全控制建立和编辑过程。

草图任务环境类似分离的应用，其中界面改变聚集在当前工具组，但仍在 Modeling 中应用。展示的所有工具条支持草图工具。

选择 Insert→Sketch in Task Environment 命令或在 Feature 工具条上单击 Sketch in Task Environment 按钮，显示草图任务环境，如图 5-15 所示。

图 5-15　草图任务环境

对许多支持内部草绘的特征，草图任务环境是用来建立或编辑草图的方法。

工作在草图任务环境中允许：

- 在草图建立期能够控制草图建立选项。
- 存取所有草图工具。
- 工作在 2D 或 3D 空间选项（默认是 2D）。
- 能够控制模型更新行为。

在下列情况下选择草图任务环境绘制草图：

- 在 2D 方位中建立新草图时。
- 编辑内部草图时。
- 编辑有大量的下游特征的草图时。
- 存取附加命令如投射曲线、交点和交线时。
- 试验用草图改变，但保留选项去放弃改变时。

1. *在草图任务环境中命名草图*

草图被指定了有数字后缀的默认名，如 Sketch(1)“SKETCH_000”。

一旦命名了草图，新名称显示在部件导航器中，如图 5-16 所示的 Sketch(2)“BASE”。

命名草图的步骤如下：

（1）在 Sketch 工具条中清除 Sketch Name 下拉列表框中的内容，如图 5-17 所示。

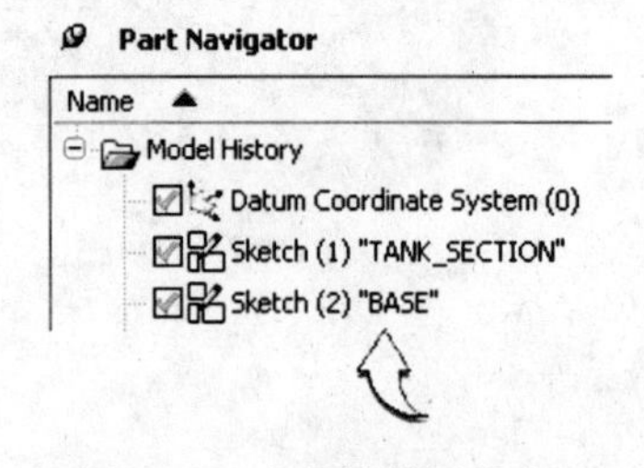

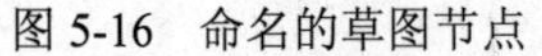

图 5-16　命名的草图节点

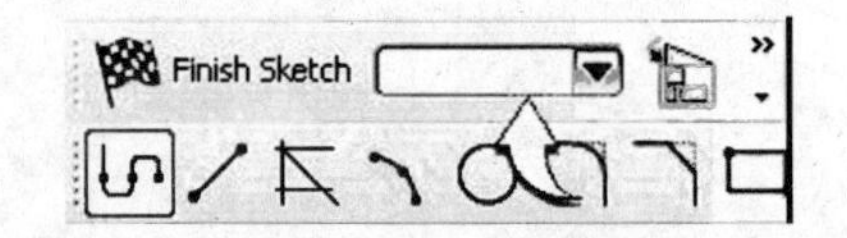

图 5-17　清除 Sketch Name 下拉列表框中的内容

（2）输入新名称并按 Enter 键。

当没有其他草图命令被激活时，建议命名草图。如果新草图名不出现在 Part Navigator

中，确保 Timestamp Order 是激活的。

【练习 5-2】　建立草图

在本练习中将进行如下操作：

- 在已存平面上建立草图。
- 在已存基准平面上建立草图。
- 编辑已存草图。

第 1 步　从目录\Part_C5 中打开 sketch_create_1，如图 5-18 所示。

第 2 步　在 Part Navigator 中考察构成部件的已存特征。

- 在 Part Navigator 中选择每个特征节点，当它在图形窗口中高亮时识别特征。

第 3 步　准备在倒角的角度面上建立外部草图，利用平行于 YC 轴的面的底部边缘为水平参考。

- 在 Utility 工具条的 Work Layer 下拉列表框中输入 21 并按 Enter 键，如图 5-19 所示。

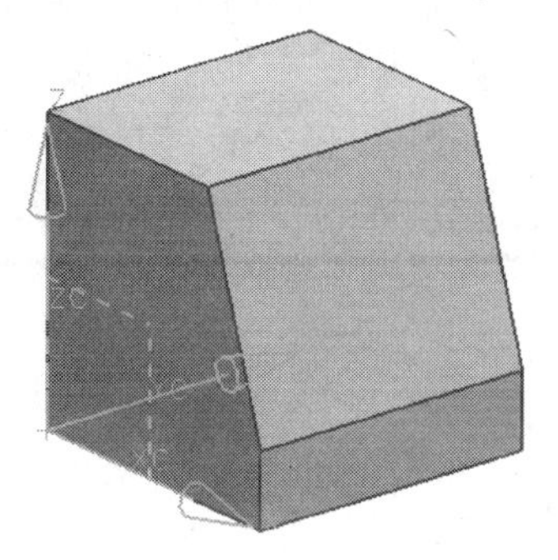

图 5-18　sketch_create_1.prt

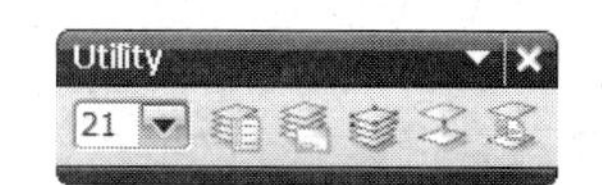

图 5-19　设置工作层

注意：层 21 现在是工作层。

- 单击 Sketch 按钮，进入草图应用环境。
- 在 Create Sketch 对话框中确使 Type 设置为 On Plane。
- 选择倒角面，如图 5-20 所示。

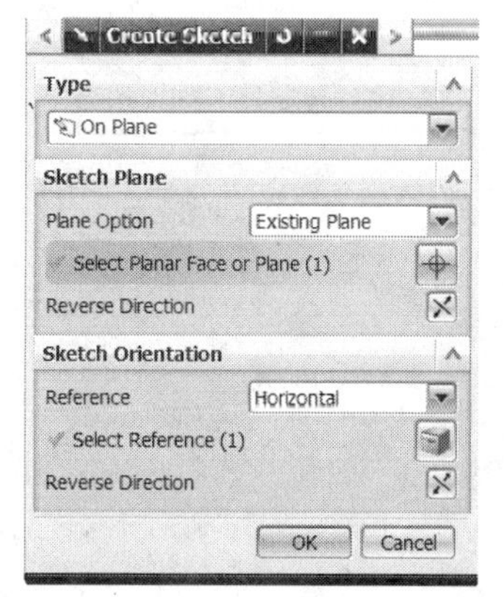

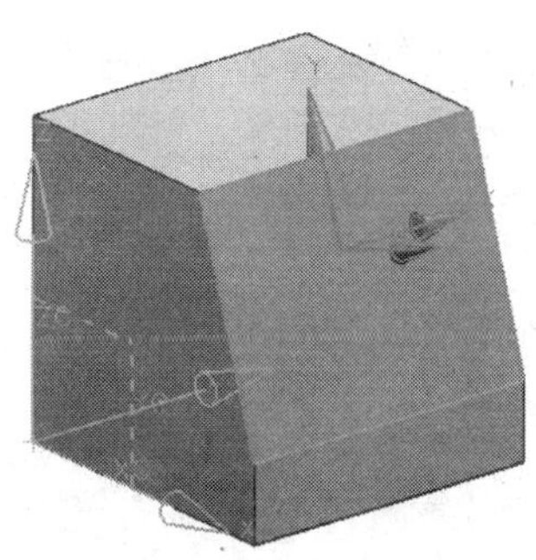

图 5-20　选择草图平面

注意：水平方向是向右为正。

- 确使水平参考是草图面的底边缘，草图坐标系有如图 5-21 所示的方向。
- 在 Sketch 工具条的 Sketch Name 下拉列表框中输入 SKT1 并按 Enter 键。
- 在 Create Sketch 对话框中单击 OK 按钮。

第 4 步 在草图平面中心处建立直径约 45mm 的圆。

- 在 Sketch Tools 工具条上单击 Circle 按钮。
- 通过在平面中心位置单击，在平面中心建立一个直径约为 45mm 的圆，如图 5-22 所示。

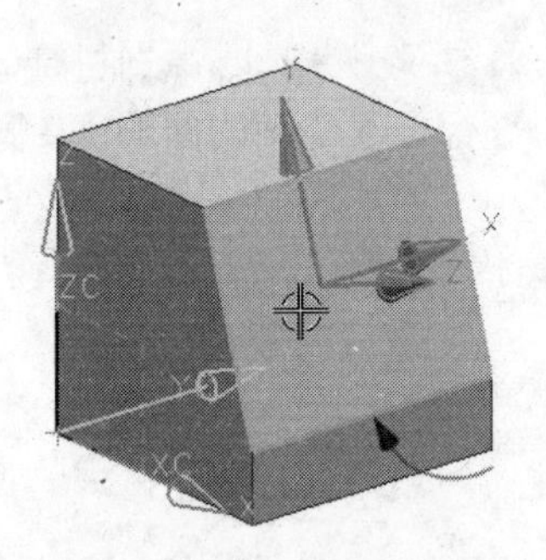

图 5-21 选择草图水平参考

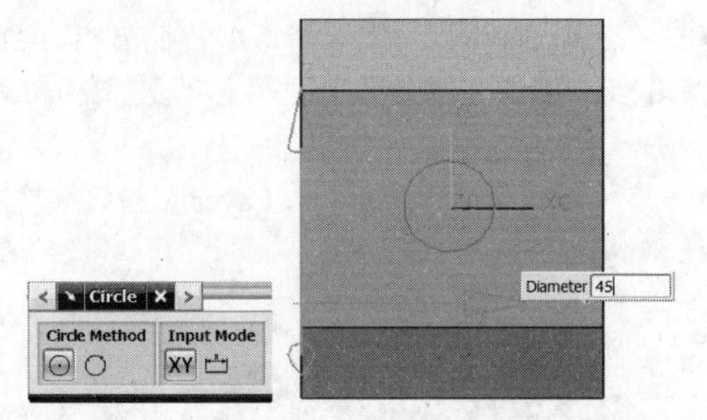

图 5-22 建立一个圆

第 5 步 退出草图环境。

- 在 Sketch 工具条上单击 Finish Sketch 按钮。

第 6 步 在 Part Navigator 中编辑倒角特征的角度为 88°。

- 如果需要，在资源条上单击 Part Navigator 按钮。
- 如果需要，钉住资源条。
- 确使 Timestamp Order 没有激活，如图 5-23 所示。
- 扩展 Details 组，如图 5-24 所示。
- 扩展 Solid Body“Extrude (1)”节点并选择 Chamfer (2)。

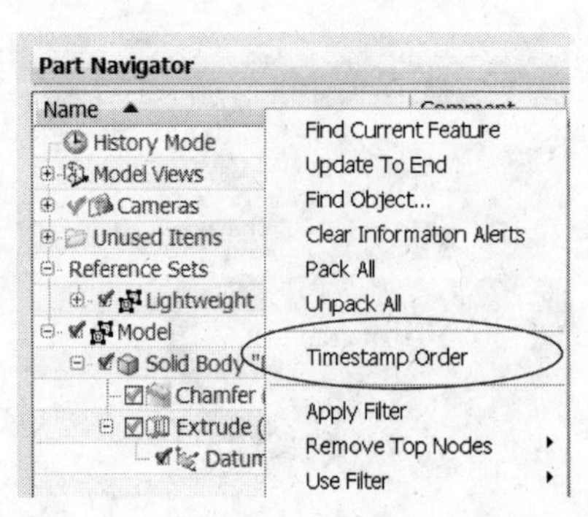

图 5-23 Timestamp Order 没有激活

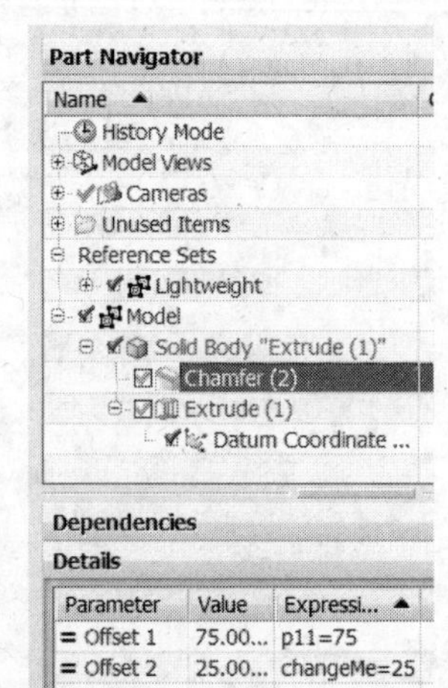

图 5-24 扩展 Details 组选择倒角

- 在 Details 组的 Expression 栏中，双击 changeMe=25 进入编辑模式，如图 5-25 所示。
- 改变值为 88，并按 Enter 键。

提示：当利用这种方法编辑参数时，部件将立即更新，如图 5-26 所示。

注意：草图圆保留在面的平面上，圆向一个边缘移动。

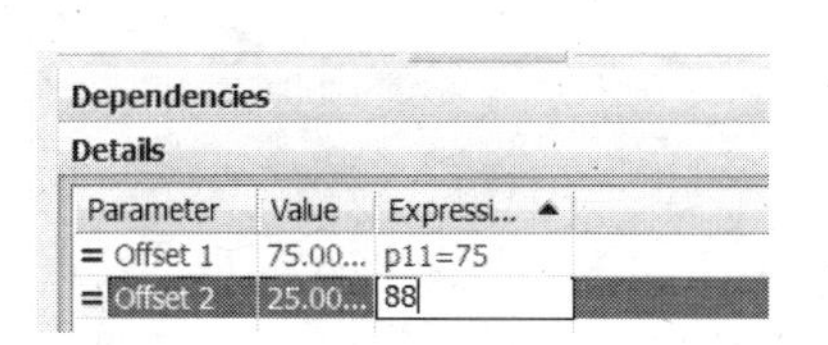

图 5-25　编辑倒角偏置 2

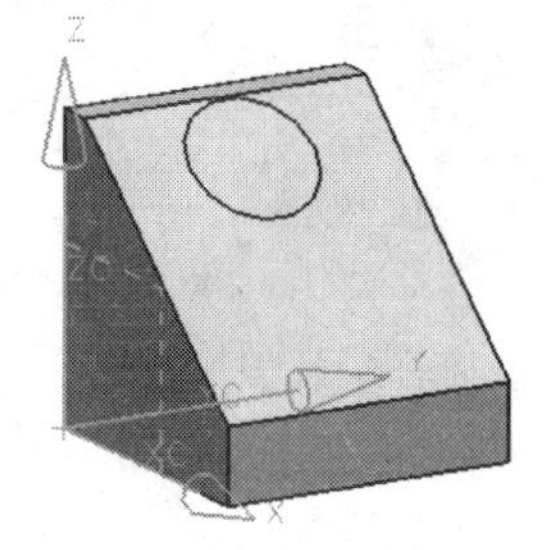

图 5-26　更新后的部件

- 单击 Pin 按钮释放它以消隐 Part Navigator。

第 7 步　调整层设置。在已存基准平面上建立草图。

- 按 Home 键。
- 选择 Format→Layer Settings 命令。
- 使层 22 为工作层，层 21 不可见，层 1 和层 62 可选。

第 8 步　考察 Datum Plane (3)的建立方法。

- 在 Part Navigator 中双击 Datum Plane (3)，如图 5-27 所示。

注意：这是一个利用拉伸特征的两个外侧面建立的平分面，如果拉伸改变，平分面将随之改变。

- 单击 Cancel 按钮。

第 9 步　在平分面上建立外部草图。

- 单击 Sketch 按钮。
- 选择平分基准面为草图平面。
- 在 Sketch Orientation 组中单击 Select Reference。
- 在正的 Z 方向上选择倒角面的边缘，如图 5-28 所示。

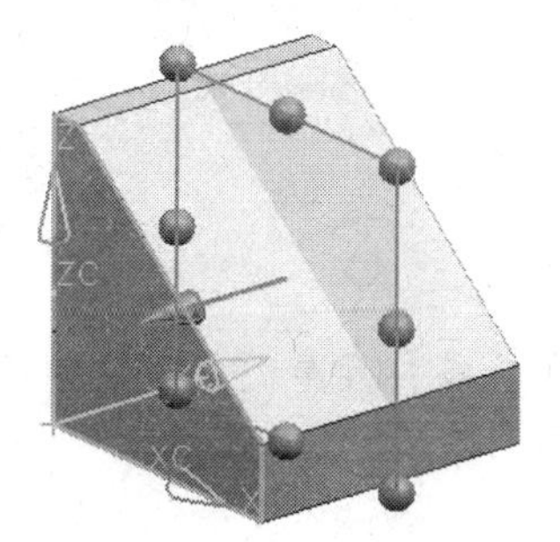

图 5-27　平分面

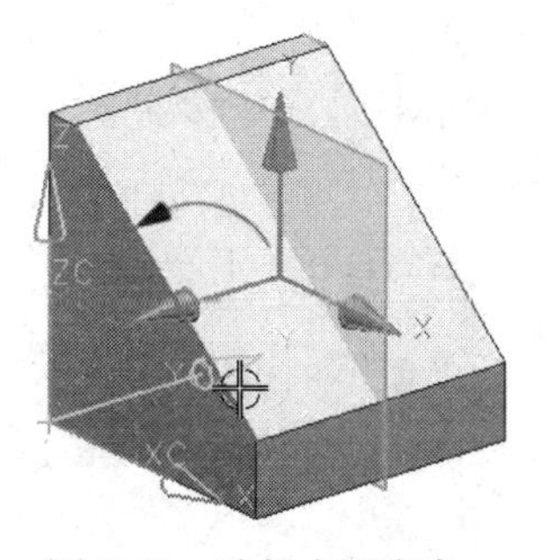

图 5-28　选择水平参考

- 如果 X 轴如图 5-29（a）所示，单击 OK 按钮，确定草图平面，如图 5-29（b）所示。

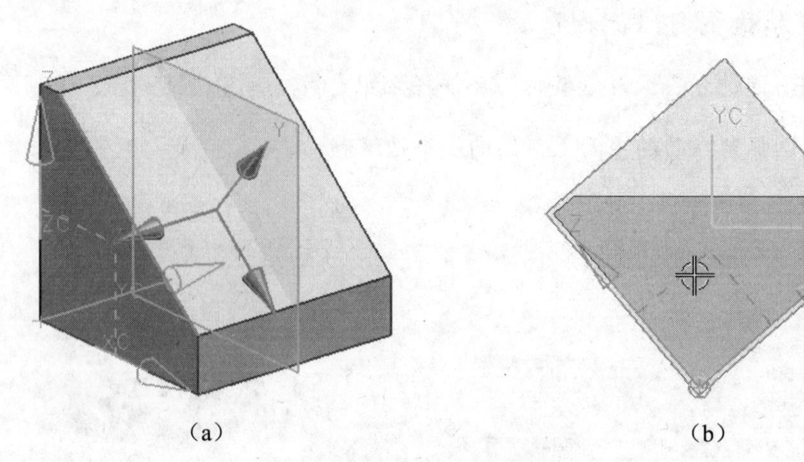

（a）　（b）

图 5-29　确定草图平面

- 在 Sketch Name 下拉列表框中输入 SKT2 并按 Enter 键。

第 10 步　在草图平面中心建立一个直径约 40mm 的圆。

- 在 Sketch Tools 工具条上单击 Circle 按钮。
- 放圆朝向面中心，利用橡皮带方法使直径约为 40mm，如图 5-30 所示。

第 11 步　在 SKT2 环境内打开 SKT1。

- 在 Sketch 工具条的 Sketch Name 下拉列表框中选择 SKT1，如图 5-31 所示。

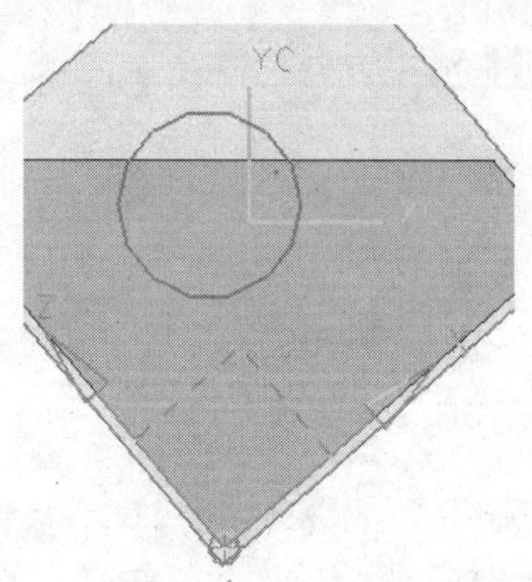

图 5-30　建立圆

图 5-31　打开 SKT1

第 12 步　退出草图。

- 单击 Finish Sketch 按钮。

第 13 步　利用 Part Navigator 打开草图 SKT1。

- 在 Part Navigator 中双击 SKT1。

注意：若在 Part Navigator 或图形窗口中双击草图，将打开草图任务环境，它将显示激活的 SKT1 进行分析或编辑。

第 14 步　不存储关闭部件。

5.1.5　内部草图与外部草图

在如 Extrude、Revolve、Variational Sweep 等命令内建立的草图是内部草图。通过拥有内部草图的特征来管理内部草图的获取和显示。当要将草图与唯一的特征关联时，可利用内部草图。

利用草图命令独立建立的草图是外部草图，它在部件内的任何地方都是可见和可获取的。可利用外部草图来保持草图的可见性，或在多个特征中使用它。

1. 内部草图与外部草图的区别

- 内部草图仅当编辑拥有它的特征时，在图形窗口中才是可见的。
- 外部草图建立在当前工作层中。

提示：可以利用部件导航器消隐外部草图，也可利用层设置去进一步控制草图的可见性。

- 内部草图仅可通过拥有它的特征来获取。换言之，不能从草图环境中直接打开内部草图。
- 内部草图不能被非拥有它的其他特征利用，除非使该草图外部化。一旦使某内部草图成为外部草图，从前拥有该草图的特征将不能再控制它。

2. 使内部草图外部化的操作步骤

- 为了外部化某一内部草图，可在部件导航器中右击拥有它的特征并在弹出的快捷菜单中选择 Make Sketch External 命令。

注意：在时间戳记顺序中，NX 将该草图放在先前拥有它的特征之前。

- 为了逆向此操作，可通过高亮或依附组来识别出子特征，右击子特征并在弹出的快捷菜单中选择 Make Sketch Internal 命令。

在图 5-32 所示的导航器视图中，外部草图是列表中的第 4 个特征，即 Sketch (4) “SKETCH_VS”和拥有特征 Variational Sweep (5)。

为了反转此操作，右击拥有特征并在弹出的快捷菜单中选择 Make Sketch Internal 命令。

当内部化草图时，它不再出现在部件导航器中，可变扫掠现在是第 4 个特征，如图 5-33 所示。

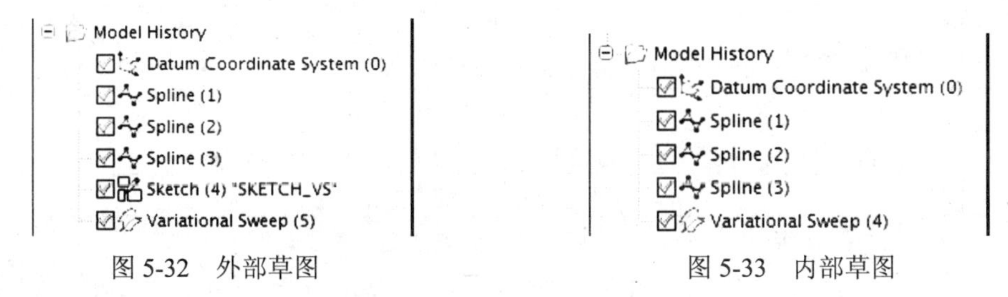

图 5-32　外部草图　　图 5-33　内部草图

注意：如果草图有多于一个的子特征，则不会出现 Make Sketch Internal 命令。

5.1.6 草图与部件导航器、层

1. 草图与部件导航器

草图是构成实体模型的组成特征之一，它们被列于部件导航器中，部件导航器所支持的任何特征编辑功能对草图都是有效的。

2. 草图和层

层可作为草图的一种组织工具：

- 可以从 Part Navigator 消隐或展现草图。在控制它的可见性时，不需要将每个草图放置在不同层上。
- 当工作在外部草图中时，建立的所有对象驻留在同一层上。
- 内部草图随父特征驻留，除非人工地移动草图到其他层。
- 当打开草图时，草图驻留在其上的层成为工作层。
- 当添加曲线到激活草图时，它们被自动地移动到与草图相同的层。.
- 当退出草图时，层设置取决于在 Preferences→Sketch→Session Settings 对话框中是否选中了 Maintain Layer Status 复选框。
    - ➢ 如果选中该复选框，草图层与工作层返回到激活草图前所处的状态。
    - ➢ 如果取消选中该复选框，草图层继续作为工作层。

5.2 草图曲线

5.2.1 草绘命令

草绘命令在直接草绘工具条与草图任务环境中是有效的。

基本草绘命令如表 5-1 所示。

表 5-1 基本草绘命令

图标	草绘命令	描述
	Profile（轮廓）	以线串方式建立一系列连接的直线、弧，即最后曲线的终点成为下一曲线的始点
	Line（直线）	建立有约束推断的直线
	Arc（弧）	建立过三点或规定它的中心和端点的弧
	Circle（圆）	建立过三点或规定它的中心和直径的圆
	Rectangle（矩形）	利用 3 种不同方法之一建立矩形
	Studio Spline（Studio 样条）	通过拖拽定义点或极点，并在定义点上指定斜率或曲率约束动态地建立或编辑样条

续表

图　　标	草 绘 命 令	描　　述
	Point（点）	建立点
	Offset Curve（偏置曲线）	在草图中偏置曲线链，投射曲线或曲线/边缘。对称偏置也是有效的
	Quick Trim（快速修剪）	修剪曲线到最近的交点或到选择的边界
	Quick Extend（快速延伸）	延伸曲线到最近的交点或到选择的边界
	Make Corner（做拐角）	延伸或修剪两条曲线去做拐角
	Fillet（圆角）	在两条或 3 条曲线间建立圆角

5.2.2　草图帮助线

帮助线指示对齐到曲线的控制点，包括直线端点和中点及弧和圆的中心点。在曲线建立期，如图 5-34 所示，可以显示两种类型帮助线：

- 点帮助线指示与其他对象对齐。
- 虚线帮助线指示与其他对象的推断约束，如水平、垂直、正交和相切。

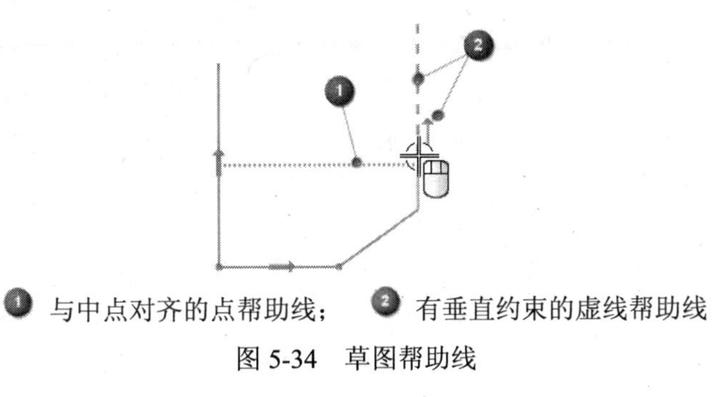

❶ 与中点对齐的点帮助线；❷ 有垂直约束的虚线帮助线

图 5-34　草图帮助线

5.2.3　添加对象到草图

允许将非草图对象（显式曲线）转换为草图对象，如图 5-35 所示。

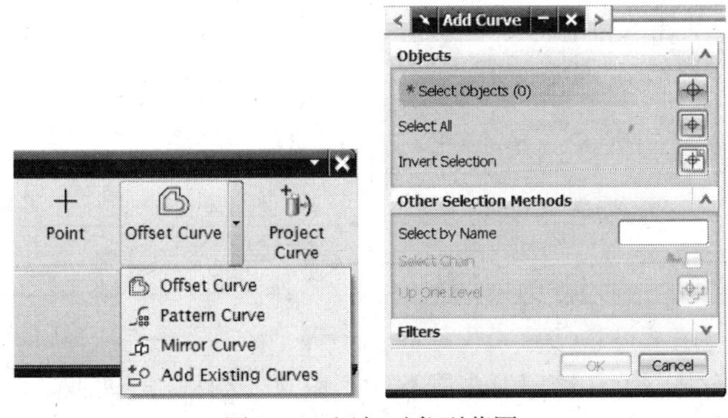

图 5-35　添加对象到草图

5.2.4 直接草图和特征参数预设置

为得到双击草图和特征时的动作，在 Modeling Preferences 对话框中设置下列参数，如图 5-36 所示。

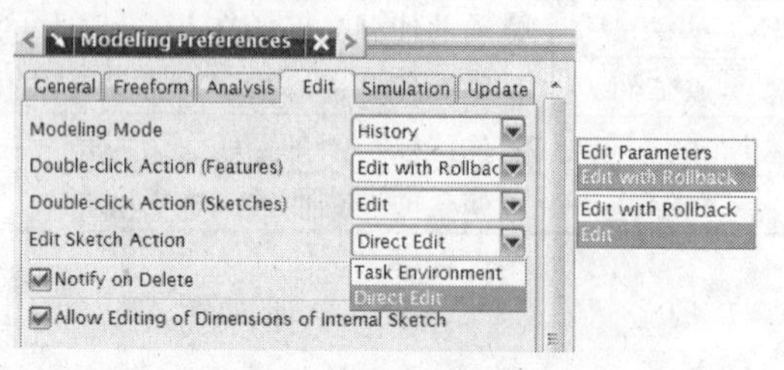

图 5-36 直接草图和特征参数预设置

直接草图和特征参数预设置选项描述如表 5-2 所示。

表 5-2 直接草图和特征参数预设置选项描述

选　项	描　述
Edit Sketch Action（编辑草图动作）	● Direct Edit（直接编辑）：在 Modeling 中直接编辑草图 ⚠ 小心：选择 Direct Edit 选项可立即更新模型。如果有带许多依附特征的草图，选择 Task Environment 选项。 ● Task Environment（任务环境）：进入草图任务环境
Double-click Action (Sketches)（双击动作（草图））	● Edit with Rollback（带反转的编辑）：使选择的草图为当前特征并进入草图任务环境 ● Edit（编辑）：进入直接草图模式，不改变当前特征
Double-click Action (Features)（双击动作（特征））	● Edit with Rollback（带反转的编辑）：使选择的特征为当前特征并进入编辑模式 ● Edit（编辑）：进入特征编辑模式，不改变当前特征

为了直接在 Modeling 中编辑草图，应该：

- 设置 Double-click Action（Sketches）为 Edit with Rollback。
- 设置 Edit Sketch Action 为 Direct Edit。
- 右击草图并选择 Edit 命令。

5.3 草 图 约 束

在草图中，通过几何和尺寸约束来充分捕捉设计意图。利用约束建立参数驱动的设计可以让更新变得既方便又可预估。当工作时草图评估约束确使它们是完全的和无冲突的。一个充分约束的草图具有与草图中自由度数相同数量的约束，因而最后的形状会是明确的、不模糊的。

虽然充分约束不是必需的，但 Siemens PLM Software 建议将定义特征轮廓的草图充分约束。

草图的 Create Inferred Constraints（创建推断约束）和 Inferred Constraints Settings（推断约束设置）命令可以很方便地将约束的和不约束的几何体混合在单个草图中。

5.3.1　草绘过程

在草图作业中的典型操作步骤如下：

（1）设定工作层（草图所在层）。

（2）选择草图平面和水平轴。

（3）（可选项）重命名草图。

（4）（可选项）设置 Inferred Constraints（推断约束）选项。

（5）建立草图曲线。根据设置，草图应用会自动地建立许多约束。

（6）（可选项）添加、修改或删除约束。

（7）（可选项）拖拽形状或修改尺寸参数。

（8）退出草图。

注意： 对建立约束的次序的建议如下：

（1）添加几何约束：固定一个特征点。

（2）按设计意图添加充分的几何约束。

（3）按设计意图添加少量尺寸约束（会频繁更改的尺寸）。

5.3.2　推断约束与尺寸

1. 推断约束与尺寸

Inferred Constraints and Dimensions 命令通过设置一个或多个对话框选项，来控制在曲线构造期哪些约束和尺寸设置由 NX 自动推断。

可以对几何尺寸约束、尺寸约束及当利用捕捉点选项时识别的约束。如图 5-37 所示为推断的几何约束。

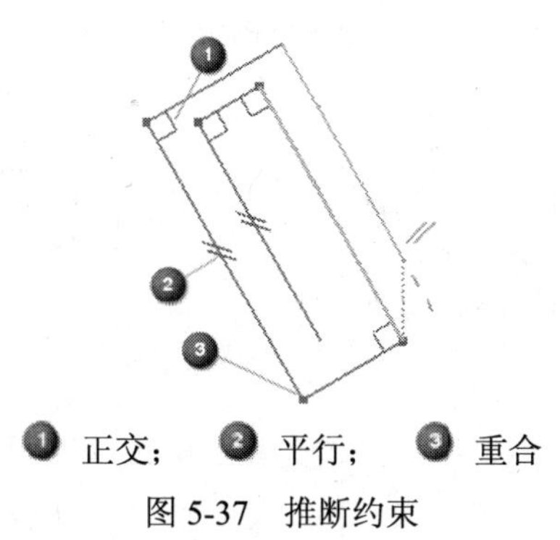

❶ 正交；　❷ 平行；　❸ 重合

图 5-37　推断约束

注意：推断约束行为如同正常作用的几何约束，可以利用 Show/Remove Constraints 对话框显示和删除；或右击对象并在弹出的快捷菜单中选择 Remove All Constraints 命令。

注意：在 Windows 上通过按下和保持 Alt 键，或在非 Windows 平台上按下和保持 Ctrl+Alt 键，在曲线构建期临时不激活所有推断约束设置。

2. Inferred Constraints and Dimensions（推断约束与尺寸）对话框

Inferred Constraints and Dimensions 对话框如图 5-38 所示。

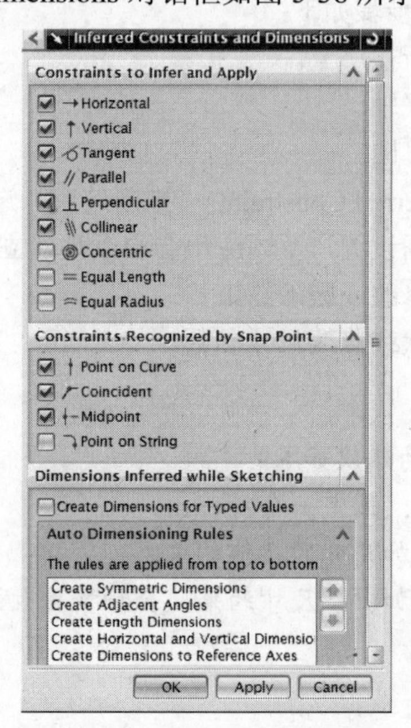

图 5-38　Inferred Constraints and Dimensions 对话框

3. 推断约束与尺寸选项

Inferred Constraints and Dimensions 对话框中的选项描述如表 5-3 所示。

表 5-3　推断约束与尺寸的选项描述

组	选　项	描　述
Auto Dimensioning Rules（自动尺寸规则）：建立自动尺寸的规则，可以在任一次序作用这些规则	Create Horizontal and Vertical Dimension（在直线上建立水平与垂直尺寸）	如下图所示

续表

组	选　　项	描　　述
Auto Dimensioning Rules（自动尺寸规则）：建立自动尺寸的规则，可以在任一次序作用这些规则	Create Dimensions to Reference Axes（建立参考轴的尺寸）	如下图所示 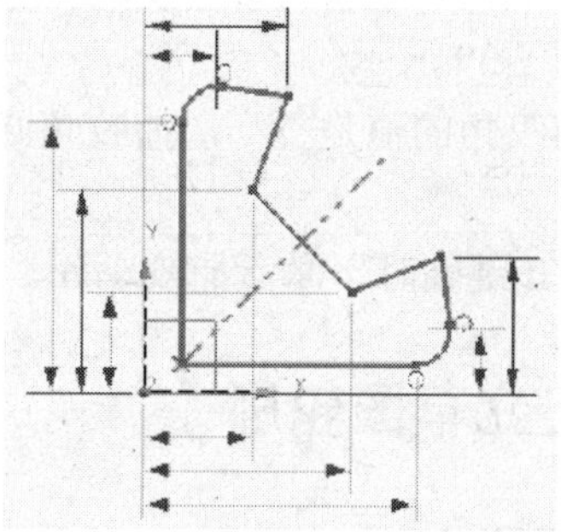
	Create Length Dimensions（建立长度尺寸）	如下图所示 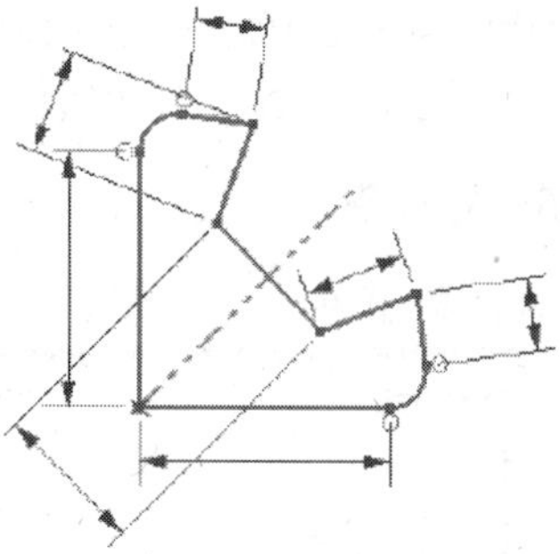
	Create Adjacent Angles（建立角度尺寸）	如下图所示 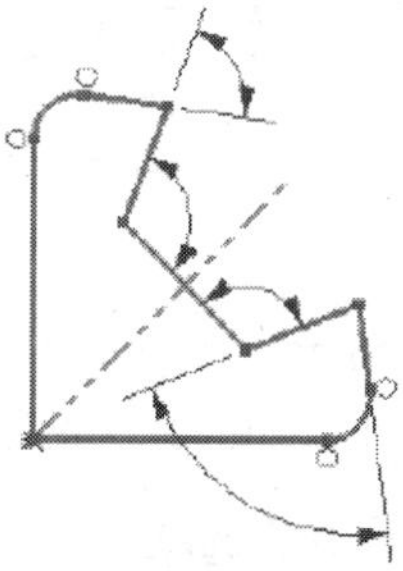
	Create Symmetric Dimensions（建立对称尺寸）	如下图所示 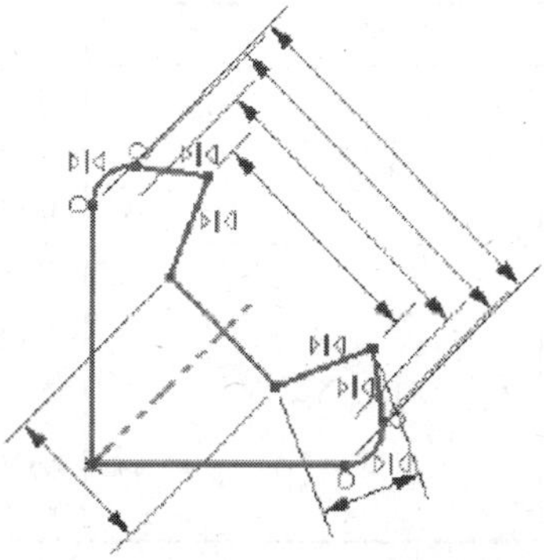

4. 捕咬角选项

Sketch Preferences 对话框中的 Snap Angle 选项为垂直、水平、平行和正交线规定默认捕咬角公差的值，如图 5-39 所示。

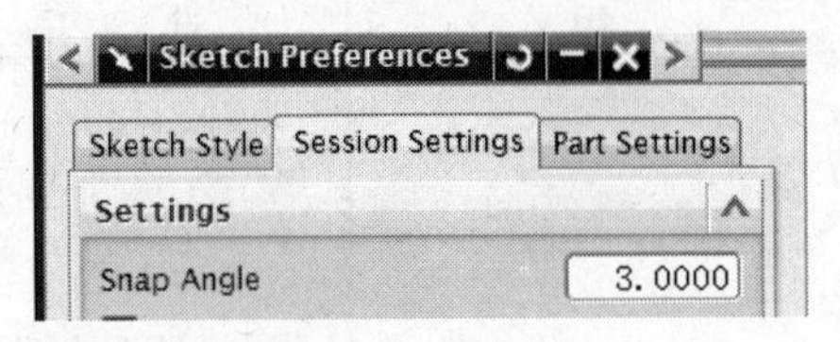

图 5-39 捕咬角

默认捕咬角的值是 3°，捕咬角必须大于 0° 且小于 20°。

按下 Alt 键临时不激活捕咬动作。

5.3.3 建立草图轮廓

1. 草图轮廓

利用 Profile 命令建立一系列连接的直线弧。

如图 5-40 所示，通过一系列鼠标单击建立这个管子虎钳轮廓。

2. Profile 对话条

Profile 对话条如图 5-41 所示。

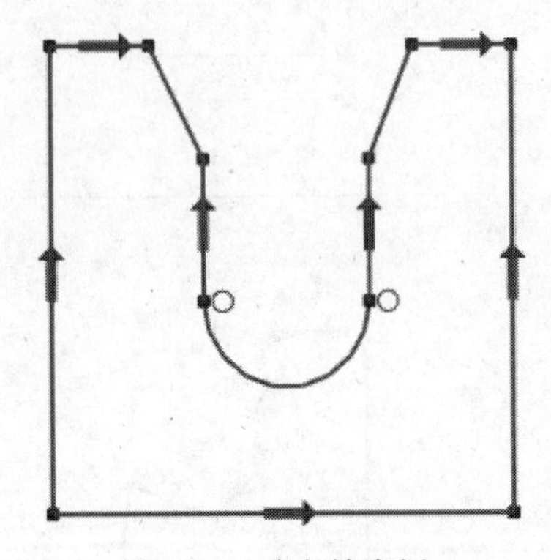
图 5-40 建立轮廓例

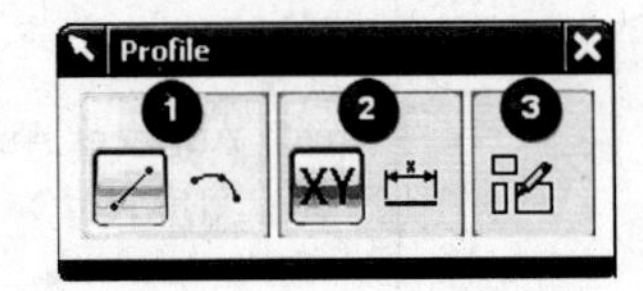

图 5-41 Profile 对话条

Profile 对话条中的选项描述如表 5-4 所示。

表 5-4 Profile 对话条中的选项描述

组	选项	描述
❶ 对象类型	Line（线）	建立直线 当选择 This is the default mode when you choose Profile 时是默认模式。选择不在草图平面上的点被投射到草图平面上
	Arc（弧）	建立弧 当线串从线到弧时，建立一条两点弧。如果在线串模式中画的第一对象是弧，则可以建立一条三点弧 默认，在建立弧后轮廓切换到线模式。为了建立一系列成链弧，可双击 Arc 按钮

续表

组	选　　项	描　　述
❷ 输入模式	Coordinate Mode（坐标模式）XY	利用 X 和 Y 坐标值建立曲线点
	Parameter Mode（参数模式）	利用相应的直线或弧曲线类型参数建立曲线点 直线：长度与角度参数 弧：半径与扫掠角度参数
❸ 草图	Define Sketch Plane（定义草图平面）	利用标准平面建立方法定义草图平面

3. 建立轮廓曲线

建立轮廓曲线的步骤如下：

（1）单击 Profile 按钮。

（2）在图形窗口中单击一次建立起始点。

（3）移动到要求线的端点，单击一次建立端点。

（4）为了建立弧，单击并在图形窗口中任意处拖拽，从线建立切换到弧建立。

（5）移动光标离开线端点通过圆的不同象限，不单击，建立弧的方向，如图 5-42 所示。

提示： 正交或相切关系改变取决于离开线端点通过圆的那个象限。

（6）单击一次建立弧端点。

提示： 在建立了一条弧后自动恢复线模式。为了建立相继弧，可在轮廓模式期任意时间双击 Arc 按钮。

（7）为了停止轮廓线串模式，单击鼠标中键。

【练习 5-3】　建立草图轮廓

在本练习中，将使用 Profile 命令在基准坐标系中的一个平面上建立草图几何体，如图 5-43 所示。

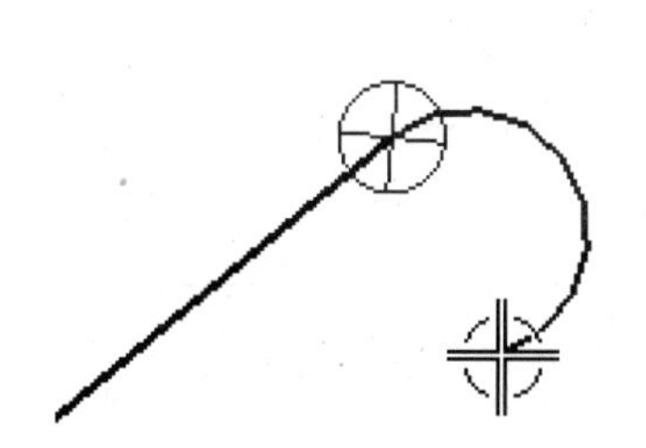

图 5-42　建立弧的方向

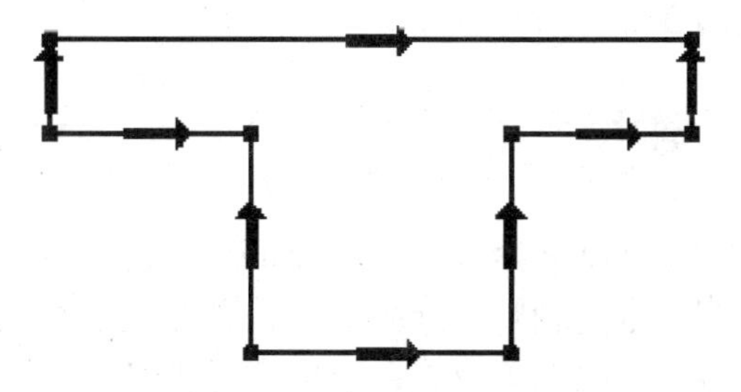

图 5-43　建立草图几何体

第 1 步　打开 create_sketch_profile_1，启动建模应用。

- 从目录\Part_C5 中打开 create_sketch_profile_1。
- 选择 Start→Modeling 命令。

第 2 步 确使特征显示在时间戳记序中。

- 在 Part Navigator 中右击，并在弹出的快捷菜单中选择 Timestamp Order 命令。

第 3 步 打开 Sketch (1) FRONT PROFILE 进行编辑。

- 在 Part Navigator 中双击 Sketch (1) FRONT PROFILE。

第 4 步 利用 Profile 命令建立徒手草图。

- （可选项）在 Sketch Tools 工具条上单击 Show All Constraints 按钮。
- 在 Sketch Tools 工具条上单击 Profile 按钮。
- 利用图 5-43 所示的图像，徒手草绘轮廓，确使草图定位在基准坐标系下，结果如图 5-44 所示。

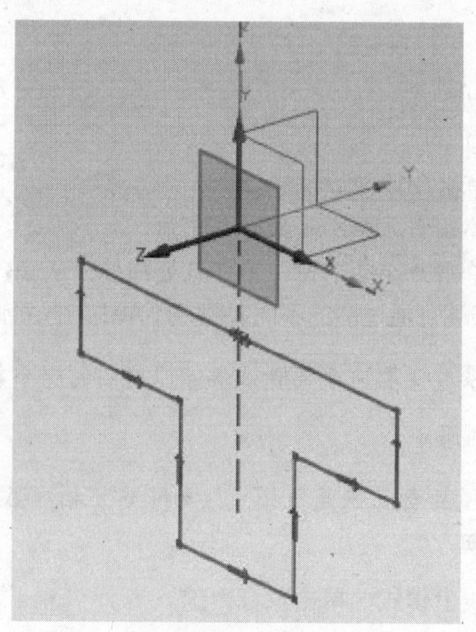

图 5-44 建立草图轮廓

第 5 步 退出草图任务环境。

- 在 Sketch 工具条上单击 Finish Sketch 按钮。

第 6 步 不存储关闭部件。

5.3.4 连续自动尺寸

利用 Continuous Auto Dimensioning 命令在每次操作后自动标注草图曲线尺寸。该命令利用自动尺寸规则充分约束激活草图，包括对父基准坐标系的定位尺寸。

可以从下列两处设置自动尺寸规则：

- Inferred Constraints and Dimensions 对话框，如图 5-38 所示。
- File→Utilities→Customer Defaults→Sketch→Inferred Constraints and Dimensions→Dimensions 栏，如图 5-45 所示。

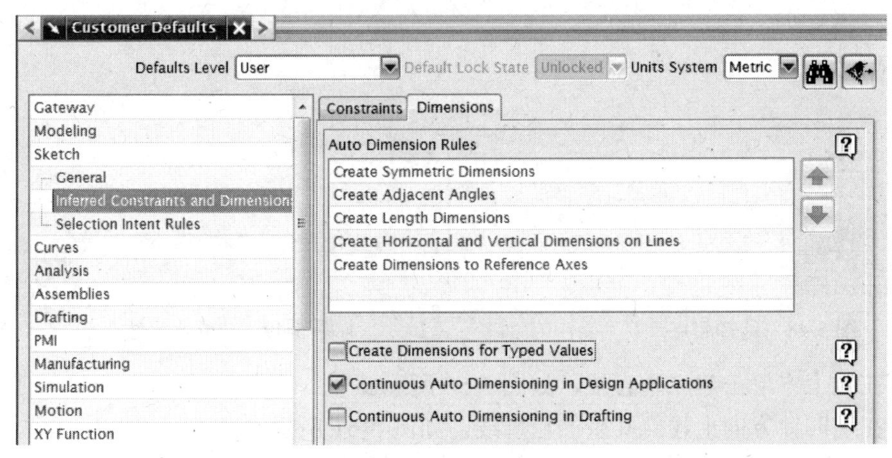

图 5-45 客户默认

Continuous Auto Dimensioning 命令可以建立草图尺寸的自动尺寸类型，自动尺寸充分约束草图。当拖拽草图曲线时尺寸被更新，它们从草图移除自由度但不永久锁定值。如果添加与自动尺寸冲突的约束，自动尺寸被删除。

可以转换自动尺寸到驱动尺寸。

在建模应用中，利用此命令可以确保总是用充分约束的草图工作，它将是可预言的更新。

在制图应用中，利用此命令可以对在图中建立的所有曲线自动地建立尺寸。

【练习 5-4】 利用连续自动尺寸

在本练习中，将利用 Continuous Auto Dimensioning 命令建立草图，如图 5-46 所示。

第 1 步 利用 Model 模板建立新的 Millimeters 部件文件。

- 在图形窗口中右击，并在弹出的快捷菜单中选择 Orient View→TOP 命令。

第 2 步 逆时针建立草图曲线。

- 在 Direct Sketch 工具条上单击 Profile 按钮。
- 选择基准建立草图，如图 5-47 所示。

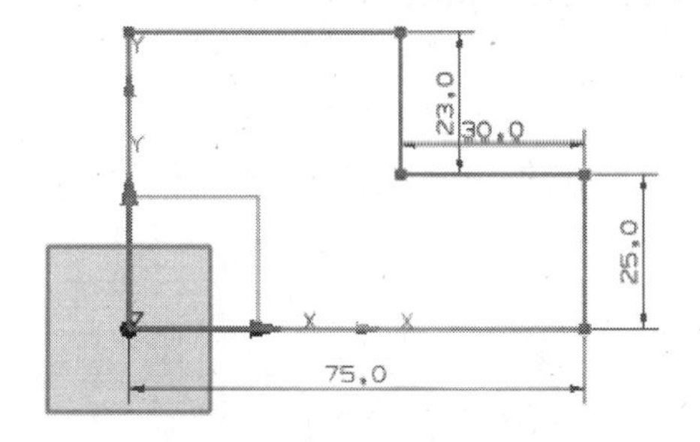

图 5-46 利用连续自动尺寸

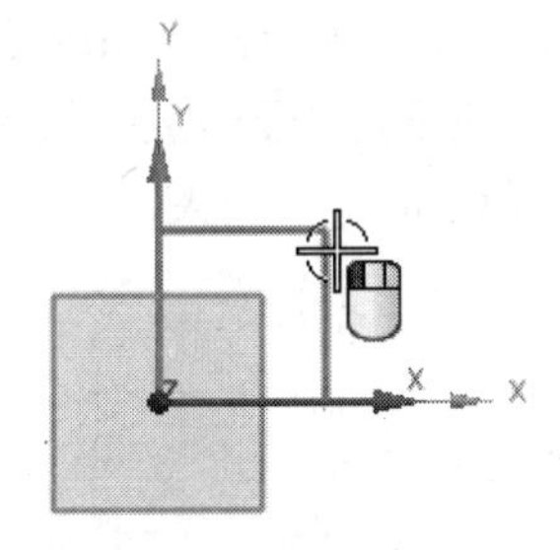

图 5-47 选择基准

- 在 Direct Sketch 工具条的 Constraints Drop-down 列表中，确使选择 Continuous Auto Dimensioning 选项。
- 选择 Point of the Datum Coordinate System，如图 5-48 所示。
- 在右边单击建立水平线，如图 5-49 所示。

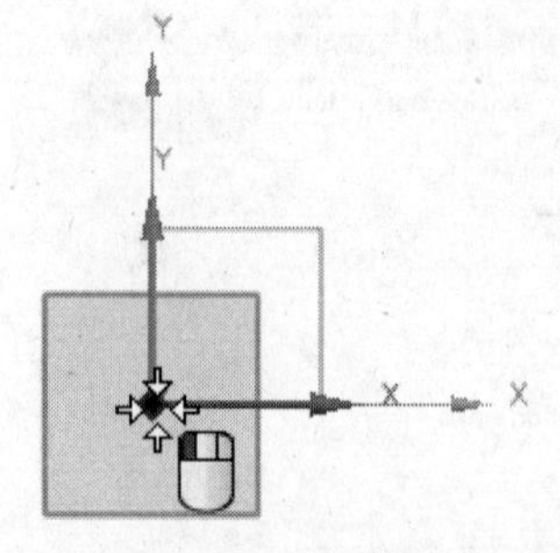

图 5-48 选择起点

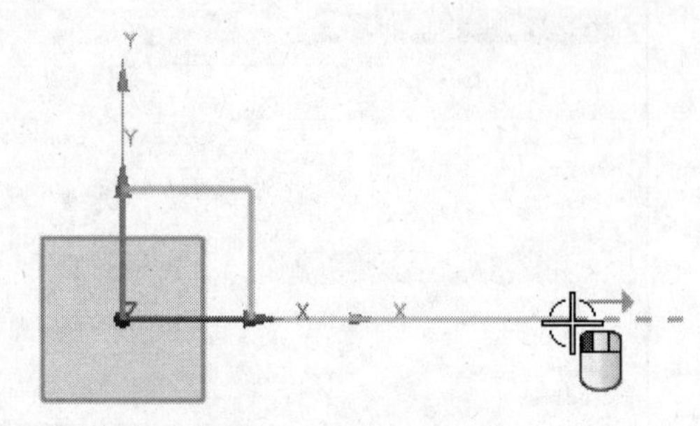

图 5-49 建立水平线

- 在线上方单击建立垂直线，如图 5-50 所示。
- 在逆时针方向上建立其余的轮廓线，如图 5-51 所示。

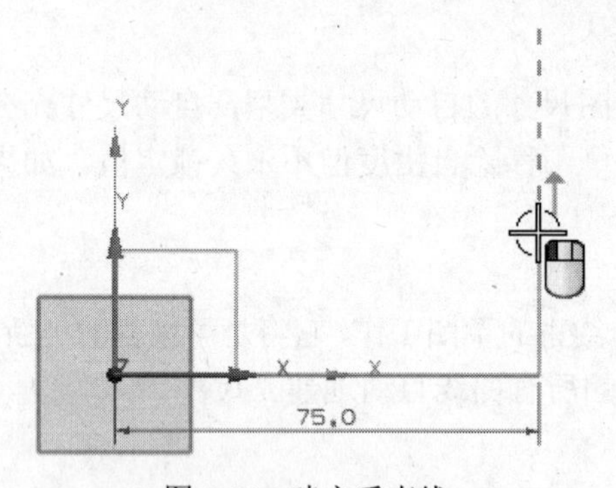

图 5-50 建立垂直线

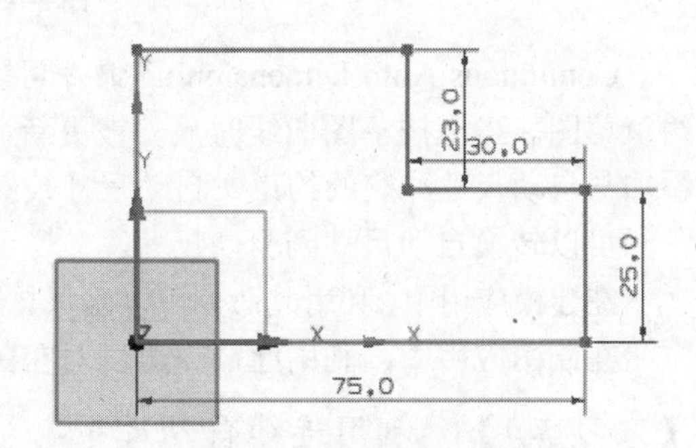

图 5-51 建立其余轮廓线

注意：所有自动的尺寸是在轮廓的外侧。

- 按 Esc 键取消 Profile 命令。

第 3 步 编辑有自动尺寸的草图。

- 在 Direct Sketch 工具条上单击 Constraints 按钮。
- 读状态行：Sketch is fully constrained with 4 auto dimensions。
- 按 Esc 键取消 Constraints 命令。
- 拖拽垂直线到左边，如图 5-52 所示。

尽管草图是充分约束，可以拖拽曲线，自动尺寸将更新，如图 5-53 所示。

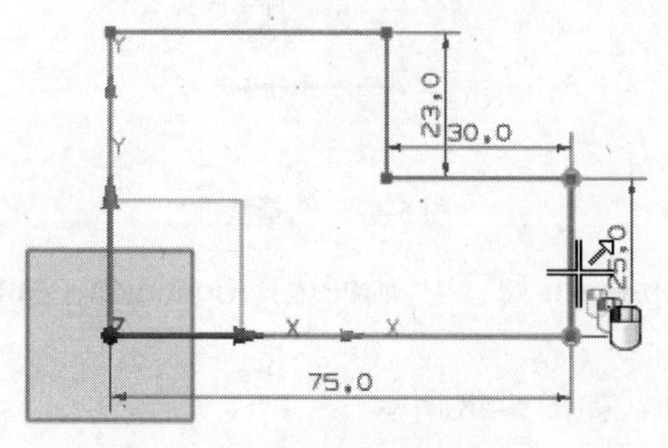

图 5-52 拖拽草图曲线

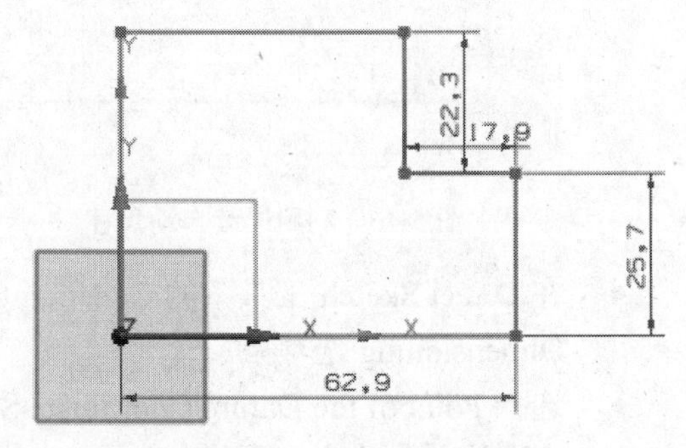

图 5-53 自动尺寸更新

- 按 Esc 键取消 Constraints 命令。
- 双击尺寸，在在屏文本框中输入 75，按 Enter 键。

注意：自动尺寸已转换到驱动尺寸。

- 在 Direct Sketch 工具条上单击 Inferred Dimensions 按钮。
- 选择垂直线，单击放置尺寸，如图 5-54 所示。当建立驱动尺寸时，自动尺寸将被删除，如图 5-55 所示。

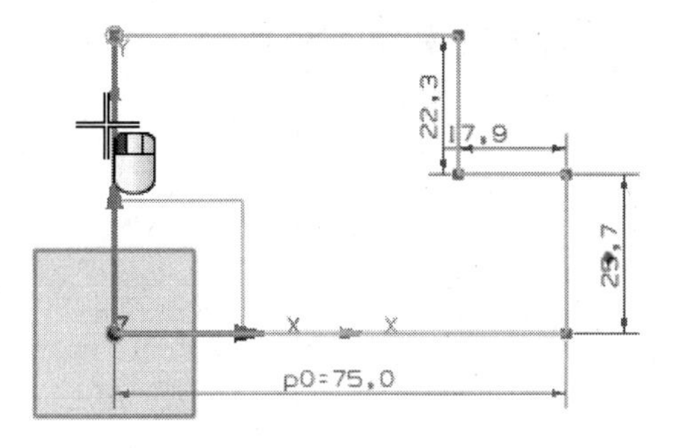

图 5-54 建立推断尺寸

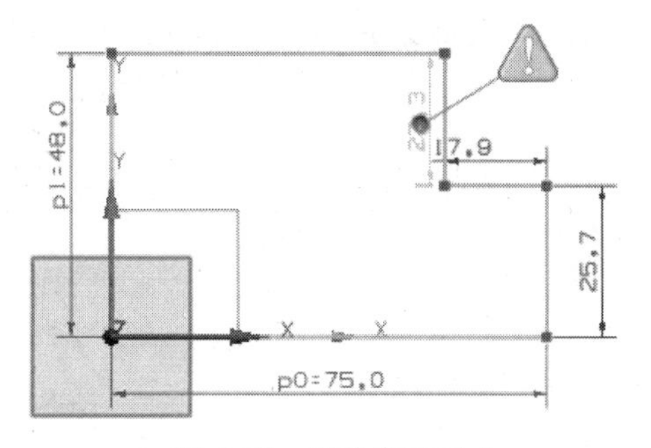

图 5-55 删除自动尺寸

- 按 Esc 键取消 Inferred Dimensions 命令。
- 拖拽垂直线到左边，如图 5-56 所示。自动尺寸被更新，而驱动尺寸没有编辑它的值，所以不改变，如图 5-57 所示。

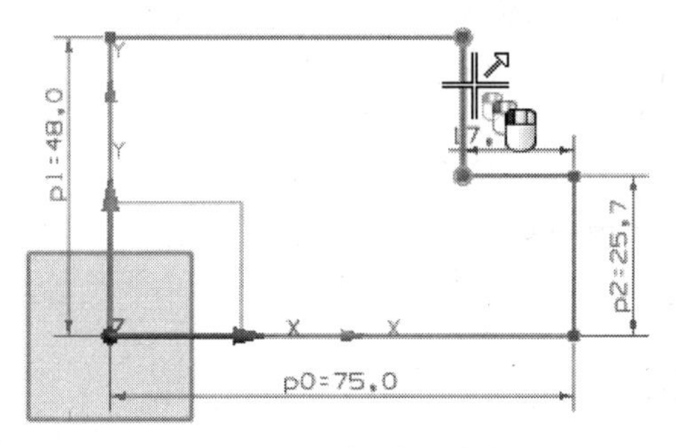

图 5-56 拖拽草图曲线

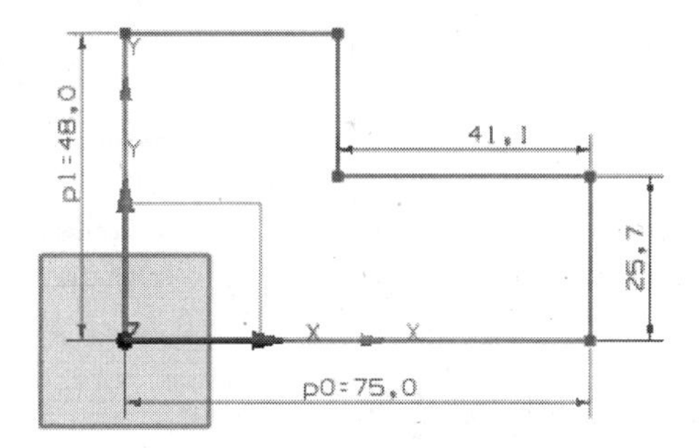

图 5-57 自动尺寸更新

- 在图形窗口背景中右击，在弹出的快捷菜单中选择 Finish Sketch 命令。

5.4 草图曲线功能

5.4.1 快速修剪

利用 Quick Trim命令修剪曲线到任一方向中最近的物理或虚拟交点。可以采用以下方式：

- 通过光标在曲线上预览修剪。

- 选择个别要修剪的曲线，如图 5-58 所示。

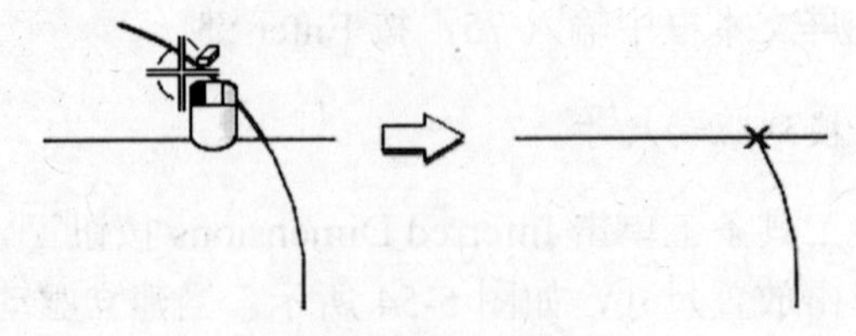

图 5-58 预览与修剪

- 按下鼠标左键并穿过多条曲线拖拽，同时修剪它们，如图 5-59 所示。

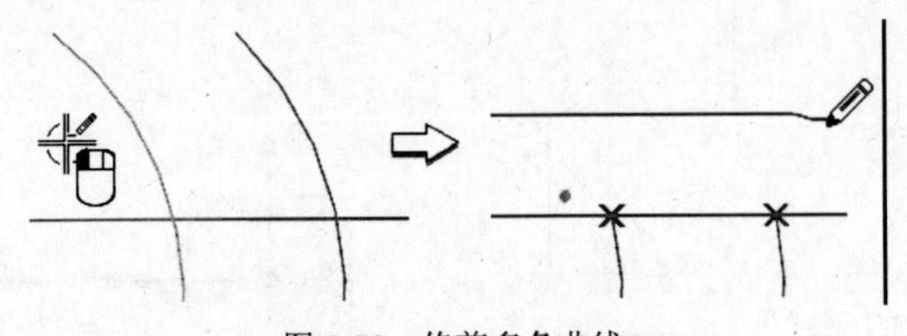

图 5-59 修剪多条曲线

Quick Trim 对话框如图 5-60 所示。

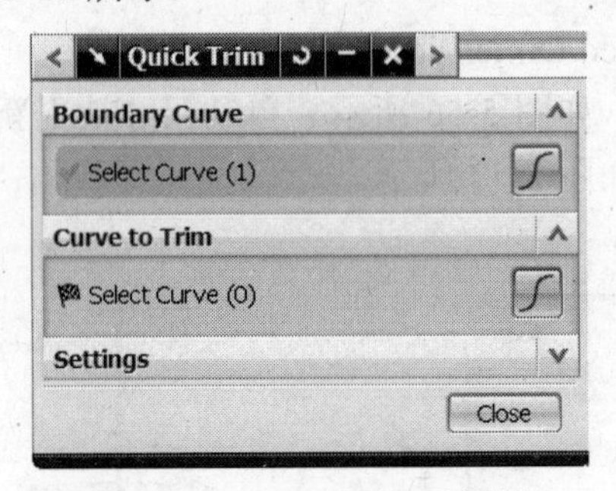

图 5-60 Quick Trim 对话框

5.4.2 快速延伸

利用 Quick Extend 命令延伸曲线到与另一曲线的物理或虚拟交点。可以采用以下方式：

- 通过光标在曲线上预览延伸。
- 选择个别要延伸的曲线，如图 5-61 所示。

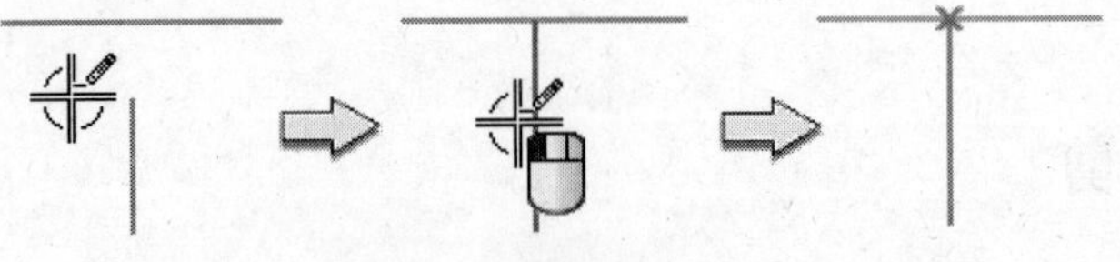

图 5-61 预览与延伸

按下鼠标左键并穿过多条曲线拖拽，同时延伸所有曲线，如图 5-62 所示。

Quick Extend 对话框如图 5-63 所示。

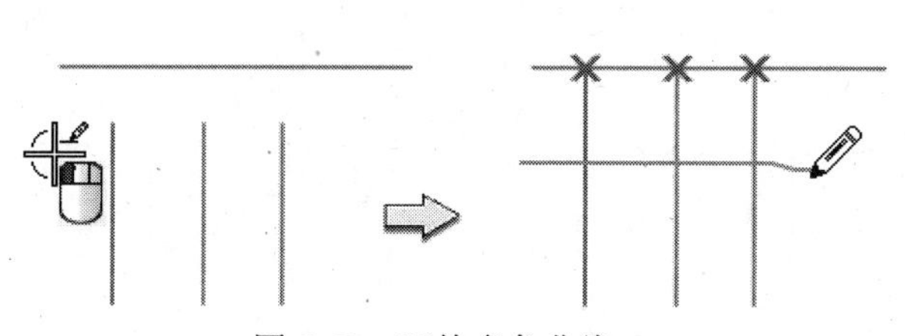

图 5-62 延伸多条曲线

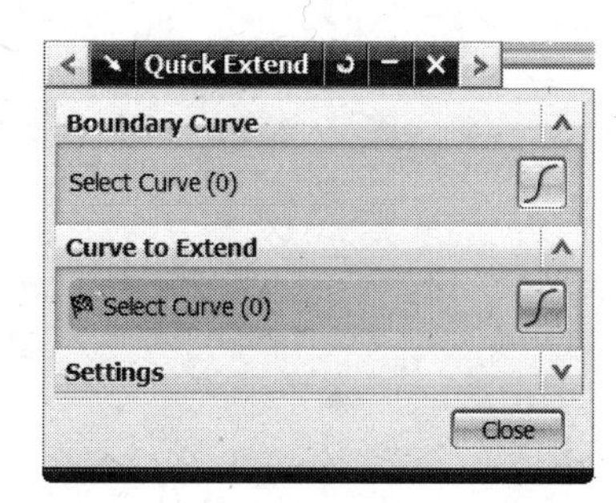

图 5-63 Quick Extend 对话框

5.4.3 做拐角

利用 Make Corner 命令延伸或修剪两条输入曲线到共同交点。如果 Create Inferred Constraints 选项激活，则在交点处建立重合约束，如图 5-64 所示。

也可以按下鼠标左键并通过在曲线上拖拽建立拐角。

Make Corner 对话框如图 5-65 所示。

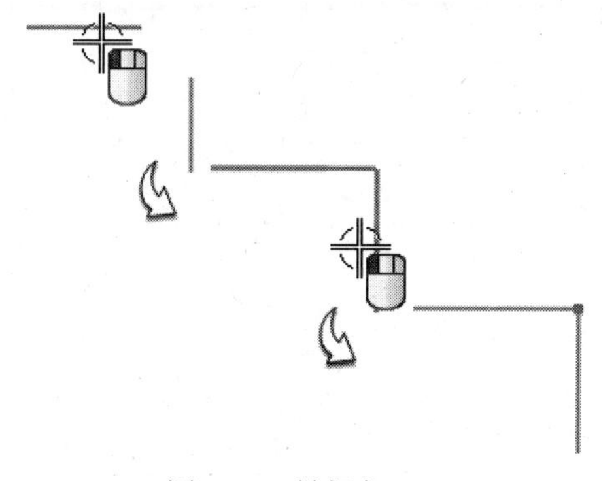

图 5-64 做拐角

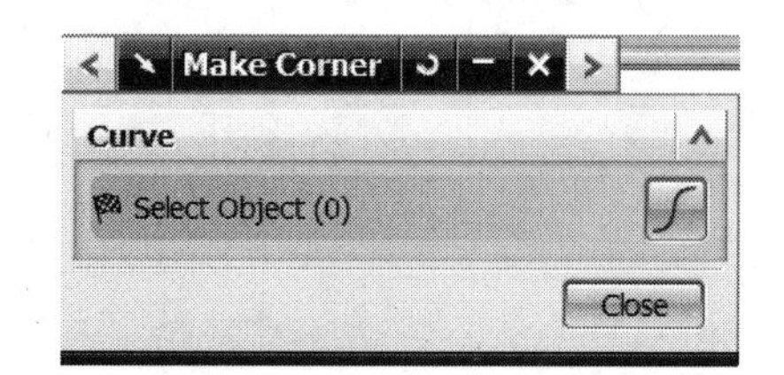

图 5-65 Make Corner 对话框

Make Corner 命令适用于直线、圆弧、开口的二次圆锥曲线与开口样条，选择的对象会自动地延伸或修剪到它们的交点处以建立拐角。

注意：开口样条在该功能中只能被修剪，而不能延伸。

【练习 5-5】 快速修剪、快速延伸与做拐角

如图 5-66 所示，在本练习中将：

- 修剪草图曲线。
- 延伸草图曲线到物理与虚拟交点。
- 从各种草图线建立拐角。

第 1 步 从目录\Part_C5 中打开 trim.prt，如图 5-67 所示。

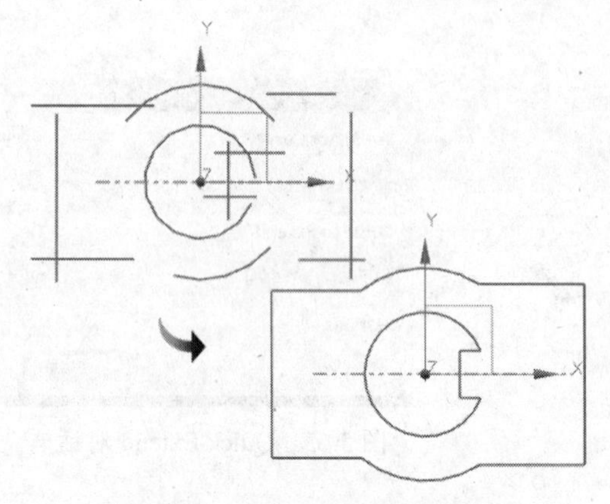

图 5-66 修剪、延伸与做拐角

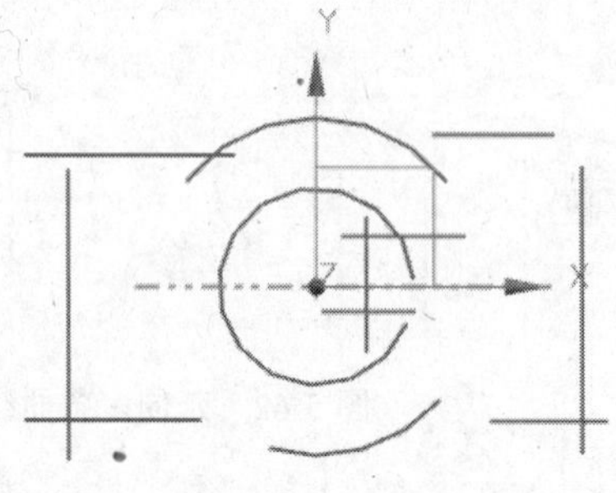

图 5-67 trim.prt

第 2 步 用 Quick Trim 命令修剪曲线。

- 双击草图曲线，打开 SKETCH_000。
- 在 Direct Sketch 工具条上单击 Quick Trim 按钮。
- 在草图左底拐角处，单击曲线，修剪两条直线到交点，如图 5-68 所示。
- 在草图右底拐角处，穿过曲线拖拽鼠标，修剪两条直线到交点，如图 5-69 所示。

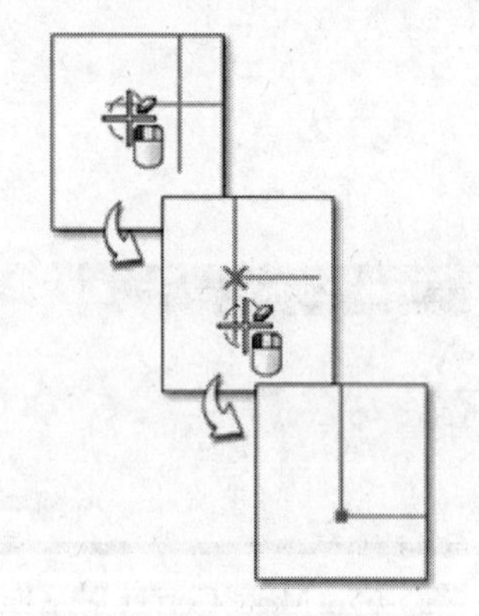

图 5-68 修剪左底拐角

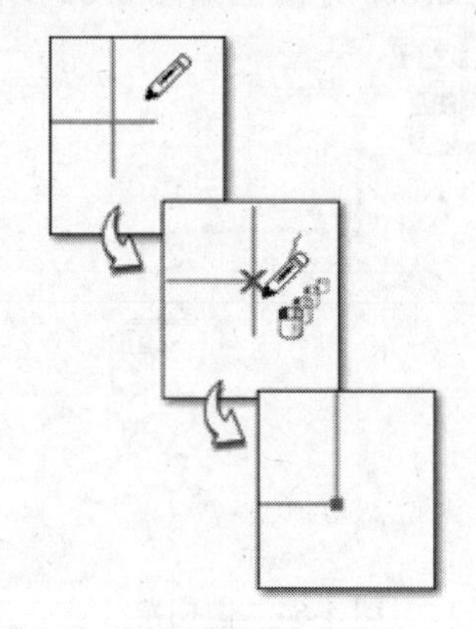

图 5-69 修剪右底拐角

- 通过单击或穿过拖拽要删除的曲线段，快速修剪曲线延伸段，如图 5-70 所示。

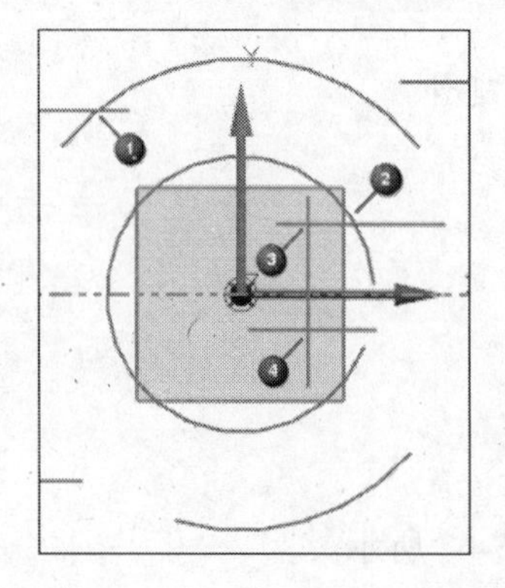

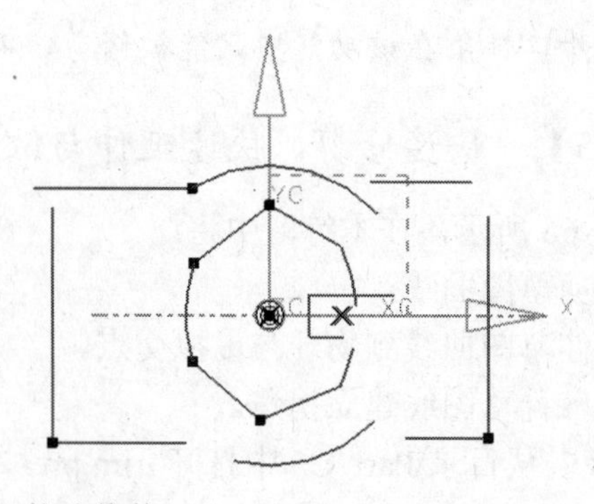

图 5-70 快速修剪

第 3 步　延伸曲线与做拐角。

- 在 Direct Sketch 工具条上单击 Quick Extend 按钮。
- 在草图的上左拐角处单击垂直线，如图 5-71 所示。
- 在 Quick Extend 对话框的 Boundary Curve 下单击 Select Curve 按钮。
- 在草图的上右侧单击水平线，并按住鼠标中键前进到要延伸的曲线处，如图 5-72 所示。
- 单击垂直线，如图 5-73 所示。

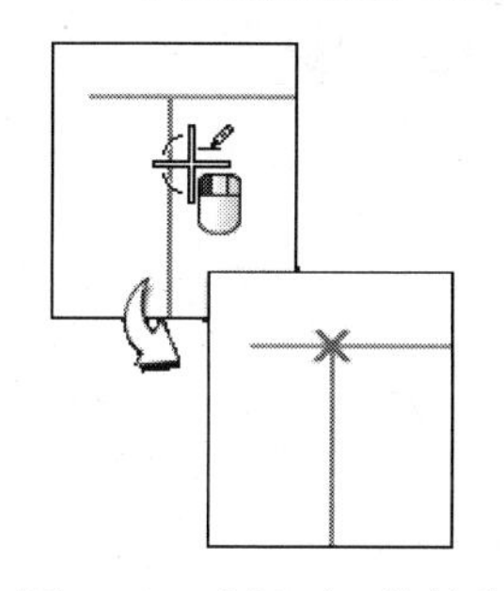

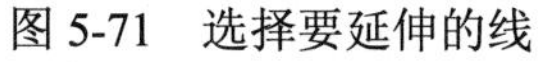

图 5-71　选择要延伸的线

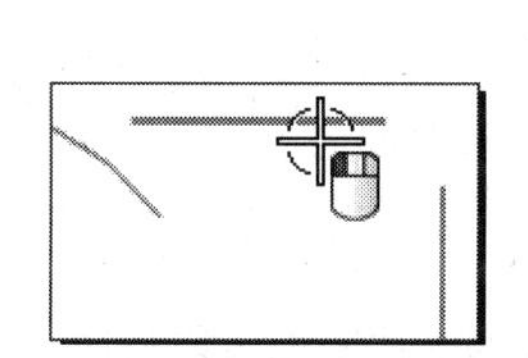

图 5-72　单击水平线

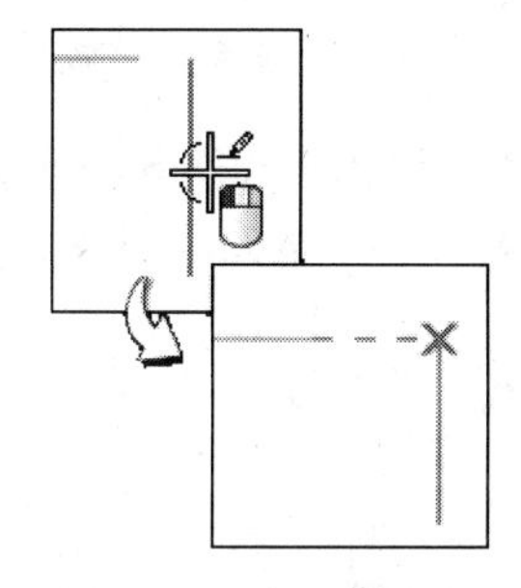

图 5-73　单击垂直线

注意：NX 向上延伸曲线到水平线，并建立一点在曲线上的约束。

- 按 Ctrl+Z 键两次取消延伸。
- 在 Direct Sketch 工具条上单击 Make Corner 按钮。
- 在草图上左拐角处单击两条曲线，如图 5-74 所示。
- 在草图上右拐角处单击两条曲线，如图 5-75 所示。

注意：NX 延伸曲线到它们的交点处建立拐角。

- 在草图顶部单击孤与水平线，确使在要保留的位置处单击弧，如图 5-76 所示。

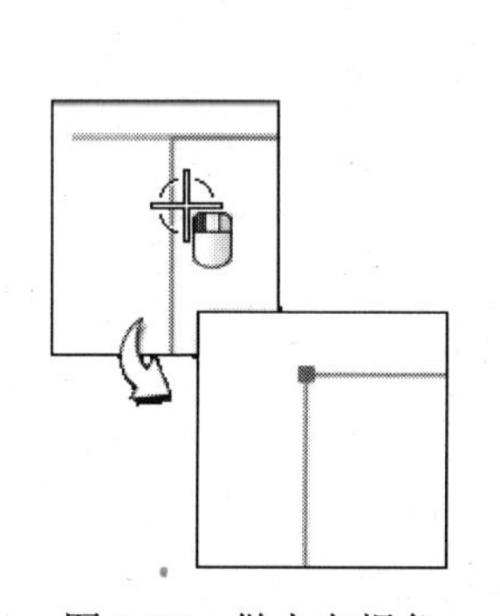

图 5-74　做上左拐角

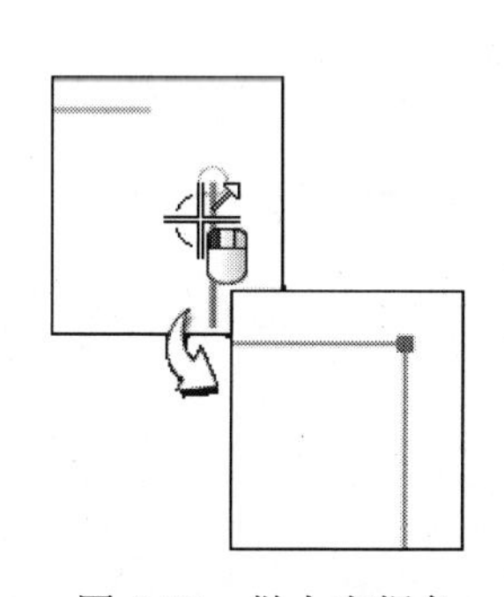

图 5-75　做上右拐角

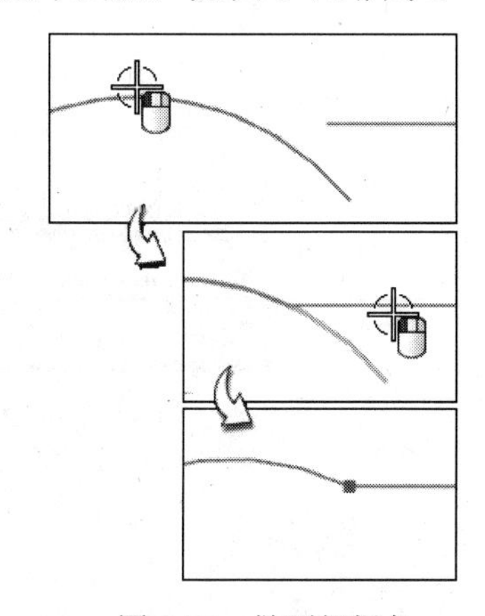

图 5-76　做顶部拐角

- 在轮廓中其余间隙处建立拐角，如图 5-77 所示。完成的草图如图 5-78 所示。

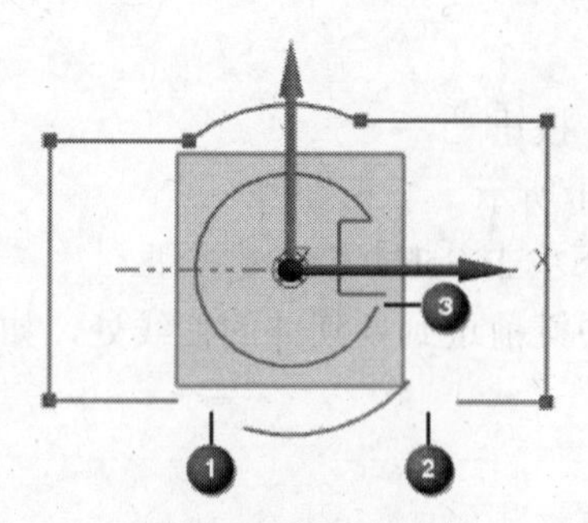

图 5-77 做其余拐角

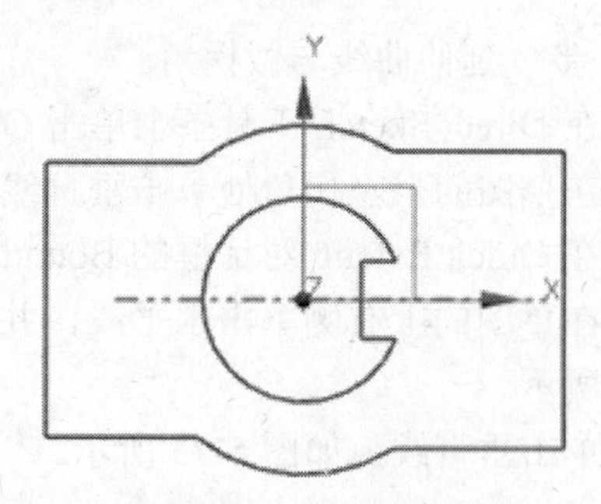

图 5-78 完成的草图

- 单击 Finish Sketch 按钮。
- 不存储关闭部件。

5.4.4 圆角

利用 Fillet 命令在两条或三条曲线间建立圆角。

Create Fillet 对话条如图 5-79 所示。

利用 Create Fillet 对话条，可以进行以下操作：

- 修剪或不修剪所有输入曲线。
- 删除三曲线圆角的第三条曲线。
- 规定圆角半径值。
- 通过移动光标预览并决定圆角的大小和位置。
- 按下鼠标左键并在曲线上拖拽建立圆角。

如图 5-80 所示为在两条曲线间建立圆角的示例。

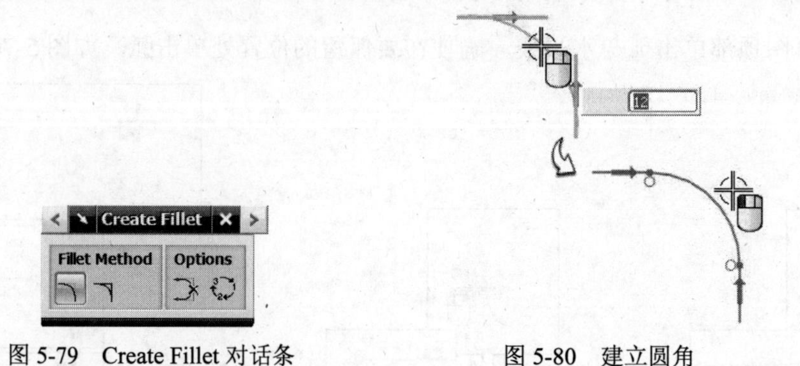

图 5-79 Create Fillet 对话条　　图 5-80 建立圆角

5.4.5 倒角

利用 Chamfer 命令将两条草图直线间的尖形拐角倒成斜面。

可以建立下列倒角类型：

- 对称。

- 不对称。
- 偏置和角度。

Chamfer 对话框如图 5-81 所示。

可以按住鼠标左键在曲线上拖拽建立倒角，如图 5-82 所示。

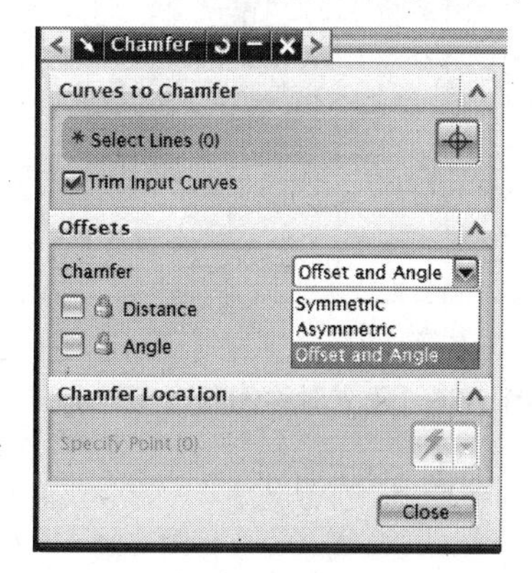

图 5-81 Chamfer 对话框

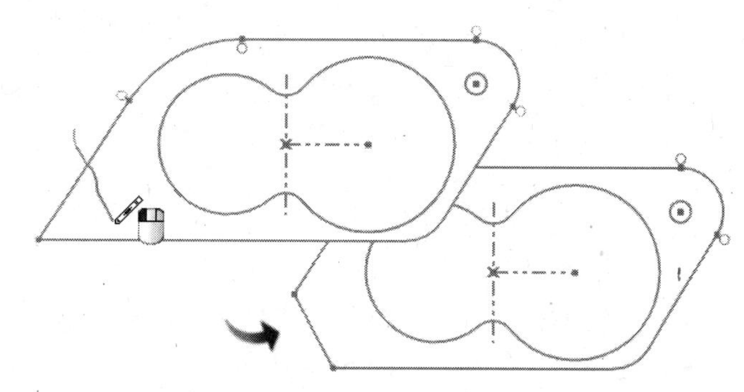

图 5-82 建立倒角

【练习 5-6】 建立倒角与圆角

如图 5-83 所示，在本练习中将建立：

- 对称倒角。
- 偏置与角度倒角。
- 利用两条曲线建立圆角。
- 利用三条曲线建立圆角。
- 利用 Exit Sketch 命令取消对草图所做的所有修改。

第 1 步 建立对称倒角。

- 从目录\Part_C5 中打开 chamfer.prt，如图 5-84 所示。

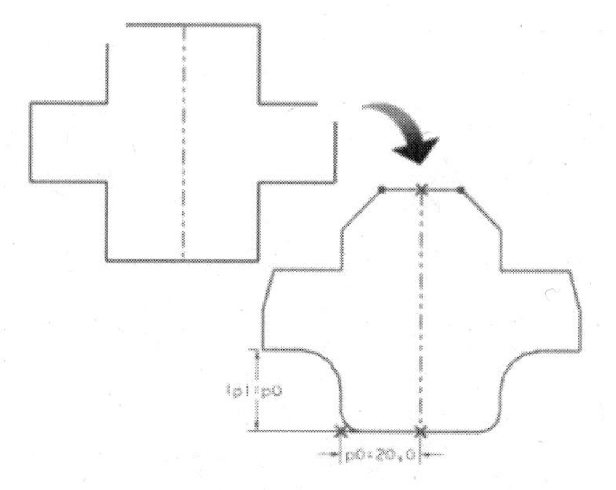

图 5-83 建立倒角与圆角

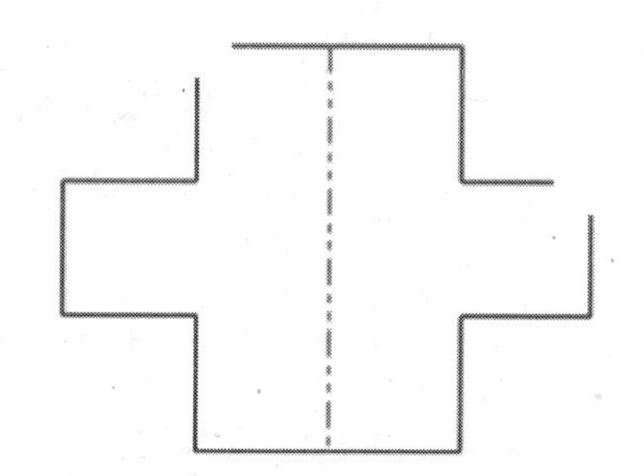

图 5-84 chamfer.prt

- 右击草图，在弹出的快捷菜单中选择 Edit 命令。
- 在 Direct Sketch 工具条上单击 Chamfer 按钮。
- 在打开的 Chamfer 对话框的 Chamfer 下拉列表框中选择 Symmetric 选项。

- 选择两条直线的交点，如图 5-85 所示。
- 移动光标，当在屏文本框中为 10 时单击，如图 5-86 所示。

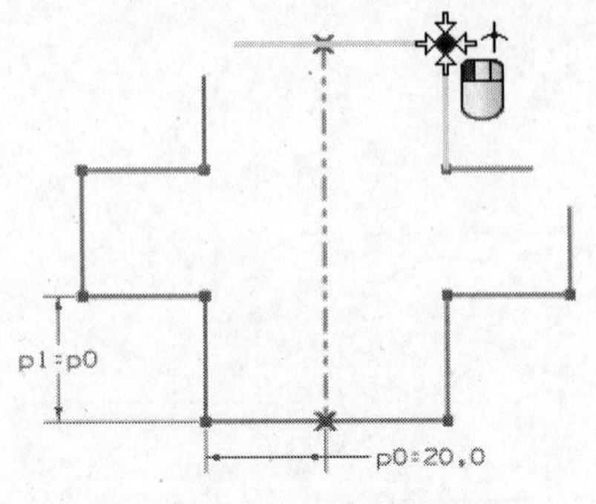

图 5-85　选择交点

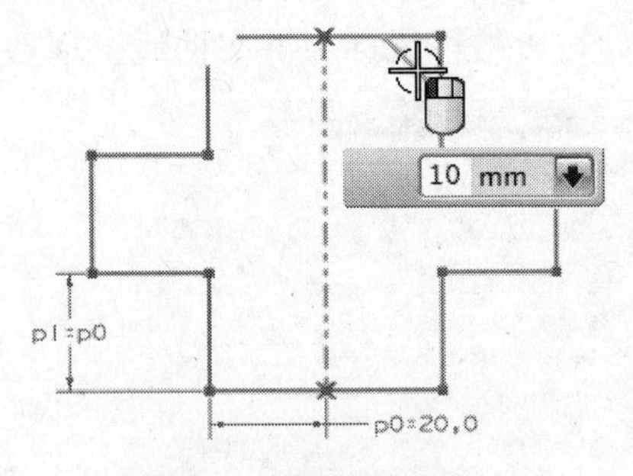

图 5-86　建立对称倒角

- 当线不相交时，需要分别选择它们。选择第一条线，如图 5-87 所示。
- 选择第二条线，如图 5-88 所示。

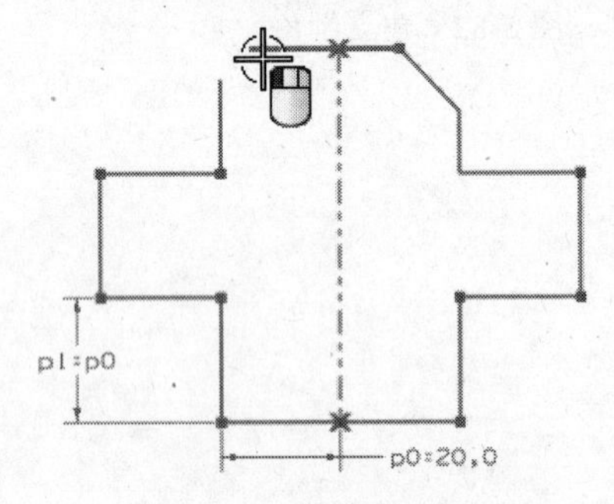

图 5-87　选择第一条线

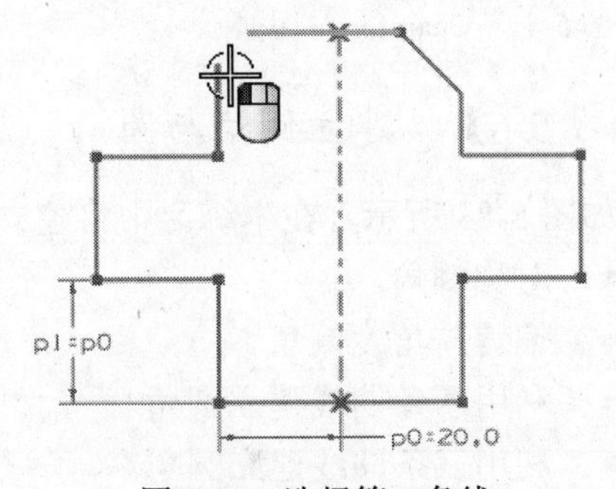

图 5-88　选择第二条线

- 移动光标，当在屏文本框中为 10 时单击，如图 5-89 所示。

第 2 步　建立有偏置和角度的倒角。

- 选择两条线的交点，如图 5-90 所示。

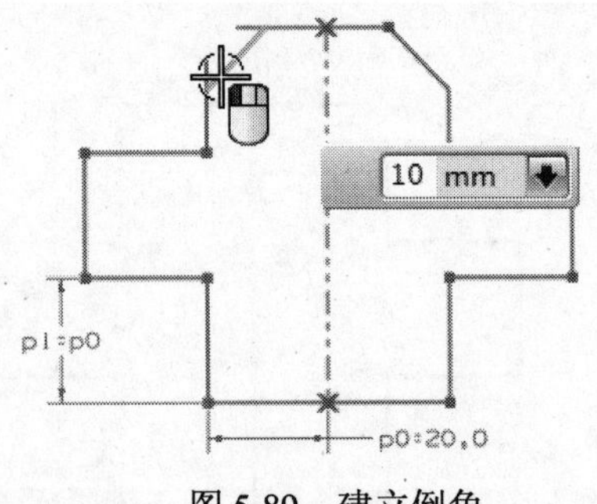

图 5-89　建立倒角

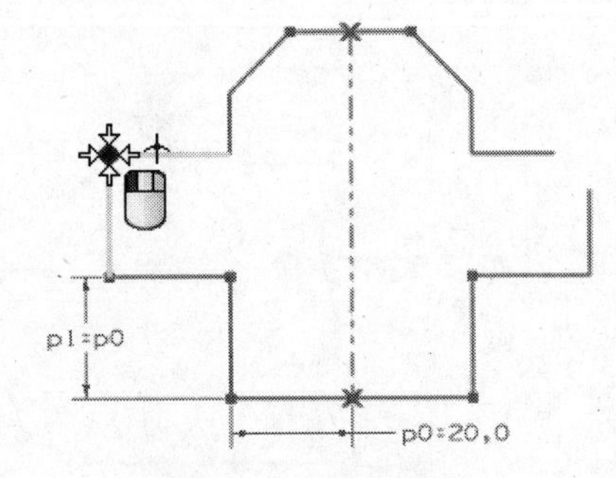

图 5-90　选择交点

- 在图形窗口的背景中右击，并在弹出的快捷菜单中选择 Chamfer→Offset and Angle 命令。这时在屏文本框中显示 Distance 和 Angle，如图 5-91 所示。
- 在 Angle 文本框中输入 15 并按 Enter 键锁住值。

这时 Lock 图符显示在 Angle 文本框中，如图 5-92 所示。

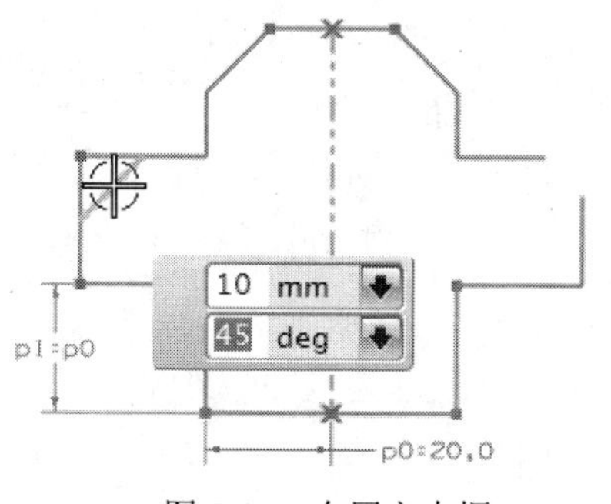

图 5-91　在屏文本框

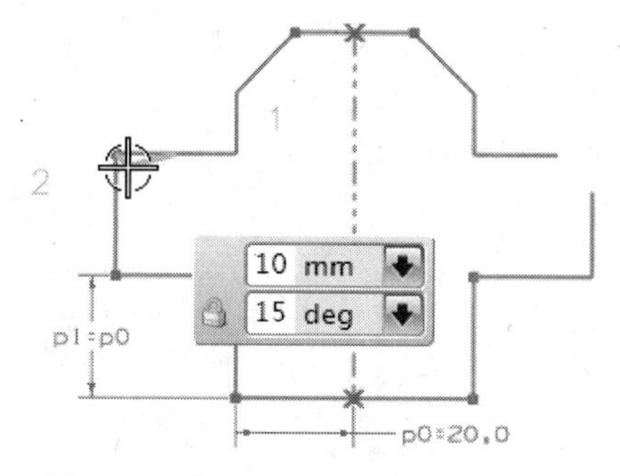

图 5-92　在 Angle 文本框中锁住图符

- 移动光标直到得到要求的倒角，当距离框中为 10 时单击，如图 5-93 所示。

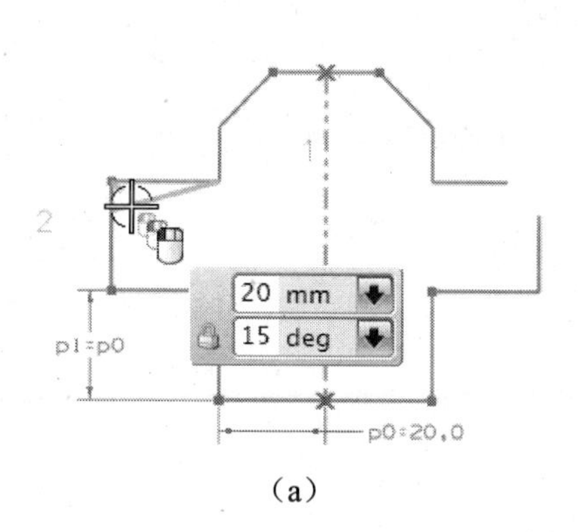

（a）

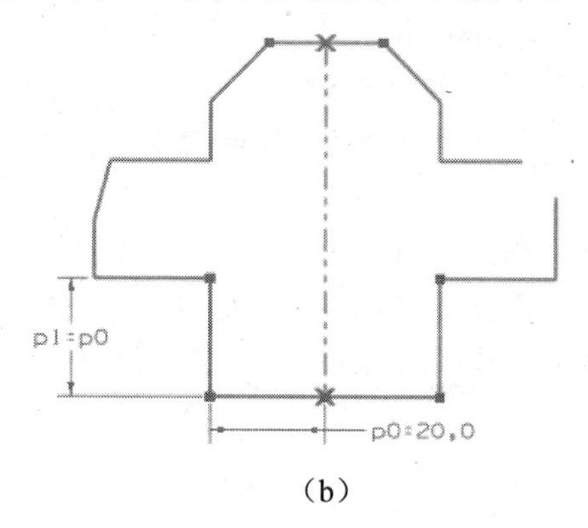

（b）

图 5-93　建立倒角

- 在图形窗口的背景中右击，并在弹出的快捷菜单中选择 Lock Distance 命令。
- 在图形窗口的背景中右击，并在弹出的快捷菜单中选择 Lock Angle 命令。

对下一组线设置交点，所以需要个别地选择它们。

- 选择第一条线，如图 5-94 所示。
- 选择第二条线，如图 5-95 所示。

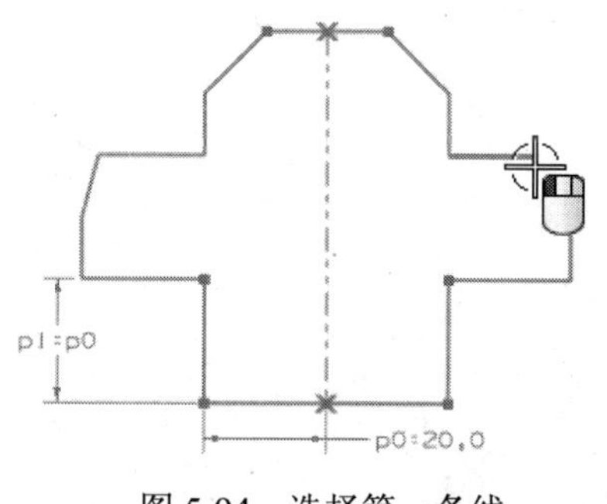

图 5-94　选择第一条线

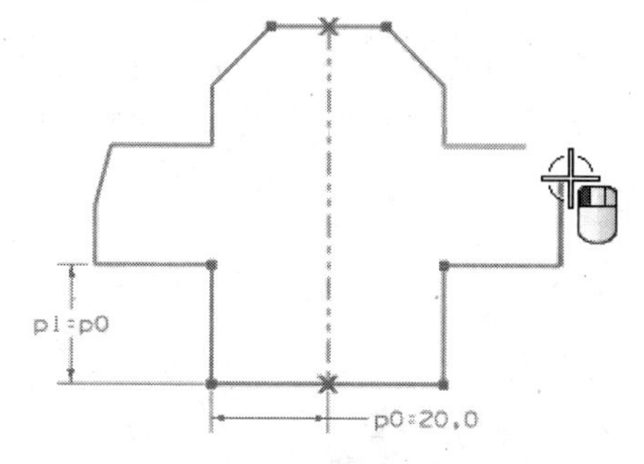

图 5-95　选择第二条线

注意：距离和角度值被锁住，当移动光标时将不改变。

- 单击放置倒角，如图 5-96 所示。

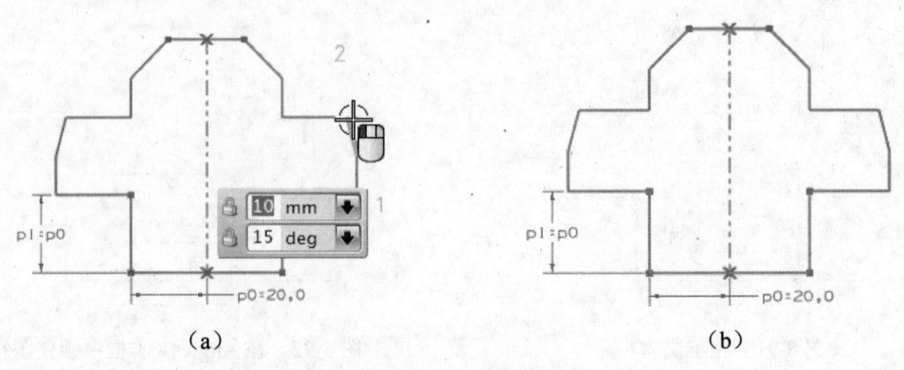

（a）　　　　（b）

图 5-96　放置倒角

- 在 Sketch 工具条上单击 Finish Sketch 按钮。

第 3 步　建立圆角。

- 右击草图并在弹出的快捷菜单中选择 Edit with Rollback 命令编辑草图，如图 5-97 所示。
- 在打开的 Sketch Tools 工具条上单击 Fillet 按钮。
- 在打开的 Create Fillet 对话框中选择 Trim。
- 选择两条线的交点，如图 5-98 所示。

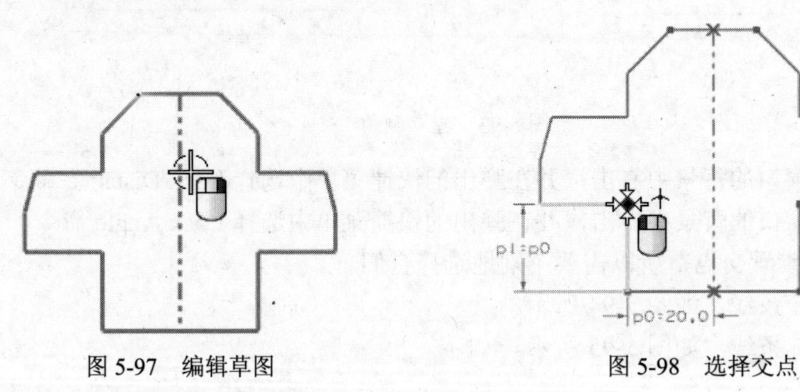

图 5-97　编辑草图　　　　图 5-98　选择交点

- 拖拽光标纠正圆角位置，如图 5-99 所示。
- 当在屏文本框中为 10 时右击，如图 5-100 所示。

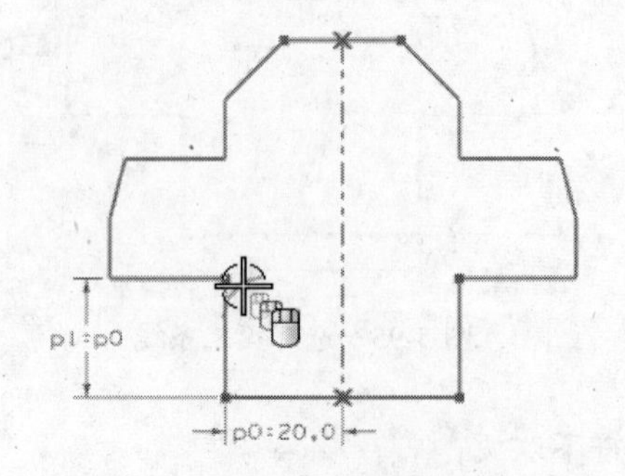

图 5-99　纠正圆角位置

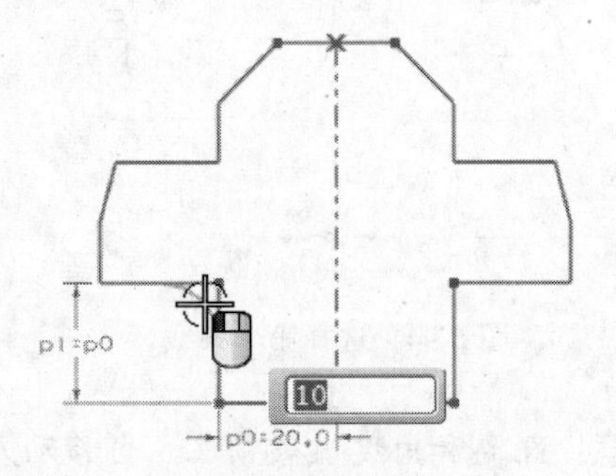

图 5-100　右击圆角位置

- 在 Radius 文本框中输入 5，如图 5-101 所示。

注意：此操作将锁住下一圆角半径为 5mm。

- 右击并在曲线上拖拽光标建立圆角，如图 5-102 所示。

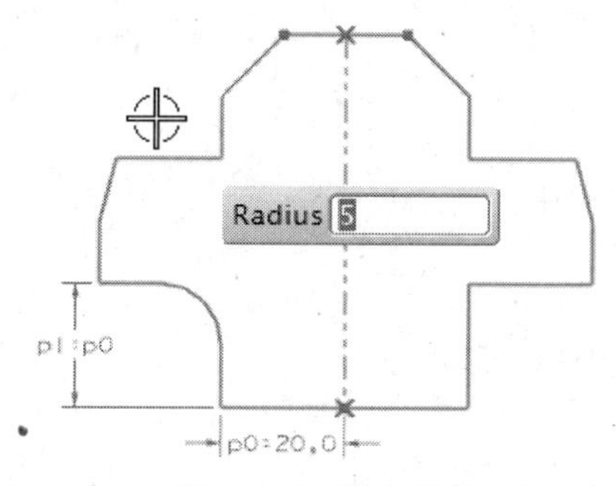

图 5-101　输入半径

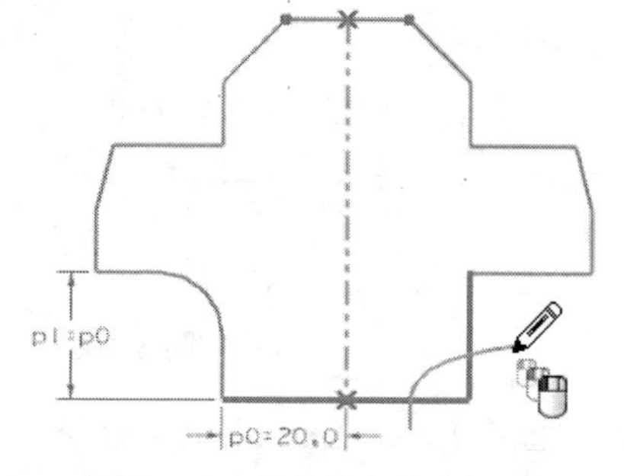

图 5-102　拖拽光标建立圆角

- 选择两条线的交点，建立第二个 5mm 的圆角，如图 5-103 所示。

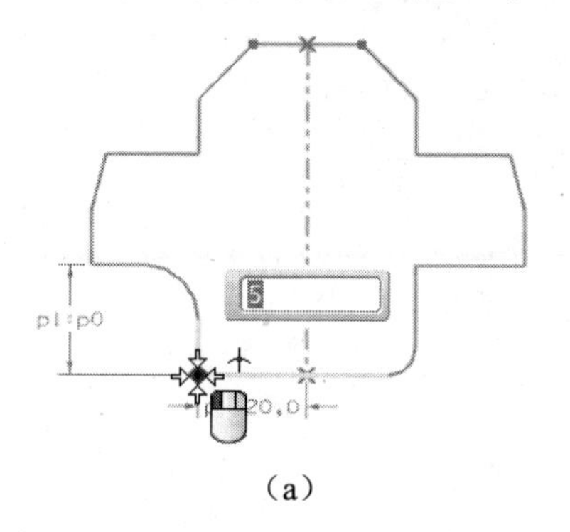

（a）

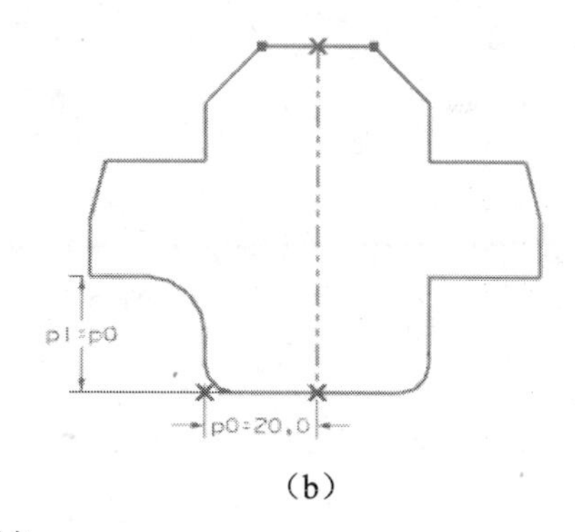

（b）

图 5-103　建立圆角

第 4 步　利用三条曲线建立圆角。

- 在 Radius 文本框中按下 Delete 键清除锁住值。
- 在 Create Fillet 对话框中单击 Delete Third Curve 按钮。
- 选择圆角的第一条线，如图 5-104 所示。
- 选择圆角的第二条线，如图 5-105 所示。

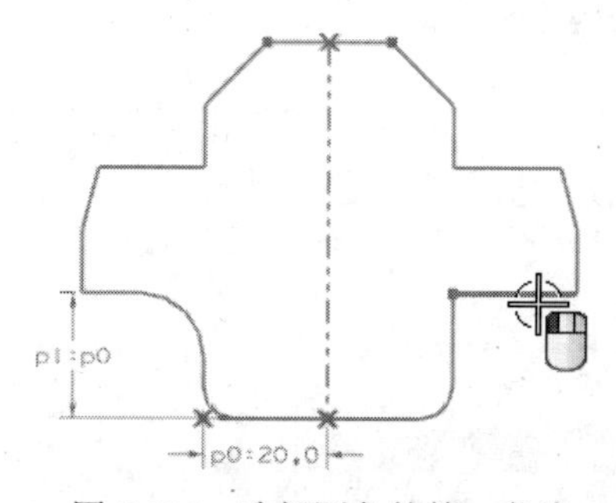

图 5-104　选择圆角的第一条线

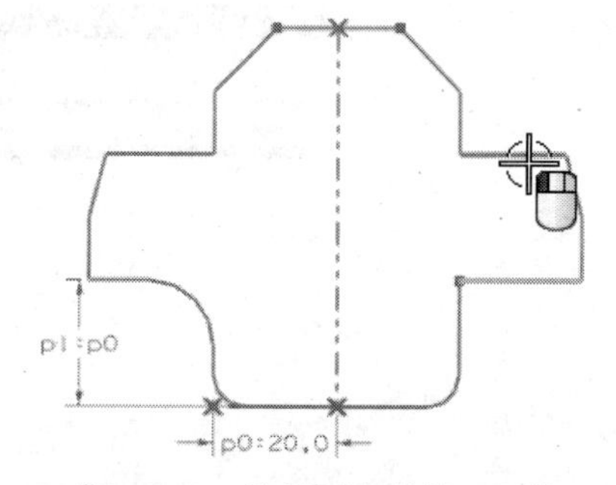

图 5-105　选择圆角的第二条线

- 选择圆角的第三条线并删除，如图 5-106 所示。

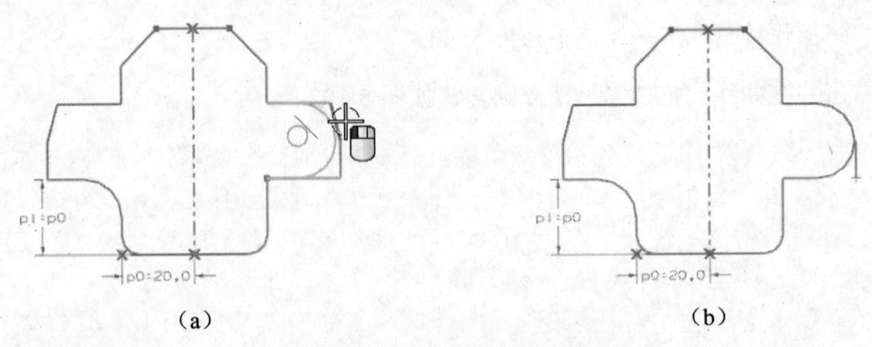

（a）　　（b）

图 5-106　选择圆角的第三条线并删除

- 选择 Task→Exit Sketch 命令。
- 在 Exit Sketch 对话框中单击 OK 按钮，退出草图任务环境不存储修改的草图。草图如图 5-107 所示。

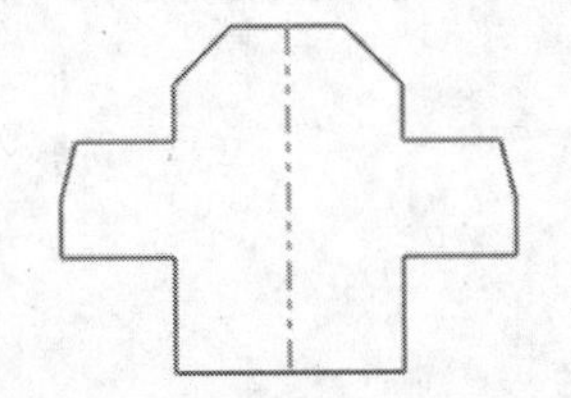

图 5-107　取消对草图的所有修改

5.5 建 立 约 束

草图的功能在于其捕捉设计意图的能力，这是通过建立规则来实现的。这些规则称为约束，约束精确地控制草图中的对象。约束有以下两类：

- Geometric Constraint（几何约束）。
- Dimensional Constraint（尺寸约束）。

草图约束命令如图 5-108 所示。

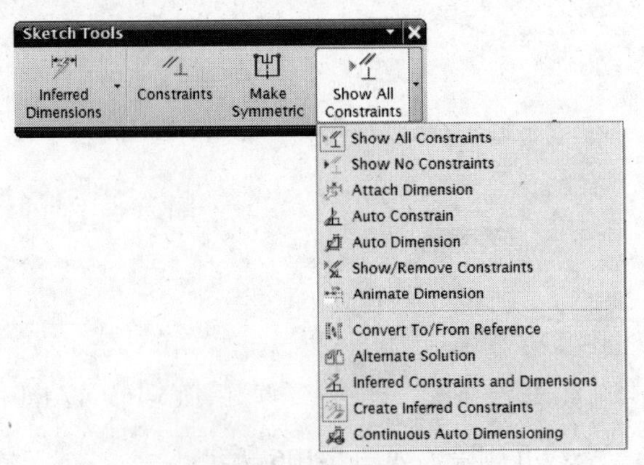

图 5-108　草图约束命令

5.5.1 自由度

在草图中，一条曲线的位置和形状是通过分析施加在该草图曲线上的约束（规则）再经数学计算决定的。自由度箭头（DOF）提供关于一个草图曲线的约束状态的可视反馈。它意味着该点可以沿该箭头方向移动。添加约束将消除自由度，有3种类型自由度，即位置的、旋转的和半径的。

图5-109所示为展现位置的约束。

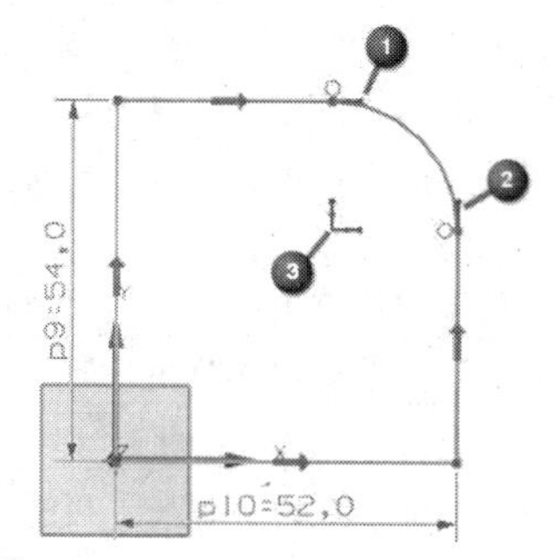

❶ 此点仅在X方向移动自由； ❷ 此点仅在Y方向移动自由； ❸ 此点在X和Y方向移动自由

图5-109 位置约束

当在给定方向约束一个点移动时，NX移除DOF箭头。作用一个约束可移除几个DOF箭头。当所有箭头被移除时，草图被充分约束。

当需要完全控制设计时，充分约束草图。需要注意的是，约束草图是可选项。可以使用欠约束草图去定义特征。

5.5.2 几何约束

建立草图对象的几何特性（如要求一条线水平、垂直或有固定长度等）或建立在两个或更多的草图对象间的关系类型（如要求两条线正交或平行，或几个圆弧有相同半径等）。

几何约束在图形区中是不可见的，但可利用Show/Remove Constraints命令来显示它们的信息及显示可见标记来表示它们，如图5-110所示。

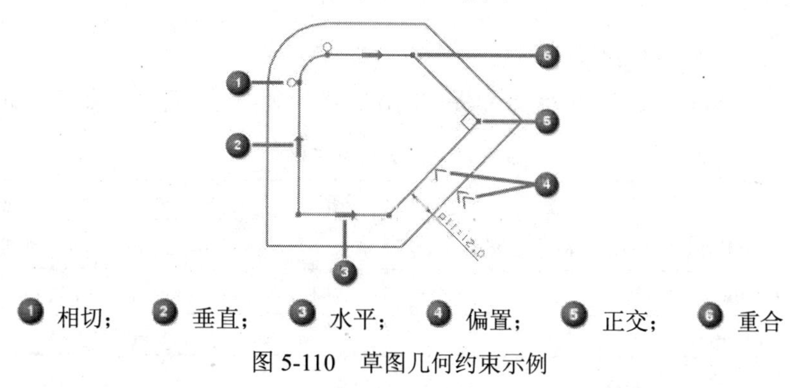

❶ 相切； ❷ 垂直； ❸ 水平； ❹ 偏置； ❺ 正交； ❻ 重合

图5-110 草图几何约束示例

草图几何约束类型如表 5-5 所示。

表 5-5　草图几何约束类型

约束类型	描　述
Coincident（共点）	定义两个或多个点有相同位置
Collinear（共线）	定义两个或多个线性对象位于或通过同一直线
Concentric（同心）	定义两个或多个圆或椭圆有同一中心
Constant Angle（恒定角）	定义有恒定角度的一条直线。在未输入角度值的情况下，约束它在当前角度上
Constant Length（恒定长）	定义有恒定长度的一条直线。在未输入长度值的情况下，约束为当前长度
Equal Radius（等半径）	定义两个或多个圆或圆弧有相同半径
Fixed（固定）	取决于选择的几何体类型，为几何体定义固定的特性。这些特性是不能改变的 可以作用固定约束到草图点或整个对象
Fully Fixed（充分固定）	为在某一步中完全定义草图几何体的位置与方向建立充分的固定约束
Horizontal（水平）	定义一条直线为水平，即平行于草图的 X 轴
Midpoint（中点）	定义一个点的位置，等距离于直线或圆弧的两个端点 **注意：**在非曲线的端点的任何处选择曲线。
Mirror Curve（镜像曲线）	定义两个对象彼此对称
Offset Curve（偏置曲线）	该命令偏置曲线链、投射曲线或在当前装配中的曲线/边缘，并利用 Offset 约束几何体
Parallel（平行）	定义两个或多个线型对象或椭圆相互平行
Perpendicular（正交）	定义两个或多个线型对象或椭圆相互正交
Point on Curve（在曲线上的点）	定义一个点位于曲线上
Point on String（在线串上的点）	定义一个点位于投射曲线上。必须先选择点，然后选择曲线 **注意：**这是作用到投射曲线的唯一有效约束。
Tangent（相切）	定义两个对象彼此相切
Vertical（垂直）	定义一条直线为垂直，即平行于草图的 Y 轴

1. 显示约束符号

当草图被激活时，显示约束符号。

Show All Constraints 显示在激活草图中的所有约束的符号。几何约束符号如表 5-6 所示。

表 5-6　几何约束符号

符　号	描　述	符　号	描　述
	Fixed、Fully Fixed（固定、充分固定）		Constant Angle（恒定角）
	Collinear（共线）		Concentric（同心）
	Horizontal（水平）		Tangent（相切）

续表

符 号	描 述	符 号	描 述
	Vertical（垂直）		Equal Radius（等半径）
	Parallel（平行）		Coincident（共点）
	Perpendicular（正交）		Point on Curve（在曲线上的点）
	Equal Length（等长度）		Midpoint of Curve（曲线中点）
	Constant Length（恒定长度）		Point on String（在线串上的点）
	Mirror Curve（镜像）		Offset Curve（偏置）

注意：如果缩小草图，某些符号可能不显示，放大草图就可看到它们。

2. 显示/去除约束

Show/Remove Constraints显示与所选草图几何体或整个草图相关的几何约束，也可以去除指定的约束，或在 Information 窗口中列出关于所有几何约束的信息。Show/Remove Constraints 对话框如图 5-111 所示。

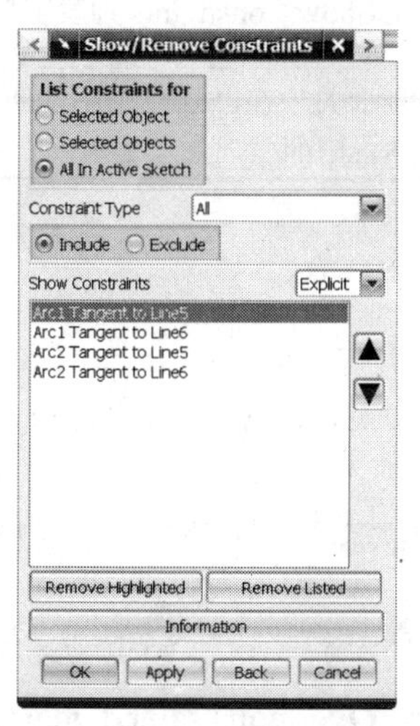

图 5-111 Show/Remove Constraints 对话框

Show/Remove Constraints 对话框中选项描述如表 5-7 所示。

表 5-7 Show/Remove Constraints 对话框中选项描述

选 项	描 述
List Constraints for（列出约束）	控制哪些约束列于 Show Constraints 列表窗口中，包括以下 3 个选项。 ● Selected Object：一次仅选择一个对象，这将包括与所选对象重合或相切的任 相邻曲线。选择下一对象后系统会自动地取消对先前对象的选择。此为默认设置 ● Selected Objects：通过逐一选择或利用矩形框选的方法同时选择多个对象。选择新对象不会去除先前选择的对象 ● All In Active Sketch：列出在激活草图中的所有约束

续表

选　项	描　述
Constraint Type（约束类型）	根据约束类型来过滤约束在列表中的显示
Include or Exclude（包括或排除出）	决定在列表中只能显示符合约束类型过滤器规定的那些约束（Include），还是将这些约束从列表中排除（Exclude）
Show Constraints（展现约束）	控制在列表窗口中约束的显示，包括以下4个选项。 ● Explicit：显示所有由用户显式或隐式地建立的约束，包括所有非推断的重合约束，但排除在曲线建立期由系统建立的所有推断的重合约束 ● Inferred：显示在曲线建立期由系统建立的所有推断的重合约束 ● Both：显示显式和推断的约束类型 ● Show Constraints list window：列出选择的草图几何体的几何约束。列表受Explicit、Inferred或Both设置影响
Remove Highlighted（移除高亮的）	通过在约束列表窗口中选择它们，然后选择此选项移除一个或多个约束
Remove Listed（移除列出的）	移除所有显示在Show Constraints列表窗口中的约束
Information（信息）	在信息窗口中显示关于在激活草图中的所有几何约束。如果要存储或打印约束信息，此选项是有用的

3. 草图的约束状态

草图的约束状态有3种，分别介绍如下。

- Under Constraint（欠约束状态）：草图上尚有自由度箭头存在，状态行显示“Needs N Constraints”。
- Full Constraint（充分约束状态）：草图上已无自由度箭头存在，状态行显示“Sketch is full Constrained”。
- Over Constraint（过约束状态）：多余约束被添加，草图曲线和尺寸变成红色，状态行显示“Sketch contains Over constrained geometry”。

注意：

- 每加一个约束，草图解算器都将及时求解几何体并即时更新。
- NX允许欠约束草图参与拉伸、旋转、自由形状扫描等。
- 可通过Show/Remove Constraints（显示/去除约束）功能去除过约束。

【练习5-7】　几何约束

在本练习中将作用几何约束到草图对象。

第1步　从目录\Part_C5中打开angle_adj_1.prt，如图5-112所示。

第2步　启动Modeling应用。

第3步　对已存草图调整预设置参数。

- 放置光标至草图曲线上，按下并保持鼠标右键，从辐射式菜单中选择 Edit 命令，如图 5-113 所示。

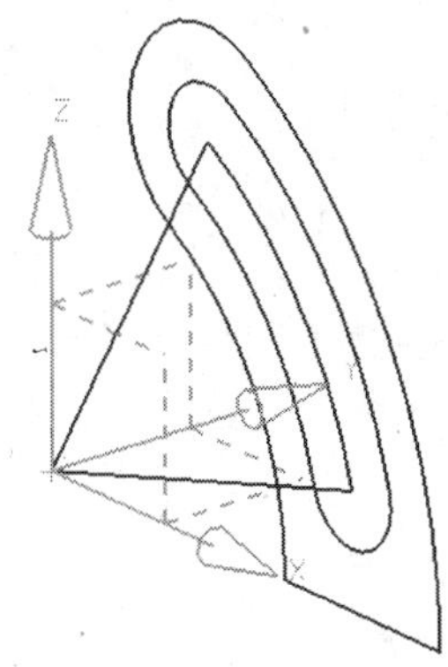

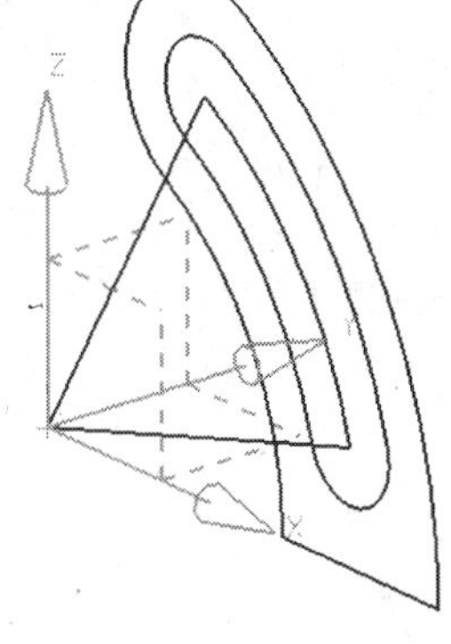

图 5-112 angle_adj_1.prt

图 5-113 选择 Edit 命令

- 选择 Preferences→Sketch 命令。
- 在 Sketch Preferences 对话框中，检查 Text Height 并设置为 0.10。
- 取消选中 Dynamic Constraint Display 复选框。
- 单击 OK 按钮。
- 在 Sketch Tools 工具条上确保 Show All Constraints 是激活的。

第 4 步 添加水平约束。

- 在 View 工具条上单击 Fit 按钮。
- 在 Sketch Tools 工具条上单击 Constraints 按钮。
- 如图 5-114 所示，选择线①。
- 在 Constraints 对话框中单击 Horizontal 按钮。

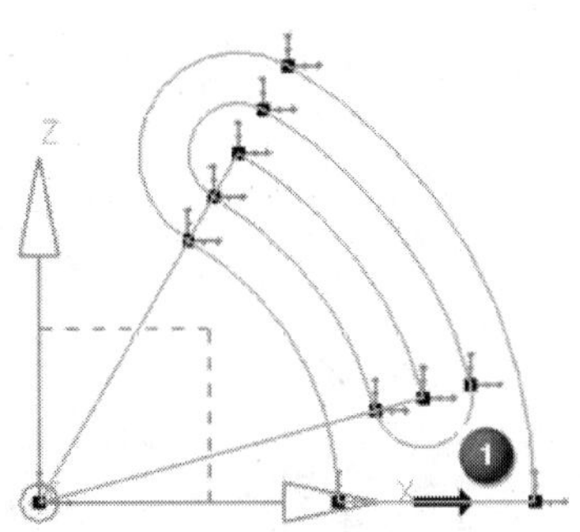

图 5-114 添加水平约束

第 5 步 添加相切约束。

- 如图 5-115 所示约束①、②、③、④、⑤和⑥ 6 条直线与圆弧相切。

第 6 步 添加同心约束。

- 选择两个顶部圆弧，在一个圆弧上右击，并在弹出的快捷菜单中选择 Concentric 命令，如图 5-116 所示。

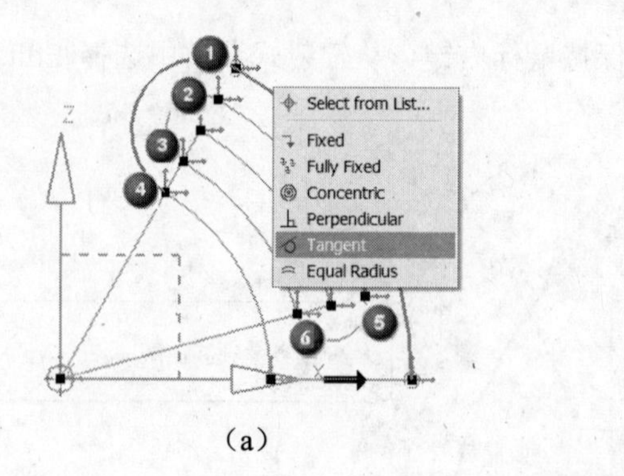

（a）

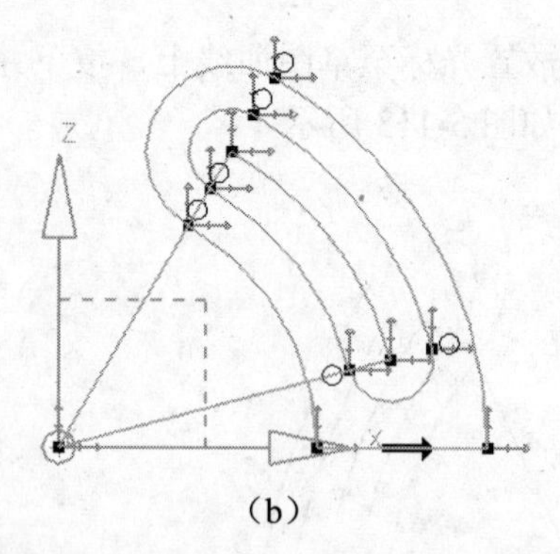

（b）

图 5-115 添加相切约束

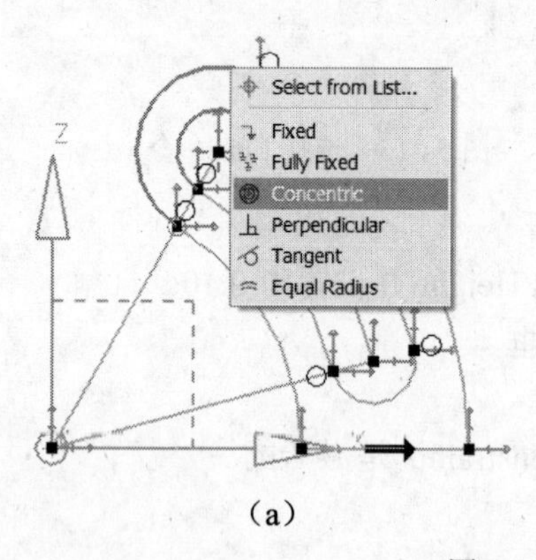

（a）

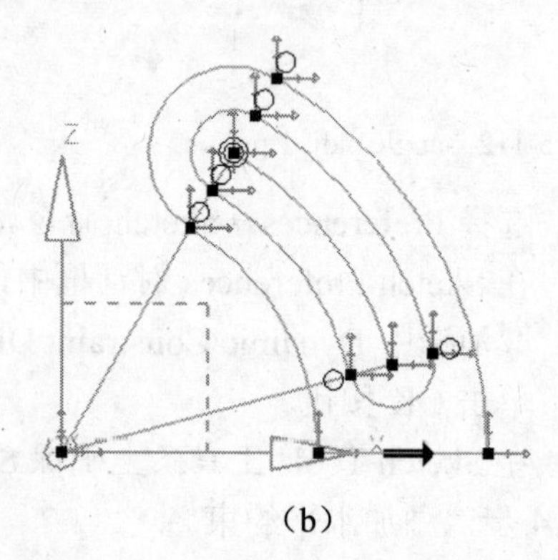

（b）

图 5-116 添加同心约束

第 7 步 完成草图。

- 单击 Finish Sketch 按钮。
- 关闭部件。

第 8 步 打开 angle_adj_2.prt，如图 5-117 所示。

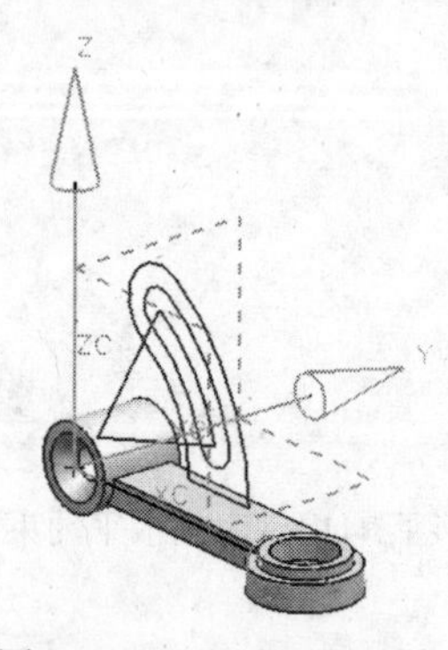

图 5-117 angle_adj_2.prt

第 9 步 添加约束定位草图到实体上。

- 双击草图曲线，编辑草图。

设计意图： 如图 5-118 所示，草图底部的直线❶需要与实体边缘❷共线。

- 在 Sketch Tools 工具条上单击 Constraints 按钮。
- 选择直线与边缘，使用 Collinear 命令约束。

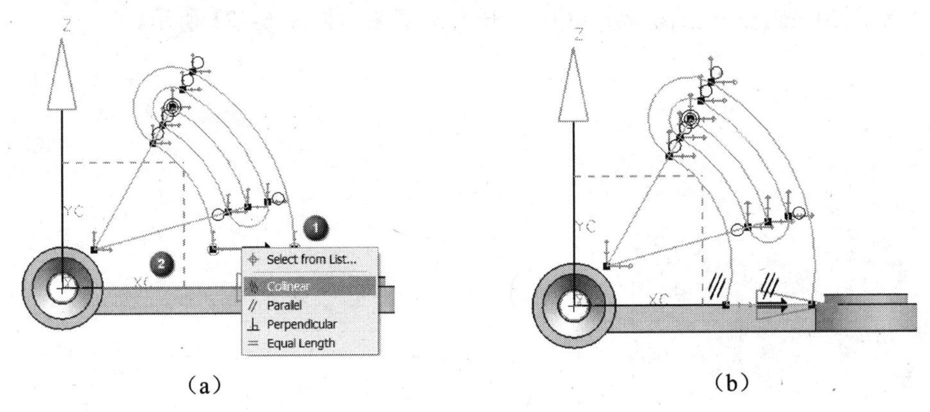

（a） （b）

图 5-118 添加共线约束

第 10 步 添加共点约束定位草图到实体上。

设计意图： 如图 5-119 所示，草图腰形槽的主圆弧中心必须位于基准点上。

- 选择一个圆弧中心和在 WCS 原点处的基准点。
- 在所选点间建立 Coincident 约束。

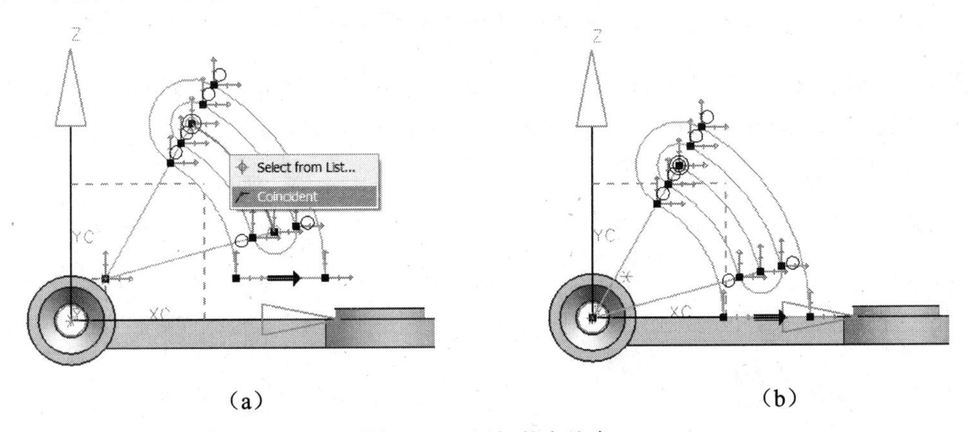

（a） （b）

图 5-119 添加共点约束

第 11 步 完成草图。

- 单击 Finish Sketch 按钮。
- 关闭所有部件。

【练习 5-8】 解决过约束草图条件

在本练习中将：

- 了解草图中过约束几何体的基本信息。
- 学习查找和移除引起过约束条件的约束。

第 1 步 从目录\Part_C5 中打开 over_constrained.prt，如图 5-120 所示。

第 2 步 在 Part Navigator 中右击 Extrude (1)，并在弹出的快捷菜单中选择 Edit Sketch 命令。NX 在 Sketch task environment 中打开内部草图，如图 5-121 所示。

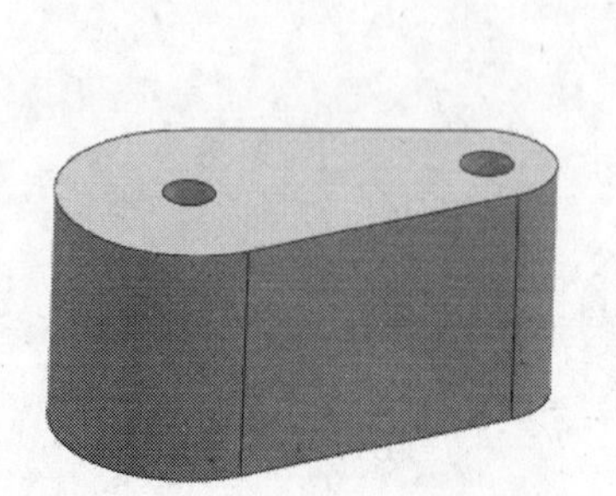

图 5-120 over_constrainted.prt

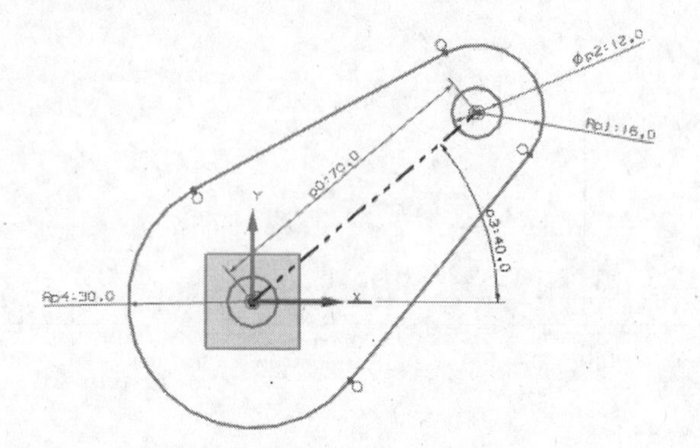

图 5-121 打开内部草图

注意：

- 参考线与 Angular 尺寸出现在过约束颜色中。
- NX 显示过约束条件信息在状态行中。

第 3 步 在 Sketch Tools 工具条上单击 Show All Constraints 按钮。

注意：3 个约束出现在过约束颜色中，如图 5-122 所示。

第 4 步 在 Sketch Tools 工具条上单击 Show/Remove Constraints 按钮。

- 在 List Constraints for 组中选中 Selected Object 单选按钮。
- 在图形窗口中选择参考线，如图 5-123 所示。

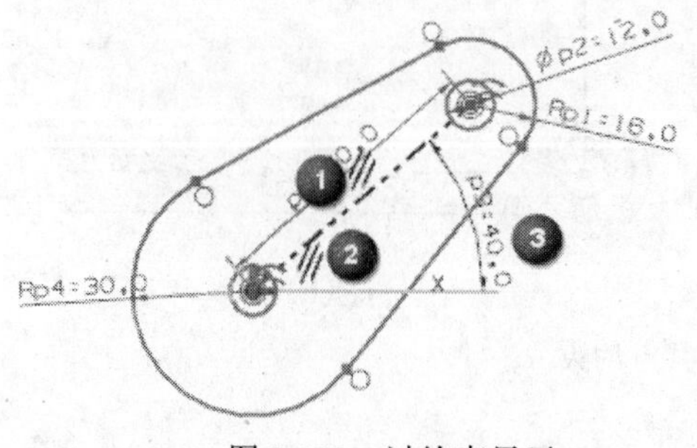

图 5-122 过约束显示

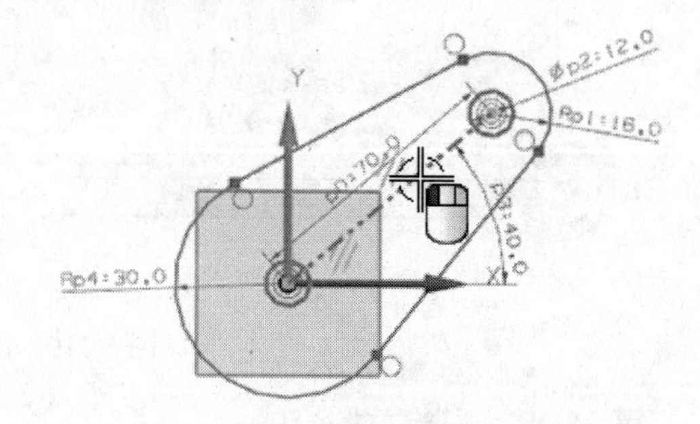

图 5-123 选择参考线

注意：Show Constraints 列表中列出 Line 4 约束：Line 4 与 DATUM18 共线并对草图坐标系 X 轴有一 Angular 尺寸。

- 在 Show Constraints 列表中选择 DATUM18 Collinear with Line4 选项，并单击 Remove Highlighted 按钮。
- 单击 OK 按钮，结果如图 5-124 所示。

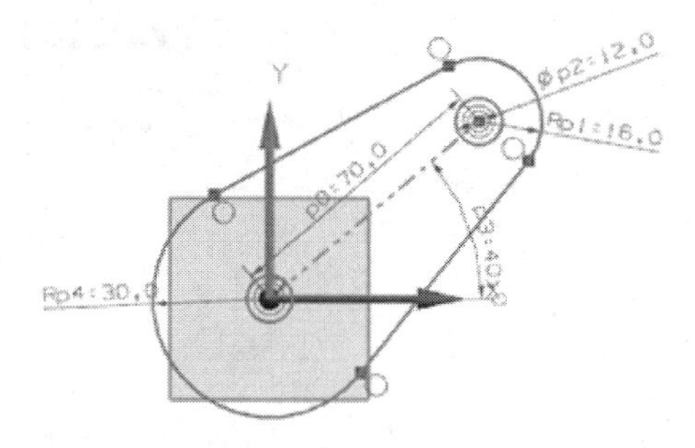

图 5-124　移去过约束

注意：角度尺寸显示在操纵尺寸颜色中。

- 单击 Finish Sketch 按钮。

5.5.3　尺寸约束

利用尺寸约束可以建立：

- 草图对象的尺寸。
- 草图中两对象间的关系。
- 两草图间的关系。
- 草图和另一特征间的关系。

尺寸约束显示如同制图尺寸，它们有尺寸文本、延伸线与箭头。然而，尺寸约束不同于制图尺寸，可以改变它们的尺寸值，并控制从某一草图驱动的特征。草图尺寸还可以建立表达式，并在 Expressions 对话框中编辑它们。

在 Sketch Tools 工具条上或通过 Insert→Dimensions 命令选择尺寸约束类型，如图 5-125 所示。

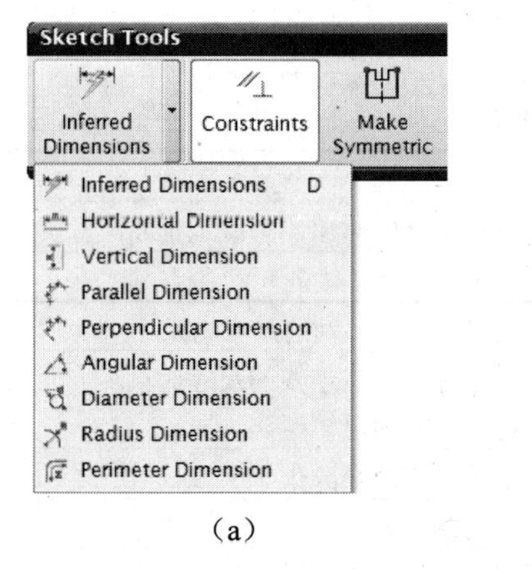

（a）

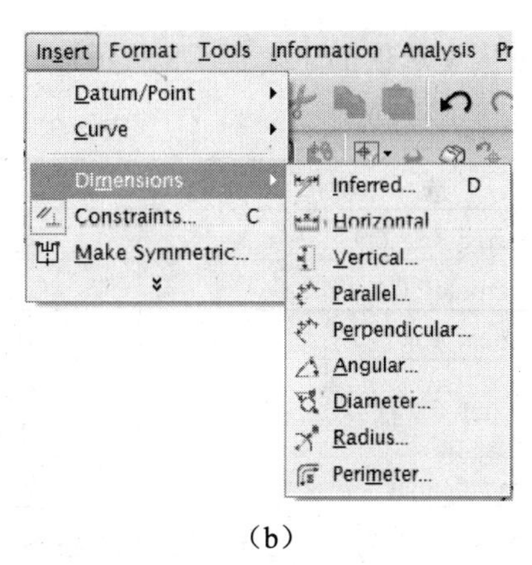

（b）

图 5-125　尺寸约束类型

在选择尺寸类型之后，显示尺寸对话条，如图 5-126（a）所示；单击 Dimensions 对话框，如图 5-126（b）所示。

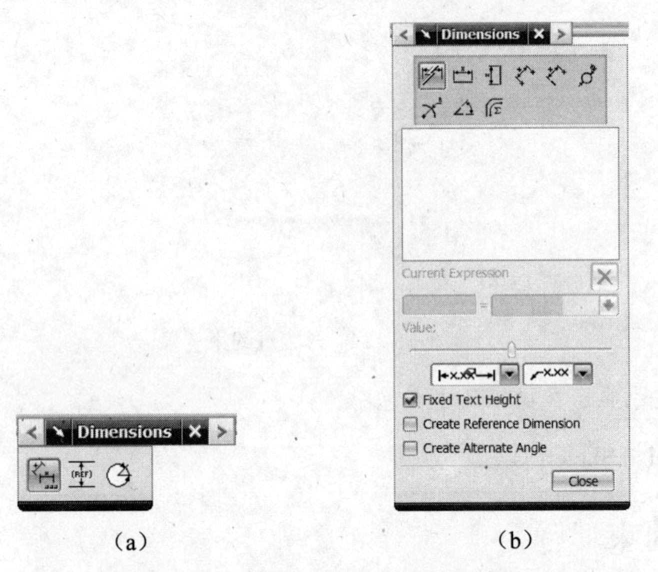

图 5-126 草图尺寸对话条和对话框

NX 在建立尺寸约束时，自动建立表达式，它的名称和值显示在 Current Expression 文本域中，如图 5-127 所示。

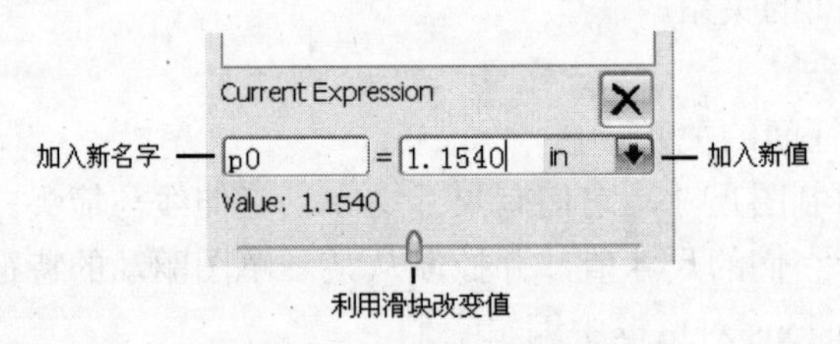

图 5-127 草图尺寸与表达式

1. 尺寸类型

尺寸类型选项描述如表 5-8 所示。

表 5-8 尺寸类型选项描述

选 项	描 述
Inferred（推断）	基于光标位置和选择的对象，智能地推断尺寸类型
Horizontal（水平）	在两点间建立平行于 XC 轴的尺寸约束
Vertical（垂直）	在两点间建立平行于 YC 轴的尺寸约束
Parallel（平行）	在两点间建立平行于两点连线的尺寸约束 平行尺寸是在两点间的最短距离
Perpendicular（正交）	建立从线到点的正交距离约束
Diameter（直径）	建立圆弧或圆的参径约束
Radius（半径）	建立圆弧或圆的半径约束
Angular（角度）	建立角度约束
Perimeter（周长）	约束所选草图轮廓曲线的总长度到要求的值 周长约束允许选择的曲线类型为直线和圆弧

2. 建立推断尺寸的步骤

（1）（可选项）设置 Annotation 参数预设置。

（2）在 Sketch Tools 工具条上单击 Inferred Dimensions 按钮。

（3）在图形窗口中，选择一个或多个要添加尺寸约束的草图对象。

（4）拖拽尺寸直到它的类型符合要求，如水平或平行。

（5）通过单击放置尺寸。

（6）拖拽尺寸到要求的位置。

（7）单击 Inferred Constraints 按钮或鼠标中键退出此命令。

3. 编辑推断尺寸的步骤

（1）在图形窗口中双击推断尺寸。

（2）在在屏文本框中编辑名称与值，如图 5-128 所示。

提示：编辑公式值时，可单击按钮启动 Formula Editor。

（3）按 Enter 键。

提示：编辑尺寸位置时，可拖拽该尺寸。

4. 利用尺寸对话框编辑

利用 Dimensions 对话框编辑尺寸。在图形窗口中双击尺寸。在 Dimension 对话条上单击 Dimension 按钮，打开如图 5-129 所示的对话框，利用它可编辑尺寸的名称和值。

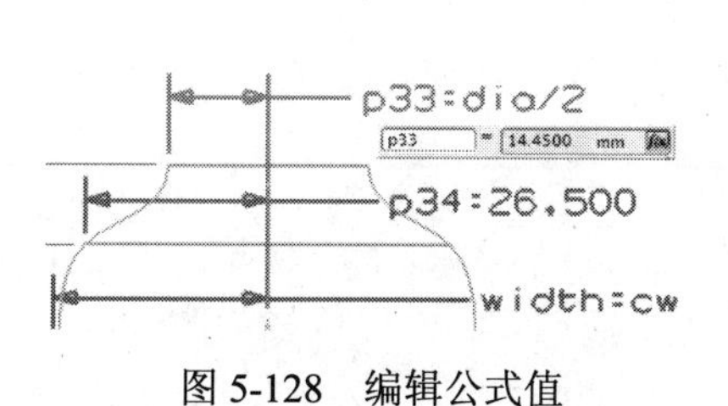

图 5-128　编辑公式值

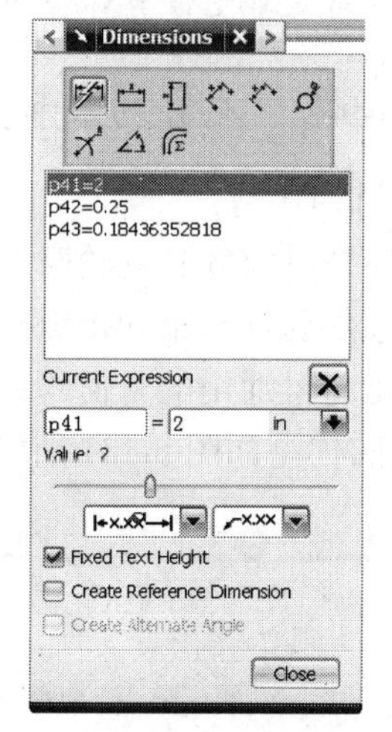

图 5-129　Dimensions 对话框

注意：也可以利用 Expressions 对话框编辑尺寸的名称和值。当编辑尺寸时，约束被评估，几何体被修改。

5. 转换到参考和从参考转换

Convert To/From Reference转换激活的草图曲线和草图尺寸到参考状态或从参考状

态转换到激活状态。

在下游操作中，如拉伸或旋转等，NX 将忽略参考曲线。参考尺寸在其标注的物体修改后会保持相应的更新，但却不能控制它们所测量的曲线。

参考曲线将以假想线型显示（❶）；参考尺寸的显示将不带名称，其显示颜色（❷）与激活的草图尺寸（❸）也不相同，如图 5-130 所示。

6. 草图评估与更新技术

当在草图任务环境内工作时，可能需要控制怎样与何时更新草图。

Delay Evaluation 和 Evaluate Sketch 命令将提供更多的控制。

利用以下通用过程评估草图：

- 单击 Delay Evaluation 按钮。

小心：当 Delay Evaluation 按钮激活时，如果试着拖拽任一草图曲线或使用快速修剪、快速延伸，草图仍将自动更新。

- 建立或编辑草图约束。
- 单击 Evaluate Sketch 按钮。

提示：当 Delay Evaluation 按钮激活时，NX 将保持过约束与欠约束提示的显示。为消除错误，建议定时地评估草图。

- （可选项）为了在草图应用中更新模型，单击 Update Model 按钮。

小心：当从草图任务环境中退出时，模型会自动更新。

【练习 5-9】 充分约束和拉伸轮廓

在本练习中将：

- 用自动尺寸建立轮廓。
- 添加几何约束和操纵尺寸，并观察自动尺寸怎样运转。
- 指定最通用的几何约束与尺寸约束。

完成的模型如图 5-131 所示。

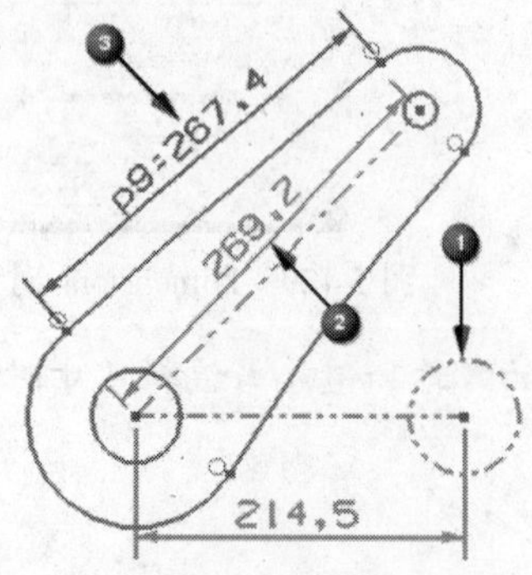

图 5-130 参考曲线与参考尺寸

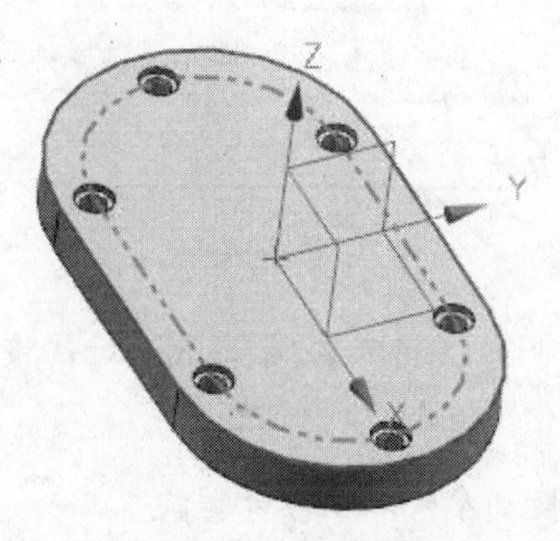

图 5-131 完成的模型

第 1 步　建立草图。

- 利用 Modeling 模板建立新的毫米部件。
- 在 Direct Sketch 工具条上单击 Profile 按钮，并建立类似图 5-132 所示的轮廓。
- 在 Direct Sketch 工具条上确使 Show All Constraints 按钮是激活的。

第 2 步　建立几何约束。

- 在 Direct Sketch 工具条上单击 Constraints 按钮。
- 选择两个弧。
- 右击一个弧并在弹出的快捷菜单中选择 Equal Radius 命令，结果如图 5-133 所示。

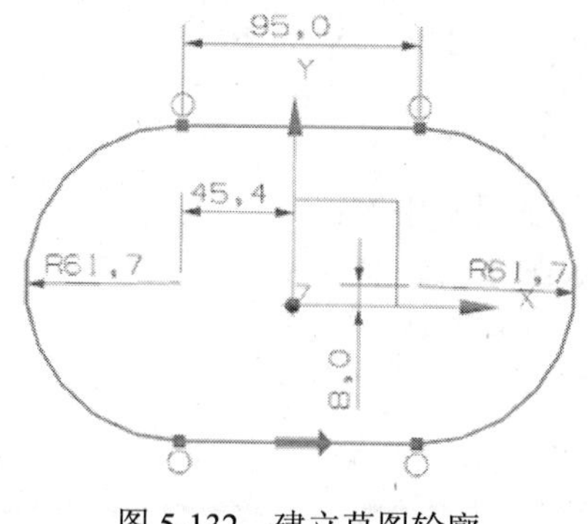

图 5-132　建立草图轮廓

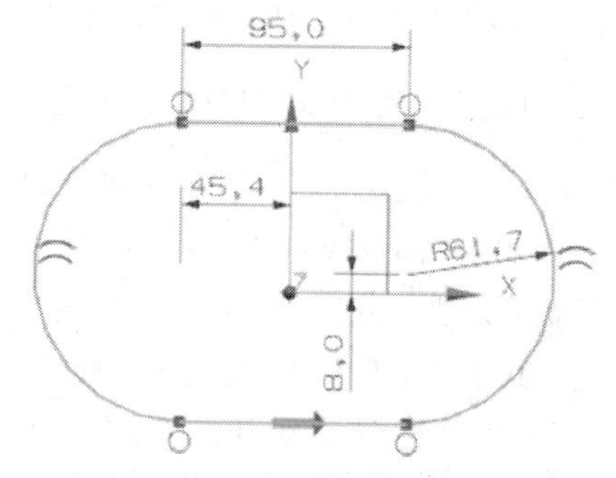

图 5-133　等半径约束

注意：NX 建立等半径约束并删除一个自动半径尺寸。

- 选择两条直线。在一条直线上右击，并在弹出的快捷菜单中选择 Equal Length 命令。

注意：NX 建立等长度约束并保留自动尺寸。

- 选择上面的直线。右击直线并在弹出的快捷菜单中选择 Horizontal 命令。
- 近中部选择底部直线，然后选择基准坐标系点。
- 右击点并在弹出的快捷菜单中选择 Midpoint 命令。

注意：NX 指定 Midpoint 约束并删除自动正交尺寸。

- 近中心选择一条弧，然后选择 X 基准轴。
- 在基准轴中右击，并在弹出的快捷菜单中选择 Point On Curve 命令。

注意：NX 指定 Midpoint 约束并删除第二个自动正交尺寸，结果如图 5-134 所示。

注意：现在草图用两个自动尺寸被充分约束。

第 3 步　建立尺寸约束。

- 按 Esc 键退出约束命令。
- 双击轮廓顶部的尺寸，如图 5-135 所示。

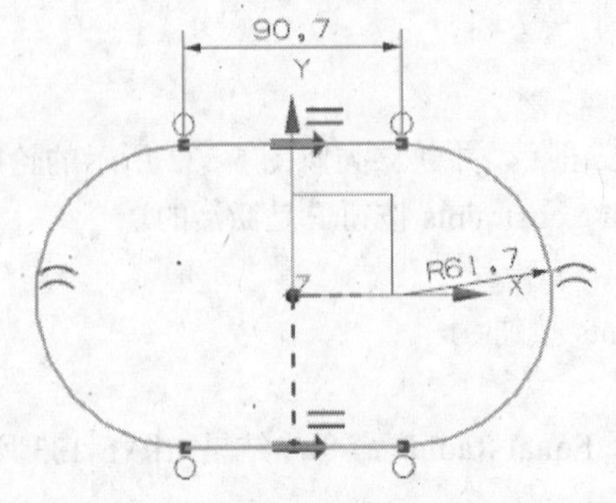

图 5-134 添加几何约束结果

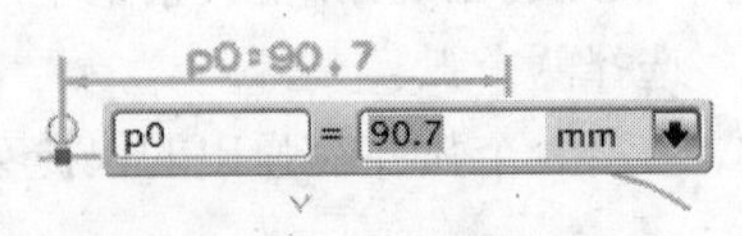

图 5-135 双击顶部尺寸

注意：NX 显示在屏文本框，转换自动尺寸到操纵尺寸。

- 关闭 Dimensions 对话条并保持自动尺寸，单击鼠标中键。
- 在 Direct Sketch 工具条上单击 Inferred Dimensions 按钮。
- 选择顶部与底部直线并放尺寸到部件左边，如图 5-136 所示。
- 在在屏文本框中输入 125 并按 Enter 键。
- 选择两个弧并放尺寸到部件下边，如图 5-137 所示。

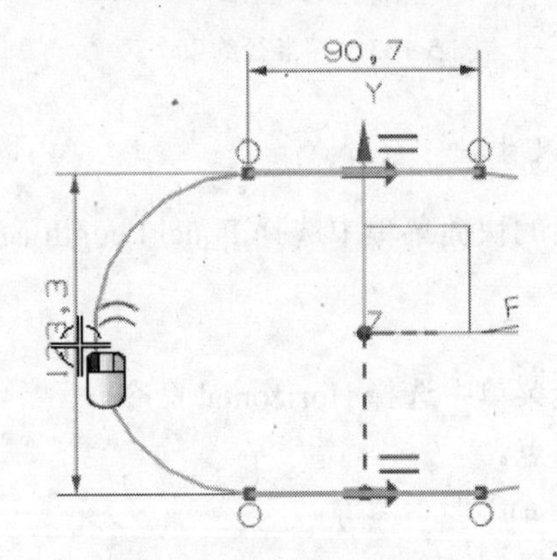

图 5-136 添加尺寸约束

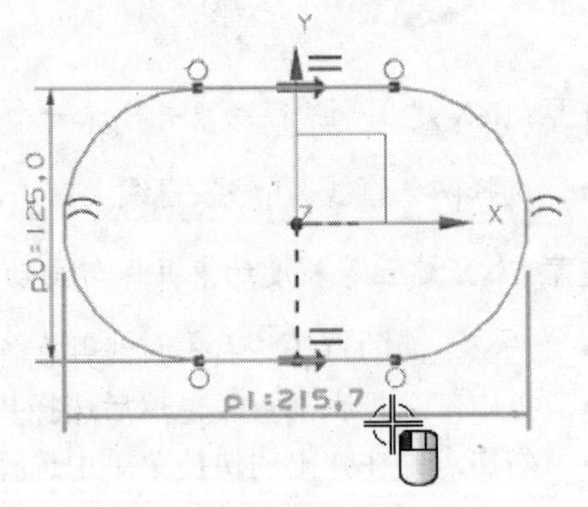

图 5-137 添加尺寸约束

注意：NX 删去自动尺寸。

- 在在屏文本框中输入 225 并按 Enter 键。

注意：状态行提示：草图被充分约束。

- 按鼠标中键完成尺寸约束。
- 在 Direct Sketch 工具条上单击 Offset Curve 按钮。
- 从 Curve Rule 列表中选择 Connected Curves 选项。
- 在 Offsets 组中选中 Create Dimension 复选框，取消选中 Symmetric Offset 复选框。
- 选择轮廓中任一曲线。
- 在 Distance 文本框中输入 14 并按 Enter 键。

- 如果需要，双击方向矢量反转偏置方向朝向原轮廓内侧，如图 5-138 所示。
- 单击 OK 按钮建立偏置环。

注意：NX 建立偏置曲线并指定：

- Offset 约束。
- Thickness 尺寸。

注意：偏置环提供定位沉头孔的参考几何体。

- 选择环中的所有曲线。右击环并在弹出的快捷菜单中选择 Convert To Reference 命令。

第 4 步　拉伸轮廓，添加孔特征。

- 在 Direct Sketch 工具条上单击 Point 按钮。
- 放点在每个孔的端点和中点，如图 5-139 所示。
- 在 Feature 工具条上单击 Extrude 按钮。
- 在 End 文本框中输入 20 并按 Enter 键。
- 如果需要，双击方向矢量反转拉伸方向朝下，单击 Apply 按钮，如图 5-139 所示。

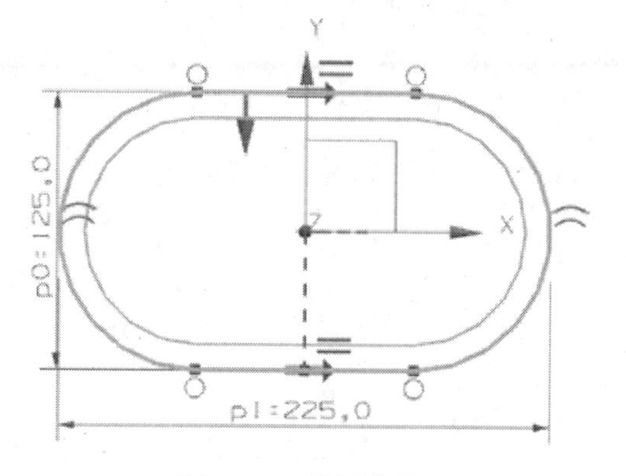

图 5-138　偏置曲线

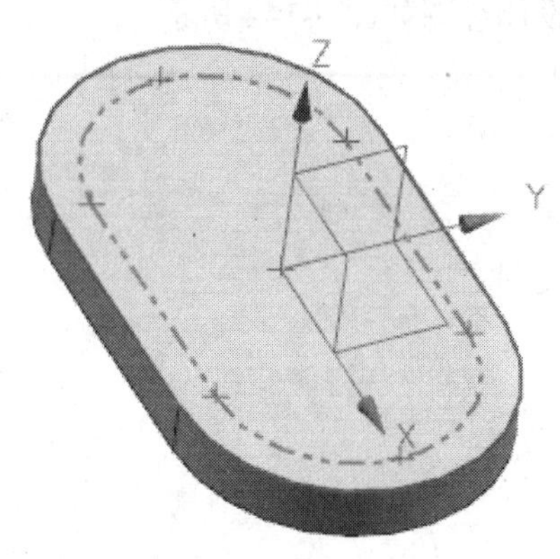

图 5-139　建点与拉伸

- 在 Feature 工具条上单击 Hole 按钮。
- 在 Form and Dimensions 组的 Form 列表中选择 Counterbored 选项。
- 在 Dimensions 子组中设置：
  - C-Bore Diameter = 15。
  - C-Bore Depth = 3。
  - Diameter = 10。
  - Depth Limit list→Through Body。
- 选择草图中的参考曲线。
- NX 在每个草图点上放一沉头孔，如图 5-140 所示。
- 单击鼠标中键建立沉头孔，完成部件，如图 5-141 所示。

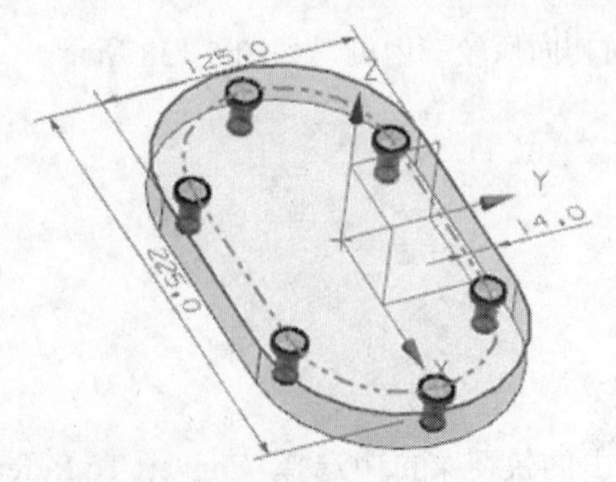

图 5-140 放置沉头孔

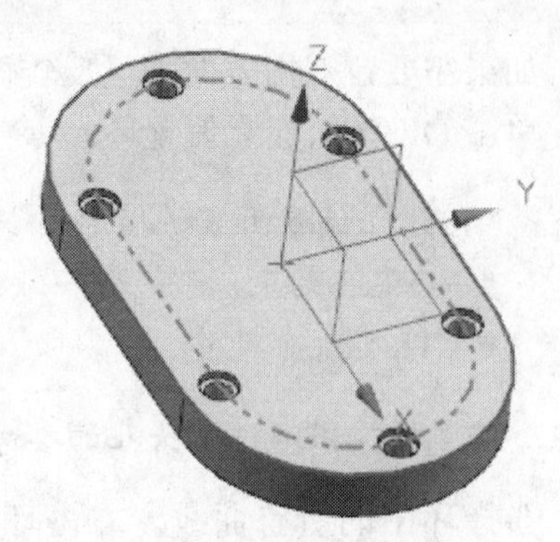

图 5-141 完成的部件

【练习 5-10】 约束 U 型轮廓

在本练习中将：

- 考察轮廓中的约束，发现和纠正找到的任一问题。
- 通过添加尺寸和几何约束充分约束草图。
- 细化尺寸约束，因而部件厚度被参数化地控制。

设计意图如图 5-142 所示。

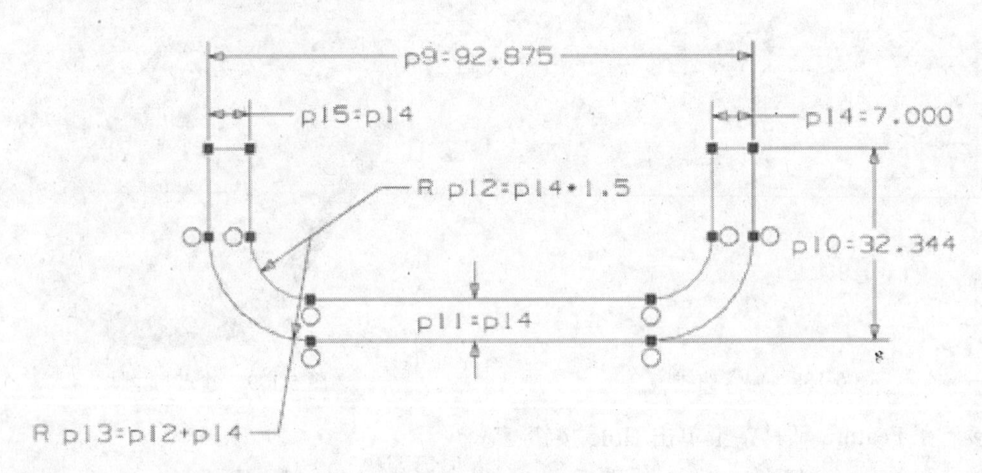

图 5-142 设计意图

第 1 步 考察草图，闭合间隙。

- 从目录\Part_C5 中打开 u_shape.prt。

注意：考察草图条件，建立拉伸特征。

- 在 Feature 工具条上单击 Extrude 按钮并选择草图，预览如图 5-143 所示。

注意：因为草图轮廓有间隙，NX 建立片体。

- 在 Extrude 对话框中单击 Cancel 按钮。

第 2 步 编辑草图并闭合间隙。

- 双击任一草图曲线编辑草图。
- 在 Direct Sketch 工具条上单击 Show All Constraints 按钮。
- 选择 Preferences→Sketch 命令。
- 在 Session Settings 选项卡中取消选中 Dynamic Constraint Display 复选框，并单击 OK 按钮，结果如图 5-144 所示。

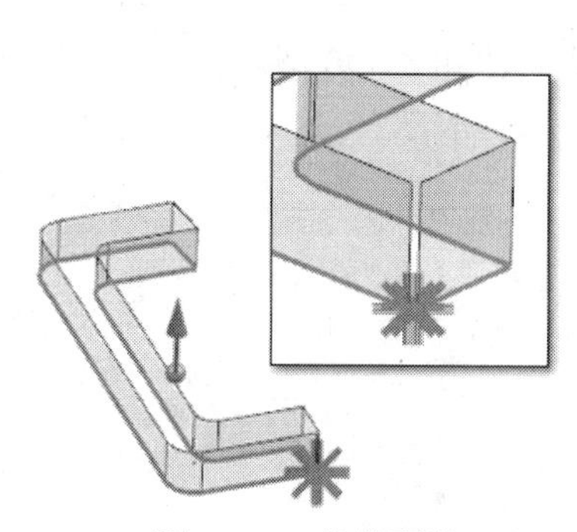

图 5-143 拉伸预览

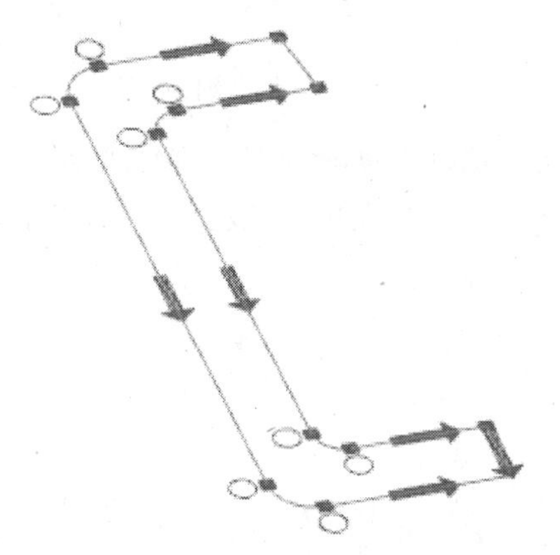

图 5-144 显示所有约束

注意：当缩放时，NX 保持显示约束符号。

- 放大间隙所在处的草图侧，在 Direct Sketch 工具条上单击 Constraints 按钮。
- 选择水平和垂直曲线的端点并单击 Coincident 按钮，如图 5-145 所示。
- 临时锚住草图。选择左垂直曲线上端点并单击 Fixed 按钮，如图 5-146 所示。

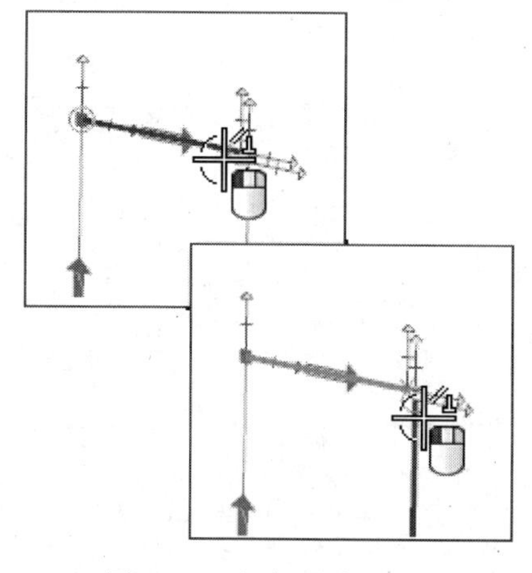

图 5-145 添加重合约束

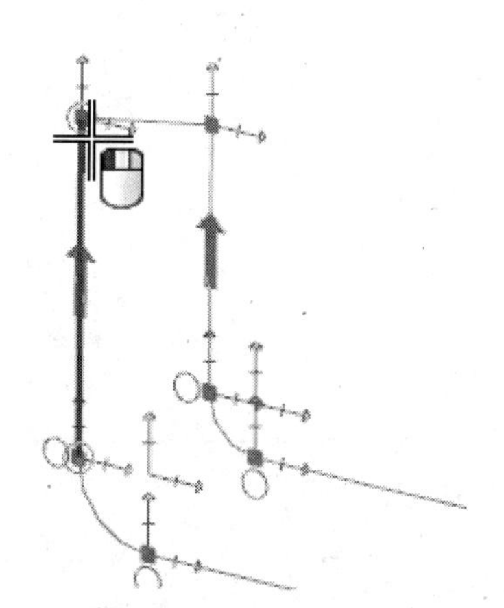

图 5-146 添加固定约束

第 3 步 添加尺寸约束。

- 在 Direct Sketch 工具条上单击 Inferred Dimensions 按钮。
- 选择两条外部垂直线并放置草图尺寸，如图 5-147 所示。
- 选择底部水平曲线和顶部水平曲线并放置草图尺寸，如图 5-148 所示。

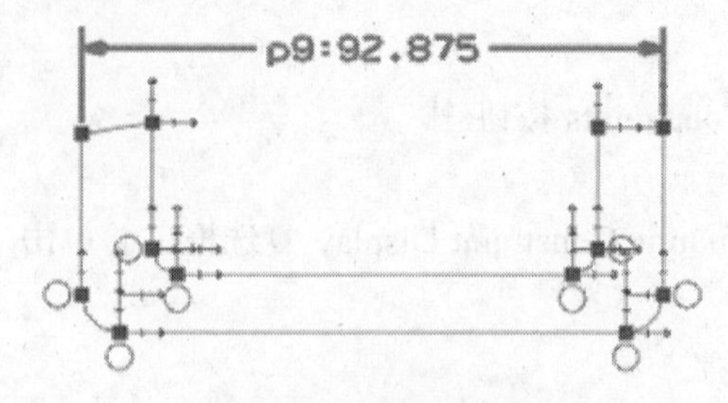

图 5-147 添加尺寸约束

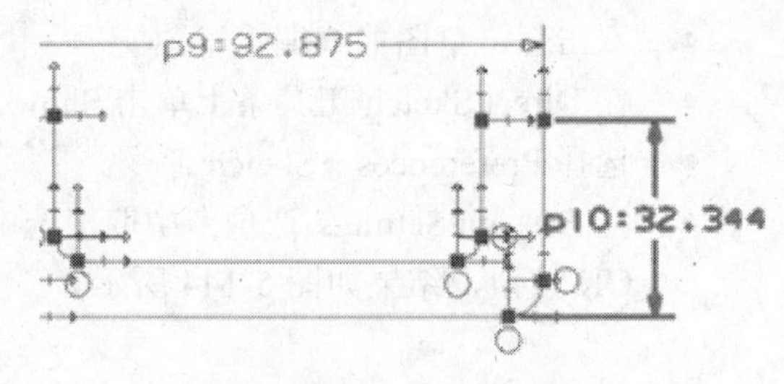

图 5-148 添加尺寸约束

- 选择 U 形底部的两条水平直线并放置草图尺寸，如图 5-149 所示。
- 作用半径尺寸到左边的内侧倒圆半径，如图 5-150 所示。

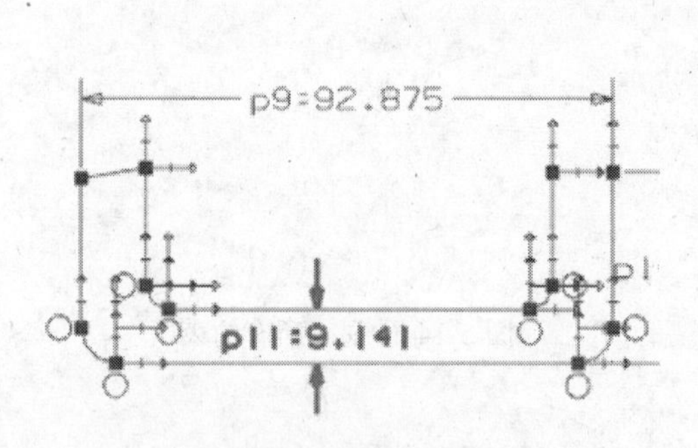

图 5-149 添加尺寸约束

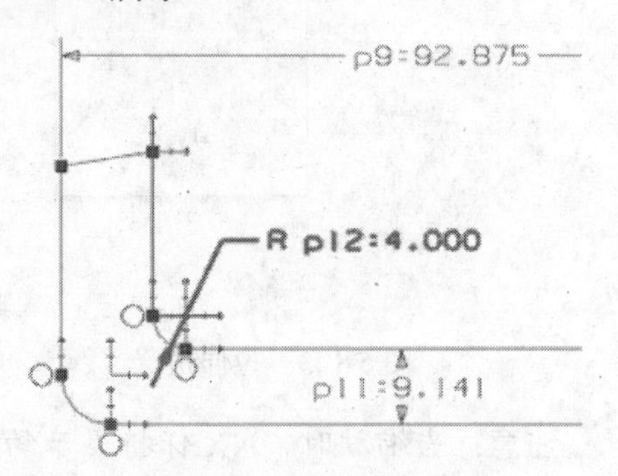

图 5-150 添加尺寸约束

- 作用半径尺寸到左边的外侧倒圆半径，如图 5-151 所示。
- 选择第一组垂直线，放置尺寸，如图 5-152 所示。注意 NX 建立的表达式名(p14)。

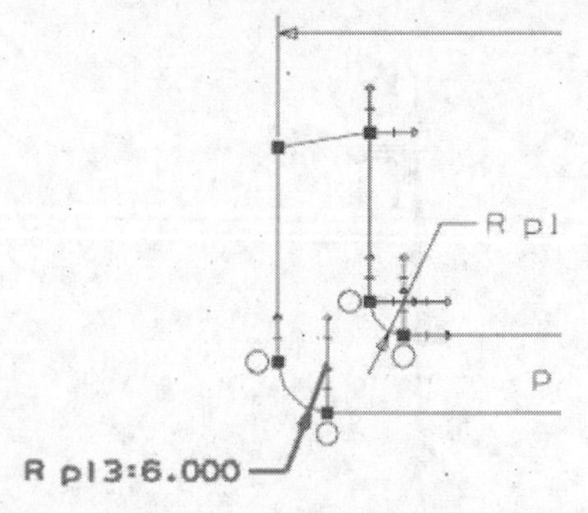

图 5-151 添加尺寸约束

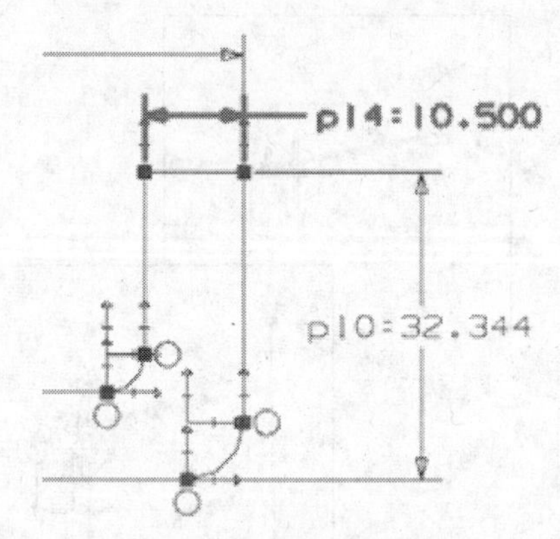

图 5-152 添加尺寸约束

- 选择第二组垂直线，放置尺寸，如图 5-153 所示。输入上一步的 p14，按 Enter 键。

第 4 步 添加几何约束。

- 在 Direct Sketch 工具条上单击 Constraints 按钮。
- 选择两内侧倒圆半径并单击 Equal Radius 按钮。
- 选择两外侧倒圆半径并单击 Equal Radius 按钮。
- 选择两条顶部直线并单击 Collinear 按钮，如图 5-154 所示。

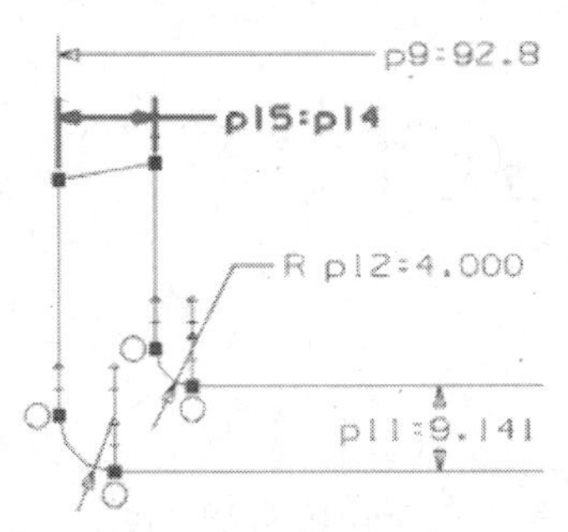

图 5-153　添加尺寸约束

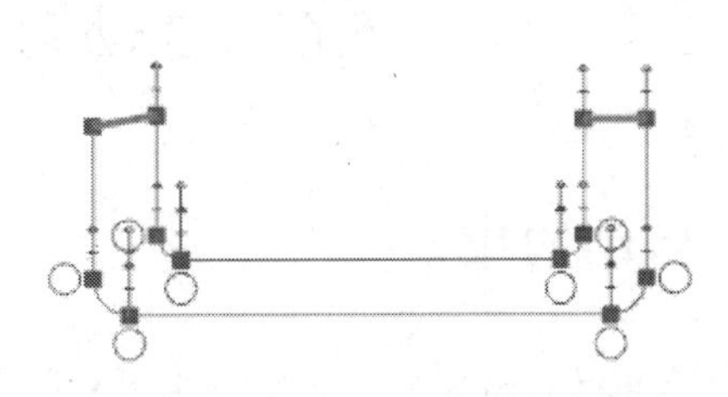

图 5-154　选择顶部两条直线

- 按 Esc 键退出约束命令。

注意：现在草图被充分约束。

第 5 步　按设计意图编辑尺寸。

编辑草图尺寸，设计有参数化控制的等厚度值。

- 双击尺寸 p14，输入 7，并按 Enter 键，如图 5-155 所示。
- 改变内侧倒圆半径(p12)值等于部件厚度值(p14)乘以 1.5，如图 5-156 所示。

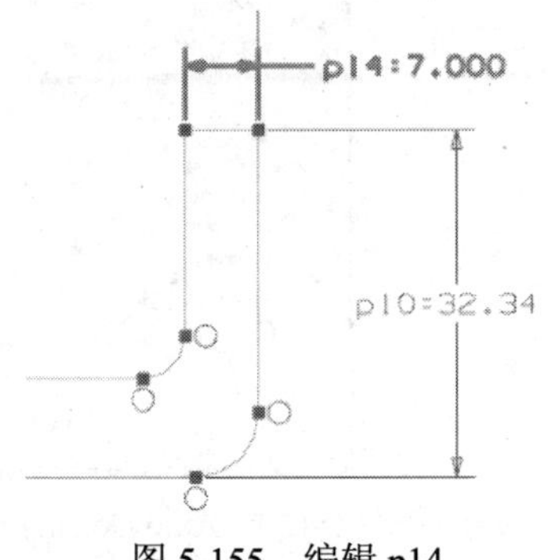

图 5-155　编辑 p14

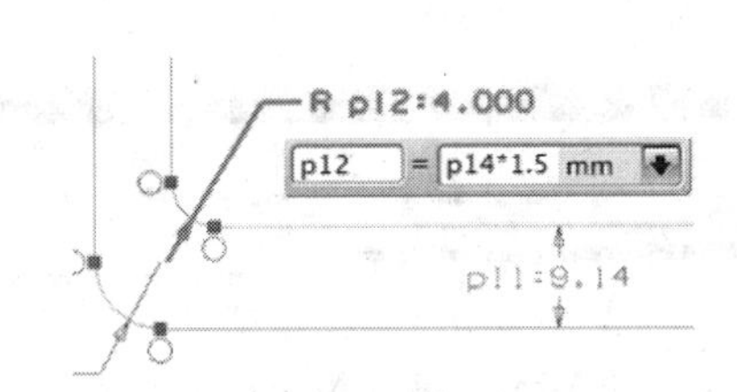

图 5-156　编辑 p12

- 改变外侧倒圆半径(p13)值等于内侧半径(p12)加部件厚度(p14)，如图 5-157 所示。
- 为了设置部件底部水平部分厚度，双击尺寸 p11，输入 p14，并按 Enter 键。

注意：草图按照设计意图被充分约束。

- 准备拉伸，结果如图 5-158 所示。

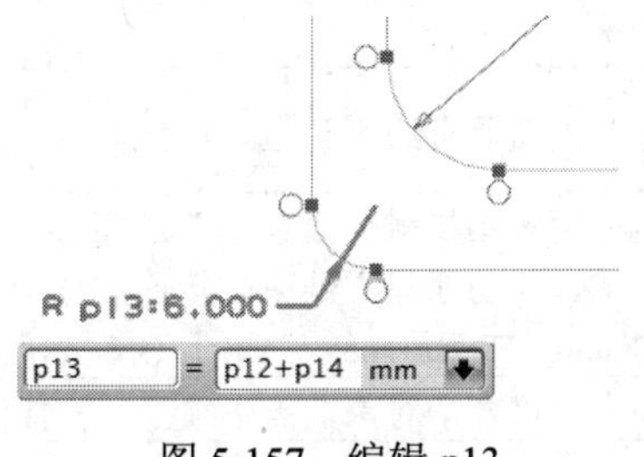

图 5-157　编辑 p13

图 5-158　拉伸结果

5.6 自动约束与自动尺寸

5.6.1 自动约束

利用 Auto Constrain 命令选择 NX 自动作用到草图的几何约束类型。NX 分析激活草图中的几何体并在其处作用可能的选择约束。当添加几何体到激活草图时，特别是几何体从不同的 CAD 系统读入时，此功能特别有用。

如图 5-159 所示，在草图工具条上单击 Auto Constrain 按钮，打开如图 5-160 所示的 Auto Constrain 对话框。

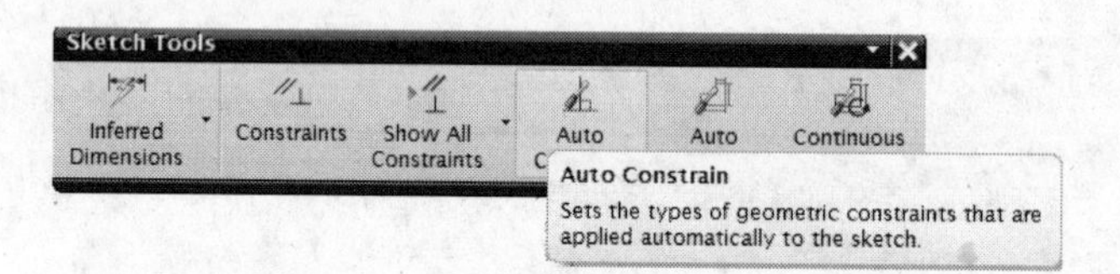

图 5-159 单击 Auto Constrain 按钮

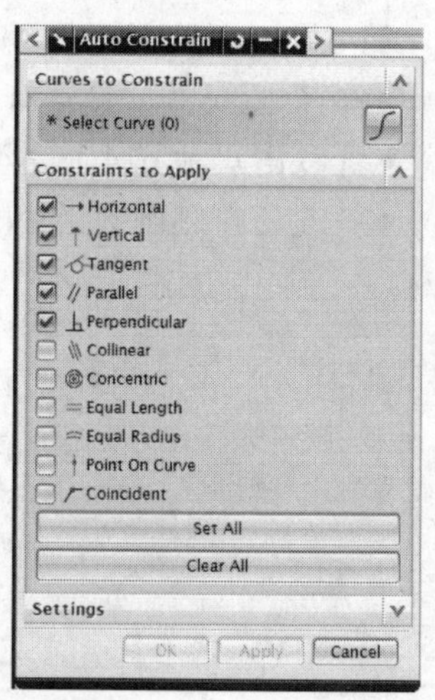

图 5-160 Auto Constrain 对话框

Auto Constrain 对话框选项描述如表 5-9 所示。

表 5-9 Auto Constrain 对话框选项描述

组	选 项	描 述
Curves to Constrain（要约束的曲线）	Select Curve（选择曲线）	选择要自动约束的几何体
Constraints to Apply（要作用的约束）	Constraint Types（约束类型）	规定 NX 将自动地作用到目标体可能处的几何约束的类型
	Set All and Clear All（设置所有和清除所有）	接通或关断所有约束类型
Settings（设置）	Apply Remote Constraints（作用遥远约束）	规定在两条不接触但落在当前距离公差内的曲线间，NX 自动地建立约束。接通此选项，按需调整 Distance Tolerance，并单击 OK 按钮
	Distance Tolerance（距离公差）	控制为了重合，对象端点必须是怎样接近
	Angle Tolerance（角度公差）	控制为了 NX 作用水平、垂直、平行或正交约束，线必须是怎样接近

5.6.2　自动尺寸

利用 Auto Dimension 命令按照一组规则，在选择的曲线与点上建立尺寸。

下面是建立尺寸的规则，可以任一顺序作用这些规则：

- 在线上建立 Horizontal 和 Vertical 尺寸。
- 建立对参考轴的尺寸。
- 建立 Symmetric 尺寸。
- 建立 Length 尺寸。
- 建立邻角尺寸。

可以建立两种类型尺寸，即 Driving（驱动）和 Automatic（自动），在表 5-10 中将有详细讲解。

当 Timestamp Order 被关断时，所有尺寸被显示在 Part Navigator 中，在 Unused Items→Sketch Curves and Dimensions→Dimensions 文件夹中。

在建模中，利用 Auto Dimension 命令通过从选择的曲线移除所有自由度帮助建立充分约束的草图；在制图中，利用 Auto Dimension 命令完全标注在图中选择的曲线尺寸。

如图 5-161 所示，在草图工具条上单击 Auto Dimension 按钮，打开如图 5-162 所示的 Auto Dimension 对话框。

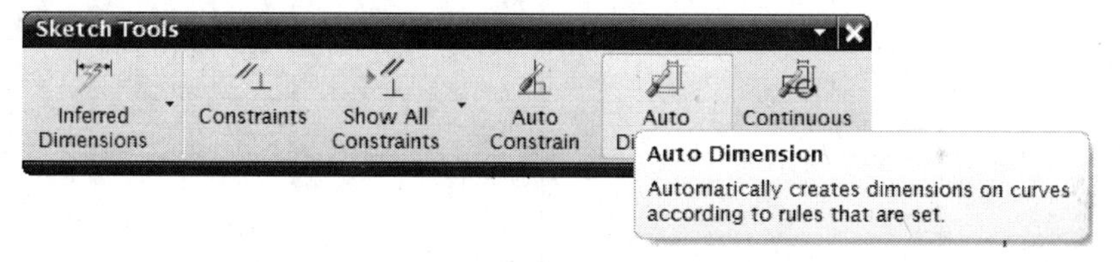

图 5-161　单击 Auto Dimension 按钮

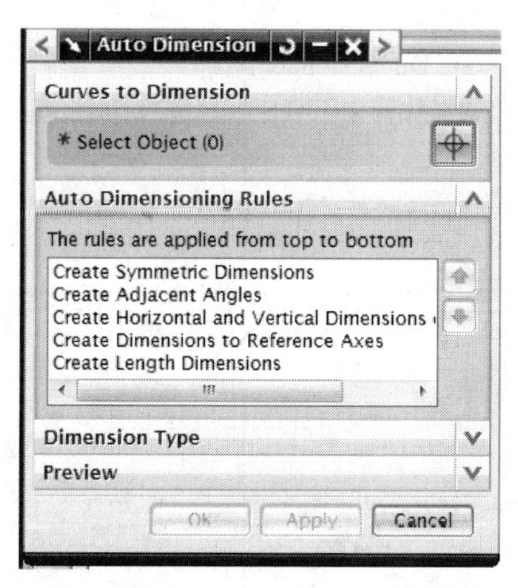

图 5-162　Auto Dimension 对话框

Auto Dimension 对话框选项描述如表 5-10 所示。

表 5-10 Auto Dimension 对话框选项描述

组	选　项	描　述
Curves to Dimension（要标注尺寸的曲线）	Select Object（选择对象）	选择曲线和点
Auto Dimensioning Rules（自动尺寸规则）规定充分约束在草图中选择曲线的规则。可以在任一顺序作用规则	Create Horizontal and Vertical Dimensions（建立水平和垂直尺寸）	如下图 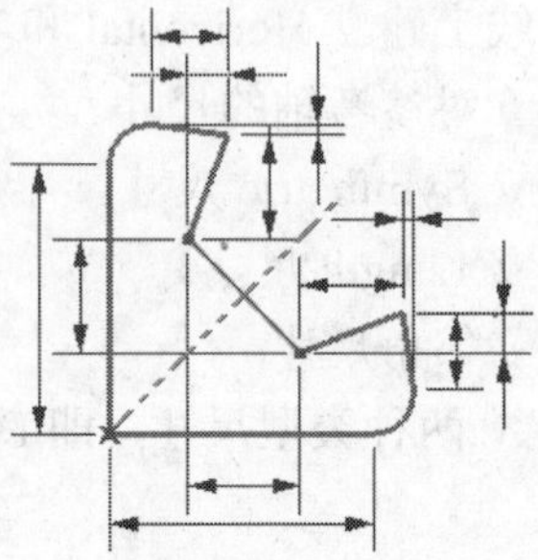
	Create Dimensions to Reference Axes（建立对参考轴尺寸）	如下图 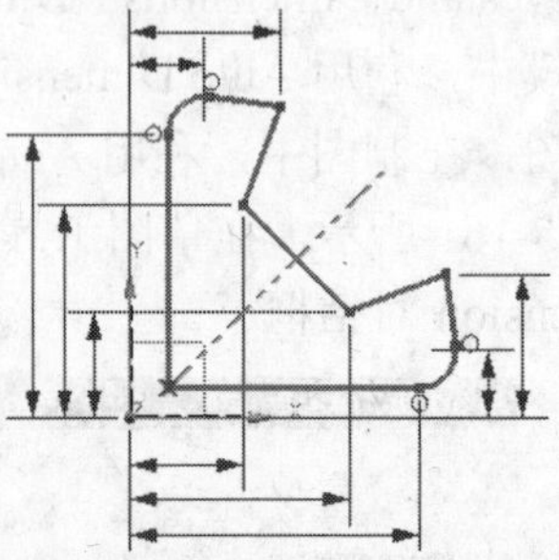
	Create Length Dimensions（建立长度尺寸）	如下图 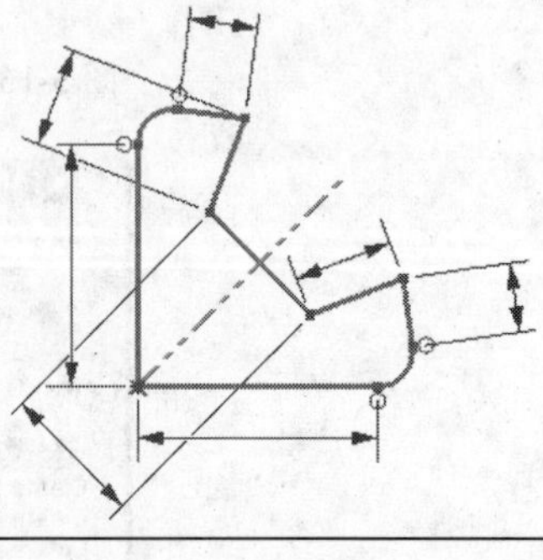
	Create Adjacent Angles（建立相邻角尺寸）	如下图 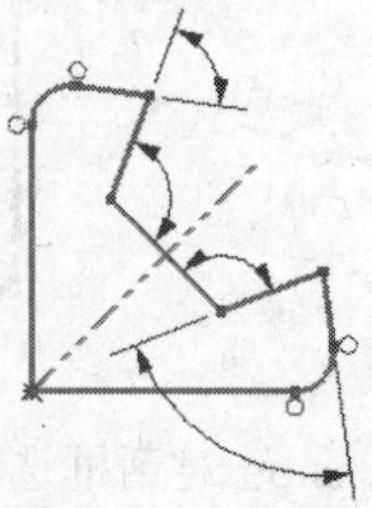

续表

组	选　　项	描　　述
Auto Dimensioning Rules（自动尺寸规则） 规定充分约束在草图中选择曲线的规则。可以在任一顺序作用规则	Create Symmetric Dimensions（建立对称尺寸）	如果有任一对称约束或镜像的曲线，建立对称尺寸。尺寸在这些对象间横过对称中心线建立，如下图
（Dimension Type）尺寸类型	Driving（驱动）	建立基于表达式的尺寸。可以转换驱动尺寸到参考尺寸
	Automatic（自动）	这种类型尺寸约束仅可以通过自动尺寸建立 自动尺寸充分约束草图或选择的曲线。当拖拽草图曲线时尺寸被更新。它们从草图移去自由度但不永久地锁住值。自动尺寸不是永久的。如果添加与自动尺寸冲突的约束，自动尺寸被删除。可以转换自动尺寸到驱动尺寸

5.6.3　自动尺寸例

下例展示怎样用分类自动尺寸规则在草图中的所有曲线上自动地建立尺寸。

（1）双击草图编辑它，如图 5-163 所示。

（2）在草图工具条上单击 Auto Dimension 按钮。

（3）选择所有要建立尺寸的曲线，如图 5-164 所示。

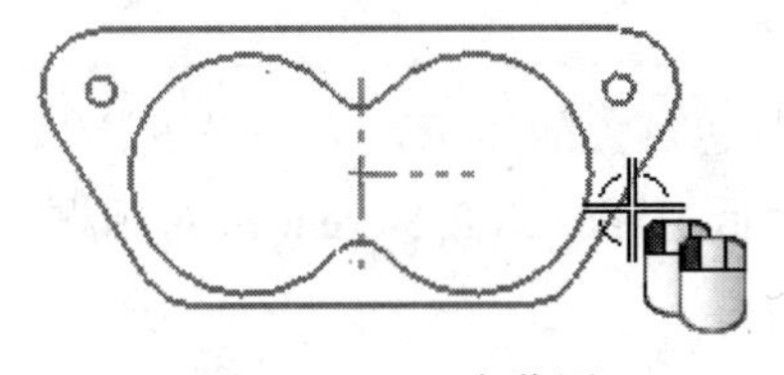

图 5-163　双击草图

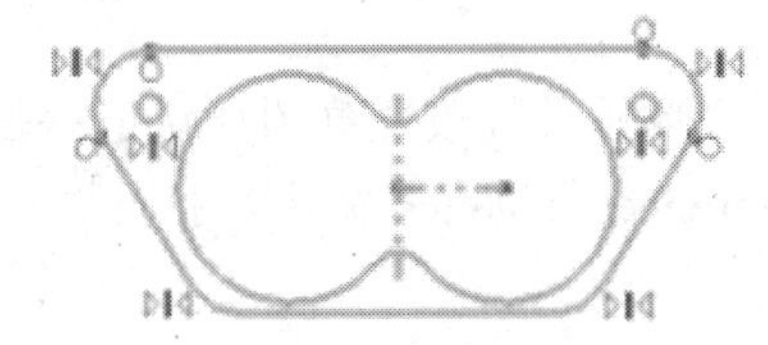

图 5-164　选择曲线

（4）按下列顺序分类自动尺寸规则（Auto Dimensioning Rules）：

- 建立对参考轴尺寸。
- 建立在直线上的水平与垂直尺寸。
- 建立长度尺寸。

- 建立相邻角度尺寸。
- 建立对称尺寸。

（5）在 Dimension Type 组中选择 Automatic。

（6）单击 Show Result 按钮，结果如图 5-165 所示。

（7）单击 Undo Result 按钮，结果如图 5-166 所示。

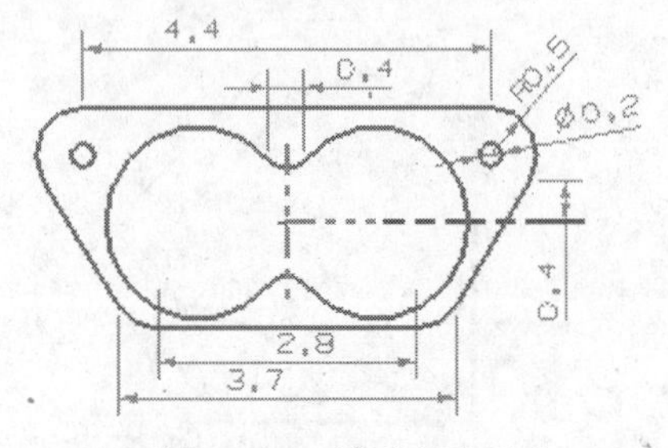

图 5-165　展示自动尺寸

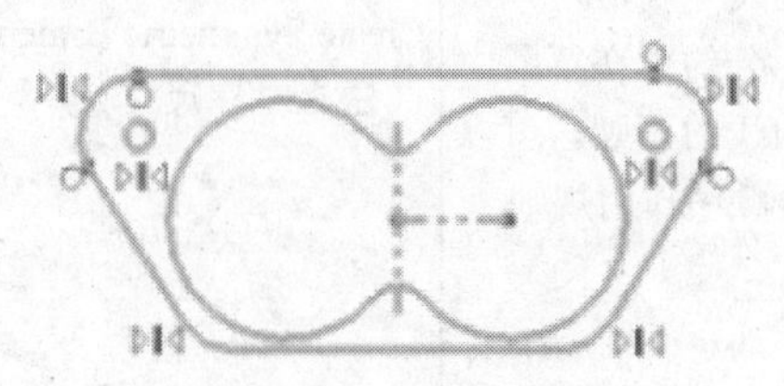

图 5-166　取消结果

（8）选择命令或单击 Apply 按钮建立尺寸。

（9）单击 Show Result 按钮，如图 5-167 所示。

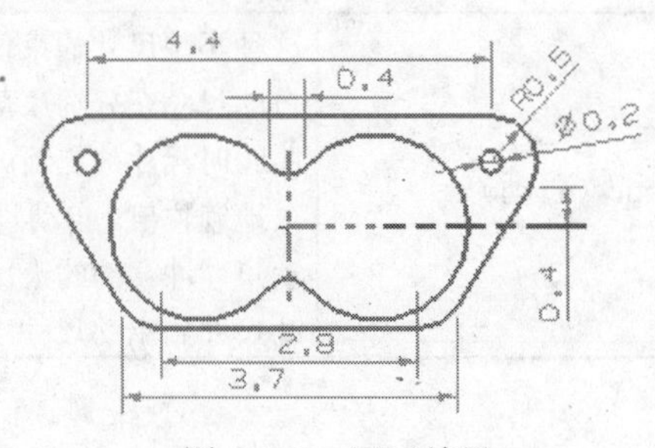

图 5-167　展示结果

5.7　使 用 草 图

5.7.1　草图参数预设置

草图参数预设置改变草图默认值并控制某些草图对象的显示，为了设置这些参数值，选择 Preferences→Sketch 命令，打开如图 5-168 所示的 Sketch Preferences 对话框。

1．捕咬角

Snap Angle（捕咬角）指定垂直线和水平线的默认捕咬角公差。如果一条直线相对于水平或垂直参考线的夹角小于或等于捕咬角值，该线将自动地被捕咬到垂直和水平位置，如图 5-169 所示。

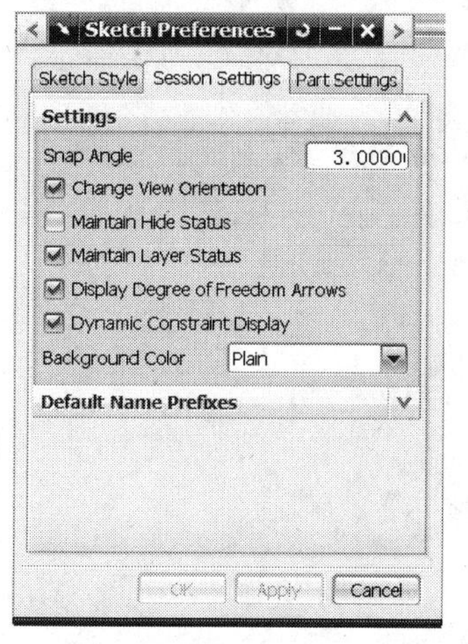

图 5-168　Sketch Preferences 对话框

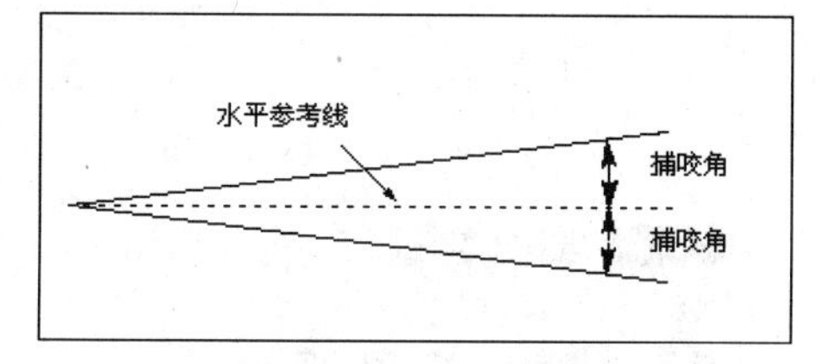

图 5-169　草图捕咬角

2. 改变视图方位

如果选中 Change View Orientation（改变视图方位）复选框，当草图放弃激活时，显示激活草图的视图将返回到它原来的方位。如果取消选中该复选框，当草图放弃激活时，视图将不会返回到它原来的方位。

3. 维持层状态

当激活一个草图时，驻留该草图的层自动成为工作层。当选中 Maintain Layer Status（维持层状态）复选框时退出激活的草图，驻留该草图的层将返回到它以前的状态（即它不再是工作层），在草图激活前，作为工作层的那个层再次成为工作层。如果取消选中该复选框，当放弃激活该草图时，该草图驻留的层将保留为工作层。

4. 显示自由度箭头

Display Degree of Freedom Arrows（显示自由度箭头）控制自由度箭头的显示。默认选中该复选框。当取消选中该复选框时，箭头显示关闭。

5. 动态约束显示

当选中 Dynamic Constraint Display（动态约束显示）复选框时，如果相关几何体很小，约束符号将不显示。为了不论相关几何体尺寸大小而总显示约束，可取消选中该复选框。

5.7.2　替换解

当添加一个约束到草图几何体时，存在有多个解的可能，替换解命令帮助从一种解变化为另一种解。Alternate Solution（替换解）对话框如图 5-170 所示。

当选择一条有线性尺寸或相切约束的曲线时，替换解显示变换约束求解结果，可基于设计意图选择一种结果。

【练习 5-11】 试验用替换解

如图 5-171 所示，在本练习中将利用 Alternate Solution 命令去：

- 改变尺寸到它的替换解并查看它怎样影响下游特征。
- 改变相切草图曲线到它的替换解，为了设计改变。

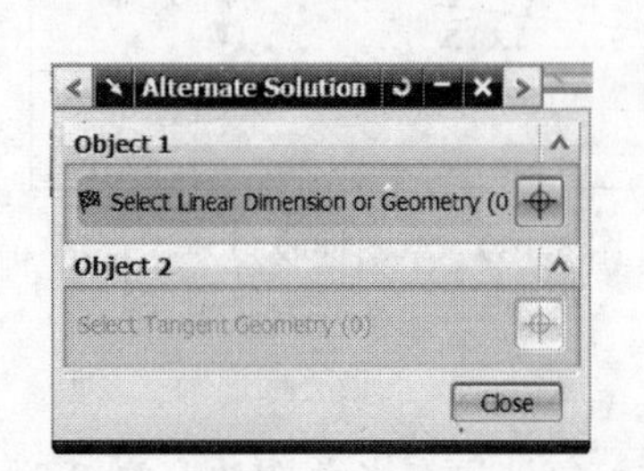

图 5-170 Alternate Solution 对话框

图 5-171 设计意图

第 1 步 设置尺寸到替换解。

- 从目录\Part_C5 中打开 alt_sol.prt。
- 在 Part Navigator 中右击 SKETCH_000，并在弹出的快捷菜单中选择 Edit 命令。

注意：NX 在 Modeling 中直接打开草图。这将让用户实时看到草图改变怎样影响模型。

- 在 Direct Sketch 工具条的 Constraints Drop-down 列表中单击 Alternate Solution 按钮。
- 在图形窗口中选择 p3 尺寸，如图 5-172 所示。

注意：NX 决定替换解并更新模型，如图 5-173 所示。

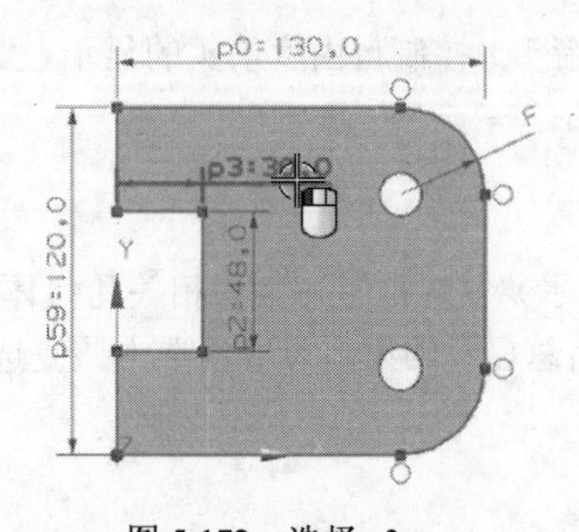

图 5-172 选择 p3

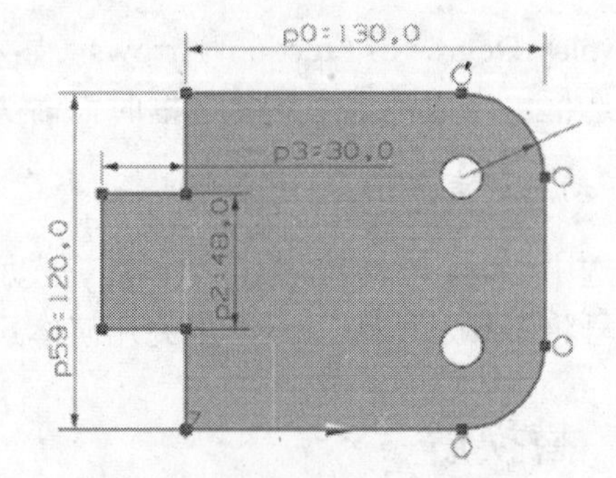

图 5-173 替换解，更新模型

第 2 步 设置相切几何体到替换解。

第二个设计改变要求切换弧方向并更新部件，确使形状是可加工的。在部件中必须保留被约束到弧中心。

- 选择部件上右侧的弧，如图 5-174 所示。

注意：NX 激活在对话框中的 Select Tangent Geometry 步。

- 选择部件顶部的相切曲线，如图 5-175 所示。

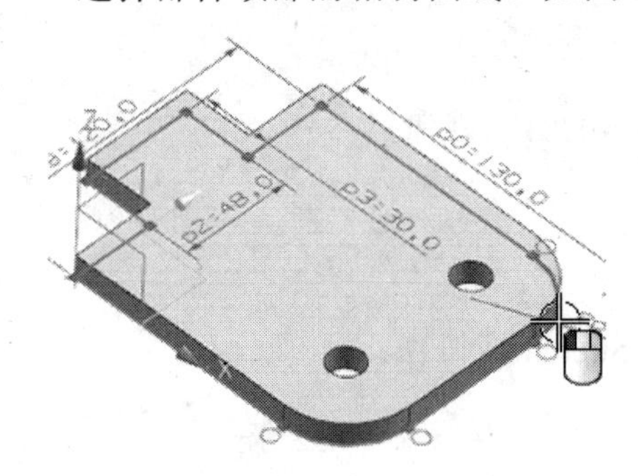

图 5-174　选择弧

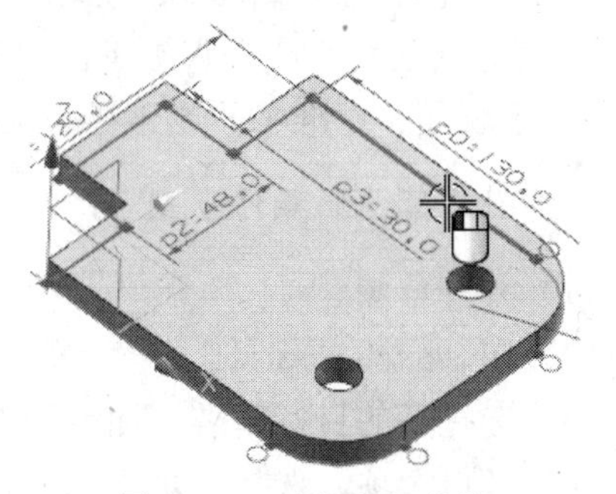

图 5-175　选择相切曲线

注意：NX 在相反方向中重建弧，孔保留约束到弧中心，如图 5-176 所示。

- 利用 Alternate Solution 命令在同样的方法中修改底部的弧。
- 在 Direct Sketch 工具条上单击 Fillet 按钮。
- 建立一个 15mm 的圆角，如图 5-177 所示。

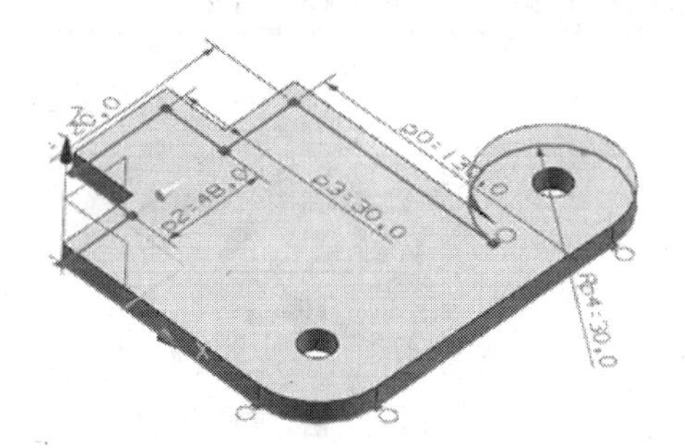

图 5-176　重建弧

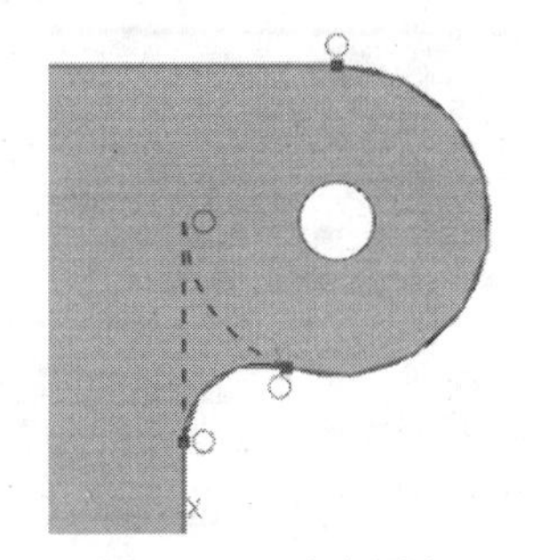

图 5-177　建立圆角

- 为了完成部件，用同样的方法设计圆角部件的相对侧，结果如图 5-178 所示。

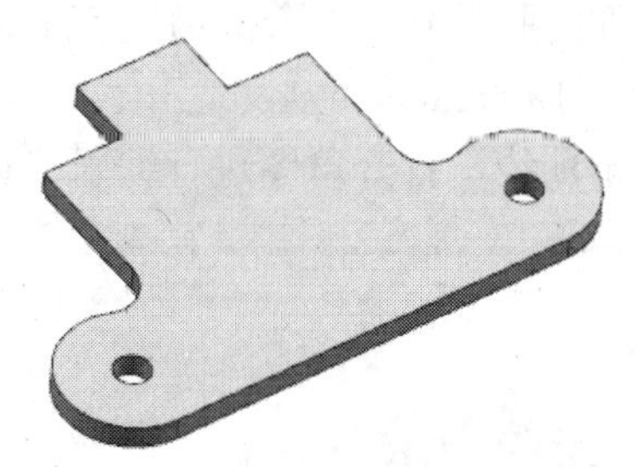

图 5-178　最终部件

5.7.3　重附着草图

Reattach Sketch（重附着草图）功能允许重新附着一个已存草图到另一平表面、一基准平面或一路径。

也可利用该选项：

- 切换平面上的草图（Sketch on Plane）到路径上的草图（Sketch on Path）或反之。
- 改变路径上的草图沿路径附着的位置。
- 规定新的水平或垂直参考。

目标平表面、基准平面或路径必须有比草图早的时间戳记。

1. 重附着草图的操作步骤

（1）打开草图。

（2）在 Sketch Tools 工具条上单击 Reattach Sketch 按钮。

（3）选择新的目标基准平面或平表面。

（4）（可选项）选择一水平或垂直参考。

（5）单击 OK 按钮完成重附着草图。

2. 重排序草图或参考对象

（1）如果需要，在 Part Navigator 中右击栏头，并在弹出的快捷菜单中选择 Timestamp Order 命令，如图 5-179 所示。

（2）通过拖拽，重排序对象到要求的时间戳记处，如图 5-180 所示。

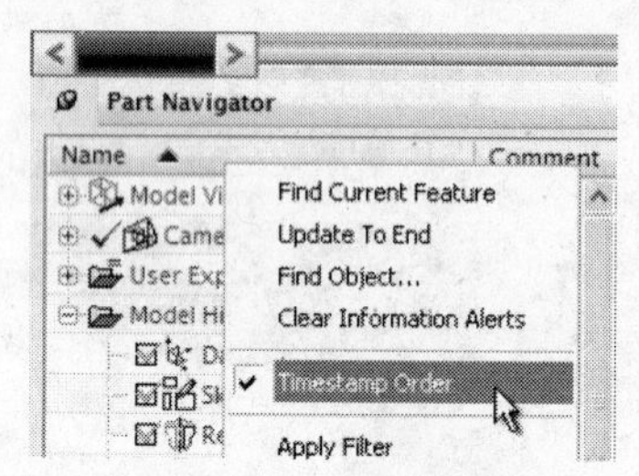

图 5-179　选择 Timestamp Order 命令

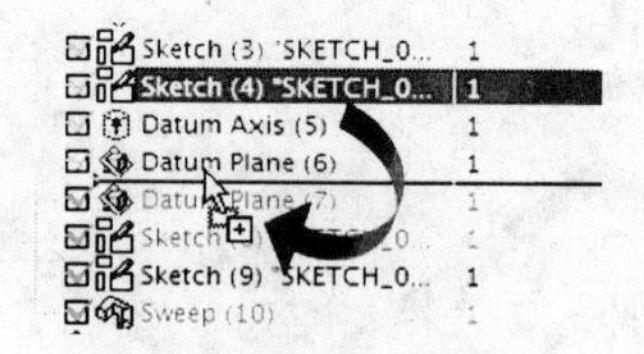

图 5-180　拖拽重排序对象

【练习 5-12】　重附着草图到新表面

在本练习中将重附着底左部的肋骨到上右方的内表面上，如图 5-181 所示。

第 1 步　从目录\Part_C5 中打开 reattach_sketch.prt。

第 2 步　双击草图中任一条曲线，打开草图进行编辑，如图 5-182 所示。

图 5-181　重附着草图

图 5-182　重附着草图

第3步　在 Sketch Tools 工具条上单击 Reattach Sketch 按钮。

- 选择新的目标面，如图 5-183 所示。
- 在 Sketch Orientation 组中单击 Select Reference 按钮。
- 选择新的参考对象，如图 5-184 所示。

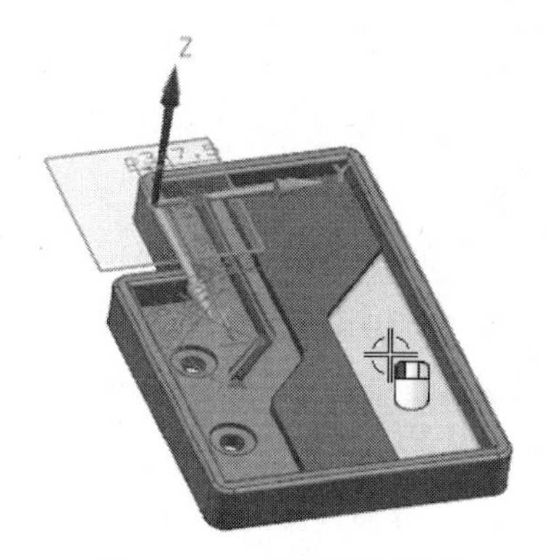

图 5-183　选择新目标面

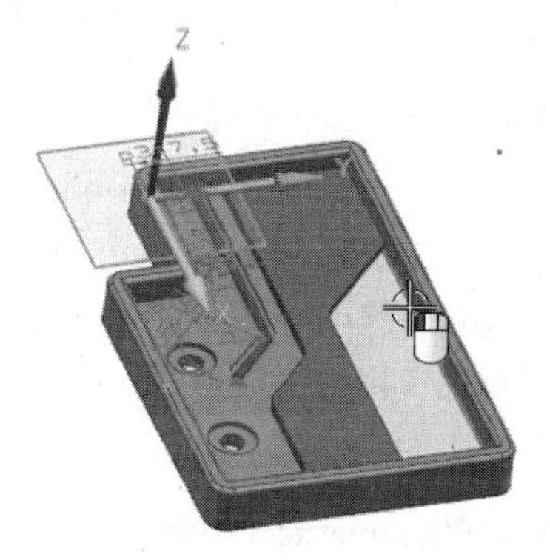

图 5-184　选择新参考对象

- 在 Sketch Origin 组中单击 Specify Point 按钮。
- 选择新的原点，如图 5-185 所示。
- 为了重附着草图，单击鼠标中键，预览结果如图 5-186 所示。

图 5-185　选择新原点

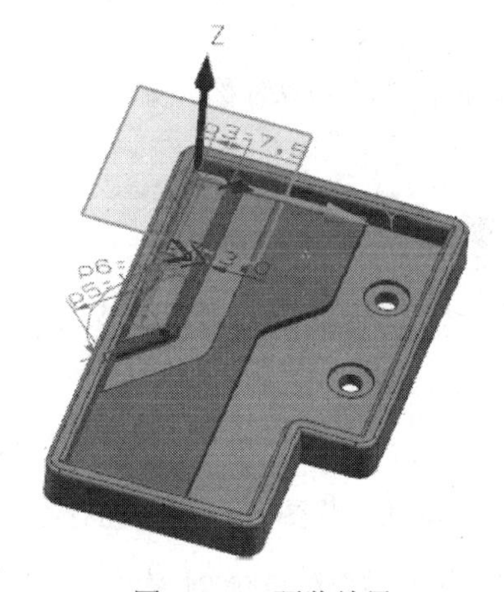

图 5-186　预览结果

5.7.4　镜像草图曲线

Mirror Curves（镜像草图曲线）命令用于创建草图几何体的镜像备份。它将：

- 作用镜像几何约束到所有与镜像操作相关的几何体。
- 转换用作镜像中心线的草图线为参考线。

1. 镜像草图曲线的操作步骤

（1）在 Sketch 工具条上单击 Mirror Curves 按钮，打开如图 5-187 所示的 Mirror Curve

对话框。

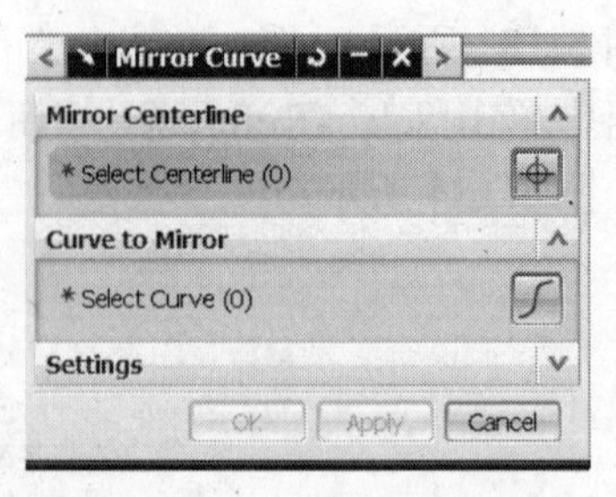

图 5-187 Mirror Curve 对话框

（2）选择镜像中心线。

（3）单击鼠标中键前进到下一步，选择目标几何体。

（4）单击 OK 按钮。

2. Make Symmetric（使对称）

利用 Make Symmetric 命令在草图中绕一条中心线约束两个点或两条曲线为对称。可以在下列同一类型两个对象间作用对称约束：

- 直线。
- 弧。
- 圆。

也可以使不同点类型对称。如图 5-188 所示，使直线端点与弧中心绕一条线对称。

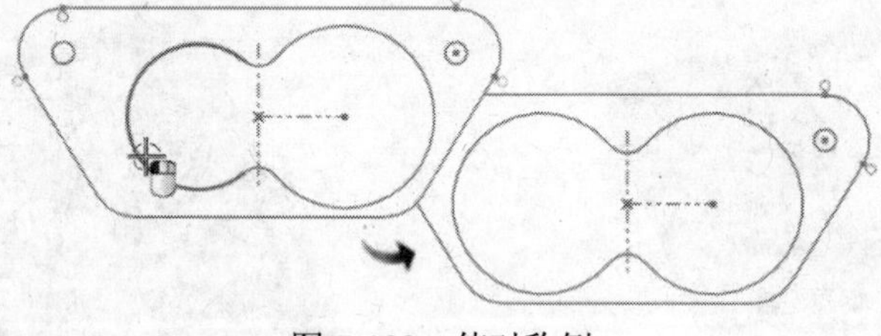

图 5-188 使对称例

当建立或编辑一草图，要控制已存草图几何体对一条中心线对称时，使用该命令。

【练习 5-13】 镜像与使对称

第 1 步 约束曲线为对称。

- 从目录\Part_C5 中打开 make_symmetric1.prt。
- 右击草图并在弹出的快捷菜单中选择 Edit 命令。
- 在 Direct Sketch 工具条上单击 Show All Constraints 按钮。
- 在 Direct Sketch 工具条上单击 Make Symmetric 按钮。
- 选择上右侧的弧，如图 5-189 所示。保持十字准线中心在圆外侧，因而选择的是曲线而非弧中心。
- 选择上左侧的弧，如图 5-190 所示。保持十字准线中心在圆外侧，因而选择的是曲线而非弧中心。

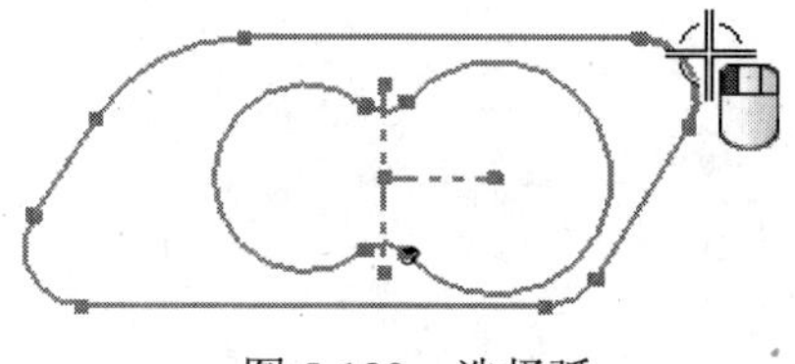

图 5-189　选择弧

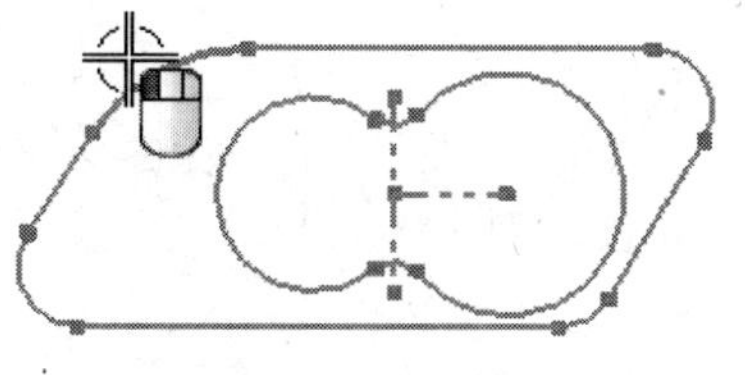

图 5-190　选择弧

- 选择对称中心线，如图 5-191 所示。

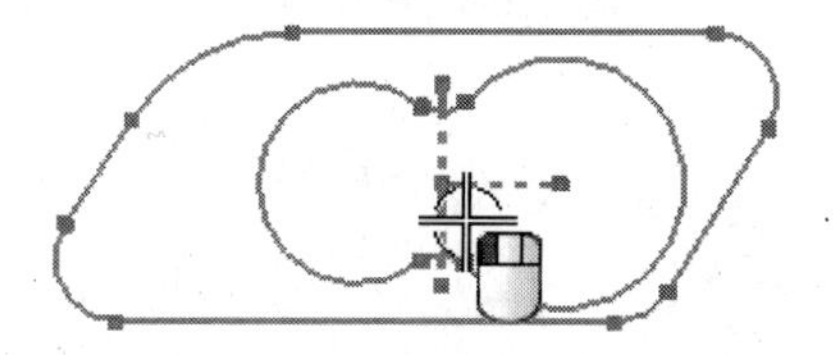

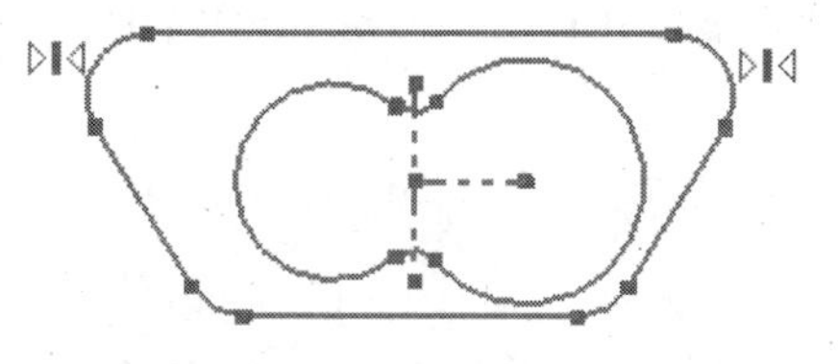

图 5-191　选择对称中心线

注意：添加对称约束，并保留对称中心线的选择状态。

- 选择另一个主草图对象，如图 5-192 所示。

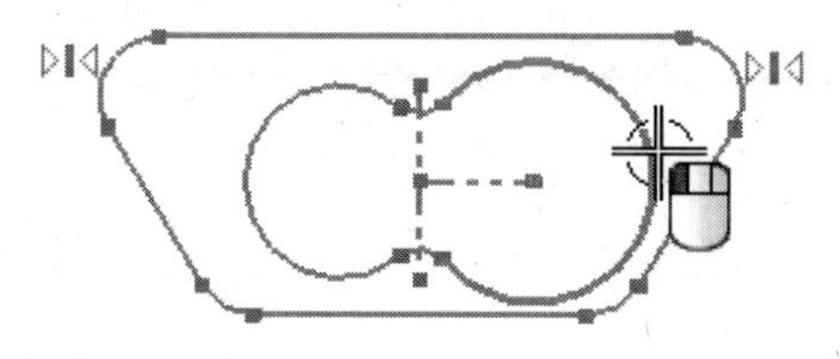

图 5-192　选择另一个主对象

- 选择另一个副草图对象，如图 5-193 所示。

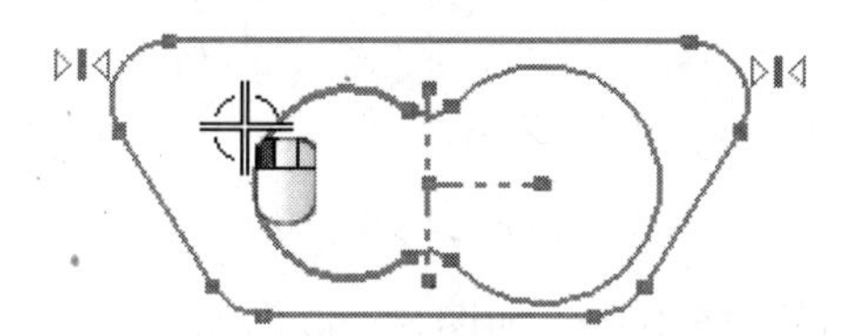

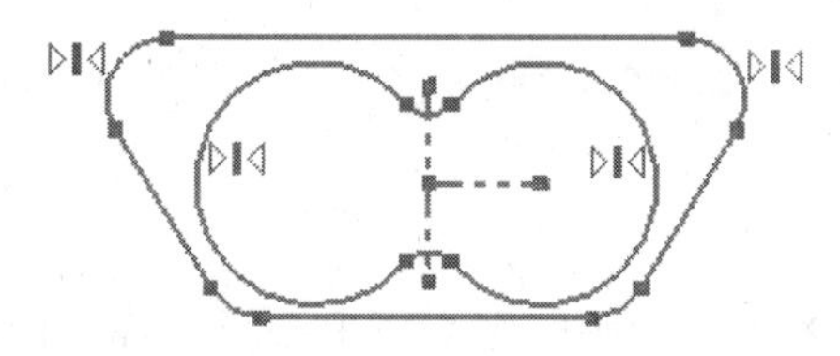

图 5-193　选择另一个副对象

第 2 步　使曲线与曲线控制点对称。

- 从目录\Parts_C5 中打开 make_symmetric2.prt，如图 5-194 所示。
- 右击 Sketch (4)并在弹出的快捷菜单中选择 Edit 命令。
- 在 Direct Sketch 工具条上单击 Make Symmetric 按钮。
- 选择上左侧的圆，如图 5-195 所示。保持十字准线中心在圆外侧，因而选择的是曲线而非圆中心。
- 选择上右侧的小圆，如图 5-196 所示。保持十字准线中心在圆外侧，因而选择的是曲线而非圆中心。
- 选择中心线，如图 5-197 所示。因为选择了曲线，NX 使圆在位置与直径上均对称。

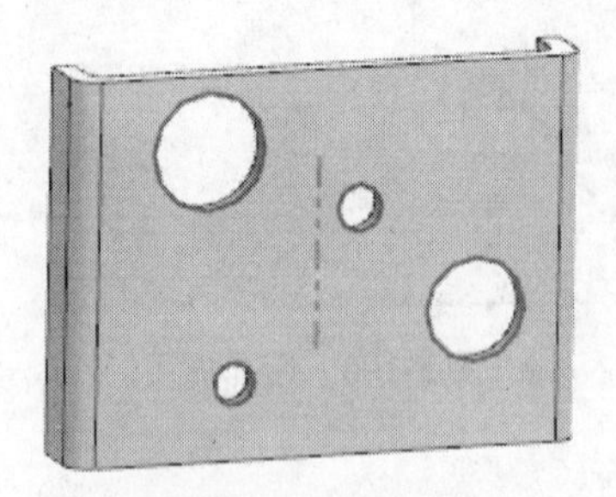

图 5-194 make_symmetric2.prt

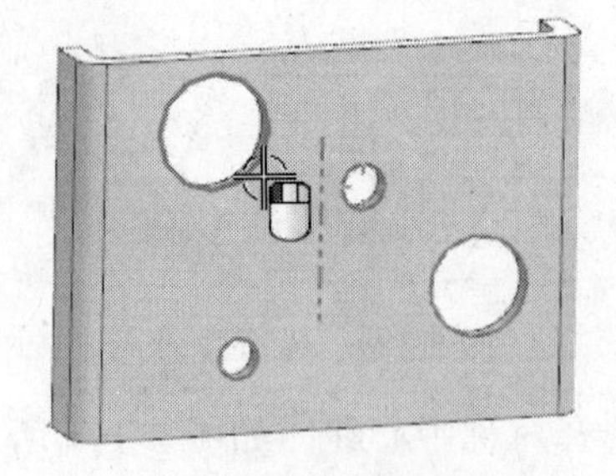

图 5-195 选择圆

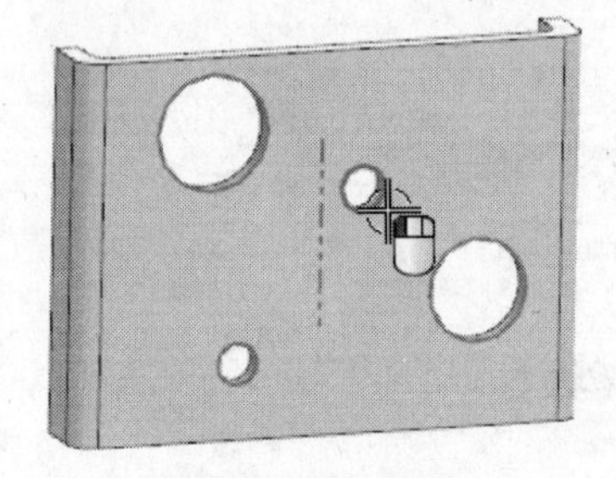

图 5-196 选择圆

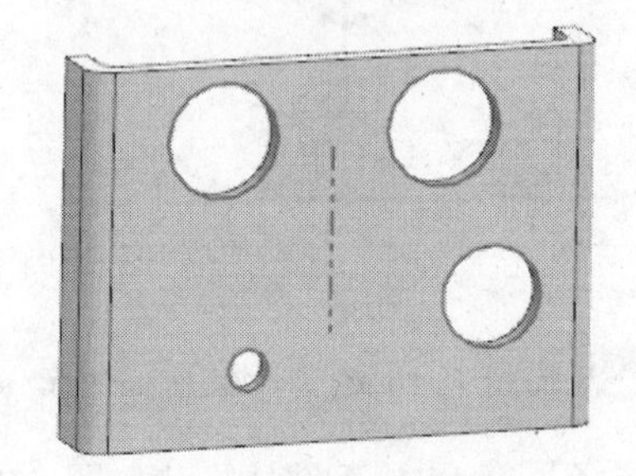

图 5-197 圆对称结果

- 单击底左处圆的中心点，如图 5-198 所示。
- 单击底右处圆的中心点，如图 5-199 所示。

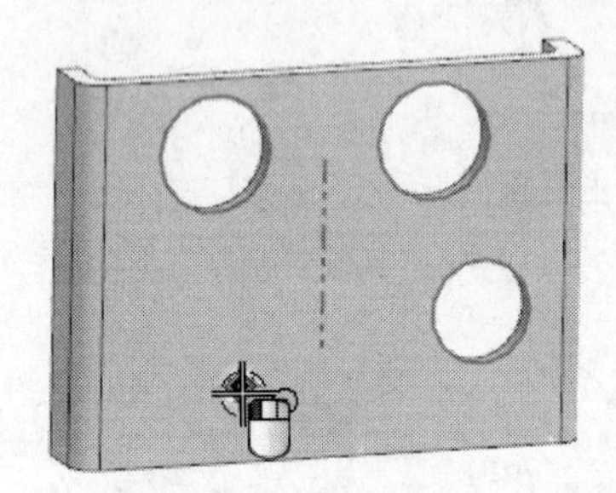

图 5-198 选择圆中心点

图 5-199 选择圆中心点

NX 使两个圆的中心绕中心线对称，但圆直径保留不变，如图 5-200 所示。

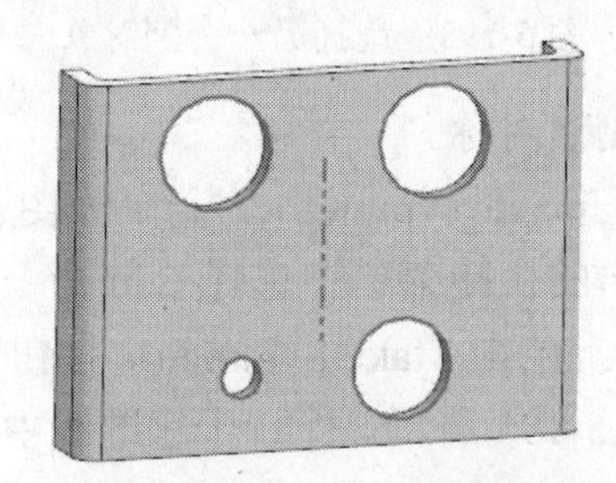

图 5-200 中心点对称

- 在图形窗口中右击，并在弹出的快捷菜单中选择 Finish Sketch 命令。

第 3 步 镜像曲线。

- 从目录\Part_C5 中打开 mirror_curve.prt。

- 右击草图，并在弹出的快捷菜单中选择 Edit 命令。
- 在 Direct Sketch 工具条的 Curve from Curves Drop-down 列表中选择 Mirror Curve 选项。
- 在 Selection 工具条的 Curve Rule 列表中选择 Tangent Curves 选项。
- 选择外侧曲线，如图 5-201 所示。
- 选择内侧曲线，如图 5-202 所示。

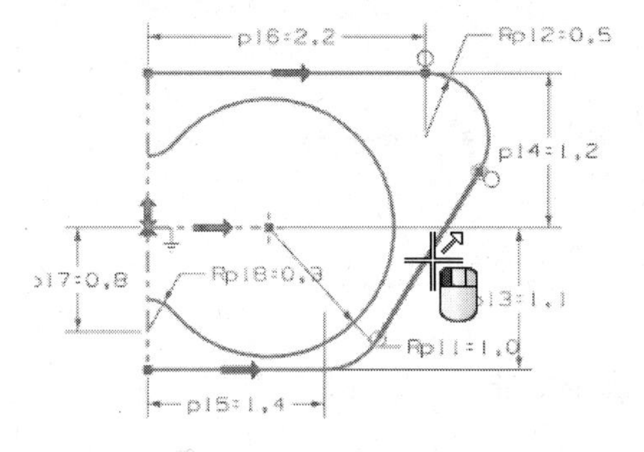

图 5-201　选择外侧曲线

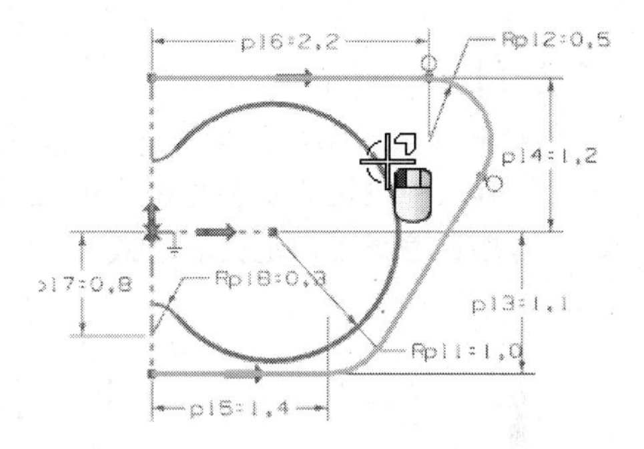

图 5-202　选择内侧曲线

- 单击鼠标中键前进到 Centerline 组。
- 选择中心线，如图 5-203 所示。

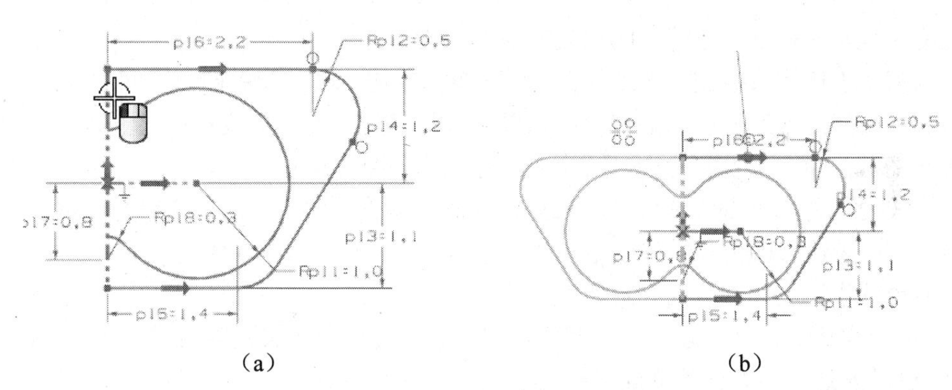

（a）　　（b）

图 5-203　选择中心线预览结果

- 单击 OK 按钮，结果如图 5-204 所示。

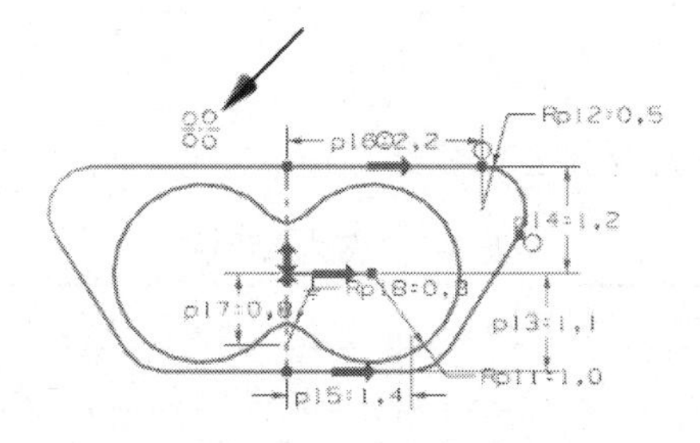

图 5-204　镜像结果

注意：Mirror Curve 约束图符不同于 Make Symmetric 图符。

第 6 章　表　达　式

【目的】

本章是对表达式的一个基本介绍，在完成本章学习之后，将能够：

- 了解软件表达式及各种用户定义表达式。
- 建立和编辑用户定义表达式。

6.1　表达式综述

6.1.1　表达式的定义

表达式是定义特征某些特性的代数或条件公式。

可以利用表达式去控制在一个部件的特征间，或在一个装配中的部件间的关系。例如，可以用一个支架的长度表示它的厚度。如果支架的长度改变，厚度自动地更新。可以利用表达式定义和控制一个模型的许多尺寸，如特征或草图的尺寸。

表达式内的公式可以包括变量、函数、数值、运算符和符号的一个组合。可以插入表达式名到另一表达式的公式字符串中。

有两种基本表达式，分别介绍如下。

- 用户表达式：用户建立的那些表达式（也称为用户定义的表达式）。
- 软件表达式：软件建立的那些表达式。

用户表达式可以有明语名。由软件自动建立的表达式由一个用小写字母“p”领先的数值命名，如 p53。

1. 表达式示例

表 6-1 列出了某些表达式及其公式和结果值。

表 6-1　表达式示例

表达式名	附加的软件表达式名	公　式	值
width		4	4
length		5*width	20
p39	Extrude(6) End Limit	p1+p2*(2+p8*sin(p3))	18.849555921
P26	Simple Hole(9) Tip Angle	118	118

2. 关于字母大小写

除下列情况外，表达式名不区分大小写：

- 如果表达式的量纲设置为 Constant，表达式名是区分大小写的。
- 如果表达式是在 NX 3 之前建立的，表达式名是区分大小写的。

当表达式名区分大小写时，如果使用它们在其他表达式中，必须正确地拼写其名称。

6.1.2 用户表达式

用户表达式是用户自己用表达式对话框建立的任一表达式。例如，可以建立一个命名为“Width”且有公式字符串“22.0”的表达式。然后可以使用此表达式通过在相应参数加入域中加入“Width”去定义一个块的尺寸。

用户可以建立基于测量和部件间引用的表达式。

表 6-2 是某些用户定义的表达式样例。

表 6-2 用户定义的表达式样例

表达式名	公 式
width	22
length	5*width
diameter	width/3
position	if (width<=2)(0.5*width) else (2)
base_block_height	16
base_block_length	1
base_block_multiple	8
base_block_width	base_block_height*block_multiple
block_heighta	(base_block_length/2)*a_multiple
block_length	a_multiple/2
block_multiple	base_block_width*block_multiple
BLOCK(6):Size X	block_length
div	3+sqrt(aln)
aln	5.4
railwidth	2*aln // forechain

通过编辑公式可以编辑模型参数。

6.1.3 软件表达式

软件表达式是在许多建模操作期间自动生成的。

- 草图的尺寸：为每个尺寸建立一个表达式（如 p2=3.5436）。
- 特征或草图的定位：为每个定位尺寸建立一个表达式。

- 特征的建立：为许多特征的建立参数建立表达式（如拉伸起始和终止限、旋转角和孔深）。
- 配对条件或装配约束的建立。

表达式对话框可以为软件表达式名显式附加参数文本，但它不是实际名字的一部分。附加文本跟随于表达式名字后，可以描述与它关联的特征和参数选项。例如，如下所示的软件表达式 p5，是一个时间戳记为 4 的简单孔特征的直径。

p5 (SIMPLE_HOLE(4) Diameter)

表 6-3 是某些软件表达式样例。

表 6-3 软件表达式样例

表 达 式	公 式
p28 (Extrude(14) Start Limit)	15
p3 (Bridge Curve)(6) Match Point 2)	21
p6 (Studio Surface 2X2(11) Angular Tolerance)	0.5

用户可以重命名软件表达式。

6.2 建立与编辑用户定义表达式

6.2.1 表达式对话框

在 Modeling 应用中选择 Tools→Expression 命令，打开如图 6-1 所示的 Expressions 对话框。

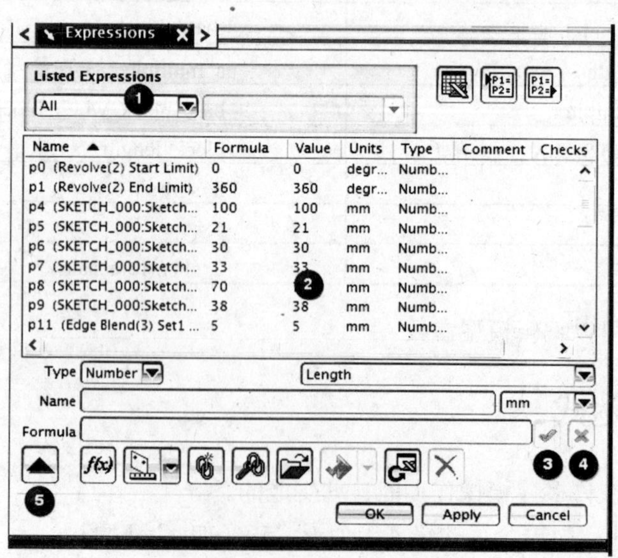

图 6-1 Expressions 对话框

表达式对话框选项描述如下。

1. Listed Expressions（列出的表达式）（❶）

（1）Categories（类别）

让用户选择一种类别去过滤显示在列表窗口中的表达式。表达式名展示在列表窗口中，不分大小写。从下列类别选择：

- User Defined（用户定义的）：仅展示用户自己建立的表达式。
- Named（命名的）：仅展示已建立的和那些还没建立但已重命名的表达式。
- Unused Expressions（未使用的表达式）：仅展示未被部件文件中任一对象正在使用的那些表达式。
- Object Parameters（对象参数）：仅展示图形窗口或部件导航器中一个选择的特征的那些表达式参数。
- Measurements（测量）：展示部件文件中的所有测量表达式。
- Filter by Name（用名字过滤）：在邻近的过滤器框中输入或选择字符串，根据它们的名字来展示表达式字集。
- Filter by Value（用值过滤）：在邻近的过滤器框中输入或选择字符串，根据它们的值来展示表达式字集。
- Filter by Formula（用公式过滤）：在邻近的过滤器框中输入或选择字符串，根据它们的公式来展示表达式字集。
- All（所有）：展示部件文件中的所有表达式。

（2）Filter box（过滤器框）

让用户加入过滤器字符串。基于过滤器类型评估字符串（即 Filter by Name、Filter by Value 或 Filter by Formula），可以加入一个星号通配符到过滤器框。

（3）Spreadsheet Edit（电子表格编辑）

转换到 NX 电子表格功能，可以利用它编辑表达式。当转换到电子表格功能时，NX 停止工作，直到退出电子表格。

注意：有几何表达式的遗留部件不列在电子表格中。

（4）Import Expressions from File （从文件读入表达式）

读一个含有表达式的指定文本文件到当前部件文件中。有时，文本文件中的表达式与部件文件中已存在的表达式名字相同。当这个冲突发生时，系统或保持已存在表达式，或用文本文件中的表达式代替它。用下列选项之一处理表达式名字冲突问题。

- Replace Existing（代替已存的）：用文本文件中的表达式代替部件中名字相同的已存表达式。
- Keep Existing（保持已存的）：如果不希望用文本文件中相同名字的表达式代替已存的表达式，选择此选项。此设置让用户仅读入那些不冲突的表达式（不在两个文件中存在）。当使用 Keep Existing 设置时，系统读指定的文本文件并企图添加每个表达式到列表。在转换时如果发现有冲突（表达式有相同名），出现错误信息。在转换完成时，可以选择 Accept 保持新的列表或选择 Undo 恢复原来的表达式组。作为一个例子，如果一个相同名字的表达式存在于用户的激活部件与正被读入的文本文件中，下列情节之一发生：

➢ 如果选择 Replace Existing，读入的文本文件中的表达式代替激活部件中已存的表达式。
➢ 如果选择 Keep Existing，激活部件中的表达式被保持，文本文件中的表达式被忽略。

- Delete Imported（删除读入的）：删除读入的选项从用户的部件文件中移除多个表达式。当选择此选项时，系统查看含有表达式列表的文本文件并删去部件文件中同名的任一表达式。此选项可用于下列情形之一：
  ➢ 读出表达式列表到文本文件。在文本文件中删除要保持的所有表达式。利用删除读入的选项读入列表。
  ➢ 建立空的文本文件，加入要删除的所有表达式名到文本文件中（不必加入整个表达式，仅加入名字）。利用删除读入的选项读入列表。

用上述方法之一，表达式可以在任一顺序被列出。在文本文件中遇到的每个表达式从部件文件的表达式列表中被删除。

注意：如果表达式由模型或另一表达式使用，它不被删除。

注意：有几何表达式的遗留部分，如 p0=distance(40)，不能被读入。

（5）Export Expressions to File（写出表达式到文件）

写出部件中的表达式到文本文件。选择此选项显示文件对话框提示加入文本文件名。可以利用下列选项选择写出什么表达式。

- Work Part（工作部件）：写出工作部件中的所有表达式。
- All in Assembly Tree（在装配树中的所有）：写出工作部件中所有组件中（装配树）的所有表达式。
- All Parts（所有部件）：写出作业中所有部件中的所有表达式。用于读入/写出表达式的所有文件拥有文件扩展名“.exp”。

注意：正被写出的在文件中有几何表达式的遗留部分将成为“哑（dumb）”表达式（例如，一个角度表达式，p0=angle(12)在读出的文件中，求值到 90.0 将成为 p0=90.0 i）。

2. Expressions list box（表达式列表框）（②）

列表框显示部件文件中表达式详细的、可分类的列表。可以使用列出的表达式下拉菜单和用加入过滤器一字符串过滤出现在列表中的表达式。可以浏览图形窗口和部件导航器，选择特征在列表中显示它们的表达式。

（1）Columns（栏）

表达式列表框中的栏介绍如下。

- Name：每个表达式或测量的名字。
- Formula：展示每个表达式的公式。如果表达式是一个测量，显示标记（Measure）。

- Value：展示由公式或测量数据得到的值。如果公式使用一个不同于表达式的单位，值被转换到表达式单位。如果 Type 设置为 Number，值是数字。如果 Type 设置为 String，值是字符串。
- Units：展示表达式或测量的单位，如果它们存在。
- Type：展示由 Type 选项定义的表达式类型。
- Comment：展示对表达式的注释，编辑一个注释右击并在弹出的快捷菜单中选择 Edit Comment 命令，或双击注释栏来添加。

注意： 当一个表达式通过部件间引用被连接到另一个部件时（一个部件间表达式），注释不被引用。

可以在一个栏的标题上双击 MB1 来通过一个栏的内容分类列表。

（2）Icons（图符）

一个图符可以由一个表达式或测量显示：

- 一个锁住图符紧邻一个被锁住的表达式出现，当一个被抑制的表达式已被加载在作业中时，它才发生。
- 如果表达式是只读，出现一个 Read-only 图符（除了 KF 采用）。
- 如果表达式是一个测量，出现一个 Measures 图符。
- 如果表达式由 KF 控制，出现 KF 采用图符。

除锁住外，所有有图符的表达式其文本展示为亮蓝色，表达式公式是不可编辑的。

3. 建立，编辑，专用函数和控制（Create、edit、special functions and controls）

利用这些去建立、编辑和查询表达式和测量。

（1）Type（类型）

规定表达式的数据类型如下。

- Number（数值）：利用数字的数据类型建立表达式。当 Type 设置为 Number 时，右边的维度选项下拉列表框有效。Dimensionality（维度）选项为新的表达式规定使用维度的种类。由 Units Manager 规定的所有维度类型被展示在 Dimensionality 选项列表中。

  由建模表达式使用的最多的维度类型是 Length、Distance、Angle 和 Constant（即无维度，如在引用阵列中的孔数）。为表达式公式规定的维度与单位必须是正确的，不管是输入还是输出。

  例如，如果建立一个名为 C 的新表达式公式，它是两个已存的长度表达式的乘积（在毫米单位中建立的 A 和 B）得到面积（C=A*B），将设置 C 的维度为 Area，单位为 mm^2；否则可能得到单位不一致的错误。也必须确使表达式中的函数自变量有正确的维度。例如，sqrt()函数，当使用长度维度时，因为软件不能计算长度维度单位的平方根而失败。但如果对 in 写函数为 sqrt(x*in)或对 mm 写函数为 sqrt(x*1mm)，函数成功（注意，当维度是常数代替长度时，sqrt 才成功）。不能改变一个系统生成的表达式的维度。
- String（字符串）：利用字符串数据类型建立表达式。字符串表达式返回字符串代替数值，并用一对引号字符定义。字符串表达式公式可以是常数，如“Text entry”，它可以被计算。例如，下列字符串表达式：

名字	公式
mick	y2k+lg+yr+prep+terra

字符串表达式如下：

名字	公式	值
lg	“Light”	“Light”
prep	“from”	“from”
terra	“Home”	“Home”
y2k	“2000”	“2000”
yr	“Years”	“Years”

得到的值为“2000 Light Years from Home”。

字符串表达式公式可以含有任一函数引用、运算符或常数的组合，当公式求值时结果为字符串。可以利用字符串表达式指示部件的非数字值，如部件的描述、卖主名、颜色名或其他字符串属性。

- Boolean（布尔）：利用 true 或 false 布尔值建立表达式支持改变的逻辑状态。利用这种数据类型去代表相反的条件，如对 Suppress by Expression 和 Component Suppression 命令的抑制状态。
- Integer（整数）：利用没有单位的数字计数建立表达式。在要求数字计数或数量的命令中，利用这种数据类型，如 Instance Geometry。
- Point（点）：通过利用 X、Y 和 Z 值定义位置来建立表达式。公式句法如下：

  Point(0,0,0)

  在要求用表达式规定或引用位置的命令中，利用这种数据类型。例如，可以参数化地控制 Revolve 轴位置，或相关 Measure Distance 的最小距离位置。
- Vector（矢量）：通过利用笛卡儿和 J、K 坐标定义方向建立表达式。公式句法如下：

  Vector(0,0,0)

  在要求方向输入或输出（测量）的命令中，利用这种数据类型。例如，可以参数化地控制 Extrude 方向或 Revolve 轴方向。

（2）Name（名字）

为新表达式规定名字，为已存表达式改变名字，为编辑高亮与显示已存表达式。表达式名字必须由字母字符开始，但可以含有数字字符。表达式名字可以包括嵌入的下划线。在表达式名字中不能使用其他的特殊字符，如-、?、*、or 或!。

注意：除在某些条件下，表达式名字是不区分大小写的。

（3）Unit（单位）

当 Type 设置为 Number 和 Dimensionality 设置为非 Constant 时才有效。为选择的维度指定单位，如果改变维度类型，单位也改变。

（4）Formula（公式）

为从列表选择的表达式编辑公式，为新表达式加入公式，或为部件间表达式建立引用。可以下列方式填写公式域：

- 利用键盘加入表达式公式。
- 从列表窗口选择表达式显示它的公式，右击 Insert Formula。
- 单击 Functions 按钮插入函数。
- 单击 Measurements 按钮从图形窗口规定一个对象测量，并插入到表达式中。
- 单击 Create Interpart Reference 按钮从另一部件插入一个表达式。

可以在公式中加入简单的单位，如 3mm 经过单位转换后数值显示在列表窗口的 Value 栏中。如果在公式中使用不同或不一致的维度，显示警告信息。也可以用科学符号加入语句，加入的值含有正的或负的符号。例如，2e+5 表示 200000，2e−5 表示 0.00002。

注意： 当从函数加入选项打开 Expression 对话框时，仅可以编辑目前正建立的表达式公式。不能利用编辑器改变已存表达式，尽管可以建立新的。

提示： 在建立 Symbolic Threads 时取消选中 Manual Input 复选框，Symbolic Threads 中建立的表达式，在 Expressions 对话框中改变是无效的。通过利用 Edit→Feature→Parameters 命令，选中 Manual Input 复选框，仍然可以编辑这些表达式。这个级别的保护是为了维护这些取自螺纹表的标准值。

（5）Accept Edit（接受编辑）（❸）

建立新表达式，或在已存表达式上编辑完成。单击此按钮接受建立或编辑改变。在列表框中表达式和它的值更新。

（6）Reject Edit（拒绝编辑）（❹）

取消建立或编辑操作，清除 Name 和 Formula 文本框中内容。

（7）Less Options（较少选项）（❺）

通过移除列表框及 Listed Expressions、Spreadsheet Edit、Import Expressions from File 和 Export Expressions to File 选项，减少 Expressions 对话框的尺寸。

（8）More Options（较多选项）

呈现整个 Expressions 对话框，包括表达式列表框和所有选项。

（9）Functions（函数）

为设计师打开 Insert Function 对话框，这是由 KF 使用的相同对话框。可以在 Formula 文本框的光标位置插入函数到表达式中。

- Insert Function（插入函数）：利用此对话框寻找要插入到表达式公式中的标准或用户定义的函数。
  - 可以加入关键词并利用 Find 按键去搜索函数名。
  - 也可以在下拉菜单中选择类型去显示这个类型中的函数列表，然后选择要求的函数。
  - 在选择函数后，可以得到在函数上的两级帮助：为函数在对话框底部显示简单定义帮助；也可单击 Help About Selected Function 按钮从 NX KF 语言参考打开函数的帮助页。

- Function Argument Dialog（函数自变量对话框）：当在函数列表中找到所要的函数时，双击它或利用 OK 按钮打开 Function Argument 对话框，可以为函数规定参数。选择的函数和规定的参数值被插入到表达式公式中。

注意：当在公式中利用字符串类别时，计算公式的结果必须是数字。

可以用标准数学运算符分离 Formula 域中的函数。

（10）Measurements（测量）

从图形窗口中的对象得到测量值用于表达式公式。当得到一个测量时，建立一个对它的表达式，并插入于正编辑的表达式公式的光标位置处。有 5 个选项，分别介绍如下。

- Measure Distance：利用 Analysis Distance 函数测量任两个 NX 对象，如点、曲线、平面、体、边缘和面间的最小距离。系统计算相对于 XC、YC 平面的 3D 距离和 2D 距离。此外，它返回在每个对象上的最近点与工作坐标系的距离增量。
  当规定特征参数时（如利用 Parameter Entry 菜单），如果使用此选项建立距离，测量成为内嵌在特征参数的表达式内。
- Measure Length：利用 Analysis Arc Length 函数测量曲线或直线的长度。可以利用选择意图和截面构造测量在交点间一组曲线的长度。
- Measure Angle：利用 Analysis Angle 函数来进行在两条曲线间、在两个平面对象间（平面、基准面或平表面）或在一条直线与一个平面对象间的角度测量。
- Measure Bodies：利用 Analysis Measure Bodies 函数去获得实体的体积、质量、回转半径、重心和表面积。
- Measure Area：利用 Analysis Measure Faces 函数去计算体表面的面积与周长值。系统为面积与周长建立多个表达式。

（11）Create Interpart Reference（建立部件间引用）

建立部件间引用。当选择此选项时，对话框列出在作业中有效的部件。可以从这个列表中选择，或从图形窗口中选择部件，或利用 Choose Part File 选项从磁盘中选择部件。一旦选择了部件，在那个部件中的所有表达式被列出。从列表中选择表达式，单击 OK 按钮。

对表达式的引用利用下列句法，在公式文本域中输入：

<part>::<expression>

如果正要引用的部件含有与工作部件不同的单位，引用自动为它插入单位运算符。例如，如果是米制部件引用英寸部件，它添加"in(inch_part::length)"到文本域。可以利用在表达式列表上的选项展示已选部件中的表达式列表，控制此行为。也可以在文本域中直接输入来建立部件间引用表达式（如"x=comp::len"），不一定要利用 Create Interpart Reference 选项。

（12）Edit Interpart References（编辑部件间引用）

控制从部件文件引用到其他部件中的表达式。可以改变引用参考到一新部件，删除选择的引用，或删除在工作部件中的所有引用。选择此选项可显示含有所有从工作部件引用的表达式列表的对话框。有下列 3 个选项可编辑部件间引用：

- Change Referenced Part（改变引用的部件）：此选项改变引用参考到一新部件。例如，如果有下列表达式：

  x=comp::leny=comp::widthx=other_comp::p12

  选择 Edit Interpart References 并选择部件 "comp"，再选择 Change Referenced Part。提示选择引用的新部件。选择部件 "comp_2"，当单击 OK 按钮时，表达式更新到：x=comp_2::leny=comp_2::widthx=other_comp::p12。此假定在新部件中有命名为 len 和 width 的表达式。如果没有，显示警告信息："声明：对丢失的表达式，系统已取代数字值"。

- Delete Reference（删除引用）：利用此选项对选择的部件删除部件间引用。例如，如果有在先前例子中给出的表达式，选择 Edit Interpart References 并选择部件 "comp"，再选择 Delete All References。系统用常数数字值代替所有部件间引用表达式。结果如下：

  x=10y=5.5x=other_comp::p12

注意：在这种情况下没有模型更新发生，表达式涉及的值不变。

- Delete All References（删除所有引用）：利用此选项删除工作部件中所有部件间引用，用常数数字值代替。

（13）Open Referenced Parts（打开引用的部件）

打开作业中任一部分加载的部件。当首次打开装配时，系统不对每个组件部件加载全部件文件，为了节省内存，仅加载需要显示组件部件的信息。当改变工作部件时，系统确使全部件文件加载，所以可对部件文件做改变。

当部件是部分加载时，不能改变它的实体。当利用部件间表达式时，可能改变控制组件部件中实体模型的表达式，而那个组件没有全加载。如果改变一个部分加载部件中的表达式，显示警告信息，通知用户为了查看改变的全部影响，必须使用 Open Referenced Parts 选项。

选择此选项显示可以全加载的部分加载部件列表。列表内容由对话框顶部的选项控制。All Modified 选项列出那些表达式已被修改的所有部分加载部件，All Referenced 选项列出那些表达式已由工作部件引用的所有部分加载部件。可以从列表选择单个部件，或利用 Load All Parts In List 选项加载列表框中的所有部件。也可以利用 Assembly Navigator 命令确使那个部件全加载。此外，可以在 Load 选项下设置优先选择强制所有组件部件全加载。

（14）Requirements（需求）

提供下列需求选项：

- New Requirement（新需求）：启动 Ad Hoc Requirement 对话框建立用户需求。用户需求是一个条件语句（例如，"> 50"）。放在此需求下的检查指定一个表达式来比较那个条件语句（例如，"2 > 50"）。

注意：当一个表达式通过一部件间引用（一部件间表达式）被连接到另一部件时，不包括需求。

- Choose Existing Requirement（选择已存需求）：启动 Check Requirements 对话框为在已存需求下的表达式添加新检查。

（15）Refresh Values from External Spreadsheet（从外部的电子表格刷新值）

可以更新在外部的电子表格中已做的表达式值。此选项依赖于那些可用在 Expressions 对话框中的 ug_excel_***函数。当在电子表格中改变任一信息时，因为 NX 不了解，基本上可利用此按钮去“刷新”读或写数据到电子表格中的表达式。函数规定将使用哪个电子表格。可以有多个电子表格被引用在 Expressions 对话框中。

（16）Delete（删除）

移除选择的用户定义的表达式。可以通过 Control 键用 MB1 选择它们删除多个表达式。不能删除使用中的表达式，如由特征、草图、配对条件等使用的表达式。

注意： 软件可以自动地删除任一不再使用的表达式。例如，软件为一键槽宽自动地建立表达式 p17，删除键槽引起 p17 一块删除。如果 p17 不被其他表达式使用才能删除成功。软件仅删除它自动建立的表达式。

6.2.2 建立表达式

- 当建立特征或尺寸约束草图时，系统为用户建立自动生成的表达式。它们有 p#格式的名称，其中#代表一系列整数。
- 在在屏文本框中输入名称和公式，用等号隔开的用户定义表达式，如 Rad =5.00。
- 在 Expressions 对话框的 Name 文本框中输入表达式名，并在 Formula 文本框中输入相应公式。

提示： 在输入表达式名后，可以通过按下 Tab 键、等号或 Enter 键推进光标到 Formula 文本框，也可以直接单击 Formula 文本框。

建立数字表达式的步骤如下：

（1）选择 Tools→Expression 命令，打开 Expressions 对话框。

（2）在 Type 下拉列表框中选择要建立的表达式类型，如 Number 或 String。

（3）在 Name 文本框中为表达式输入名字。

（4）如果设置 Type 为 Number，可以：

- 为表达式选择维度（Dimensionality）。
- 为表达式选择单位类型。

（5）在 Formula（公式）文本框中输入值或公式字符串。

（6）建立表达式，按 Enter 键或单击 Accept Edit 按钮，表达式被添加到表达式列表。

6.2.3 编辑表达式

编辑表达式的步骤如下：

（1）选择 Tools→Expression 命令，打开 Expressions 对话框。

（2）在列表框中单击要编辑的表达式。表达式的名字和公式出现在Name和Formula文本框中。

注意：如果知道要编辑的表达式的名字，可以在Name文本框中输入它并切换到ormula文本框。软件自动显示当前的值/公式和表达式以准备编辑。

（3）进行编辑改变。可以做下列任一操作：

- 通过编辑已存名或在Name文本框中输入新名重命名表达式。
- 通过在Formula文本框中输入新值或公式字符串来编辑表达式公式。
- 右击表达式列表框中的另一表达式，在弹出的快捷菜单中选择Insert Formula命令，在Formula文本框中的光标位置插入表达式的公式。
- 右击表达式列表框中的另一表达式，在弹出的快捷菜单中选择Insert Name命令，在Name文本框中的光标位置插入表达式的名字（也可以在表达式列表框中双击表达式的名字做相同的事）。
- 改变用户定义的数字表达式的维度和单位。

（4）通过单击Reject Edit按钮☒，取消编辑。

（5）为完成编辑，单击Accept Edit按钮☑或按Enter键，在表达式列表框中的表达式更新。

注意：当编辑了表达式名后，NX会自动地更新任一引用它的表达式公式。

6.2.4 取消表达式操作

在Standard工具条上单击Undo按钮，取消在Expressions对话框中已做的下列类型的任一改变：

- 更新模型。
- 删除表达式。
- 建立表达式。
- 在已存表达式上做的任一编辑。

Undo翻转做的所有改变，返回到下列最后发生的任一个：

- 第一次编辑。
- 模型更新。
- 在模型更新后的所有编辑。
- 单击OK按钮（仅对Tools→Expression）。

例如，如果做了5次表达式编辑，更新模型，然后做3次其他编辑，单击Undo按钮一次将翻转最后3次编辑；如果做了5次表达式编辑，更新模型，更新失败，单击Undo按钮一次将翻转先前5次编辑。

可以继续取消改变，直到表达式列表是启动在表达式上工作时的最初状态。

6.2.5 查询嵌入距离测量的表达式

当规定特征参数时（例如，利用 Parameter Entry 菜单），如果利用 Measure Distance 选项去建立表达式，距离测量成为嵌入表达式内的特征参数。可以通过在表达式字符串中选择它并单击 Measure 按钮查询此距离测量。

例如，在表达式中：

P58 (Simple Hole(26) Depth) = distance62/2

distance62 是嵌入的距离测量。

在 Formula 文本框中高亮 distance62，然后单击 Measure 按钮。用编辑模式打开 Measure Distance 对话框，尺标显示原测量。

6.2.6 利用在表达式公式内的解释

可以在实际解释前加“//”，在表达式公式内添加解释。双斜杠告诉系统忽略斜杠后的一切事物。解释直到公式结束。例如，Name 为 longstrut；Formula 为 2*bra//standard。

6.2.7 列出表达式

通过在 Listed Expressions 下拉列表框中选择 All 选项，可以在 Expressions 对话框中列出所有表达式。

通过选择 Information→Expression 命令，可以列出当前装配，包括组件中的所有表达式，以及在当前作业中加载的表达式。

1. 列出与特征相关的表达式

如果 Listed Expressions 设置为 All，将列出部件中所有表达式。如果表达式定义了特征，特征名将随它一起列出，如 p8 (Simple Hole (5) Diameter)。

可以在信息窗口中列出与特征相关的所有表达式，有以下两种方式：

- 选择 Information→Feature 命令并选择特征。
- 在 Part Navigator 的特征上右击，并在弹出的快捷菜单中选择 Information 命令。

2. 列出引用

List References（列出引用）命令将显示一个表达式是否被引用在另一个表达式中，以及什么特征使用了此表达式。

在列出的表达式上右击，并在弹出的快捷菜单中选择 List References 命令，如图 6-2 所示。

3. 插入名字

Insert Name 选项输入所选择的表达式名到正在编辑的公式中。

在列出的表达式上右击，并在弹出的快捷菜单中选择 Insert Name 命令，如图 6-3 所示。

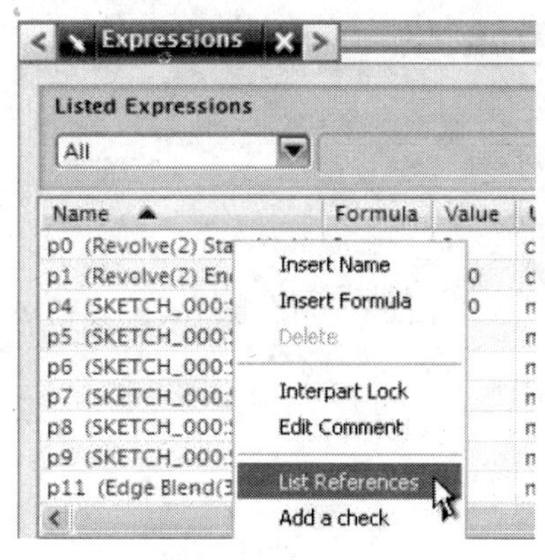

图 6-2 列出引用

图 6-3 插入名字

当正在编辑公式时，可以双击列出的表达式来插入它的名字。

6.2.8 参数加入选项

当建立特征时，可通过从参数加入选项菜单选择 Formula 命令打开 Expressions 对话框，如图 6-4 所示。

可以为被特征参数引用的表达式规定一个公式。参数加入选项在大多数文本框中都可使用。

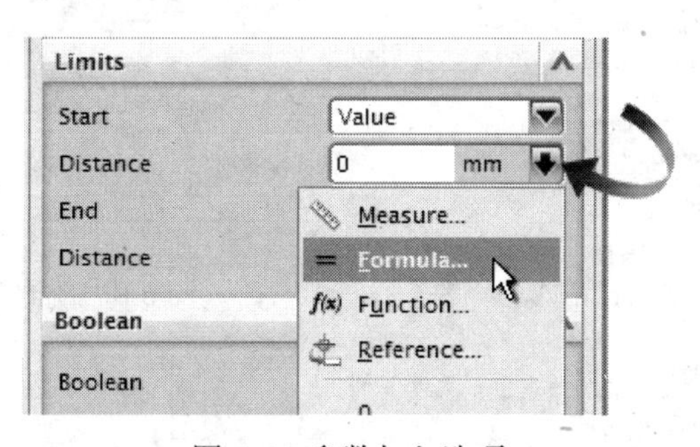

图 6-4 参数加入选项

【练习 6-1】 建立与编辑表达式

在本练习中，将建立用户定义表达式。

第 1 步 考察在部件中的表达式。

- 从目录\Part_C6 中打开 expression_1.prt，如图 6-5 所示。
- 在菜单条上选择 Tools→Expression 命令。
- 在 Listed Expressions 下拉列表框中选择 All 选项。

注意： 如图 6-6 所示，列表展示部件中的所有表达式。注意草图尺寸默认表达式名 p9 和 p10。

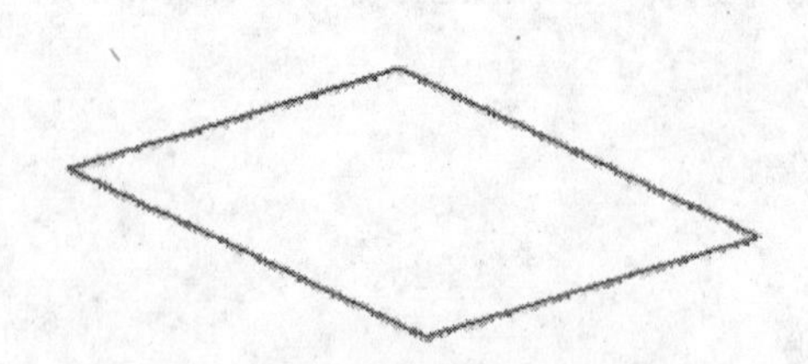

图 6-5 expression_1.prt

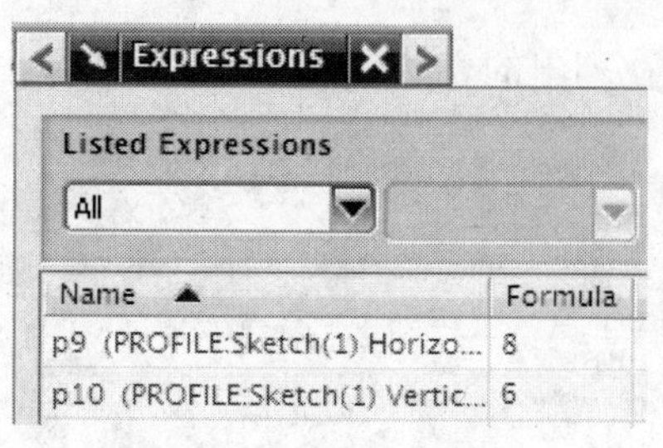

图 6-6 所有表达式

- 在 Expressions 对话框中单击 Cancel 按钮。

第 2 步 建立用户定义表达式。

- 在图形窗口中双击草图激活它。
- 双击 p9=8.0 水平尺寸 length。
- 在 Value 文本框中输入 length=8 并按 Enter 键，如图 6-7 所示。
- 单击 Finish Sketch 按钮。
- 选择 Tools→Expression 命令。

注意：建立新表达式 length，P9 表达式引用 length，如图 6-8 所示。

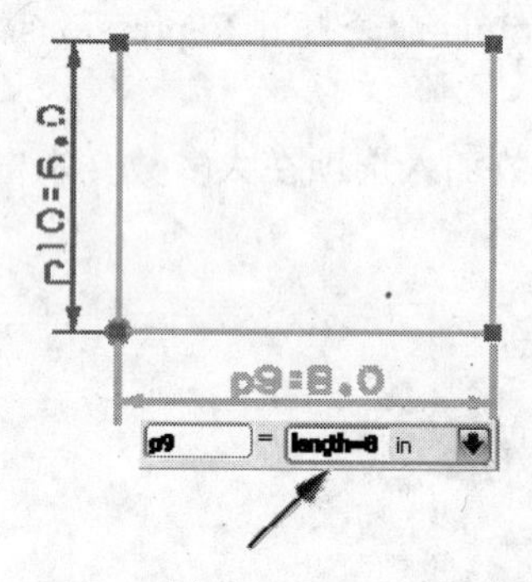

图 6-7 建立用户定义表达式

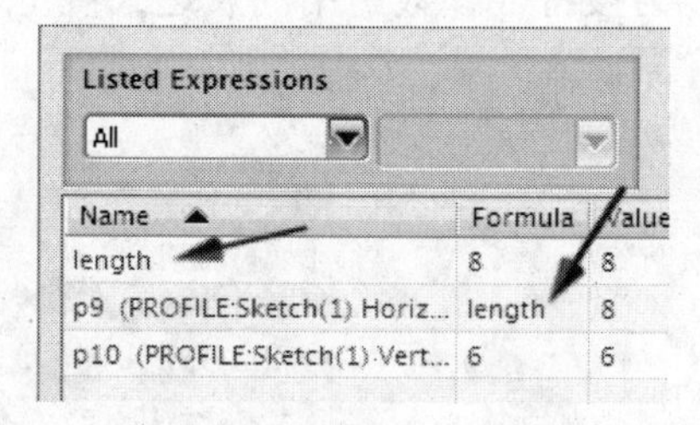

图 6-8 新的 length 表达式

第 3 步 编辑表达式。

- 从列表中选择 p10 行。
- 在 Name 文本框中输入 width 并单击 Accept Edit 按钮。

提示：接受 Name 和 Formula 文本框中的编辑时，Accept Edit 按钮和 Enter 键的功能是相同的。

- 在 Listed Expressions 下拉列表框中选择 Named 选项。

注意：这个仅列出显式命名的表达式。

第 4 步 使宽度关联到长度。

注意：令 width 值与 length 值成一定比例。

- 从列表中选择 width 行。

- 在 Formula 文本框中输入 le，如图 6-9 所示。
- 从匹配的表达式列表中选择 length 选项。
- 在 Formula 文本框中附加/2，使公式成为 length/2，并按 Enter 键，如图 6-10 所示。

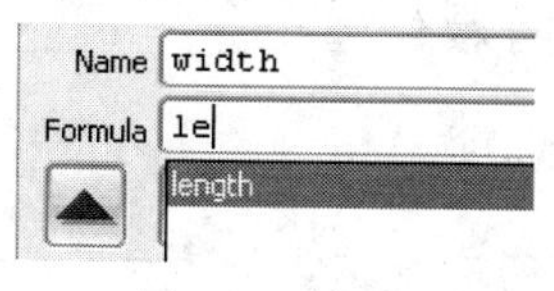

图 6-9　输入 le

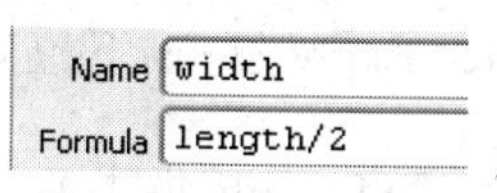

图 6-10　输入 length/2

注意：width 现在引用 length。任何时间 length 改变，width 值将改变。

- 单击 Apply 按钮。

注意：草图更新，Expressions 对话框中 width 行的 Value 栏更新为 4。

第 5 步　改变长度值。

- 在列表中选择 length 行。
- 在 Formula 文本框中输入 10 并按 Enter 键。
- 单击 Apply 按钮。

注意：草图更新到新的长度与宽度值。

- 关闭部件。

【练习 6-2】　用户建立的表达式

在本练习中将：

- 在 Expressions 对话框中建立几个新表达式。
- 利用那些表达式去定义、建立和编辑如图 6-11 所示的齿轮实体。

第 1 步　打开部件。

- 从目录\Part_C6 中打开 gear_skt.prt，如图 6-12 所示。

注意：在草图中利用直线来近似渐开线正齿轮。

图 6-11　设计意图

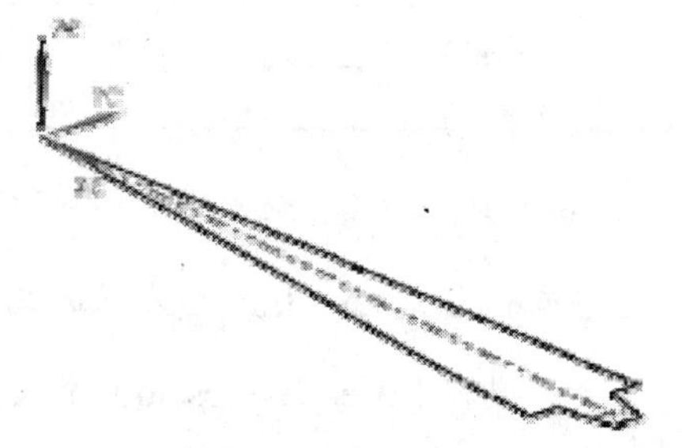

图 6-12　gear_skt.prt

- 启动建模应用。

第 2 步　建立表达式。

注意：建立并编辑构建齿轮所需要的表达式。

- 按 Ctrl+E 键，打开 Expressions 对话框。

注意：如果看不到表达式列表，单击 More Options 按钮。

- 从 Listed Expressions 下拉列表框中选择 All 选项。

注意：Expressions 对话框中显示用于建立草图的所有表达式列表。

提示：现在可以建立此齿轮需要的某些表达式，如表 6-4 所示。

表 6-4 建立需要的表达式

名 字	公 式	它表示什么
N	50	齿数
P	4	圆周齿距
D	(N*P) / pi()	节径
T	P/2	圆形齿厚

- 在 Type 下拉列表框右边的 Dimensionality 下拉列表框中选择 Constant 选项。
- 在 Name 文本框中输入 N。
- 在 Formula 文本框中输入 50。
- 按 Enter 键。

提示：当正利用键盘时，通常按 Enter 键较快。如果正利用鼠标，单击 Accept Edit 按钮更方便。表达式 N=50 现在被添加到表达式列表。

- 利用表 6-5 建立其余必需的表达式。

注意：使用正确的大小写字母。

表 6-5 需要的表达式

Dimensionality（维度）	Units（单位）	Name（名字）	Formula（公式）
Constant		P	4
Length	mm	D	(N * P)/ pi()
Length	mm	T	P / 2

第 3 步 编辑表达式与添加信息。

注意：为了说明用户定义表达式的目的，注释是必要的。

- 设置 Listed Expressions 为 User Defined。

注意：现在列表被过滤仅展示加入的表达式。

- 在表达式 D 的 Comment 栏中双击。
- 在注释对话框中输入 Pitch Diameter 并单击 OK 按钮。

- 继续在每个栏域中双击直到表 6-6 信息被加入。

表 6-6 需要的信息

Name（名字）	Comment（注释）
N	Number of Teeth
P	Circular Pitch
T	Circular Tooth Thickness

- 设置 Listed Expressions 为 All。

注意：已存表达式将引用用户定义的参数表达式。

- 在表达式列表中选择 p0。
- 从 Formula 文本框中移除已存数字，然后在列表中右击 D 表达式。

注意：可以利用快捷菜单快速复制名字或公式到编辑窗口中，或列出引用此表达式的其他表达式。

- 单击 Insert Name。
- 改变 p0 公式到 D/2，并按 Enter 键。
- 利用上述相同方法编辑表 6-7 中的表达式。

表 6-7 编辑表达式

Expression Name（表达式名）	Current Formula（当前公式）	Change to（改变到）
p1	0.9	0.3183 * P
p2	1.5	0.3979 * P
p3	1.6	T
p4	2.4	T

- 单击 OK 按钮。

注意：草图根据编辑结果更新。

第 4 步 拉伸草图。

为了完成齿轮模型，需要拉伸草图和阵列实体。

- 如果已改变了视图显示，回到 Trimetric 视图方位。
- 右击任一草图曲线并在弹出的快捷菜单中选择 Extrude 命令。
- 在 Extrude 对话框的 Limits 组中做如下设置：
  - Start = Value。
  - Distance = 0。
  - End = Value。
  - Angle = 3。
- 单击 OK 按钮。

提示：草图被拉伸形成齿轮的一个齿，如图 6-13 所示。

第 5 步 阵列拉伸。

注意：阵列拉伸建立全齿轮。

- 在 Feature 工具条上单击 Instance Feature 按钮。
- 单击 Circular Array。
- 从特征列表中选择拉伸特征。
- 单击 OK 按钮。
- 在 Instance 对话框中，确使 Method 设置为 General。
- 在 Number 文本框中输入 N，在 Angle 文本框中输入 360/N。

注意：齿间的角度总是 360 除以总齿数。

- 单击 OK 按钮。

注意：现在需要利用一个点并规定一个方向去定义旋转轴。

- 单击 Point_Direction。
- 在 Vector 对话框的 Type 列表中选择 ZC axis 选项。
- 单击 OK 按钮。

注意：沿 ZC 轴显示一个方向矢量，打开 Point 对话框，如图 6-14 所示。

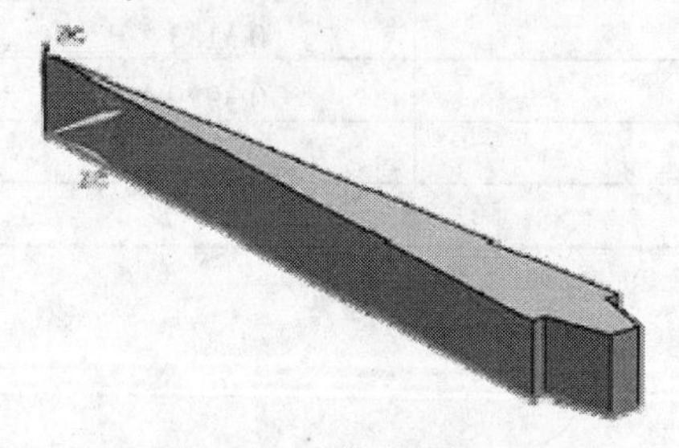

图 6-13　拉伸结果

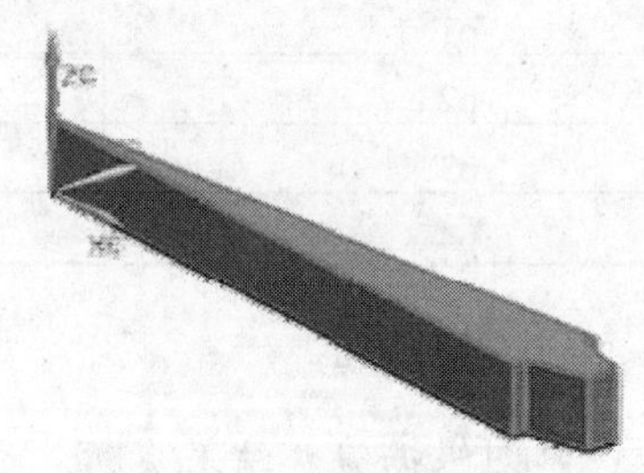

图 6-14　旋转矢量

- 确使 Base Point 设置为 0, 0, 0。
- 单击 OK 按钮，预览结果如图 6-15 所示。
- 选择 Yes 接受和完成操作。
- 在 Instance 对话框中单击 Cancel 按钮并利用 Fit 观看整个齿轮，如图 6-16 所示。

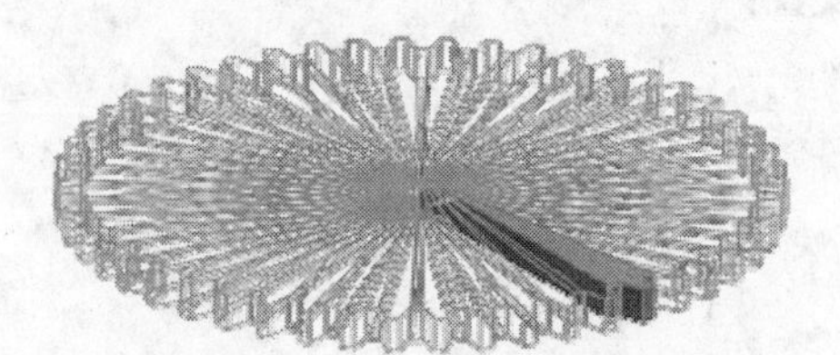

图 6-15　旋转结果预览

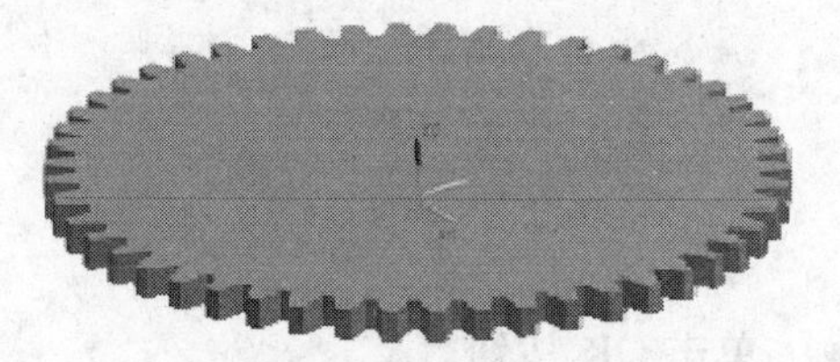

图 6-16　完成的齿轮

第6步 利用部件导航器编辑齿轮参数。

注意： 因为已用表达式定义齿轮参数，现在可以编辑这些值来建立不同齿轮。可以利用 Expressions 对话框编辑表达式参数，也可以利用 Part Navigator 来编辑用户表达式。

- 为了展现细节，用透明展示齿轮，如图 6-17 所示。
- 确使 Part Navigator 打开并被钉住。
- 在 Part Navigator 中扩展 User Expressions 文件夹，如图 6-18 所示。

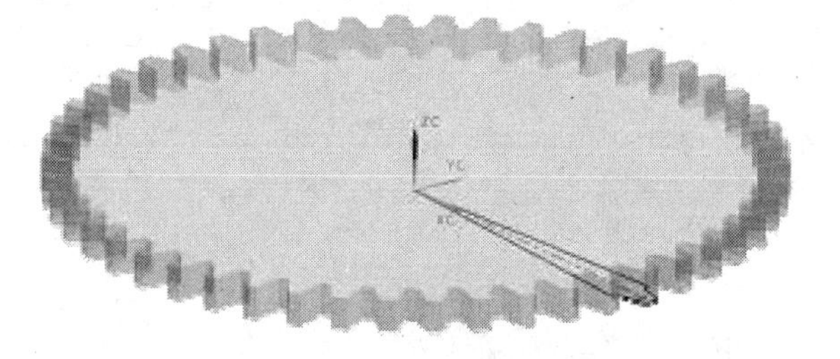

图 6-17 透明展示的齿轮

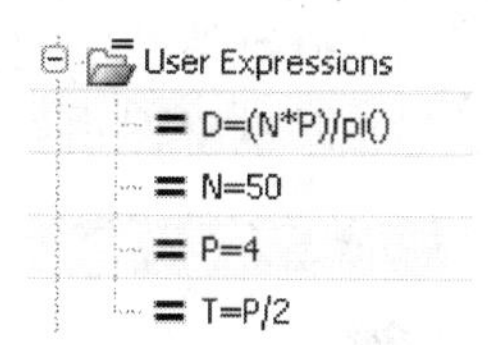

图 6-18 部件导航器

- 从列表双击 N，并改变它的值到 25，按 Enter 键，然后单击 Apply 按钮。

提示： 这个改变齿轮的齿数，结果如图 6-19 所示，它含有 25 个齿。

- 从列表双击 P，改变它的值到 15，按 Enter 键，然后单击 Apply 按钮。

提示： 这个增加圆周齿距。

- 利用 Fit 观看整个齿轮，如图 6-20 所示。

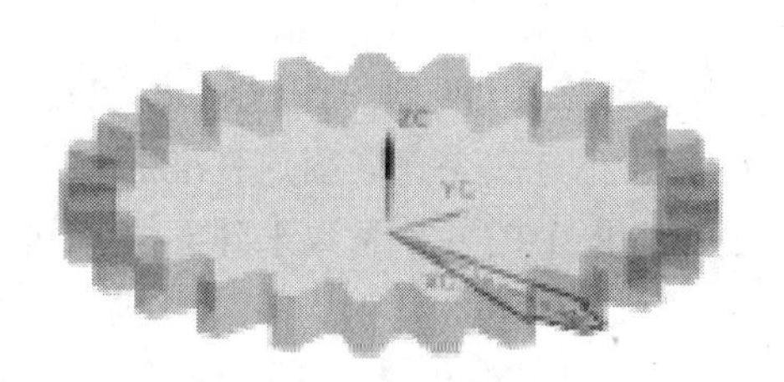

图 6-19 齿数改变

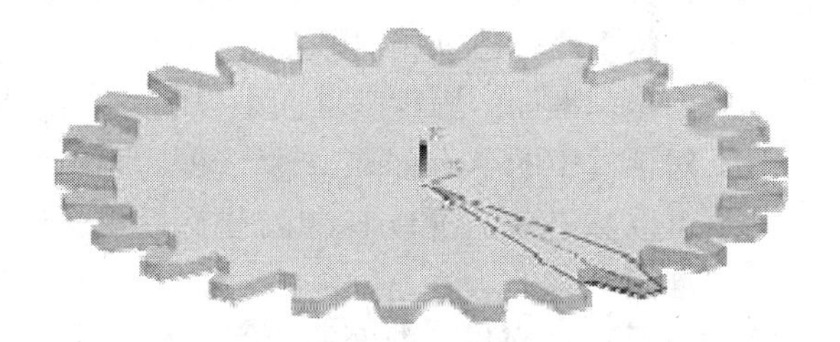

图 6-20 改变后的齿轮

注意： 通过改变齿数和圆周齿距（N 和 P）的表达式值建立某些其他定制齿轮。

- 关闭部件。

第 7 章 基 准 特 征

【目的】

本章介绍基准面与基准轴特征，在完成本章学习之后，将能够：

- 建立基准面。
- 建立基准轴。
- 利用基准特征去定位其他特征。
- 建立基准坐标系。

7.1 基 准 面

7.1.1 基准面综述

基准面命令用于建立平面的参考特征，以帮助定义其他特征，如扫描体和那些与目标实体面成一定角度的特征。

基准面可以是相对的或是固定的。

- 相对基准面：相对基准面以曲线、面、边缘、点以及其他基准特征为参考，可以跨越多个体建立相对基准面。
- 固定基准面：固定基准面不以其他几何体为参考。可以通过取消选中 Datum Plane 对话框中的 Associative 复选框，利用任一相对基准面方法来建立固定基准面。也可以基于 WCS 和 Absolute 坐标系或通过使用平面方程中的各项系数来建立固定基准面。

图 7-1 是一个应用基准面的示例。

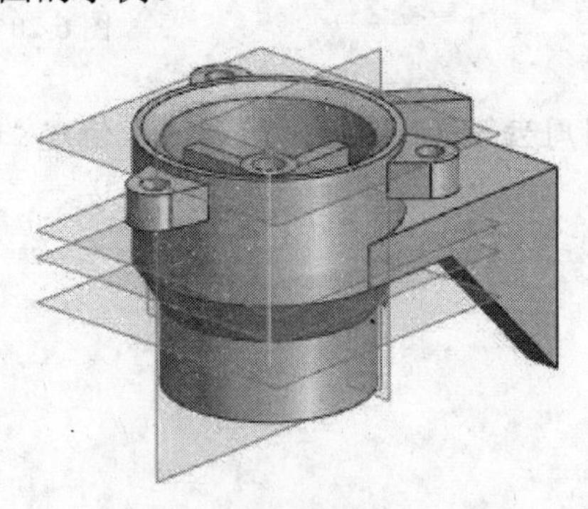

图 7-1　基准特征应用示例

1. 基准面类型与选项

选择 Insert→Datum/Point→Datum Plane 命令，打开 Datum Plane 对话框，从 Type（类型）组的下拉列表框中选择一种平面类型，如图 7-2 所示。

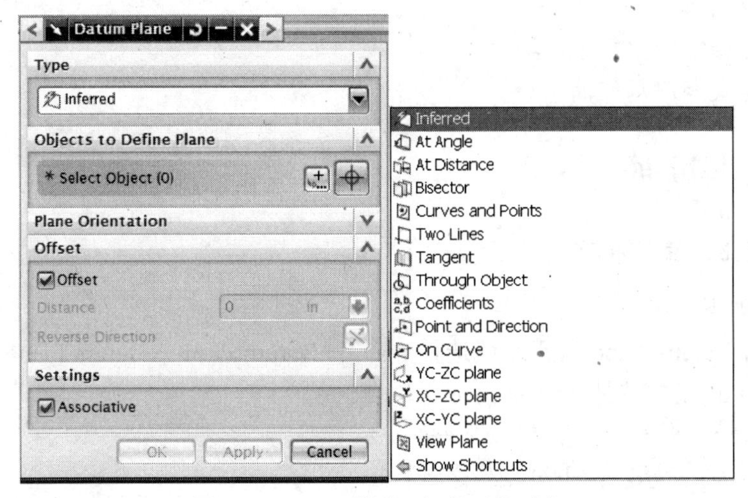

图 7-2　Type（类型）组的下拉列表

可以右击尺寸手柄、方向箭头和点来选择表 7-1 所示的诸多选项。当编辑一个基准面时，可以改变它的类型、定义对象和关联状态。

表 7-1 列出了基准面类型与选项。

表 7-1　基准面类型与选项

组	选　　项	描　　述
基准面类型	Inferred（推断）	基于选择的对象来决定使用最佳的平面类型
	At Distance（在距离上）	在规定的距离上建立一个平行于平面或另一个基准面的基准面
	At Angle（在角度上）	在规定的角度上建立一个基准面
	Bisector（平分面）	利用平分角在两个选择的平表面或基准面间建立一个中分面
	Tangent（在点、线或面相切到面）	建立基准面与非平面表面相切，也可以选择两个相切对象
基准面选项	Alternate Solution（替换解）	当预览的基准面有备选解时，循环显示可能的不同平面解
	Reverse Plane Normal（反转平面法向）	反转平面法线方向
	Associative（关联的）	如果取消选中该复选框，基准面将是固定的。如果之后编辑一个非相关的基准面，不管怎样建立，它都作为 Fixed 出现在 Type 组的下拉列表框中

2. 基准面的应用

基准面功能允许建立平面参考特征，用于以下用途：

- 定义草图平面。
- 作为建立孔等成形特征的平的安放面。

- 作为定位孔等特征的目标边缘。
- 当使用镜像体和镜像特征命令时用作镜像平面。
- 当建立拉伸和旋转特征时，用作定义起始或终止限界。
- 用于修剪体。
- 用于在装配中定义定位约束。
- 帮助定义相对基准轴。

7.1.2 建立基准面

1. 在距离上建立基准面

具体步骤如下：

（1）单击 Datum Plane 按钮或选择 Insert→Datum/Point→Datum Plane 命令。

（2）在 Type 组中选择 At Distance 选项。

（3）选择一个平表面、基准面或平面。

（4）如图 7-3 所示，做下列操作之一：

- 单击 OK 按钮接受默认的零值（zero）。
- 输入偏置值并按 Enter 键，单击 OK 按钮。
- 选择手柄、拖拽基准面到要求的位置并单击 OK 按钮。

2. 在角度上建立基准面

（1）单击 Datum Plane 按钮或选择 Insert→Datum/Point→Datum Plane 命令。

（2）在 Type 组中选择 At Angle 选项。

（3）选择一个平表面、基准面或平面用作测量角度的一个参考，如图 7-4 所示。

（4）选择一条直线、边缘或基准轴，定义角度的旋转轴。

（5）利用在屏文本框或拖拽手柄规定角度。

（6）单击 OK 按钮。

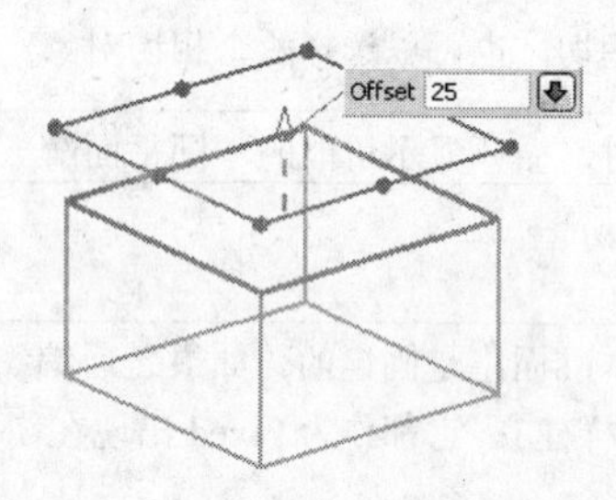

图 7-3 在距离上建立相对基准面

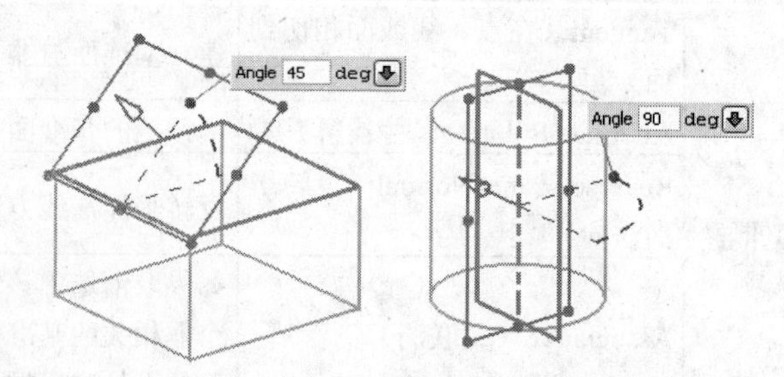

图 7-4 在角度上建立相对基准面

3. 建立平分基准面

（1）单击 Datum Plane 按钮或选择 Insert→Datum/Point→Datum Plane 命令。

（2）在 Type 组中选择 Bisector 选项。

（3）选择一个平表面，如图 7-5 所示。

（4）选择第二个平表面。

注意：两个面可以是不平行的。

（5）单击 OK 按钮。

4. 建立相切基准面

（1）单击 Datum Plane 按钮或选择 Insert→Datum/Point→Datum Plane 命令。
（2）在 Type 组中选择 Tangent 选项。
（3）（可选项）规定一个子类型，如 Angle to Plane。
（4）选择所选子类型要求的几何体。
（5）（可选项）如果是有效的，单击 Alternate Solution 按钮直到预览到的相切基准面是想要建立的。
（6）单击 OK 按钮。
图 7-6 所示为相切于柱面的相对基准面。

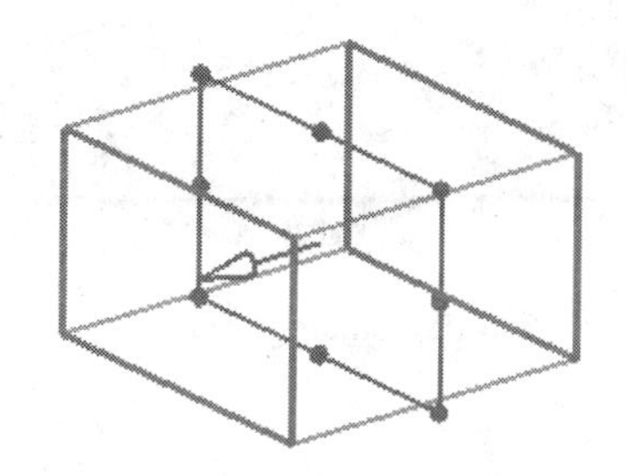

图 7-5 在平分处建立相对基准面

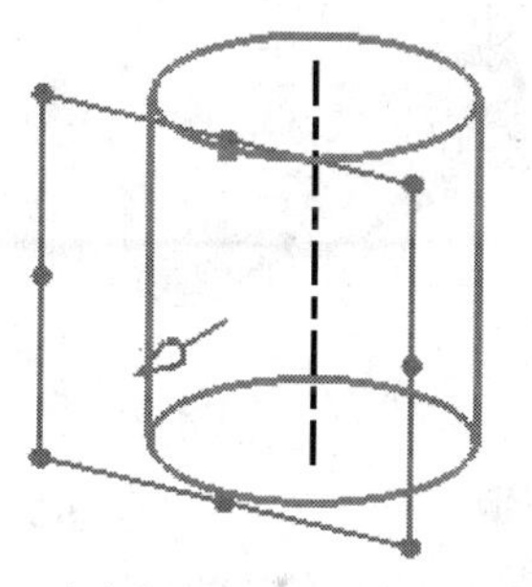

图 7-6 建立相切于柱面的相对基准面

5. 建立过三点基准面

具体步骤如下：
（1）单击 Datum Plane 按钮或选择 Insert→Datum/Point→Datum Plane 命令。
（2）在 Type 组中选择 Curves and Points 选项。
（3）在 Curves and Points Subtype 组中，展开选项并选择 Three Points 选项。
（4）按要求设置 Snap Point 选项。
（5）选择三点，如图 7-7 所示。
（6）单击 OK 按钮。

6. 建立偏置基准面

可以通过 Offset 选项直接偏置建立一个平面。例如，如图 7-8 所示，不必首先建立中分面（❶），可从中分面偏置平面（❷），可以直接偏置生成平面（❷）。

Offset 选项存在于 Datum Plane 对话框和通过 Specify Plane 来定义平面的其他命令对话框中。利用此命令可以避免为建立偏置面而单独地建立额外平面。也可以对多数先前建立的或定义的平面进行编辑或添加偏置。

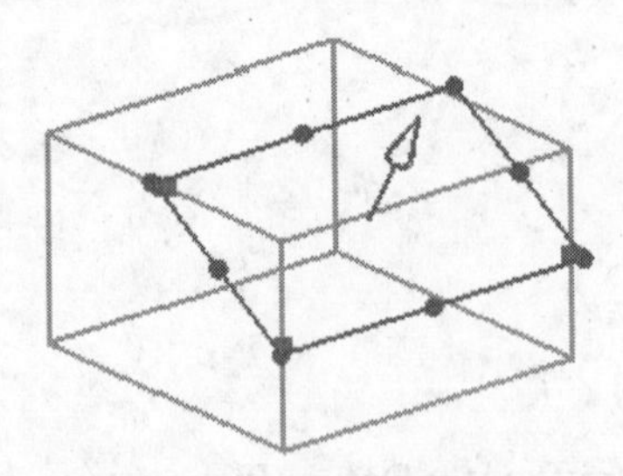

图 7-7　建立过三点的相对基准面

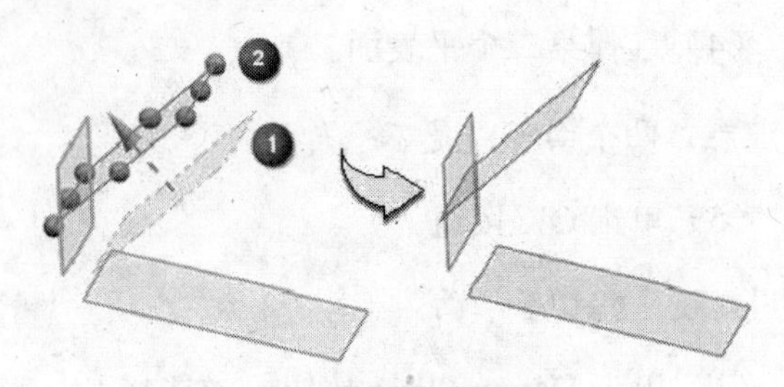

图 7-8　建立偏置基准面

【练习 7-1】　建立相对基准面

在本练习中，将建立关联到实体模型的相对基准面，如图 7-9 所示；编辑部件检验基准面的参数关系。

第 1 步　从目录\Part_C7 中打开 datum_ref_1.prt，如图 7-10 所示。

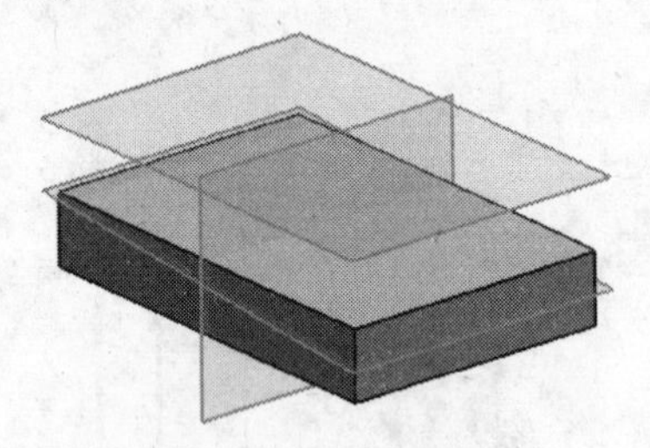

图 7-9　相对基准面

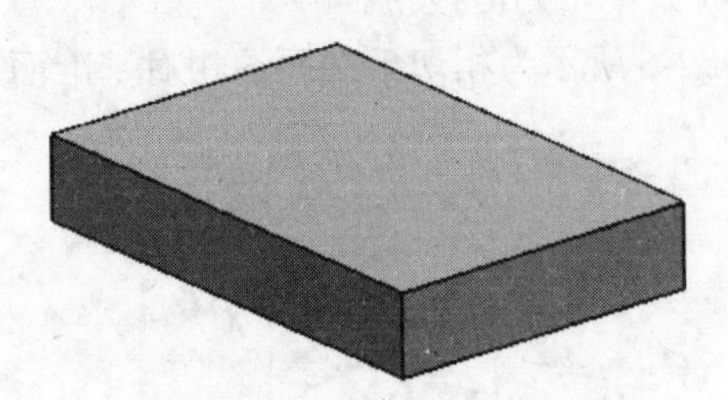

图 7-10　datum_ref_1.prt

第 2 步　在块实体上表面以上 1 英寸处建立基准面。

- 在 Feature Operation 工具条上单击 Datum Plane 按钮□，或选择 Insert→Datum/Point→Datum plane 命令。
- 设置 Type 为 Inferred，选择块的顶表面，设置 Distance 为 1，如图 7-11 所示。
- 单击 Apply 按钮建立第一个基准面。

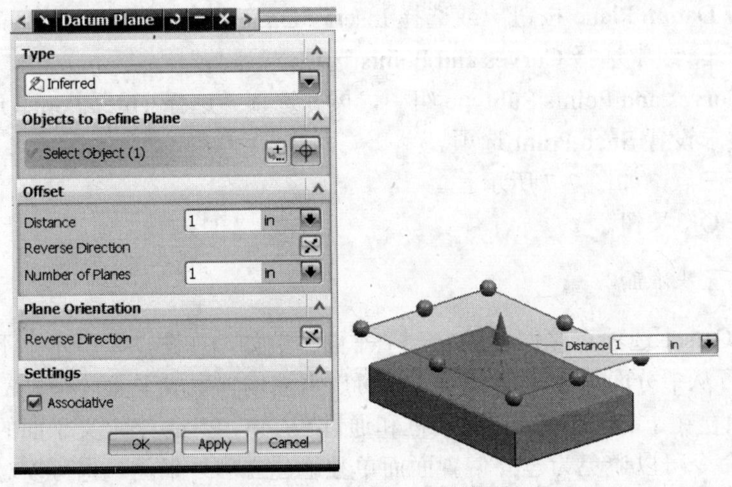

图 7-11　建立第一个基准面

第3步　过边缘和点建立第二个基准面。

- 设置 Type 为 Inferred，选择块的左上边缘和右下侧边缘中点，如图 7-12 所示。
- 单击 Apply 按钮建立第二个基准面。

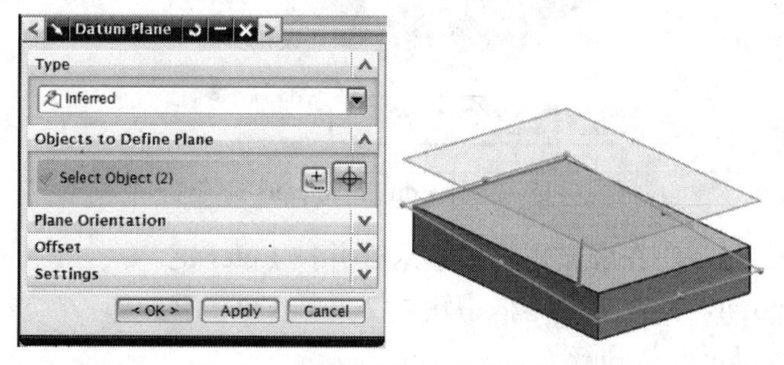

图 7-12　建立过边缘和点的基准面

第4步　在块的左面和右面中间建立第三个基准面。

- 设置 Type 为 Inferred，选择块的两个侧面，如图 7-13 所示。
- 单击 Apply 按钮建立第三个基准面。

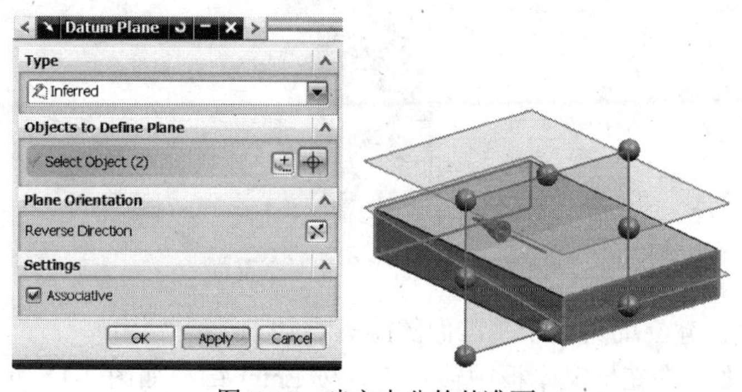

图 7-13　建立中分的基准面

- 单击 OK 按钮，完成相对基准面的建立，结果如图 7-14 所示。

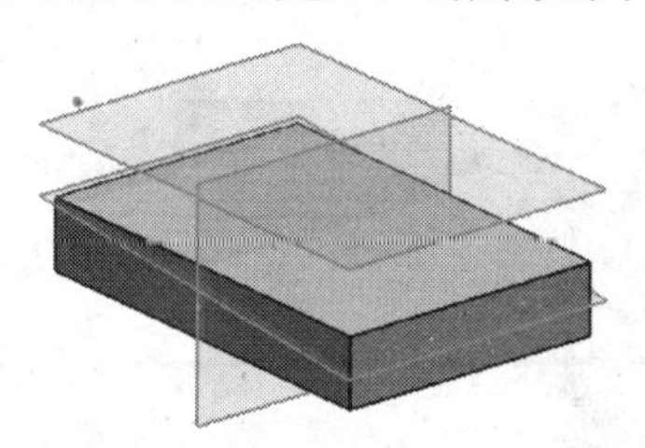

图 7-14　已完成的相对基准面

第5步　编辑部件检验相对基准面的关联性。

- 移动光标在块实体上直到它改变为预选颜色。
- 状态行显示 Extrude (1)，系统识别实体为拉伸特征。
- 右击图形窗口中的实体，并在弹出的快捷菜单中选择 Edit parameters 命令，如图 7-15 所示。
- 在 Section 组中单击 Sketch Section 按钮。

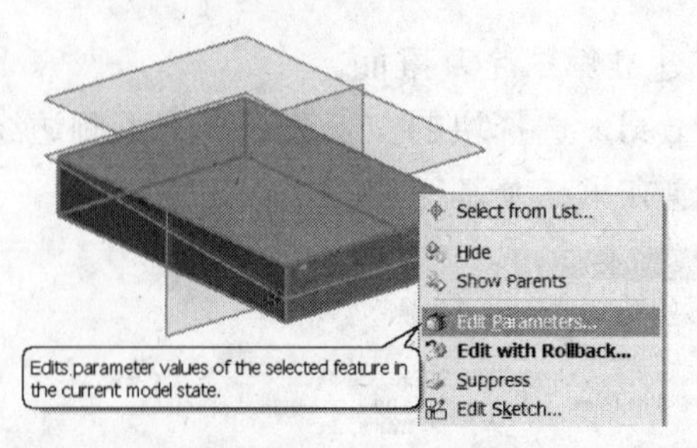

图 7-15 选择 Edit Parameters 命令

- 双击尺寸 p5=6，在在屏文本框中输入 2 并按 Enter 键。
- 双击尺寸 p6=4，在在屏文本框中输入 2 并按 Enter 键。
- 单击 Finish Sketch 按钮。
- 在 Limits 组中改变 End Distance 为 5。
- 单击 OK 按钮。修改后的实体与更新了的相对基准面如图 7-16 所示。

图 7-16 更新了的相对基准面

第 6 步 改变已建立的第一个基准面的距离参数。

- 双击基准面，在在屏文本框中输入 5 并按 Enter 键，如图 7-17 所示。
- 在 Datum Plane 对话框中单击 OK 按钮。

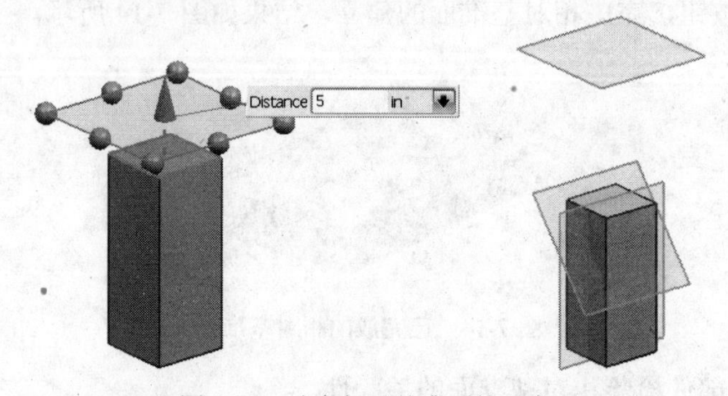

图 7-17 改变相对基准面的距离

第 7 步 改变已建立的第二个基准面的通过点。

- 双击第二个基准面。
- 在 Datum Plane 对话框的 Reference Geometry 组中单击 Specify Point(1)，如图 7-18 所示。

- 选择同一边缘当前点下的底部端点。
- 单击 OK 按钮，完成编辑。

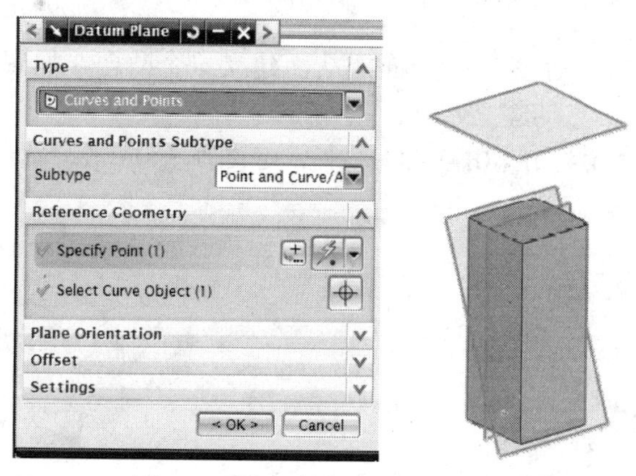

图 7-18 编辑第二个相对基准面

第 8 步 改变平分基准面的父面。

- 双击相对基准面，如图 7-19 所示。

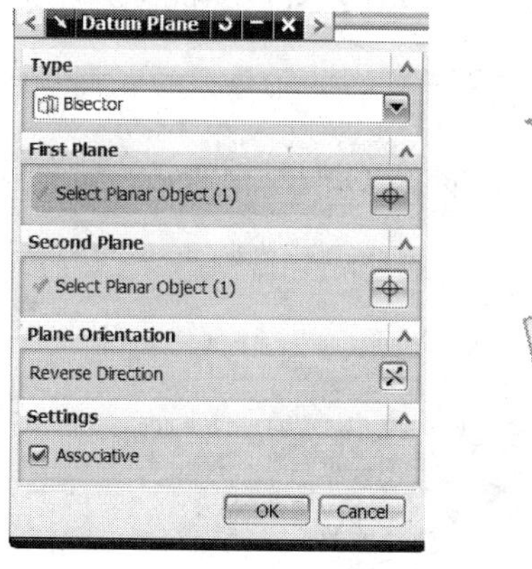

图 7-19 选择相对基准面

- 选择相邻面，如图 7-20 所示。
- 单击 OK 按钮，完成编辑，基准面模型更新后如图 7-21 所示。

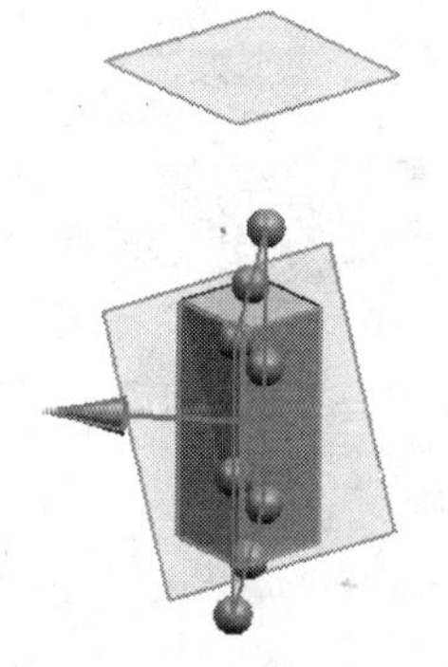

图 7-20 选择相邻面

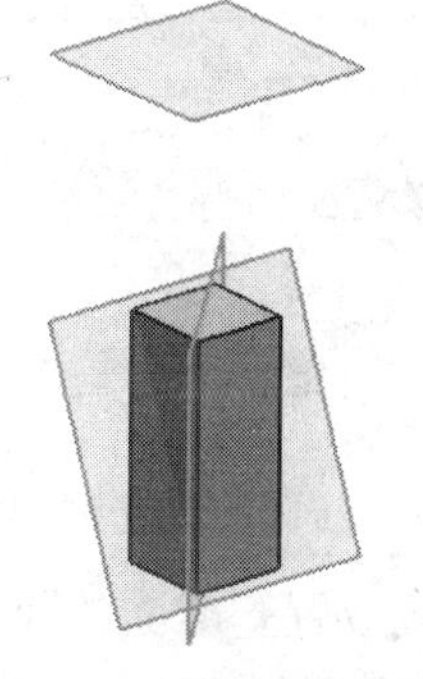

图 7-21 更新后的相对基准面

第 9 步 不储存关闭部件。

【练习 7-2】 建立偏置基准面

在本练习中，将建立 3 个偏置基准面，从而建立一个凸台，如图 7-22 所示。

第 1 步 打开部件，启动建立基准面的命令。

- 从目录\Part_C7 中打开 offset_plane.prt，如图 7-23 所示。

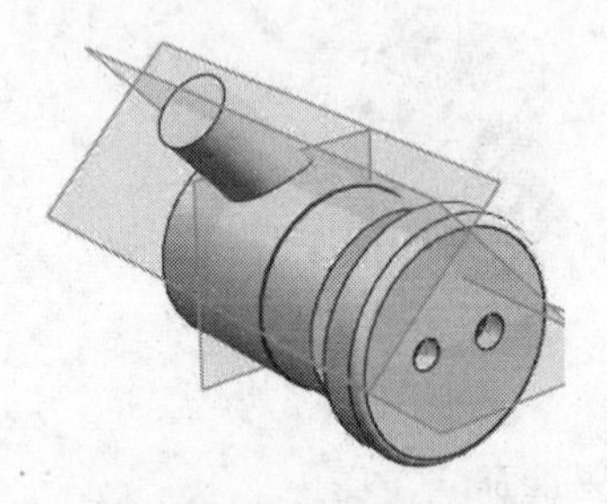

图 7-22 建立偏置基准面

图 7-23 offset_plane.prt

- 在 Feature 工具条上单击 Datum Plane 按钮。
- 在 Datum Plane 对话框的标题条上单击 Reset 按钮返回对话框到默认设置。

第 2 步 建立放置基准面。

- 在 Type 组中选择 At Angle 选项。
- 在 Planar Reference 组中 Select Planar Object 被激活，选择已存基准面，如图 7-24 所示。

图 7-24 选择已存基准面

- 在 Through Axis 组中 Select Linear Object 被激活，选择后柱面的轴，如图 7-25 所示。

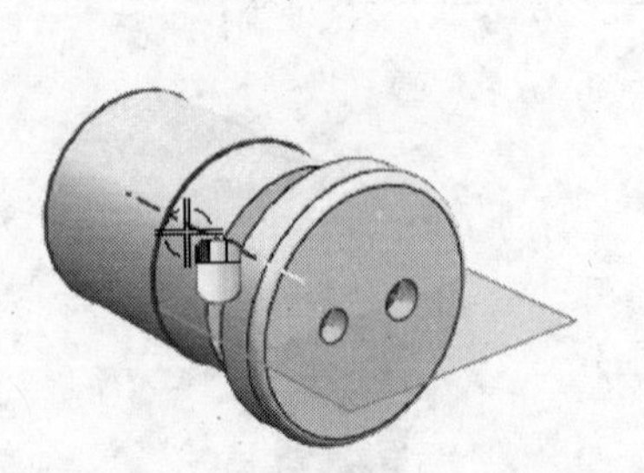

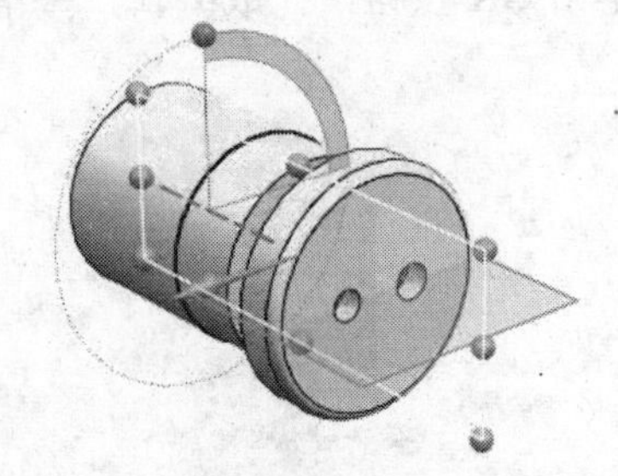

图 7-25 选择后柱面的轴

第 3 步 完成放置基准面的建立。

- 拖拽旋转手柄到 45°，如图 7-26 所示。

- 在 Offset 组中选中 Offset 复选框，拖拽距离手柄到 20，如图 7-27 所示。

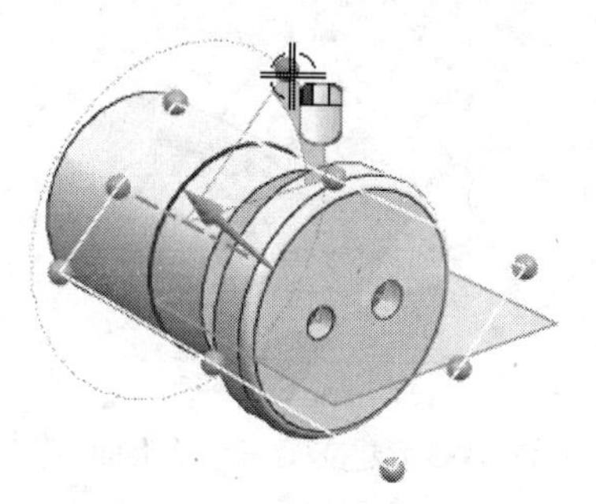

图 7-26 拖拽旋转手柄

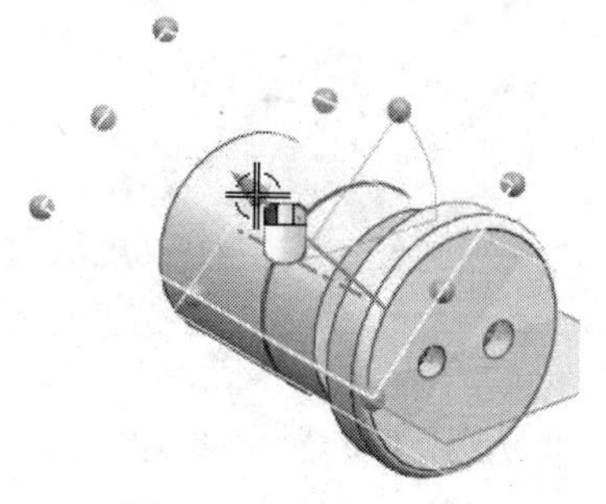

图 7-27 拖拽距离手柄

- 单击 Apply 按钮，建立第一个基准面，如图 7-28 所示。

第 4 步 建立两个定位基准面。

- 仍然设置 Type 为 At Angle，在 Planar Reference 组中 Select Planar Object 被激活，选择刚建立的基准面，如图 7-29 所示。

图 7-28 建立第一个基准面

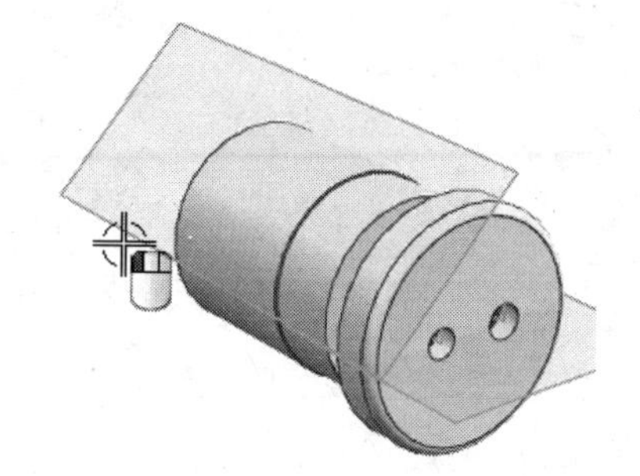

图 7-29 选择建立的基准面

- 在 Through Axis 组中 Select Linear Object 被激活，选择后柱面的轴，如图 7-30 所示。
- 拖拽旋转手柄到 90°，如图 7-31 所示。

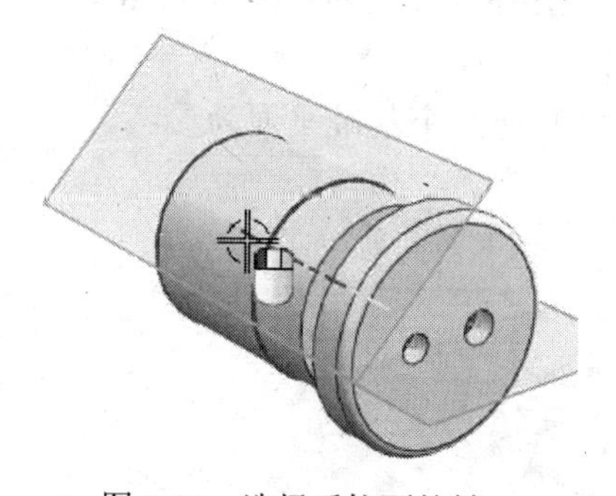

图 7-30 选择后柱面的轴

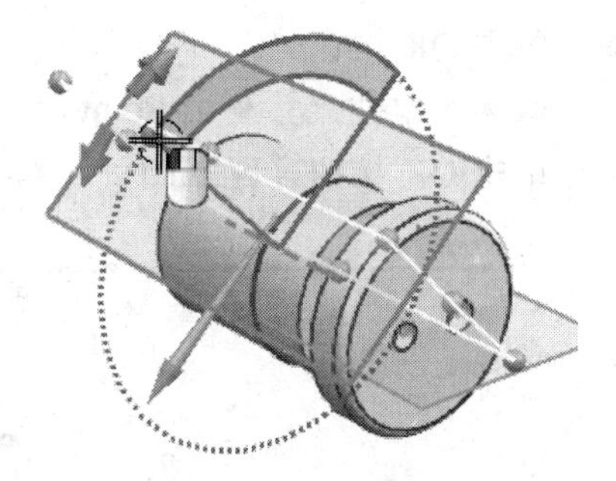

图 7-31 拖拽旋转手柄

- 确使选中 Offset 复选框，拖拽距离手柄到 5。确使向上偏置。
- 单击 Apply 按钮，建立第二个基准面，如图 7-32 所示。
- 在 Type 组中选择 At Distance 选项，建立向部件底平面内偏置 8 英寸的基准平面，如图 7-33 所示。

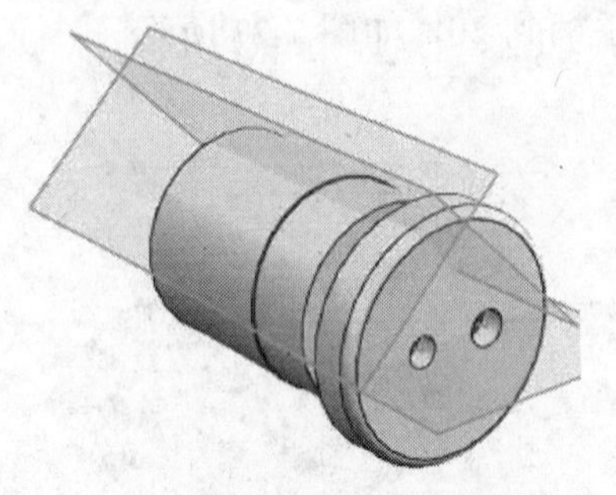

图 7-32 建立第二个基准面

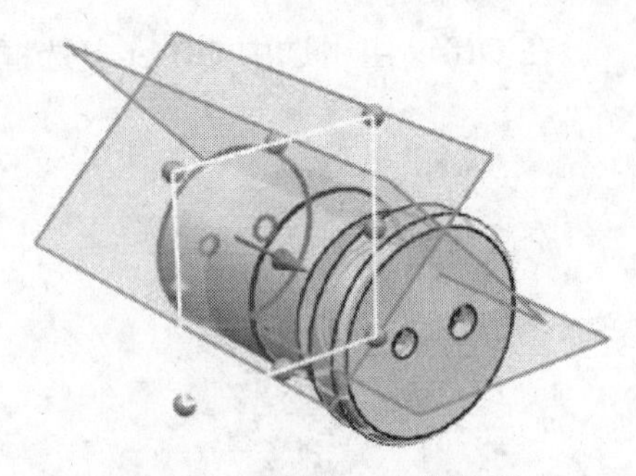

图 7-33 建立第三个基准面

第 5 步 建立凸台。

- 在 Feature 工具条上单击 Boss 按钮。
- 选择建立的第一个偏置面为安放面，确使凸台朝向实体。

提示： 如果凸台是在错误侧，单击 Reverse Side。按如图 7-34 所示选择基准面。

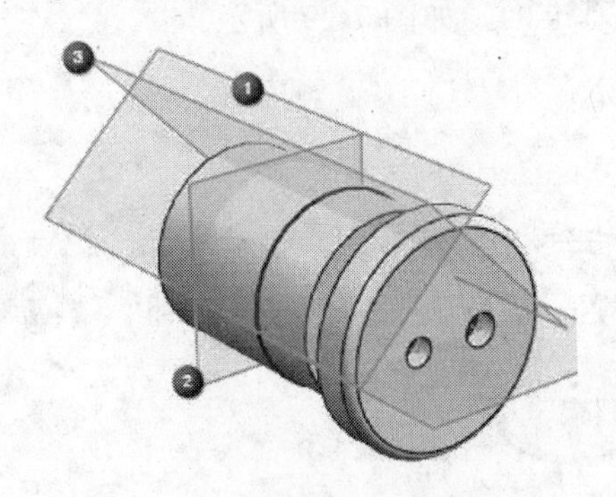

❶ 安放表面； ❷ 第一个定位平面； ❸ 第二个定位平面

图 7-34 选择基准面

- 在 Boss 对话框的 Diameter 文本框中输入 8，在 Height 文本框中输入 20。
- 单击 OK 按钮。
- 对两个定位尺寸利用 Point onto Line，并选择其他两个基准平面为参考。
- 单击 OK 按钮，建立凸台，如图 7-35 所示。

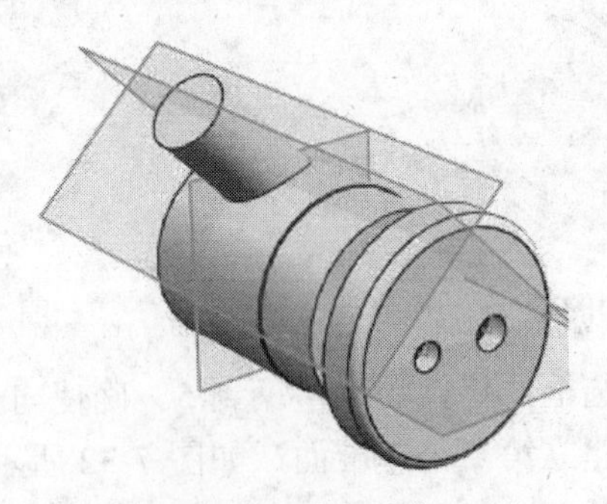

图 7-35 建立凸台

- 关闭部件。

7.2 基 准 轴

7.2.1 基准轴综述

基准轴命令定义了线性参考，以帮助建立其他对象，如基准平面、旋转特征和圆形阵列等。

基准轴可以是相对的或是固定的。

- 相对基准轴：相对基准轴关联到一个或多个其他对象。
- 固定基准轴：固定基准轴固定在它建立的位置，而且是不相关的。可以使用 WCS 的 XC、YC 和 ZC 轴建立固定基准轴，或在建立相对基准轴时取消选中 Associative 复选框来建立固定基准轴。

图 7-36 列举了某些基准轴应用。

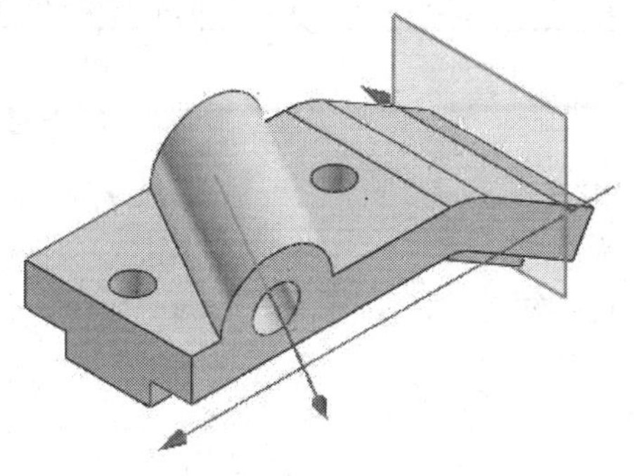

图 7-36 基准轴

1. 基准轴类型

选择 Insert→Datum/Point→Datum Axis 命令，打开 Datum Axis 对话框，从 Type（类型）组的下拉列表框中选择一种轴类型，如图 7-37 所示。

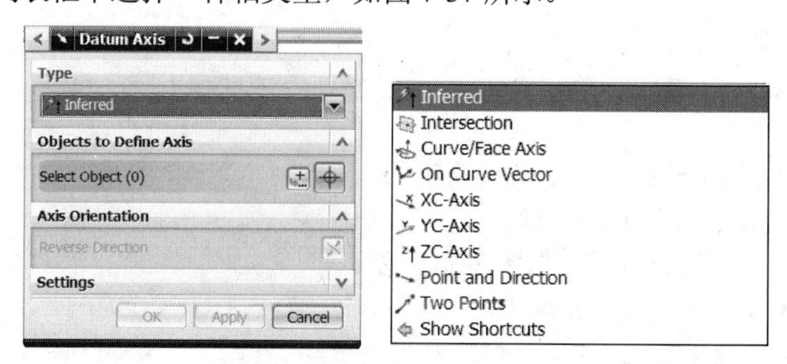

图 7-37 Datum Axis 对话框

提示： 当编辑基准轴时，可以改变它的类型、定义对象和关联状态。

可以右击手柄和轴的锥头来选择表 7-2 中的类型与选项。

表 7-2 基准轴类型与选项

组	选　项	描　述
基准轴类型	Inferred（推断）	基于选择的对象来决定使用最佳的基准轴类型
	XC-Axis（XC-轴）	在 WCS 的 XC 轴上建立固定基准轴
	YC-Axis（YC-轴）	在 WCS 的 YC 轴上建立固定基准轴
	ZC-Axis（ZC-轴）	在 WCS 的 ZC 轴上建立固定基准轴
	Point and Direction（点与方向）	过一点在规定的方向上建立基准轴
	Two Points（两点）	通过两点建立基准轴
	On Curve Vector（在曲线矢量上）	建立基准轴相切、法向或副法向于一条曲线或边缘上的一个点，或正交或平行于另一个对象
	Intersection（交线）	在两个平表面、基准平面或平面的交线上建立基准轴
	Curve/Face Axis（曲线/面轴）	在直线或直边缘或者在圆柱面、圆锥面或圆环面的轴上建立基准轴
基准轴选项	Reverse Direction（反转方向）	反转轴方向
	Associative（关联的）	如果取消选中该复选框，基准轴将是固定的

2. 基准轴应用

基准轴特征有下列几种用途：

- 定义旋转特征的旋转轴。
- 定义圆形引用阵列的旋转轴。
- 帮助定义相对基准面。
- 提供方向参考。
- 用作特征定位尺寸的目标对象。

7.2.2 建立基准轴

1. 利用两点建立基准轴

具体步骤如下：

（1）在 Feature 工具条上单击 Datum Axis 按钮或选择 Insert→Datum/Point→Datum Axis 命令。

（2）在 Type 组中选择 Two Points 选项。

（3）按要求设置 Snap Point 选项。

（4）选择两个不同位置点，如图 7-38 所示。

（5）单击 OK 按钮，建立基准轴。

2. 利用交线建立基准轴

具体步骤如下：

（1）在 Feature 工具条上单击 Datum Axis 按钮或选择 Insert→Datum/Point→Datum

Axis 命令。

（2）在 Type 组中选择 Intersection 选项。

（3）选择平表面、基准平面或平面，如图 7-39 所示。

（4）单击 OK 按钮，建立基准轴。

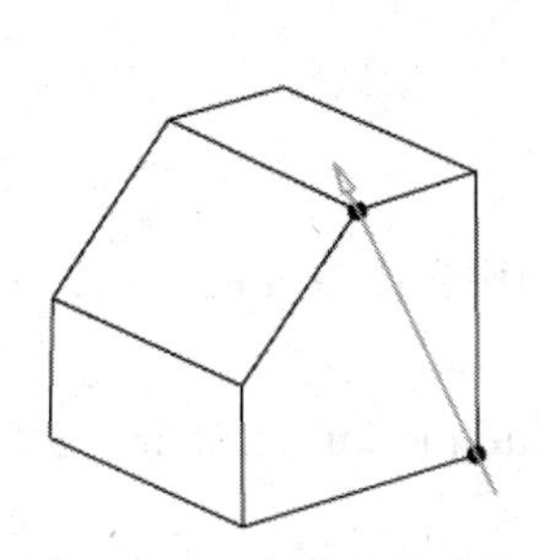

图 7-38　两点建立基准轴

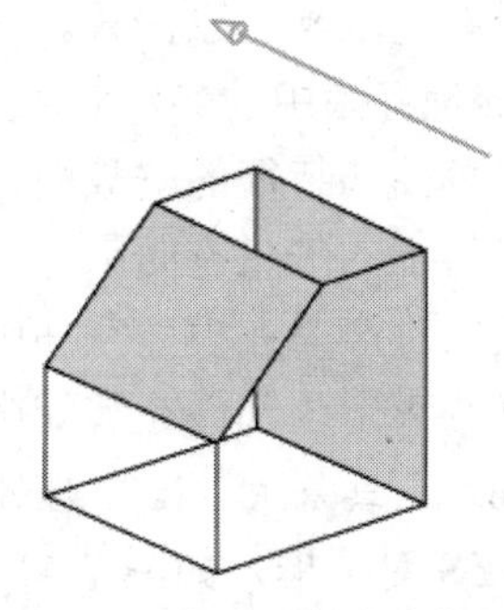

图 7-39　两个平面交线建立基准轴

3．利用曲线/面轴建立基准轴

（1）在 Feature 工具条上单击 Datum Axis 按钮或选择 Insert→Datum/Point→Datum Axis 命令。

（2）在 Type 组中选择 Curve/Face Axis 命令。

（3）选择直线或直边缘，或选择圆柱面、圆锥面或圆环面的轴，如图 7-40 所示。

（4）单击 OK 按钮，建立基准轴。

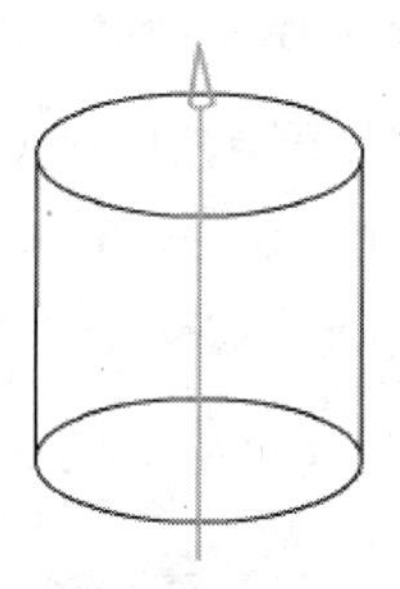

图 7-40　过圆柱面轴建立基准轴

7.3　基准坐标系

利用基准坐标系命令建立相关的坐标系，它包含一组参考对象。可以利用参考对象来关联地定义下游特征的位置与方向。

一个基准坐标系包括下列参考对象：

- 一个坐标系。
- 3 个基准面。
- 3 个基准轴。

- 一个原点。

可以建立一个基准坐标系：

- 在相对于工作或绝对坐标系的固定位置。
- 关联到已存几何体。
- 从已存基准坐标系偏置。

利用基准坐标系中的参考对象，可以：

- 定义草图和特征的安放面、约束和位置。
- 定义特征的矢量方向。
- 定义关键产品在模型空间中的位置，并用平移和旋转参数控制它们。
- 定义约束定位部件在装配中的位置。

在 Feature 工具条上单击按钮，或选择 Insert→Datum/Point→Datum CSYS 命令，打开 Datum CSYS 对话框，如图 7-41 所示。

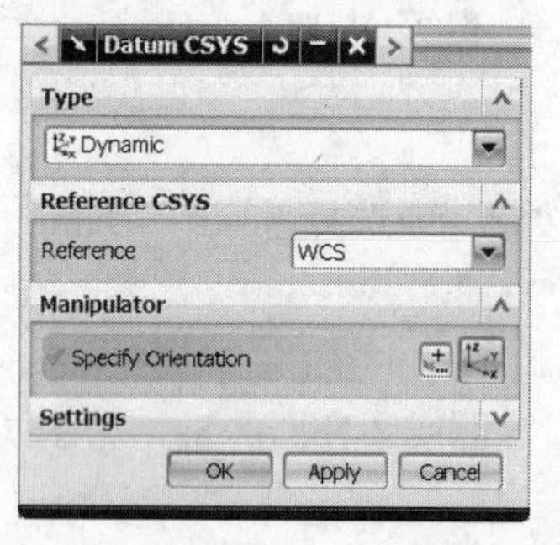

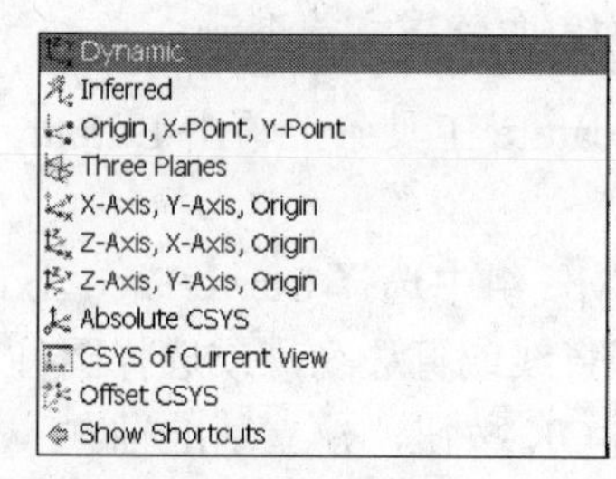

图 7-41 Datum CSYS 对话框

如图 7-42 所示，基准坐标系在部件导航器中作为单个特征出现，但它的对象可以被个别地选择用来支持其他特征建立、约束草图和在装配中定位组件。

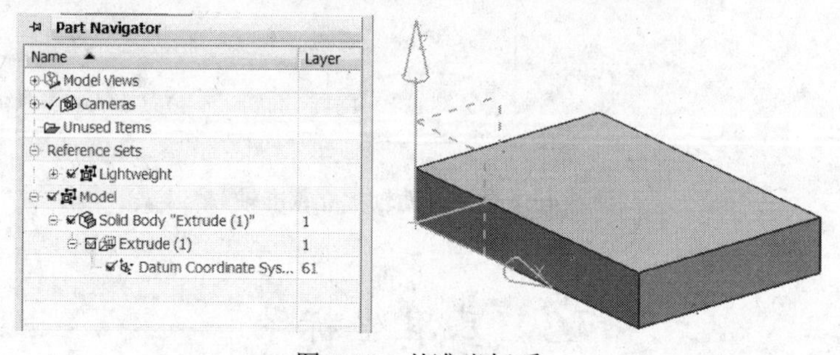

图 7-42 基准坐标系

【练习 7-3】 在圆柱面上建立基准面

在本练习中，将建立关联到圆柱面的基准面。

- 过圆柱面轴，在与另一个基准面成一定角度处构建基准面。
- 相切圆柱面，在与另一个基准面成一定角度处构建基准面。

第 1 步 从目录\Part_C7 中打开 datum_ref_2.prt，如图 7-43（a）所示，要求建立图 7-43（b）所示的孔。

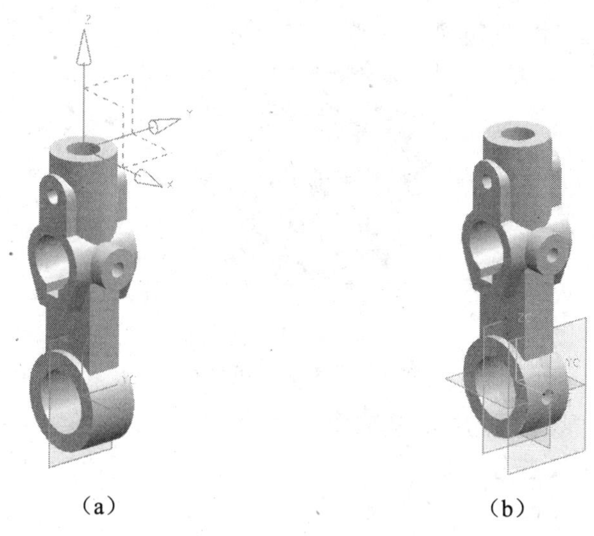

（a）　　（b）

图 7-43　datum_ref_2.prt

设计意图：孔要求通过部件底部的柱面，并经过特征的中心。要求利用相对参考特征来完成此任务。

第 2 步　建立相切于底部圆柱外侧的基准面，用作孔特征的安放平面。

- 在 Feature 工具条上单击 Datum Plane 按钮。
- 在 Datum plane 对话框的 Type 组中选择 Inferred 选项。
- 选择圆柱面，再选择基准坐标系的 YZ 平面，如图 7-44 所示。
- 在 Angle 文本框中输入 0 并按 Enter 键。
- 单击 OK 按钮，建立基准面。

设计意图：需要建立另一参考，用以沿特征轴定位孔。

第 3 步　建立过圆柱面中心轴的基准轴。

- 单击 Datum Axis 按钮。
- 设置 Type 为 Inferred，选择圆柱面中心轴符号，如图 7-45 所示。

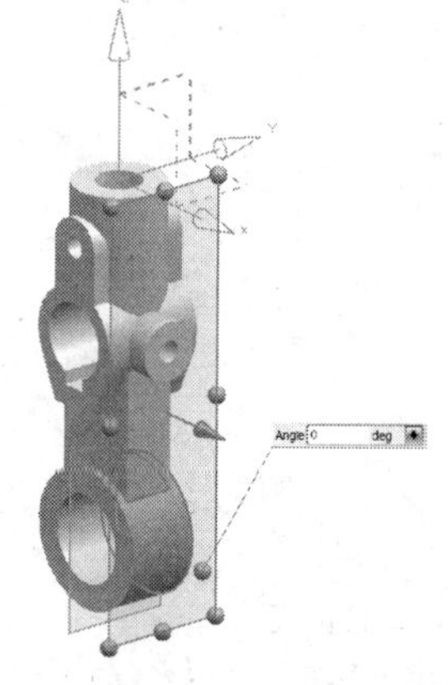

图 7-44　选择定义平面的对象

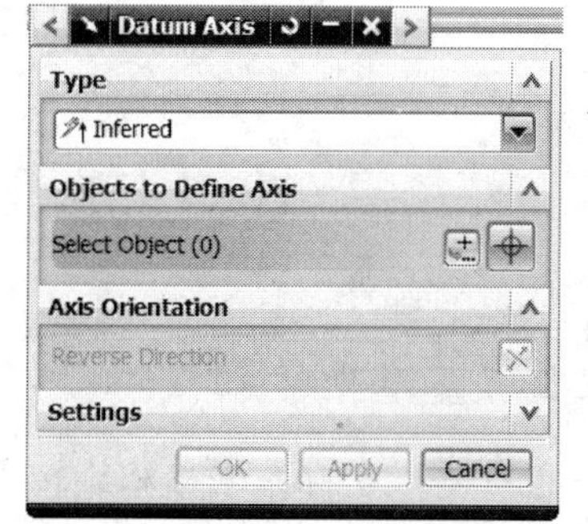

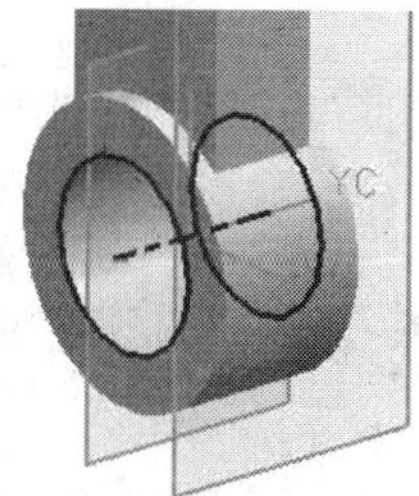

图 7-45　选择定义轴的对象

- 单击 OK 按钮，建立基准轴，如图 7-46 所示。

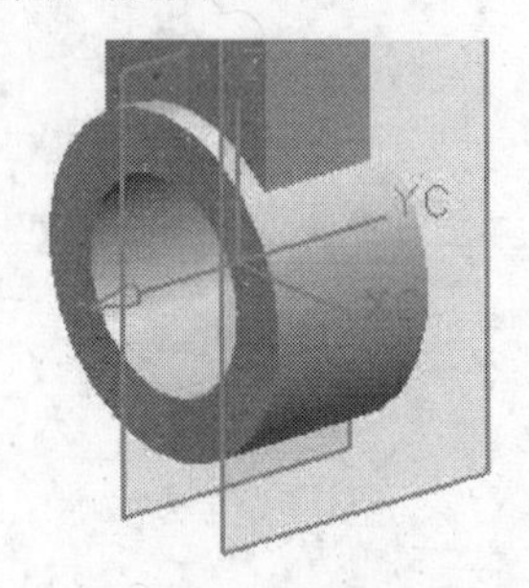

图 7-46　建立基准轴

第 4 步　建立圆柱两端面的中心基准面。

- 单击 Datum Plane 按钮□。
- 设置 Type 为 Bisector。
- 选择圆柱两端面，单击 OK 按钮，建立基准面，如图 7-47 所示。

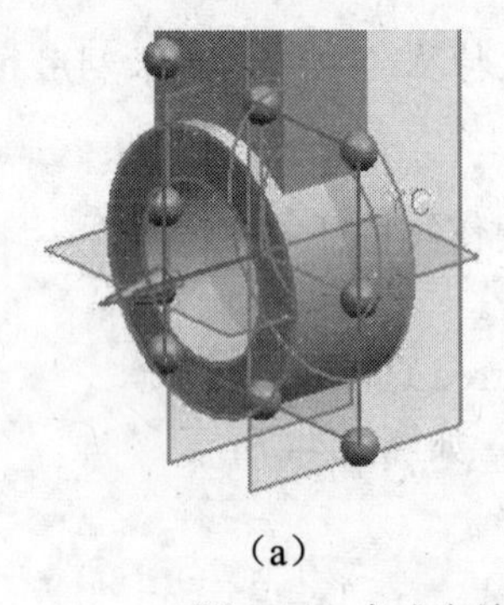

（a）

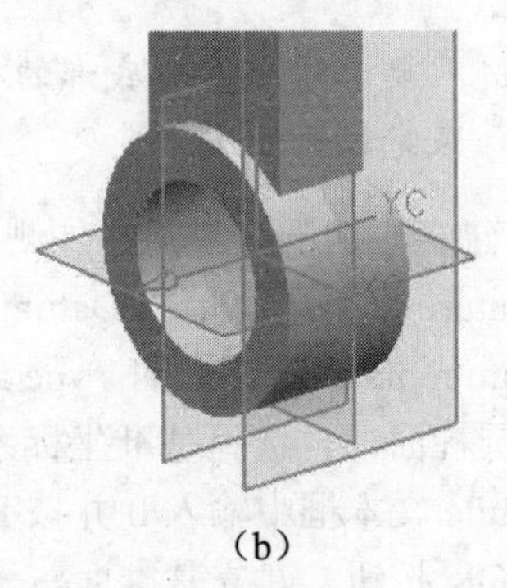

（b）

图 7-47　完成安放与定位孔的基准面与基准轴的建立

第 5 步　（可选项）建立直径为 10mm 的通孔，如图 7-48 所示。

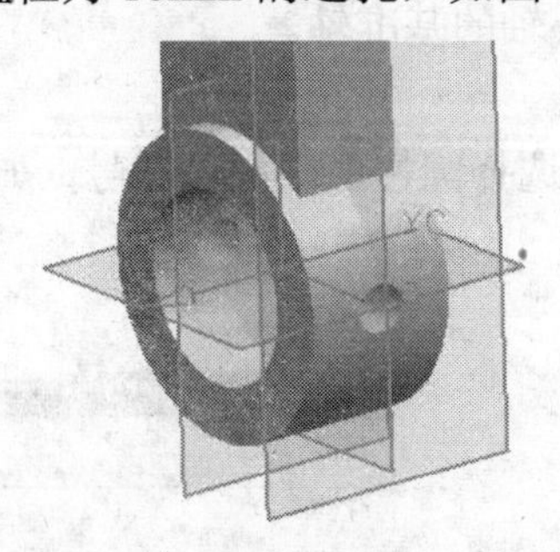

图 7-48　已完成的带孔部件

第 6 步　不储存关闭所有部件。

【练习 7-4】　建立偏置基准坐标系

在本练习中，将从已存基准坐标系平移和旋转来建立新基准坐标系。

第 1 步　从目录\Part_C7 中打开 datum_ref_3.prt，如图 7-49 所示。

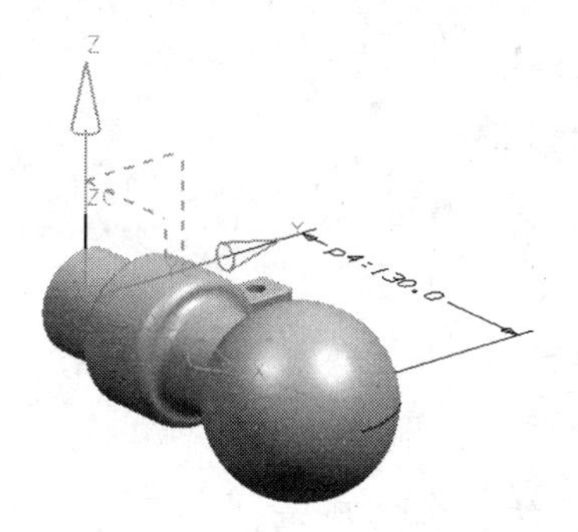

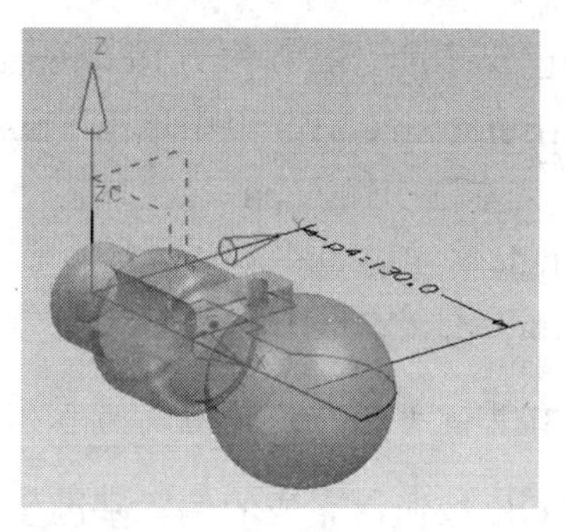

图 7-49 datum_ref_3.prt

设计意图：需要在复合角度上添加特征，如图 7-50 所示。如图 7-50（a）所示的顶视图，特征与 XC 夹角为 35°。在此角度上，特征还需从 XY 平面旋转 45°，如图 7-50（b）所示的向视图。

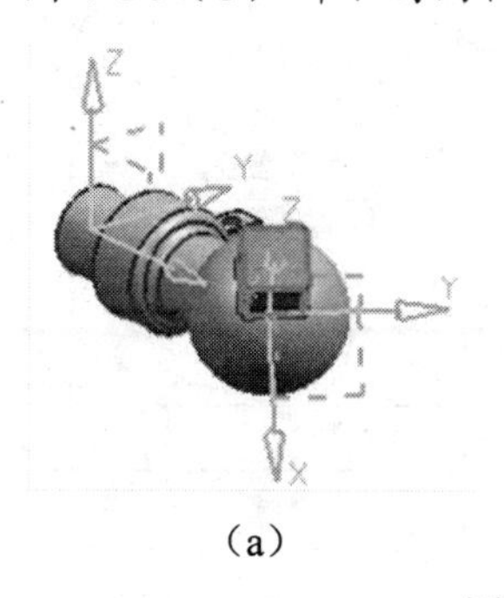

（a）

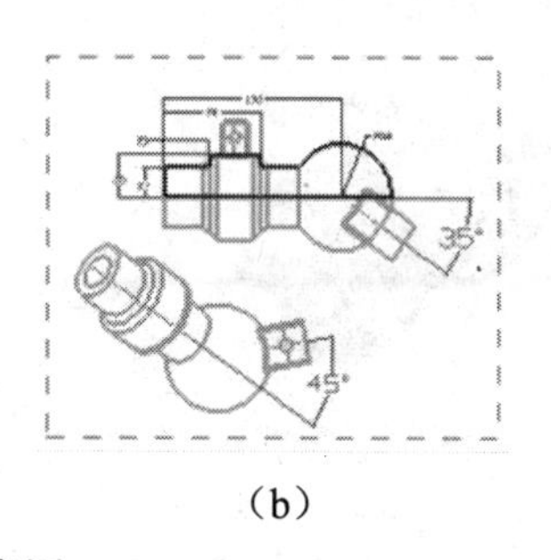

（b）

图 7-50 设计意图

第 2 步 考察草图尺寸。

- 双击草图编辑它，如图 7-51 所示。

提示：如图 7-52 所示，水平草图尺寸 p4，定义从已存基准坐标系到弧中心距离。

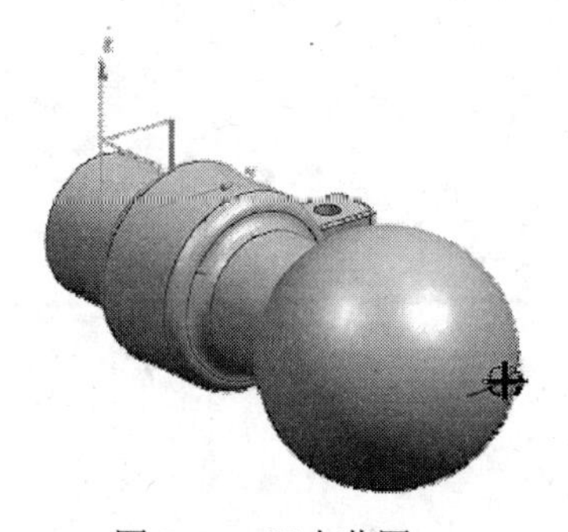

图 7-51 双击草图

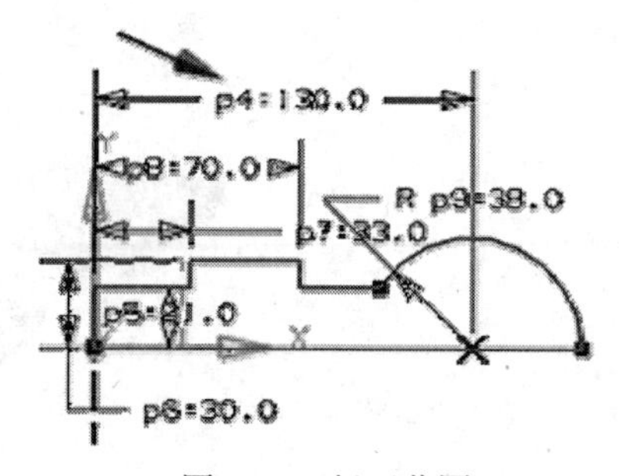

图 7-52 打开草图

- 单击 Finish Sketch 按钮。

第 3 步 构造基准 CSYS，从已存基准 CSYS 旋转并平移到草图圆弧中心。

- 在 Feature 工具条上单击 Datum CSYS 按钮。
- 在 Type 组中选择 Offset CSYS 选项。

- 选择已存基准 CSYS 作为 Reference CSYS。
- 在 Offset from CSYS 组中单击 Translate First。
- 在 X 文本框中输入 p4。
- 在 Angle Y 文本框中输入 45。
- 在 Angle Z 文本框中输入-35。

注意：所有其他平移与旋转值均为 0。

- 单击 OK 按钮，完成的偏置基准坐标系如图 7-53 所示。

第 4 步 测试相关性。

- 双击任一草图曲线，进入草图任务环境。
- 双击 p4 草图尺寸，在在屏文本框中输入 150 并按 Enter 键，如图 7-54 所示。

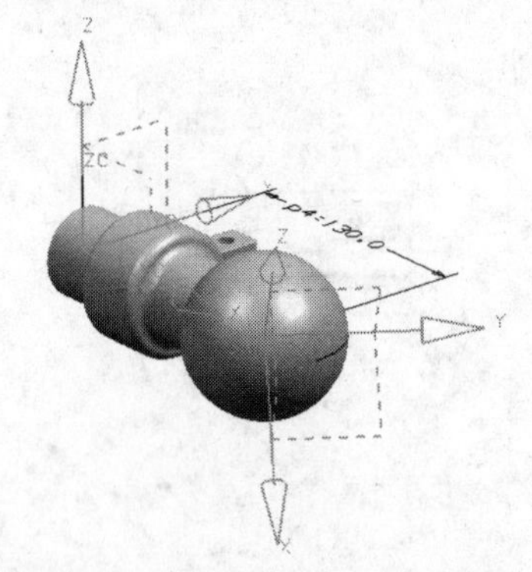

图 7-53 建立偏置基准坐标系

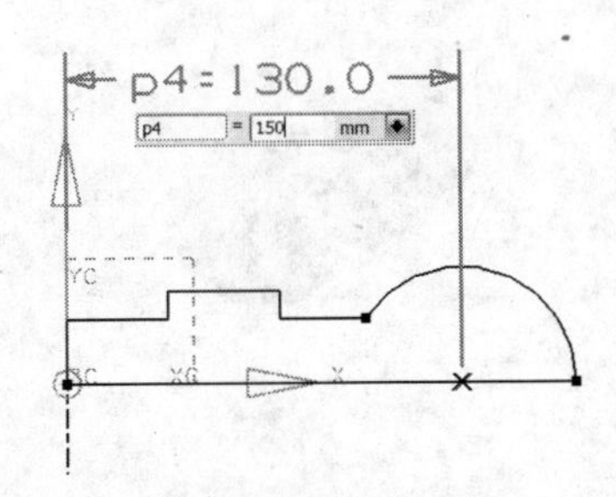

图 7-54 改变 p4 值

- 单击 Finish Sketch 按钮，退出草图。部件自动更新后如图 7-55 所示。

注意：构建的相关偏置基准坐标系随草图中的圆弧中心同步移动。

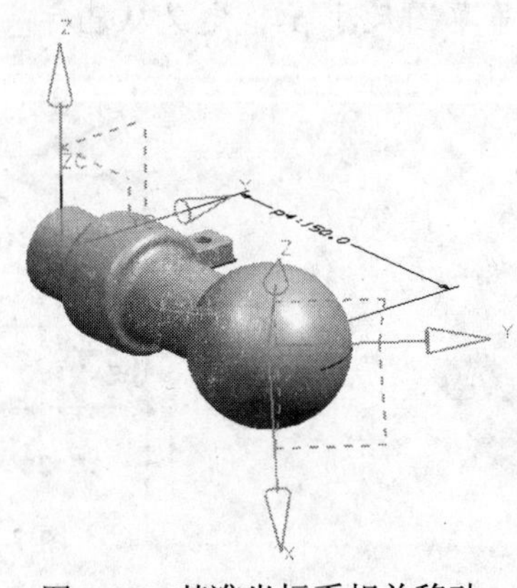

图 7-55 基准坐标系相关移动

第 5 步 不储存关闭部件。

第 8 章　扫 掠 特 征

【目的】

本章将识别和建立 3 种利用截面线串去定义实体或片体的扫掠特征，还将介绍拔模、偏置和选择意图在扫掠特征中的应用。

在完成本章学习之后，将能够：

- 建立拉伸（Extrude）特征。
- 建立旋转（Revolve）特征。
- 建立沿引导线扫掠（Sweep Along Guide）特征。
- 作用选择意图到有相交曲线或多环的截面。
- 建立带偏置的拉伸。
- 建立带拔模的拉伸。

8.1　扫掠特征综述

8.1.1　扫掠特征类型

可以通过拉伸、旋转或扫掠截面线串建立扫掠特征。截面线串由显式曲线、草图曲线、边缘或表面组成。

- 拉伸（Extrude）：在规定的距离内沿一线性方向扫掠截面线串（❶），如图 8-1 所示。

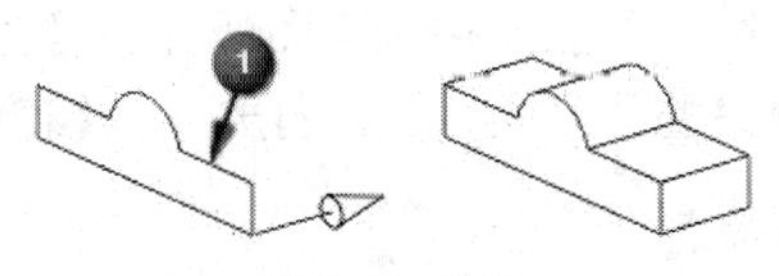

图 8-1　拉伸

- 旋转（Revolve）：绕规定的轴（❷）旋转截面线串（❶），如图 8-2 所示。

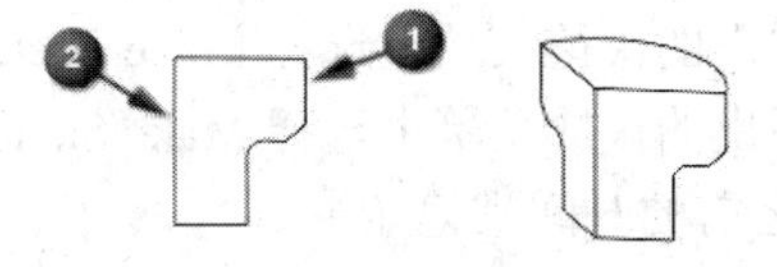

图 8-2　旋转

- 沿引导线扫掠（Sweep Along Guide）：沿引导线串（❷）扫掠截面线串（❶），

如图 8-3 所示。

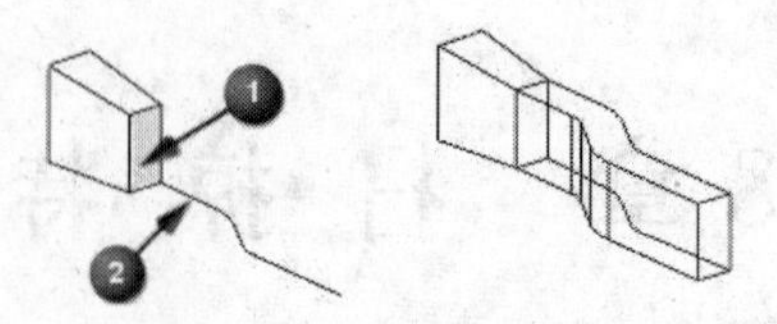

图 8-3 沿引导线串扫掠

扫掠体与截面线串、引导线串相关联。

8.1.2 内部与外部草图

由 NX 命令如 Variational Sweep、Extrude 或 Revolve 内建立的草图是内部草图。拥有特征管理对内部草图的存取与显示。当要关联草图仅与唯一特征时，利用内部草图。

实例： 在此例中，当拥有特征且旋转特征被激活时，草图才可见，如图 8-4 所示。

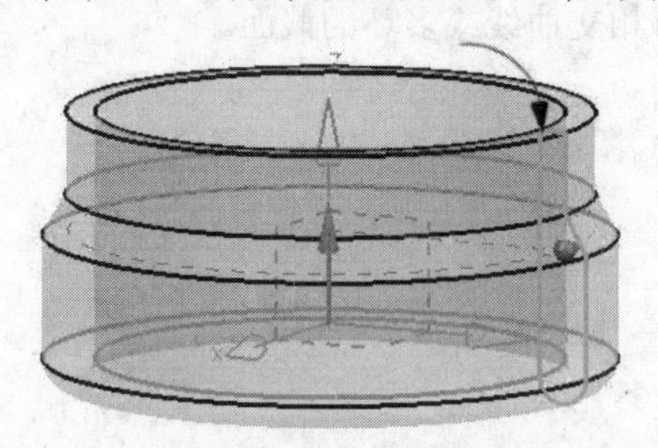

图 8-4 内部草图

利用 Sketch 命令独立建立的草图是外部草图。在部件内任何处是可见和可存取的。使用外部草图保持草图可见，并多于一个特征用它，或为其他草图参考。

1. 内部与外部草图的区别

- 仅当编辑拥有特征时，内部草图在图形窗口中才可见。
- 首先使草图为外部特征，不能直接从草图任务环境打开内部草图。
- 可以在图形窗口中观察外部草图，然后打开它们编辑而不需首先打开拥有特征。

2. 内部与外部草图状态改变

利用下列程序改变草图状态从内部到外部，或反之。

为了从 Part Navigator 中改变草图状态，需要：

- 右击拥有特征并在弹出的快捷菜单中选择 Make Sketch External 命令。
- 右击拥有特征并在弹出的快捷菜单中选择 Make Sketch Internal 命令。

草图被放在它的拥有者之前的时间戳记序中。

实例： 在图 8-5 所示的导航器视图中，在列表中外部草图 SKETCH_VS 是第 4 个特征，拥有特征 Variational Sweep 是第 5 个特征。

为了反转此操作，右击拥有特征并在弹出的快捷菜单中选择 Make Sketch Internal 命令。当内部化草图时，它不再出现在 Part Navigator 中，如图 8-6 所示。

注意：Variational Sweep 现在是第 4 个特征。

Model History
Datum Coordinate System (0)
Spline (1)
Spline (2)
Spline (3)
Sketch (4) "SKETCH_VS"
Variational Sweep (5)

图 8-5　外部草图

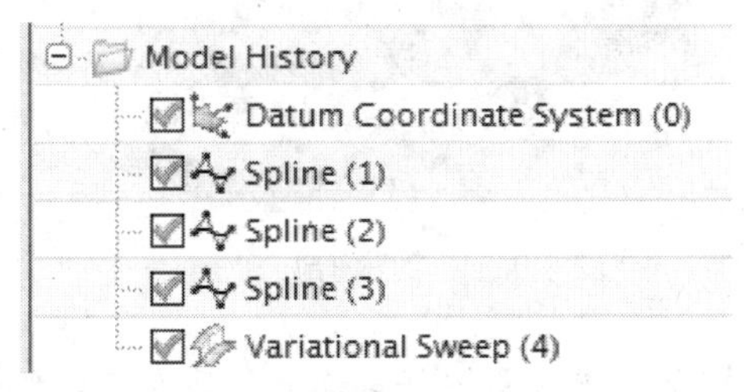

图 8-6　内部草图

【练习 8-1】　使草图内部和外部到特征

在本练习中，将使如图 8-7 所示部件的草图内部化，然后外部到拉伸特征。在较大的部件中，使草图内部到它们的子特征可以减少列在 Part Navigator 中的特征数。如果需要利用草图去建立多个特征，它不能被内部到任一特征。

第 1 步　使草图内部到特征。

- 从目录\Part_C8 中打开 make_sketch_internal.prt，如图 8-8 所示。

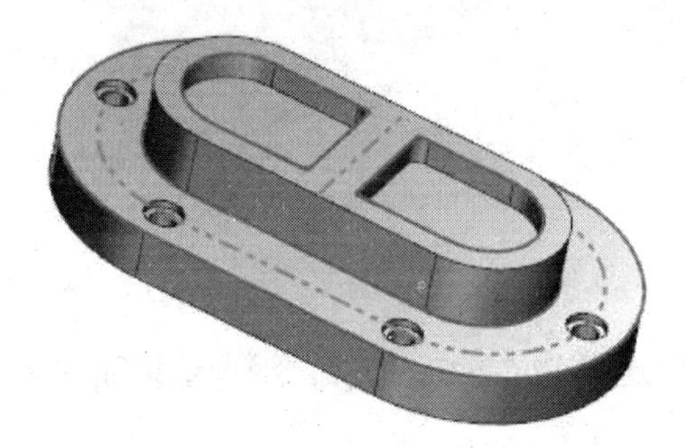

图 8-7　草图与拉伸特征

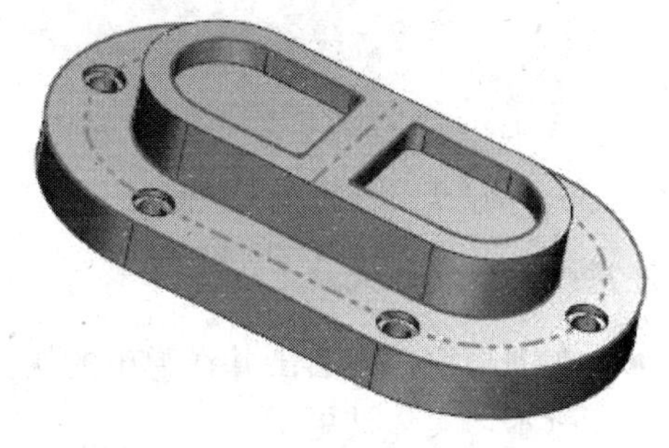

图 8-8　make_sketch_internal.prt

- 在 Part Navigator 中右击 Extrude(6)。

注意：Sketch (5)变红，这显示草图是拉伸的父特征。

- 从弹出的快捷菜单中选择 Make Sketch Internal 命令，结果如图 8-9 所示。

注意：草图现在内部到拉伸特征，它不再：

  - 列在 Part Navigator 中。
  - 在图形窗口中可见。

第 2 步　编辑内部草图。

- 右击 Extrude(6)并在弹出的快捷菜单中选择 Edit Sketch 命令，结果如图 8-10 所示。

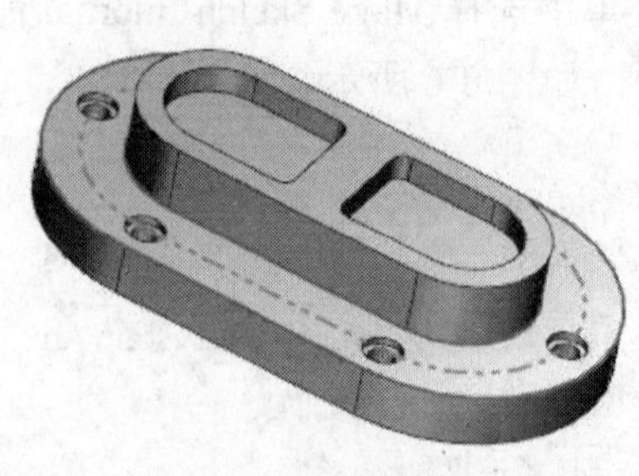

图 8-9　使草图内部

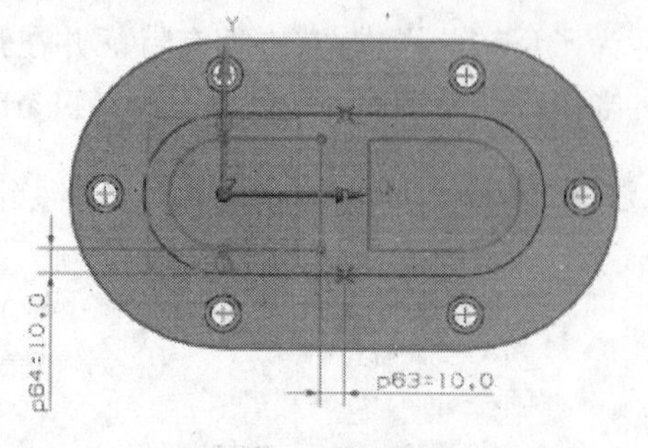

图 8-10　编辑草图

提示：进入草图任务环境，现在可以编辑草图。

- 双击 p64 尺寸，在在屏文本框中输入 p63 并按 Enter 键，如图 8-11 所示。

注意：这个连接 p64 的值到 p63 的值。

- 双击 p63 尺寸，在在屏文本框中输入 15 并按 Enter 键，如图 8-12 所示。

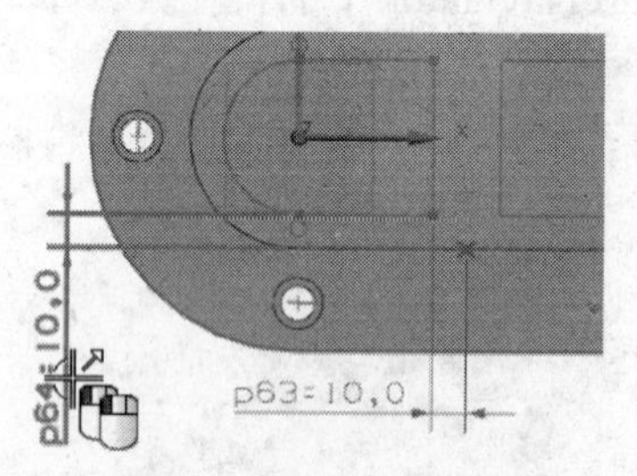

图 8-11　编辑尺寸 p64

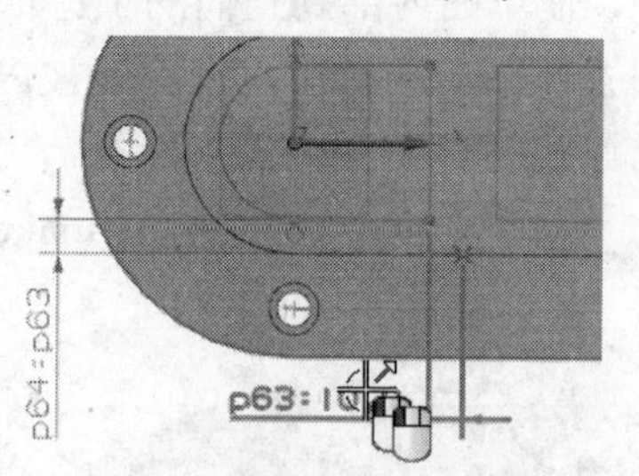

图 8-12　编辑尺寸 p63

注意：两个表达式被更新。

- 在图形窗口中右击并在弹出的快捷菜单中选择 Finish Sketch 命令，结果如图 8-13 所示，实体被更新。

第 3 步　使内部草图外部化。

- 在 Part Navigator 中单击 Sketch(1)，如图 8-14 所示。

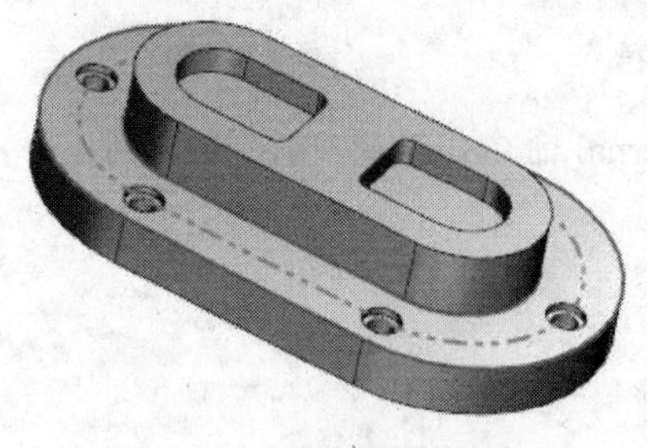

图 8-13　更新后的实体

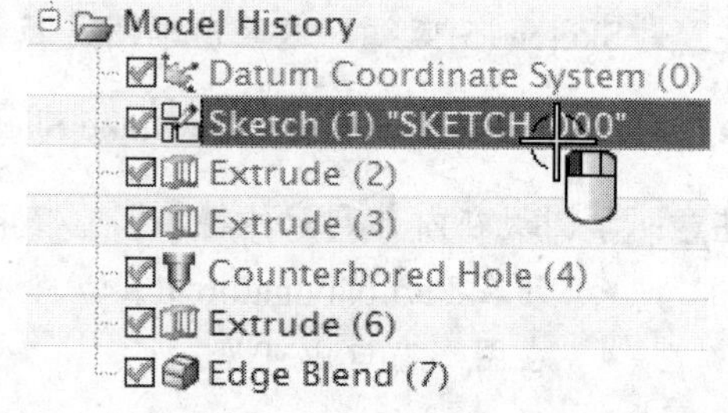

图 8-14　单击 Sketch(1)

注意：Extrude (2)、Extrude (3)和 Counterbored Hole (4)变蓝。它们是 Sketch (1)的子特征。

- 右击 Extrude(2)。

注意：Make Sketch Internal 选项是无效的。当草图只有一个子或依附特征时，才能使草图内部到特征。

- 右击 Extrude(6)并在弹出的快捷菜单中选择 Make Sketch External 命令，结果如图 8-15 所示。

第 4 步　拉伸草图。

- 右击 Sketch (5)，并在弹出的快捷菜单中选择 Extrude 命令，如图 8-16 所示。

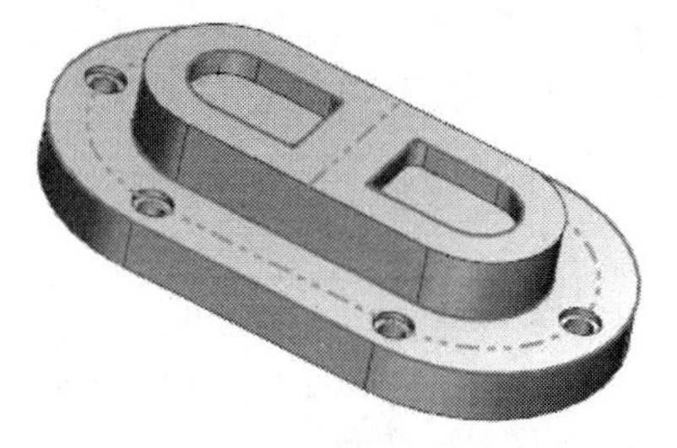

图 8-15　使草图外部化

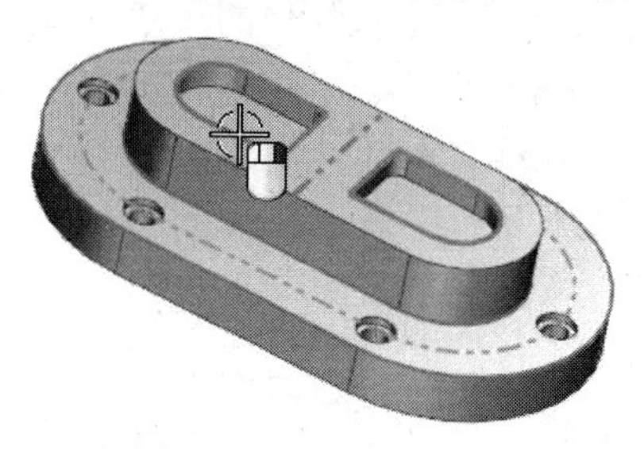

图 8-16　拉伸草图

- 在 Extrude 对话框中设置下列值：
  - Direction=确使矢量指向实体内。
  - Limits，End Distance=5。
  - Boolean= Inferred。
  - Offset= Single-Sided。
  - Offset, End=5。
- 单击 OK 按钮建立拉伸，如图 8-17 所示。

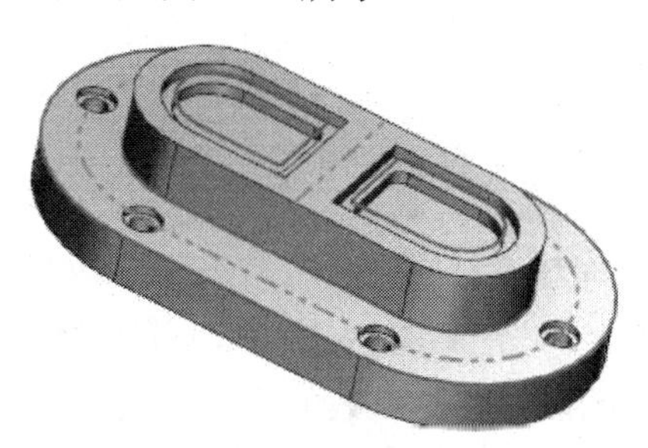

图 8-17　建立拉伸

- 在 Part Navigator 中右击 Extrude (6)。

注意：Make Sketch Internal 选项不再有效。Sketch (5)现在有两个依附特征，即 Extrude (6)和 Extrude (8)，故不能被设为这些特征的内部草图。

8.1.3　拉伸、旋转的共同选项

布尔选项如下：

- Unite（求和）。

- Subtract（求减）。
- Intersect（求交）。

利用下列选项修剪：

- 表面。
- 基准面。
- 实体。

为了控制拉伸或旋转体的尺寸（如图 8-18 所示），需要：

- 拖拽手柄❶。
- 在在屏文本框中规定值❷。
- 在对话框中规定值❸。

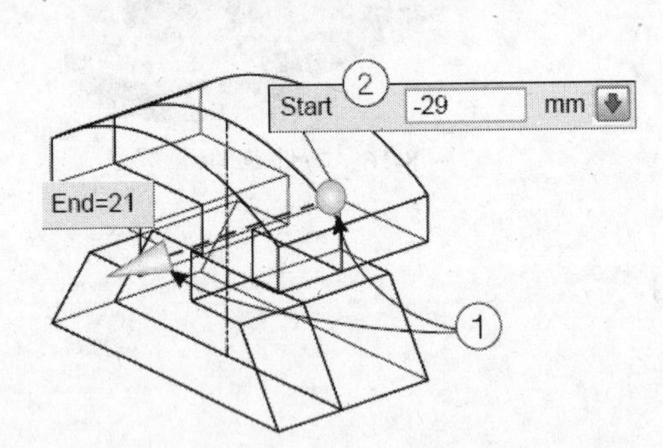

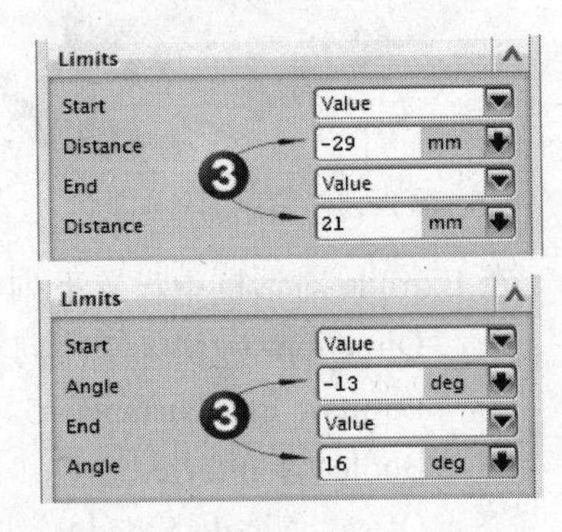

图 8-18 规定扫掠体尺寸

当存在多种可能性时，使用 Selection Intent 去修改截面。

8.1.4 布尔操作

布尔操作组合先前已存实体和/或片体。

可以对已存体作用下列布尔操作。

- Unite（求和）：组合一个或多个实体工具体到单个目标体。目标体和工具体必须交迭或共享表面，因而结果是有效的实体。
- Subtract（求减）：从目标体移去一个或多个工具体。目标体必须是实体，工具体通常也是实体。
- Intersect（求交）：建立一个含有在目标体和一个或多个工具体间共享体积或面积的体。可以求交实体与实体、片体与片体或片体与实体，但不可以求交实体与片体。

每个布尔选项提示识别一个目标实体（开始有的实体）和一个或多个工具实体。目标体用工具修改，在操作结束时，工具体成为目标体的一部分。如图 8-19 所示，有选项可以保留原始的目标体与工具体。

图 8-19　保留目标体与工具体

8.1.5　体的类型

当建立拉伸或旋转特征时，将得到实体（❶）或片体（❷），如图 8-20 所示。

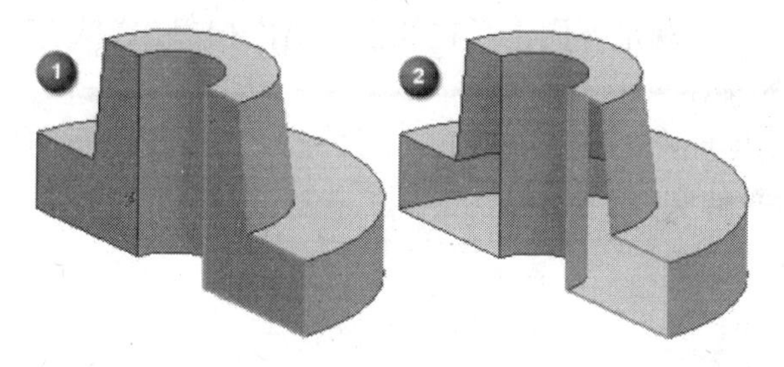

图 8-20　实体与片体

1. 实体

当 Modeling Preferences→General→Body Type 设置为 Solid，并利用下列选项时，将得到实体：

- 一个封闭截面，如图 8-21 所示。
- 一个开口截面旋转 360°。
- 一个开口截面，带有偏置。

2. 片体

当 Modeling Preferences→General→Body Type 设置为 Sheet，并利用下列选项时，将得到片体：

- 一个封闭截面，如图 8-22 所示。
- 一个开口截面，没有偏置。

对于旋转，其旋转角度必须小于 360°。

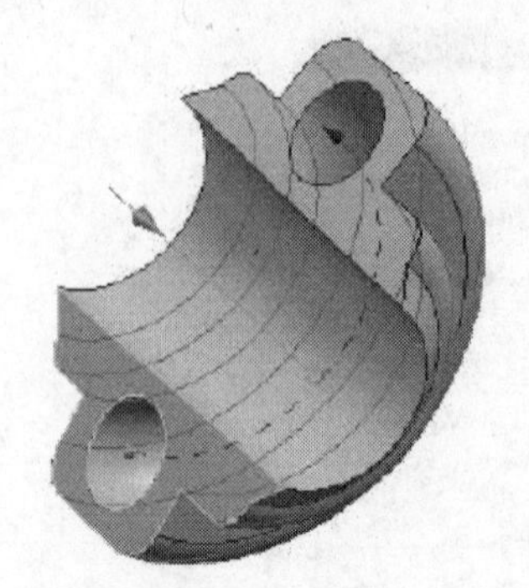

图 8-21 旋转一个封闭截面：实体

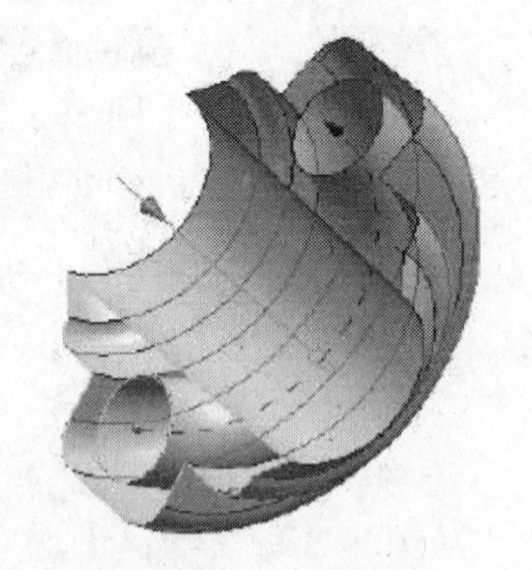

图 8-22 旋转一个封闭截面：片体

8.2 拉 伸

8.2.1 拉伸综述

利用 Extrude 命令在规定方向上、在线性距离内扫掠 2D 或 3D 曲线、边缘、面、草图或曲线特征，建立实体。

在 Feature 工具条上单击 Extrude 按钮，打开如图 8-23 所示的 Extrude 对话框。

如图 8-24 所示为拉伸实例。

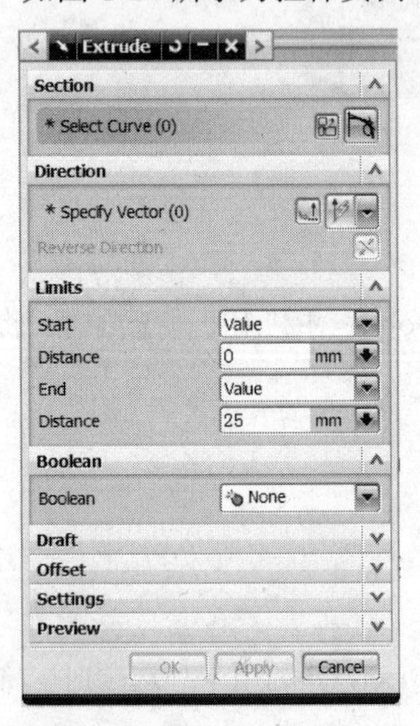

图 8-23 Extrude 对话框

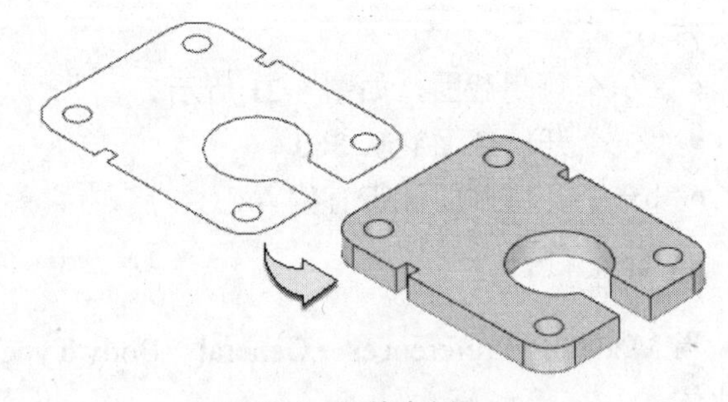

图 8-24 拉伸实例

8.2.2 建立简单拉伸特征

建立简单拉伸特征的操作步骤如下：

（1）单击 Extrude 按钮。

（2）选择草图、曲线或边缘作为截面。

注意：可利用 Selection 条帮助选择。

（3）规定拉伸方向。拉伸的默认方向为截面所在平面的法向。

（4）通过拖拽在图形窗口中的手柄或输入距离值规定起始和终止界限。

（5）选择 Boolean 类型。为了建立一个新实体，可选择 None；为了与一个已存实体组合特征，可选择一个其他 Boolean 类型。

（6）单击 Apply 或 OK 按钮建立拉伸特征。

【练习 8-2】　拉伸草图

在本练习中，将在距离和方向上拉伸已存草图，如图 8-25 所示。

第 1 步　从目录\Part_C8 中打开 extrude_1.prt，如图 8-26 所示。启动建模应用。

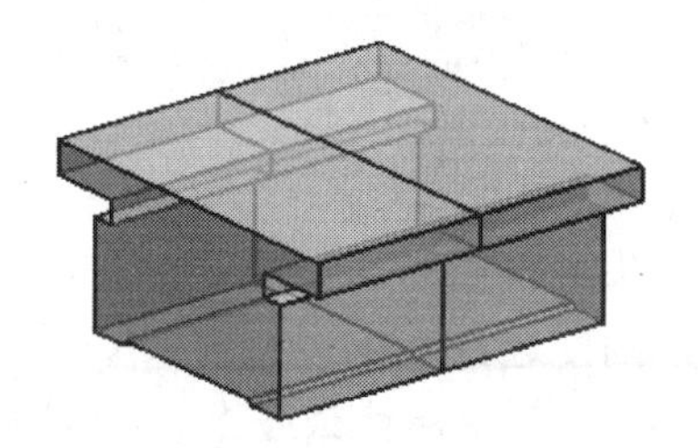

图 8-25　设计意图

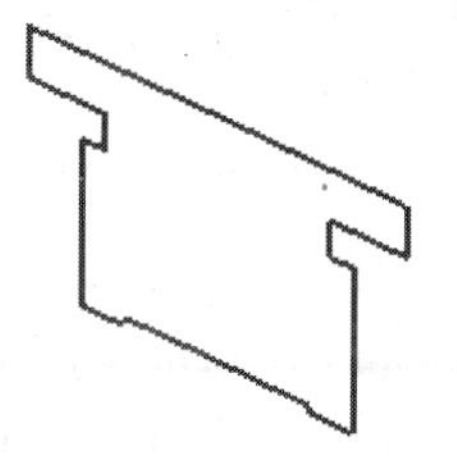

图 8-26　extrude_1.prt

第 2 步　拉伸草图。

- 在 Feature 工具条上单击 Extrude 按钮。
- 在 Selection 条上设置 Curve Rule 为 Feature Curve。
- 在图形窗口中选择 FRONT_PROFILE 草图。

注意：拉伸的默认方向为草图平面的法向。

- 在 Extrude 对话框的 End 下拉列表框中选择 Symmetric Value 选项。
- 在 Distance 文本框中输入 140 并按 Enter 键，如图 8-27 所示。
- 在 Boolean 组中确保 Boolean 设置为 None。
- 单击 OK 按钮，建立拉伸体，如图 8-28 所示。

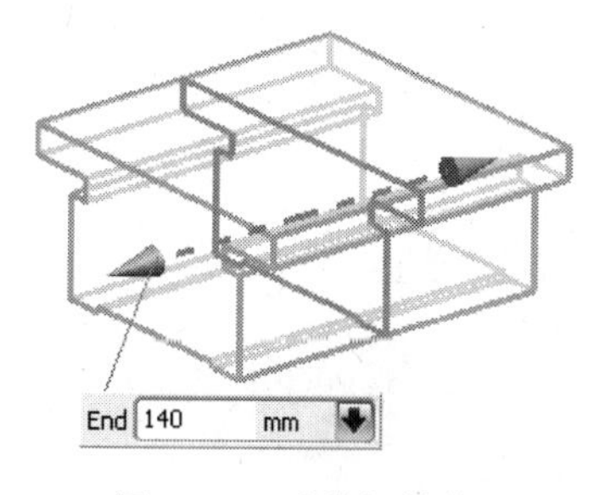

图 8-27　对称拉伸值

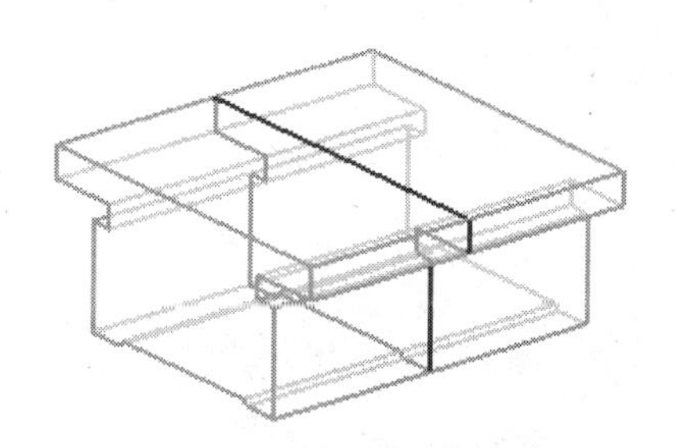

图 8-28　建立拉伸体

第 3 步　关闭部件。

【练习 8-3】 拉伸推断的布尔操作

在本练习中，将探索利用推断布尔方法。

第 1 步 打开部件。

- 从目录\Part_C8 中打开 extrude_infer.prt，如图 8-29 所示。
- 在 Feature 工具条上单击 Extrude 按钮。
- 在 Extrude 对话框的标题条上单击 Reset 按钮，设置所有选项为默认设置和值。

第 2 步 选择拉伸对象。

- 在 Section 组中 Select Curve 被激活，选择实体顶部的圆，如图 8-30 所示。

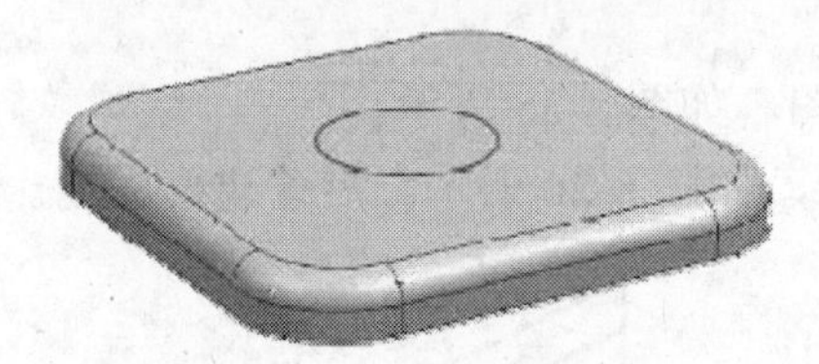

图 8-29 extrude_infer.prt

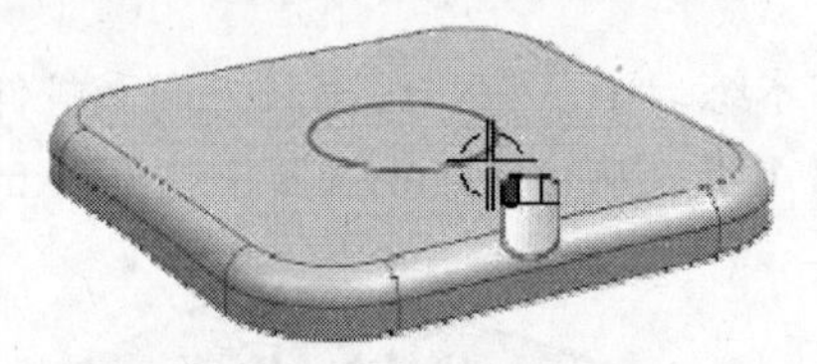

图 8-30 选择草图圆

- 确使拉伸值设置为 Start=0，End=25，如图 8-31 所示。
- 在 Boolean 组的 Boolean 下拉列表框中，确使选择 Inferred 选项。
- 在 Boolean 组的 Boolean 下拉列表框左边，注意现在什么被推断：Boolean (Unite)。

第 3 步 反转方向。

- 双击线性平移手柄，如图 8-32 所示。

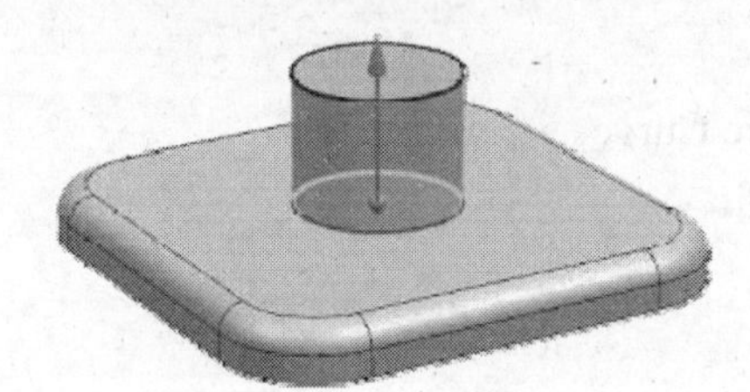

图 8-31 拉伸结果

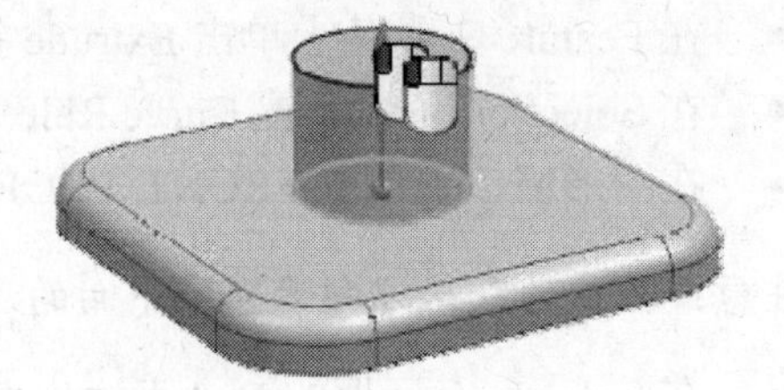

图 8-32 双击线性平移手柄

注意：在 Boolean 组的 Boolean 下拉列表框左边，注意现在什么被推断：Boolean (Subtract)。

- 单击 OK 按钮，如图 8-33 所示。

第 4 步 编辑拉伸。

- 在 Part Navigator 中双击(11)，如图 8-34 所示。

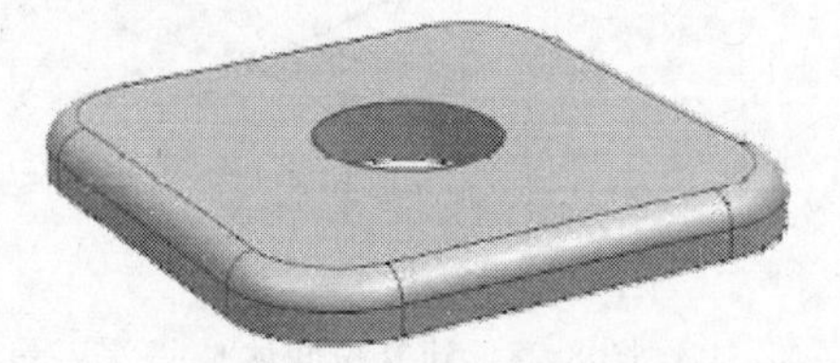

图 8-33 推断求减

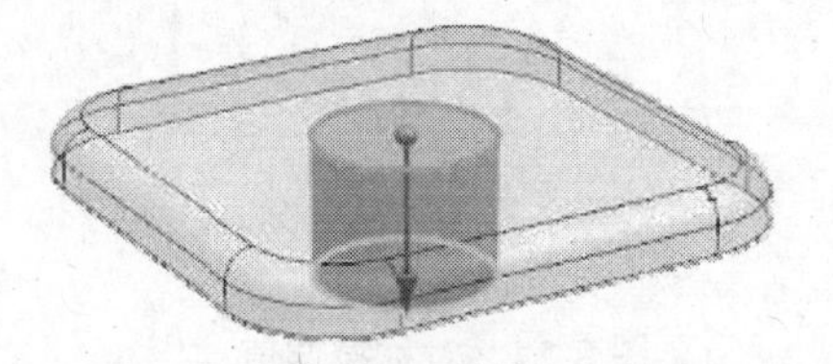

图 8-34 双击特征 11

- 在 Boolean 下拉列表框中选择 Inferred 选项。
- 双击线性平移手柄，如图 8-35 所示。

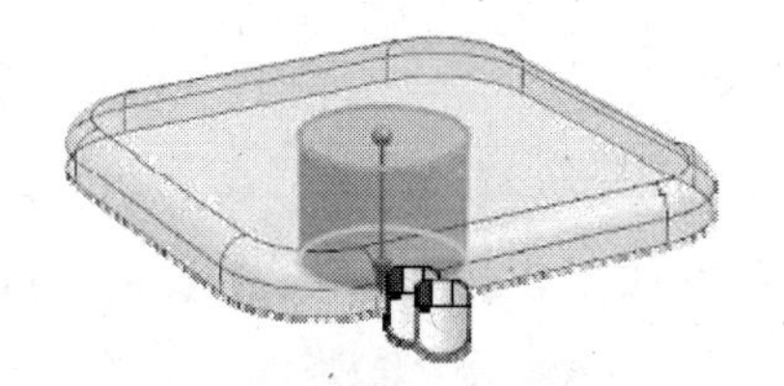
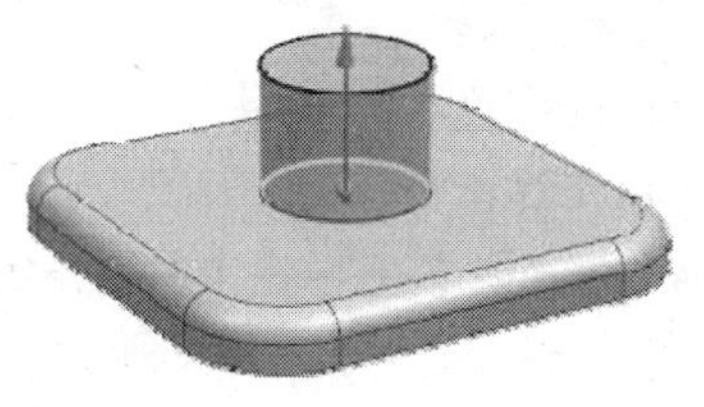

图 8-35　双击线性平移手柄

注意：现在什么被推断：Boolean (Unite)，如图 8-36 所示。

注意：现在什么被推断：Boolean (None)。

第 5 步　拖拽原点回到零。

- 拖拽原点手柄回到零，如图 8-37 所示。

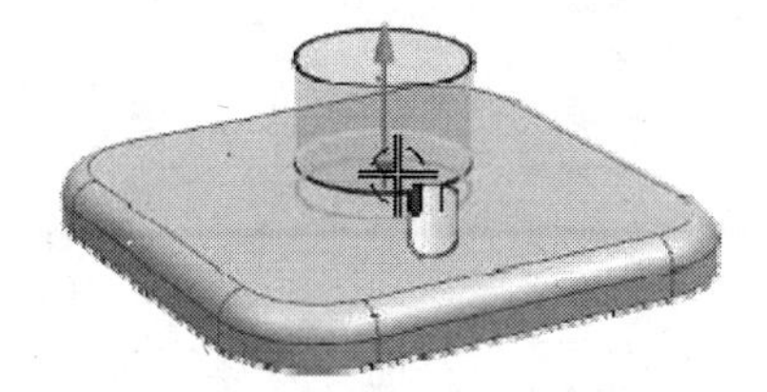

图 8-36　布尔操作（无）

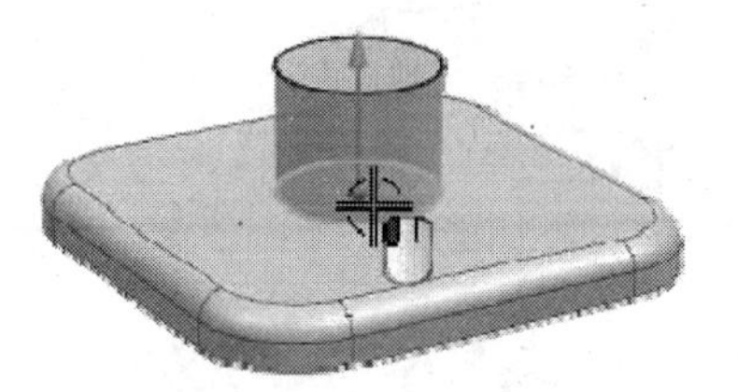

图 8-37　拖拽原点回到零

注意：现在什么被推断：Boolean (Unite)。

- 单击 OK 按钮，如图 8-38 所示。

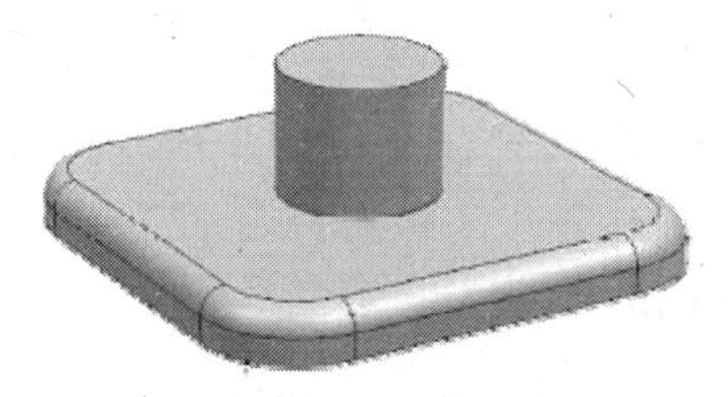

图 8-38　求和结果

- 关闭部件。

8.3　旋　　转

8.3.1　旋转综述

利用 Revolve 命令通过绕指定轴旋转曲线、草图、面或一个面的边缘截面跨过非零角度，建立特征。

如图 8-39 所示，旋转特征需要：

- 一个截面❶。
- 旋转轴位置与方向❷。
- 起始和终止角。

在 Feature 工具条上单击 Revolve 按钮，打开如图 8-40 所示的 Revolve 对话框。

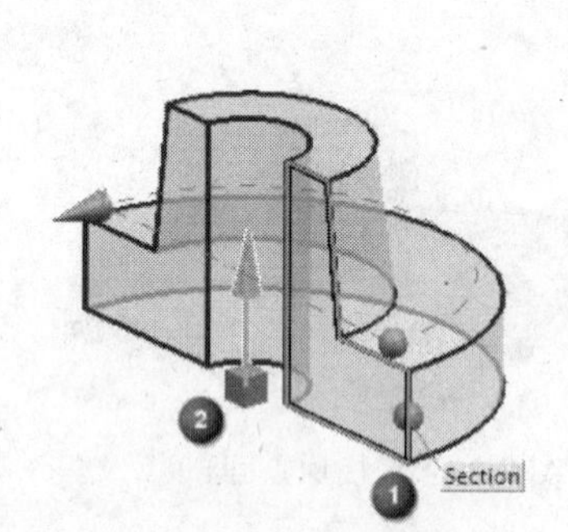

图 8-39 旋转实例

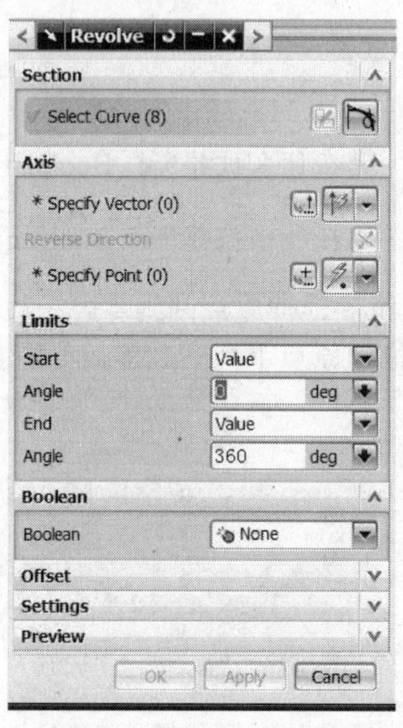

图 8-40 Revolve 对话框

提示： 也可以通过在图形窗口中右击草图，并在弹出的快捷菜单中选择 Revolve 命令来旋转草图截面。

注意： 如果截面跨过了旋转轴，可能会得到非预期的结果。

8.3.2 建立简单旋转特征

建立简单旋转特征的操作步骤如下：

（1）单击 Revolve 按钮。

（2）选择草图、曲线或边缘作为截面。

注意： 可利用 Selection 条帮助选择。

（3）单击鼠标中键或在 Revolve 对话框的 Axis 组内单击 Specify Vector。

（4）通过下列操作之一规定旋转轴：

- 在图形窗口中选择曲线、边缘、相对基准轴或平面，绕它旋转截面。
- 利用 Revolve 对话框中 Axis 组内的矢量方法或 Vector Constructor 定义旋转轴。如果规定的矢量没有默认指定的点，需要利用 Specify Point 或 Point Constructor 定义一个点。

（5）拖拽图形窗口中的手柄或输入角度值规定起始和终止界限。

（6）选择 Boolean 类型。为了建立新实体，可选择 None；为了与已存实体组合特征，可选择一个其他 Boolean 类型。

（7）单击 Apply 或 OK 按钮建立旋转特征。

【练习 8-4】 旋转草图

在本练习中，将旋转一个已存草图，并从已存实体上减去它，如图 8-41 所示。

第 1 步 从目录\Part_C8 中打开 revolve_1.prt，如图 8-42 所示。启动建模应用。

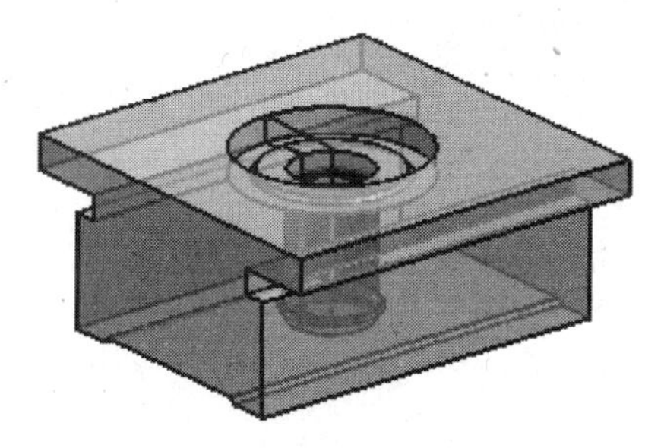

图 8-41 设计意图

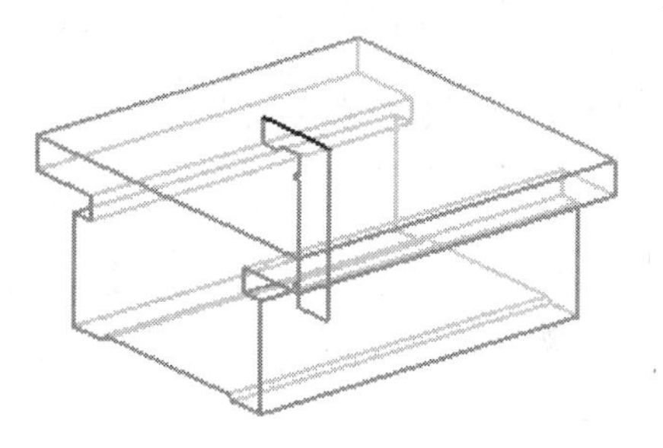

图 8-42 revolve_1.prt

第 2 步 旋转草图。

- 在 Feature 工具条上单击 Revolve 按钮。
- 在 Selection 条上设置 Curve Rule 为 Feature Curve。
- 在图形窗口中选择 CENTER_BORE 草图，如图 8-43 所示。
- 单击鼠标中键前进到下一步规定 Axis。
- 在图形窗口中选择垂直直线，如图 8-44 所示。

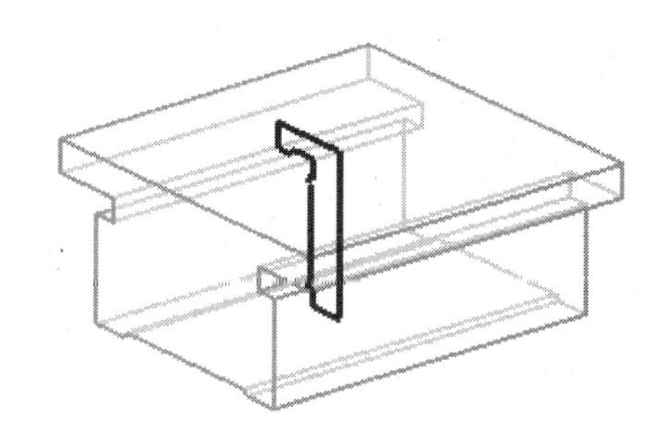

图 8-43 选择截面

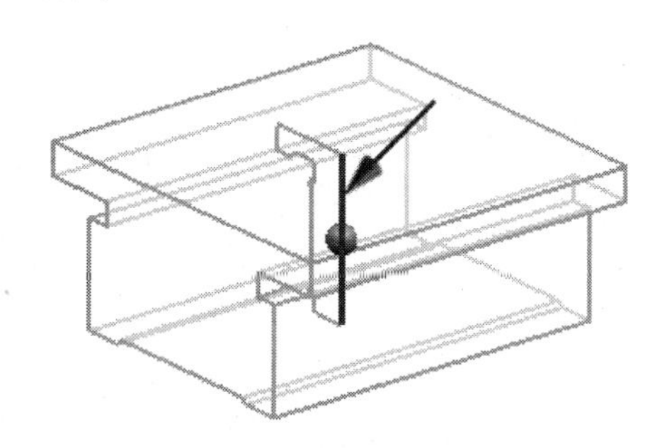

图 8-44 选择垂直直线

- 在 Limits 组中设置下列值：
  - ➢ Start Value：Angle=0。
  - ➢ End Value：Angle=360。
- 在 Boolean 组的下拉列表框中选择 Subtract 选项。
- 单击 OK 按钮。

第 3 步 改变渲染式样。

- 在图形窗口中右击空白处，并在弹出的快捷菜单中选择 Rendering Style→Shaded with Edges 命令，结果部件如图 8-45 所示。

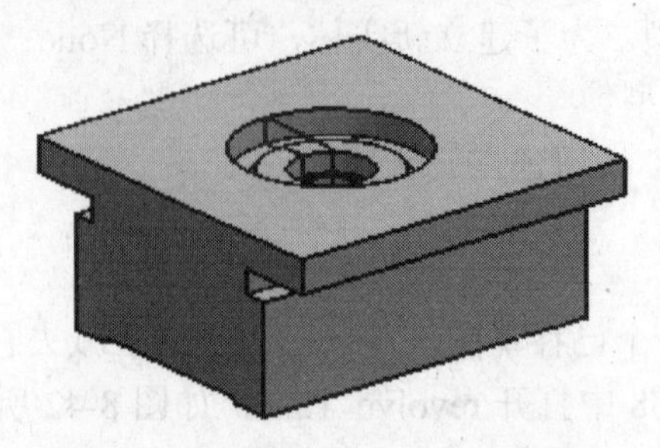

图 8-45 渲染显示的最终部件模型

第 4 步 不储存关闭部件。

8.4 沿引导线扫掠

8.4.1 沿引导线扫掠综述

利用 Sweep Along Guide 命令沿一条由一个或一系列曲线、边缘或面形成的引导线串（轨迹）扫掠一个截面来建立特征，截面可以是开口或封闭的边界草图、曲线、边缘或面。

如图 8-46 所示，沿引导线扫掠特征需要：

- 截面❶。
- 路径❷。

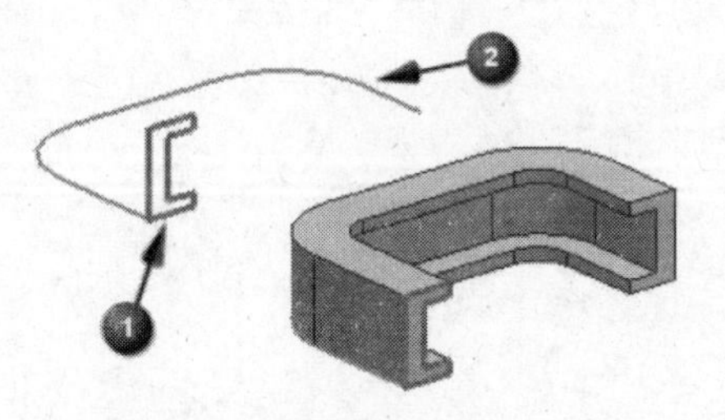

图 8-46 沿引导线扫掠特征实例

注意：仅允许选择一条截面线串和一条引导线串。

如果有一条光顺的 3D 引导线串，或者要控制内插、比例或方向等，可利用 Insert→Sweep→Swept 命令代替。

沿引导线扫掠命令独特的有用特性是可以沿一条含有尖拐角的引导线串扫掠截面。

在 Feature 工具条上单击 Sweep Along Guide 按钮，打开如图 8-47 所示的 Sweep Along Guide 对话框。

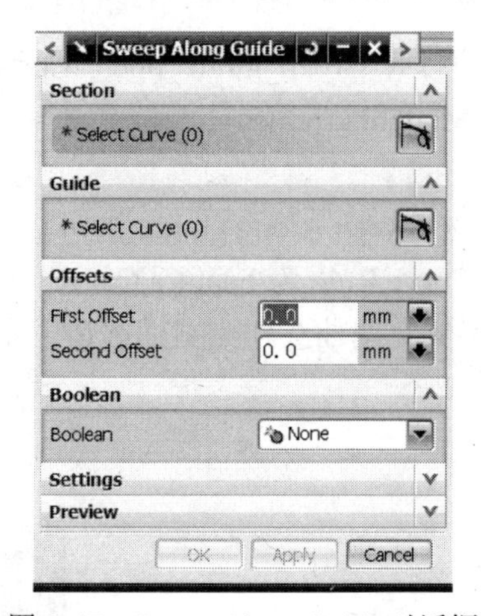

图 8-47 Sweep Along Guide 对话框

8.4.2 建立沿引导线扫掠特征

建立沿引导线扫掠特征的操作步骤如下：

（1）单击 Sweep Along Guide 按钮。

（2）选择截面曲线或边缘。

注意：可利用 Selection 条帮助选择。

（3）单击鼠标中键或单击对话框中 Guide 组内的 Select Curve。

（4）选择引导曲线或边缘。

注意：可利用 Selection 条帮助选择。

（5）选择 Boolean 类型。为了建立新实体，可选择 None；为了与已存实体组合特征，可选择一个其他 Boolean 类型。

（6）单击 Apply 或 OK 按钮建立沿引导线扫掠特征。

【练习 8-5】 沿开口引导线串扫掠

在本练习中，将通过沿引导线扫掠草图截面，如图 8-48 所示。

- 沿开口引导线扫掠闭合截面来建立实体。

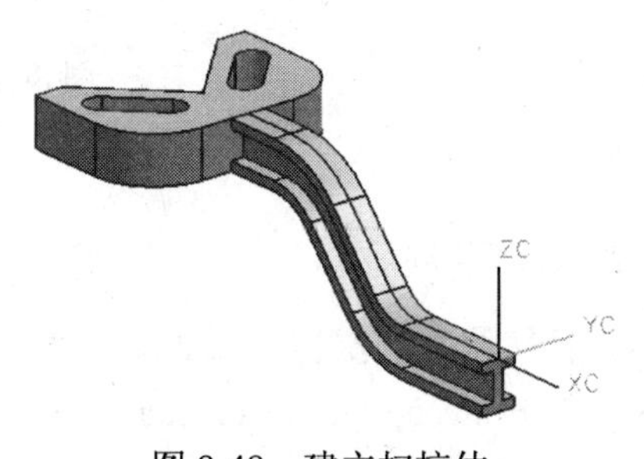

图 8-48 建立扫掠体

第 1 步 从目录\Part_C8 中打开 sweep_guide_open_1.prt，如图 8-49 所示，部件含有一个实体与两个可见草图。启动 Modeling 应用。

第 2 步 建立扫掠特征。

- 在 Feature 工具条上单击 Sweep Along Guide 按钮。
- 在 Selection 条上设置 Curve Rule 为 Feature Curve。
- 在图形窗口中选择工字梁草图曲线作为截面线串，如图 8-50 所示。

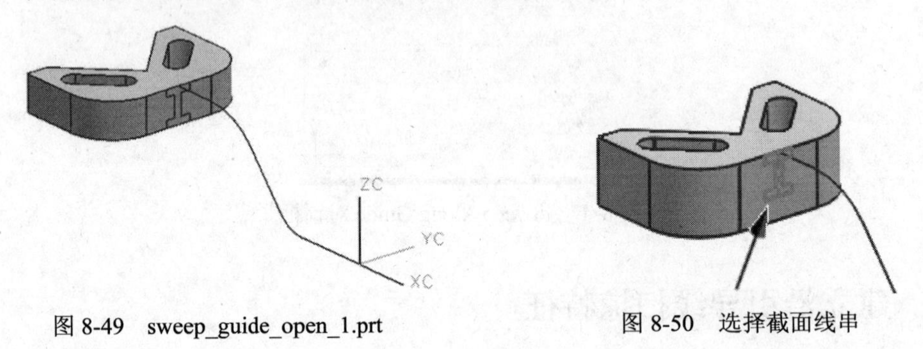

图 8-49 sweep_guide_open_1.prt　　图 8-50 选择截面线串

注意：工字梁是草图特征，因而工字梁中除参考线外的所有曲线同时被选中。

- 单击 OK 按钮。
- 在 Selection 条上设置 Curve Rule 为 Feature Curve。
- 选择曲线作为引导线串，如图 8-51 所示。
- 单击 OK 按钮。
- 在 Sweep Along Guide 对话框中设置 First Offset 和 Second Offset 为 0（零）。
- 在 Boolean 组的下拉列表框中选择 Unite 选项。
- 单击 OK 按钮，建立沿开口线串扫掠特征，结果如图 8-52 所示。

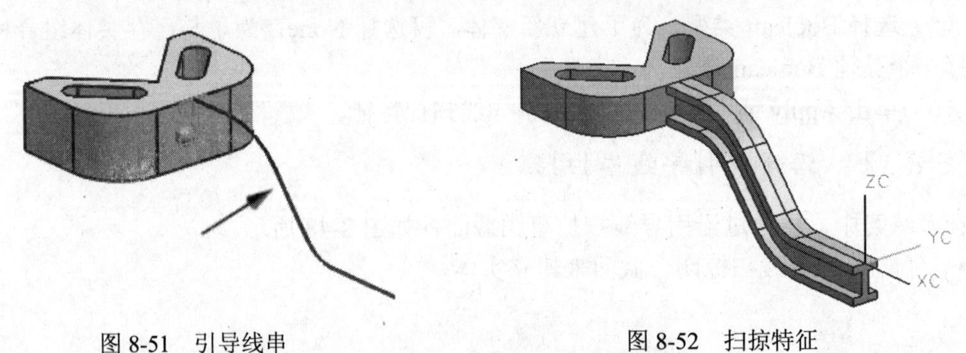

图 8-51 引导线串　　图 8-52 扫掠特征

第 3 步 不储存关闭部件。

【练习 8-6】 沿闭合引导线串扫掠

在本练习中，将沿封闭的引导线串扫掠开口截面线串来建立实体。

第 1 步 从目录\Part_C8 中打开 sweep_guide_closed_1.prt，如图 8-53 所示。启动 Modeling 应用。

第 2 步　建立扫掠特征。

- 在 Feature 工具条上单击 Sweep Along Guide 按钮。
- 在 Selection 条上设置 Curve Rule 为 Feature Curve。
- 选择开口的轮廓草图作为截面线串，如图 8-54 所示。

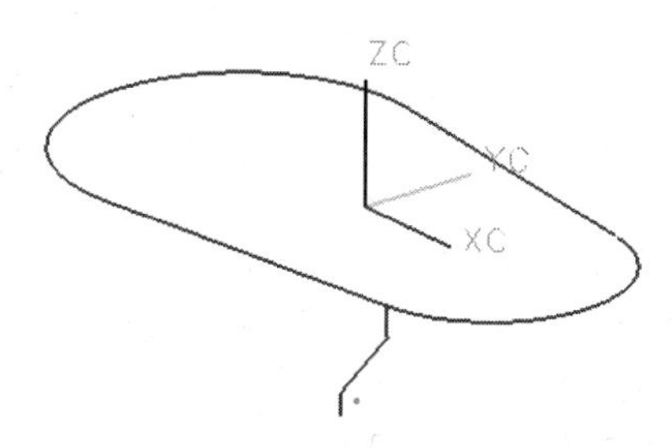

图 8-53　sweep_guide_closed_1.prt

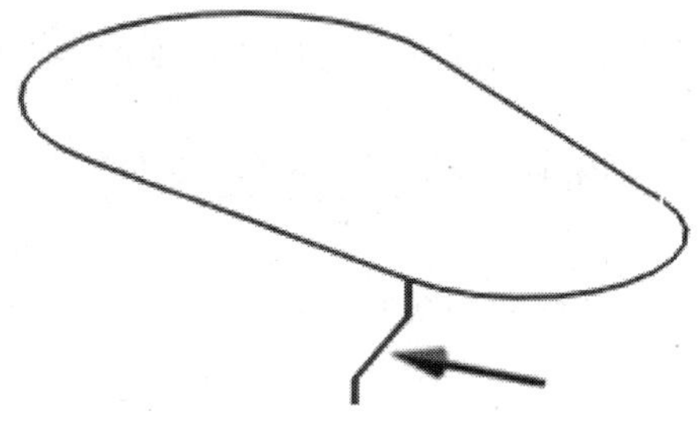

图 8-54　选择截面线串

- 单击 OK 按钮。
- 选择封闭的轮廓草图作为引导线串，如图 8-55 所示。
- 单击 OK 按钮。
- 在 Sweep Along Guide 对话框中设置 First Offset 和 Second Offset 为 0（零）。
- 单击 OK 按钮。

开口截面线串沿引导线串全长扫掠。因为片体的开口端是平面，所以它们自动地封口并产生实体，如图 8-56 所示。

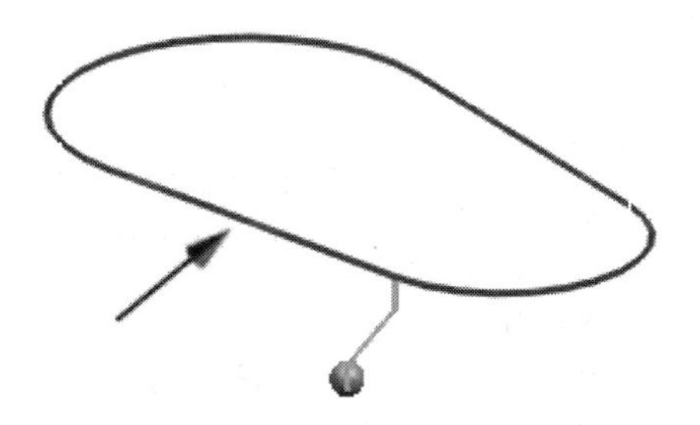

图 8-55　选择引导线串

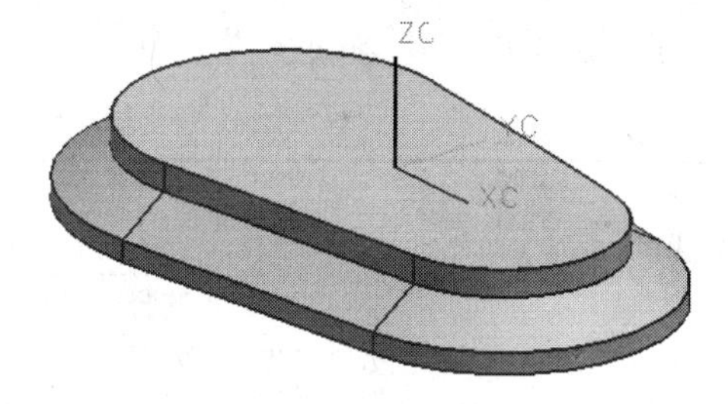

图 8-56　建立实体

沿引导线串扫描功能可用于沿引导线串扫描任一截面线串。

第 3 步　（可选项）取消刚建立的实体，规定 0.25 朝向曲线外侧的单偏置，再次建立实体，此时部件应类似图 8-57 所示。

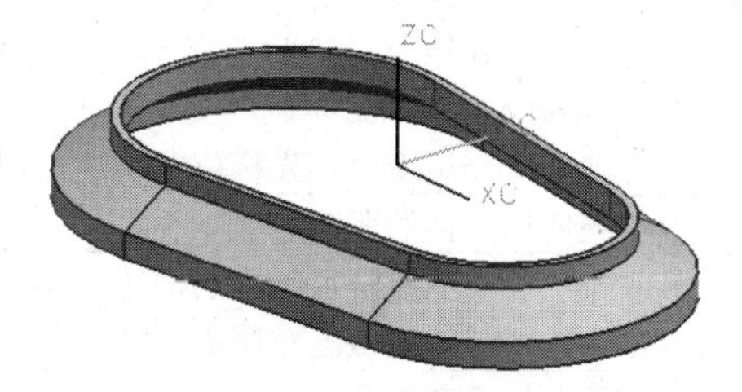

图 8-57　建立壳体

第 4 步　不储存关闭部件。

8.5 选择意图选项

本节介绍选择意图在扫掠特征操作中的应用。

8.5.1 选择意图与曲线规则

当选择截面曲线时，可以利用图 8-58 所示 Selection 条上的规则。

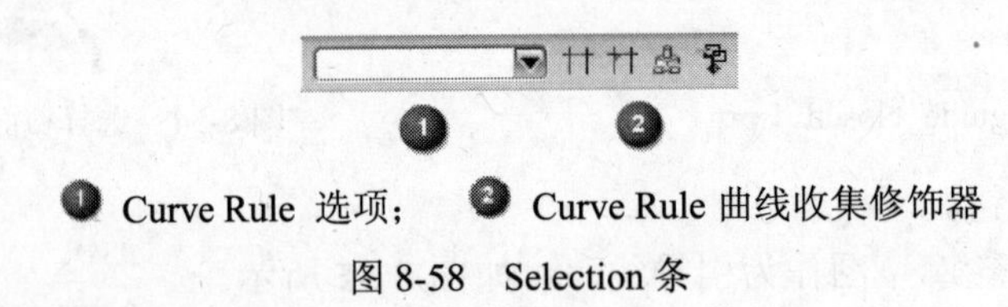

❶ Curve Rule 选项； ❷ Curve Rule 曲线收集修饰器

图 8-58 Selection 条

利用如下规则帮助选择曲线或边缘：

- 需要比单独一次选择它们更少的步骤。
- 当仅需曲线的某些部分时。
- 当规则能决定在多条曲线相交时选取哪一个分支。
- 当将来模型升级或编辑时，可以改变轮廓中的曲线数。

曲线规则选项描述如表 8-1 所示。

表 8-1 曲线规则选项描述

选　项	描　述
Single Curve（单个曲线）	没有规则，个别地选择一个或多个曲线或边缘
Connected Curves（连接的曲线）	选择一个共享端点的曲线或边缘链 如果成链曲线是非相关的，无规则作用。对模型编辑后添加曲线，若不再形成单个链，此规则不会增长或缩短链
Tangent Curves（相切曲线）	选择相切的曲线或边缘链 如果成链曲线是非相关的，无规则作用。对模型编辑后添加曲线，若不再形成单个链，此规则不会增长或缩短链 编辑后不再相切的非相关的曲线不被取消
Face Edges（面边缘）	收集所选面含有的所有边缘 如果已经使用另一规则选择了一个边缘，可以选择相邻面来定义使用 Add All of Face 规则的集合 当选择一个边缘时，光标位置将决定哪个面被选择
Sheet Edges（片体边缘）	收集所选片体的所有边缘
Feature Curves（特征曲线）	收集所有从曲线特征输出的曲线，如草图或任何其他曲线特征
Region Boundaries（区域边界）	单击选择封闭区域的轮廓
Infer Curves（推断曲线）	使用默认的意图方法作为选择对象的类型 例如，在 Extrude 命令中，如果选择曲线默认将是 Feature Curves；如果选择边缘默认将是 Single

曲线收集修饰器选项描述如表 8-2 所示。

表 8-2　曲线收集修饰器选项描述

选　　项	描　　述
Stop at Intersection（在交点停止）	规定自动成链停止在线框交点处
Follow Fillet（跟随圆角）	在构造截面时自动地跟随并留下圆角或圆形曲线
China within Feature（在特征内成链）	限制成链仅从曲线的父特征中收集曲线
Path Selection（路径选择）	用最小选择数，在复杂曲线和边缘的网格中连续路径。对所有基于截面的命令有效

【练习 8-7】　推断的曲线选择

在本练习中，将拉伸曲线链和部分曲线来建立实体，如图 8-59 所示。

第 1 步　打开部件，启动拉伸。

- 从目录\Part_C8 中打开 chain_curves.prt，如图 8-60 所示。

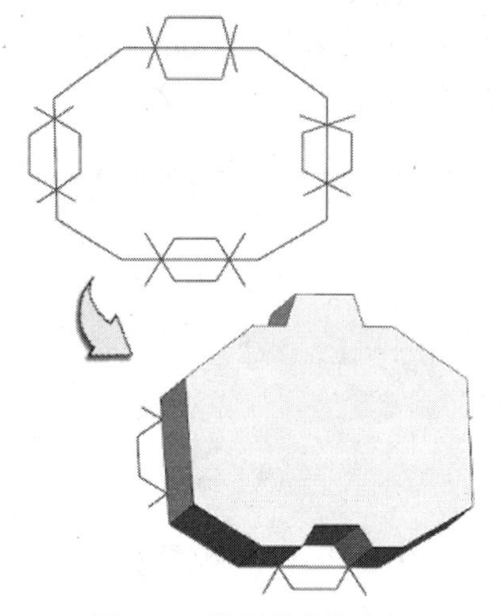

图 8-59　推断的曲线选择

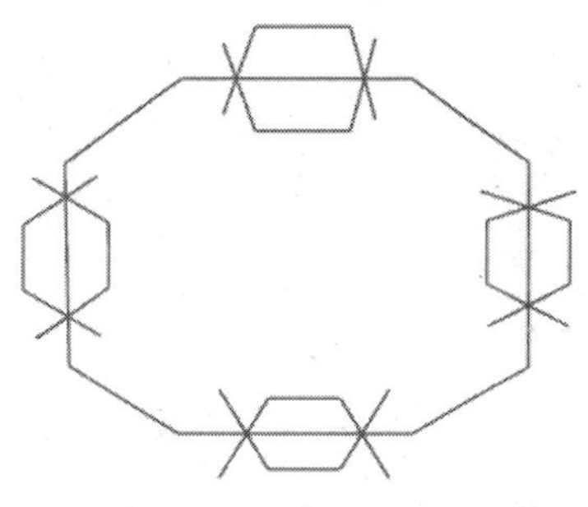

图 8-60　chain_curves.prt

- 在 Features 工具条上单击 Extrude 按钮。
- 在 Extrude 对话框中的 Limits 组中，将 Start 和 End 设置为 Value，并相应地输入 0 和 25。
- 在 Settings 组中确使 Body Type 设置为 Solid。

第 2 步　启动选择截面。

- 从 Curve Rule 列表中选择 Connected Curves 选项。
- 在 Selection 条上单击 Path Selection 按钮激活它。
- 不激活 Stop at Intersection 按钮。
- 在 Extrude 对话框中 Select Curve 被激活，选择链中的第一条曲线，如图 8-61 所示。

第 3 步　探究链。

- 移动鼠标在部件中的其他曲线上，看哪些曲线段高亮，如图 8-62 所示。

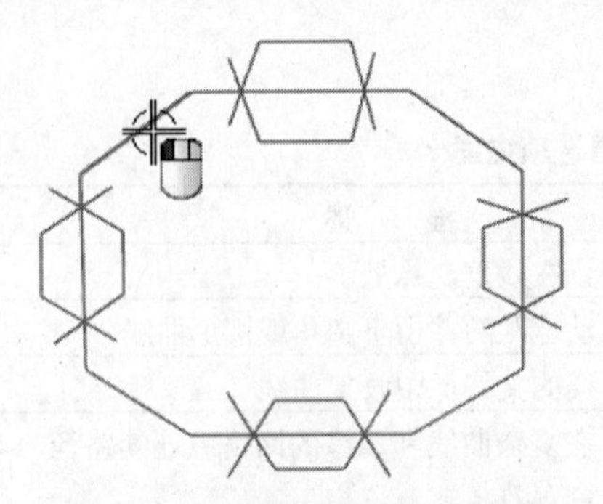

图 8-61 选择链中的第一条曲线

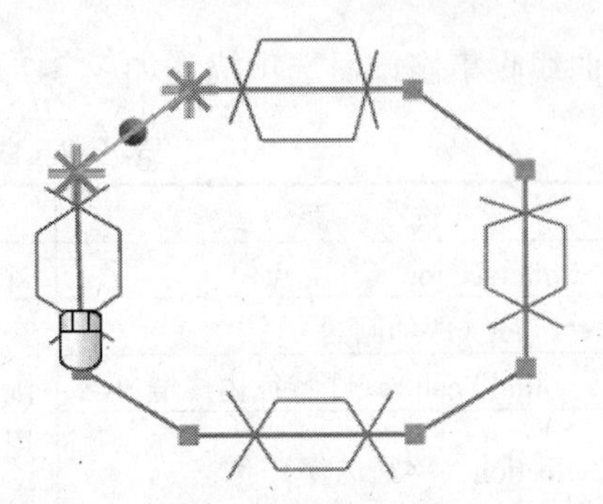

图 8-62 移动光标

- 当上述指示曲线预高亮时，选择光标所处的曲线，如图 8-63 所示。
- 单击 OK 按钮。

第 4 步 不选截面链的部分。

- 在图形窗口或部件导航器中双击拉伸。
- 在 Selection 条上单击 Stop at Intersection 按钮激活它。
- 确使 Path Selection 按钮仍是激活状态，设置 Curve Rule 为 Connected Curves。
- 不选截面链的部分（shift-select），如图 8-64 所示。

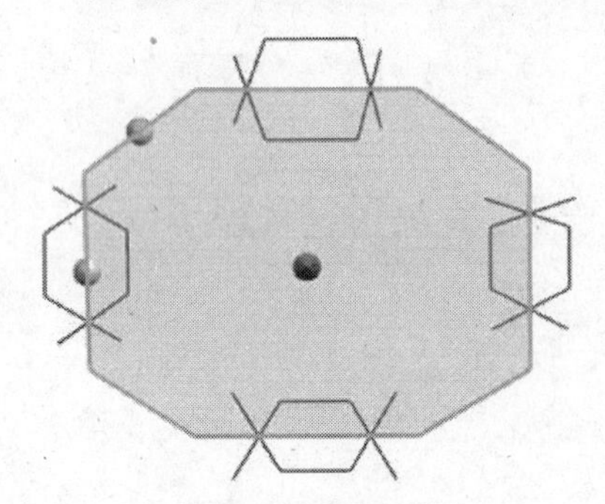

图 8-63 选择曲线

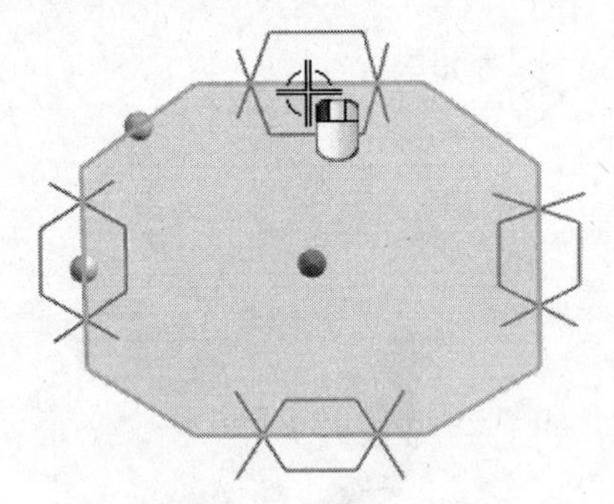

图 8-64 不选截面链的部分

第 5 步 选择新曲线。

- 选择曲线链的起始部分，如图 8-65 所示。
- 选择曲线链的终止部分，如图 8-66 所示。监视预高亮，确认选择了正确的线。

图 8-65 选择曲线链的起始部分

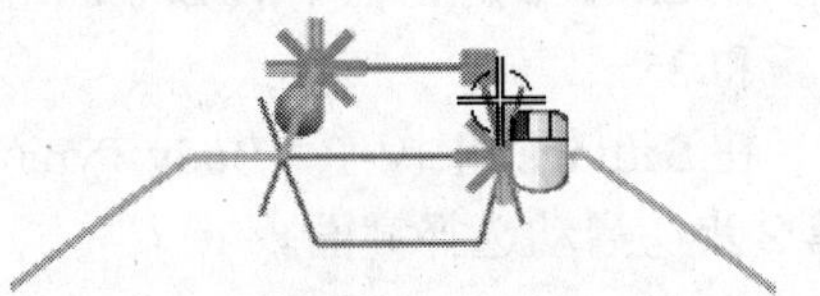

图 8-66 选择曲线链的终止部分

注意： 选择哪些曲线，在何处选择它们控制链的方向。关键是监视哪些线段预高亮，然后选择预高亮的便选择了正确的线段。

- 查看结果，如图 8-67 所示。

第 6 步 不选底部曲线的中间部分，如图 8-68 所示。

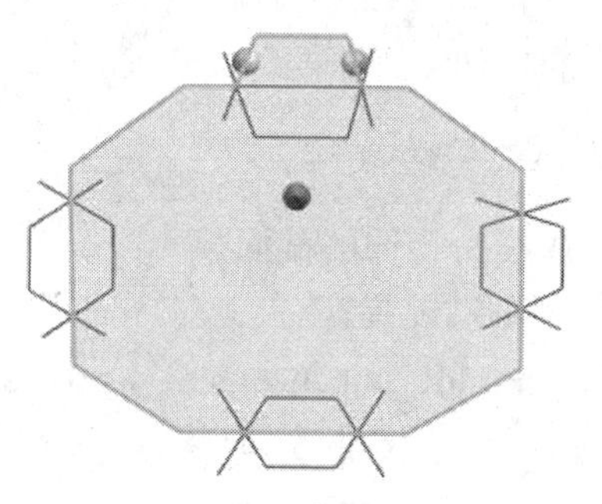

图 8-67 查看结果

- 选择新链的起始部分，如图 8-69 所示。

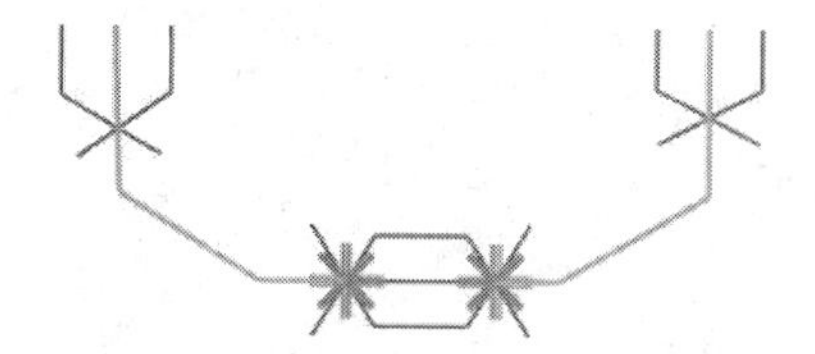

图 8-68 不选底部曲线的中间部分

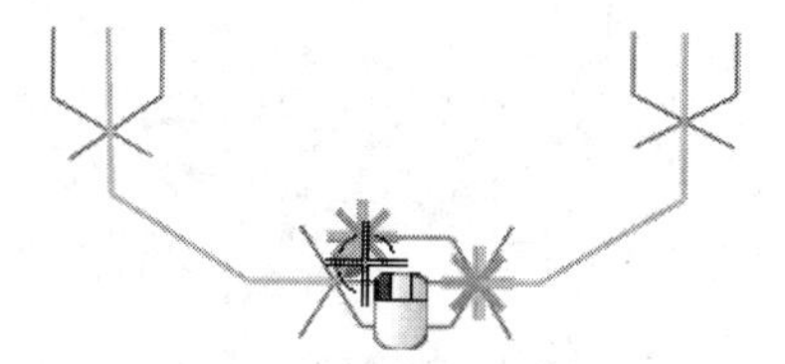

图 8-69 选择新链的起始部分

- 选择新链的终止部分，如图 8-70 所示。

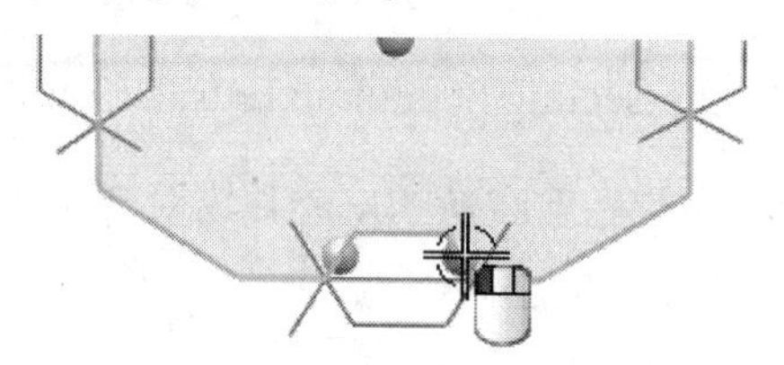

图 8-70 选择新链的终止部分

- 单击 OK 按钮，结果如图 8-71 所示。

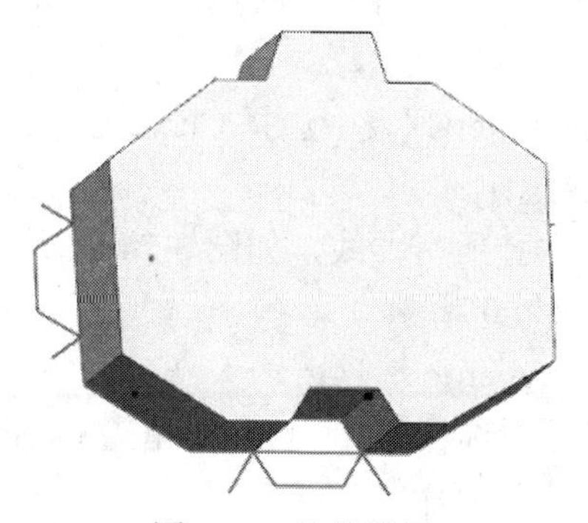

图 8-71 拉伸结果

- 关闭部件。

8.5.2 作用选择意图到有相交曲线或多环的截面

可以利用自相交截面（其处截面曲线彼此相交），建立单个拉伸特征。如图 8-72 所示，利用上图中的草图构建下图中的拉伸特征。

【练习 8-8】 拉伸相交曲线

在本练习中，将拉伸相交曲线为拉伸的截面。

第 1 步 打开部件，检查参数预设置。

- 从目录\Part_C8 中打开 extrude_enhancement_1.prt，如图 8-73 所示。

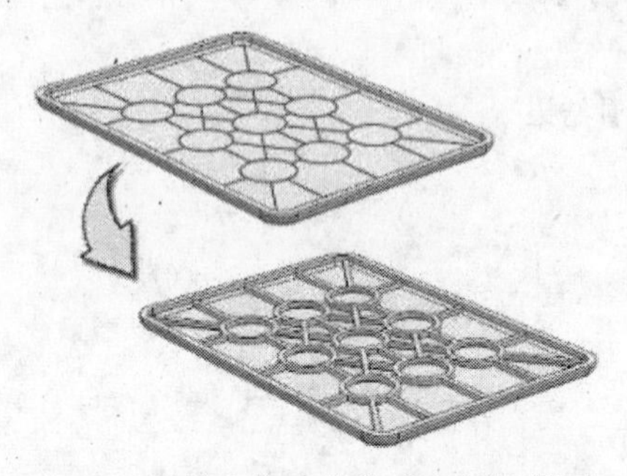

图 8-72 拉伸有相交曲线或多环的截面

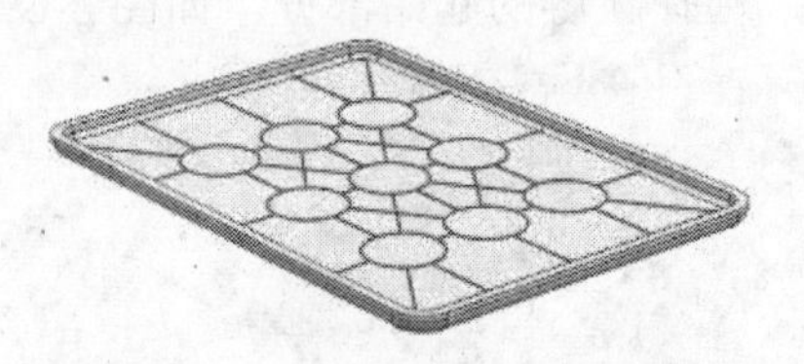

图 8-73 extrude_enhancement_1.prt

- 选择 File→Utilities→Customer Defaults→Modeling→General 命令和 Miscellaneous 选项卡。
- 确使选中 Allow Self-intersecting Section in Extrude Feature 复选框。

注意：如果已选中复选框，需要重启动 NX 和再次打开部件。

- 单击 Cancel 按钮。

第 2 步 启动拉伸。

- 在 Feature 工具条上单击 Extrude 按钮。
- 在 Selection 条的 Curve Rule 列表中选择 Infer Curves、Connected Curves 或 Single Curve 选项。
- 在 Selection 条的 Type Filter 列表中选择 Curve 选项。

第 3 步 选择曲线，完成拉伸。

- 利用矩形（或套索）选择所有曲线，如图 8-74 所示。
- 设置 Start 和 End 分别为 0 和 3。
- 在 Offset 组中选择 Symmetric 选项，输入-1.5 作为 Start 和 End 的值。
- 在 Boolean 下拉列表框中选择 Unite 选项，单击 OK 按钮，结果如图 8-75 所示。

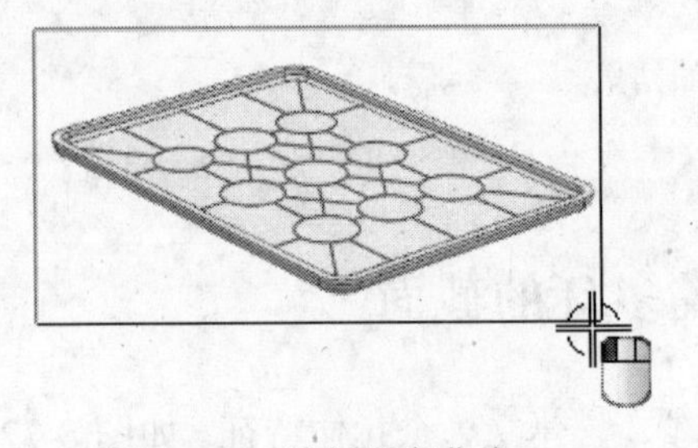

图 8-74 选择所有曲线

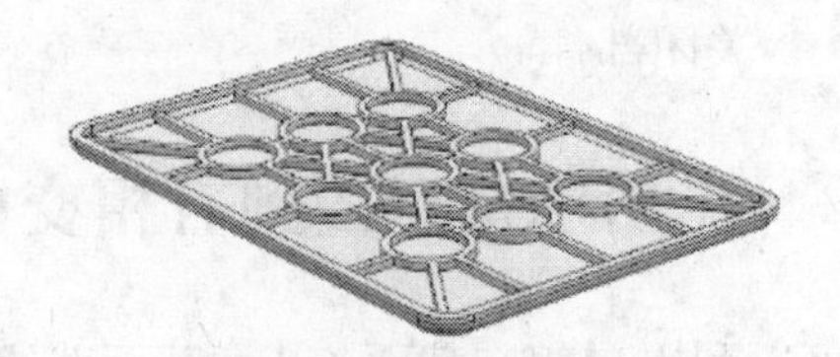

图 8-75 完成的模型

- 关闭部件。

8.6　带偏置的拉伸

本节介绍偏置在扫掠特征操作中的应用。
Offset 选项为拉伸和旋转截面规定一到两个偏置轮廓。
表 8-3 列出了偏置选项的描述。

表 8-3　偏置选项描述

选　　项	描　　述
None（无）	无偏置建立
Single-Sided（单侧）	加一单侧偏置
Two-Sided（双侧）	用不同的起始和终止值加二侧偏置
Symmetric（对称）	用相同起始和终止值加二侧偏置
Start（起始）	在规定的从截面测量的值处开始偏置
End（终止）	在规定的从截面测量的值处终止偏置

1. 双侧偏置示例

起始和终止值可以是正或负。正方向通过 End Offset 命令拖拽手柄显示。
起始偏置为零、终止偏置为正，如图 8-76 所示。
起始偏置为零、终止偏置为负，如图 8-77 所示。

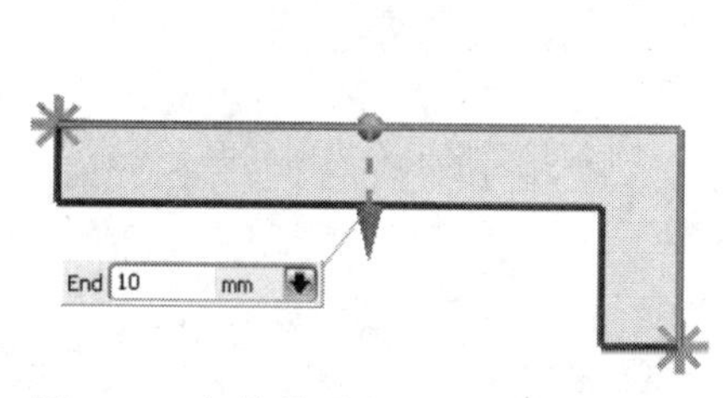

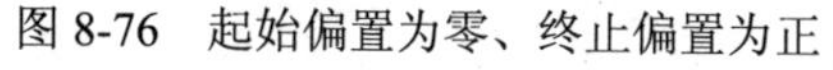

图 8-76　起始偏置为零、终止偏置为正

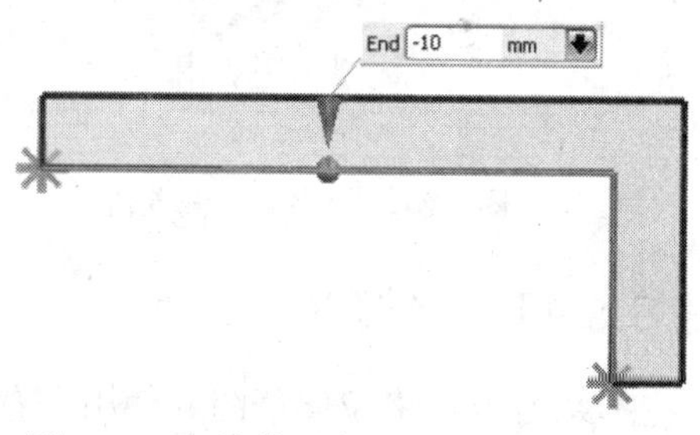

图 8-77　起始偏置为零、终止偏置为负

起始偏置为负、终止偏置为正，如图 8-78 所示。

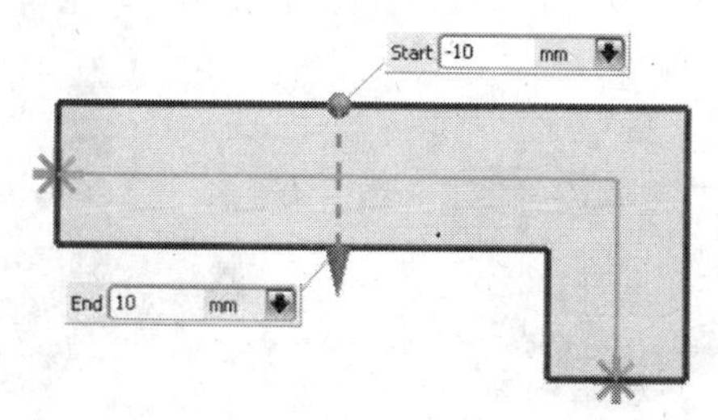

图 8-78　起始偏置为负、终止偏置为正

2. 单侧偏置示例

该单侧偏置的例子是基于对图 8-79 所示截面的偏置。

（1）偏置值过大

如果终止值变得很大以至建立自相交体，将不出现预览，如图 8-80 所示（图中①为偏置方向）。

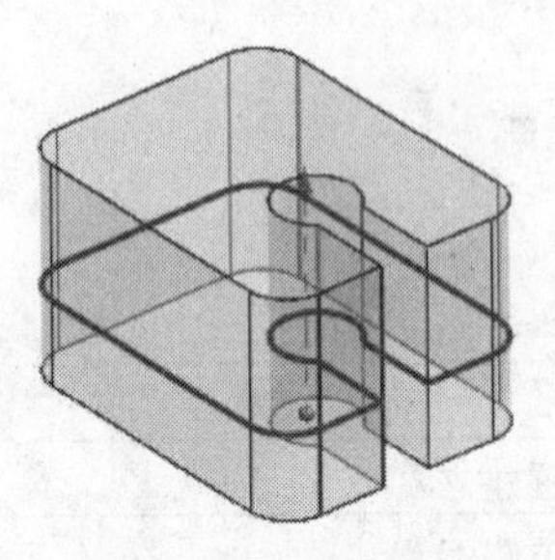

图 8-79　单偏置

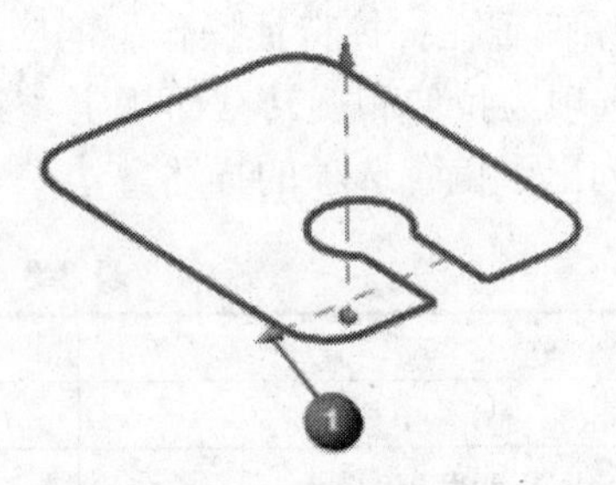

图 8-80　偏置值过大

（2）较小的正偏置

在图 8-81 示例中，偏置是正的，并且其值足够小、支持预览，偏置体是有效的。

（3）负的偏置

在图 8-82 示例中，偏置是负的，并且其值足够小、支持预览，偏置体是有效的。

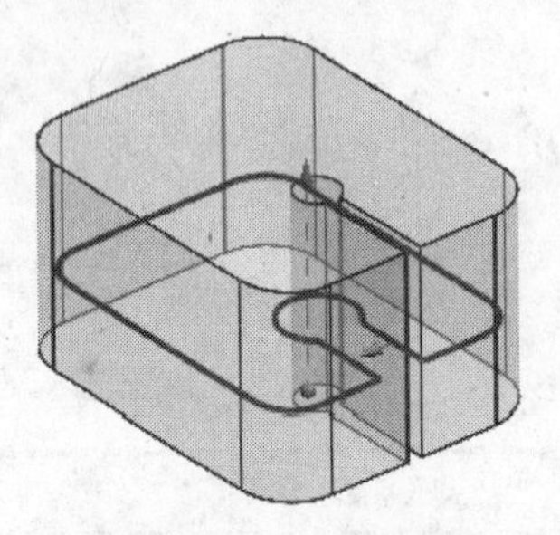

图 8-81　较小的正偏置值

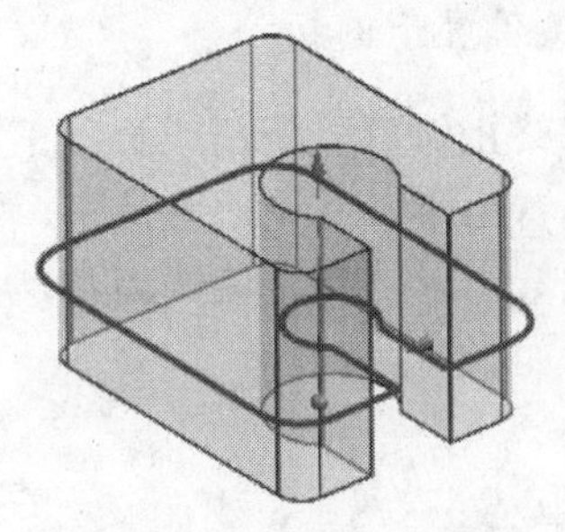

图 8-82　较小的负偏置值

【练习 8-9】　带偏置的拉伸

在本练习中，将拉伸草图并使用偏置值。

设计意图：如图 8-83 所示，添加管子与法兰特征到已存的三角形基座。

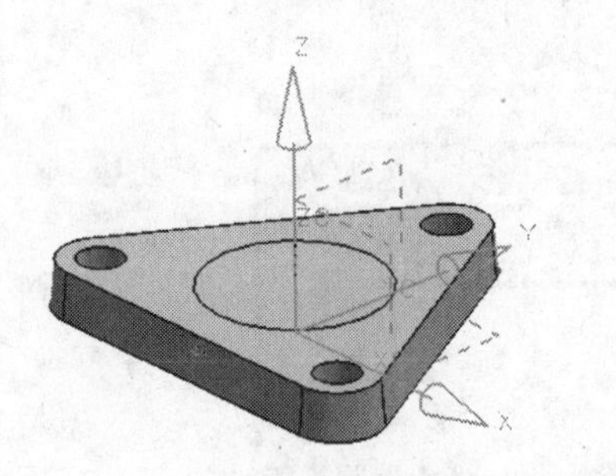

图 8-83　设计意图

第 1 步 从目录\Part_C8 中打开 swept_extrude_1.prt，如图 8-84 所示。

第 2 步 通过带偏置的拉伸建立管子。

- 在 Feature 工具条上单击按钮。
- 选择内侧大圆为截面线串。
- 在 Limits 组中对 Start Value 确认 Distance 为 0（零）。
- 对 End Value，在 Distance 文本框中输入 2.5 并按 Enter 键。
- 改变 Boolean 为 Unite。

设计意图： 需要一个厚壁为 0.25 的管子从草图圆开始沿+ZC 延伸，草图圆为外侧直径。

- 在 Offset 组中选择 Two Sided。
- 设置 Start 为 0 并按 Enter 键。
- 设置 End 为-0.25 并按 Enter 键。

小心： 如果偏置的拖拽手柄指向部件中心，用 0.25 代替-0.25。

- 单击 Apply 按钮，结果如图 8-85 所示。

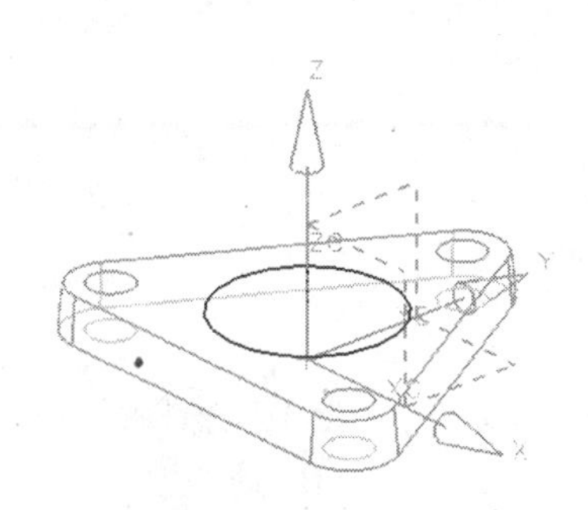

图 8-84 swept_extrude_1.prt

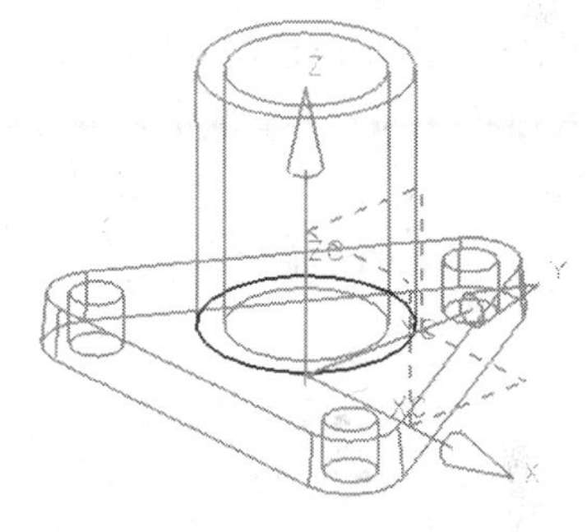

图 8-85 建立管子

第 3 步 在管的顶部建立法兰。

注意： 因为使用 Apply，Extrude 对话框将保持打开。

- 在 Selection 条上设置 Curve Rule 为 Single Curve。
- 选择圆管拉伸体顶部外侧边缘，如图 8-86 所示。
- 如果拉伸方向朝上，在 Extrude 对话框的 Direction 组中单击 Reverse Direction 按钮。
- 在 Limits 组中，设置 End 为 0.25 并按 Enter 键。
- 在 Boolean 组中选择 Unite。
- 在 Offset 组中选择 Two Sided。
- 设置 Start 为 0 并按 Enter 键。
- 设置 End 为 0.25 并按 Enter 键。
- 单击 Apply 按钮。

提示： 选择的边缘将从它的原点开始，法向于它的建立平面被拉伸到距离 0.25。结果如图 8-87 所示。

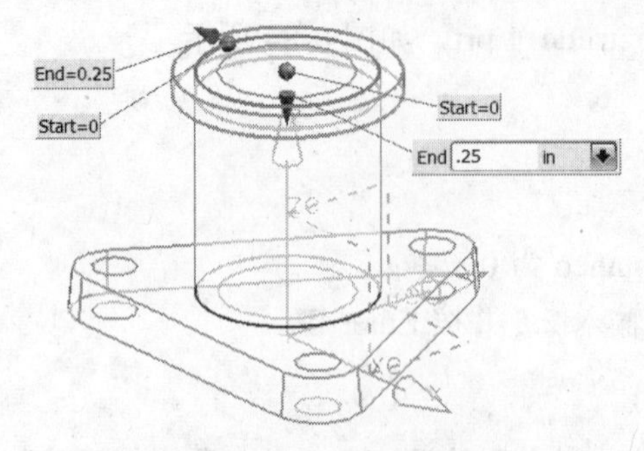

图 8-86　建立法兰参数

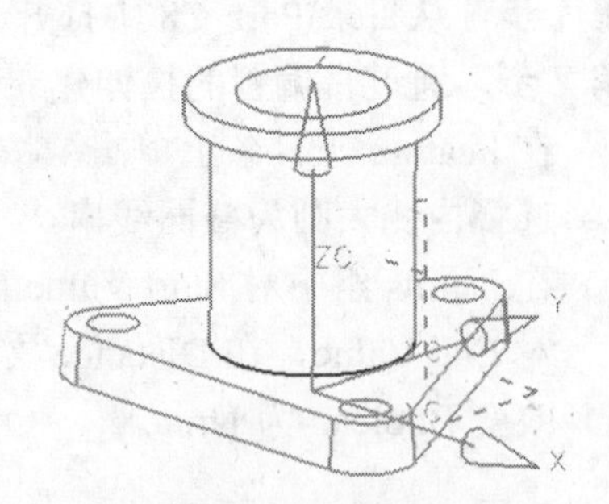

图 8-87　建立法兰

第 4 步　从法兰减去拉伸体建立密封槽。

- 选择法兰内侧圆边缘，如图 8-88 所示。
- 如果拉伸方向朝上，在 Direction 组中单击 Reverse Direction 按钮。
- 在 Limits 组中，设置 End 为 0.075 并按 Enter 键。
- 改变 Boolean 为 Subtract。
- 在 Offset 组中展开列表并选择 Two Sided。
- 在 Start Offset 文本框中输入 0.15 并按 Enter 键。
- 在 End Offset 文本框中输入 0.275 并按 Enter 键。
- 单击 OK 按钮，建立密封槽。
- 着色显示并查看部件，如图 8-89 所示。

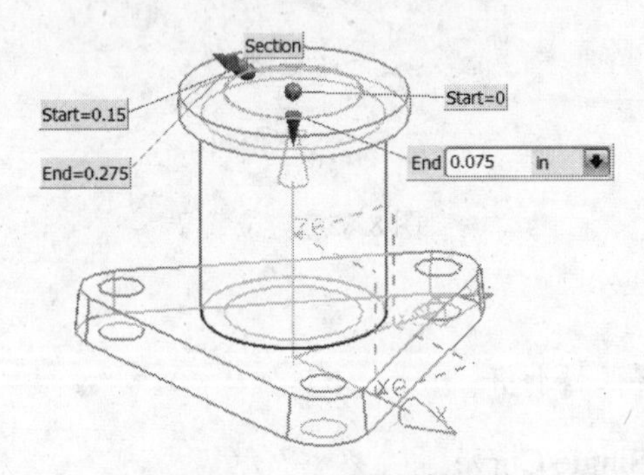

图 8-88　建立密封槽参数

图 8-89　完成特征添加

第 5 步　不储存关闭部件。

8.7　带拔模的拉伸

本节介绍拔模在扫掠特征操作中的应用。

利用 Draft 选项在截面的一个或两个方向中为拉伸特征的一侧或多侧添加斜率。

注意： 只有当拉伸的截面是平面图形时，才可以作用拔模。

如图 8-90 所示展开 Draft 的列表，显示拔模选项。

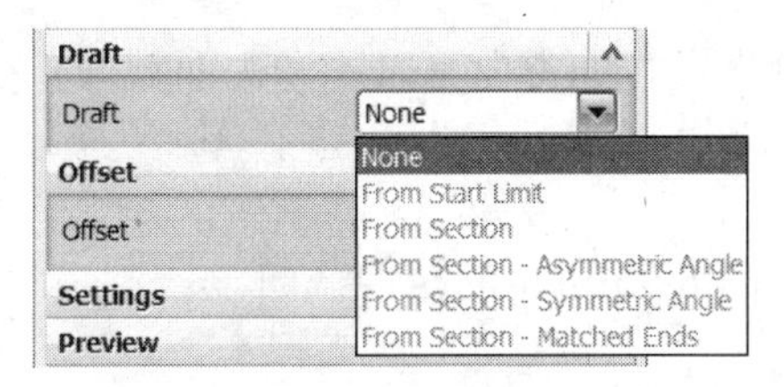

图 8-90　Draft 选项

表 8-4 列出了拔模选项的描述。

表 8-4　拔模选项描述

选　　项	描　　述
None（无）	不建立拔模
From Start Limit（从起始界限）	在起始界限处维持拉伸截面原来尺寸
From Section（从截面）	在截面平面上维持拉伸截面原来尺寸
From Section-Asymmetric Angle（从截面-不对称角）	在截面平面处将侧面分割到两侧。可以分别控制在截面每一侧的拔模角 出现 Front Angle 和 Back Angle 选项：对 Single 选项仅有一对；对 Multiple 选项，每一组相切曲线都有一对
From Section-Symmetric Angle（从截面-对称角）	在截面平面处分割侧面，在两侧使用相同拔模角
From Section-Matched Ends（从截面-匹配的端部）	维持拉伸截面的原来尺寸。在截面平面处分割拉伸特征的侧面 匹配终止界限处的形状尺寸到起始界限的形状尺寸。改变拔模角将维持在终止界限的匹配的形状
Angle Option（角度选项）	● Single（单个）：对拉伸特征的所有面规定单个拔模角 ● Multiple（多个）：为拉伸特征的每个相切面链规定唯一拔模角
Angle（角度）	为拔模角规定值
List（列表）	检查每个拔模角的名字和值 当 Angle Option 设置为 Multiple 时，出现列表

1．正的和负的拔模角

如图 8-91 所示，如果用相对于拔模矢量的眼睛位置观看实体：正的拔模角（❶）能看到拔模特征面，负的拔模角（❷）消隐拔模特征面。

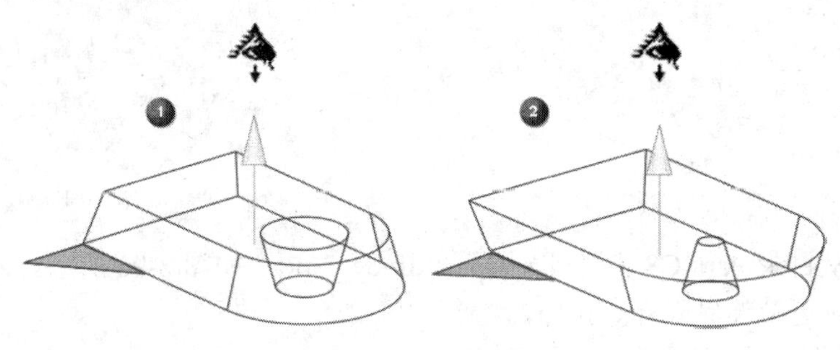

图 8-91　拔模角

2. 拔模和拉伸方向

拔模相对于拉伸方向测量，拉伸方向可以不和平面截面正交，如图 8-92 所示。

3. 拔模偏置示例

该拔模偏置示例是基于图 8-93 所示的拉伸截面。

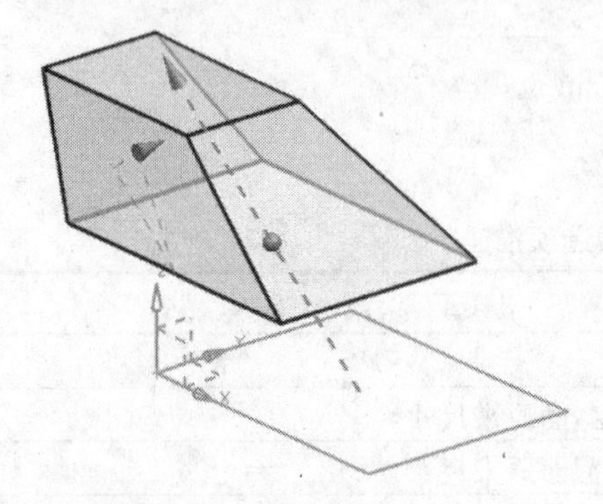

图 8-92 拔模与拉伸方向

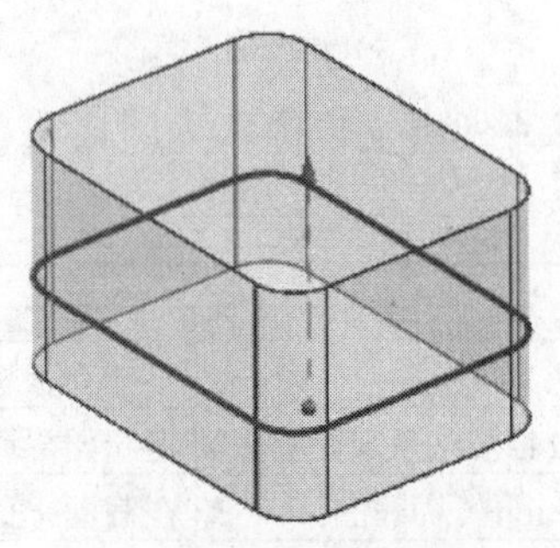

图 8-93 拔模与拉伸截面

4. 带偏置拉伸示例

在图 8-94 中，拔模选项是 From Section-Asymmetric Angle；前角值设置为 5°，后角值设置为 0°；偏置选项是 Two Sided；起始偏置（❶）是-0.2，终止偏置（❷）是 0.2。

【练习 8-10】 带拔模的拉伸

在本练习中，在拉伸草图时作用拔模角。

设计意图：如图 8-95 所示，铸造与机加工件有 3 个不同的指定角，用单个拉伸特征得到最终的形状。

- 外部表面❶有从中心平面 5° 的拔模。
- 铸造的 3 个内部孔❷留下 1° 的拔模。
- 机加工的内部孔❸无拔模。

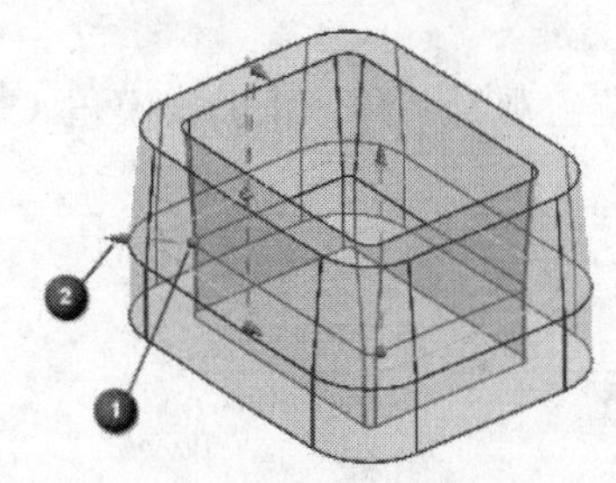

图 8-94 拔模参数值

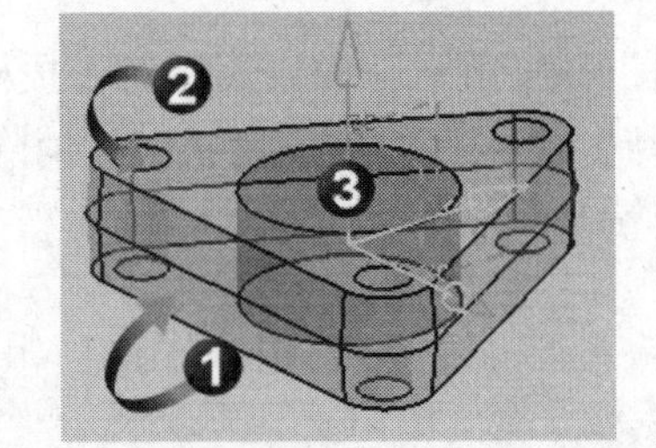

图 8-95 铸造与机加工件拔模要求

第 1 步 从目录\Part_C8 中打开 swept_extrude_2.prt，如图 8-96 所示。

第 2 步 规定拉伸界限开始拉伸。

- 选择草图曲线，如图 8-97 所示。

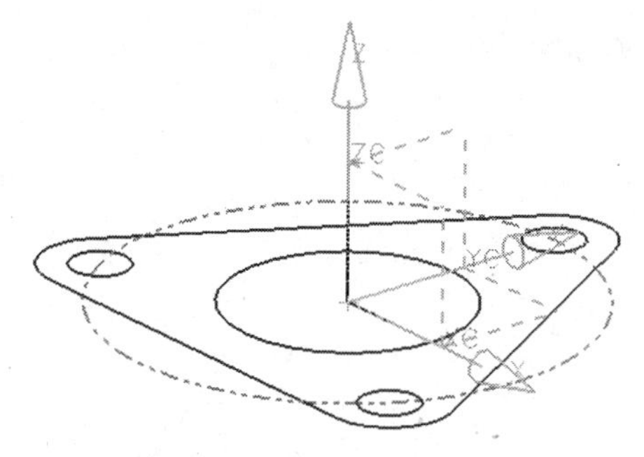
图 8-96 swept_extrude_2.prt

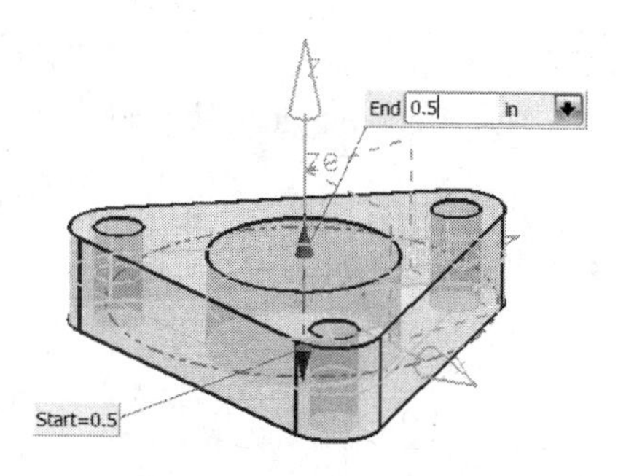

图 8-97 选择草图曲线

- 单击 Extrude 按钮。
- 在 Limits 组中展开 Start 列表，并选择 Symmetric Value 选项。
- 设置 Distance（或 Start 或 End）为 0.5 并按 Enter 键。

第 3 步 作用要求的拔模到 3 个小孔。

- 在 Draft 组中展开 Draft 列表并选择 From Section-Asymmetric Angle 选项。
- 展开 Angle Option 列表并选择 Multiple 选项。

注意：如图 8-98 所示的截面轮廓被识别成 5 段，每个孔一个和最外侧周边界。

对每个曲线段有一对 Front 和 Back 角。它们可以有不同的角度。外侧周围表面因为是相切的，所以只能有外侧角，如果有尖形拐角，将会被检测出更多段。

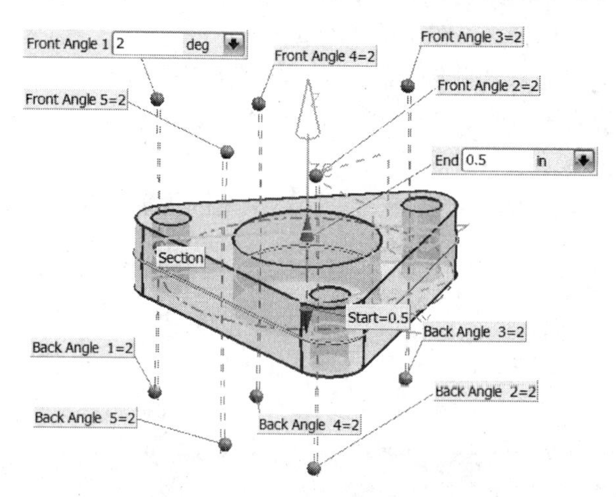

图 8-98 识别成 5 段曲线

- 在 Draft 组中展开 List 列表并选择 Front Angle 选项。

注意：相应表面高亮。

小心：如果 Front Angle 高亮的面是小孔之一，进入下一步；否则在列表中选择相应前角高亮小孔。

- 在在屏文本框中输入 1 并按 Tab 键，如图 8-99 所示。

注意：当改变在屏文本框并按 Tab 键时，键盘聚焦移动到下一个在屏文本框。注意对应 Back Angle 1 的面现在高亮。

- 在动态文本框中输入-1，并按 Enter 键。
- 继续用 Front Angle:1 和 Back Angle:-1 定义另两个小孔的拔模角。

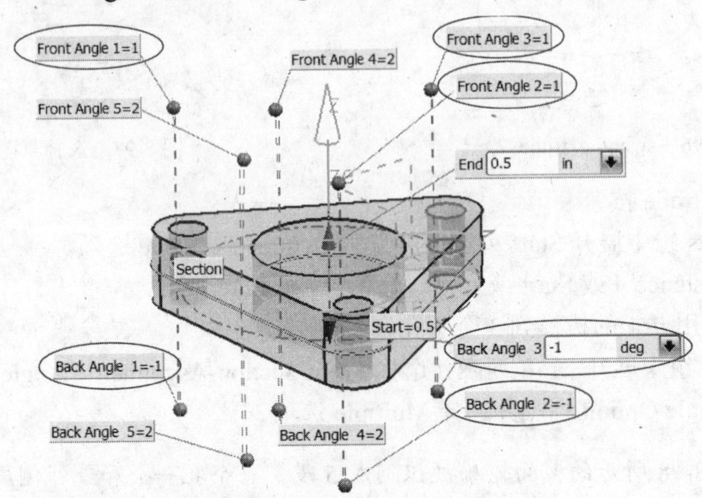

图 8-99　定义 3 个小孔的拔模角

第 4 步　作用要求的拔模角到中心大孔。

- 利用列表识别并选择大孔的 Front Angle。
- 在在屏文本框中输入 0 并按 Enter 键，如图 8-100 所示。
- 通过单击在屏文本框，选择大孔的 Back Angle。
- 在在屏文本框中输入 0 并按 Enter 键。

此时，再一次高亮显示的为一个单一表面，这是因为前后角均是零值。

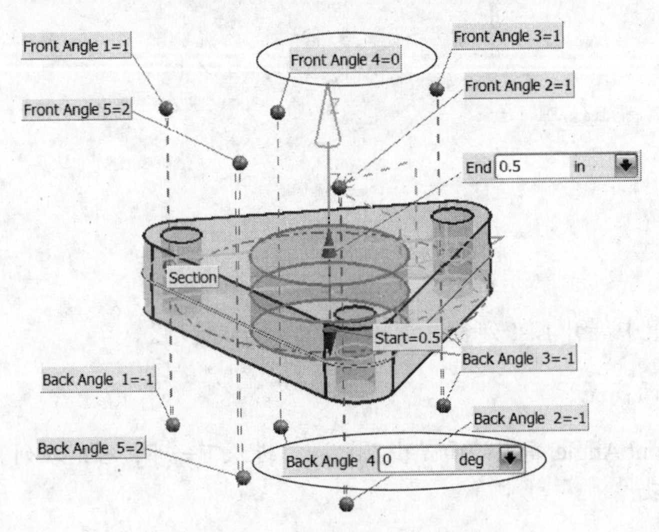

图 8-100　定义大孔的拔模角

第5步 作用要求的拔模角到外侧表面。

- 利用列表识别并选择外侧表面的 Front Angle。
- 在在屏文本框中输入 5 并按 Enter 键，如图 8-101 所示。

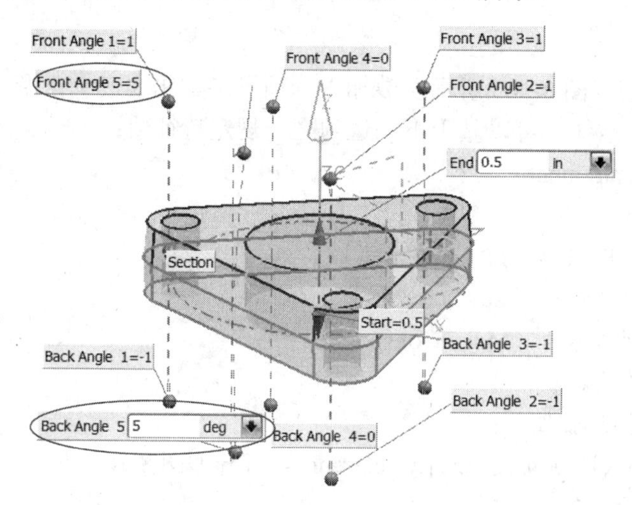

图 8-101 定义外侧表面的拔模角

- 选择对应的 Back Angle 在屏文本框，输入 5 并按 Enter 键。
- 单击 OK 按钮，作用拔模到所有识别出的表面。
- 结果如图 8-102 所示。

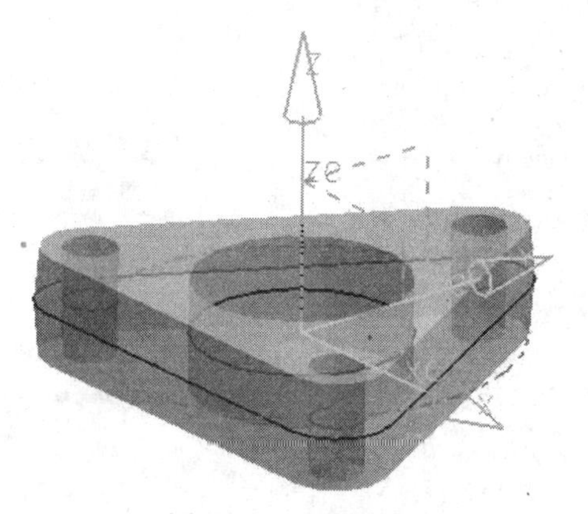

图 8-102 最终模型

提示：为了使模型显示为如图 8-102 所示，需要：

（1）在 Utility 工具条上单击 Edit Object Display 按钮。

（2）选择实体。

（3）在 Class Selection 对话框中单击 OK 按钮。

（4）在 Shaded Display 组中滑动 Translucency 滑条到约 75%。

（5）单击 OK 按钮。

第6步 不储存关闭部件。

8.8 设计逻辑参数加入选项

在规定特征值时，图 8-103 所示参数加入选项可参数化地定义模型。为了获取此选项，单击靠近文本框的按钮。可以基于下列选项之一规定特征值：

- 测量（Measurement）。
- 公式（Formula）。
- 数学或基于知识的函数（Function）。
- 引用已存值（Reference）。
- 转换上述到恒定值（Make Constant）。
- 最近使用的值。

引用已存参数的步骤如下：

（1）从参数加入选项列表中选择 Reference，打开如图 8-104 所示的 Parameter Selection 对话框。初始列表是空的。

（2）选择已存特征，列表将列出该特征的参数与它们的描述。

（3）选择一个参数（❶）。

（4）单击 OK（❷）按钮，参数名出现在显示框中（❸）。

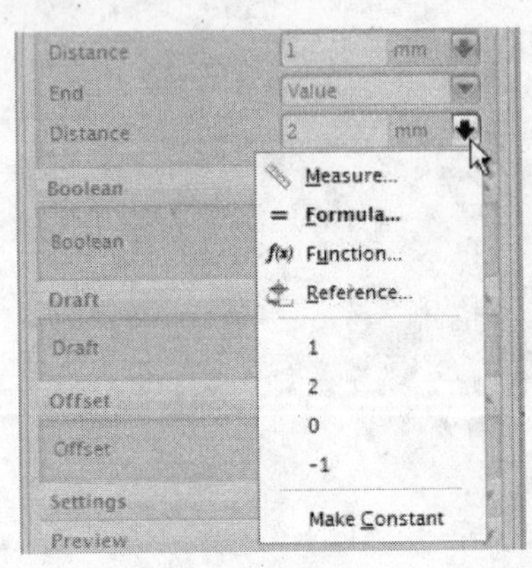

图 8-103 设计逻辑参数加入选项

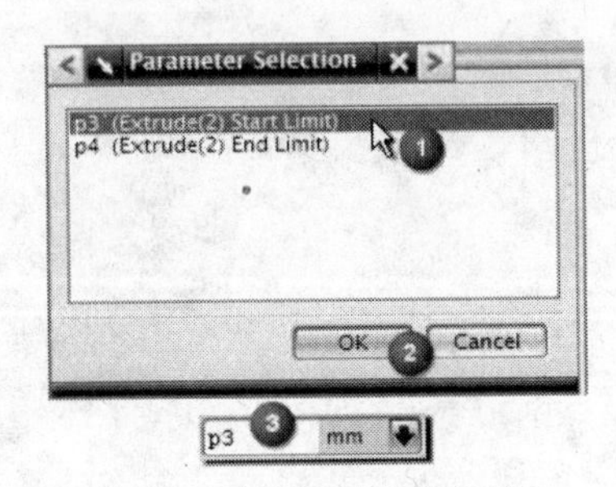

图 8-104 引用已存参数

第 9 章　孔、凸台、凸垫和型腔特征

【目的】

本章介绍具有预定义形状的标准成形特征的建立和编辑，包括孔、凸台、凸垫与型腔。在完成本章学习之后，将能够：

- 了解相关定位标准成形特征。
- 建立与编辑孔特征。
- 建立与编辑凸台特征。
- 建立与编辑凸垫特征（矩形）。
- 建立与编辑型腔特征（圆形、矩形）。

9.1　有预定义形状的特征

9.1.1　标准成形特征综述

NX 含有几个具有预定义形状的标准成形特征，它们每一个都有自己的个别行为与规则。

有预定义形状的标准成形特征包括：

- 孔（Holes）
- 凸台（Bosses）
- 凸垫（Pads）
- 腔（Pockets）
- 键槽（Slots）
- 沟槽（Grooves）

可以通过选择 Insert→Design Feature 命令或 Feature 工具条来创建它们，如图 9-1 所示。

所有有预定义形状的标准成形特征都需要一个安放表面。除沟槽外，其他所有标准成形特征的安放表面都必须是平面的。对沟槽特征，安放表面则必须是柱面或锥面。

平的安放表面为正在建立的特征定义当地的坐标系（或称特征坐标系）的 XY 平面。特征法向于安放表面建立，它们维持内部的水平（沿它们当地的 X 轴）和垂直（沿它们当地的 Y 轴）定义。

可以规定一个基准面作为平的安放表面。

在图 9-2 中，基准面被用作孔的安放表面。

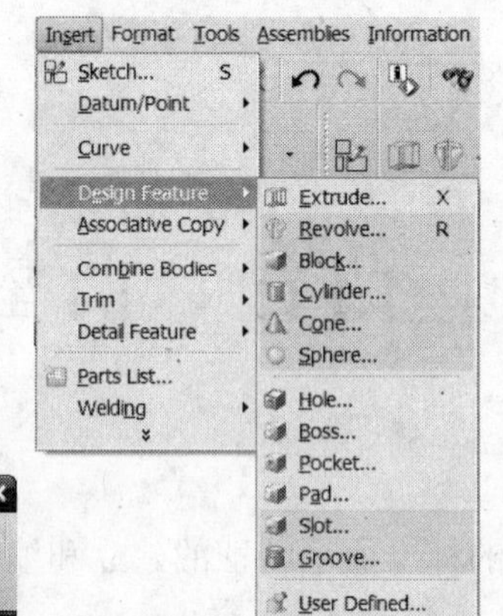

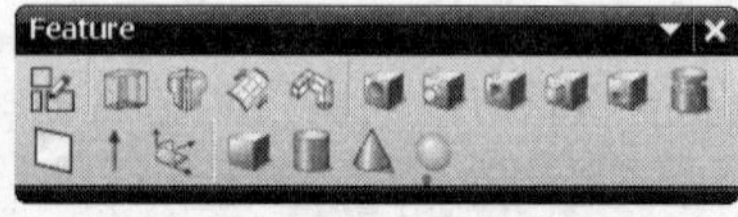

图 9-1　Feature 工具条与 Design Feature 菜单

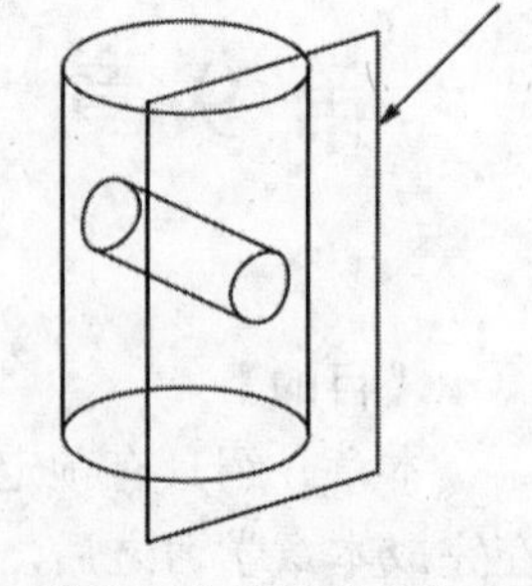

图 9-2　基准面作为孔的安放表面

9.1.2　标准成形特征的相关定位

定位（Positioning）提供尺寸约束去相对已存曲线、实体几何体、基准面和基准轴，定位有预定义形状的标准成形特征。定位是可选项，但建议使用它以获得相关性。

注意： 基于正在定义的定位尺寸类型，可选的曲线类型可能被限制。

图 9-3(a)所示是矩形特征的 Positioning 对话框，图 9-3(b)所示是圆形特征的 Positioning 对话框。

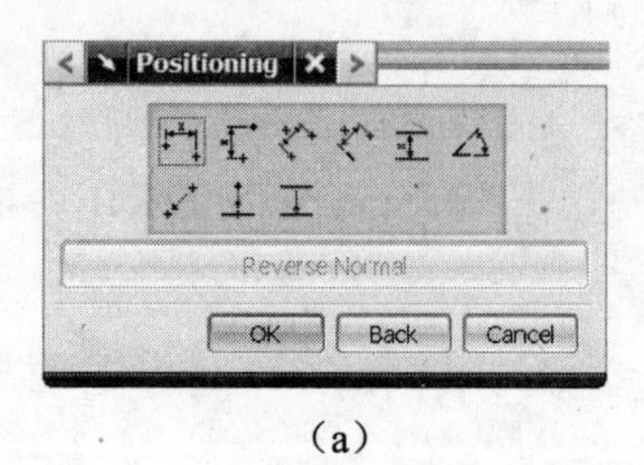

(a)

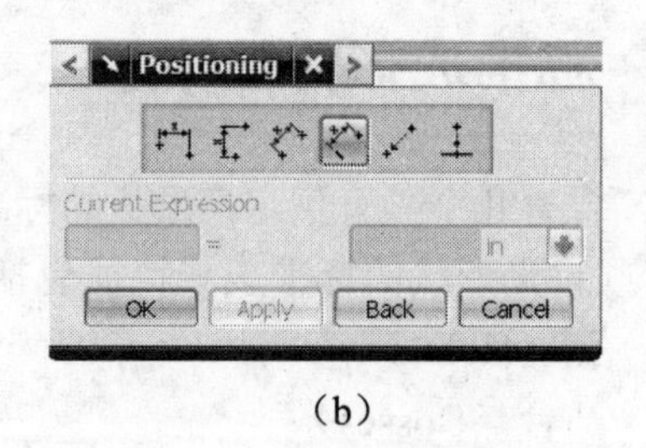

(b)

图 9-3　Positioning 对话框

注意： 一个高级成形特征 User Defined Feature，可以基于一个草图。在那个情况下，使用定位尺寸去定位草图。因而当定位用户定义特征时，定位尺寸是有效的。

1. 定位术语

- 充分定义：特征已用规定的定位尺寸唯一地定位。
- 欠定义：特征位置不完全被约束。
- 过定义：特征有多于需要的定位约束作用到它。
- 目标实体：布尔操作作用到其上的实体。是孔、键槽、腔或沟槽将从其上减去的实体，或凸台、凸垫将与其求和的实体。
- 目标边缘：在目标实体上的一条边缘，它被选来用于定位。
- 工具实体：当前操作中正被定义特征的实体。为了定义孔、键槽、腔、凸垫、凸台或沟槽，将从目标体中减去的体或将与目标体求和的体。

- 工具边缘：在工具实体上的一条边缘，它被选来用于定位。

2. 定位约束

所有测量均取自两个点或两个对象之间。第一个点或第一个对象是在目标实体上，第二个是在工具实体上。

表 9-1 列出了定位约束类型及其描述。

表 9-1 定位约束类型及其描述

类　型	描　述
Horizontal（水平）	规定两点间的距离，沿选择的水平参考测量
Vertical（垂直）	规定两点间的距离，正交于水平参考测量
Parallel（平行）	规定两点间的最短距离
Perpendicular（正交）	规定线性边缘、基准面或轴和点间的最短距离。常由凸台、圆形腔使用
Parallel at a Distance（在给定距离上平行）	规定线性边缘与平行的另一线性边缘、基准面或轴在给定距离上。典型地用于键槽、矩形腔和凸垫
Angular（角度）	在给定角度上的两条线性边缘间建立定位约束
Point onto Point（点落到点上）	规定两点间的距离是零。用于对准圆柱或圆锥特征的弧中心
Point onto Line（点落到线上）	规定边缘、基准面或轴和点间的距离是零
Line onto Line（线落到线上）	同 Parallel at a Distance 选项，距离值设置为零

9.2 建立与编辑孔特征

9.2.1 孔综述

利用 Hole（孔）命令添加下列类型孔特征到零件或装配中的一个或多个实体上：

- 通用孔（简单、沉头、埋头或锥形的形式）。
- 螺旋间隙孔（简单、沉头、埋头形式）。
- 螺纹孔（简单、沉头、埋头形式）。
- 孔系列：在零件或装配中的一系列多种形式、多个目标体、排成行的孔。

可以：

- 在一个非平面的面上建立孔。
- 用规定多个安放点建立多孔特征。
- 利用草图规定孔特征的位置。捕咬点与选择意图选项也可用于辅助选择已存点或特征点。
- 利用格式化的数据表建立 Screw Clearance Hole 和 Threaded Hole 类型的孔特征。
- 使用如 ANSI、ISO、DIN、JIS 等标准。

- 当建立孔特征时，在目标体上使用 None 或 Subtract 布尔命令。
- （可选项）添加起始、终止或减小应力的倒角到孔特征。

选择 Insert→Design Feature→Hole 命令或在 Feature 工具条上单击 Hole 按钮，打开如图 9-4 所示的 Hole 对话框。

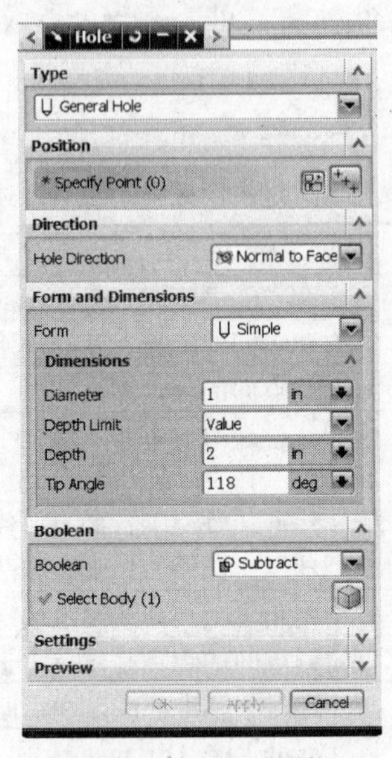

图 9-4 Hole 对话框

Hole 对话框包括孔特征唯一的 4 组参数：

- Type（类型）。
- Position（位置）。
- Direction（方向）。
- Form and Dimension（形式与尺寸）。

1. 孔位置与方向选项

在 Position 和 Direction 组内的有效选项将随选择的 Type 和 Form 而改变。

孔位置与方向选项描述如表 9-2 所示。

表 9-2 孔位置与方向选项描述

选　项	描　述
Position（位置）	规定孔特征位置
Specify Point（规定点）	利用下列方法之一规定孔中心： ● 单击 Sketch Section 按钮，打开 Create Sketch 对话框，用规定安放表面与方向建立中心点。如果选择一个表面，那么在草图中将在单击的位置上自动建立一个点；如果为草图选择一个基准面，那将在基准面原点上自动建立一个点。也可以利用 Dimension 对话框来规定点 ● 单击 Point 按钮利用已存点去规定孔特征的中心。可用捕咬点与选择意图选项辅助选择已存点或特征点

续表

选　项	描　述
Direction（方向）	规定孔方向
Hole Direction（孔方向）	默认孔方向是沿-ZC 轴，可以利用下列任一选项定义孔方向： ● Normal to Face：沿离每个规定点最近的面的法向反向定义孔方向 ● Along Vector：沿规定矢量定义孔方向

2. 孔的形式与尺寸选项

- 简单孔（Simple）特征参数如图 9-5 所示。
- 沉头孔（Counter bore）特征参数如图 9-6 所示。

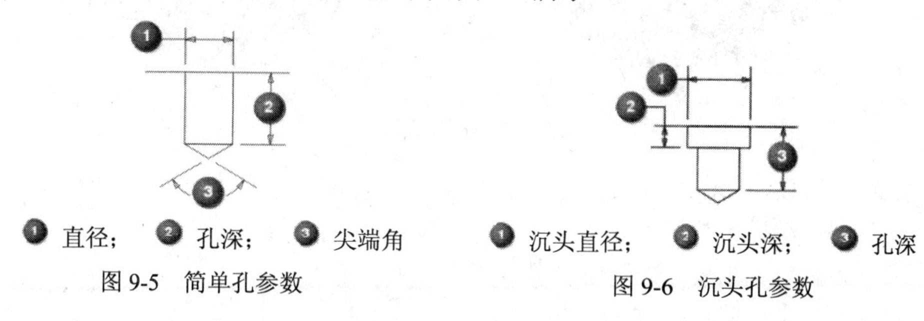

图 9-5　简单孔参数

图 9-6　沉头孔参数

- 埋头孔（Countersink）特征参数如图 9-7 所示。
- 锥形孔（Tapered）特征参数如图 9-8 所示。

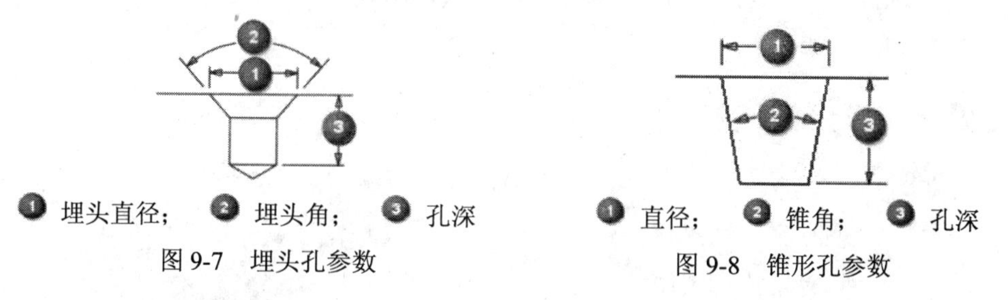

图 9-7　埋头孔参数

图 9-8　锥形孔参数

9.2.2　建立通用孔操作步骤

（1）选择 Insert→Design Feature→Hole 命令，或在 Feature 工具条上单击 Hole 按钮。

（2）从 Type 组的下拉列表框中选择 General Hole 选项。

利用 Position 选项规定孔特征中心：

- 单击 Sketch Section 按钮在草图中建立点。
- 单击 Point 按钮选择已存点或特征点。

在图形窗口中显示一个孔的预览。

（3）在 Direction 组的 Hole Direction 下拉列表框中选择要求的选项。

（4）规定孔的形式与尺寸。

（5）在 Dimension 中输入要求的参数值。

（6）（可选项）规定布尔操作类型。

（7）单击 OK 或 Apply 按钮。

【练习 9-1】 建立孔特征

在本练习中将建立并定位通用孔特征，如图 9-9 所示。

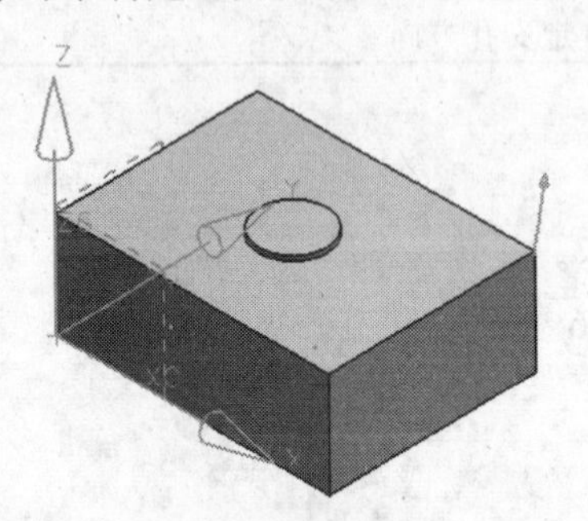

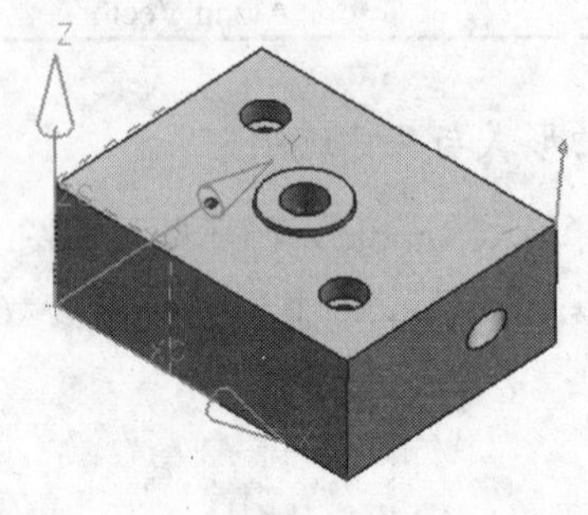

图 9-9 设计意图

第 1 步 从目录\Part_C9 中打开 hole_general_1.prt，如图 9-10 所示。启动 Modeling 应用。

第 2 步 建立一个简单通孔。

- 在 Feature 工具条上单击 Hole 按钮。
- 在 Type 组中选择 General Hole 选项。
- 在 Selection 条上选择 Arc Center 选项。
- 在图形窗口中选择凸台圆弧中心，如图 9-11 所示。

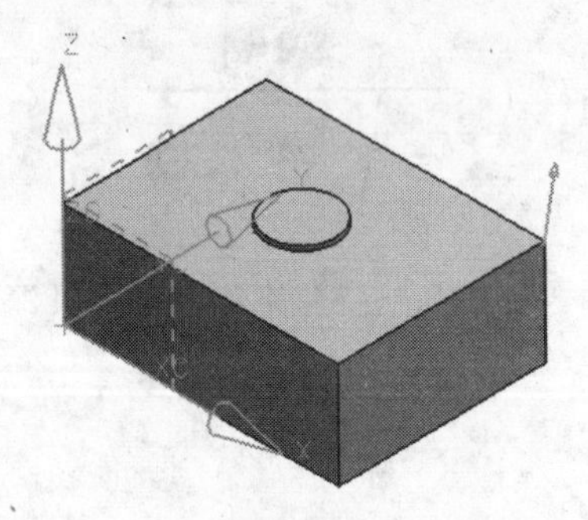

图 9-10 hole_general_1.prt

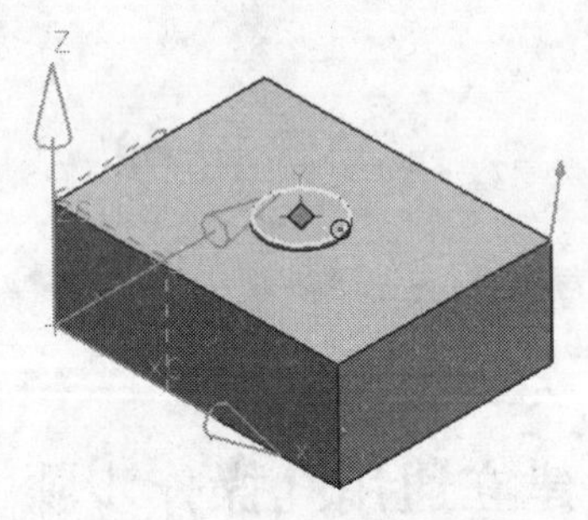

图 9-11 选择凸台圆弧中心

- 在 Form and Dimensions 组中设置下列参数：
  - Form = Simple。
  - Diameter = 1。
  - Depth Limit = Through Body。
- 确保 Boolean 设置为 Subtract。
- 单击 Apply 按钮，建立如图 9-12 所示的简单孔。

第 3 步 建立两个沉头通孔。

注意：Hole 对话框仍然是打开的。

- 在如图 9-13 所示近似位置选择顶表面。

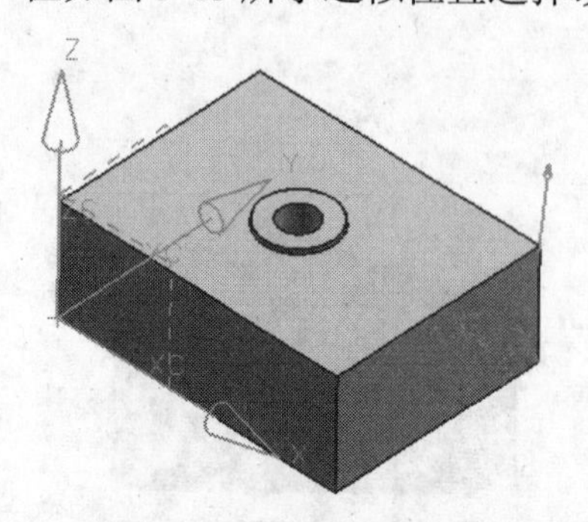

图 9-12　建立简单通孔

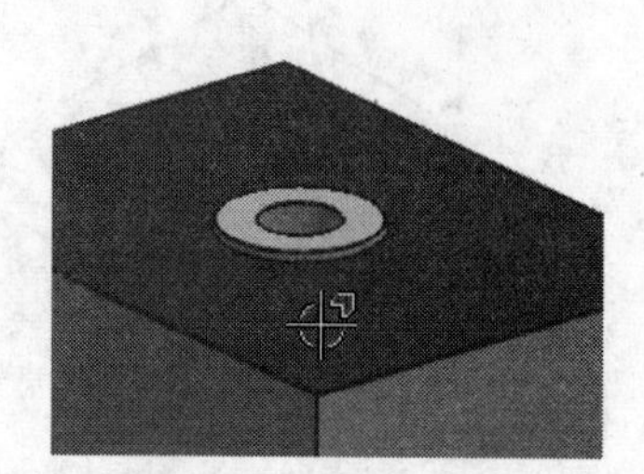

图 9-13　选择顶表面

- 在 Point 对话框中单击 OK 按钮。
- 在 Point 对话框中，确保 Type 设置为 Inferred Point。
- 在图形窗口中单击相应位置，如图 9-14 所示。
- 在 Point 对话框中单击 OK 按钮。
- 添加尺寸定位点，如图 9-15 所示。

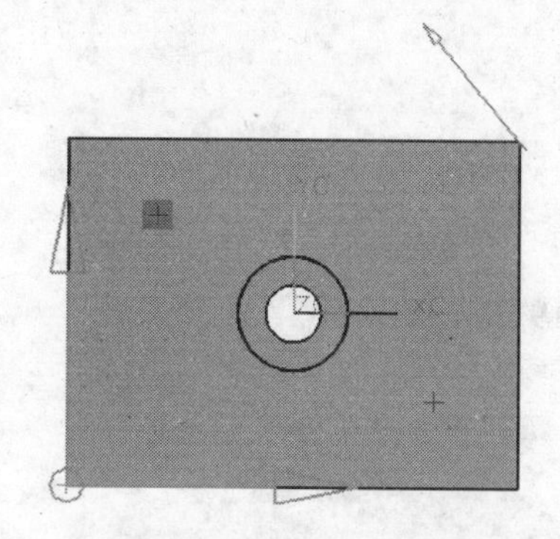

图 9-14　选择第二个点位置

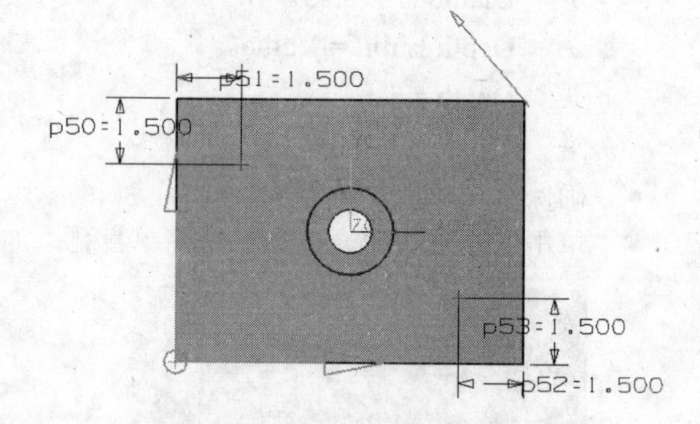

图 9-15　添加点位置的尺寸约束

- 单击 Finish Sketch 按钮。
- 在 Form and Dimensions 组中设置下列参数：
  - Form = Counterbored。
  - C-Bore Diameter = 1。
  - C-Bore Depth = 0.5。
  - Diameter = 0.5。
  - Depth Limit = Through Body。
- 确保 Boolean 设置为 Subtract。
- 单击 Apply 按钮，建立两个沉头通孔，如图 9-16 所示。

第 4 步　建立一个简单盲孔。

注意：Hole 对话框仍然是打开的。

- 在如图 9-17 所示近似位置选择顶表面。

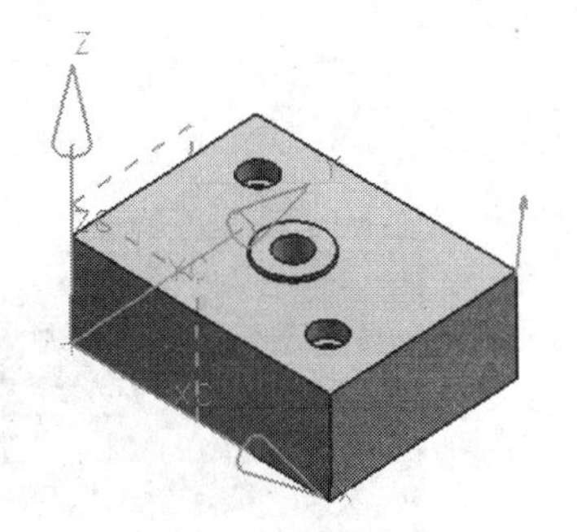

图 9-16 建立沉头通孔

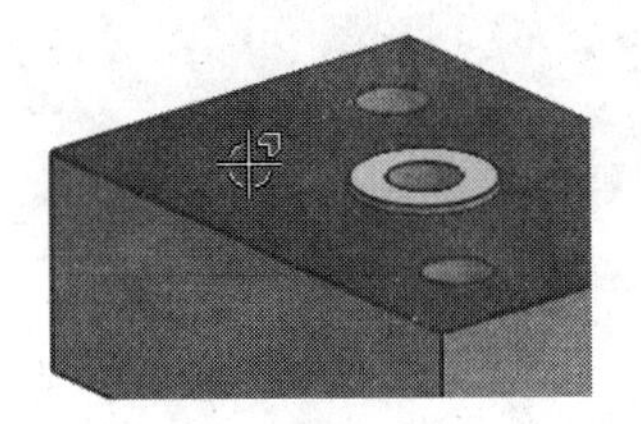

图 9-17 选择顶表面

- 在 Point 对话框中单击 OK 按钮。
- 添加尺寸定位点，如图 9-18 所示。
- 单击 Finish Sketch 按钮。
- 在 Form and Dimensions 组中设置下列参数：
  - Form = Simple。
  - Diameter = 0.25。
  - Depth Limit = Value。
  - Depth = 1。
  - Tip Angle = 0。
- 确保 Boolean 设置为 Subtract。
- 单击 Apply 按钮，建立一个简单盲孔，如图 9-19 所示。

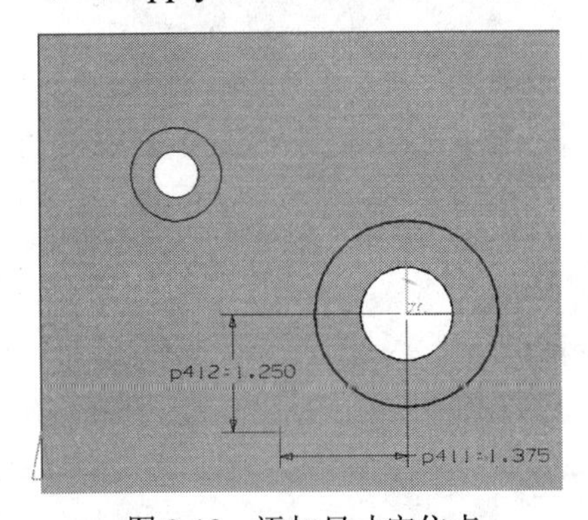

图 9-18 添加尺寸定位点

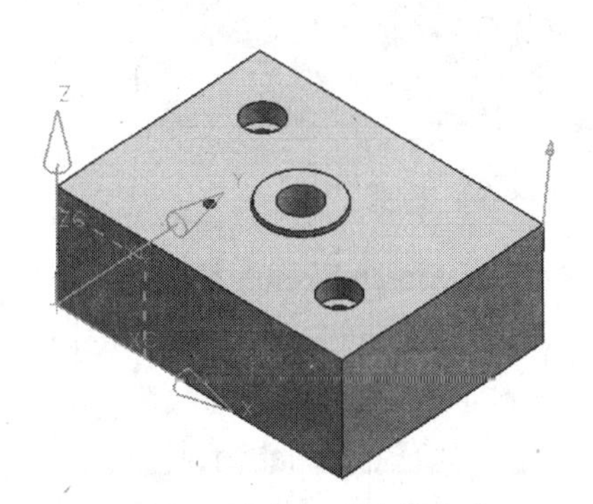

图 9-19 建立一个简单盲孔

第 5 步 建立另一沿矢量的简单通孔。

注意：Hole 对话框仍然是打开的。

- 在如图 9-20 所示近似位置选择侧表面。
- 在 Point 对话框中单击 OK 按钮。
- 添加尺寸定位点，如图 9-21 所示。

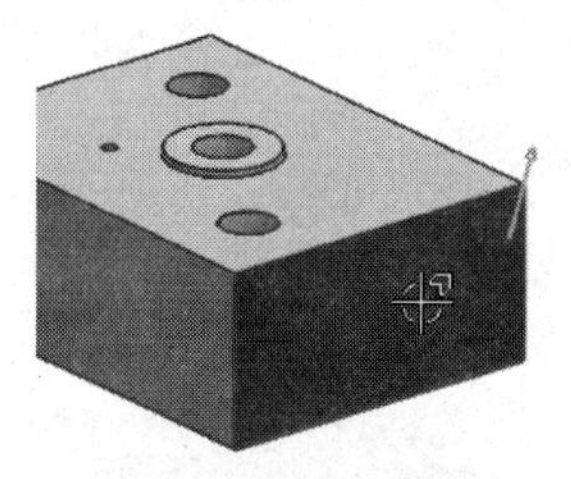
图 9-20　选择侧表面

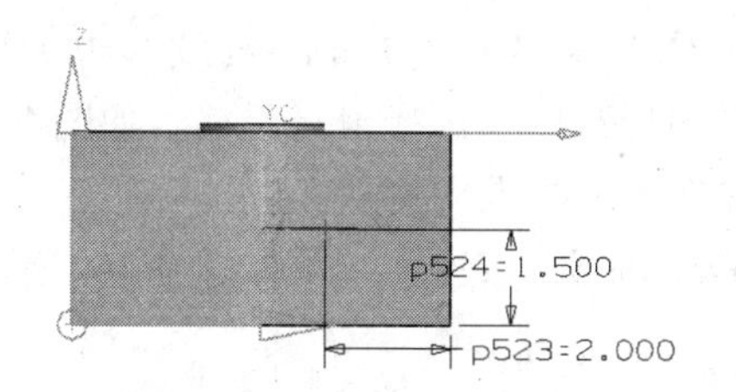

图 9-21　添加尺寸定位点

- 单击 Finish Sketch 按钮。
- 在 Direction 组中展开 Hole Direction 组，选择 Along Vector 选项。
- 如图 9-22 所示选择基准轴。
- 在 Form and Dimensions 组中设置下列参数：
  - Form = Simple。
  - Diameter = 0.75。
  - Depth Limit =Through Body。
- 确保 Boolean 设置为 Subtract。
- 单击 Apply 按钮，建立一个斜的简单通孔，如图 9-23 所示。

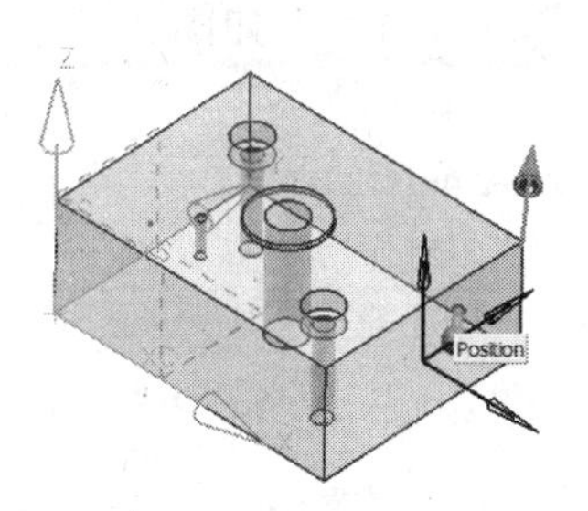

图 9-22　选择基准轴

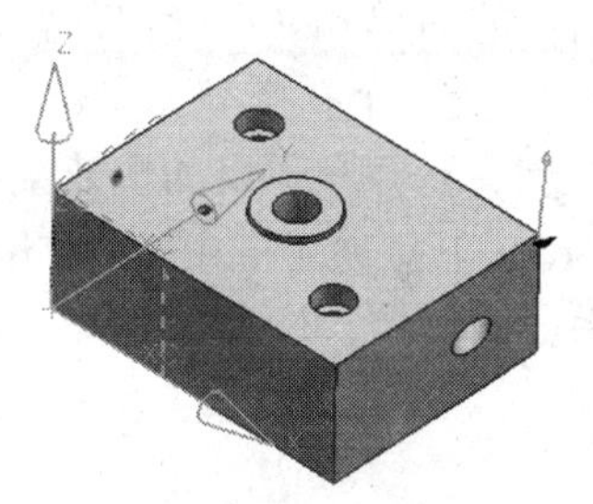
图 9-23　建立斜的简单通孔

第 6 步　不储存关闭部件。

【练习 9-2】　编辑孔特征

在本练习中，将编辑孔特征的参数与位置，最终模型如图 9-24 所示。

第 1 步　从目录\Part_C9 中打开 edit_hole_1.prt，启动 Modeling 应用。

第 2 步　编辑孔尺寸与位置。

- 右击简单孔并在弹出的快捷菜单中选择 Edit Parameters 命令，如图 9-25 所示。

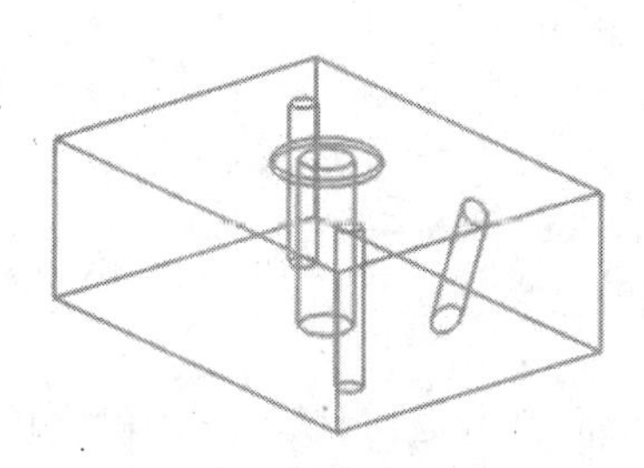
图 9-24　编辑后的模型

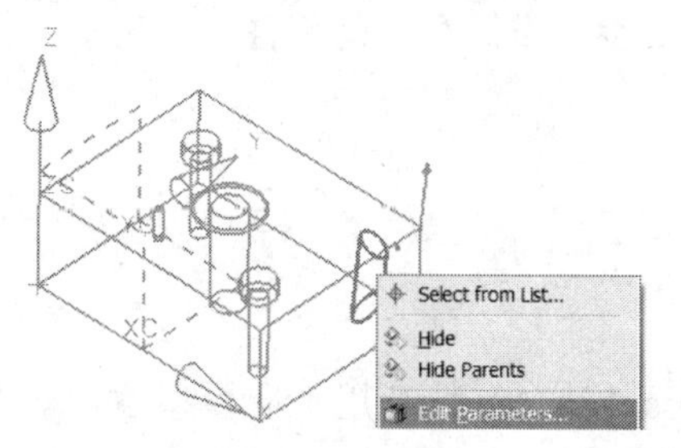

图 9-25　编辑孔

- 在 Hole 对话框的 Diameter 文本框中输入 0.5。
- 在图形窗口中选择水平尺寸，如图 9-26（a）所示。
- 在在屏文本框中输入 3.5。
- 单击 Apply 按钮，结果如图 9-26（b）所示。

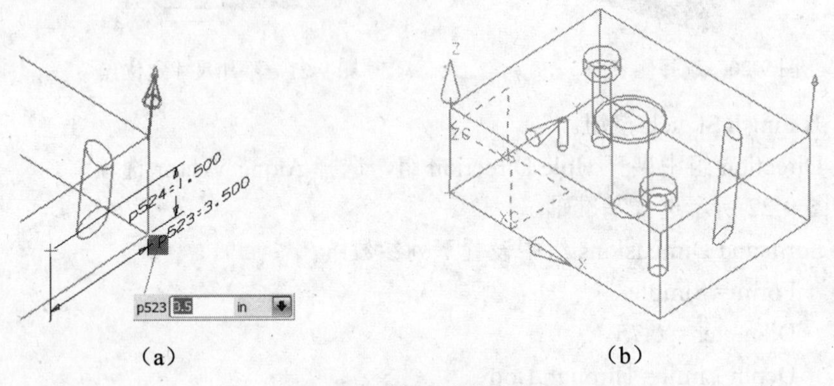

（a）（b）

图 9-26 编辑孔参数与位置

第 3 步 删除一个孔。

- 右击小的简单孔并在弹出的快捷菜单中选择 Delete 命令，如图 9-27 所示。

第 4 步 改变一个孔类型。

- 右击沉头孔并在弹出的快捷菜单中选择 Edit Parameters 命令。
- 在 Form 下拉列表框中选择 Simple 选项。
- 单击 OK 按钮，结果如图 9-28 所示。

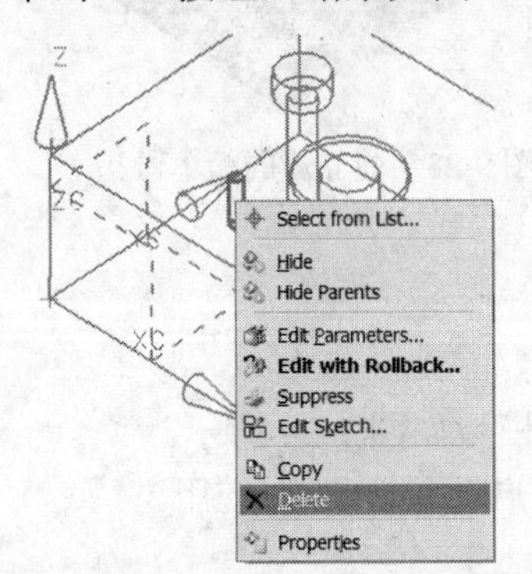

图 9-27 删除孔

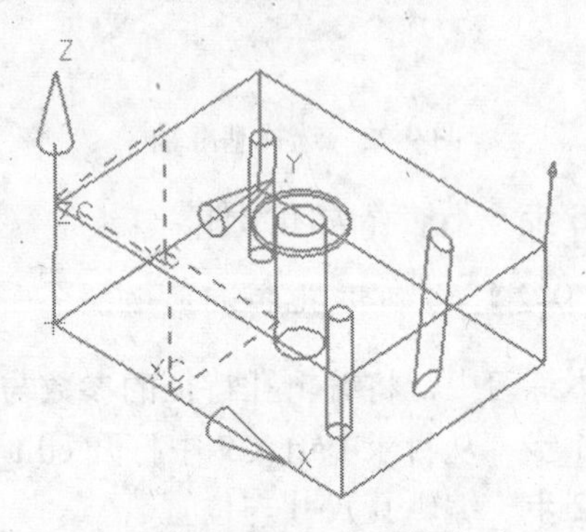

图 9-28 编辑孔后的最终模型

第 5 步 不储存关闭部件。

9.3 建立与编辑凸台特征

Boss（凸台）特征用于向模型添加一个具有规定高度的圆柱形状，它的侧面可以是直的，拔模侧面，如图 9-29 所示。

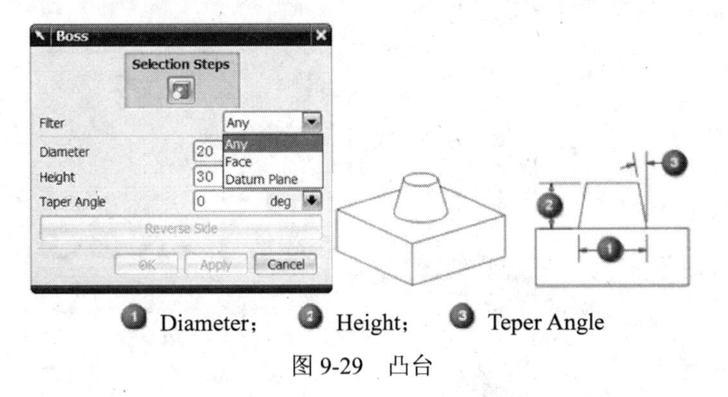

图 9-29　凸台

注意：凸台的拔模角 Taper Angle 可以是正值（如图 9-30（a）所示），也可以是负值（如图 9-30（b）所示）。零值结果是一个垂直圆柱壁。

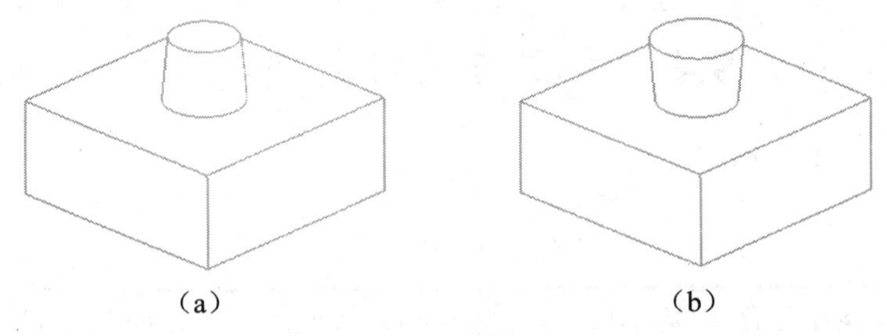

图 9-30　凸台的正负拔模角

要编辑凸台特征的参数，可右击凸台特征并在弹出的快捷菜单中选择 Edit Parameters 命令，如图 9-31 所示。

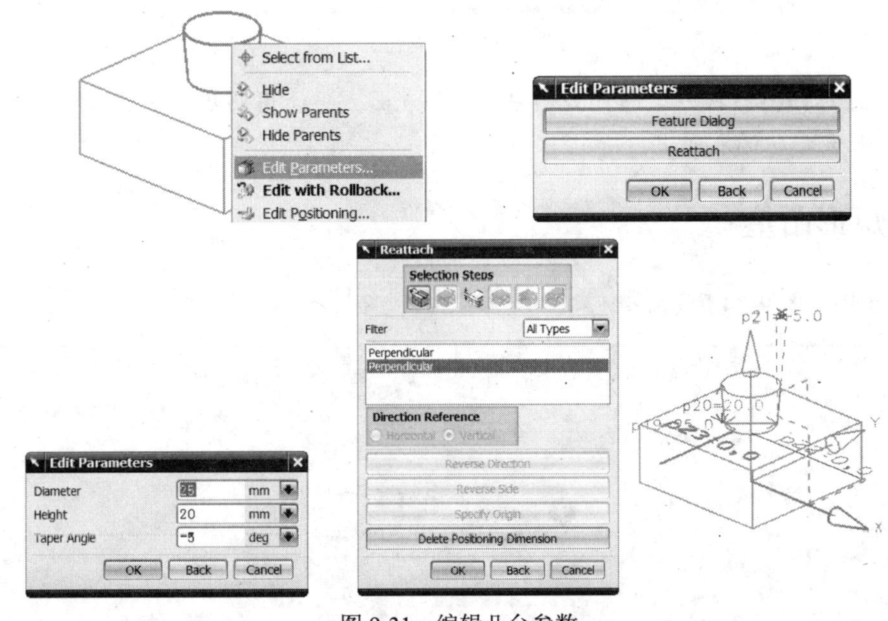

图 9-31　编辑凸台参数

要编辑凸台的位置，可右击凸台特征并在弹出的快捷菜单中选择 Edit Positioning 命令，如图 9-32 所示。

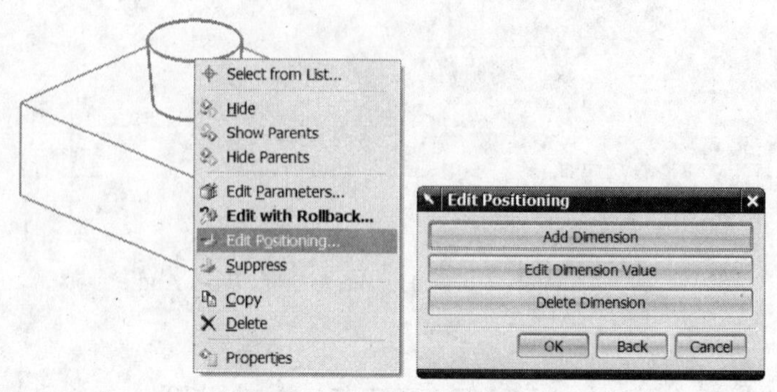

图 9-32 编辑凸台位置

9.4 建立与编辑凸垫特征

9.4.1 综述

利用凸垫功能在已存实体上建立一个矩形凸垫或通用凸垫，如图 9-33 所示。

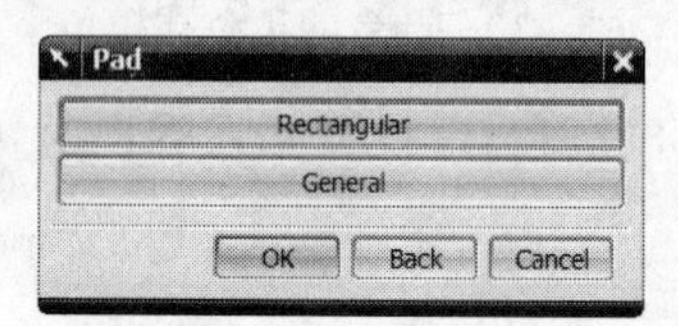

图 9-33 凸垫选项

注意： 矩形凸垫形状为矩形且必须安放在平表面上；通用凸垫为任意形状，可安放在任意形状的表面上。

9.4.2 矩形凸垫

矩形凸垫如图 9-34 所示。

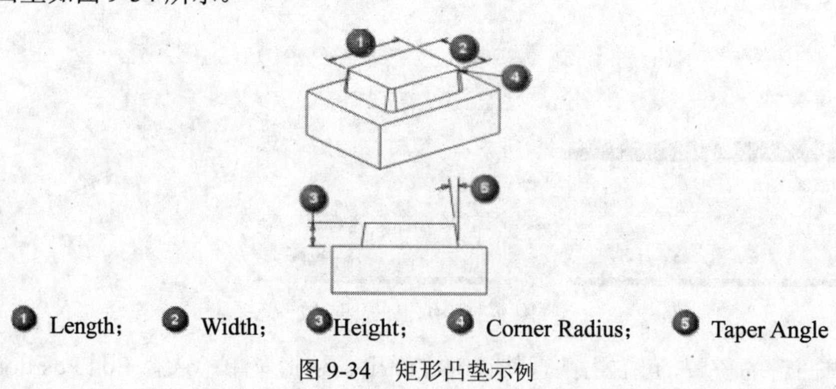

图 9-34 矩形凸垫示例

建立凸垫的操作步骤如下：

（1）选择 Insert→Design Feature→Pad 命令或在 Feature 工具条上单击 Pad 按钮。

（2）打开 Pad 对话框，单击 Rectangular 按钮。

（3）选择平的安放面，如图 9-35（a）所示。

（4）指定水平参考，如图 9-35（b）所示。

（5）在图 9-35（c）所示的矩形凸垫参数对话框中输入有效参数，单击 OK 按钮确认建立凸垫。

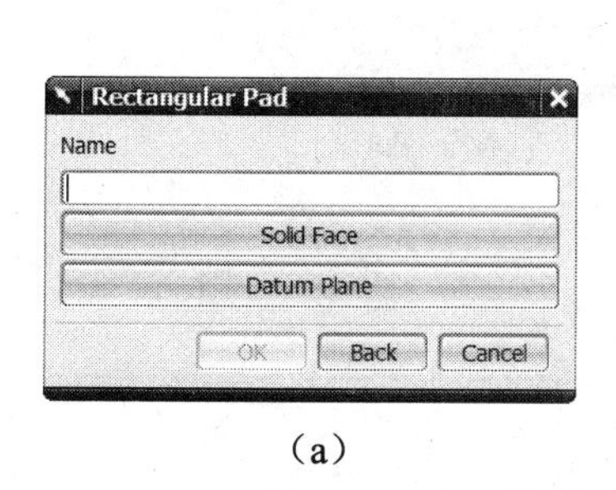

（a）

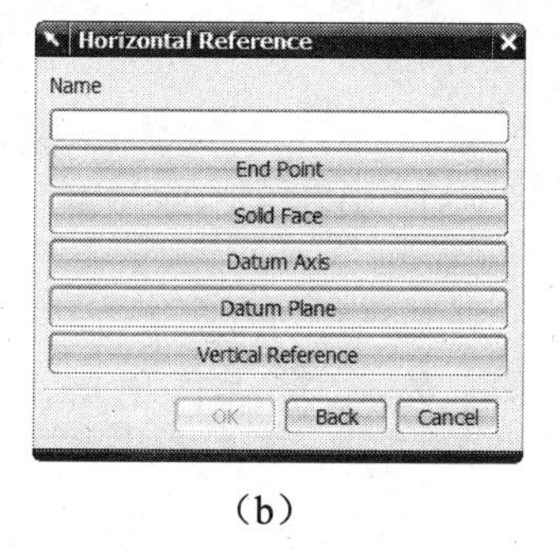

（b）

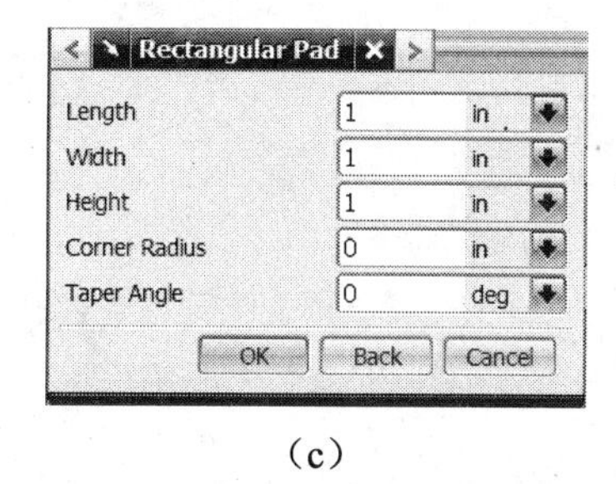

（c）

图 9-35 建立矩形凸垫

注意：长度参数是沿水平参考方向（X 方向）测量的。

要编辑矩形凸垫特征的参数，可右击凸垫特征并在弹出的快捷菜单中选择 Edit Parameters 命令，如图 9-36 所示。

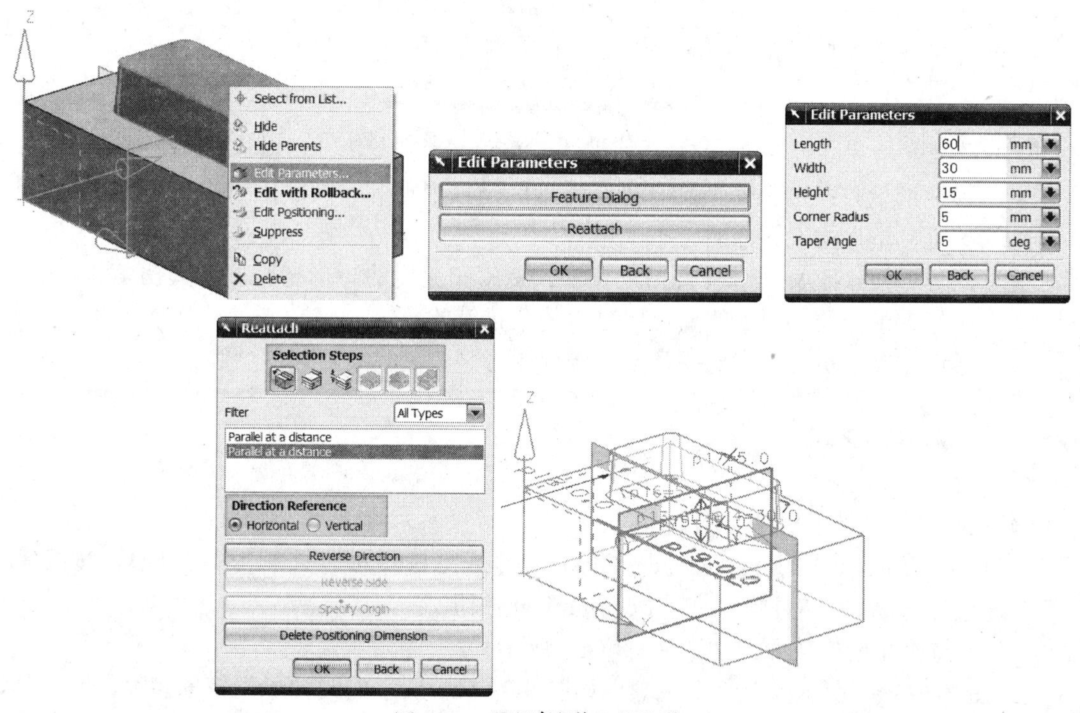

图 9-36 编辑矩形凸垫参数

要编辑矩形凸垫特征的位置，可右击凸垫特征并在弹出的快捷菜单中选择 Edit Positioning 命令，如图 9-37 所示。

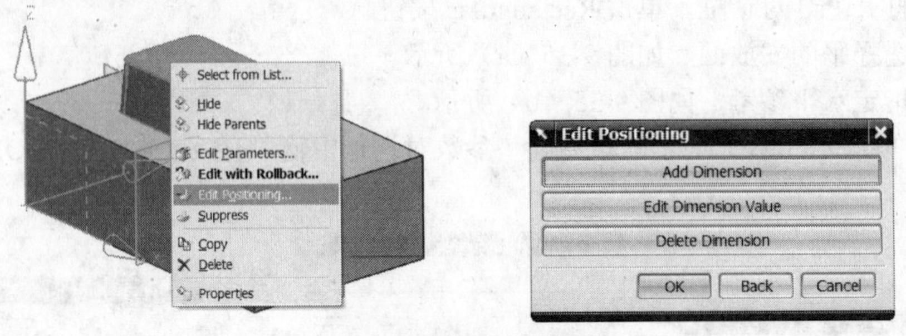

图 9-37 编辑矩形凸垫位置

9.5 建立与编辑型腔特征

9.5.1 综述

型腔命令可选用图 9-38 中方法之一在已存实体中建立一个腔体。

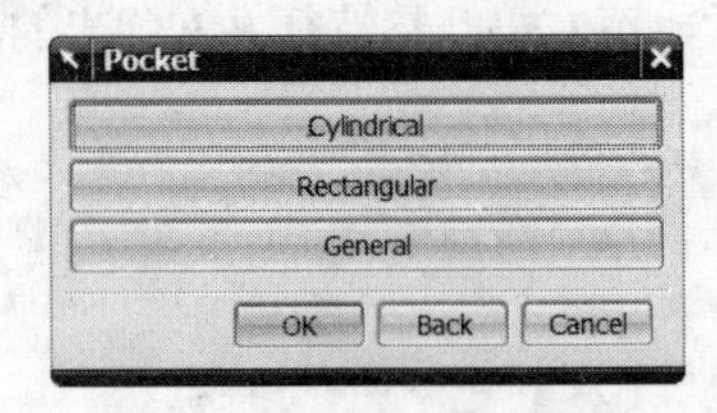

图 9-38 建立型腔选项

- 圆柱形型腔：定义一个具有指定深度的圆柱形型腔，其底面可有或没有倒圆，侧壁可以是直的或拔锥的。
- 矩形型腔：定义一个具有指定长度、宽度和深度的矩形型腔，在其拐角和底面可有指定半径的倒圆，侧壁可以是直的或拔锥的。
- 通用型腔：定义一个比圆柱形型腔和矩形型腔更具灵活性的型腔。

9.5.2 圆柱形型腔

建立圆柱形型腔的操作步骤如下：

（1）选择 Insert→Design Feature→Pocket 命令或在 Feature 工具条上单击 Pocket 按钮。

（2）打开 Pocket 对话框，单击 Cylindrical 按钮。

（3）选择平的安放面，如图 9-39（a）所示。

在图 9-39（b）所示的对话框中输入如图 9-39（c）所示的圆柱形型腔各参数，单击 OK 按钮确认建立圆柱形型腔。

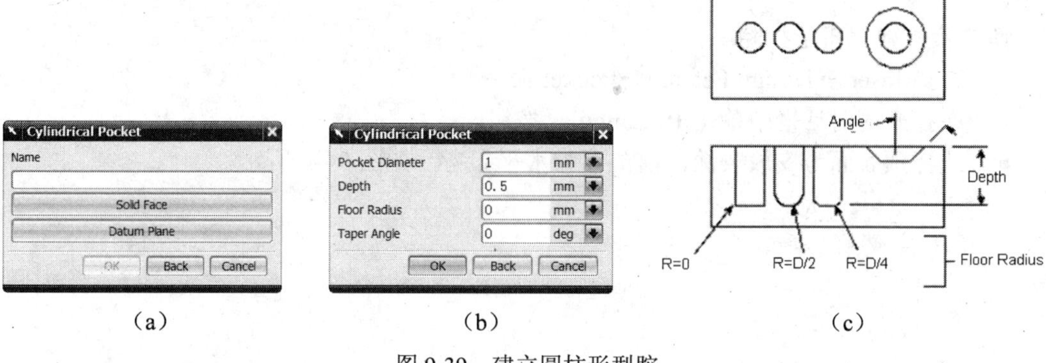

(a)　(b)　(c)

图 9-39　建立圆柱形型腔

9.5.3　矩形型腔

建立矩形型腔的步骤和建立矩形凸垫相同。矩形型腔参数如图 9-40 所示。

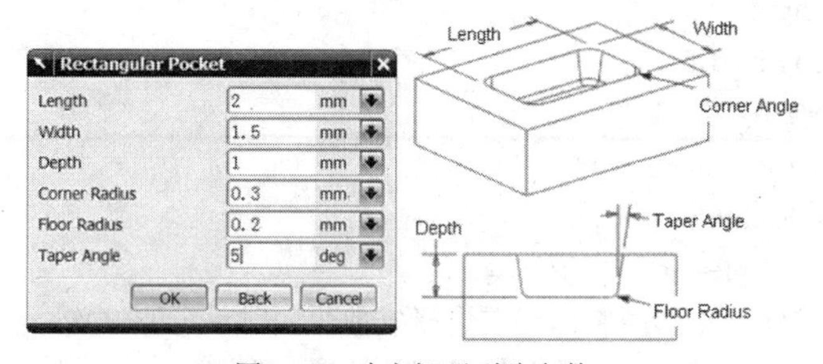

图 9-40　建立矩形型腔参数

注意：

- Length 是沿水平参考方向测量的。
- 拐角半径必须大于或等于底面半径。
- 型腔特征可以从工具边缘或从为定位而提供的中心线定位。

【练习 9-3】　建立矩形型腔

本练习中将在块上建立一个矩形型腔，完成的部件如图 9-41 所示。

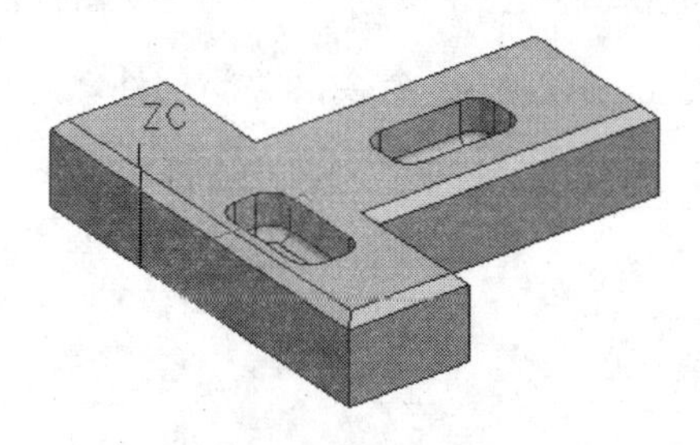

图 9-41　完成的部件

第 1 步　从目录\Part_C9 中打开部件文件 pocket_1.prt，如图 9-42 所示。启动 Modeling

应用。

第 2 步 建立矩形型腔。

- 选择 Insert→Design Feature→Pocket 命令。
- 在打开的对话框中单击 Rectangular 按钮。
- 选择顶表面为安放表面，前侧面为水平参考，如图 9-43 所示。

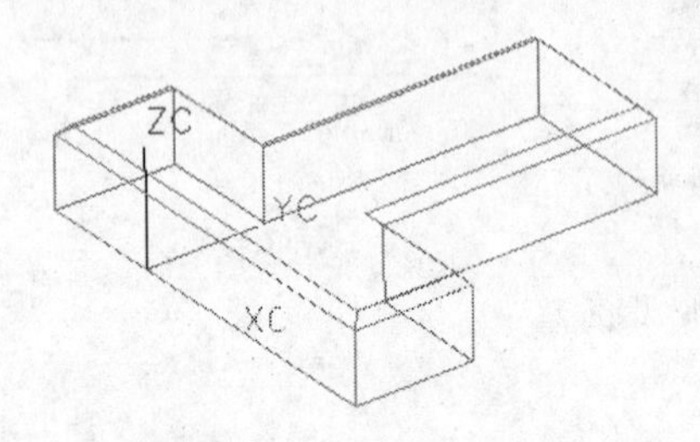

图 9-42 pocket_1.prt

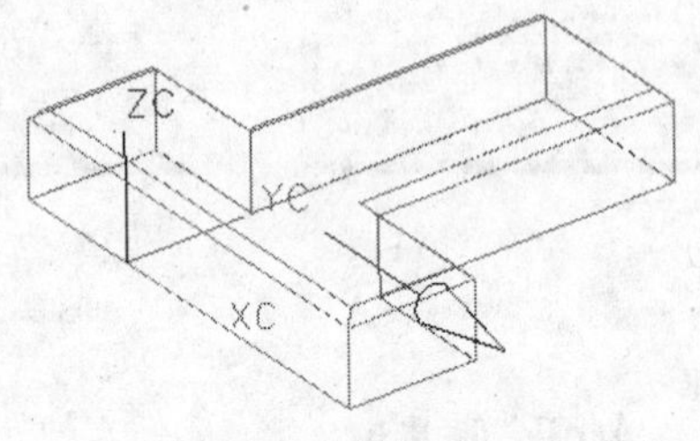

图 9-43 选择安放表面和水平参考

- 输入如下参数值：
  - X Length= 3。
  - Y Length= 1.5。
  - Z Length= 1。
  - Corner Radius=0.5。
  - Floor Radius=0.25。
  - Taper Angle= 0。
- 单击 OK 按钮，矩形型腔出现在选择安放平面时单击的位置。
- 在定位对话框中单击 OK 按钮接受默认位置，建立第一个矩形型腔如图 9-44 所示。

第 3 步 利用类似方法建立第二个型腔，完成的部件如图 9-45 所示。

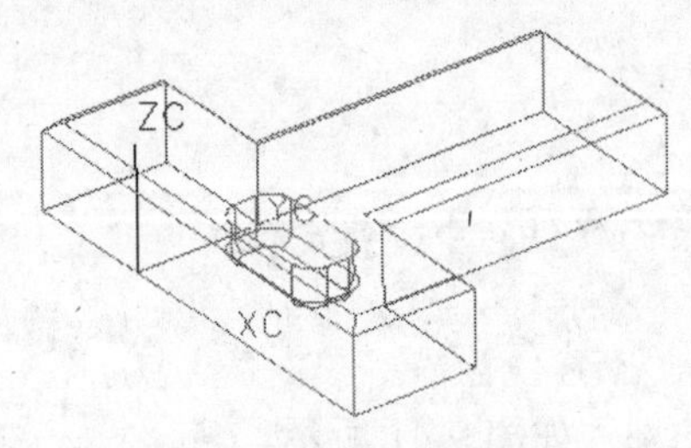

图 9-44 第一个矩形型腔

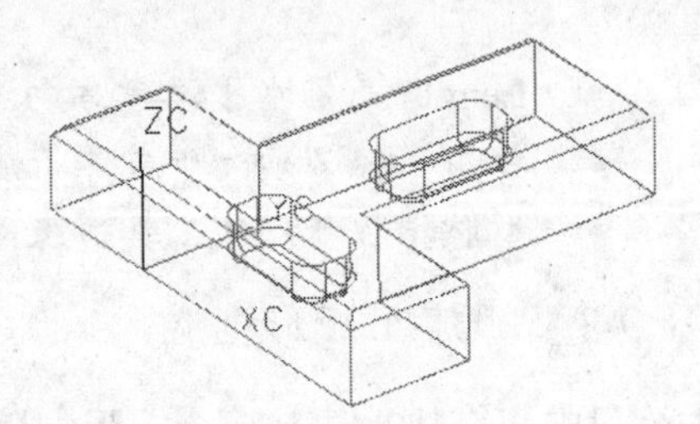

图 9-45 完成的部件

第 4 步 选择 File→Close→All Parts 命令，关闭部件。

第 10 章　特 征 操 作

【目的】

本章是对特征操作的一个基本介绍，特征操作包括如下内容。

- 细节特征：边缘倒圆、边缘倒角、面倒圆、软倒圆和拔锥等。
- 相关复制：WAVE 几何链接器、抽取、合成曲线、特征引用阵列、镜像特征、镜像体、几何体引用阵列和提升体等。
- 组合体：布尔求和、求差与求交、缝合与补片体等。
- 修剪：修剪体、修剪片、修剪与延伸等。
- 偏置与比例：偏置面、比例体与壳（挖空）等。

特征操作功能按钮包含于特征工具条中，如图 10-1 所示。

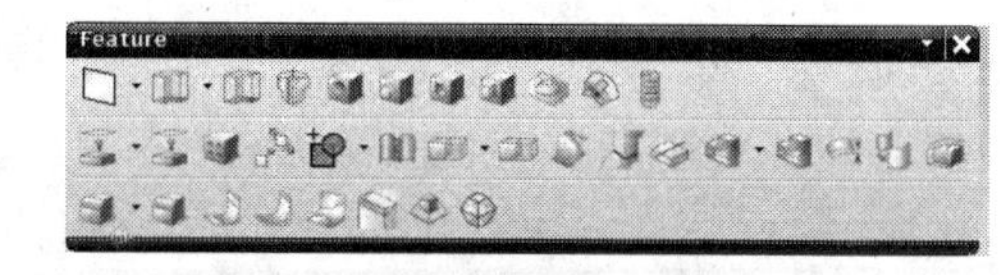

图 10-1　特征工具条

在完成本章学习之后，将能够：

- 建立与编辑边缘倒圆、边缘倒角、拔锥。
- 建立与编辑特征引用阵列（矩形阵列与圆形阵列）、镜像体。
- 建立与编辑修剪体。
- 建立与编辑壳。

10.1　细 节 特 征

细节特征（Detail Feature）用于对仿真零件的精加工操作。

选择 Insert→Detail Feature 命令，打开如图 10-2 所示的细节特征下拉菜单。

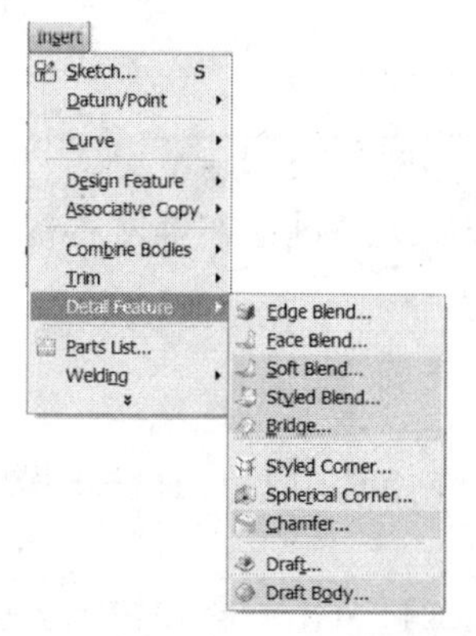

图 10-2　细节特征下拉菜单

10.1.1 边缘倒圆

利用边缘倒圆（Edge Blend）命令来光顺选择的边缘，此边缘至少由两个面共有。边缘倒圆命令操作如同一个球沿一边缘滚动并维持与在该边缘相遇的面接触。

如图 10-3 所示，倒圆球在面的内侧滚动使凸边缘成圆形，将移除材料（❶）；倒圆球在面的外侧滚动使凹边缘成圆形，将添加材料（❷）。

Edge Blend 对话框如图 10-4 所示。

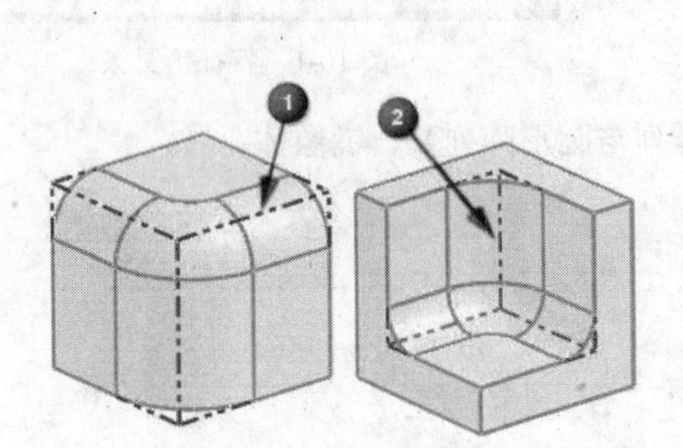

图 10-3 凸、凹边缘倒圆

图 10-4 Edge Blend 对话框

在 Radius n 文本框中输入半径值，Radius n 指 Radius 1、Radius 2、Radius 3 等。可利用 Curve Rule 选择相关边缘或加速选择。

1. 边缘倒圆预览

当选择边缘时，预览更新，如图 10-5 所示。

通过拖拽半径手柄之一（❶）或通过在在屏文本框（❷）中输入值调整半径。

2. 添加新组

一个单一倒圆特征可以含有一个或多个边缘组。每个组可以有一个不同的半径值。在 Edge Blend 对话框中单击 Add New Set（或单击鼠标中键一次）按钮来选择另一组边缘，如图 10-6 所示。

可以继续定义另一边缘组或通过单击 OK 按钮完成倒圆操作。

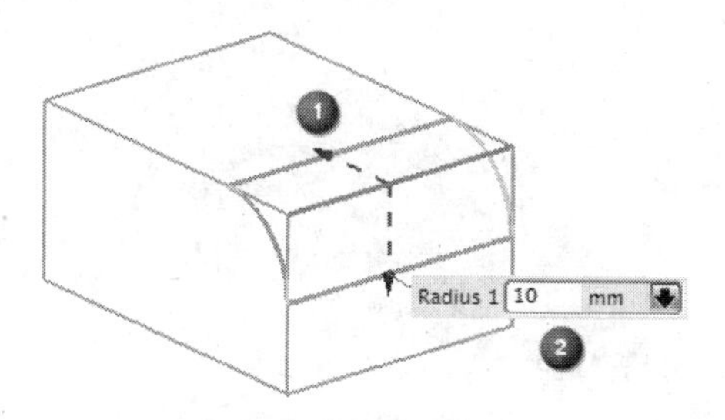

图 10-5　边缘倒圆预览

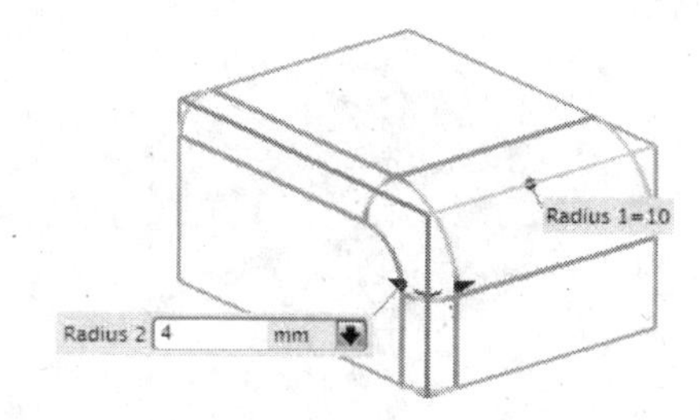

图 10-6　添加新组

【练习 10-1】　边缘倒圆

在本练习中将建立基本边缘倒圆。设计意图如图 10-7 所示。

第 1 步　从目录\Part_C10 中打开 edge_blend_1.prt，启动 Modeling 应用。

第 2 步　建立第一个边缘倒圆。

- 在 Feature 工具条的 Detail Feature 下拉列表框中选择 Edge Blend 选项。
- 选择边缘，在 Radius 1 文本框中输入 0.75 并按 Enter 键，如图 10-8 所示。

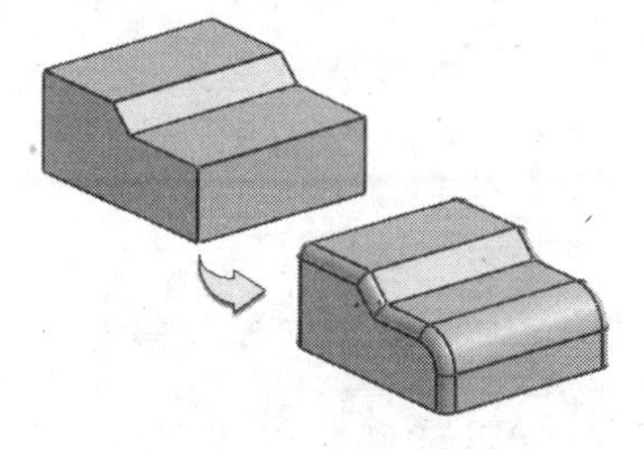

图 10-7　设计意图

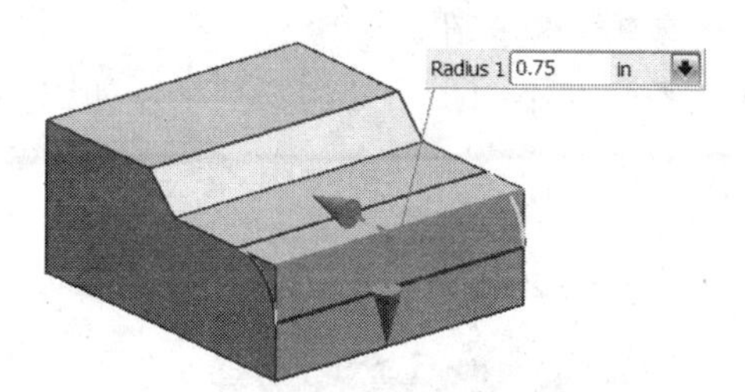

图 10-8　选择一条边缘加入半径

- 在 Edge to Blend 组中单击 Add New Set 按钮。
- 在 Radius 2 文本框中输入 0.25 并按 Enter 键。
- 选择如图 10-9 所示的 4 条边缘。
- 单击 Apply 按钮建立第一个边缘倒圆，如图 10-10 所示。

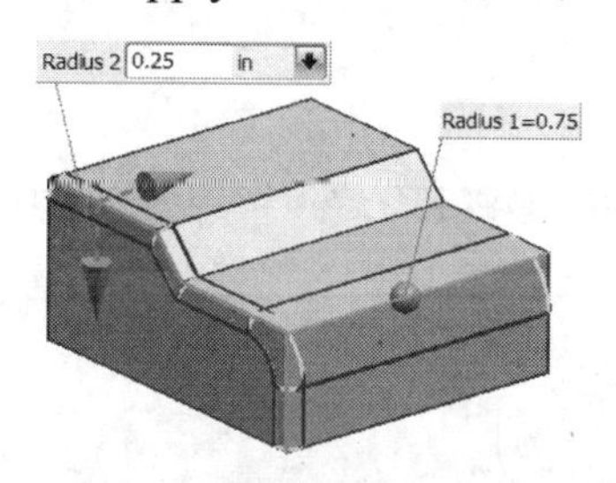

图 10-9　选择 4 条边缘加入半径

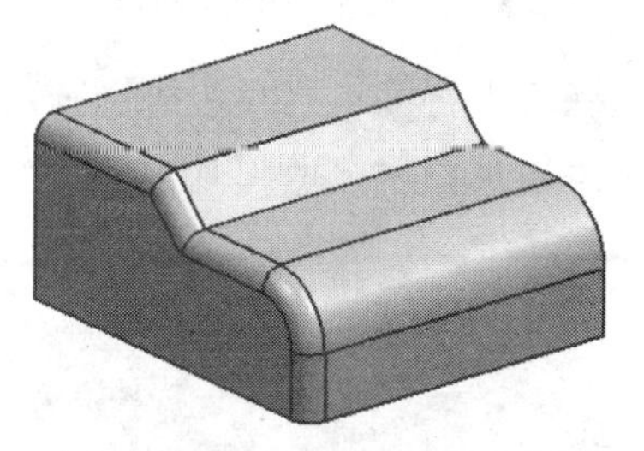

图 10-10　建立第一个边缘倒圆

第 3 步　利用 Tangent Curves 规则建立一个倒圆。

- 在 Selection 条上设置 Curve Rule 为 Tangent Curves。
- 如图 10-11 所示选择边缘。
- 观察高亮边缘。
- 如图 10-12 所示附加选择两个不相切边缘。

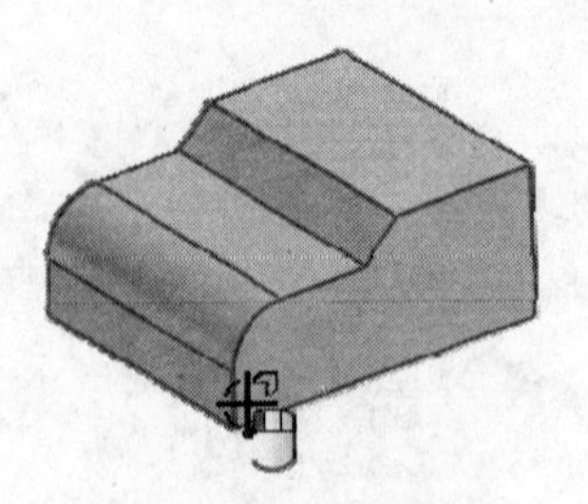

图 10-11 选择边缘

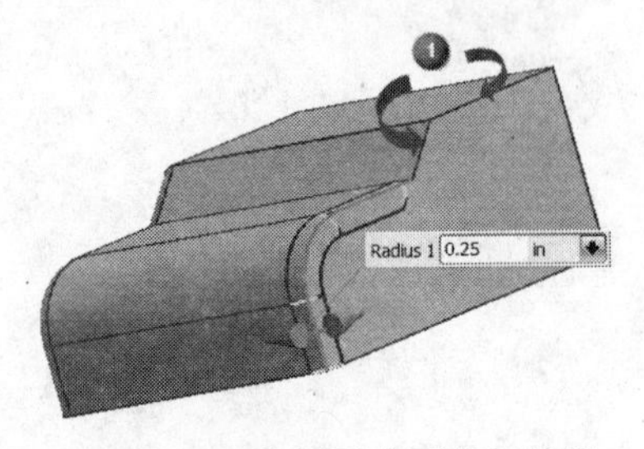

图 10-12 选择两个不相切边缘

- 确保 Radius 1 文本框中的值是 0.25。
- 单击 Apply 按钮。

第 4 步 利用 Face Edges 规则建立倒圆。

注意： Edge Blend 对话框仍然是打开的。

- 在 Selection 条上展开 Curve Rule 列表并选择 Face Edges 选项。
- 如图 10-13 所示选择面。
- 单击 OK 按钮。
- 考察在不同拐角处倒圆结果，如图 10-14 所示。

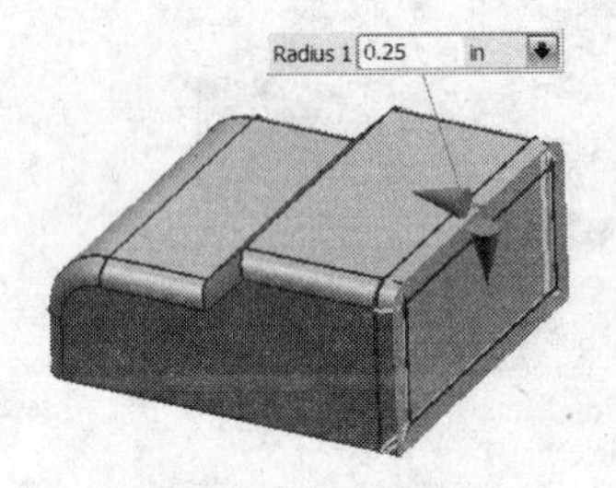

图 10-13 选择面

图 10-14 最终模型

第 5 步 不储存关闭部件。

【练习 10-2】 编辑边缘倒圆

在本练习中将编辑已存边缘倒圆，如图 10-15 所示。

第 1 步 从目录\Part_C10 中打开 edge_blend_edit_dryer.prt，如图 10-16 所示。

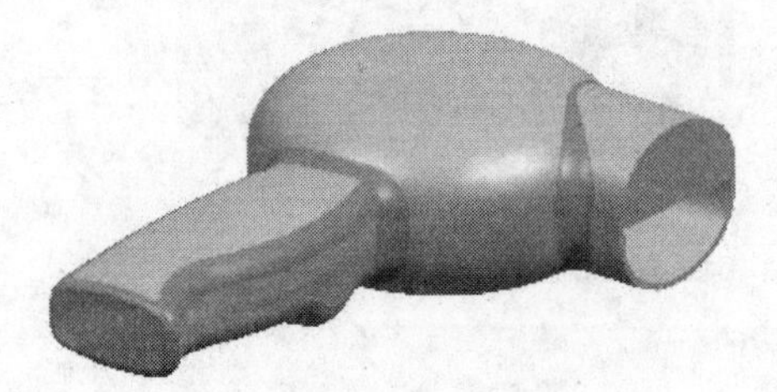

图 10-15 编辑边缘倒圆

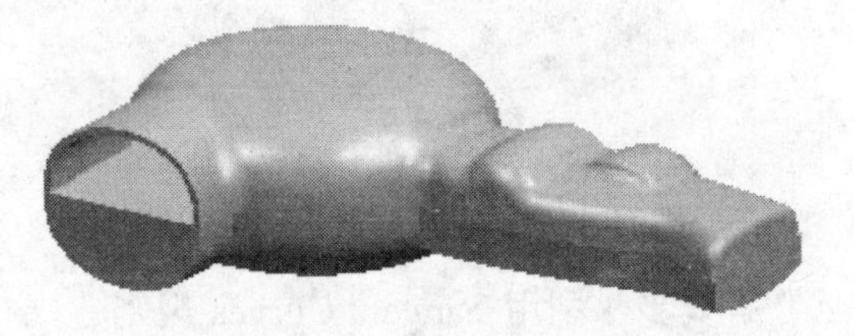

图 10-16 edge_blend_edit_dryer.prt

设计意图： 如图 10-17 所示，镜像体缺少了父体中那些在镜像时间戳记后所建立的倒圆，另外还丢失了壳特征。

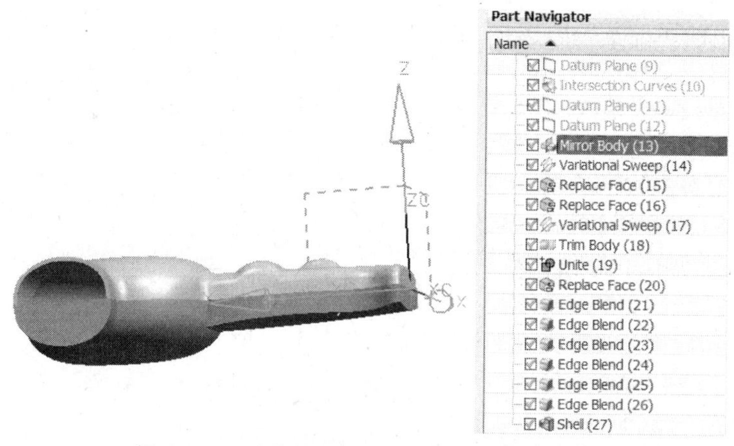

图 10-17 丢失某些倒圆与壳特征的镜像体

通过编辑已存倒圆来建立镜像体中相应的边缘倒圆。

第 2 步 识别要编辑的倒圆。

提示：

（1）一个好的建模方法是最后添加倒圆，除非倒圆提供了为完成设计而必须存在的面或边缘。

（2）当编辑一系列倒圆时，好的建模方法是按它们的时间戳记次序编辑它们，因为后面的倒圆常常会修改那些由较早倒圆所建立的边缘。

- 在 Part Navigator 中激活 Timestamp Order，从 Edge Blend (21)开始，逐个选择倒圆识别它们。

设计意图：

（1）Edge Blend (21)和 Edge Blend (22)并不要求在镜像体中存在，如图 10-18 所示。

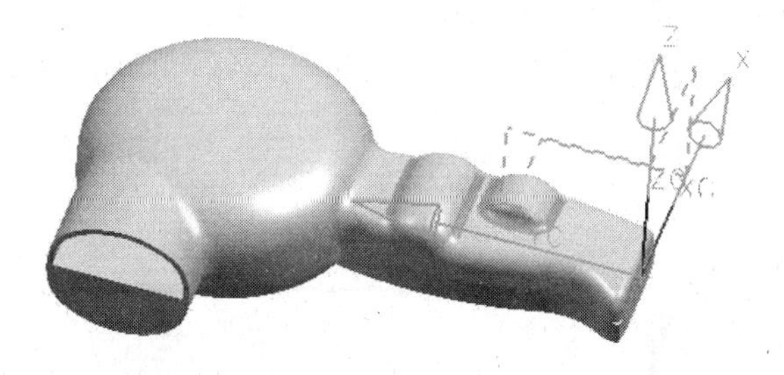

图 10-18 设计意图

（2）其余 4 个倒圆将要求反映在镜像体中。

第 3 步 添加倒圆边缘。

提示： 利用 Edit with Rollback 命令编辑倒圆 23～26，添加镜像体边缘到其中。

- 在 Part Navigator 中右击 Edge Blend (23)节点。

- 在弹出的快捷菜单中选择 Edit with Rollback 命令，如图 10-19 所示。

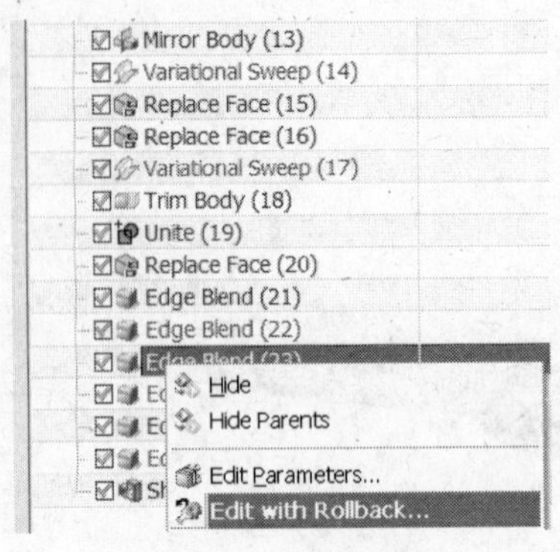

图 10-19　编辑倒圆

注意：Curve Rule 已设置，因为它随特征储存。

提示：如图 10-20 所示，在注意 Edge Blend (23)中的边缘之后，从镜像体中选择两个相应边缘。

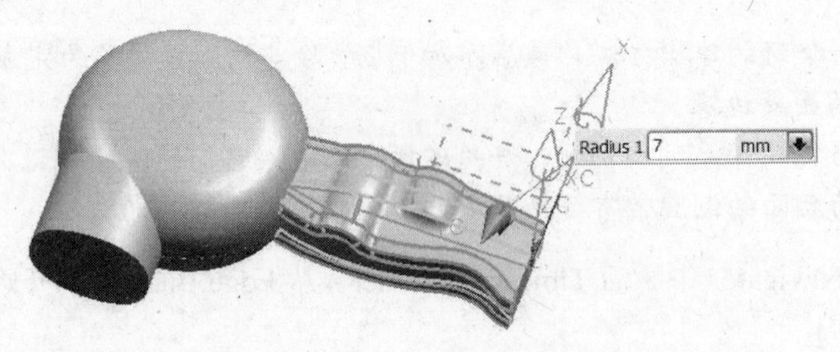

图 10-20　添加倒圆边缘

- 单击 OK 按钮。
- 在 Part Navigator 中双击 Edge Blend (24)节点。
- 通过选择任一相应边缘，添加在镜像体中的边缘，如图 10-21 所示。

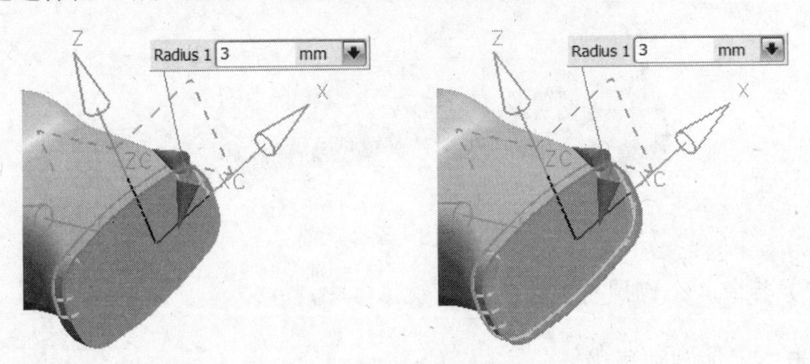

图 10-21　添加倒圆边缘

- 单击 OK 按钮。
- 执行类似编辑添加边缘到 Edge Blend (25)，如图 10-22 所示。

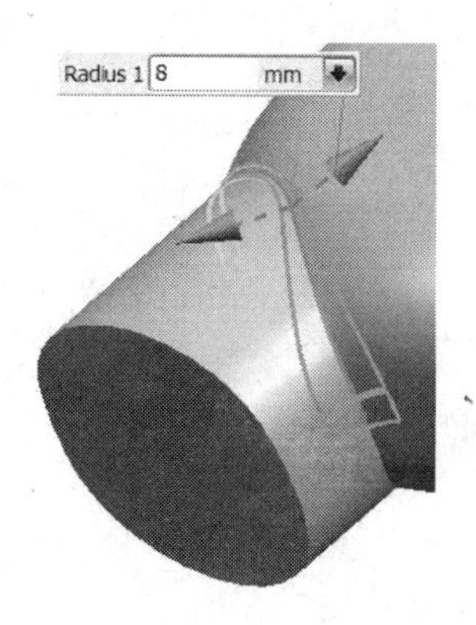

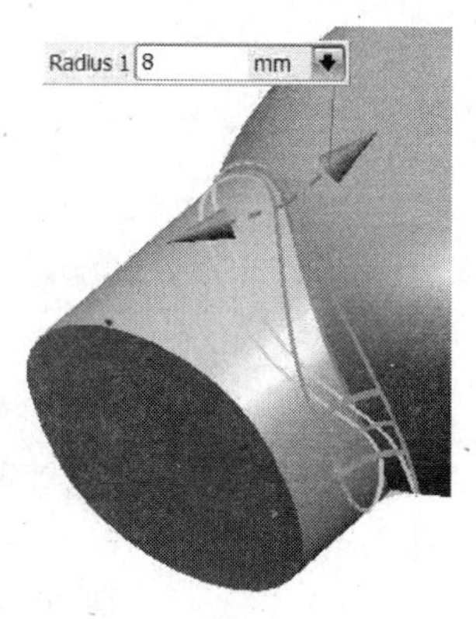

图 10-22 添加倒圆边缘

- 执行类似编辑添加边缘到 Edge Blend (26)，如图 10-23 所示。

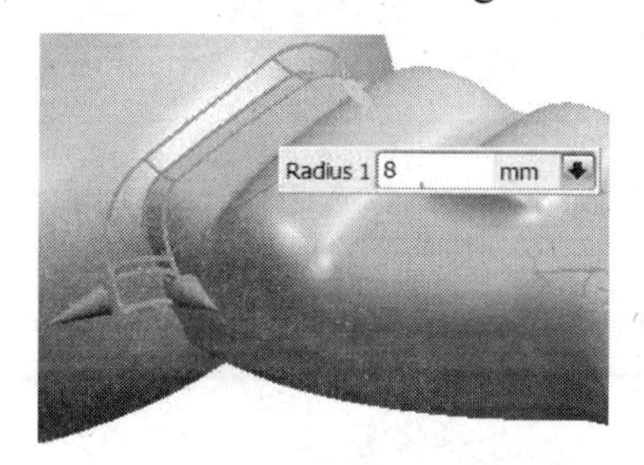

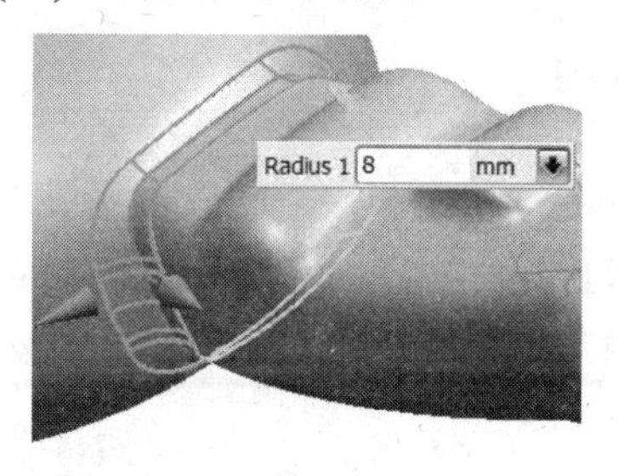

图 10-23 添加倒圆边缘

第 4 步 （可选项）建立壳特征。

- 在 Part Navigator 中使 Timestamp Order 不激活。
- 取消选中 Solid Body “Variational Sweep (4)”节点旁的红色复选框消隐它。
- 在 Feature Operation 工具条上单击 Shell 按钮。
- 在 Shell 对话框中，在 Thickness 组的 Thickness 文本框中输入 2 并按 Enter 键。
- 选择第一个掀去的面，如图 10-24 所示。
- 选择第二个掀去的面，如图 10-25 所示。

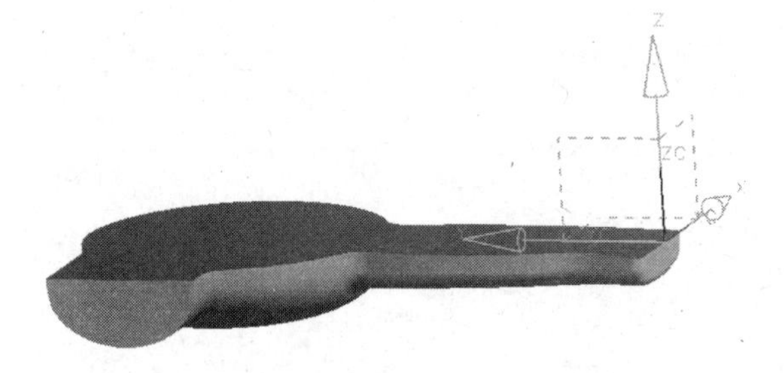

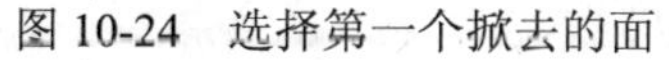
图 10-24 选择第一个掀去的面

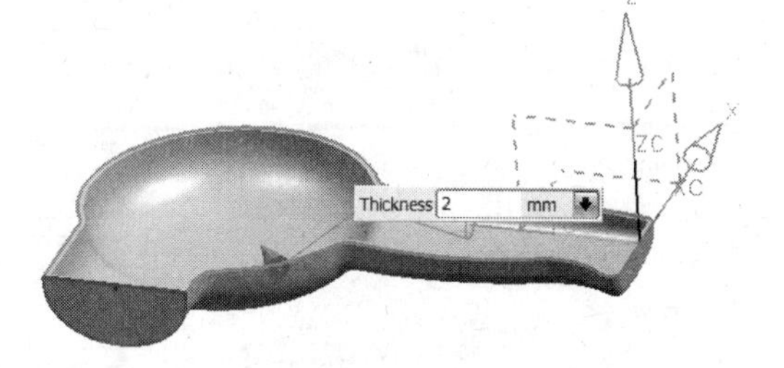

图 10-25 选择第二个掀去的面

- 单击 OK 按钮。
- 选中 Solid Body “Variational Sweep (4)”节点旁的复选框显示它。
- 最终模型如图 10-26 所示。

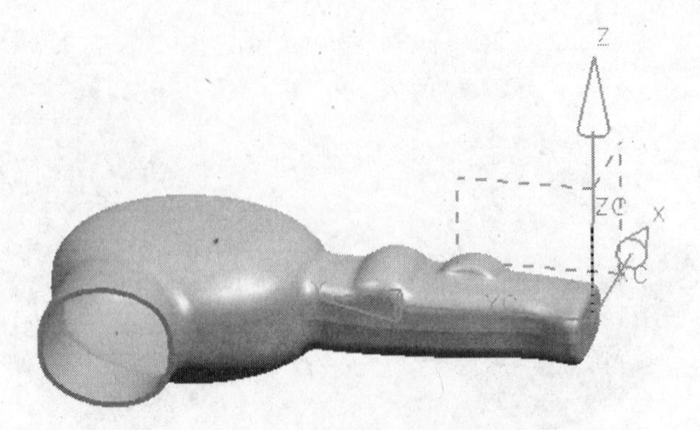

图 10-26 编辑后的模型

第 5 步 不储存关闭部件。

10.1.2 倒角

倒角（Chamfer）命令利用定义的倒角尺寸使一个实体边缘成斜角。材料被添加或减去取决于实体的拓扑结构。

如图 10-27 所示，在例（❶）中材料被去除，在例（❷）中材料被添加。

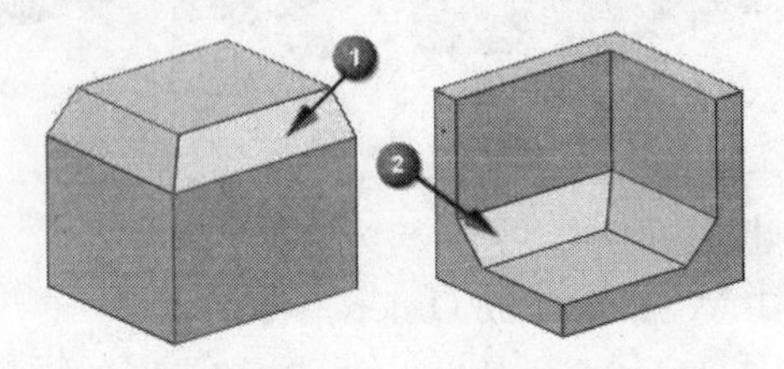

图 10-27 凸、凹边缘倒角

Chamfer 对话框如图 10-28 所示。

（a）

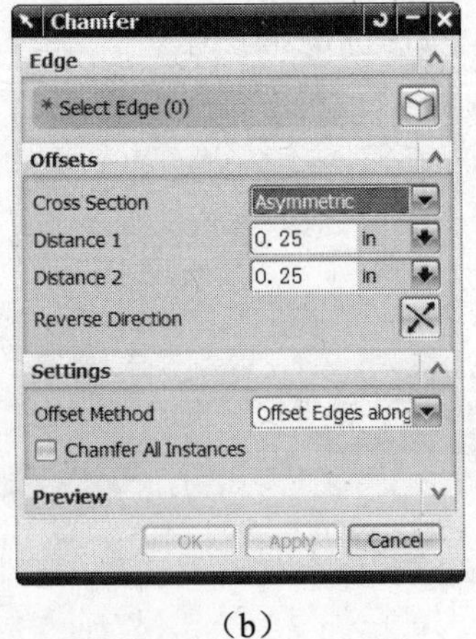

（b）

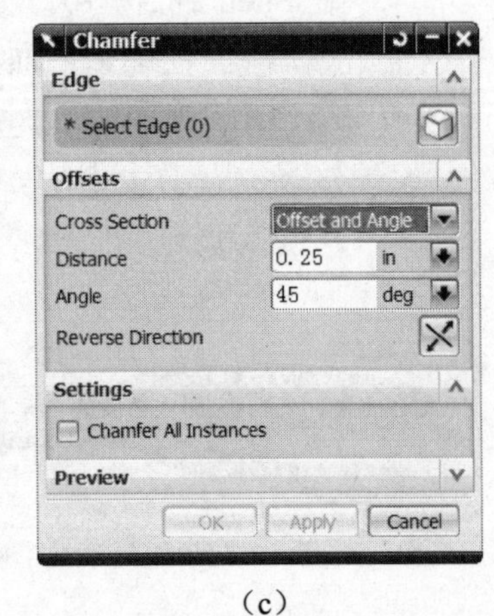

（c）

图 10-28 Chamfer 对话框

倒角选项描述如表 10-1 所示。

表 10-1 倒角选项描述

组	选 项	描 述
Edge（边缘）	Select Edge（选择边缘）	利用曲线规则从同一体上选择一个或多个边缘
Offsets（偏置）	Cross Section（横截面）	• Symmetric：利用单个、从所选边缘沿其两侧面测量的正偏置值，建立简单倒角 • Asymmetric：利用两个正值作为边缘偏置值，建立倒角 • Offset and Angle：建立倒角，其偏置由正的偏置值和正的角度决定
	Distance（距离）	当 Cross Section 是对称或偏置和角度时，为偏置设置一个距离值 也可以拖拽距离手柄来规定此值
	Distance 1（距离 1） Distance 2（距离 2）	当 Cross Section 是非对称时，输入两个距离值，也可拖拽距离手柄
	Angle（角度）	当 Cross Section 是偏置和角度时，为 Angle 设置一个角度值 也可以拖拽角度手柄来规定此值
	Reverse Direction（反转方向）	移动偏置或角度从倒角边缘一侧到另一侧 当 Cross Section 是对称时，该项无效

建立倒角的操作步骤如下：

（1）在 Feature Operation 工具条上单击 Chamfer 按钮，或选择 Insert→Detail Feature→Chamfer 命令。

（2）选择一个或多个边缘。

（3）在 Offsets 组的 Cross Section 下拉列表框中选择 Symmetric、Asymmetric 或 Offset and Angle 选项。

（4）在 Chamfer 对话框中输入对应于 Cross Section 选项的偏置值。

（5）（可选项）在 Settings 组的 Offset Method 下拉列表框中选择 Offset Edges along Faces 或 Offset Faces and Trim 选项。

（6）（可选项）如果倒角边缘是引用阵列或可以被引用阵列，在 Settings 组中可选中 Chamfer All Instances 复选框。

（7）（可选项）在 Preview 组中选择 Preview 预览结果，或清除它只显示拖拽手柄。

（8）（可选项）利用拖拽手柄或在屏文本框来修改偏置值。

（9）（可选项）在 Offsets 组中单击 Reverse Direction 按钮来反转倒角。

（10）单击 OK 按钮或单击鼠标中键建立倒角。

【练习 10-3】 建立倒角

在本练习中将在实体边缘建立倒角。设计意图如图 10-29 所示。

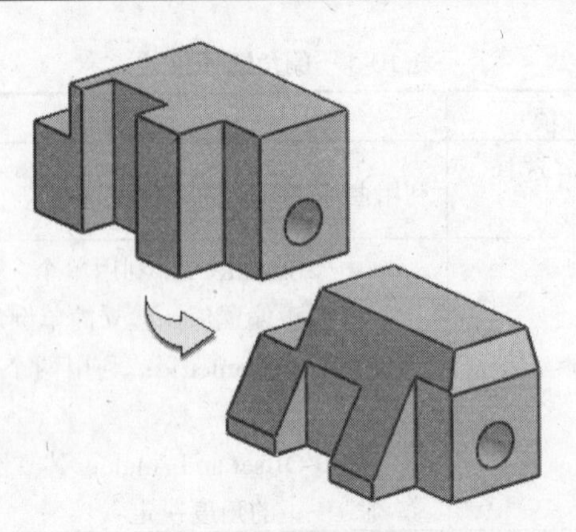

图 10-29 设计意图

第 1 步 从目录\Part_C10 中打开 chamfer_1.prt，启动 Modeling 应用。

第 2 步 通过规定偏置和角度建立倒角。

- 在 Feature Operation 工具条上单击 Chamfer 按钮。
- 如图 10-30 所示，选择边缘❶。

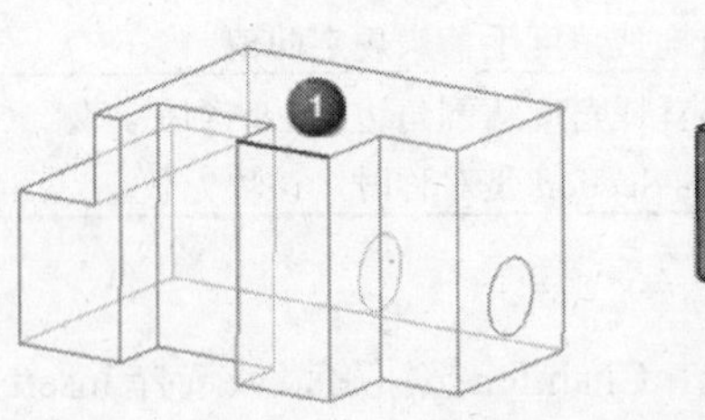

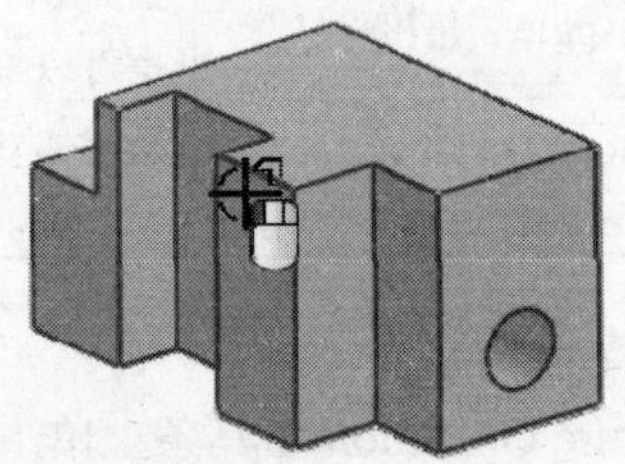

图 10-30 选择边缘

- 在 Offsets 组的 Cross Section 下拉列表框中选择 Offset and Angle 选项。
- 在 Distance 文本框中输入 1.75 并按 Enter 键。
- 在 Angle 文本框中输入 30 并按 Enter 键。
- 如果预览时不是图 10-31 所示，在 Offsets 组中单击 Reverse Direction 按钮。
- 当预览时如图 10-31 所示，单击 Apply 按钮，建立倒角。

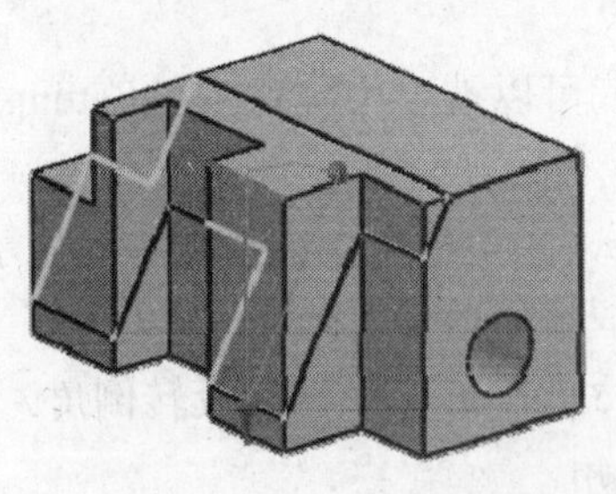

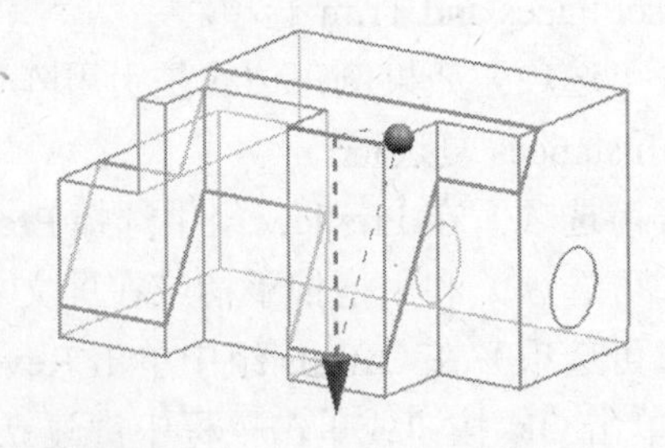

图 10-31 预览倒角

第 3 步 建立非对称偏置的倒角。

- 如图 10-32 所示，选择边缘❷。

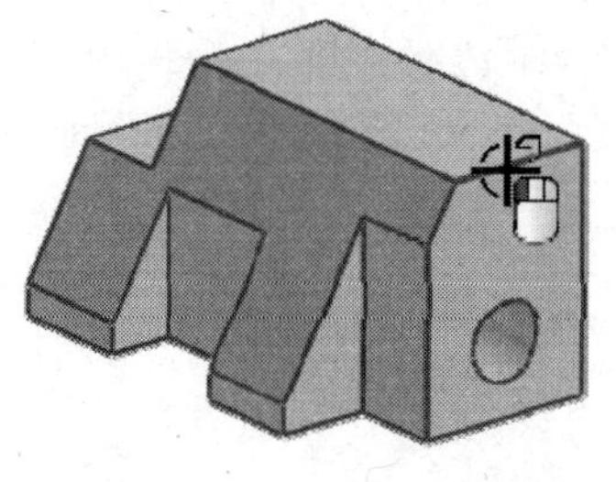
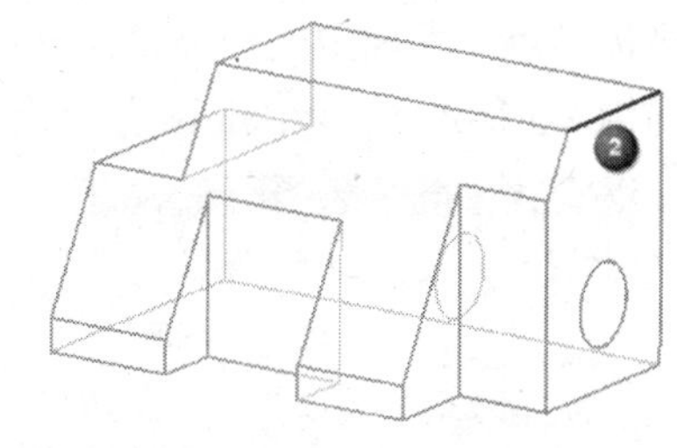

图 10-32 选择边缘

- 在 Offsets 组的 Cross Section 下拉列表框中选择 Asymmetric 选项。
- 在 Distance 1 文本框中输入 0.25 并按 Enter 键。
- 在 Distance 2 文本框中输入 0.5 并按 Enter 键。
- 如果预览时不是图 10-33 所示，在 Offsets 组中单击 Reverse Direction 按钮。

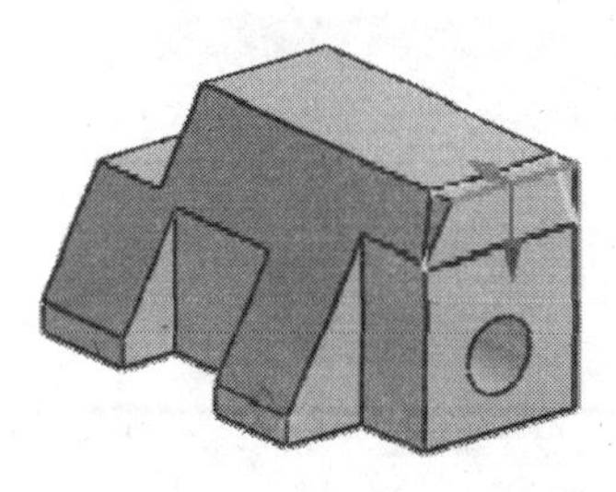
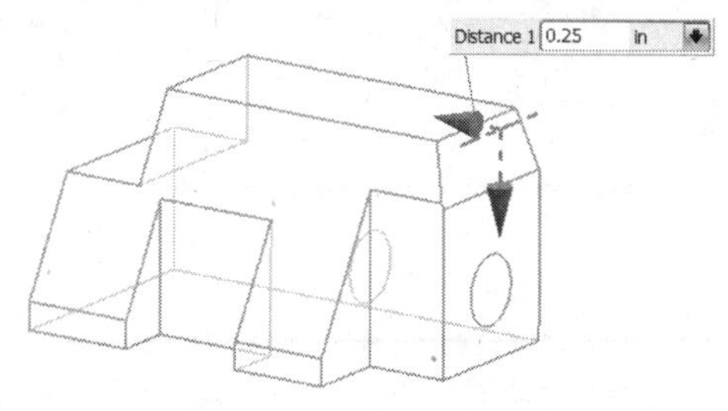

图 10-33 预览倒角

- 单击 OK 按钮建立倒角，结果如图 10-34 所示。

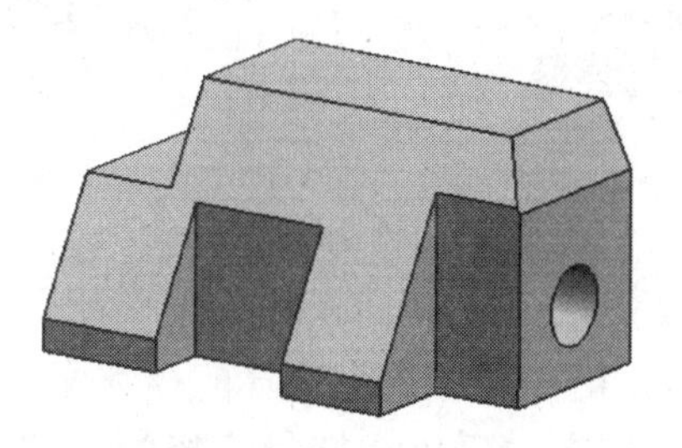

图 10-34 完成的模型

第 4 步 不储存关闭部件。

10.1.3 拔锥

拔锥（Draft）命令相对于规定矢量拔锥特征、面或体。拔锥功能主要用于设计铸造和注塑零件的模型。

在 Feature Operation 工具条上单击 Draft 按钮，打开如图 10-35 所示的 Draft 对话框。拔锥类型介绍如下。

- 从平面拔锥：位于静止平面上的实体的横截面在拔锥操作后维持不变，如图 10-36 所示。此功能允许在一个特征内建立具有不同拔锥角的拔锥。

- 从边缘拔锥：用规定的角度沿所选择的一组边缘拔锥，如图 10-37 所示。此功能允许利用 Variable Draft Points 在一个特征内建立可变角度的拔锥。

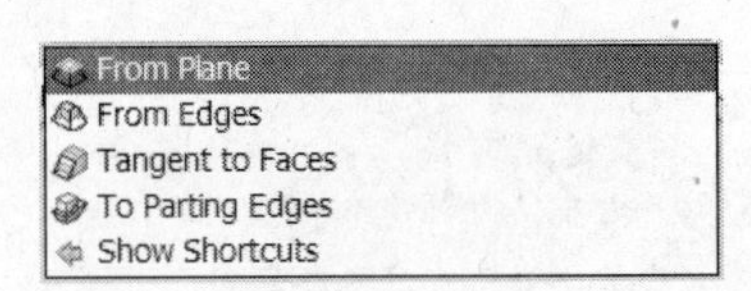

图 10-35　Draft 对话框

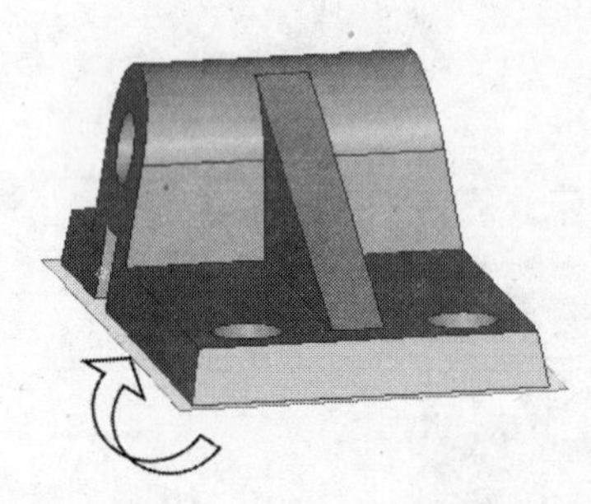

图 10-36　从平面拔锥

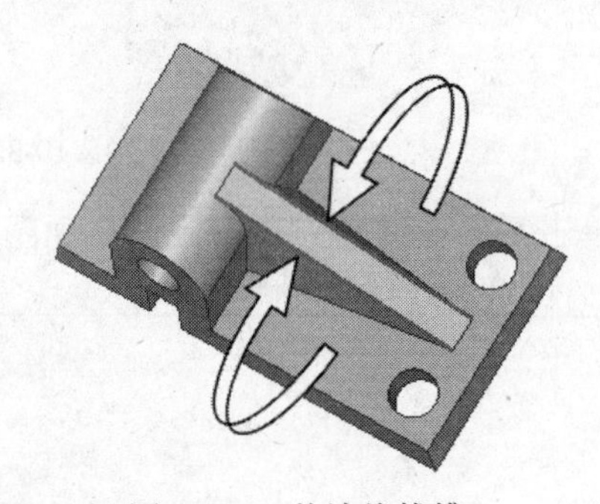

图 10-37　从边缘拔锥

- 相切到面：利用给定的角，相切到选择的相邻面建立拔锥。如果拔锥操作要求被拔锥的面在拔锥操作完成后仍维持与选择的相邻面相切，可选择此类型，如图 10-38 所示。
- 到分模边缘：从参考边缘建立拔锥面，如图 10-39 所示，在前分割面上的分模线的边缘建立拔锥面。

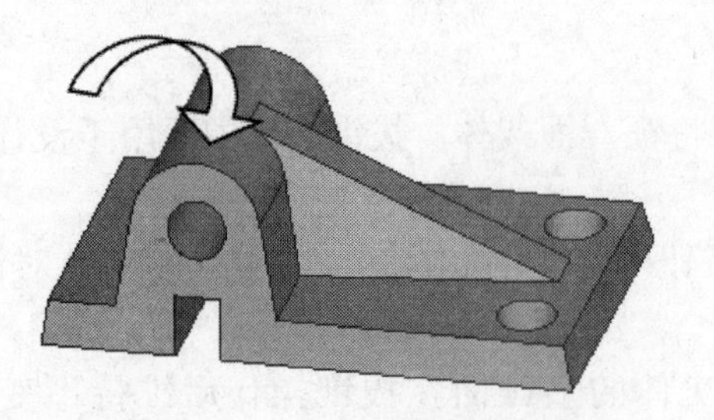

图 10-38　相切到面拔锥

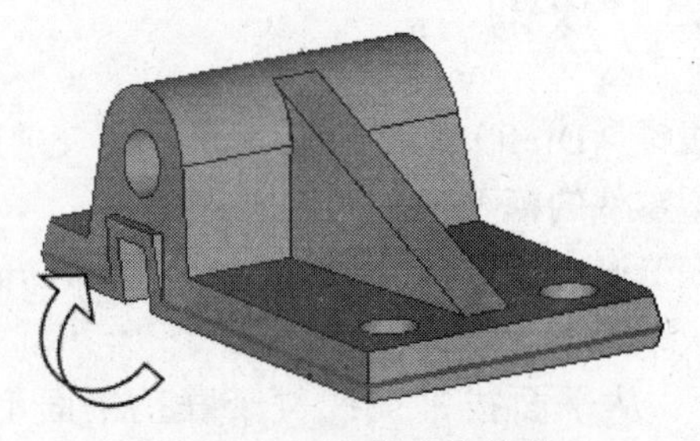

图 10-39　到分模边缘拔锥

对所有拔锥类型都必须规定拔锥矢量（即拔模方向）。拔模方向是模子或冲模必须被移动的、从部件分离的方向。

注意：

- 拔锥矢量（即拔模方向）的定义必须合理地基于所希望的拔模方向。
- 拔锥角是相对于矢量方向作用的：对正的角度，系统将拔锥选择的表面向内收拢（朝向矢量或体中心）；对负的角度，系统将拔锥选择的表面向外扩展（离开矢量），如图 10-40 所示。

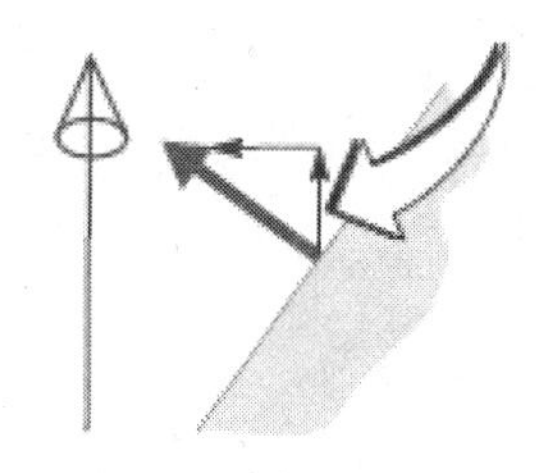

（a）正的拔锥角

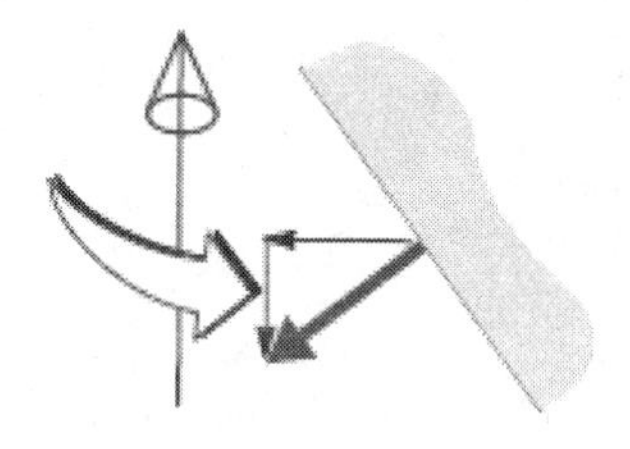

（b）负的拔锥角

图 10-40 拔锥角

- 拔锥特征与拔锥矢量及参考点保持相关。

建立拔锥的操作步骤如下：

（1）从类型下拉列表框中选择拔锥类型。

（2）规定拔模方向。

（3）规定静止平面。

（4）规定拔锥面。

（5）规定拔锥角。

（6）单击 OK 或 Apply 按钮建立拔锥特征。

【练习 10-4】 从面与边缘添加拔锥

在本练习中，将利用不同方法在图 10-41 所示实体的表面进行拔锥操作。

第 1 步 从静止平面添加拔锥。

- 从目录\Part_C10 中打开 draft_faces_1.prt，选定部件底部为静止面，作用拔锥到两个孔的面上，如图 10-42 所示。

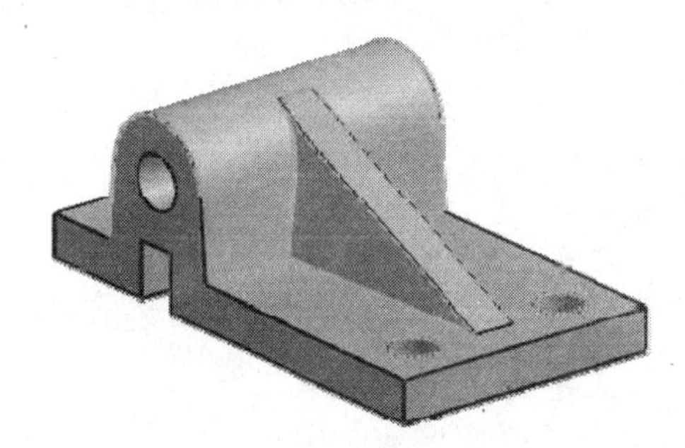

图 10-41 作用拔锥的实体

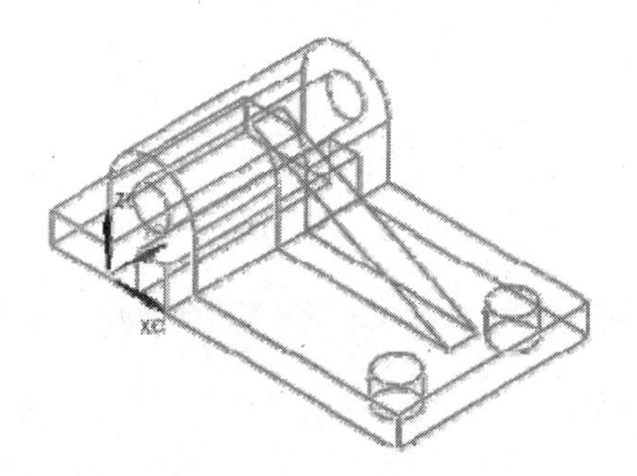

图 10-42 从静止面添加拔锥

- 在 Feature 工具条的 Detail Feature Drop-down 列表中选择 Draft 选项。
- 在 Draft 对话框的 Type 组的下拉列表框中选择 From Plane 选项。
- 单击鼠标中键接受默认 Draw Direction (+ZC)，如图 10-43 所示。

注意：拔模方向是测量拔锥角的参考矢量。对铸件与注塑模部件通常是平行于脱模方向。

- 选择底面为 Stationary Plane，如图 10-44 所示。

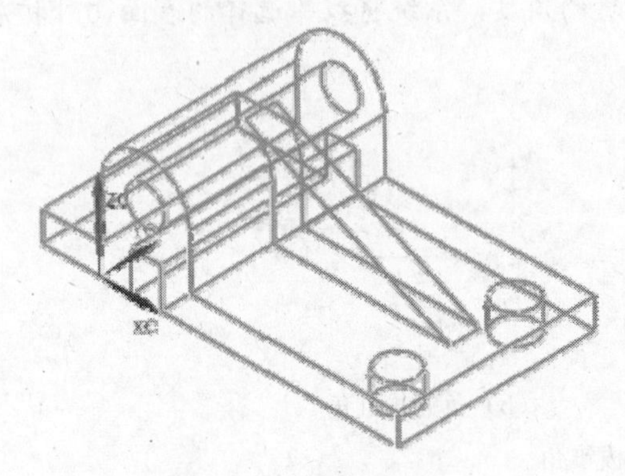

图 10-43 拔模方向

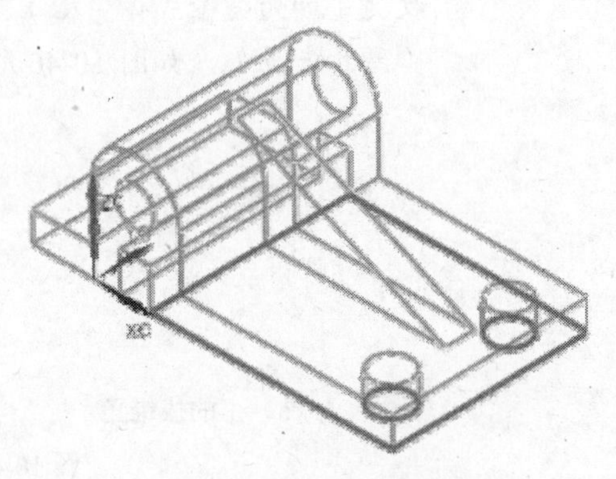

图 10-44 选择静止平面

注意：这是拔锥起始处的平面。

- 在 Angle 1 文本框中输入 5 并按 Enter 键。
- 选择两个孔的圆柱面，如图 10-45 所示。

注意：如图 10-46 所示，当前拔模方向将使孔顶部变大并移除材料。要反转拔模方向使孔顶部变小并添加材料。

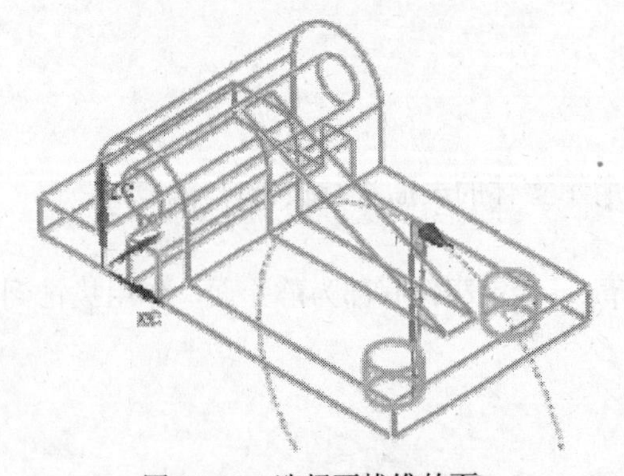

图 10-45 选择要拔锥的面

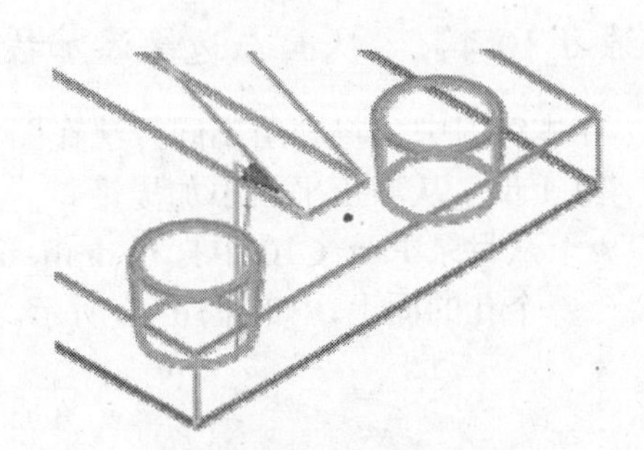

图 10-46 孔顶部变大

- 单击 Reverse Direction 按钮反转拔模方向。

注意：如图 10-47 所示添加材料，并使孔顶部变小。

注意：在底面上的孔直径不变，因为底面是静止平面。

- 单击 Apply 按钮建立特征，结果如图 10-48 所示。

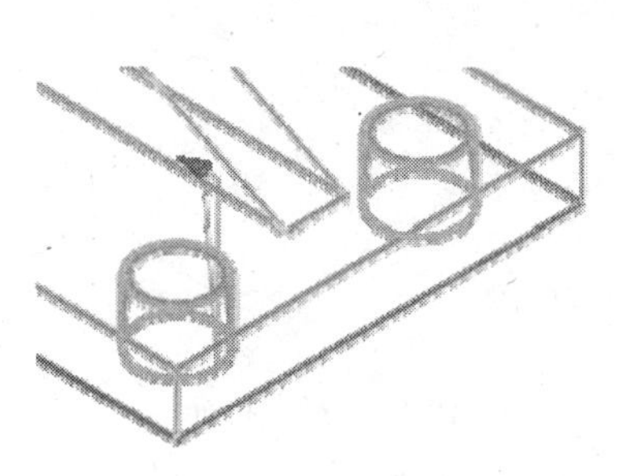

图 10-47 孔顶部变小

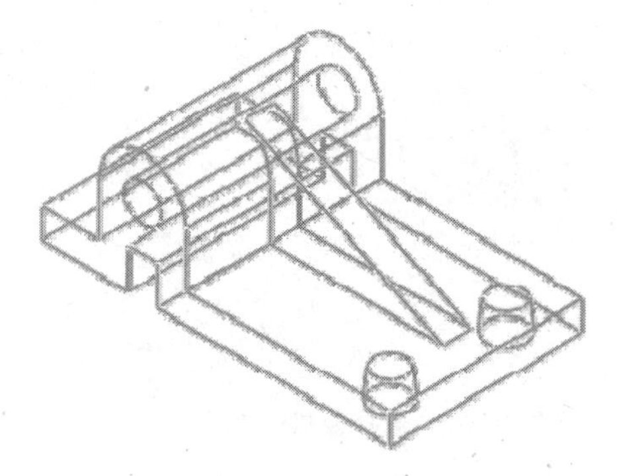

图 10-48 建立拔锥特征

第 2 步 从边缘添加拔锥。

注意：需要作用拔锥到中心肋骨的两侧并保持角度面的边缘不动。

- 在 Draft 对话框的 Type 组的下拉列表框中选择 From Edges 选项。
- 单击鼠标中键接受默认 Draw Direction (+ZC)。
- 选择肋骨顶部两边缘，如图 10-49 所示。
- 在 Angle 1 文本框中输入 10 并按 Enter 键。
- 单击 Apply 按钮建立特征。

注意：肋骨的顶面维持一恒定宽度，如图 10-50 所示。

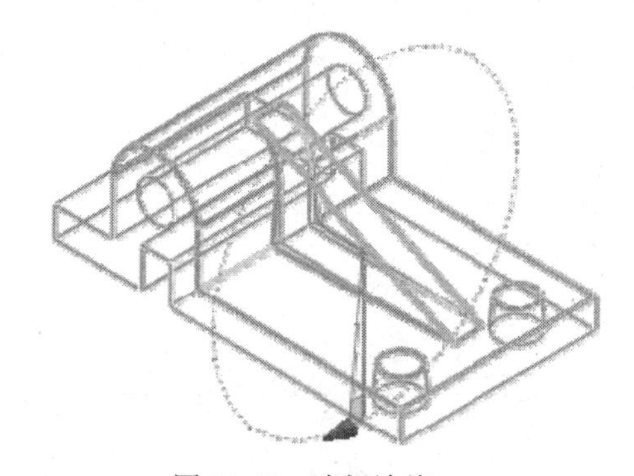

图 10-49 选择边缘

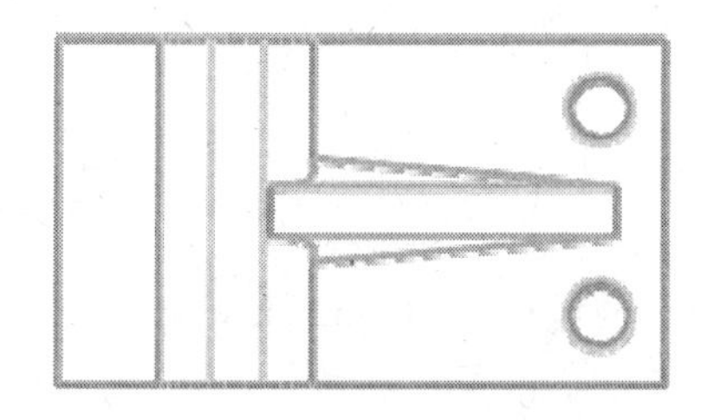

图 10-50 建立拔锥特征

第 3 步 添加相切到面的拔锥。

注意：需要建立相切到枢轴凸垫圆柱表面的拔锥。

- 在 Draft 对话框的 Type 组的下拉列表框中选择 Tangent To Faces 选项。
- 单击鼠标中键接受默认 Draw Direction (+ZC)。
- 在 Selection 条的 Face Rule 列表中选择 Single Face 选项。
- 如图 10-51 所示选择圆柱表面和 3 个相切到圆柱面的平面。
- 在 Angle 1 文本框中输入 5 并按 Enter 键。
- 单击鼠标中键建立特征，如图 10-52 所示。

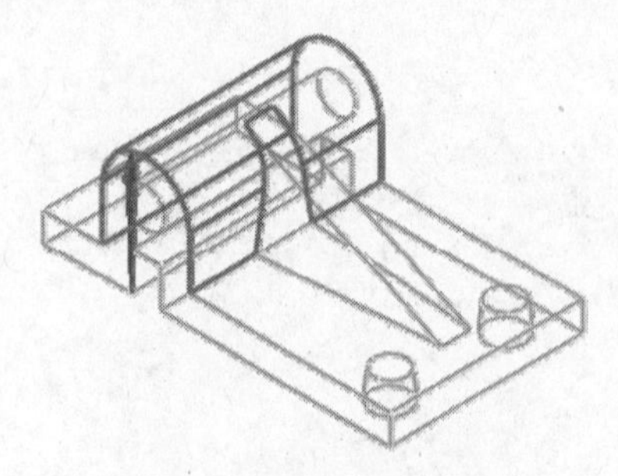

图 10-51 选择要拔锥的面

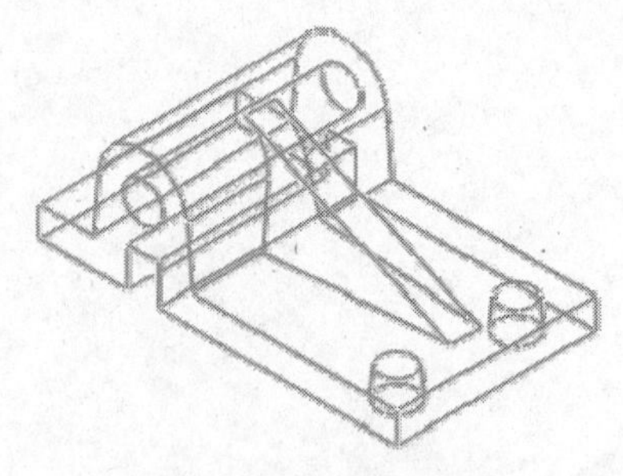

图 10-52 建立特征

- 不存储关闭部件。

【练习 10-5】 添加拔锥到分模边缘

在本练习中，将通过选择分模边缘建立拔锥特征。

设计意图：如图 10-53 所示，分模线位于部件底面上方并且围绕键槽。

第 1 步 打开部件。

- 从目录\Part_C10 中打开 draft_parting_edges_1.prt；如图 10-54 所示，将从模型的分模边缘拔锥部件的外部轮廓。

图 10-53 设计意图

- 通过利用 Divide Face 命令分割 4 个实体外部面建立定义分模边缘，如图 10-55 所示。

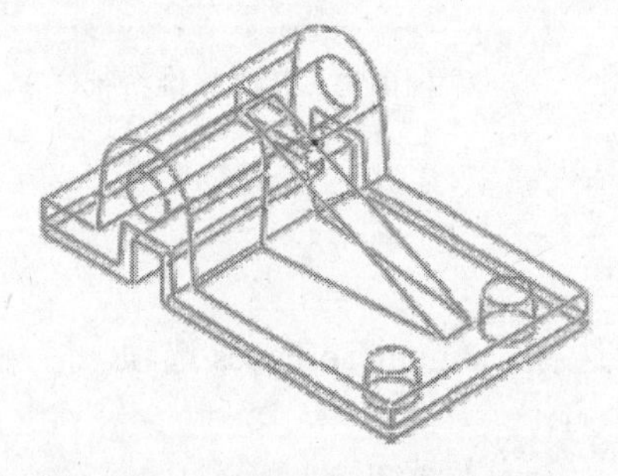

图 10-54 draft_parting_edges_1.prt

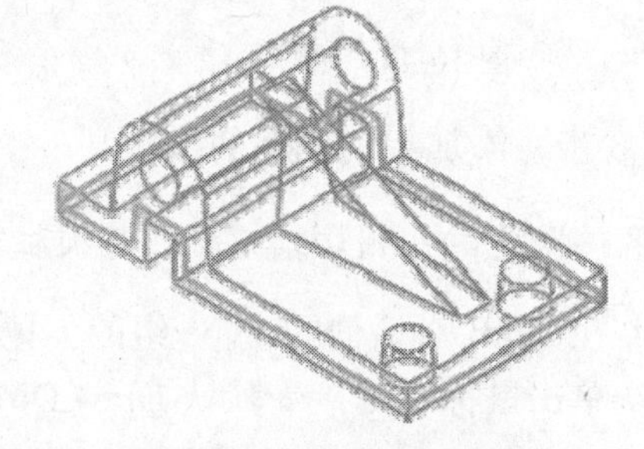

图 10-55 定义分模边缘

第 2 步 添加拔锥。

- 在 Feature 工具条的 Detail Feature Drop-down 列表中选择 Draft 选项。
- 在 Type 组的下拉列表框中选择 To Parting Edges 选项。

注意：默认拔模方向是在+ZC 方向。需要矢量指向–ZC 方向。

- 在 Draw Direction 组中单击 Reverse Direction 按钮⊠，结果如图 10-56 所示。
- 单击鼠标中键接受拔模方向(–ZC)。
- 为 Stationary Plane 选择前分模线边缘上的一个点，如图 10-57 所示。

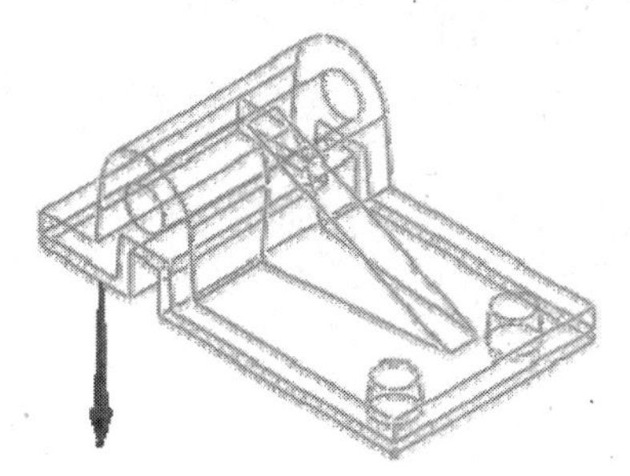

图 10-56　反向拔模方向

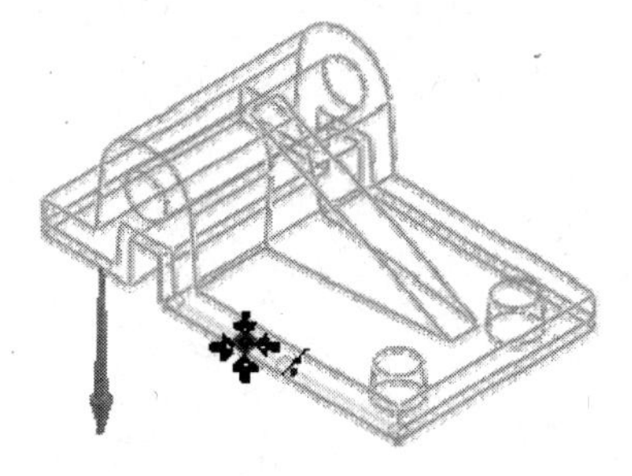

图 10-57　选择静止平面通过的点

注意：静止平面法向于拔模方向并通过选择的点，如图 10-58 所示。

- 为 To Parting Edges 选择如图 10-59 所示的 4 个边缘。

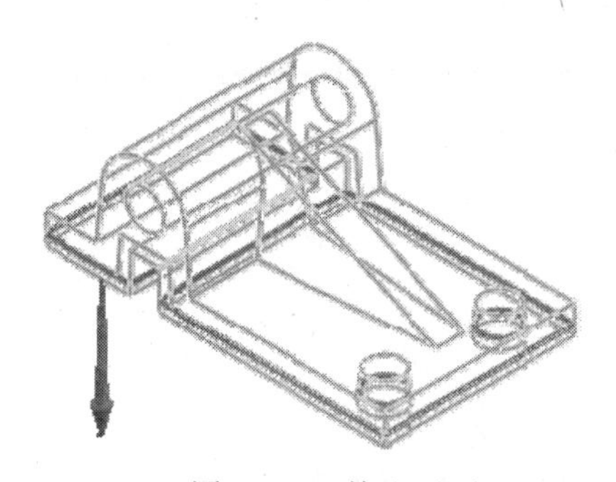

图 10-58　静止平面

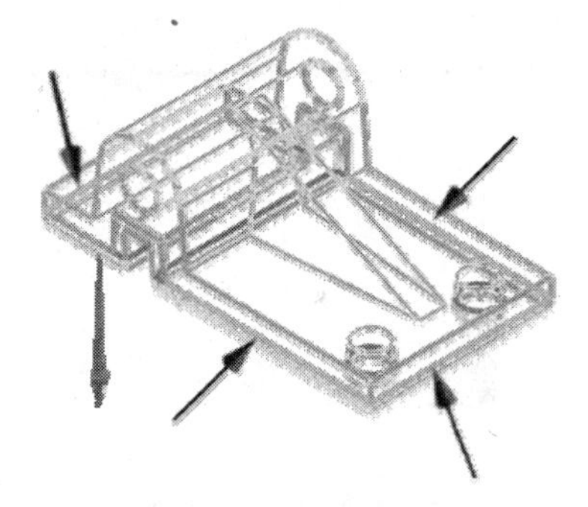

图 10-59　选择分模边缘

- 在 Angle 1 文本框中输入 3 并按 Enter 键。
- 单击 OK 按钮。

注意：拔锥作用到部件的下部，围绕键槽建立了分模错位新表面，如图 10-60 所示。

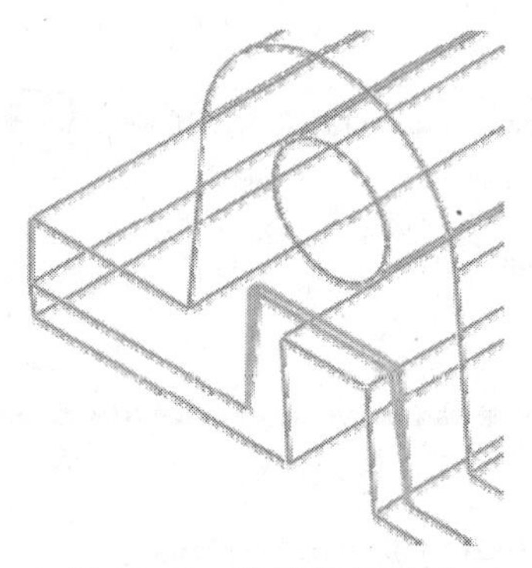

图 10-60　拔锥部件下部

提示：可以从静止平面建立另一拔锥特征，添加拔锥到部件上部。

- 不存储关闭部件。

10.2 相关复制

Associative Copy（相关复制）命令包括 WAVE 几何链接器、抽取、合成曲线、特征引用阵列、镜像特征、镜像体、几何体引用阵列和提升体，如图 10-61 所示。

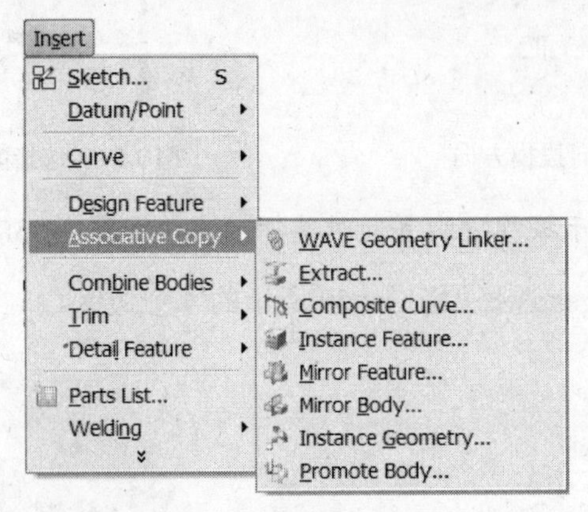

图 10-61 Associative Copy 菜单

10.2.1 特征引用阵列

利用特征引用阵列（Instance Feature）命令复制已存特征形状。

利用特征引用阵列功能，可以：

- 建立特征的分布图案，如圆形分布的螺栓孔。
- 建立许多类似特征，如肋骨。
- 在一个操作步骤中编辑一个特征引用阵列的所有成员。

在 Feature 工具条上单击 Instance Feature 按钮，打开如图 10-62 所示的 Instance 对话框。

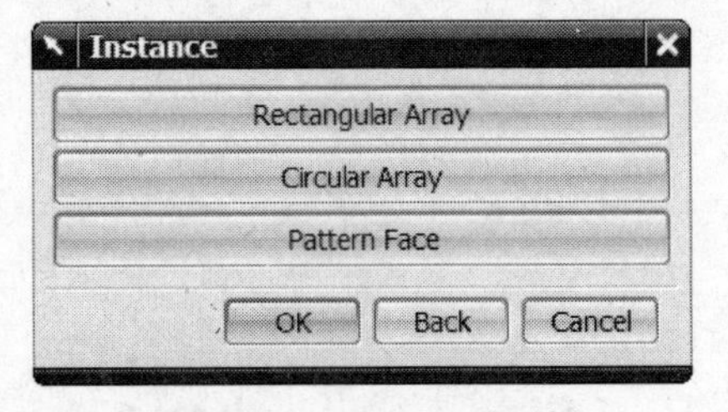

图 10-62 Instance 对话框

有效的特征引用阵列类型描述如表 10-2 所示。

表 10-2　特征引用阵列类型描述

类　　型	描　　述
Rectangular Array（矩形阵列）	从一个或多个选择的特征建立一个线性的引用阵列
Circular Array（圆形阵列）	从一个或多个选择的特征建立一个圆形的引用阵列
Pattern Face（分布图案表面）	用于为非特征的表面区域建立线性或圆形分布的图案

注意：

（1）有布尔操作的特征的引用阵列必须与父实体保持相交。

（2）不能建立下列特征的引用：壳（挖空）、倒圆、倒角、偏置片体、基准、修剪的片体、拔锥、修剪体等特征与自由形状特征。

（3）可以添加倒圆、倒角和螺纹到特征引用阵列。

如果建立：

- 边缘倒圆可以选择 Blend All Instances。
- 边缘倒角可以选择 Chamfer All Instances。
- 螺纹可以选择 Include Instances。

10.2.2　矩形引用阵列

矩形引用阵列用于从一个或多个选择的特征建立线性的引用阵列。矩形引用阵列建立在 XC 和 YC 中的两维（几行特征）中或建立在 XC 或 YC 中的一维（一行特征）中，这些引用阵列基于加入的数和偏置距离、平行于 XC 和/或 YC 轴生成。

注意：利用 Format→WCS 选项或 WCS Dynamics 命令改变 WCS 的方向（XC 和 YC 方向）。

在选择要求阵列的特征之后，打开输入参数对话框，如图 10-63 所示。

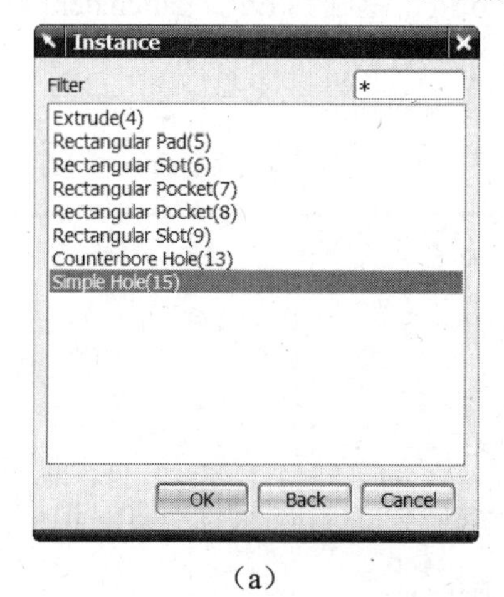

（a）

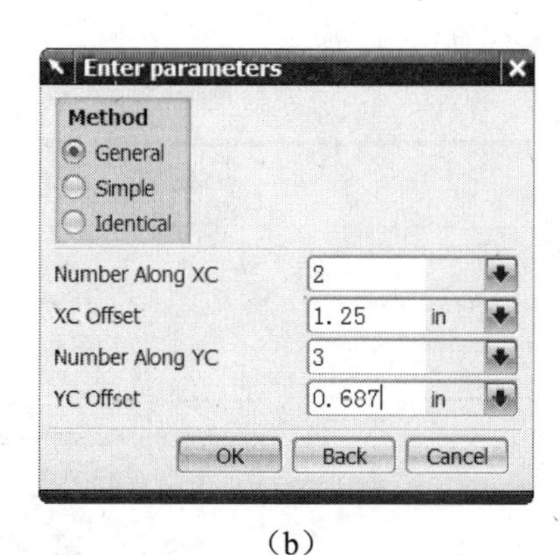

（b）

图 10-63　Enter parameters 对话框

输入参数选项描述如表 10-3 所示。

表 10-3 输入参数选项描述

选 项	描 述
General（通用）	从已存特征建立引用阵列并确认所有几何体。一个通用阵列的引用允许跨过面的一个边缘，而且通用阵列中的引用可以从一个表面横跨另一个表面
Simple（简单）	类似于通用引用阵列，但通过优化操作和消除额外的数据确认来加速引用阵列的建立
Identical（完全相同的）	建立引用阵列的最快方法，它做最少量的确认。每一个引用都是原物的精确备份。当有大量引用并确信它们是要严格地保持相同时可以使用这种方法
Number Along XC（沿 XC 的个数）	平行于 XC 轴的引用的总数，包括原特征
XC Offset（XC 偏置）	引用沿 XC 轴的间隔
Number Along YC（沿 YC 的个数）	平行于 YC 轴的引用的总数，包括原特征
YC Offset（YC 偏置）	引用沿 YC 轴的间隔

注意：

（1）XC 和 YC 方向的引用数必须是大于零的整数。

（2）偏置值可以是正或负。

建立矩形阵列的操作步骤如下：

（1）在 Instance 对话框中单击 Rectangular Array 按钮。

（2）选择要引用的特征。

（3）在 Enter parameters 对话框中规定方法 General、Simple 或 Identical。

（4）设置 Number Along XC、XC Offset、Number Along YC 和 YC Offset。

（5）单击 OK 按钮显示预览。

（6）单击 Yes 按钮建立引用阵列，或单击 No 按钮返回到 Enter parameters 对话框。

如图 10-64 所示为矩形阵列示例。

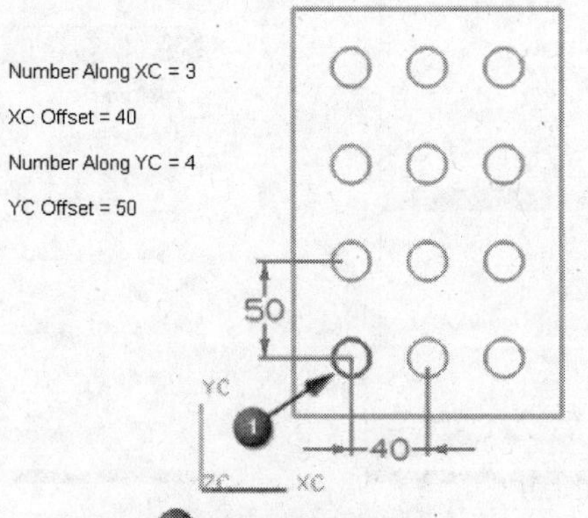

❶ 引用选择的孔

图 10-64 矩形阵列示例

【练习 10-6】　矩形引用阵列

在本练习中，从一个孔特征建立矩形引用阵列。

设计意图：完成的部件将有 6 个孔。在 XC 方向有两个，在 YC 方向有 3 个，如图 10-65 所示。

第 1 步　从\Part_C10 目录中打开部件文件 instance_array_1.prt，启动 Modeling 应用。

第 2 步　重置 WCS 方位，使 XC-YC 平面平行于阵列平面。

- 在菜单条中选择 Format→WCS→Orient 命令。
- 选择 X-Axis 和 Y-Axis。
- 选中 X-Axis（①）和 Y-Axis（②），如图 10-66 所示。

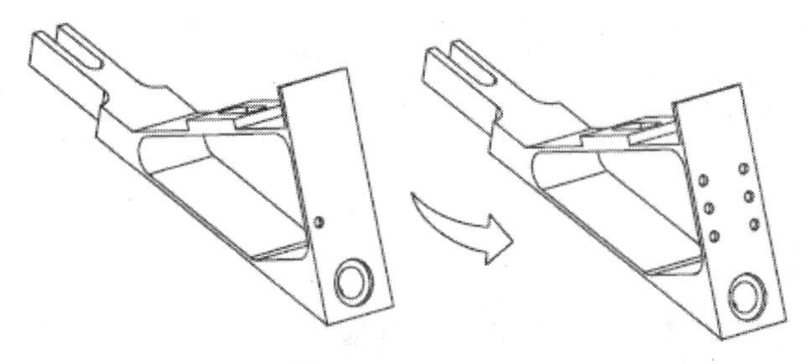

图 10-65　设计意图

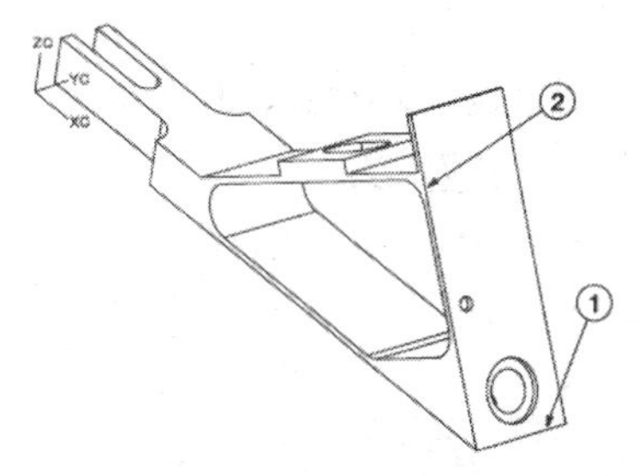

图 10-66　重置 WCS 方位

注意：此时正确的 WCS 方位应如图 10-67 所示。

- 单击 OK 按钮。

第 3 步　建立孔特征的矩形引用阵列。

- 在 Feature Operation 工具条上单击 Instance Feature 按钮。
- 单击 Rectangular Array 按钮。
- 在图形窗口或 Instance 对话框中选择 Simple _Hole (15)。
- 单击 OK 按钮。
- 在 Enter parameters 对话框中设置下列参数：
  - Method=General。
  - Number Along XC=2。
  - XC Offset=1.25。
  - Number Along YC=3。
  - YC Offset=0.687。
- 单击 OK 按钮。

注意：引用阵列的预览显示出现在图形窗口中，单击 Yes 按钮建立引用阵列，单击 No 按钮返回到 Enter parameters 对话框。

- 单击 Yes 按钮，完成部件，结果如图 10-68 所示。

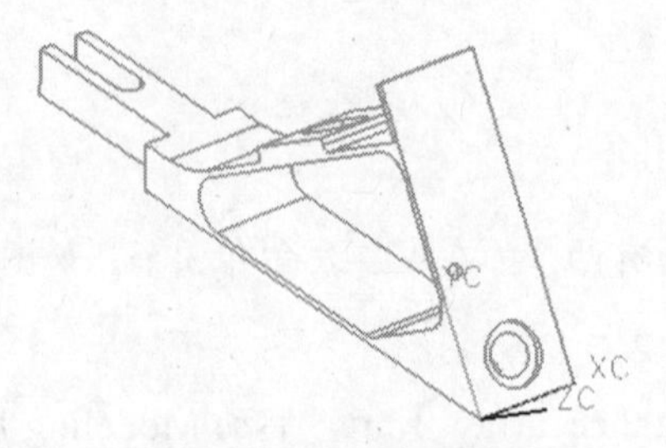

图 10-67 WCS 的正确方位

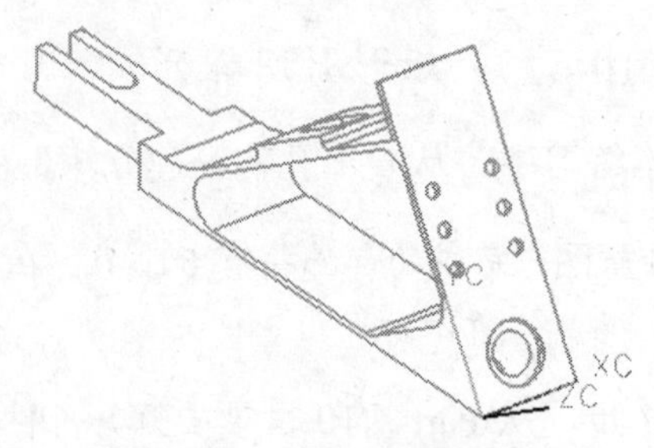

图 10-68 已完成的部件

第 4 步 不储存关闭部件。

10.2.3 圆形引用阵列

利用圆形引用阵列，从一个或多个选择的特征建立圆形引用阵列，该功能需指定：

- 阵列方法。
- 旋转轴，绕该轴生成引用。
- 在阵列中引用的总数（包括原特征）。
- 在引用间的夹角。

在选择要求阵列的特征之后，显示输入参数对话框，如图 10-69 所示。

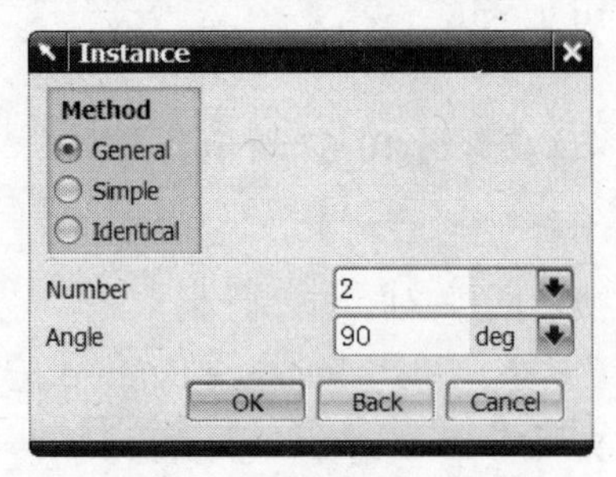

图 10-69 输入参数对话框

- Number：在圆形阵列中建立的引用总数，包括正引用的已存特征。
- Angle：在引用间的夹角。

注意：

（1）引用数必须是大于零的整数。

（2）角度值可以是正或负。

建立圆形阵列的操作步骤如下：

（1）在 Instance 对话框中单击 Circular Array 按钮。

（2）选择要引用的特征。

（3）在 Enter parameters 对话框中规定方法 General、Simple 或 Identical。

（4）在 Number 文本框中输入在阵列中总的引用数。

（5）在 Angle 文本框中输入在引用间的夹角。

（6）选择 Point & Direction 或 Datum Axis 建立旋转轴。

- Point & Direction：利用 Vector 对话框规定矢量方向，利用 Point 对话框规定参考点。选择的特征绕参考点在法向于矢量方向的平面中旋转。
- Datum Axis：选择已存基准轴。

注意： 圆形阵列将关联到基准轴。阵列半径是从旋转轴到选择的第一个特征的特征原点，此半径值将出现在 Edit 对话框中。

（7）单击 OK 按钮显示预览。

（8）单击 Yes 按钮建立引用阵列，或单击 No 按钮返回到 Enter parameters 对话框。

如图10-70所示为圆形阵列示例。

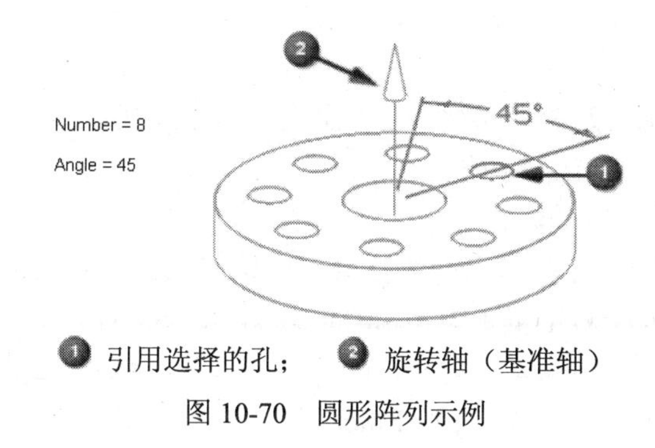

❶ 引用选择的孔；　❷ 旋转轴（基准轴）

图 10-70　圆形阵列示例

【练习 10-7】　圆形引用阵列

在本练习中，将建立与编辑特征的圆形引用阵列。

设计意图： 完成的部件将有 4 条腿，如图 10-71 所示。

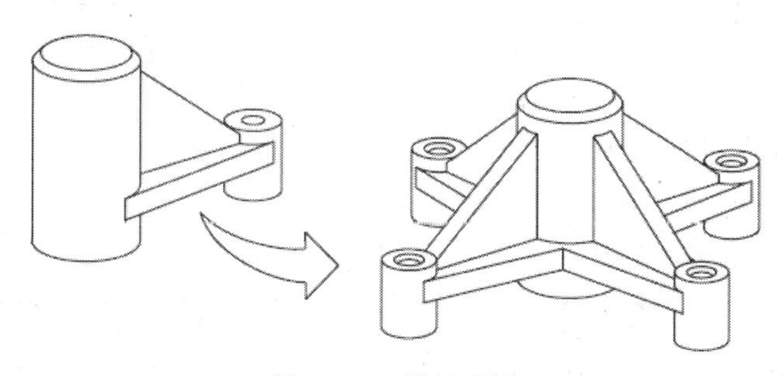

图 10-71　设计意图

第 1 步　从/Part_C10 目录中打开 instance_array_2.prt，启动 Modeling 应用。

第 2 步　建立引用特征。

- 在 Feature Operation 工具条上单击 Instance Feature 按钮。
- 单击 Circular Array 按钮。
- 从 Instance 对话框中选择下列 5 个特征：
  - Extrude (5)。

- ➢ Boss (6)。
- ➢ Boss (7)。
- ➢ Extrude (9)。
- ➢ Simple Hole (12)。
- 单击 OK 按钮确认选择。
- 在 Enter parameters 对话框中设置下列参数：
  - ➢ Method=General。
  - ➢ Number=3。
  - ➢ Angle=120。
- 单击 OK 按钮。
- 选择 Datum Axis。
- 使层 61 可选。
- 如图 10-72 所示，选择基准轴，在图形窗口中出现引用阵列预览。
- 如果预览正确，单击 Yes 按钮。

第 3 步 编辑引用阵列参数。

- 右击任一引用特征并在弹出的快捷菜单中选择 Edit Parameters 命令。
- 在 Edit parameters 对话框中单击 Instance Array Dialog。
- 在 Number 文本框中输入 4 并按 Enter 键。
- 在 Angle 文本框中输入 90 并按 Enter 键。

注意：半径值是基于第一个选择的特征和旋转轴。

- 单击 OK 按钮两次完成编辑。现在部件应有 4 条腿，如图 10-73 所示。

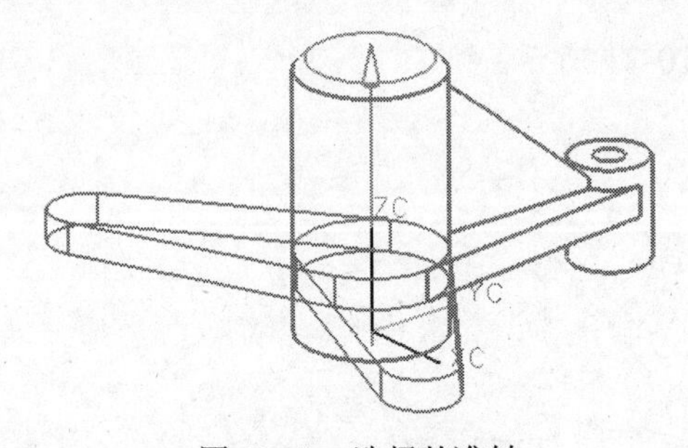

图 10-72 选择基准轴

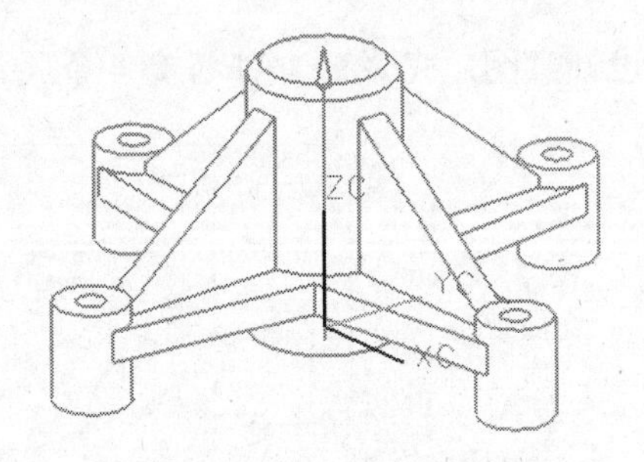

图 10-73 编辑后的部件

第 4 步 添加倒角到一个引用的孔特征。

- 在 Feature Operation 工具条上单击 Chamfer 按钮。
- 设置下列参数：
  - ➢ Cross Section=Symmetric。
  - ➢ Distance=1.5。
  - ➢ Chamfer All Instance=ON。
- 选择任一引用孔的圆形边缘，如果需要确认选择，单击 OK 按钮，建立的模型如

图 10-74 所示。

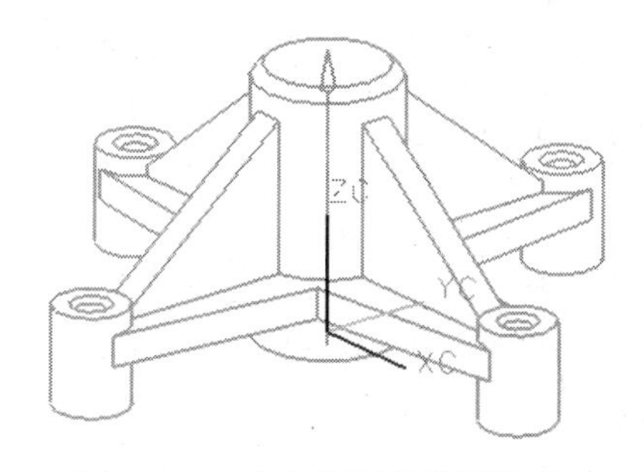

图 10-74　建立的圆形引用阵列

第 5 步　不储存关闭部件。

10.2.4　镜像体

镜像体（Mirror Body）命令通过基准面镜像整个体。可以利用该功能从左侧部件建立右侧部件，或反之。

在 Feature 工具条上单击 Mirror Body 按钮，打开如图 10-75 所示的对话框。

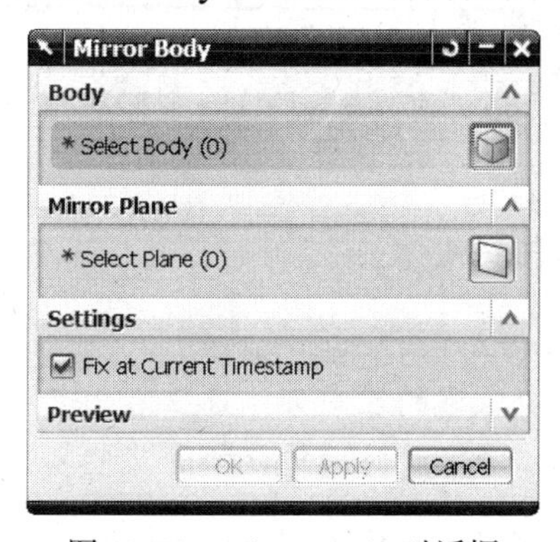

图 10-75　Mirror Body 对话框

如果选中 Fix at Current Timestamp 复选框，那么在镜像体之后，对原来体做的任何修改都不反映在镜像体中，该选项默认设置为选中。

当镜像一个体时，镜像特征建立一个与原来体相关的新体。镜像体没有它自己的特征参数。

- 如果原来体中的特征参数改变，引起原来体改变，这些改变也将反映在镜像体中。
- 如果编辑相关基准面参数，镜像体会相应改变。
- 如果删除原物体或基准面，镜像体也被删除。
- 如果移动原来体，镜像体也会移动。
- 可以添加特征到镜像体。
- 可以利用 Unite 操作来组合原物体和镜像体以建立一对称的模型。

如图 10-76 所示为镜像体应用示例。

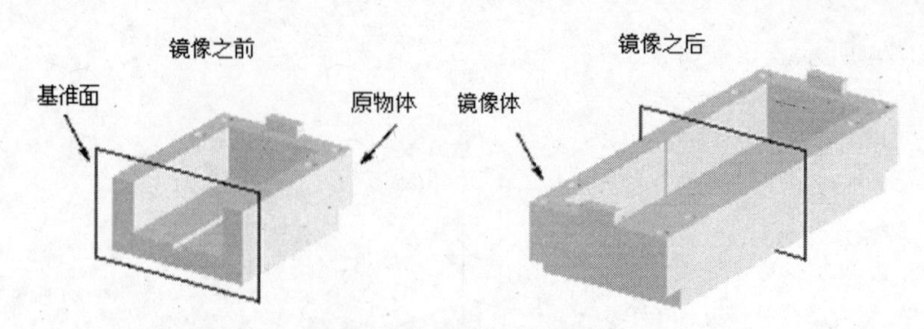

图 10-76　镜像体应用示例

建立镜像体的操作步骤如下：

（1）从菜单条中选择 Insert→Associative Copy→Mirror Body 命令。

（2）在 Mirror Body 对话框中单击 Select Body 按钮，选择一个或多个要镜像的体。

（3）单击 Select Plane 按钮，选择一个基准面。

（4）（可选项）如果要镜像体反映后续添加到父体的特征，取消选中 Fix at Current Timestamp 复选框。

（5）单击 OK 或 Apply 按钮建立镜像体。

编辑镜像体的操作步骤如下：

（1）在图形窗口或部件导航器中右击镜像体。

（2）在弹出的快捷菜单中选择 Edit with Rollback 命令。

（3）在 Mirror Body 对话框中，编辑父体、时间戳记设置或镜像平面。

【练习 10-8】　镜像体

在本练习中，将建立与编辑镜像体。

设计意图：

- 镜像已存的电吹风的左半部以建立右半部。
- 编辑镜像的右半部的时间戳记排除某些不要的特征，如图 10-77 所示。

第 1 步　从\Part_C10 目录中打开 mirror_hair_dryer.prt，如图 10-78 所示。启动 Modeling 应用。

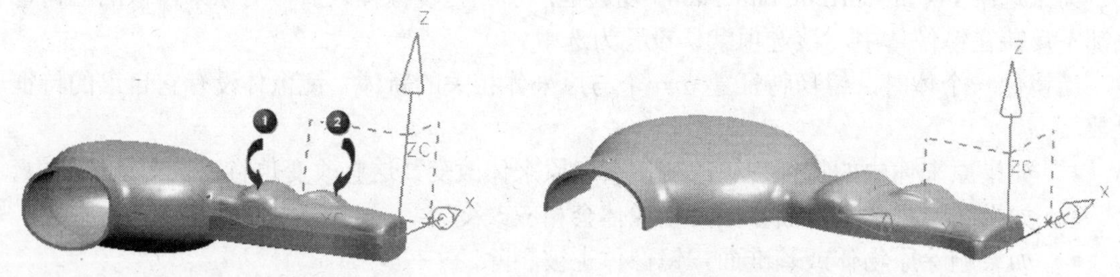

图 10-77　设计意图　　　　图 10-78　mirror_hair_dryer.prt

第 2 步　过 XY 平面镜像体。

- 在 Feature Operation 工具条上单击 Mirror Body 按钮。
- 在 Mirror Body 对话框的 Settings 组中取消选中 Fix at Current Timestamp 复选框。

- 如图 10-79 所示，Body 组激活，选择电吹风的实体❶。
- 单击鼠标中键前进到 Plane 组。
- 选择基准坐标系的 XY 基准面❷。
- 单击 OK 按钮，结果如图 10-80 所示。

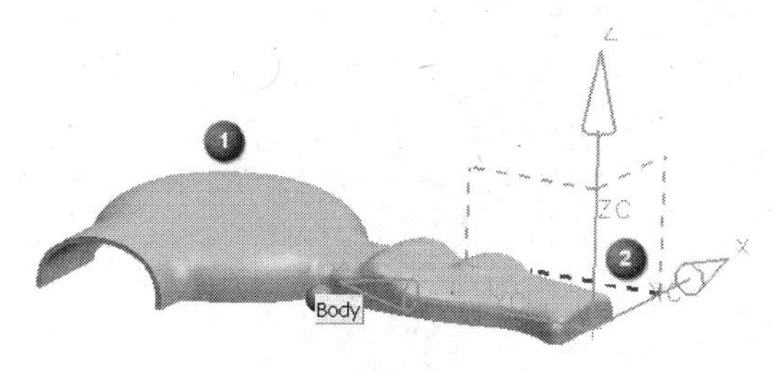

图 10-79 选择体与基准面

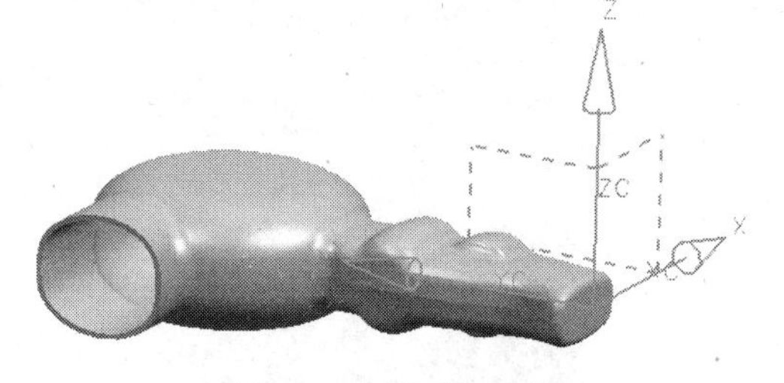

图 10-80 镜像结果

第 3 步 在 Part Navigator 中不激活 Timestamp Order，如图 10-81 所示取消选中 Solid Body “Variational Sweep (4)”的红色复选框，消隐左半部。

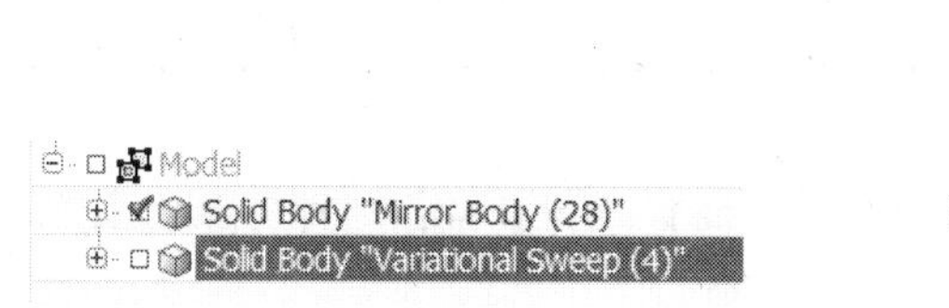

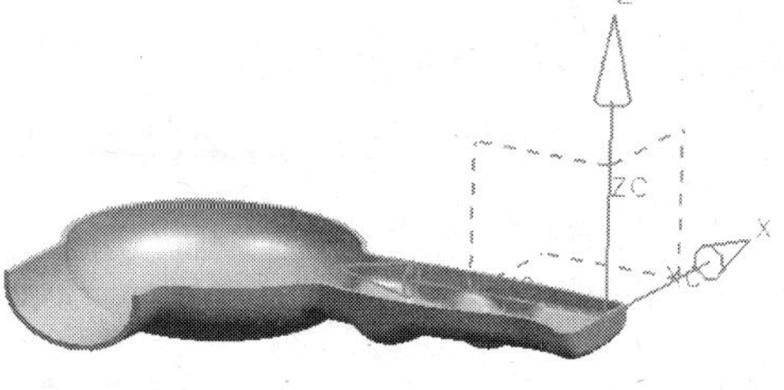

图 10-81 消隐左半部

第 4 步 考察电吹风的右半部不要的特征。

注意： 电吹风的左半部有两个凸起区，它们是为方便右拇指操作而设计的电子开关。

设计意图： 如图 10-82 所示，要从电吹风镜像的右半部移去电吹风的两个电控凸起区。将重排部件时序以移除不要的凸起区。

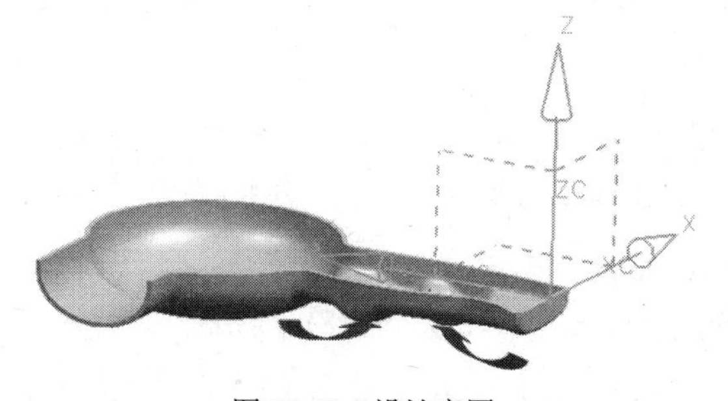

图 10-82 设计意图

- 利用 Part Navigator 同时显示左半部与右半部。

第 5 步 在特征树中查找两个电控凸起区。

- 在 Part Navigator 中激活 Timestamp Order。

- 在 Part Navigator 中忽略草图和基准特征，逐一选择体特征 Variational Sweep (4)、Revolve (5)、Extrude (7)和 Variational Sweep (14)，观察它们的几何体。

注意：Variational Sweep (14)是镜像体中不要的第一个电控凸起区，如图 10-83 所示。

注意：Variational Sweep (17)是镜像体中不要的第二个电控凸起区，如图 10-84 所示。

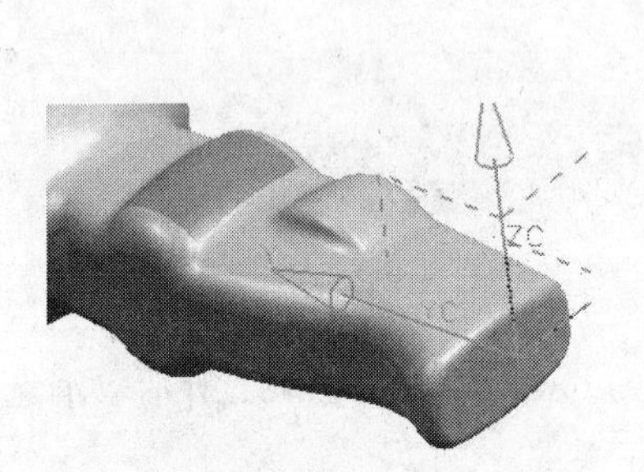

图 10-83 Variational Sweep (14)

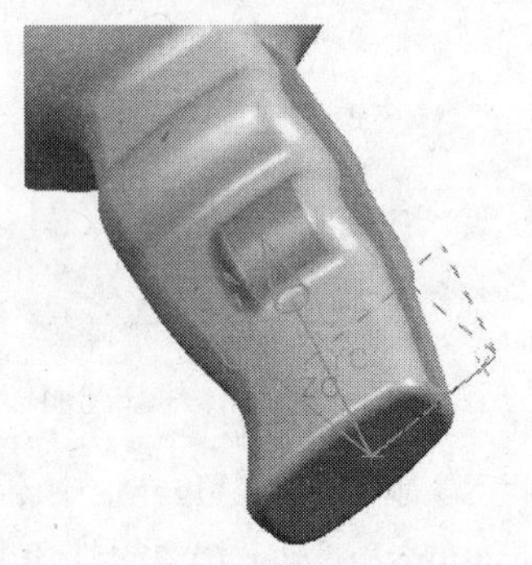

图 10-84 Variational Sweep (17)

设计意图：需要寻找一种方法重放 Mirror Body 特征时序位置，当前的 Mirror(28)在 Variational Sweep (14)的后面。

第 6 步 重排 Mirror Body(28)的时序。

- 在 Part Navigator 中选择 Mirror Body (28)，拖拽它到 Variational Sweep (14)之前。

注意：弹出如图 10-85 所示的一个错误信息。

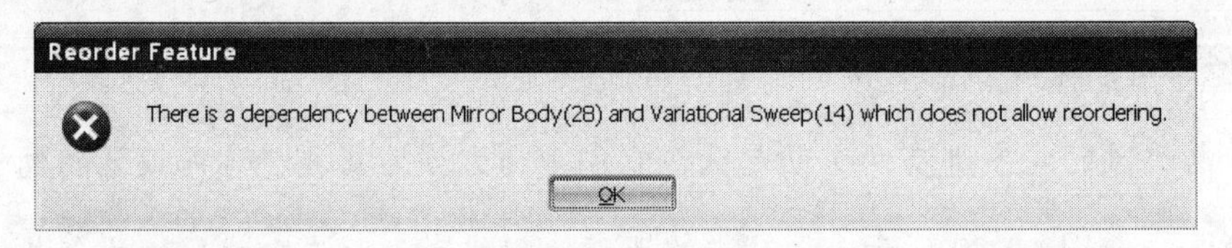

图 10-85 错误信息

提示：镜像体操作没有固定的时间戳记。如果在父体上建立新特征，镜像体特征将自动排序在最后。

设计意图：要某些特征仅出现在左半部，需要编辑 Mirror Body 特征并选中 Fix at Current Timestamp 复选框，然后可以重排序特征。

第 7 步 编辑 Mirror Body 并固定时间戳记。

- 在 Part Navigator 中双击 Mirror Body (28)节点编辑该特征。

注意：Mirror Body 对话框现在含有 Part 和 Mapping 组，它们仅在编辑模式有效。

- 在 Settings 组中选中 Fix at Current Timestamp 复选框。
- 单击 OK 按钮。

第 8 步 在 Part Navigator 中选择 Mirror Body (28)，并拖拽它到 Variational Sweep (14)

之前，如图 10-86 所示。

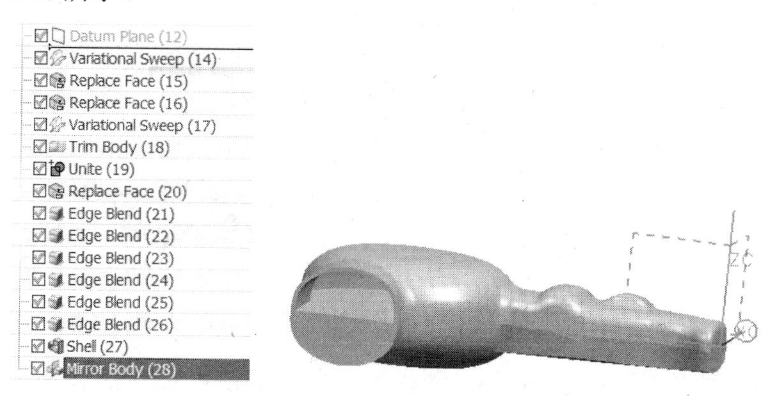

图 10-86　拖拽 Mirror Body (28)

第 9 步　在 Part Navigator 中选择 Shell (27)，并拖拽它到 Mirror Body (13)之前，如图 10-87 所示。

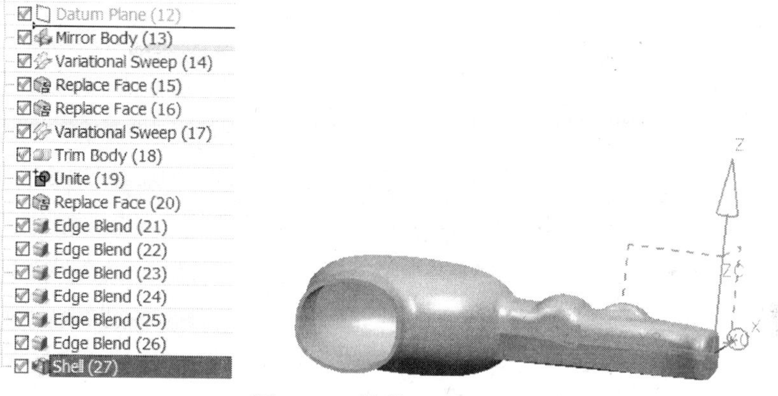

图 10-87　拖拽 Shell (27)

第 10 步　不储存关闭部件。

10.3　修　剪　体

修剪体（Trim Body）命令利用一个表面、基准面或其他几何体去修剪一个或多个目标体，被修剪的体取得修剪几何体的形状。

- 所有参数化信息被保留。
- 必须选择至少一个的目标体，即使只有一个可能的目标体时。
- 可以选择单个面、同一实体的多个面或基准面去修剪目标体。
- 可以定义一个新平面去修剪目标体。

修剪体特征示例如图 10-88 所示。

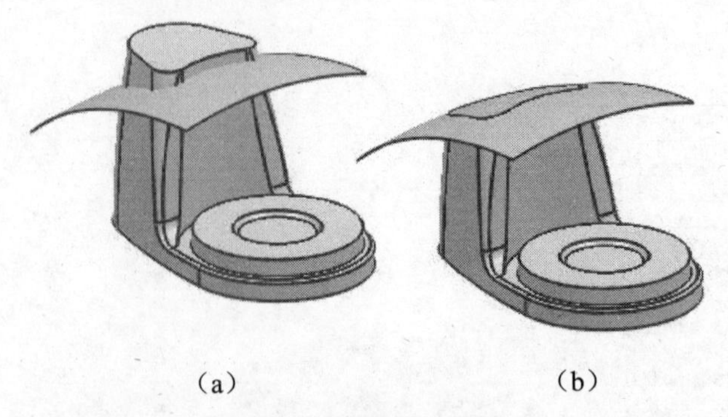

（a）　　（b）

图 10-88　修剪体特征示例

在 Feature 工具条上单击 Trim Body 按钮，打开 Trim Body 对话框，如图 10-89 所示。

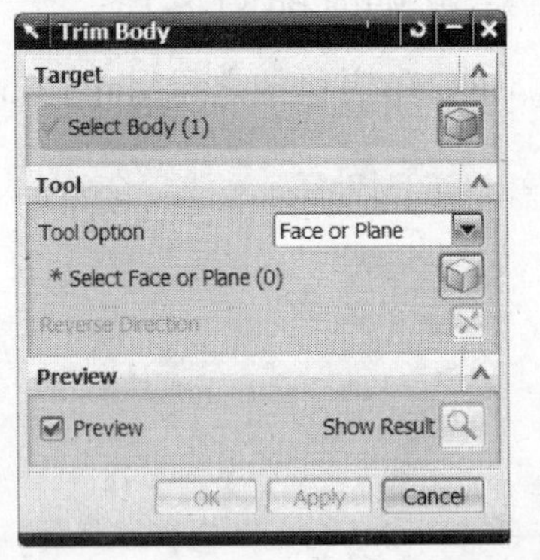

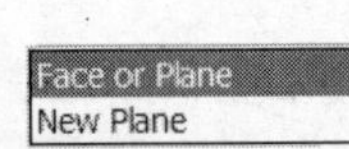

图 10-89　Trim Body 对话框

修剪体操作步骤如下：

（1）在 Feature 工具条上单击 Trim Body 按钮或选择 Insert→Trim→Trim Body 命令。

（2）选择一个或多个要修剪的目标体，如图 10-90 所示。

（3）从 Tool Option 下拉列表框中选择 Face or Plane 或 New Plane 选项。

（4）在 Tool 组中确使 Face or Plane 激活。

（5）选择修剪面，如图 10-91 所示。

图 10-90　选择目标体

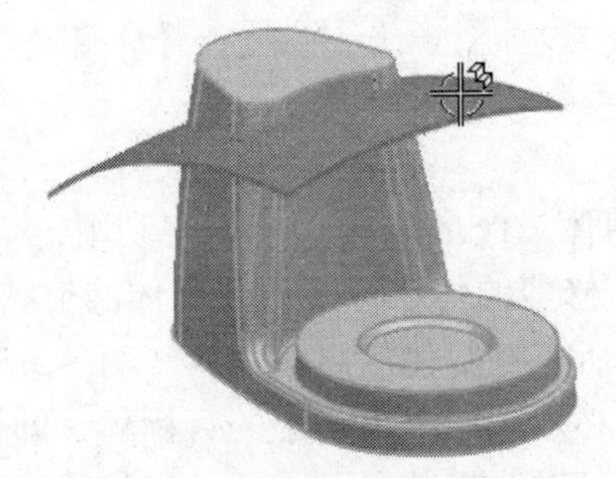

图 10-91　选择修剪面

注意：如图 10-92 所示，一个矢量箭头朝向目标体被移去的部分。

（6）（可选项）如果矢量箭头不是朝向目标体被移去的部分，则单击 Reverse Direction

按钮。

（7）单击 Apply 或 OK 按钮建立修剪体特征，如图 10-93 所示。

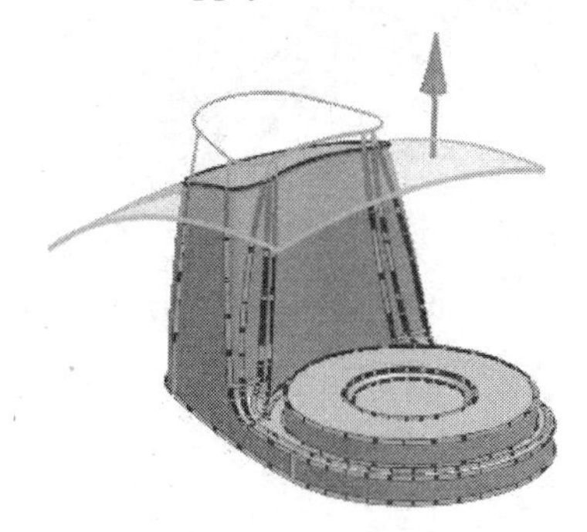

图 10-92　矢量箭头

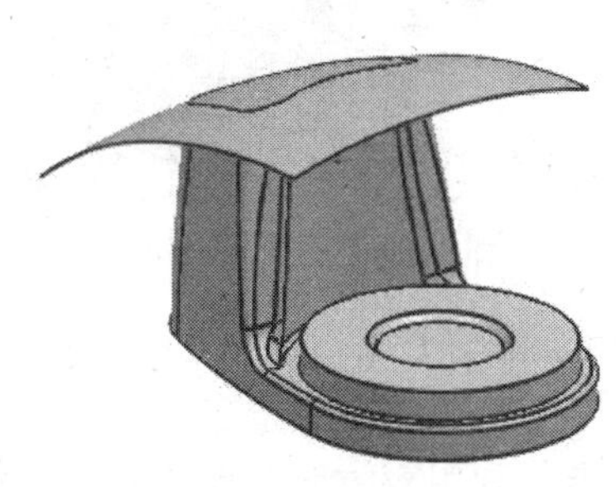

图 10-93　修剪体特征

【练习 10-9】　修剪体

在本练习中，将用两个片体与一个基准面作为工具去修剪实体，如图 10-94 所示。

第 1 步　从\Part_C10 目录中打开 trim_body.prt，如图 10-95 所示。启动 Modeling 应用。

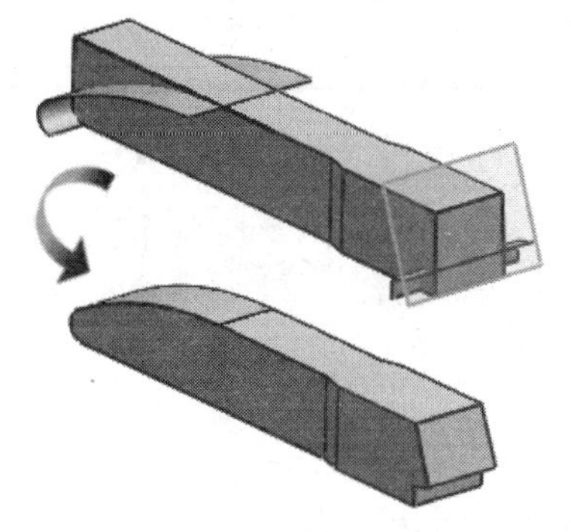

图 10-94　修剪体

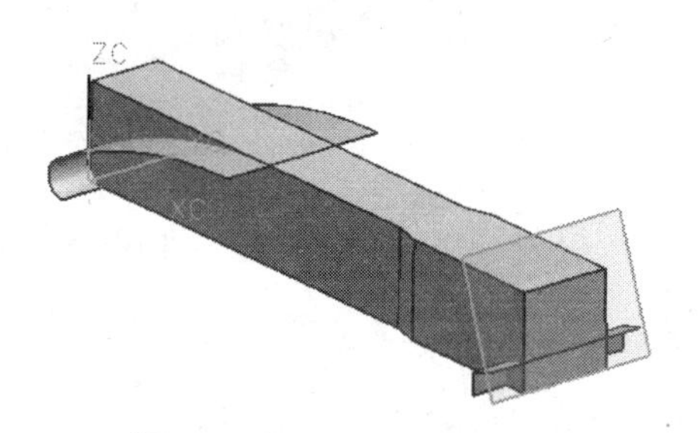

图 10-95　trim_body.prt

第 2 步　利用基准面修剪体。

- 在 Feature Operation 工具条上单击 Trim Body 按钮。
- 选择实体为 Target。
- 单击鼠标中键前进到下一选择。
- 在 Trim Body 对话框的 Tool 组中，确保 Tool Option 为 Face or Plane。
- 如图 10-96 所示选择基准面。
- 检查修剪方向。
- 单击 Apply 按钮，完成修剪。

第 3 步　利用较小的片体修剪体。

- 选择实体为 Target。
- 单击鼠标中键前进到下一选择。
- 如果需要在 Selection 条中展开 Face Rule 列表并选择 Body Faces。
- 如图 10-97 所示选择较小的片体。

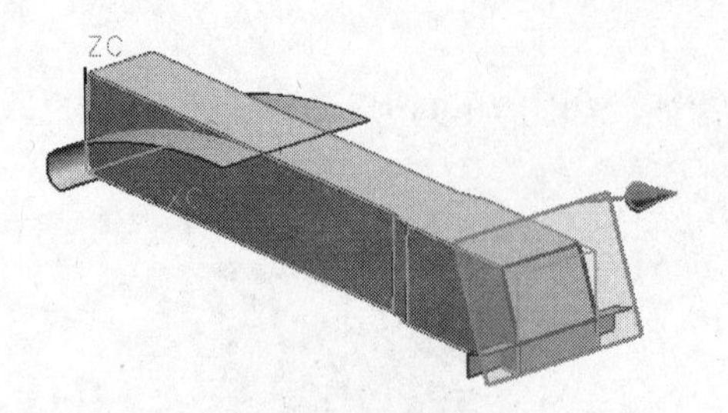

图 10-96　选择基准面

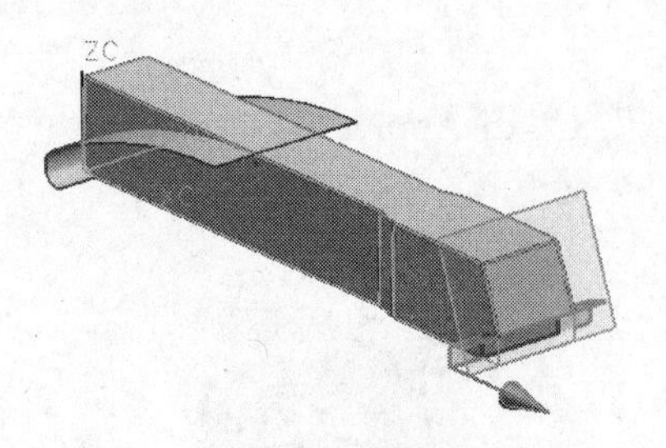

图 10-97　选择较小的片体

- 检查修剪方向。
- 单击 Apply 按钮，完成修剪。

第 4 步　利用较大的弯曲片体修剪体。

- 选择实体为 Target。
- 单击鼠标中键前进到下一选择。
- 如图 10-98 所示选择较大的片体。

图 10-98　选择较大的片体

注意：在目标体上的高亮不变，图形窗口右下角出现警告信息。

注意：如图 10-99 所示，用默认方向修剪会将实体分割为两个体空间❶和❷。目前不允许分割实体特征产生多于一个的体空间。如果移去体空间❶和❷，需要反转修剪方向。

- 在 Tool 组中单击 Reverse Direction 按钮，如图 10-100 所示。

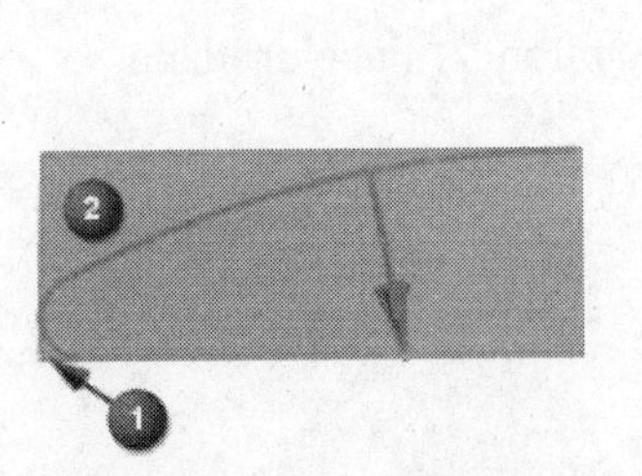

图 10-99　默认修剪方向

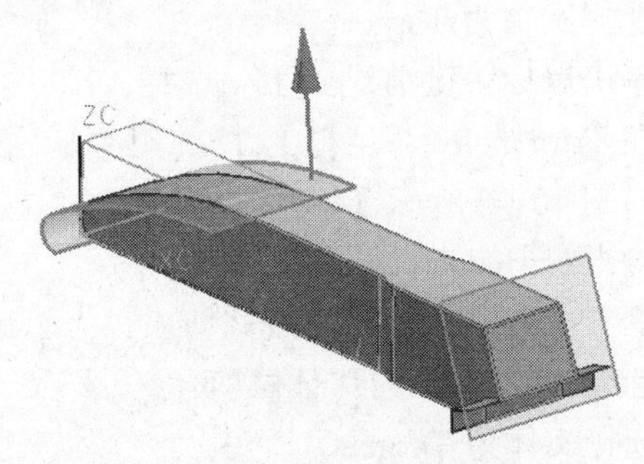

图 10-100　反转修剪方向

- 单击 OK 按钮，完成修剪，如图 10-101 所示。

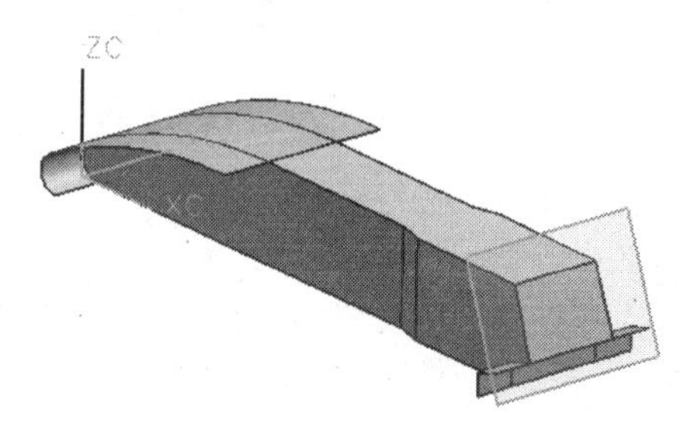

图 10-101　完成修剪

第 5 步　不储存关闭部件。

10.4　壳

利用壳（Shell）命令通过规定壁厚、挖空实体或围绕它建立壳体，可以为面指定个别厚度并移除个别面。

在 Feature 工具条上单击 Shell 按钮，打开 Shell 对话框，如图 10-102 所示。

（a）

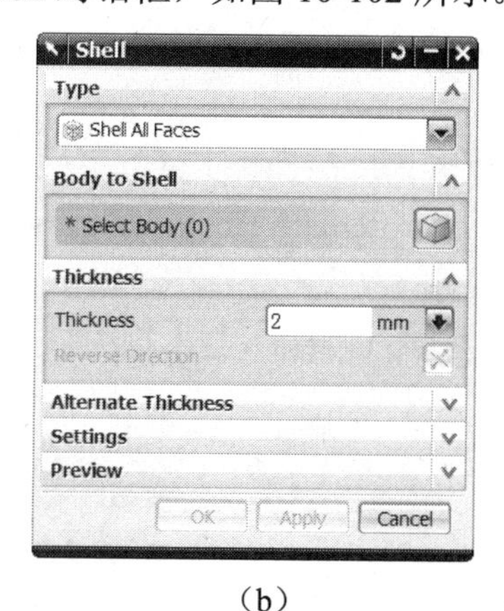

（b）

图 10-102　Shell 对话框

如图 10-103 所示为壳示例。

图 10-103　壳示例

10.4.1　建立壳特征

建立壳特征的操作步骤如下：

（1）在 Feature 工具条上单击 Shell 按钮。

（2）选择要建立的壳类型。

- 移除面，然后建立壳：在 Face to Pierce 组中单击 Select Face 按钮，规定从目标实体中移除一个或多个面。
- 对所有面建立壳：在 Body to Shell 组中单击 Select Body 按钮，选择建立壳的实体。

（3）在 Thickness 组中的 Thickness 文本框中输入距离值。

（4）（可选项）在 Thickness 组中单击 Reverse Direction 按钮。

（5）（可选项）在 Alternate Thickness 组中为实体中的不同表面指定不同厚度。

（6）（可选项）在 Settings 组中设置或改变 Approximate Offset Faces、Tangent Edges 和 Tolerance 选项。

（7）单击 OK 或 Apply 按钮建立壳。

10.4.2　指定不同厚度

指定不同厚度的操作步骤如下：

（1）在 Alternate Thickness 组中单击 Select Face 按钮并选择第一组面的表面，如图 10-104 所示。

（2）在 Thickness n 文本框中输入厚度值。

图 10-104　Alternate Thickness 组

注意： 也可以拖拽厚度手柄或在在屏文本框中输入厚度值。

提示： Thickness n 指 Thickness 1、Thickness 2、Thickness 3 等。如果方向错误，在该组单击 Reverse Direction 按钮 。

（3）单击 Add New Set 按钮，完成当前组并开始一个新组。

注意：也可以通过单击鼠标中键完成当前组。

（4）对每一组要求唯一壁厚度的面组，重复上述步骤。

10.4.3 壳选项

表 10-4 列出 Shell（壳）对话框中所有选项。

表 10-4 Shell（壳）对话框中所有选项

选 项	描 述
Remove Faces, Then Shell（移除面，然后建立壳）	在建立壳体之前移除某些面
Shell All Faces（对所有面建立壳体）	将对体的所有面建立壳体
Select Face（选择表面）	从将建立壳体的实体上选择一个或多个表面。选择第一个面便决定了该面所在的体将建立壳体
Select Body（选择体）	选择要建立壳体的实体
Thickness（厚度）	规定壳壁厚度
Reverse Direction（反转方向）	改变厚度的方向。也可以右击厚度方向锥头并在弹出的快捷菜单中选择 Reverse Direction 命令，或双击方向锥头
Thickness n（厚度 n）（Alternate Thickness 组）	为当前在 List 中选择的厚度组规定独立的厚度值 可以拖拽面组手柄，在在屏文本框或对话框中输入值 注意：Thickness n 标记自动改变以匹配当前选择的厚度组：Thickness 1、Thickness 2 等。
Add New Set（添加新组）	完成当前面组。也可以通过单击鼠标中键完成当前面组
List（列表）	厚度组显示在列表框中，带有它们的名字、值和表达式等信息 为了选择一个厚度组，可以在图形窗口中单击其在屏文本框或在 List 中单击它的条目 删除列表框中的厚度组。也可以通过在列表框中右击它并在弹出的快捷菜单中选择 Delete 命令或右击它的手柄并在弹出的快捷菜单中选择 Delete 命令删除厚度组
Approximate Offset Faces（近似偏置面）	要求 NX 利用在规定 Tolerance 内逼近表面的方法来修复因在体中偏置面而引起的自相交。对在建立壳时由于复杂的曲面的自相交而导致失败时，可使用此选项
Tangent Edges（相切边缘）	Extend Shelf Face at Tangent Edge（在相切边缘处添加搁板面）：允许沿光顺边界边缘建立边缘面 Extend Tangent Face（延伸相切面）：防止沿光顺边界边缘建立边缘面
Tolerance（公差）	为壳操作加入新的公差值以代替建模距离公差

10.4.4 选择意图：面规则

当一个特征需要面的集合时，可以采用面规则（Face Rule）选项。

表 10-5 列出面规则选项。

表 10-5 面规则选项

选　项	描　述
Single（单个面）	单一选择一个或多个面作为无选择意图的对象的简单列表
Region Faces（区域面）	选择一个面区。选择单个种子面，然后规定边界面
Tangent Faces（相切面）	选择单个面，它作为光顺连接面的集合的种子
Tangent Region Faces（相切区域面）	选择种子面，然后可有选择地选择一个或多个边界面
Body Faces（体面）	收集含有所选单个面的体的所有面
Adjacent Faces（相邻面）	收集与选择单个面直接相邻的所有面
Feature Faces（特征面）	收集由选择的面所依附的特征产生的所有面

【练习 10-10】 建立壳体

在本练习中，将通过建立壳特征定义一个有均匀壁厚的塑料模制部件。

第 1 步 从目录\Part_C10 中打开 shell_hair_dryer.prt，如图 10-105 所示。

第 2 步 检查部件。

- 从视图快捷菜单中择 Rendering Style Shaded with Edges 命令。

设计意图：要完成设计以作为注塑模的一个挖空案例。

- 旋转部件以核实需要一个壳特征。

第 3 步 建立壳特征。

- 在 Feature 工具条上单击 Shell 按钮。
- 在 Type 组中选择 Remove Faces, Then Shell。
- 在 Face to Pierce 组中确使 Select Face 激活并选择平表面❶和❷，如图 10-106 所示。

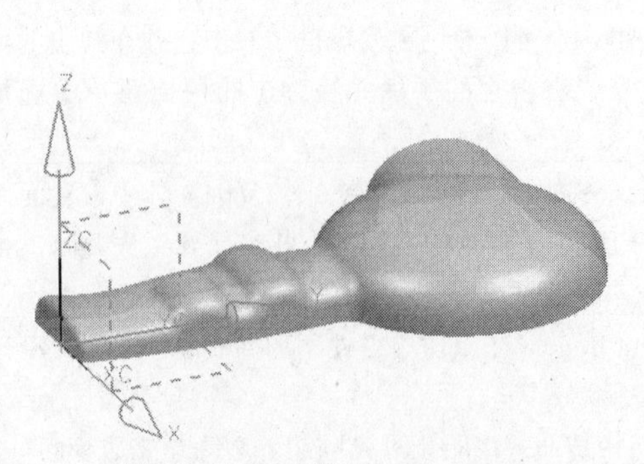

图 10-105 shell_hair_dryer.prt

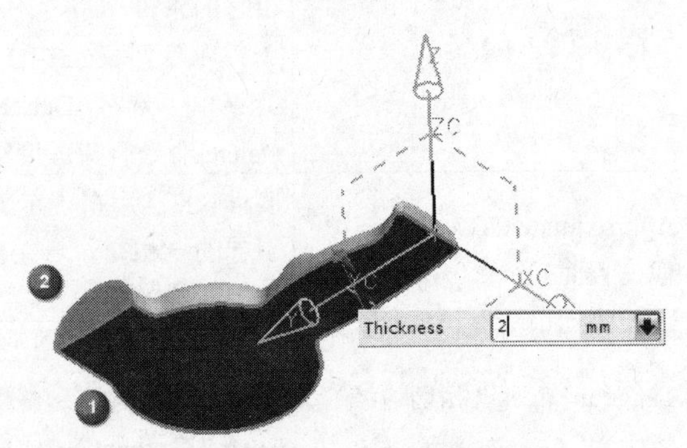

图 10-106 选择要移去的面

- 在 Thickness 组中的 Thickness 文本框中输入 2。

- 单击 OK 按钮。

第 4 步　旋转部件以检查壳体被正确地建立，如图 10-107 所示。

第 5 步　不储存关闭部件。

【练习 10-11】　建立壳与编辑方向

在本练习中，将选择多个面移除，然后建立壳体。

第 1 步　从目录\Part_C10 中打开 shell_face_selection.prt，如图 10-108 所示。启动 Modeling 应用。

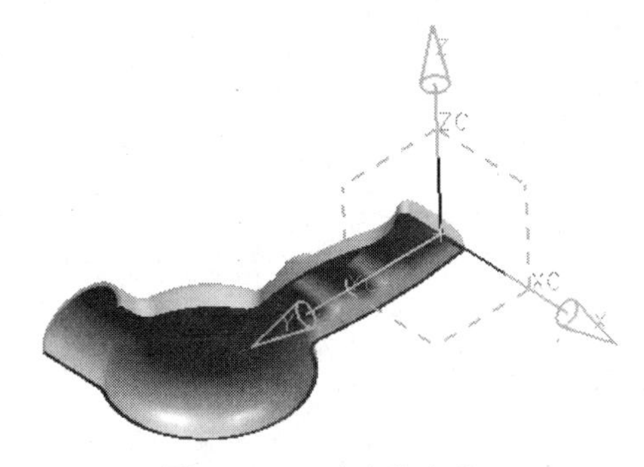

图 10-107　建立的壳体

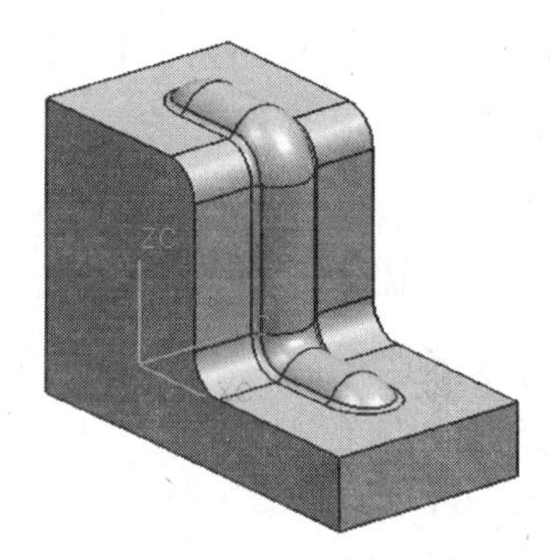

图 10-108　shell_face_selection.prt

第 2 步　建立壳特征。

- 在 Feature 工具条上单击 Shell 按钮。
- 如图 10-109 所示选择要移除的 5 个面。
- 在在屏文本框中输入 0.12 厚度值。
- 单击 OK 按钮，建立的壳体如图 10-110 所示。

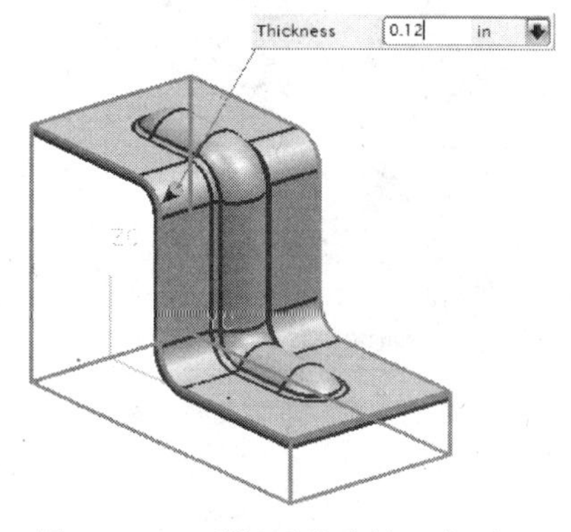

图 10-109　选择要移除的 5 个面

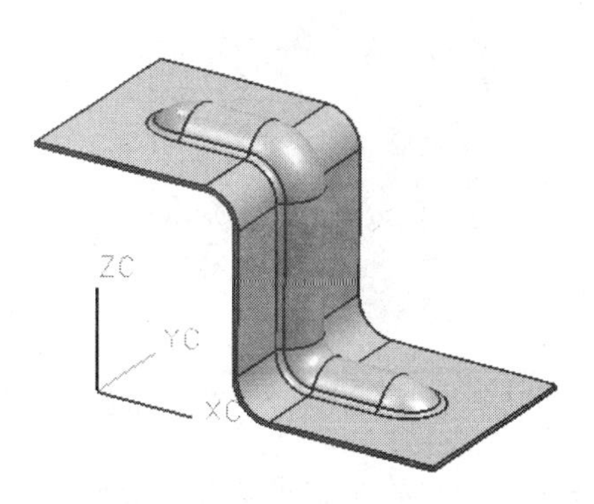

图 10-110　建立的壳体

第 3 步　编辑壳特征。

- 在 Part Navigator 中双击 Shell 特征。
- 在图形窗口中双击方向矢量，如图 10-111 所示。

注意：如图 10-112 所示反向偏置。

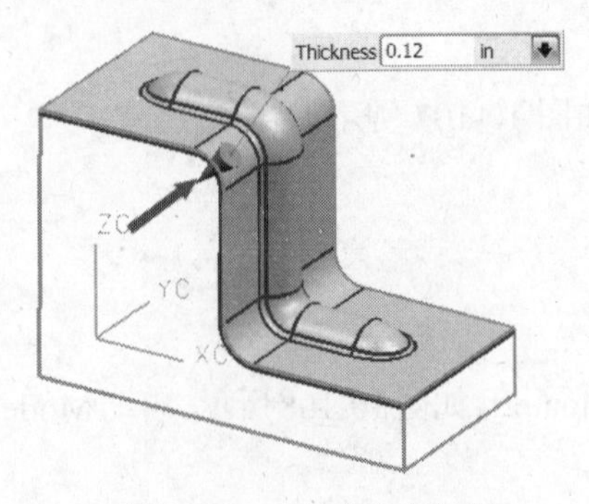

图 10-111 双击方向矢量

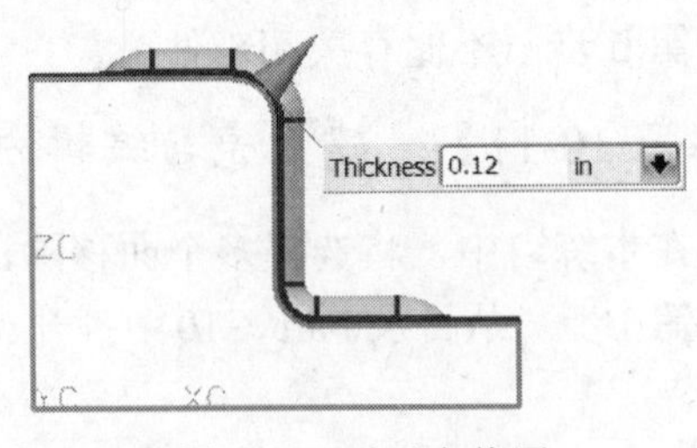

图 10-112 反向偏置

- 单击 OK 按钮。

第 4 步 不储存关闭部件。

【练习 10-12】 具有不同壁厚的壳体

在本练习中，将建立具有不同壁厚的壳体。

第 1 步 打开\Part_C10 目录中的 shell_alternate_thickness.prt，如图 10-113 所示。启动 Modeling 应用。

第 2 步 建立壳特征。

- 在 Feature 工具条上单击 Shell 按钮。
- 在 Selection 条上确保 Face Rule 设置为 Tangent Faces。
- 选择要移除的面。选择顶表面被移除，如图 10-114 所示。

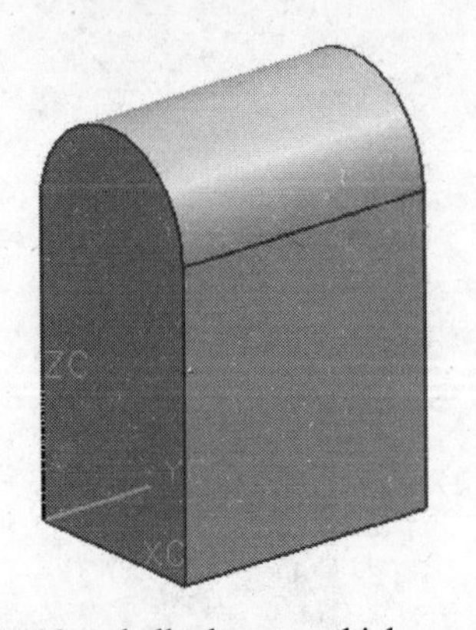

图 10-113 shell_alternate_thickness.prt

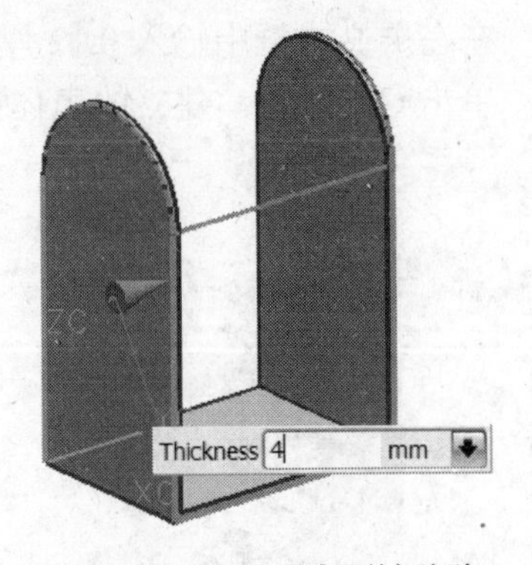

图 10-114 选择顶表面被移除

注意：相切的左右面被自动地包括在此选择中。

- 设置 Thickness 为 4。
- 在 Alternate Thickness 组中单击 Select Face 按钮。
- 选择底面，如图 10-115 所示。
- 拖拽底面上的厚度手柄直到在屏文本框厚度值为 8。
- 单击鼠标中键两次以更新模型，结果如图 10-116 所示。

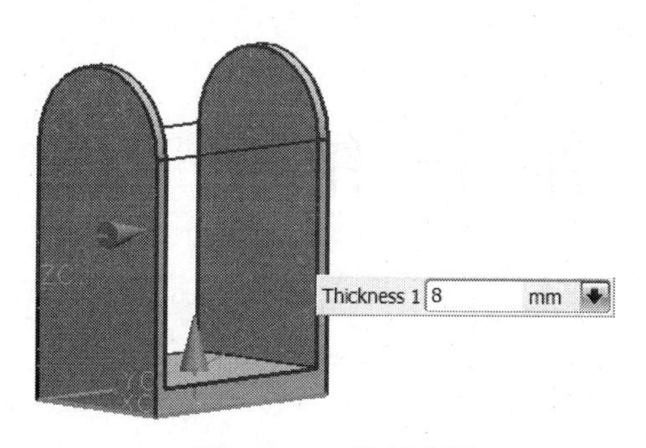

图 10-115　选择底面

图 10-116　更新的模型

第 3 步　在 Standard 工具条中单击 Undo 按钮。

第 4 步　利用 Extend Shelf Face at Tangent Edge 选项。

- 在 Feature 工具条上单击 Shell 按钮。
- 在 Shell 对话框的 Setting 组中展开 Tangent Edges 列表，并选择 Extend Shelf Face at Tangent Edge 选项。
- 在 Selection 条上改变 Face Rule 到 Single Face。
- 选择面，设置 Thickness 为 4，如图 10-117 所示。
- 单击 OK 按钮，建立的模型如图 10-118 所示。

图 10-117　选择面，设置厚度

图 10-118　建立的模型

第 5 步　不储存关闭部件。

第 11 章　部 件 结 构

【目的】

本章介绍考察特征、模型构造和物理特性的工具。

在完成本章学习之后，将能够：

- 利用部件导航器了解模型构造。
- 回放模型构造过程。
- 抑制与不抑制特征。
- 测量对象间的距离。
- 指定材料并计算质量特性。

11.1　部件导航器

部件导航器（Part Navigator）在详细的图形树中显示部件各个方面。可以利用部件导航器：

- 了解和更新部件的基本结构。
- 选择和编辑树中的项目参数。
- 重排部件特征的时序。
- 在树中观察特征、视图、工程图、用户表达式、测量、引用集、摄像机及未使用的项目。

为了获取部件导航器，可单击资源条上的按钮。

注意：如果资源条不可见，可选择 View→Show Resource Bar 命令来显示它。

部件导航器可用于识别模型的不同特征。如果从部件导航器窗口选择一个特征，系统将图形窗口中高亮该选择的特征，相反，从图形窗口选择的特征，系统也将在部件导航器窗口中高亮显示它。

部件导航器如图 11-1 所示。

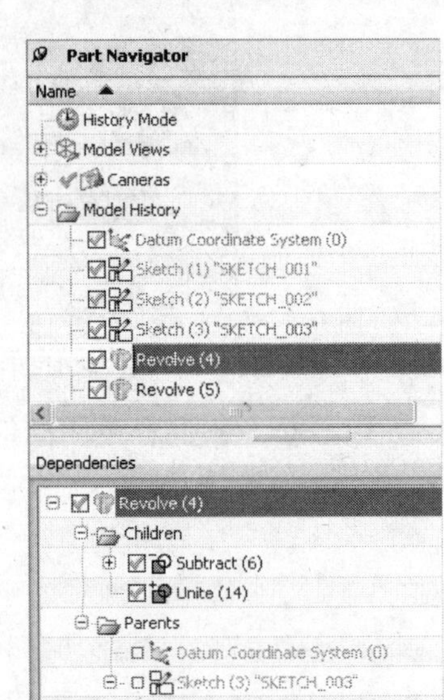

图 11-1　部件导航器

11.1.1　主面板

利用主面板查看部件结构的一个总的图形表示，以编辑项目的参数或重排特征历史。

- 双击节点，编辑相应特征。
- 在对话框交互中，通过它们的节点选择特征。
- 右击节点弹出快捷菜单。
- 选中或取消选中绿色复选框，控制特征的抑制状态。
- 选中或取消选中红色复选框，控制体的可见性。

部件导航器主面板如图 11-2 所示。

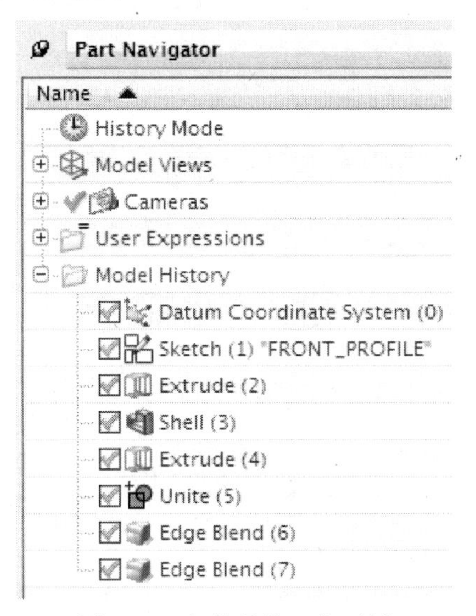

图 11-2　部件导航器主面板

1. 部件导航器中的复选框

（1）红色复选框

- 如图 11-3 所示，指示当前 Show/Hide 状态。
  - 选中一个项目的红色复选框展示它。
  - 取消选中一个项目的红色复选框消隐它和它的子项。

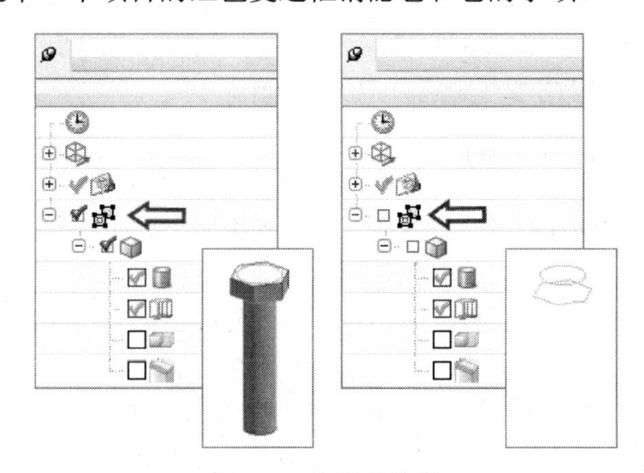

图 11-3　红色复选框

- 当 Timestamp Order 激活时无效。

（2）☑绿色复选框

- 如图 11-4 所示，仅特征有绿色复选框。
- 绿色复选框能或不能抑制：
  - 选中绿色复选框不抑制特征。
  - 取消选中绿色复选框抑制特征。

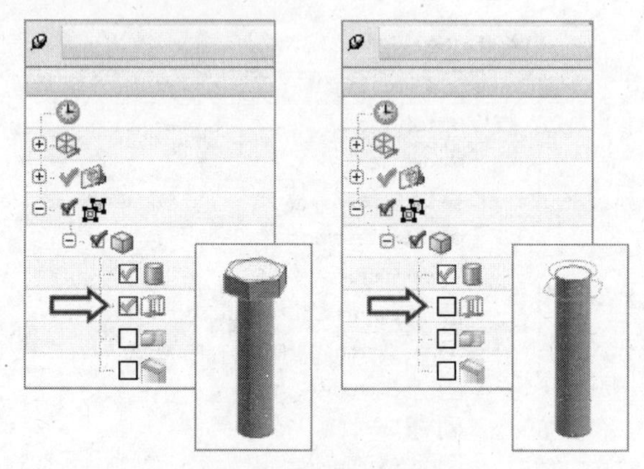

图 11-4　绿色复选框

2. 部件导航器中颜色代码与父子关系

在部件导航器中，对象显示的不同文本颜色指示它们的父/子关系和它们的显示/消隐状态，如表 11-1 所示。

表 11-1　颜色代码与父子关系

颜　色	对 象 关 系
红色	父
蓝色	子
灰色	消隐

11.1.2　依附关系面板

部件导航器中的依附（Dependencies）面板可查看在主面板中所选特征几何体的父子关系。这将帮助用户研究计划对部件所做的修改的潜在影响。可通过单击该面板的名称来打开和关闭这个面板。

可以在依附面板中单击特征和特征几何体，以便在图形窗口中高亮显示它们。

如图 11-5 所示，为了查看 Dependencies 面板中的依附关系，在主面板中或在图形窗口中选择单个特征。父（Parents）和子（Children）文件夹分别显示向后和向前的依附性。

注意：对多个选择，Dependencies 面板不展示依附性。

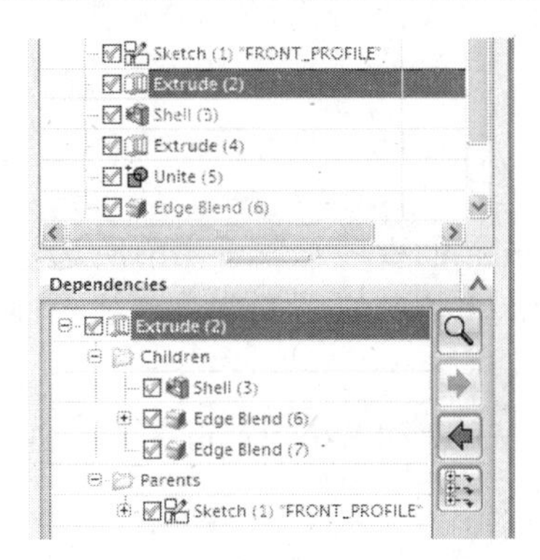

图 11-5　部件导航器的依附关系面板

Dependencies 面板选项描述如表 11-2 所示。

表 11-2　Dependencies 面板选项描述

选　　项	描　　述
Detailed View（详细地查看）	利用此选项可以对选择的特征或对象查看依附性细节，如下图。 ● Detailed View（不激活）：此为默认模式，展示与所选对象相同类型的对象的依附性 ● Detailed View（激活）：此为增强的模式，用比所选对象更详细的形式展示依附性。例如，选择特征可能导致列出边缘和表面，选择组件可能导致列出体和约束 Parents 文件夹展示对象父特征几何体（如边缘、草图和面）并表达选择对象对其的依附。Children 文件夹展示子几何体并表达其依附在选择对象上
Forward（向前）	在下列情况下可以利用 Forward 选项： ● 当已经使用了 Back 选项时，可以利用 Forward 选项返回到先前的选择 ● 当面板不展示当前选择对象的依附性时，Forward 选项更新面板
Back（向后）	重设置面板到先前的显示和选择。可以利用 Back 选项直到前 10 个选择
Expand Next Level（展开下一级）	如果任一可展开的文件夹有未展开的子节点，此选项展开那些子节点到下一级。它不打开 Parents 和 Children 文件夹本身 注意：单击 Expand Next Level 按钮，一次仅扩展一级。

11.1.3 细节面板

部件导航器中的细节（Details）面板展示属于当前所选特征的特征参数与定位参数。如果一个特征由一个表达式抑制，也将显示该抑制表达式。通过单击该面板的名称来打开和关闭该面板。

细节面板包括 Parameter、Value 和 Expression 3 栏。如图 11-6 所示为拉伸特征的典型 Details 面板。

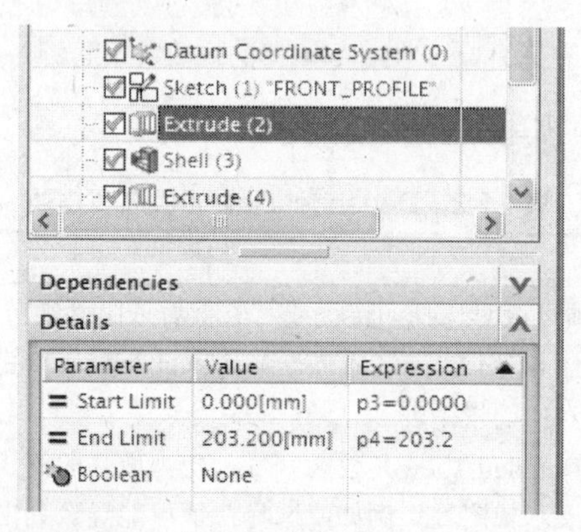

图 11-6 部件导航器的 Details 面板

Details 面板选项如图 11-7 所示。

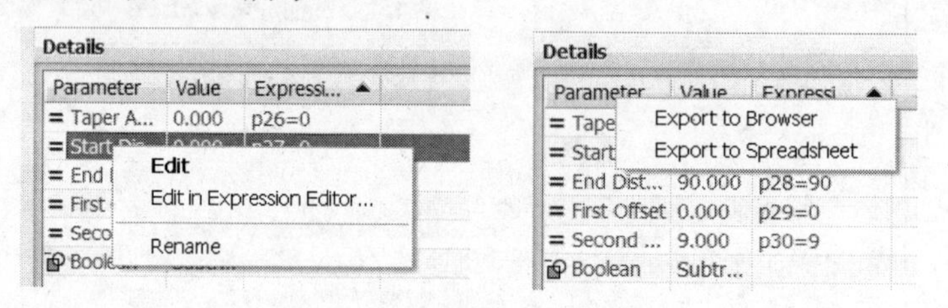

图 11-7 Details 面板选项

Details 面板选项描述如表 11-3 所示。

表 11-3 Details 面板选项描述

选　　项	描　　述
Edit（编辑）	高亮显示参数表达式值并进入 Edit 模式，直接在 Details 面板中改变它
Edit in Expression Editor（在表达式编辑器中编辑）	打开 Expressions 对话框并在 Formula 域中编辑高亮的表达式。可以指定参数到表达式
Rename（重命名）	改变参数表达式的名称
Export to Browser（输出到浏览器）	将 Details 面板显示内容输出到系统所定义的 HTML 浏览器中。如果浏览器已在运行中，面板显示内容将出现在它的窗口中。如果没有 HTML 浏览器在运行，将启动默认浏览器
Export to Spreadsheet（输出到电子表格）	输出 Details 面板显示内容到电子表格中。可以利用电子表格工具帮助分析或发布数据

如果是在 Modeling 应用中，可以在细节面板中编辑某些参数值，选择可编辑的参数值，该行高亮显示。利用下列方法之一编辑值：

（1）直接在 Details 面板中编辑值。

- 如图 11-8 所示，双击值或右击值并在弹出的快捷菜单中选择 Edit 命令进入编辑模式。

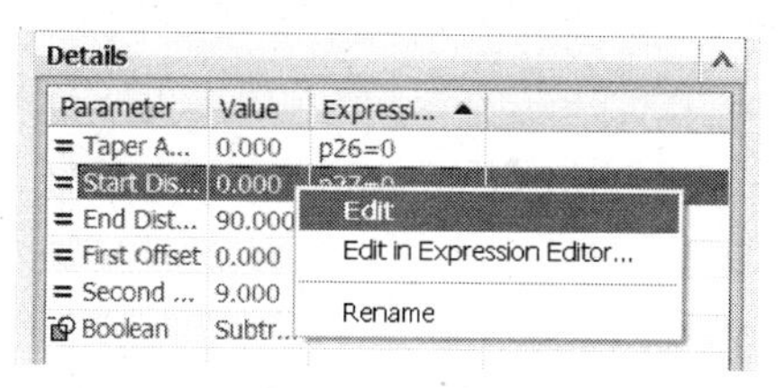

图 11-8　进入 Edit 模式

- 改变表达式值。
- 按 Enter 键。

（2）在表达式编辑器中编辑值。

- 如图 11-9 所示，右击值并在弹出的快捷菜单中选择 Edit in Expression Editor 命令，打开 Expressions 对话框，进入 Formula 编辑器模式。
- 选择的表达式高亮，在 Formula 域中为该表达式加入一个新值。
- 单击 OK 按钮。

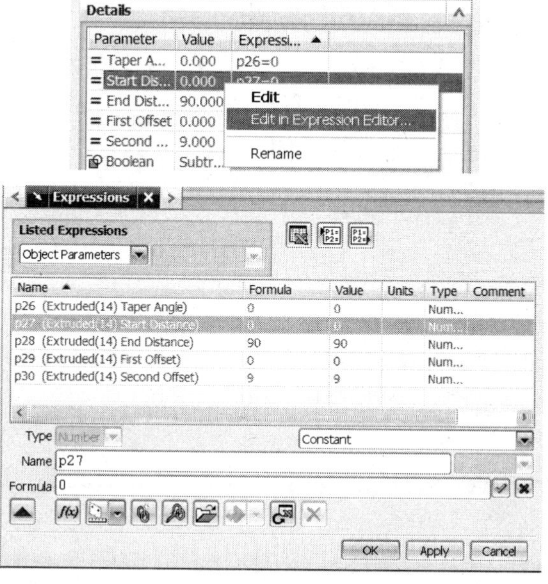

图 11-9　进入 Formula 编辑器模式

11.1.4　预览面板

预览面板如图 11-10 所示，利用 Preview 面板可观看在主面板中选择的项目的预览图象。

注意：选择的项目必须是一个具有有效预览的对象，如储存的模型视图或图视图。

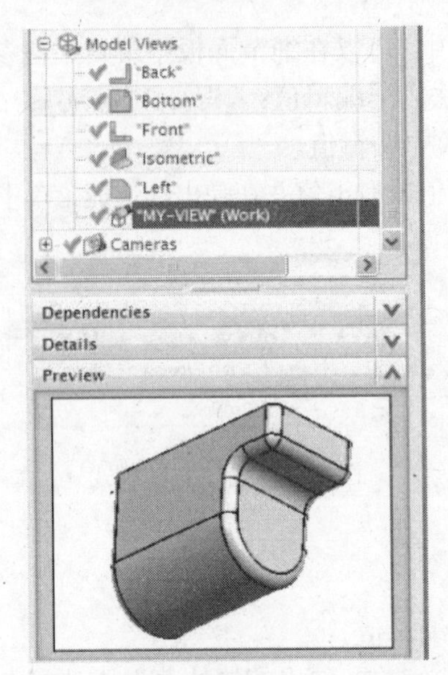

图 11-10 部件导航器的预览面板

11.1.5 时间戳记顺序

当使用时间戳记顺序（Timestamp Order）时将显示一个以工作部件中所有特征为节点，并按特征建立的时间戳记顺序排列的线性列表，如图 11-11 所示。

当时间戳记顺序打开时，如图 11-12 所示：

- 工作部件中的所有特征在它们建立的时间戳记顺序中出现在节点的历史列表中。
- 不能扩展或压缩特征节点。
- 不能观看所有节点类型。

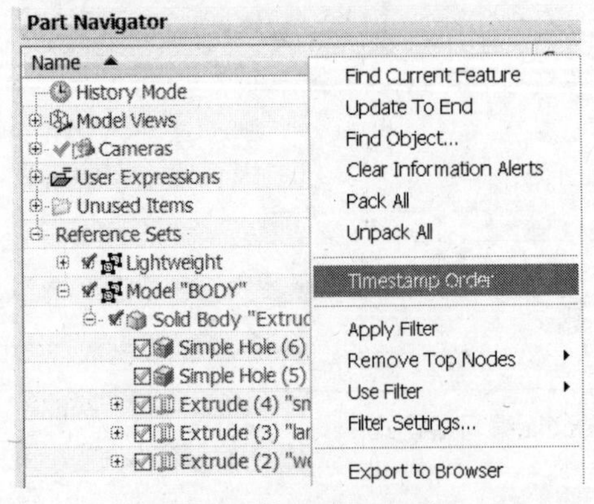

图 11-11 时间戳记顺序

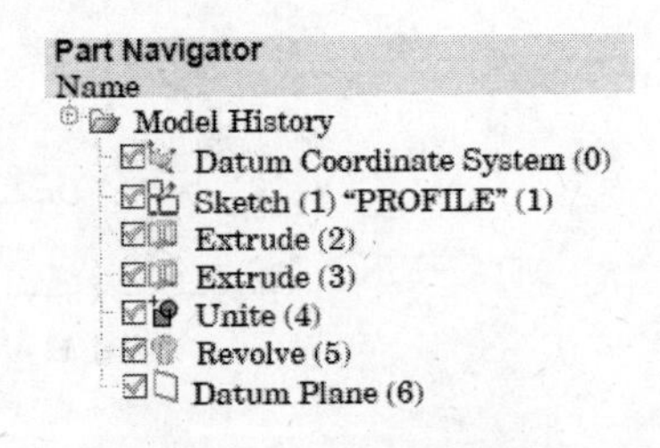

图 11-12 时间戳记接通

当时间戳记顺序关闭时，如图 11-13 所示：

- 工作部件中的所有体及它们的特征与操作被展现在主面板中。
- 可以扩展与压缩特征节点。

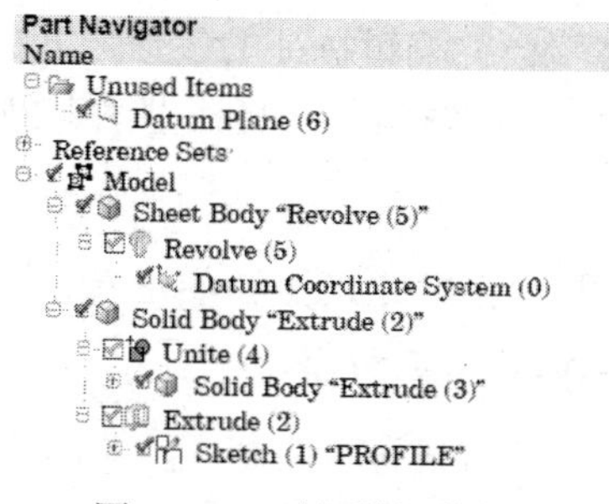

图 11-13　时间戳记关断

注意：时间戳记顺序视图在独立于历史模式中无效。

11.1.6　部件导航器快捷菜单

右击 Part Navigator 中的特征节点，显示该特征特有的快捷菜单，如图 11-14 所示。

注意：可获得哪些选项取决于选择的特征类型。许多选项要求 Modeling 应用激活。

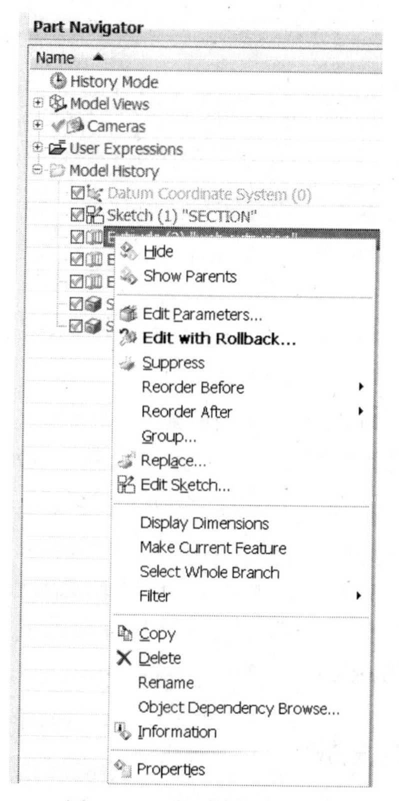

图 11-14　特征快捷菜单

- Hide and Show（消隐和显示）：消隐或展现特征的体。
- Show Parents and Hide Parents（显示父和消隐父）：显示或消隐父曲线、草图或基准。

- Edit Parameters（编辑参数）：编辑特征的参数，功能同 Edit→Feature→Parameters。
- Edit with Rollback（带回退的编辑）：将模型回退到该特征建立前的状态，然后打开特征的建立对话框。

注意：Edit with Rollback 在快捷菜单中以黑体字型显示。在任一快捷菜单中，以黑体字型显示的选项都是默认的双击动作。

- Suppress and Unsuppress（抑制与不抑制）：从部件历史中临时移去和恢复特征的显示。抑制的特征仍会影响某些编辑操作。
- Reorder Before and Reorder After（重新排序在……之前和重新排序在……之后）：改变特征的时间戳记。

注意：建立顺序对允许使用特征作为父节点和在 Replace Feature 命令中是重要的。

提示：也可以拖拽节点到正确位置。

- Group（成组）：添加特征到一个称为特征集（Feature Set）的特定的集合中。
- Replace（代替）：用另一特征代替一个特征的定义。
- Edit Sketch（编辑草图）：编辑选择的特征的父草图。此选项仅当特征具有父草图时出现。
- Display Dimensions（显示尺寸）：显示特征的参数值，直到刷新显示。
- Make Current Feature（使成为当前特征）：新的特征立即插入在当前特征之后。
- Select Whole Branch（选择全部分支）：选择特征和时间戳记在其前的所有节点。
- Filter（过滤器）：根据类型或时间戳记顺序消隐特征以简化显示树。
- Edit Positioning（编辑位置）：编辑特征的位置尺寸，功能同 Edit→Feature→Edit Positioning。
- Make Sketch Internal and Make Sketch External（使草图内部化和使草图外部化）：内部化或外部化所选特征的父草图。
- Copy（备份）：将特征的备份放到剪贴板上。
- Delete（删除）：删除选择的特征，功能同 Edit→Delete。
- Rename（重命名）：附加用户定义名到特征。
- Object Dependency Browser（对象依附关系浏览）：探测特征的父子关系。
- Information（信息）：在信息窗口显示关于所选特征的信息。
- Properties（特性）：为选择的特征打开特性对话框。通用特性包括特征名，指定的属性在 Part Navigator 的一个栏中出现。

11.1.7 部件导航器的安放

部件导航器的安放如图 11-15 所示。部件导航器窗口默认是垂直安放在 NX 窗口的右侧。可以通过 Preferences→User Interface→Layout→Resource Bar→Display Resource Bar→On Left 改变到 NX 窗口的左侧。

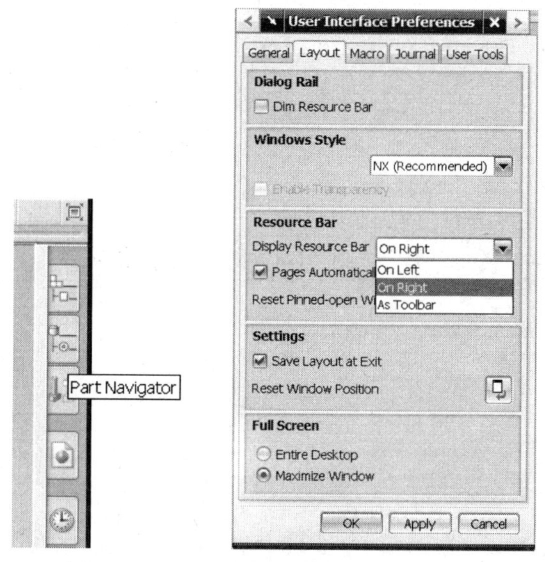

图 11-15　部件导航器的获取与显示设置

11.1.8　部件导航器的栏目配置

部件导航器窗口中的栏目可以配置，如图 11-16 所示。

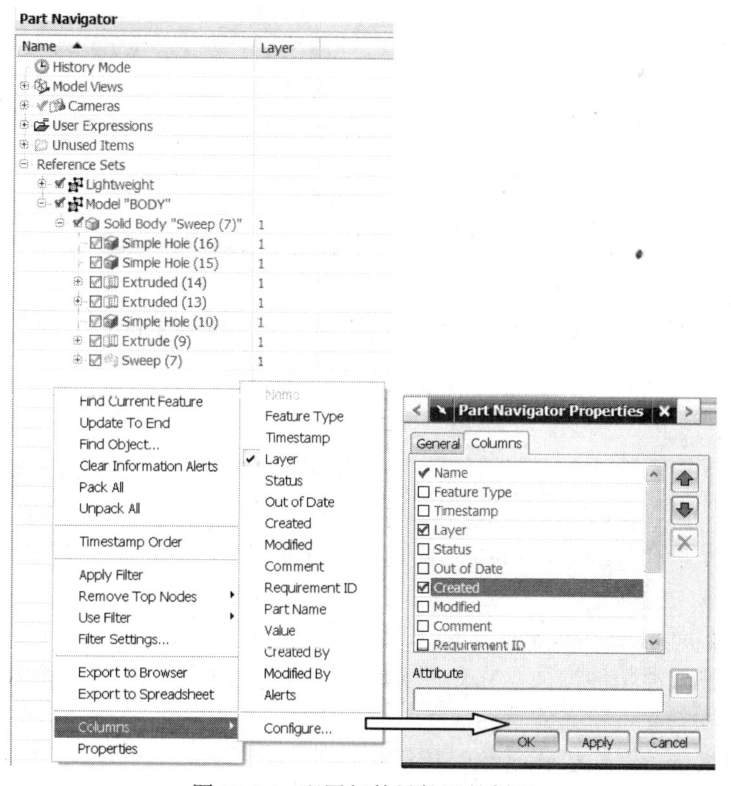

图 11-16　配置部件导航器的栏目

11.2 特征回放

使用回放（Playback）命令可以回顾已使用的特征是怎样构建出模型的。

选择 Tools→Update 命令，显示如图 11-17 所示的下拉菜单。

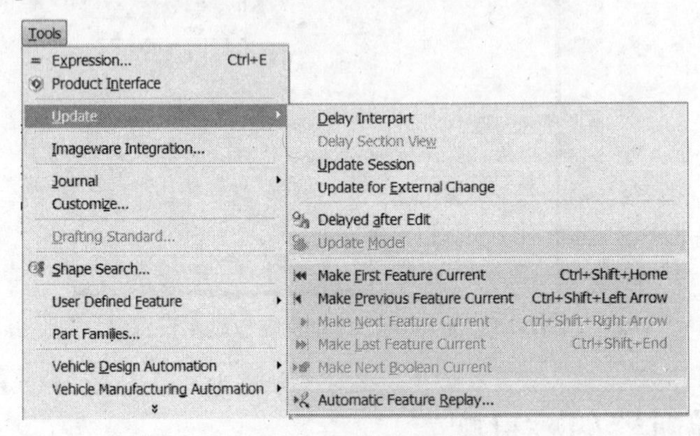

图 11-17　Update 下拉菜单

Feature Replay 工具条如图 11-18（a）所示。单击 Automatic Feature Replay 按钮，打开 Automatic Feature Replay 对话框，如图 11-18（b）所示。

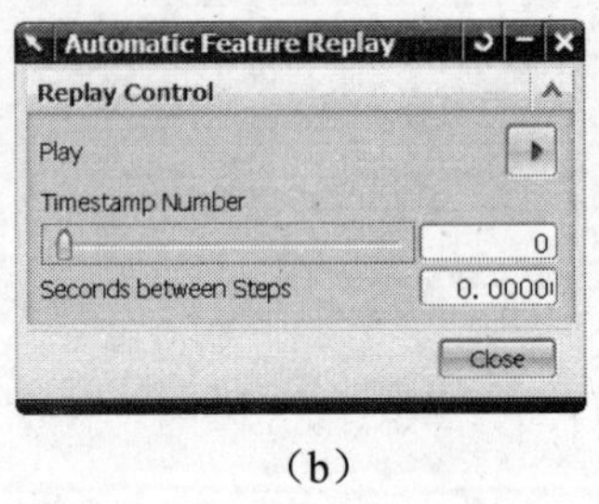

（a）　　（b）

图 11-18　Feature Replay 工具条和 Automatic Feature Replay 对话框

利用 Tools→Update 菜单或 Feature Replay 工具条，可以：

- 以手工步进的方式回顾一个模型的特征。
- 利用自动特征回放命令，播放、暂停和为不间断的回放模型选择起始特征。
- 为在自动播放中的每一步设置时间间隔。
- 如果需要，在特征回放时审视有问题的特征并修理它们。在其上停止回放的特征将自动成为当前特征。

选择 Edit→Feature→Playback 命令，打开如图 11-19 所示的 Edit During Update 对话框。

- 回放将临时消隐体特征。它允许步进地回顾模型构造，一次一个特征。
- 回放不抑制参考特征或草图。
- 回放提供选项：在更新时编辑特征。
- 更新选项：如果一个错误或警告事件发生，中断更新。

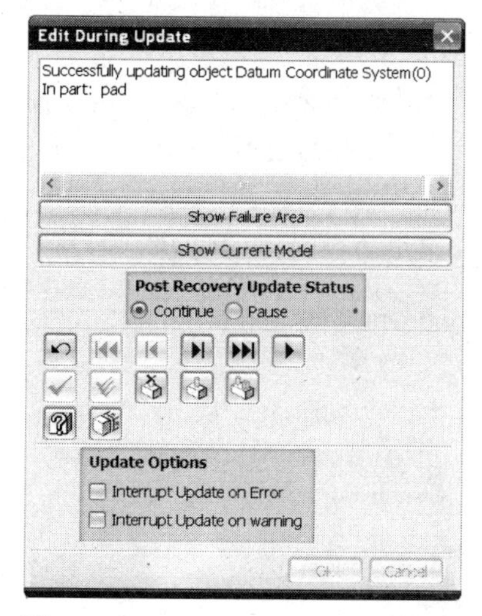

图 11-19 Edit During Update 对话框

11.3 重排特征时序

利用 Reorder Feature 命令改变特征作用到一个体的顺序。

在建立特征时，NX 为每个特征指定时间戳记；当修改一个体时，特征的时间戳记顺序随即更新。

如图 11-20 所示，当用户把抽壳特征上移时，模型的内部拓扑结构发生了改变。

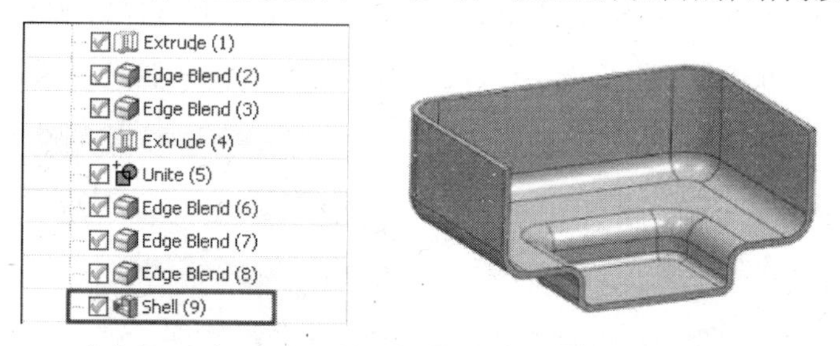

（a）Extrude→Edge Blend→Extrude→Edge Blend→Shell

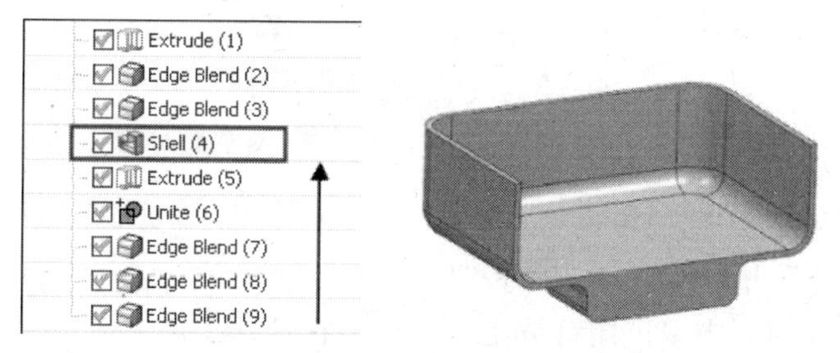

（b）Extrude→Edge Blend→Shell→Extrude→Edge Blend

图 11-20 重排特征时序示例

可以下列方法之一重排特征历史：

- 选择 Edit→Feature→Reorder 命令。
- 在部件导航器的特征节点上利用快捷菜单。
- 在部件导航器中拖放特征节点。

当选择 Edit→Feature→Reorder 命令时，打开如图 11-21 所示的 Reorder Feature 对话框。

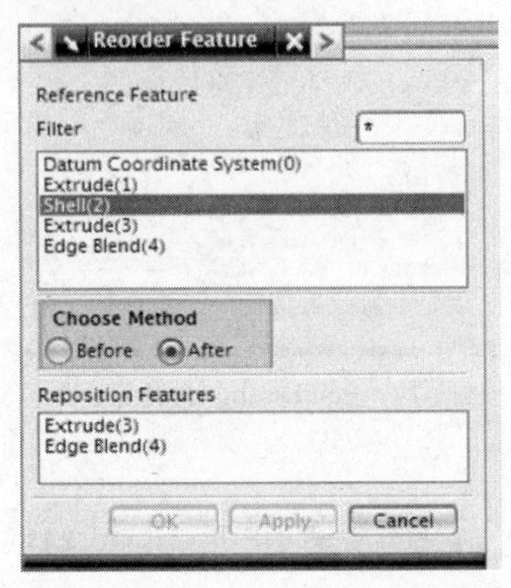

图 11-21 Reorder Feature 对话框

【练习 11-1】 重排特征时序

在本练习中，将重排特征时序，查看它怎样影响部件的设计。

- 通过改变壳特征时间戳记顺序来改变该壳特征的设计。

第 1 步 打开\Part_C11 目录中的 edit_reorder_1.prt，如图 11-22 所示。

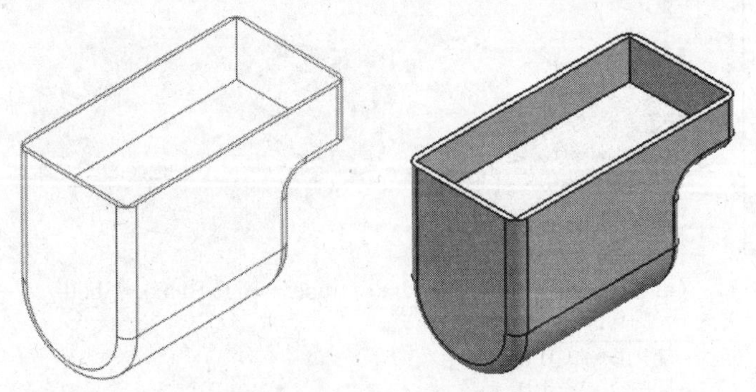

图 11-22 edit_reorder_1.prt

第 2 步 启动建模应用。

第 3 步 审视模型。

- 在资源条上单击 Part Navigator 按钮。
- 在 Part Navigator 中单击图钉按钮，保持它打开。
- 在 Part Navigator 中右击并查看 Timestamp Order 选项，确使它激活。
- 在 Part Navigator 中选择某些特征节点，并观察在图形窗口中什么被高亮。

第 4 步 重排序壳特征。

- 在 Part Navigator 中拖拽 Shell (3)特征到 Unite (5)之后，模型更新如图 11-23 所示。

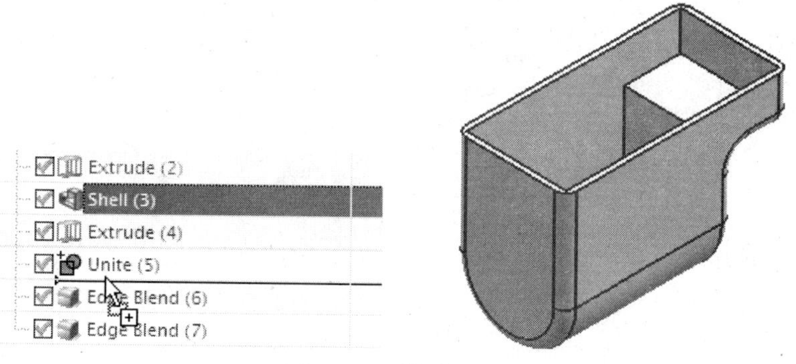

图 11-23 模型更新

- 拖拽 Shell (5)特征到 Edge Blend (6)之后，模型再次更新，如图 11-24 所示。

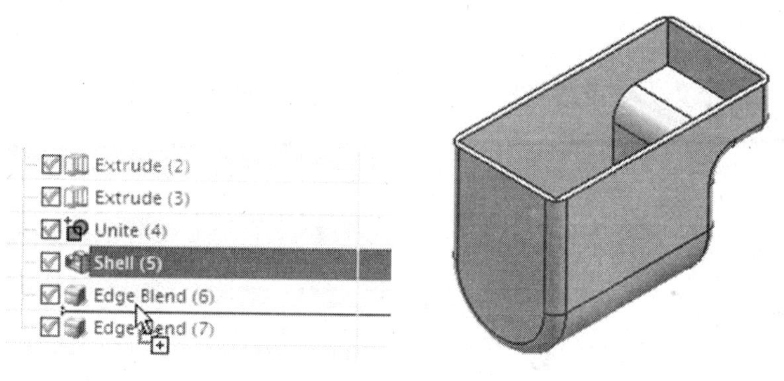

图 11-24 模型再次更新

- 拖拽 Shell (6)到 Edge Blend (7) 之后，模型再次更新，如图 11-25 所示。

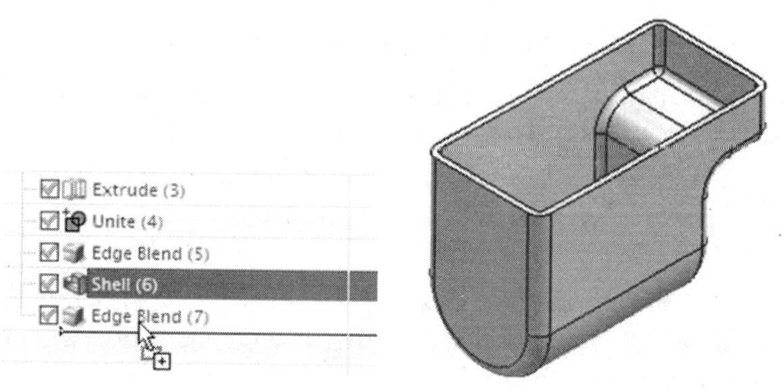

图 11-25 最终模型

提示： 在内侧边缘有一圆角，它不是倒圆，而是当壳特征作用到边缘倒圆时的结果。

第 5 步 重命名特征。

- 在 Part Navigator 的 Edge Blend (5)上右击，并在弹出的快捷菜单中选择 Rename 命令。

- 输入 Throat Blend 并按 Enter 键，如图 11-26 所示。

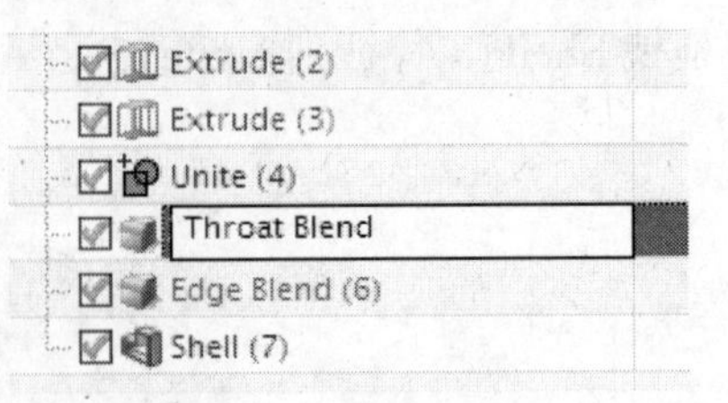

图 11-26 重命名特征

提示：在重排序或审视模型时，有意义的特征名会使对它们的识别更方便。

第 6 步 不储存关闭部件。

11.4 特征与对象信息

Information（信息）下拉菜单提供许多选项去获得关于模型的信息，如图 11-27 所示。

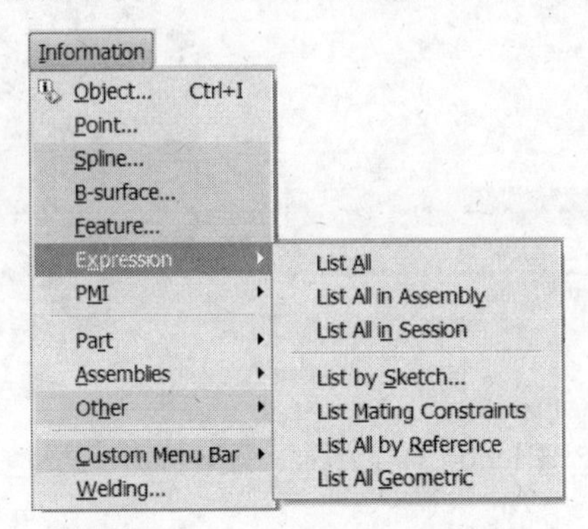

图 11-27 Information 下拉菜单

选择 Information→Feature 命令，打开 Feature Browser 对话框，如图 11-28 所示。可利用此对话框识别在选择的特征与在模型中的其他特征间的父/子关系。可以通过选中 Display Dimensions 复选框在图形窗口中显示控制特征的表达式。单击 OK 或 Apply 按钮将显示具有几何数据与相关表达式的信息窗口。

提示：特征信息也可以通过在部件导航器中选择特征并从快捷菜单中选择 Information 命令来获取，或在图形窗口中选择特征并从快捷菜单中选择 Properties 命令来获取。

- Information→Object：此命令用于在信息窗口中显示选择对象的信息。可以选择任一类型的几何对象，包括曲线、边缘、面和体。信息窗口显示信息如名称、层、颜色、对象类型和几何特性（长度、直径、起始和终止坐标等）等。
- Information→Expression→List All：此命令在信息窗口中列出当前部件中的所有表

达式。从信息窗口中可以打印列表或储存它为文本文件。

- Information→Expression→List All by Reference：此命令用于识别那些引用了其他表达式和定义了特征的表达式。可以利用信息窗口菜单条上的 Edit→Find 命令去搜索特定表达式。

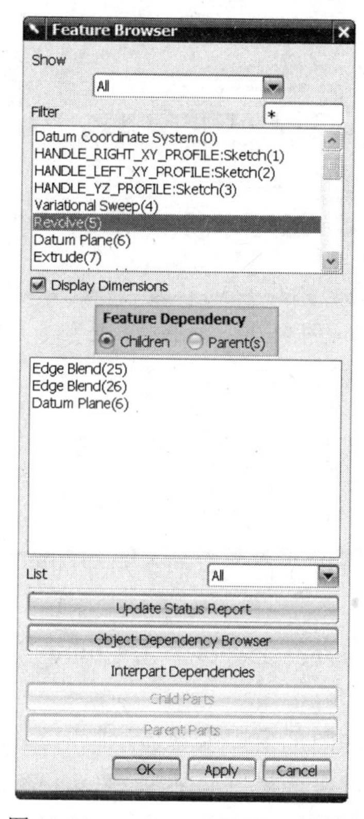

图 11-28 Feature Browser 对话框

11.5 引用的表达式

如果一个表达式直接定义了一个特征，特征名将会随它一起在 Expressions 对话框中列出。

任一表达式都可以被其他表达式的公式引用。可以利用快捷菜单中的 List References 来识别所有引用表达式，如图 11-29 所示。

列出引用表达式的步骤如下：

（1）选择 Tools→Expression 命令。

（2）如果需要，改变 Listed Expressions 过滤器来列出所要的表达式。

（3）右击该表达式并在弹出的快捷菜单中选择 List References 命令。

信息窗口将列出引用了该所选表达式的特征及其他表达式。

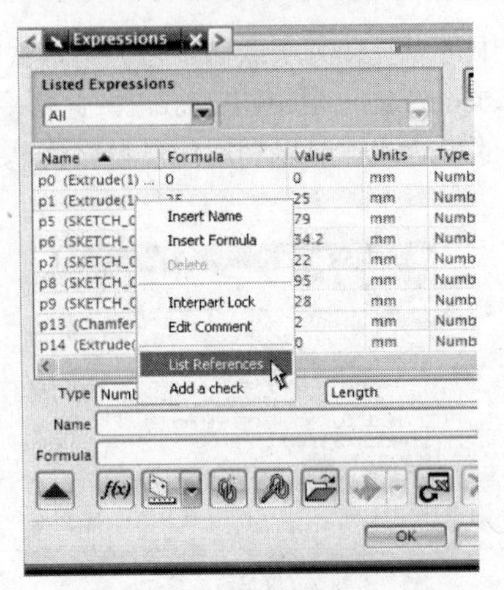

图 11-29　列出引用表达式

11.6 测 量 距 离

利用 Measure Distance 命令可获得任意两个对象间的最小距离，如点、曲线、平面、体、边缘、表面或组件等。

选择 Analysis→Measure Distance 命令或单击 Utility 工具条上的按钮，打开 Measure Distance 对话框，如图 11-30 所示。

在选择了两个对象之后，在图形窗口中将显示临时标尺和测量结果。

为了规定距离测量的单位，可选择 Analysis→Units 命令。

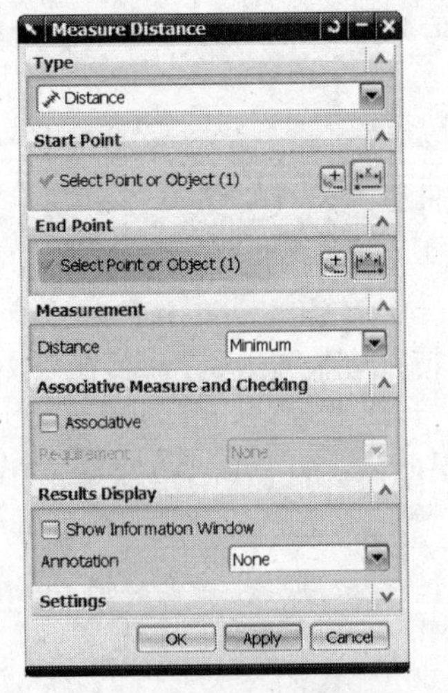

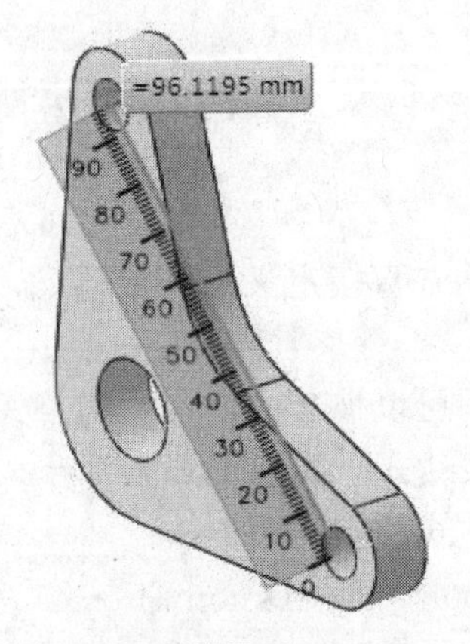

图 11-30　Measure Distance 对话框

在 Results Display 组中选中 Show Information Window 复选框将在信息窗口中显示结果细节。

11.7　测　量　体

使用 Measure Bodies 命令来计算体积、质量、面积、回转半径、重量和所选体的重心等。为了规定测量体的单位，可选择 Analysis→Units 命令。

选择 Analysis→Measure Bodies 命令，打开 Measure Bodies 对话框，如图 11-31 所示。

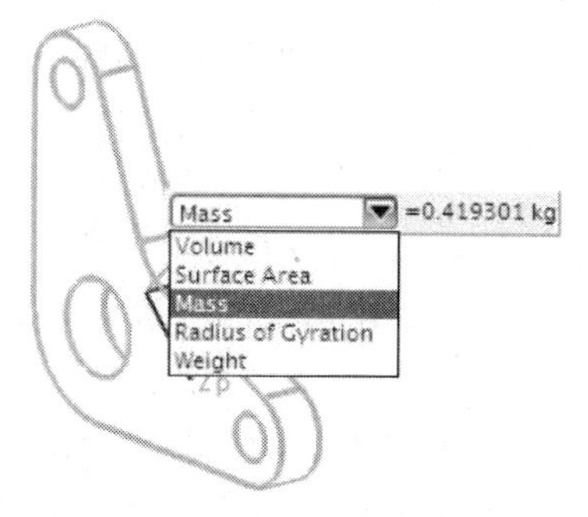

图 11-31　Measure Bodies 对话框

注意：有两种方法来为实体指定密度：

- 选择 Tools→Material Properties 命令，指定材料。
- 选择 Edit→Feature→Solid Density 命令。

默认密度是在 Modeling Preferences 中规定的。

指定材料到实体的步骤如下：

（1）选择 Tools→Material Properties 命令，打开如图 11-32 所示的 Assign Material 对话框。

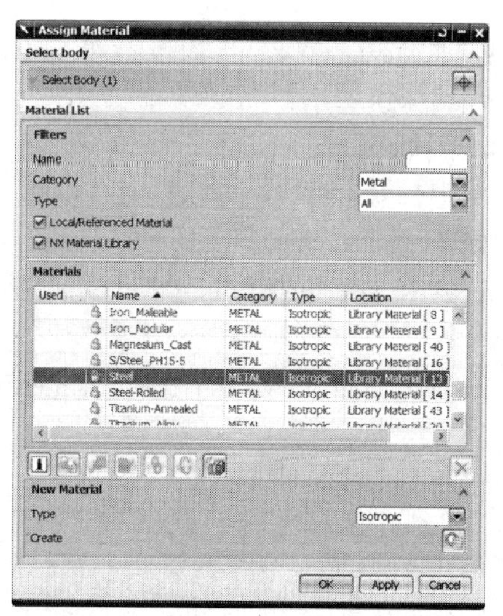

图 11-32　Assign Material 对话框

注意：如果没有材料列出，可建立新材料或从库中选择材料。NX 提供了一个默认材料库，并且它可以由系统管理员定制。

（2）在 Assign Material 对话框的 Material List 组中设置 Category 和 Type。

（3）从 Materials 列表中选择一种材料。

（4）在图形窗口中选择实体。

（5）单击 OK 按钮。

11.8 延 迟 更 新

当添加特征到模型上时，可能要花相当长的时间来更新。可以延迟更新，直到编辑完成。

从主菜单中选择 Tools→Update→Delayed after Edit 命令，或在 Edit Feature 工具条上单击按钮。

- 如果 Delayed Update after Edit 不激活，在每个编辑操作完成之后，部件都会更新。
- 如果 Delayed Update after Edit 激活，当编辑时，特征更新将被延迟。

当 Delayed Update after Edit（延迟更新）处于激活且对模型做了编辑时，Update Model 按钮是有效的。

从主菜单中选择 Tools→Update→Update Model 命令，或在 Edit Feature 工具条上单击按钮。

注意：在储存部件时，模型会自动更新。

【练习 11-2】 考察部件结构

在本练习中将：

- 利用渲染式样、层设置和 Part Navigator 去考察模型。
- 利用 Feature Replay 去观察模型构建的顺序。
- 使用 Object Dependency Browser。

第 1 步 从\Part_C11 目录中打开 inspect_arm_1.prt，如图 11-33 所示。

第 2 步 可视化地检查模型。

- 在 View 快捷菜单上展开 Rendering Style 列表，并选择 Shaded with Edges 选项。
- 利用鼠标中键旋转模型。
- 在 View 工具条的 View Orientation 列表中选择 Trimetric 选项。

第 3 步 检查层。

- 选择 Format→Layer Settings 命令。

提示：也可以添加 Layer Setting 按钮到 Utility 工具条。

- 确保 Category Display 复选框被选中，如图 11-34 所示。

- 审视类目名和对象计数列表。

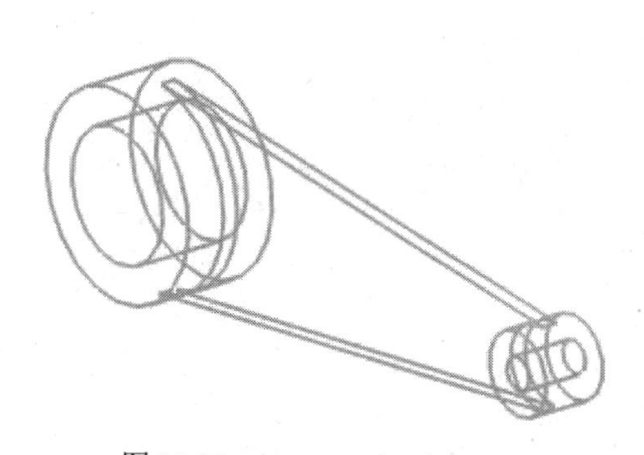

图 11-33　inspect_arm_1.prt

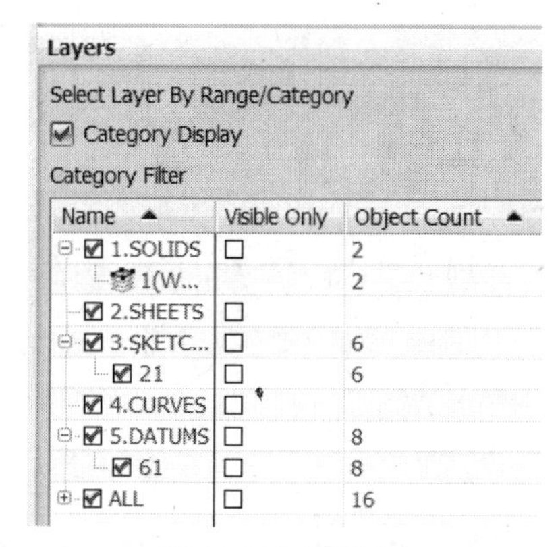

图 11-34　层列表

- 利用 View 快捷菜单改变渲染式样为 Static Wireframe。

提示：利用静态线框来查看内部直线与边缘。

- 使层 21 和 61 可选以观察草图与基准。
- 在 Layer Settings 对话框中单击 OK 按钮。
- 单击 Fit 按钮，静态线框显示如图 11-35 所示。

第 4 步　利用 Part Navigator 识别特征。

- 在 Resource 条上单击 Part Navigator 按钮。
- 单击 Push Pin 按钮保持导航器显示，如图 11-36 所示。
- 右击导航器栏头，在弹出的快捷菜单中选择 Timestamp Order 使其激活。

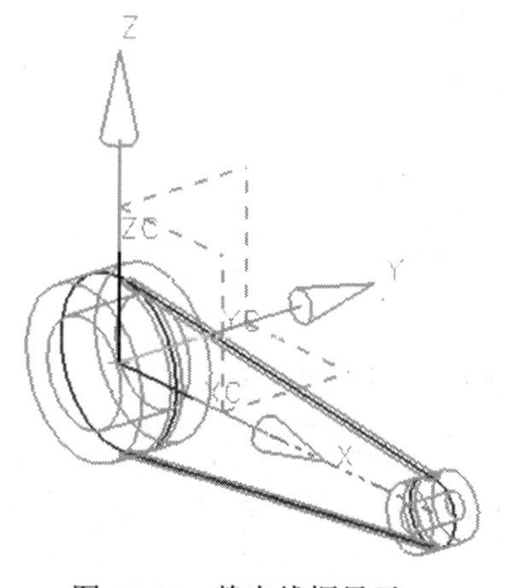

图 11-35　静态线框显示

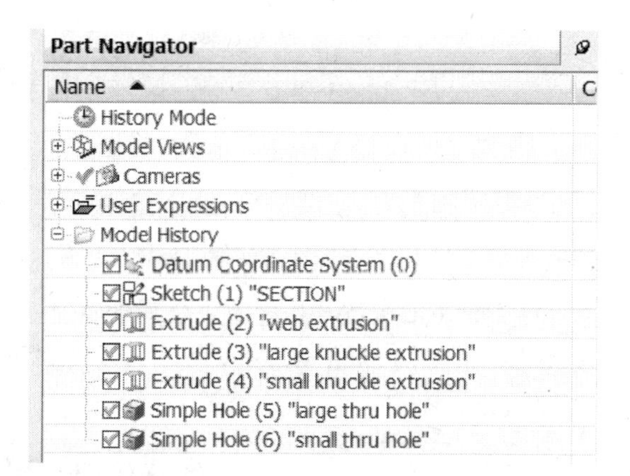

图 11-36　部件导航器

- 选择 Extrudc(3) “largc knuckle extrusion”节点。

注意：相应特征在图形窗口高亮，如图 11-37 所示。节点 Sketch (1)“SECTION”用父颜色高亮，节点 Simple Hole (5) “large thru hole”用子颜色高亮。

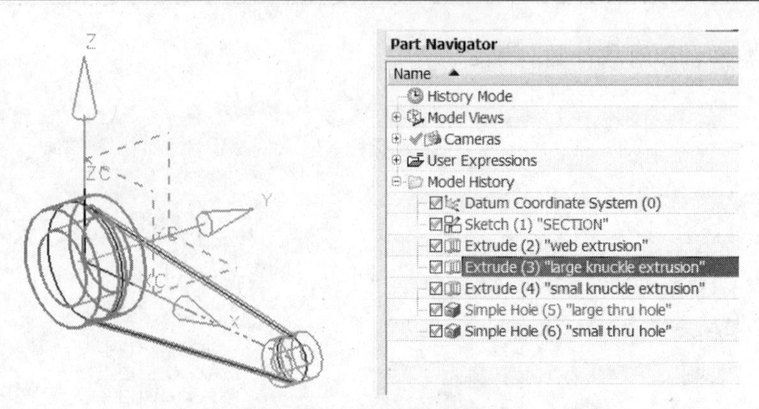

图 11-37 查看特征节点

- 在 Part Navigator 窗口的 Dependencies 组中展开 Parents 和 Children 节点。

注意：高亮的父节点 Sketch (1) "SECTION"列在父节点下，Simple Hole (5) "Large thru hole"出现在子节点下，如图 11-38 所示。

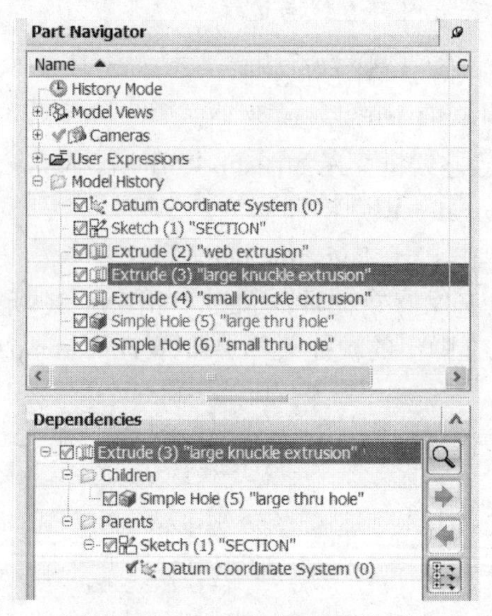

图 11-38 查看特征父/子关系

- 在 Part Navigator 中选择几个其他特征去识别它们及它们的父/子关系。

第 5 步 利用 Feature Replay 去审视模型构造。

- Feature Replay 工具条如图 11-39 所示。

图 11-39 Feature Replay 工具条

- 选择 Tools→Update→Make First Feature Current 命令。

注意：第一个特征 Datum Coordinate System (0)成为当前特征，如图 11-40 所示。

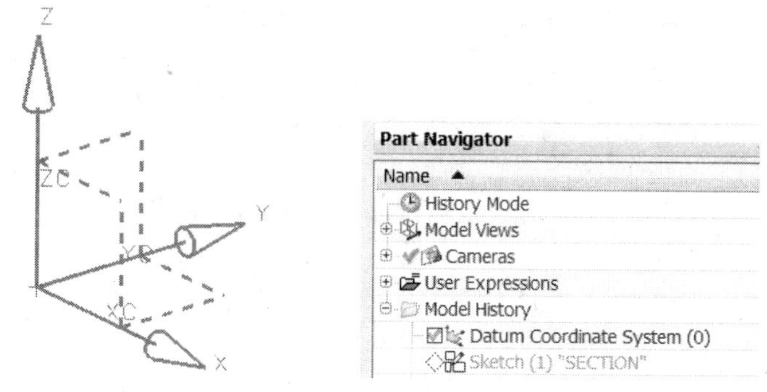

图 11-40 使第一个特征成为当前特征

- 单击 Make Next Feature Current 按钮▶|。

注意：下一个特征 Sketch (1)“SECTION”成为当前特征，如图 11-41 所示。

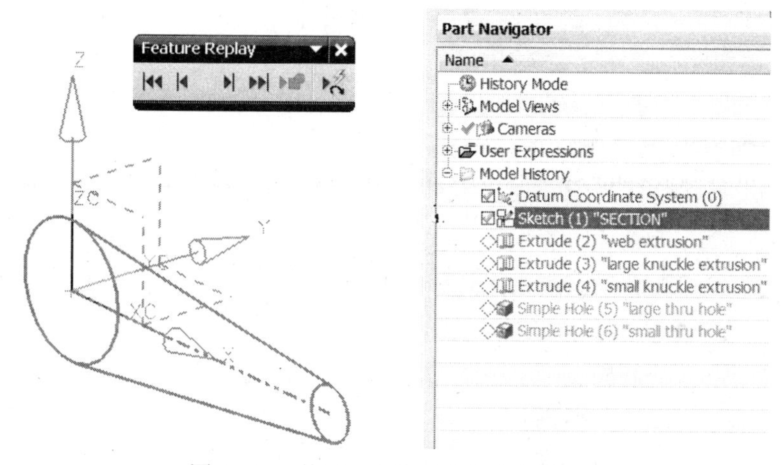

图 11-41 使下一个特征成为当前特征

- 再次单击 Make Next Feature Current 按钮▶|。

注意：下一个特征 Extrude (2)“web extrusion”成为当前特征。

- 继续单击 Make Next Feature Current 按钮直到最后一个特征成为当前特征。

第 6 步 利用 Suppress 和 Unsuppress 审视模型构造。

提示：特征旁的绿色复选框控制特征抑制状态。

- 取消选中 Datum Coordinate System (0)节点旁的复选框。

注意：其他复选框也被清除，因为所有其他特征都是基准坐标系的子。

- 在 Part Navigator 中选择 Datum Coordinate System (0)节点。
- 在 Dependencies 组中的 Children 节点下展开 Sketch (1) “SECTION”节点。

注意：如图 11-42 所示为依附在基准坐标系和草图上的特征。

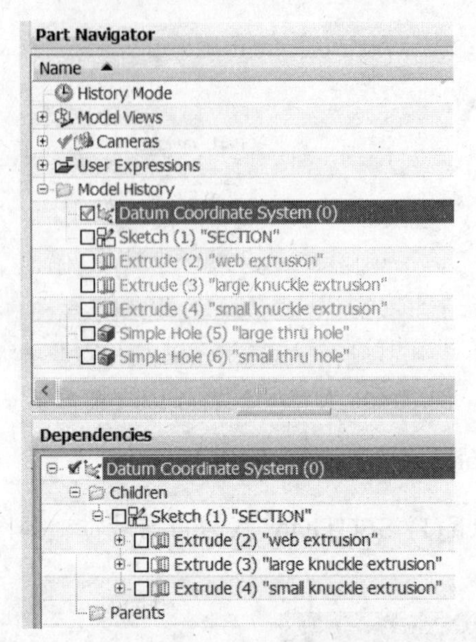

图 11-42　基准坐标系的子

- 合上 Dependencies 组。
- 从 Datum Coordinate System (0)开始，依次选中特征旁的复选框，一一解除抑制它们。

第 7 步　研究由 web extrusion 建立的体的历史。

- 在 Part Navigator 中右击 Extrude (2) “web extrusion”节点，并在弹出的快捷菜单中选择 Information 命令。
- 在信息窗口中滚屏显示，查看体特性、历史及依附信息，如图 11-43 所示。

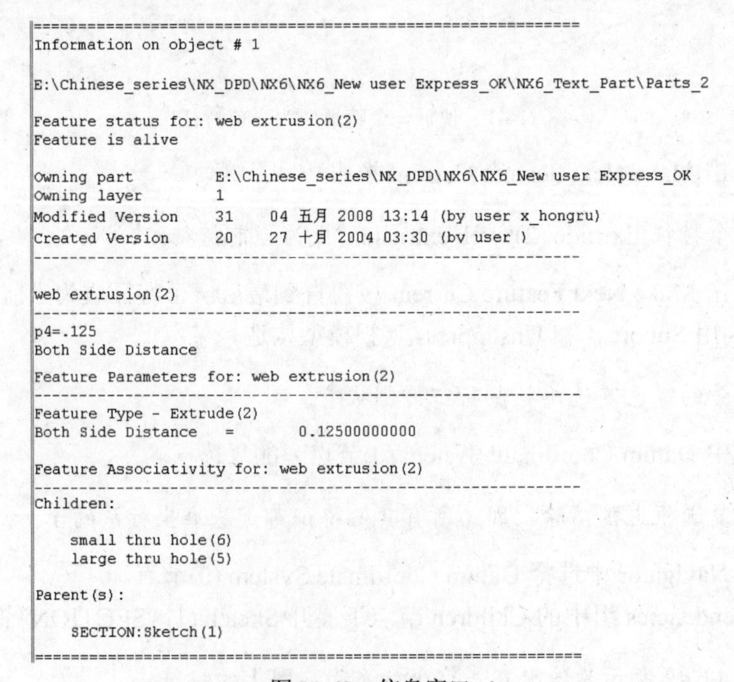

```
============================================================
Information on object # 1

E:\Chinese_series\NX_DPD\NX6\NX6_New user Express_OK\NX6_Text_Part\Parts_2

Feature status for: web extrusion(2)
Feature is alive

Owning part          E:\Chinese_series\NX_DPD\NX6\NX6_New user Express_OK
Owning layer         1
Modified Version     31    04 五月 2008 13:14 (by user x_hongru)
Created Version      20    27 十月 2004 03:30 (by user )
------------------------------------------------------------

web extrusion(2)
------------------------------------------------------------
p4=.125
Both Side Distance

Feature Parameters for: web extrusion(2)
------------------------------------------------------------
Feature Type - Extrude(2)
Both Side Distance     =        0.12500000000

Feature Associativity for: web extrusion(2)
------------------------------------------------------------
Children:

    small thru hole(6)
    large thru hole(5)

Parent(s):

    SECTION:Sketch(1)
============================================================
```

图 11-43　信息窗口

- 关闭 Information 窗口。

第 8 步 查找控制 web extrusion 体厚度的值。

- 选择 Extrude (2) “web extrusion” 节点。
- 在 Part Navigator 中展开 Details 组。
- 保持光标在 Parameter 栏，显示参数全名为 Both Side Distance。

注意：此参数控制拉伸的起始和终止距离。因为只有一个参数，所以可推知 Start 和 End 输入被设置到 Symmetric Value。也可以看到参数值是 0.125 in，它的控制表达式名称是 p4。

第 9 步 识别用于控制大孔中心到小孔中心的距离的表达式。

注意：因为 web extrusion 特征是从草图生成的，显然应该查找在该草图中的表达式。

- 在 Part Navigator 中选择 Sketch(1) “SECTION”节点。
- 在 Details 组中，一个表达式是 arm_length=8.5。
- 保持光标在参数 arm_length=8.5 旁。

注意：显示该参数全名：Horizontal Dimension between Arc1 and Arc2。

- 在 Details 组的 Expression 栏中双击 arm_length=8.5。
- 在 Expression 栏中出现的文本框中输入 12 并按 Enter 键。

提示：改变 Details 窗口中的表达式值将触发立即更新。

第 10 步 消隐 Part Navigator。

- 再次单击 Push Pin 按钮，并从 Part Navigator 移出光标以消隐。
- 在 View 工具条上单击 Fit 按钮。

第 11 步 识别一个表达式被何处引用。

- 在菜单条上选择 Tools→Expression 命令。
- 在 Expressions 对话框的 Listed Expressions 组中确保 Named 为所选的过滤器。
- 在列表中选择 small_dia。
- 在列表中保持光标在 small_dia 的 Name 栏上。

注意：全名是 small_dia (SECTION: Sketch(1) Diameter Dimension on Arc2)。

- 在列表中右击 small_dia，并在弹出的快捷菜单中选择 List References 命令。

注意：在信息窗口中，在 Referenced by expressions 下，可以看到另一个表达式正引用 small_dia :（large_dia=2.5*small_dia）。

- 关闭信息窗口。
- 在 Expressions 对话框中单击 Cancel 按钮。

第 12 步 识别草图中正引用此表达式的圆弧。

- 选择 Information→Feature 命令。

- 选择 SECTION: Sketch (1)节点。
- 单击 Object Dependency Browser 按钮。
- 在列表中选择 Arc-Arc2。

注意：此圆弧在图形窗口中高亮。

- 在 Object Dependency Browser 对话框中单击 Cancel 按钮。

第 13 步　测量距离。

- 在菜单条上选择 Format→Layer Settings 命令。
- 使层 21 和 61 不可见。
- 在 Layer Settings 对话框中单击 OK 按钮。
- 在 Analysis 工具条上单击 Measure Distance 按钮。
- 在 Measure Distance 对话框的 Measurement 组中，设置 Distance 为 Minimum。
- 选择 web 的上边缘中的一条作为第一个对象，如图 11-44 所示。
- 选择 web 的下边缘中的一条作为第二个对象，如图 11-45 所示。

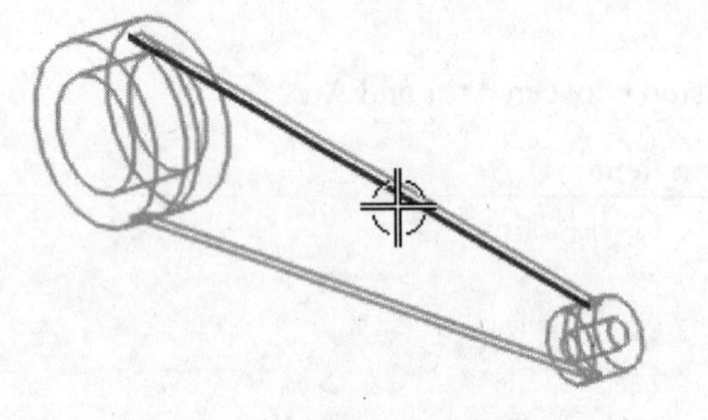

图 11-44　选择第一个对象

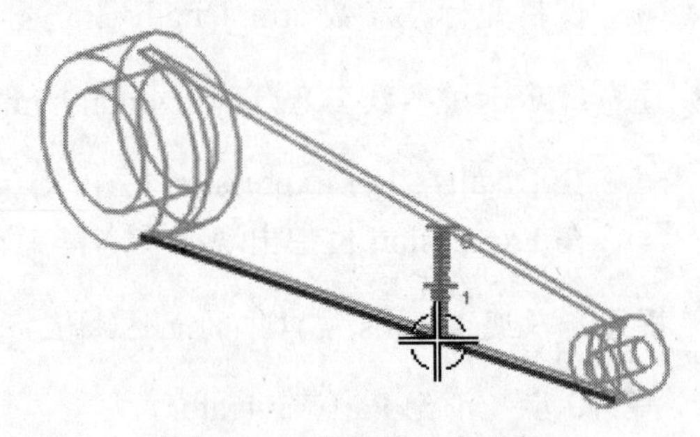

图 11-45　选择第二个对象

- 显示边缘间的最短距离，如图 11-46 所示。

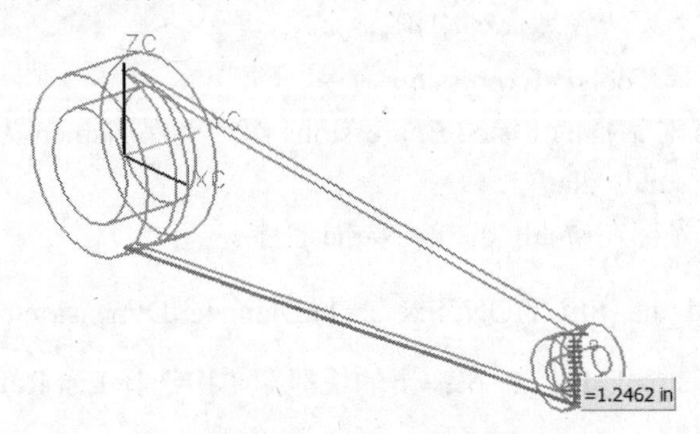

图 11-46　显示最短距离

- 在 Results Display 组中选中 Show Information Window 复选框。
- 考察列表，然后关闭 Information 窗口。
- 在 Measure Distance 对话框中单击 Cancel 按钮。

第 14 步　为实体指定材料。

- 选择 Tools→Material Properties 命令。

- 在图形窗口中选择实体。
- 在 Assign Materials 对话框的 Material List 组中，设置 Category 为 Metal。
- 在 Materials 列表中选择 Steel。
- 在 Assign Materials 对话框中单击 OK 按钮。

第 15 步 测定实体的质量特性（kg-m）。

- 在菜单条上选择 Analysis→Units→kg-m 命令。
- 选择 Analysis→Measure Bodies 命令。
- 选择实体，结果如图 11-47 所示。

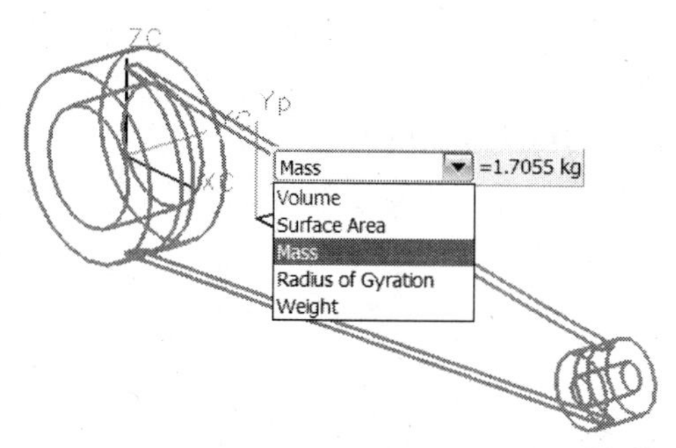

图 11-47 显示质量特性

注意：可通过在图形窗口的列表中选择不同选项来考察个别的质量特性。

- 在 Measure Bodies 对话框中展开 Results Display 组，选中 Show Information Window 复选框。
- 审视 Information 窗口中的数据。
- 在 Measure Bodies 对话框中单击 Cancel 按钮。

第 16 步 不储存关闭部件。

第 12 章　装 配 介 绍

【目的】

本章介绍装配（Assemblies）应用。

在完成本章学习之后，将能够：

- 为装配设置加载选项。
- 利用装配导航器（Assembly navigator）工作。

12.1　虚 拟 装 配

本节介绍用于描述 NX 虚拟装配的术语。

1. 装配（Assembly）

装配是一个包含组件对象的部件。组件对象是指向独立部件或子装配的指针。

图 12-1 所示的玩具激光枪是一个由许多组件组成的装配。

2. 子装配（Subassembly）

子装配是在更高一级装配内被用作组件的装配。

图 12-2 所示为玩具激光枪的集成电路板的子装配。

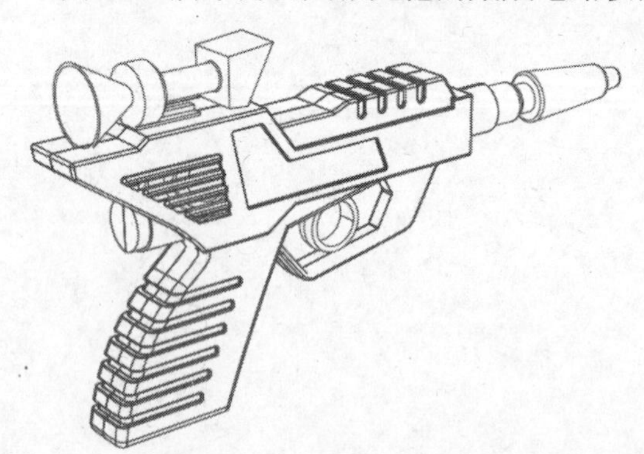

图 12-1　玩具激光枪装配

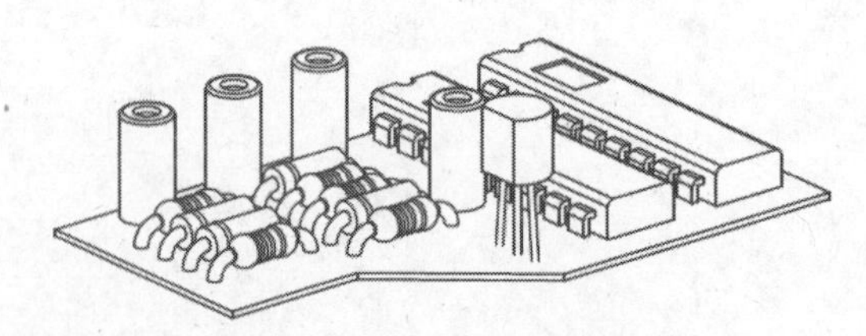

图 12-2　集成电路板的子装配

3. 组件对象（Component objects）

组件对象是指非几何指针链接到含有组件几何的文件。在定义一个组件后，在其中定义它的部件文件有一个新的组件对象。组件对象允许组件显示在装配中而不复制任何几何体。

组件对象存储关于组件部件的信息，如：

- 层。
- 颜色。
- 组件相对装配的定位数据。
- 在文件系统中到达组件部件的路径。
- 显示的引用集。

图 12-3 所示的装配结构图中的（❹）为组件对象。

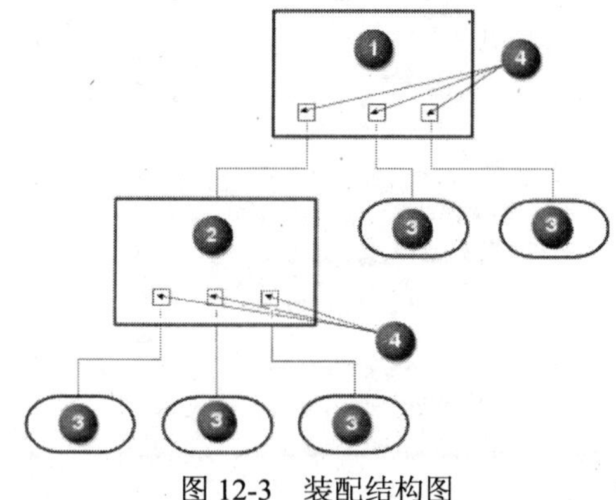

图 12-3 装配结构图

图 12-3 中：

- ❶：顶级装配。
- ❷：子装配，这是一个被更高一级装配所引用的组件部件。
- ❸：独立部件，这是被某个装配引用的组件部件，它们自身不是装配。
- ❹：在装配文件中的组件对象。

4. 组件部件文件（Component part file）

组件部件是被装配内的组件对象所引用的部件文件。储存在组件部件内的几何体在装配中是可见的，在装配中它们是被虚拟引用而不是复制。

术语“零件”或“独立部件”是指本身非装配的部件文件。

12.2 装配加载选项

当利用 File→Open 命令打开或加载装配件时，必须找到并加载它的组件部件。

Load Options 确定组件部件怎样和从何处被加载。

通过选择 File→Options→Assembly Load Options 命令或在 Open Part File 对话框中单击 Options 按钮，打开如图 12-4 所示的 Assembly Load Options 对话框。

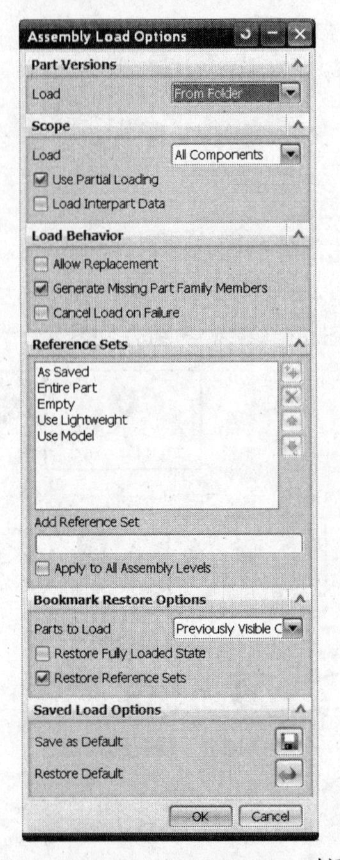

图 12-4 Assembly Load Options 对话框

12.2.1 部件版本组

部件版本（Part Versions）组中有 Load 下拉列表框，可在其中选择相应选项来控制怎样寻找组件部件。

- As Saved（按储存）：在装配最后储存时各个组件部件所在的目录中加载组件部件。
- From Folder（从文件夹）：在装配部件所在的目录中加载每个组件部件。
- From Search Folders（从搜索文件夹）：在用户定义的搜索路径列表中加载每个组件部件。

12.2.2 加载状态

当打开装配时，NX 部件可以被完全加载、部分加载或不加载。

- Fully loaded（完全加载）：在部件文件中所有数据被加载到内存中。为了编辑，或为参数化数据建立连接，由小装配或由大装配组件的子集使用此加载状态。
- Partially loaded（部分加载）：仅那些为了显示部件而需要的数据被加载到内存中。在做某些更改之后，部件将不更新，而如果是充分加载，则这些改变将影响它。

例如，对部件间表达式的改变。

- Unloaded（不加载）：组件部件不随装配加载到内存中。装配仅显示不加载部件的位置与边界框尺寸的信息。

12.2.3 范围组

在 Assembly Load Options 对话框的 Scope 组中允许控制装配的配置与部件的加载状态。

- Load（加载）：控制哪些组件被打开，包括以下 5 个选项。
  - ➢ All Components（所有组件）：加载所有组件。
  - ➢ Structure Only（仅结构）：加载装配部件，而无组件。
  - ➢ As Saved（按储存）：加载装配最后储存时那些在装配中打开的组件。
  - ➢ Re-evaluate Last Component Group（再评估最后组件组）：用装配最后储存时使用的组件组加载装配。

注意：组件组是有条件地施加动作到全部或部分装配结构的高级功能。

  - ➢ Specify Component Group（规定组件组）：从有效组件组列表中选择。
- Use Partial Loading（使用部分加载）：当选中该复选框时，部件将被部分加载，除非 Load Interpart Data 要求它们完全加载。
- Load Interpart Data（加载部件间数据）：寻找和加载部件间数据的父，即使部件根据其他规则被保留不加载。

12.2.4 加载行为

如果存在由需求的加载配置所带来的问题，Load Behavior 组将控制 NX 可以采取的可选项动作。

- Allow Replacement（允许替换）：使得装配在组件具有错的内部识别号（但有正确名）的情况下能被加载，即使它是一个完全不同的部件。如果此情况发生，你将收到一条警告信息。
- Generate Missing Part Family Members（生成丢失的部件家族成员）：在加载中，当 NX 确定某一部件家族成员丢失时：
  - ➢ 如果选中 Generate Missing Part Family Members 复选框，NX 检查当前部件家族模板的新近版本。如果找到模板的新近版本，最新版本将用来生成丢失的成员。
  - ➢ 如果取消选中 Generate Missing Part Family Members 复选框，NX 利用当前部件家族模板生成丢失的成员。
- Cancel Load on Failure（在故障时取消加载）：如果不能找到一个或多个组件部件，NX 取消整个加载操作。

12.2.5 引用集

使用此区域来规定在装配加载时依次查找的引用集清单。从列表顶部向下读取所找到的第一个引用集将被加载。

注意：一个引用集可被想象为，可以加载的部件几何体的一个子集，用以代替整个部件。

在本章中，需要使用的唯一引用集是 Model 引用集。Model 引用集指仅含有一个希望放到图纸中的实体。

12.2.6 储存加载选项

可以储存当前加载选项设置作为默认设置；否则，在 Assembly Load Options 对话框中进行的任一改变都将仅作用到当前的 NX 操作中。

Saved Load Options 组含有控制储存设置的选项分别介绍如下。

- Save as Default（储存为默认）：储存当前加载选项设置作为当前目录中 load_options.def 文件的默认设置。
- Restore Default（恢复默认）：将加载选项重新设置为当前目录中 load_options.def 文件定义的值，如果它存在，设置为系统默认。
- Save to File（储存到文件）：储存当前加载选项设置到某一定义文件，它的名字和位置在 Save Load Options File 对话框中定义。
- Open from File（从文件打开）：打开 Restore Load Options File 对话框，通过此对话框，可以选择一个定制的加载选项定义文件。

12.3 装配导航器

装配导航器（Assembly Navigator）是在分级树中显示装配结构、组件特性和成员组件间约束的窗口。

利用装配导航器，用户可以：

- 观察显示部件的装配结构。
- 作用命令到特定组件。
- 通过拖拽节点到不同的父装配来进行装配结构编辑。
- 识别组件。
- 选择组件。

通过单击资源条上的 Assembly Navigator 按钮，用户可观察装配导航器。

如果需要，可以拖宽资源条以观看更多信息。

装配导航器如图 12-5 所示。

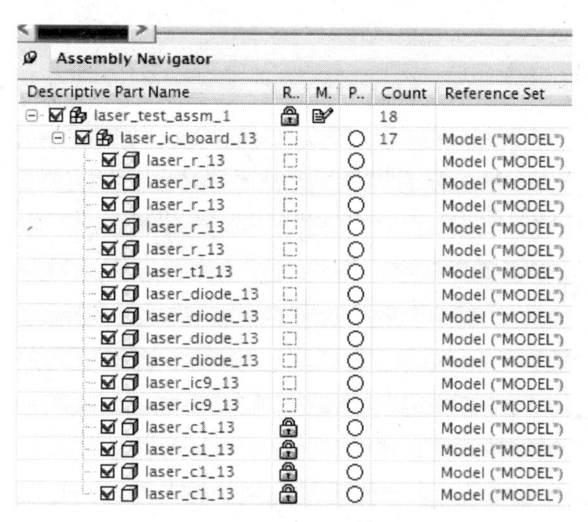

图 12-5　装配导航器

12.3.1　节点显示

装配的每个组件都显示为装配树中的一个节点。

选择某个节点，这与在图形窗口中选择相应组件的操作意义是相同的。每个节点都由一个复选框、图符、部件名及附加的栏组成。

如果部件是一个装配或子装配，在它的前面还将呈现展开/折叠框。

12.3.2　图符与复选框

表 12-1 描述了装配导航器结构树中的图符与复选框。

表 12-1　图符与复选框

图符与复选框	描　述
	这个装配或子装配是工作部件或工作部件中的一个组件
	这个装配或子装配既不是工作部件，也不是工作部件中的一个组件
	这个装配或子装配未被加载
	这个独立部件是一个工作部件，或者是工作部件中的一个组件
	这个独立部件既不是工作部件，也不是工作部件中的一个组件
	这个独立部件被关闭，但未被加载
	这表示一个折叠的子装配。单击它将展开显示
	这表示一个展开的子装配。单击它将折叠显示
	部件被关闭，单击它将加载部件。组件将按照装配加载选项加载
	部件被消隐，但至少已被部分加载。单击它以显示部件
	部件是可见的，且至少已被部分加载。单击它将消隐部件
	部件被抑制

12.3.3 装配应用

和启动其他任何应用一样，从 Standard 工具条的 Start 列表中启动 Assemblies 应用。装配应用可以与其他应用同时激活，如 Modeling 或 Drafting。当其处于激活状态时，在 Start 列表中的 Assemblies 应用名旁会有一个复选框。当装配应用激活时，可以看到装配工具条并且在某些菜单上会出现附加选项，如图 12-6 所示。

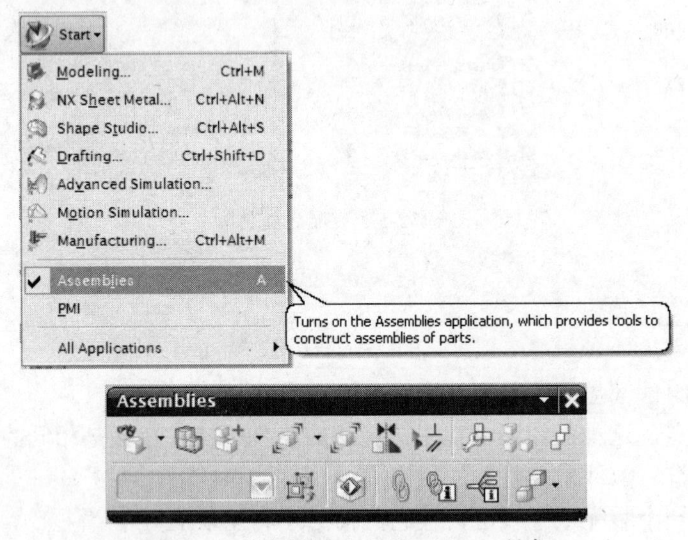

图 12-6 装配激活及 Assemblies 工具条

【练习 12-1】 装配加载选项

在本练习中，将设置加载选项来控制怎样打开装配组件。

第 1 步 设置 Assembly Load Options 为 Structure Only。

- 在菜单条上选择 File→Options→Assembly Load Options 命令。
- 在 Assembly Load Options 对话框的 Scope 组中，展开 Load 列表并选择 Structure Only。
- 在 Part Versions 组中扩展 Load 列表，选择 From Folder。
- 在 Assembly Load Options 对话框中单击 OK 按钮。

第 2 步 打开测试装配。

- 在 Standard 工具条上单击 Open 按钮。
- 打开\Part _C12 目录中的 laser_test_assm_1.prt。

注意： 尽管看不到任何几何体，但 NX 窗口的标题条已确认该部件被打开了，如图 12-7 所示。

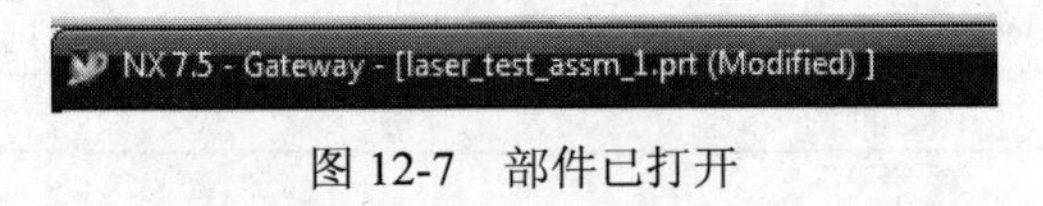

图 12-7 部件已打开

第 3 步　检查装配结构。

- 在资源条上单击 Assembly Navigator 按钮，并将资源条钉在打开位置。

注意：仅有的一个组件是子装配 laser_ic_board_13，并且它未被加载。

- 展开 laser_ic_board_13 节点，如图 12-8 所示。

注意：子装配 laser_ic_board_13 下的结构被显示，但无部件被加载。

注意：未加载组件中有一个是 laser_ic9_13。

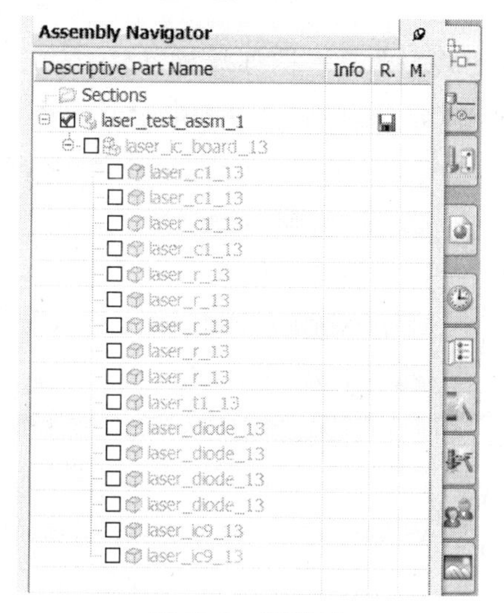

图 12-8　装配树

第 4 步　利用 File 菜单打开一个组件部件。

- 单击 Open 按钮。
- 打开 laser_ic9_13.prt，如图 12-9 所示。

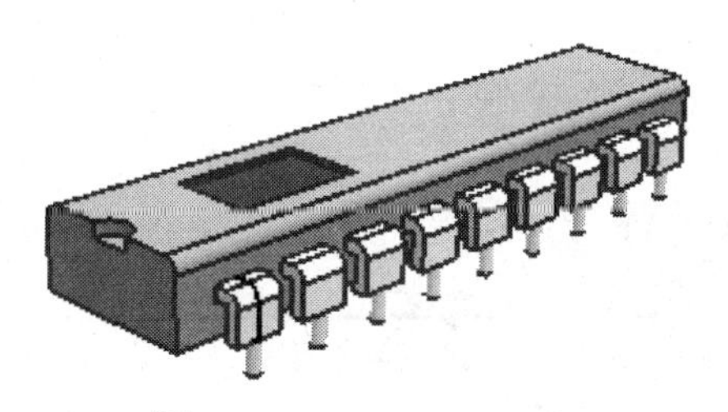

图 12-9　laser_ic9_13.prt

第 5 步　显示装配。

- 从主菜单中选择 Window，并从列表中选择 laser_test_assm_1。

注意：在屏幕上没有对象可见。

- 在 Assembly Navigator 中，注意 laser_ic9_13 节点指示组件被加载但不可见，如图 12-10 所示。

注意：laser_ic9_13 组件有一个未加载的父 laser_ic_board_13。在装配结构中，不能显示一个未加载父的组件。

第 6 步 准备加载其余组件。

- 在菜单条上选择 File→Options→Assembly Load Options 命令。
- 在 Assembly Load Options 对话框的 Scope 组中，展开 Load 列表并选择 All Components。
- 在 Scope 组中确认选中 Use Partial Loading 复选框。
- 单击 OK 按钮。

第 7 步 在导航器中利用装配的复选框打开装配。

- 在 Assembly Navigator 中选中 laser_ic_board_13 子装配前的复选框，如图 12-11 所示。

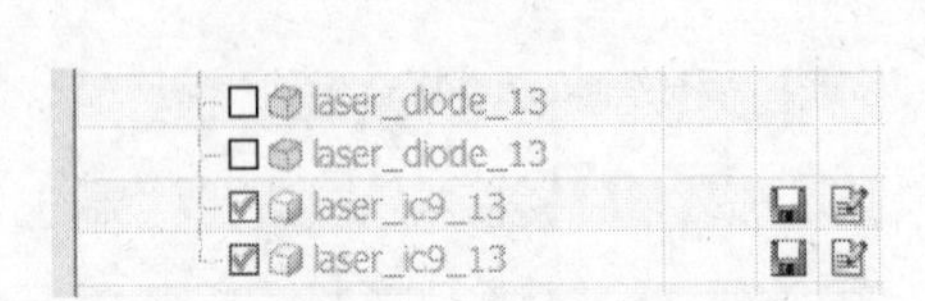

图 12-10 laser_ic9_13 组件加载但不可见

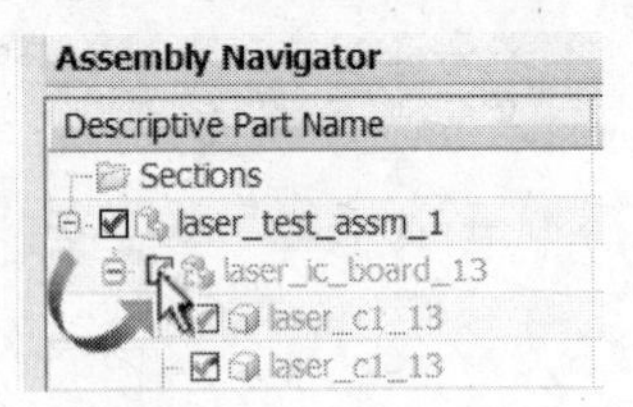

图 12-11 选中子装配

- 等待直至装配加载完毕，结果如图 12-12 所示。
- 在 Assembly Navigator 中拖动水平滚动条直到看到只读栏，考察 Read-only 栏中的符号，如图 12-13 所示。

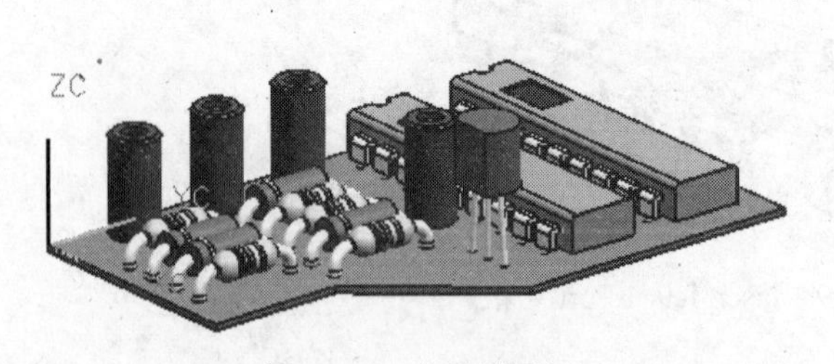

图 12-12 打开装配

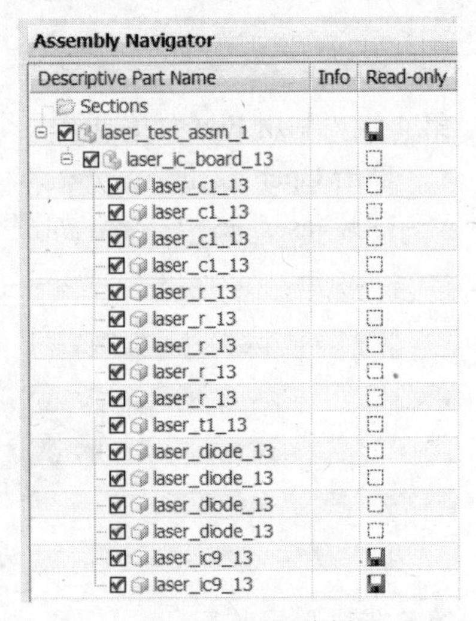

图 12-13 只读栏

注意：Read-only 栏对完全加载部件会显示读写或只读符号，而对部分加载部件只会显示虚线空框。

注意：laser_ic9_13 是利用 File→Open 命令打开的，此动作总是完全加载部件。当设置部件为工作部件或显示部件时，该部件也将是完全加载的。

第 8 步 利用导航器快捷菜单关闭组件部件。

- 在 Assembly Navigator 中的 laser_diode_13 节点之一上，右击并在弹出的快捷菜单中选择 Close→Part 命令。

注意：laser_diode_13 的 Read-only 栏现在变为空白。

提示：对未加载的部件，Read-only 栏是空白的。

第 9 步 审视装配中的组件清单。

- 在菜单条上选择 Assemblies→Reports→List Components 命令。
- 滚动信息窗口并确认某些部件是完全加载，其余是部分加载，还有一个是未加载的。
- 关闭信息窗口。

第 10 步 利用导航器复选框打开 laser_diode_13。

- 在菜单条上选择 File→Options→Assembly Load Options 命令。
- 在 Scope 组中取消选中 Use Partial Loading 复选框。
- 单击 OK 按钮。
- 在 Assembly Navigator 中选中 laser_diode_13 节点之一前的复选框。

注意：尽管 4 个引用都被加载了，但只有单击的那个是可见的。从 Read-only 符号可看出该部件被完全加载。

提示：复选框 Show 和 Hide 动作仅作用到组件的一个引用上。逐一单击 laser_diode_13 的其他 3 个引用前的复选框，以显示它们的几何体。

第 11 步 不关闭任何部件，在练习 12-2 中将使用它们。

【练习 12-2】 装配导航器

在本练习中，将利用 Assembly Navigator 操纵组件。

注意：继续使用 laser_test_assm_1 装配。

第 1 步 审视 Assembly Navigator 中的节点。

第 2 步 消隐或显示组件节点。

- 选择 laser_ic9_13 节点之一。

注意：在屏幕上组件高亮。

- 在高亮节点旁取消选中复选框。

注意：在屏幕上组件被消隐。

- 为了显示组件，可选中复选框。

第 3 步 消隐或显示子装配节点。

- 在 laser_ic_board_13 节点旁，取消选中复选框。

注意：子装配和它的所有组件被消隐。另外，注意复选框标记颜色变灰。

- 选中子装配复选框以再次显示子装配。

第 4 步 利用 Close Selected Parts 关闭一个组件。

- 选择 File→Close→Selected Parts 命令。
- 在 Close Part 对话框的 Filter 组中选择 All Parts in Session。
- 从列表中选择 laser_ic9_13 并单击 OK 按钮。

注意：laser_ic9_13 组件不再显示在图形窗口中。在 Assembly Navigator 中的 laser_ic9_13 节点旁，复选框已被清除，这意味着 laser_ic9_13 组件未被加载。

第 5 步 利用导航器复选框打开组件。

- 在 Assembly Navigator 中的任一 laser_ic9_13 节点前，选中复选框。

注意：laser_ic9_13 组件的两个引用都被打开并再次显示在图形窗口中。

第 6 步 不关闭也不储存装配，在练习 12-3 中将使用它。

12.4 在装配导航器中选择组件

在任一要求选择组件的装配功能中，可以在装配导航器中选择相应节点。

为了在装配导航器中选择多个组件，可先选择第一个组件，然后：

- 按住 Shift 键并单击另一个节点以选择这两个节点范围内的所有组件。
- 按住 Ctrl 键并单击以触发选择其他的节点。

还可以通过按住 Shift 键并单击图形窗口中的组件来取消选择它们。

1. 识别组件

如果在装配导航器中选择某个可见的非工作部件，该部件将高亮。如果保持光标在某个不可见的组件节点上（如消隐的、在不可见层上或未加载的），该组件的边界盒将临时高亮显示在图形窗口中。

注意：临时边界盒的显示由装配导航器的 Preselect Invisible Nodes 特性控制。为了获取 Assembly Navigator 特性，可在装配导航器窗口的背景中右击，并在弹出的快捷菜单中选择 Properties 命令。Assembly Navigator Properties 对话框如图 12-14 所示。

2. 组件选择

一旦选中了一个组件，就可以通过图形窗口，从它上面的快捷菜单中选择一些有效动作。

注意：组件快捷菜单中的选项随激活应用的不同而不同。

提示：可选的组件出现在 QuickPick 对话框中，如图 12-15 所示。

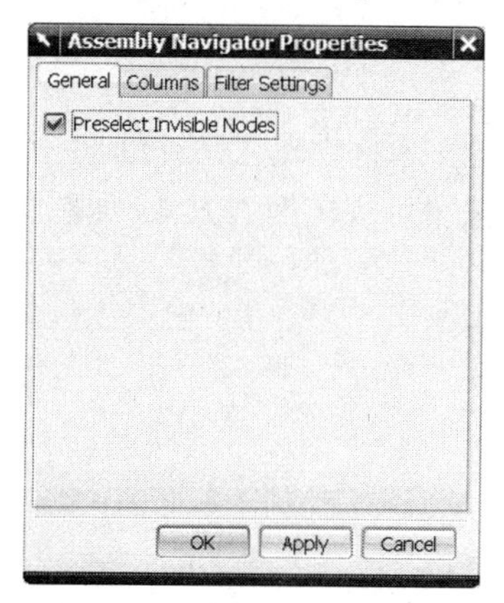

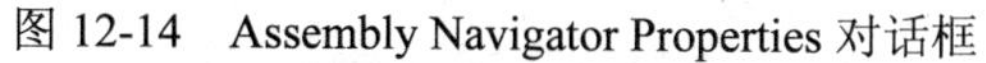
图 12-14　Assembly Navigator Properties 对话框

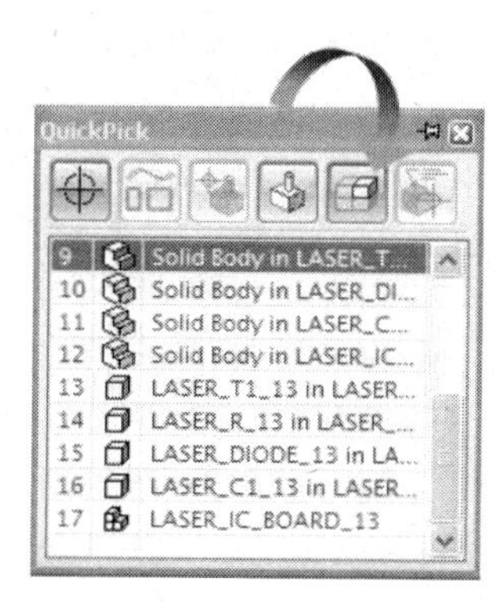

图 12-15　QuickPick 对话框

可利用 QuickPick 对话框中的组件过滤器来显示组件。

12.5　在上下文中设计

当在显示的较高级别装配中编辑组件几何体时，就是在上下文中设计。这样做的优点是，可以看到其他组件的对象，并且在需要时还可从其他组件选择对象。

12.5.1　显示部件

NX 允许同时打开多个部件。这些部件可以是已被加载的。

- 显式地：利用 Assembly Navigator 上的 Open 选项或 File→Open 命令加载的。
- 隐式地：作为被其他某些已加载的装配使用的结果而加载的。

当前显示在图形窗口中的部件被称为显示部件。通过在那些部件中来回切换显示部件，可以平行地对几个部件做编辑。加载的部件不必属于同一装配。

改变显示部件的方法有以下几种：

- 从图形窗口中选择一个组件，并利用快捷菜单。
- 在 Assemblies 工具条上单击 Make Displayed Part 按钮。
- 在 Assembly Navigator 中的部件节点上右击，在弹出的快捷菜单中选择 Make Displayed Part 命令。
- 从主菜单中选择 Assemblies→Context Control→Set Displayed Part 命令，然后从列表框或图形窗口中选择一个部件。
- 从主菜单中选择 Window→More 命令，打开 Change Window 对话框，如图 12-16 所示。该对话框会列出除当前显示部件外的所有部分加载和完全加载的部件。

可通过下列方法之一选择部件：

- 从加载的部件列表中选择。
- 在图形窗口中选择几何体。
- 在 Assembly Navigator 中选择节点。

在 Change Window 对话框中，通过在 Search Text 文本框中输入部件的部分名称可帮助用户更快地在列表中找到所要的部件。单击 Options 按钮可规定搜索方法，如图 12-17 所示。

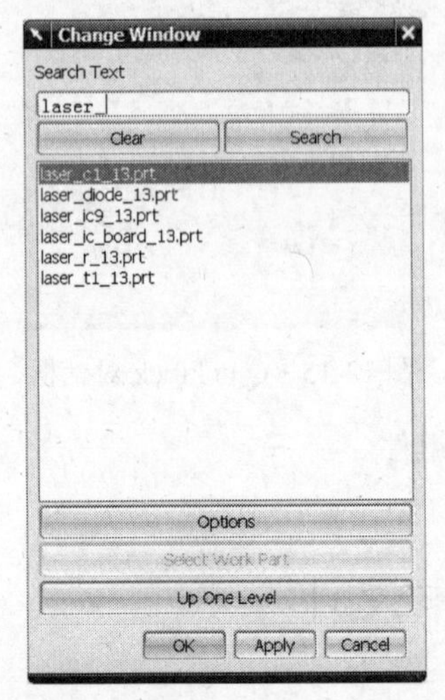

图 12-16 Change Window 对话框

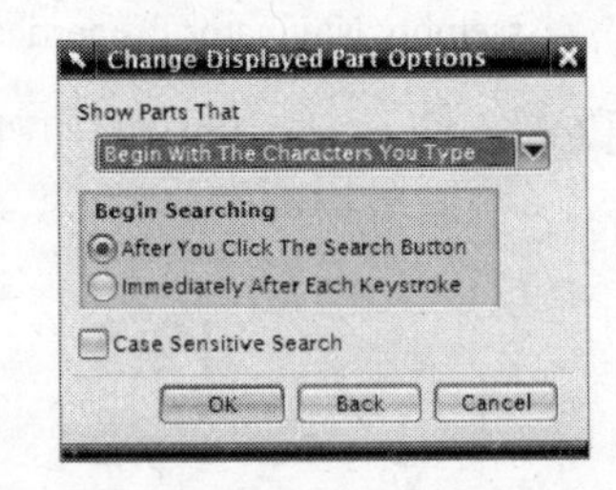

图 12-17 Change Displayed Part Options 对话框

12.5.2 工作部件

建立和编辑的几何体添加到其中的部件称为工作部件。工作部件与显示部件可以不是同一个部件。

当显示部件是一个装配时，可以改变工作部件到该装配内的任一组件，当然这不包括未加载的部件与具有不同单位的部件。在工作部件内可以添加或编辑几何体、特征和组件。

可以在许多建模操作中引用工作部件外的几何体。例如，可以利用在工作部件外的几何体上的控制点来定位工作部件内的一个特征。

当用 File→Open 命令打开一个部件时，它将既是显示部件又是工作部件。如果显示部件不是工作部件，根据默认设置，将通过工作部件保留其颜色正常，而其他组件变成统一混合色显示的方法来加以强调。可在 Assembly Preferences 对话框中控制工作部件强调与否，而非工作部件的混合色可在 Visualization Preferences 对话框的 Color Settings 选项卡中设置。

改变工作部件的方法有：

- 在图形窗口中双击组件。
- 在图形窗口中选择组件，并利用快捷菜单。
- 在 Assemblies 工具条上单击 Make Work Part 按钮。
- 在 Assembly Navigator 中双击组件节点。
- 从主菜单中选择 Assemblies→Context Control→Set Work Part 命令，然后从列表框

或图形窗口中选择部件。

工作部件在图形窗口中高亮显示，如图 12-18 所示。

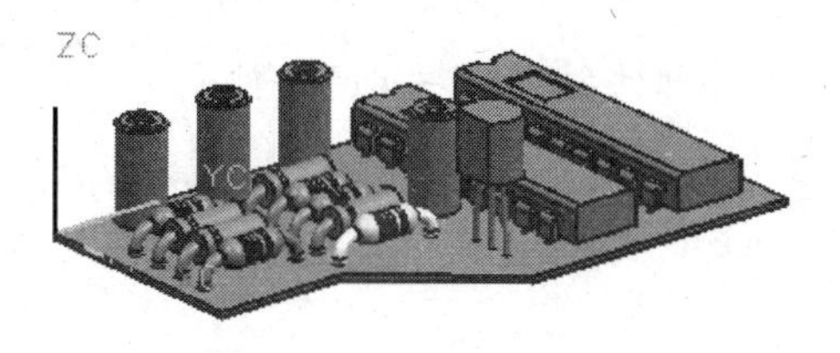

图 12-18　改变工作部件

组件与装配间的关联性是，在装配内任一级别所做的几何体改变，都将导致受影响的装配的所有级别的关联数据更新。对个别组件部件的编辑将导致使用该部件的所有装配图相应地更新。

12.6　装配导航器快捷菜单

如果将光标放置在 Assembly Navigator 中代表组件的节点上并右击，将显示组件相关选项的快捷菜单。

注意： *在 Assembly Navigator 快捷菜单上的选项状态，会随组件状态以及是否激活 Assemblies 和 Modeling 应用而改变。*

快捷菜单如图 12-19 所示。

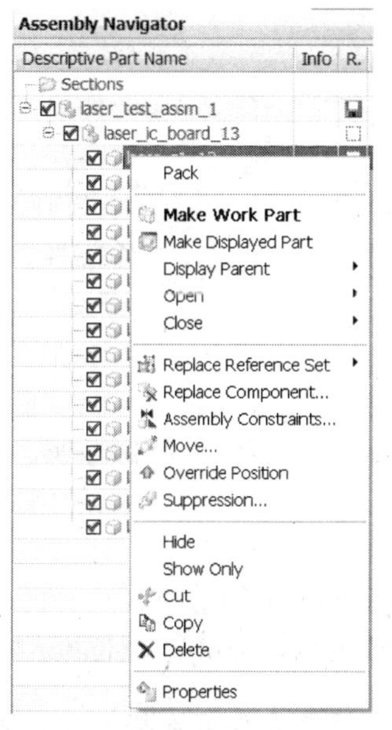

图 12-19　装配导航器快捷菜单

1. 打包与拆包

Pack（打包）命令用单个节点来代替装配导航器中多个引用的显示。

注意：多个引用是代表同一部件并有同一父的组件。

可利用 Unpack（拆包）命令反转 Pack 命令以显示所有引用。

2. 设置工作部件

Make Work Part（设置工作部件）命令，用来设置将在其中建立新几何体或编辑已存几何体的部件。

注意：当组件是工作部件时，默认引用集设置是 Entire Part。其结果将导致附加几何体的显示。

3. 设置显示部件

Make Displayed Part（设置显示部件）命令，用于在当前加载的部件间切换显示。显示部件总是 Assembly Navigator 中顶部的节点。

4. 显示父

Display Parent（显示父）命令，将显示部件从组件或装配件切换到加载的父装配。

注意：在如图 12-20 所示的 Assembly Preferences 对话框中，Maintain 选项决定使父成为显示部件时的行为。

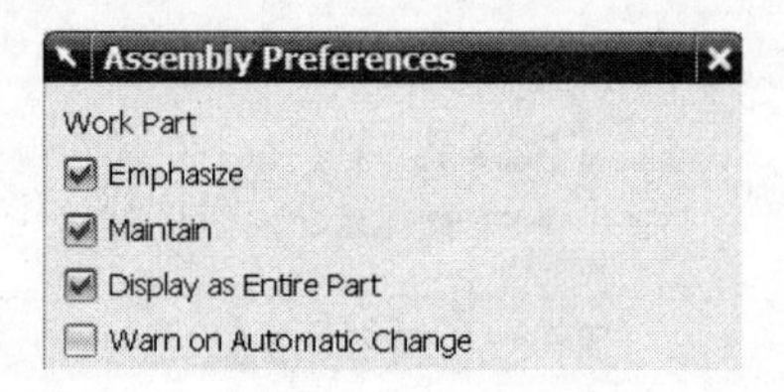

图 12-20 Assembly Preferences 对话框

如果选中 Maintain 复选框，组件将保留为工作部件；如果取消选中 Maintain 复选框，父将成为显示与工作部件。

【练习 12-3】 装配导航器

在本练习中，将在装配结构内使用装配导航器导航。

注意：继续使用 laser_test_assm_1。

第 1 步 审视 Assembly Navigator 中的节点。

- 如果需要，在资源条上单击 Assembly Navigator 按钮。

注意：同一组件有几个节点。打包这些节点将使查看装配结构变得更方便。

第 2 步 打包装配导航器中同样的节点。

- 在 Assembly Navigator 中查找 laser_c1_13 节点。
- 右击任一 laser_c1_13 节点并在弹出的快捷菜单中选择 Pack 命令。
- 在 Assembly Navigator 中的空白区或组件节点左侧右击，并在弹出的快捷菜单中选择 Pack All 命令。装配导航器如图 12-21 所示。

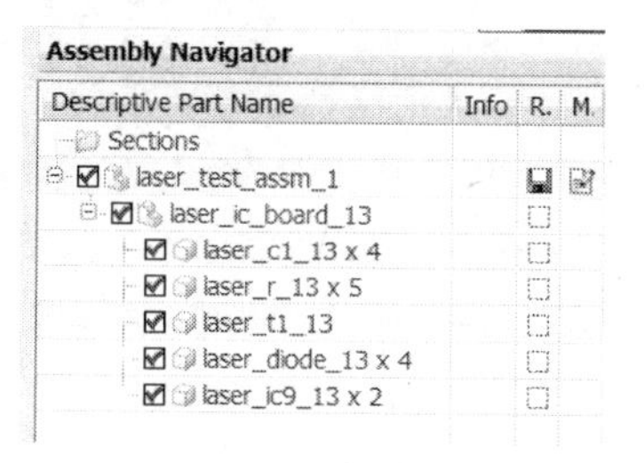

图 12-21　打包所有相同节点

第 3 步　设置一个 laser_c1_13 组件为工作部件。

- 在 Assembly Navigator 中右击 laser_c1_13×4，并在弹出的快捷菜单中选择 Unpack 命令。
- 双击任一 laser_c1_13 节点。

注意：在图形窗口中除一个 laser_c1_13 组件保留原色外，所有其他组件改变到同一颜色，此颜色转换表示 laser_c1_13 已成为工作部件。

注意：现在可以在该装配的上下文中编辑该组件。例如，如果改变它的尺寸或形状，就会看到它怎样影响装配。

第 4 步　设置 laser_t1_13 为显示部件。

注意：如果不想在装配的上下文中某个组件上工作，可设置该组件为显示部件。

- 放置光标在 laser_t1_13 组件上，按下并保持鼠标右键，选择 Make Displayed Part 选项，如图 12-22 所示。

图 12-22　改变显示部件

注意：如图 12-23 所示，laser_t1_13 组件成为显示部件，装配件不再显示。

第 5 步　显示顶级装配。

- 在 Assembly Navigator 中右击 laser_t1_13 节点，并在弹出的快捷菜单中选择 Display Parent→laser_test_assm_1 命令，如图 12-24 所示显示顶级装配。

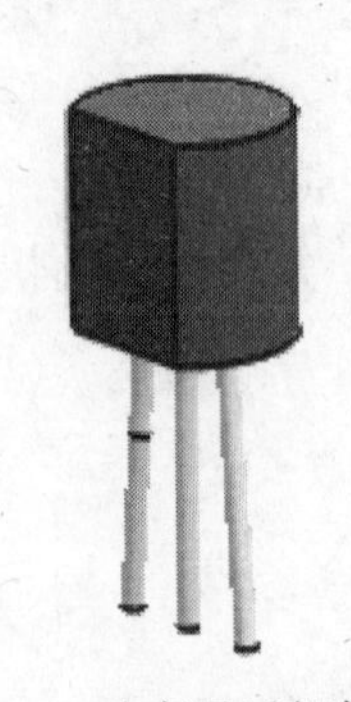

图 12-23 改变显示部件结果

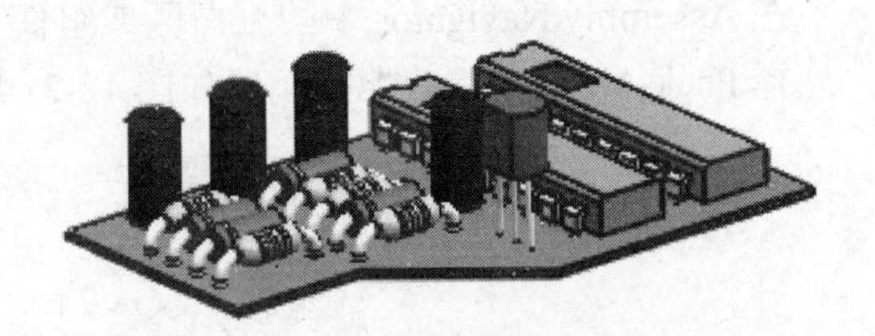

图 12-24 显示顶级装配

第 6 步 不储存关闭所有部件。

12.7 储存工作部件

在工作部件编辑完成之后，储存它以保存修改。

利用 File→Save 命令或 File→Save Work Part Only 命令。

1. 储存（Save）

如果工作部件是一个独立部件，仅该部件被储存。

如果工作部件是一个装配或子装配，其下所有修改了的组件也将被储存。

利用 File→Save 命令并不储存高一级的已修改了的部件和装配。

注意： 利用 File→Save All 命令储存在作业中所有修改了的部件，而不管哪一个是工作部件，即使是不属于当前显示装配的部件。

注意： 打开的但没有写权限的部件将不被储存。用户将得到一个部件因权限问题而不能被储存的警告。

2. 仅储存工作部件（Save Work Part Only）

利用 File→Save Work Part Only 命令仅储存工作部件，即使它是一个含有已修改了组件的装配或子装配。

第 13 章　添加和约束组件

【目的】

本章介绍添加组件到装配和用约束来设计组件间的关联性。

在完成本章学习之后，将能够：

- 添加组件到装配。
- 移动组件。
- 建立装配约束。

13.1　通用装配概念

有两种方法用来建立装配结构，分别介绍如下。

- 自顶向下建模（Top-down Modeling）：在装配级建立组件部件，如图 13-1 所示。

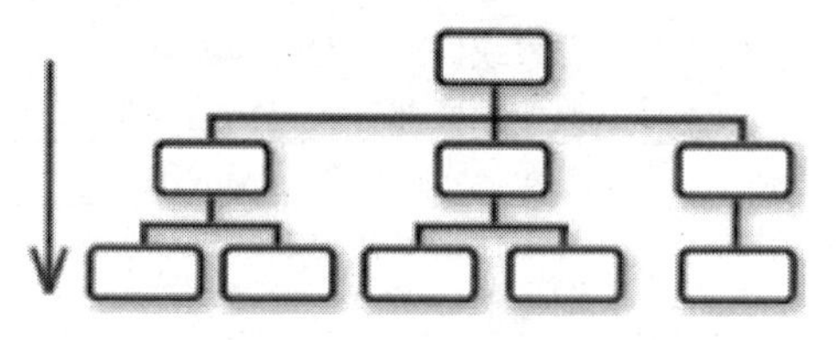

图 13-1　Top-down 建模

- 从底向上建模（Bottom-up Modeling）：孤立地建立个别模型，然后添加它们到装配，如图 13-2 所示。

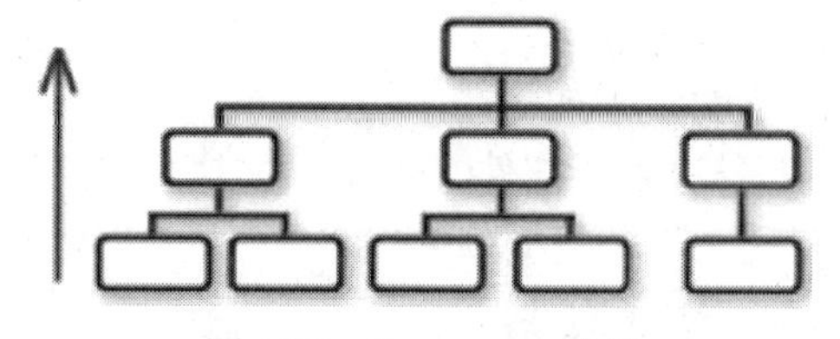

图 13-2　Bottom-up 建模

并没有被限制只用一种方法来构建装配。例如，可以自顶向下的方式开始工作，然后在从底向上和自顶向下建模间来回切换。

13.1.1　装配工具条

Assemblies（装配）工具条如图 13-3 所示。

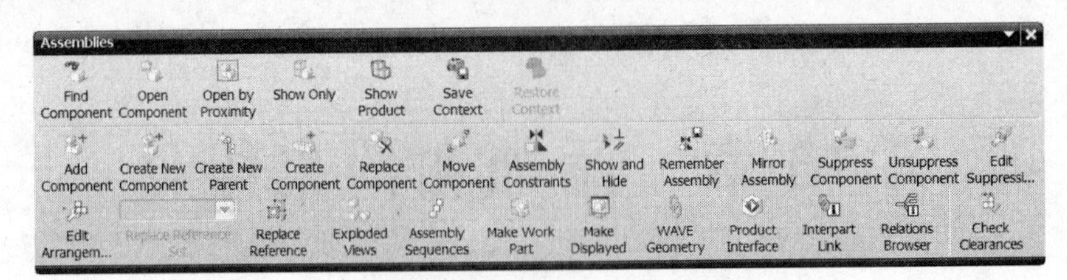

图 13-3　Assemblies 工具条

Assemblies 工具条选项描述如表 13-1 所示。

表 13-1　Assemblies 工具条选项描述

选　项	描　述
Find Component（查找组件）	搜索组件
Show Only（仅显示）	只显示选择的组件，消隐所有其他的
Add Component（添加组件）	插入已存组件到装配中
Create New Component（建立新组件）	建立一个新组件并插入到装配中
Create New Parent（建立新父）	为当前显示的部件建立新的父
Replace Component（替换组件）	替换在装配中的组件
Assembly Constraints（装配约束）	利用位置约束定义组件位置
Move Component（移动组件）	在装配中，在所选组件的自由度内移动它们
Replace Reference Set（代替引用集）	为装配重新选择一个引用集
Exploded Views（爆炸视图）	打开 Exploded Views 工具条建立或编辑爆炸视图
Assembly Sequences（装配顺序）	观察或修改装配建立的顺序
Make Work Part（使为工作部件）	改变工作部件到选择的部件
Make Displayed Part（使为显示部件）	改变显示部件到选择的部件
Product Interface（产品界面）	为部件定义其他部件可以参考的表达式和几何对象，以作为该部件被参考时的首选界面
Check Clearances（检查干涉）	检查所选组件彼此间及与其他可见组件间可能的干涉

13.1.2　利用从底向上的构造方法

利用从底向上的构造方法的步骤如下：

（1）利用 File→New 命令建立新部件。

（2）建立要求的几何体。

（3）改变工作部件到装配部件文件。

（4）在装配中定位新部件：从主菜单中选择 Assemblies→Components→Add Existing 命令或在 Assemblies 工具条上单击 Add Component 按钮。

13.1.3　添加组件

添加组件的步骤如下：

（1）在 Assemblies 工具条上单击 Add Component 按钮，打开 Add Component 对话

框，如图 13-4 所示。

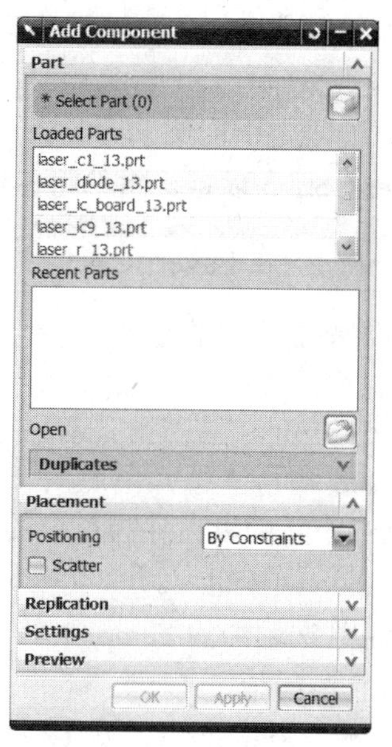

图 13-4　Add Component 对话框

（2）如果要查看组件的预览，可以：

- 选择 Preferences→Assemblies 命令并选中 Preview Component on Add 复选框。
- 在 Add Component 对话框中选中 Preview 复选框。

（3）在 Add Component 对话框中，当 Select Part 处于激活状态时，选择一个或多个要添加的部件。可以从下列几个地方选择一个部件，包括：

- 图形窗口。
- Add Component 对话框中的 Loaded Parts 或 Recent Parts 列表框。
- 装配导航器。
- 单击 Open 按钮，打开 Part Name 对话框，浏览到要添加的部件的目录。

（4）（可选项）在 Duplicates 下的 Quantity 文本框中输入要建立的引用数。默认是 1。

（5）规定在（11）步中单击 OK 或 Apply 按钮之后将应用定位的方法：

- Absolute Origin（绝对原点）：放置添加的组件在绝对坐标点(0,0,0)处。
- Select Origin（选择原点）：放置添加的组件在选择的点处。
- By Constraints（用约束）：在定义添加的组件与其他组件的装配约束之后，放置它们。
- Move Component（移动组件）：在定义添加的组件应怎样被定位之后，放置它们。

（6）（可选项）如果要确保多个添加的组件最初被分别定位，选中 Scatter 复选框。

（7）（可选项）在 Replication 下规定 Multiple Add，以定义在添加选择的组件之后 NX 应该做什么。Multiple Add 选项为新添加的组件的共同操作提供捷径：

- None（不）。
- Repeat after Add（在添加之后重复）：立即为每个新添加的组件添加另一引用。

- Array after Add（在添加之后阵列）：为新添加的组件建立一个阵列。

（8）（可选项）如果要添加的部件有一个不同于原部件名的组件名。在 Settings 下规定新名称（如果选择了多个部件，无效）。

（9）（可选项）为添加的组件规定引用集。

（10）（可选项）选择 Layer Option 以定义组件将驻留的层。

注意：如果层选项是 As Specified，在 Layer 文本框中输入层号。

（11）单击 OK 或 Apply 按钮添加选择的组件。

【练习 13-1】 建立一个装配

在本练习中，将建立一个新装配文件，并利用从底向上方法添加已存部件文件作为组件。

第 1 步 利用装配模板建立一个新的以英寸为单位的装配文件。

- 在 Standard 工具条上单击 New 按钮。
- 在 File New 对话框的 Model 选项卡的 Templates 组中展开 Units 列表并选择 Inches。
- 在列表中选择 Assembly 作为模板。
- 在 Name 文本框中输入***_ assembly_1，其中***为姓名的首字母。
- 单击 OK 按钮。
- 在 Add Component 对话框中单击 Cancel 按钮。

注意：当利用装配模板建立一个新文件时，将自动启动装配应用，并提示添加第一个组件。此时不必添加组件，将在后续步骤中添加组件。

第 2 步 打开装配导航器并钉住以保持它打开，如图 13-5 所示。

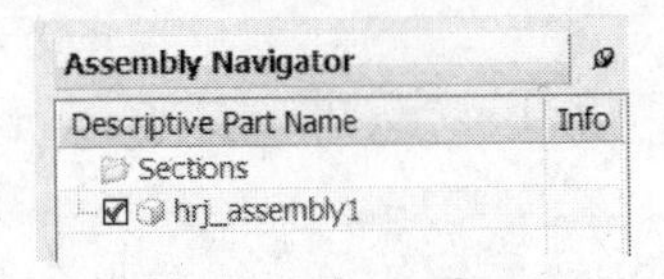

图 13-5 装配导航器

注意：仅列出新的装配文件，而且其初始显示为单一组件。

第 3 步 核实装配应用被激活。

- 在 Standard 工具条上单击 Start 按钮。

注意：确保 Assemblies 复选框被选中。

第 4 步 添加基板到装配。

- 选择 Assemblies→Components→Add Component 命令。
- 在 Add Component 对话框中单击 Open 按钮。
- 在文件夹\Part_C13 中选择 tool_baseplate，并按 Ctrl 键选择 tool_workpiece。
- 在 Part Name 对话框中单击 OK 按钮。

注意：如果出现警告信息，单击 OK 按钮。

- 如图 13-6（a）所示，在 Add Component 对话框中，在 Duplicates 组中设置 Count 为 1。
- 在 Placement 组中的 Positioning 下拉列表框中选择 Absolute Origin 选项。
- 单击 OK 按钮，结果如图 13-6（b）所示。

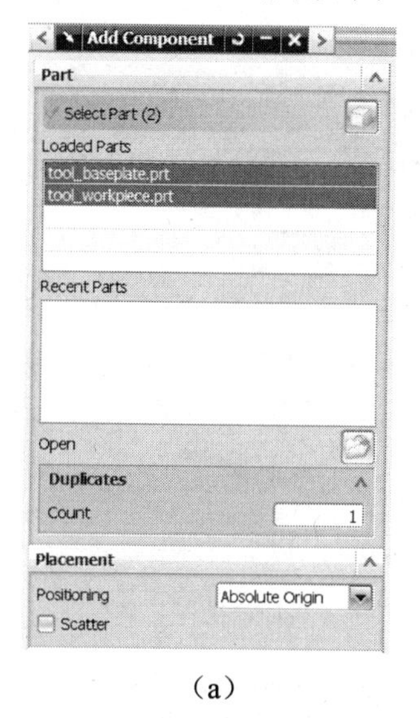

（a）

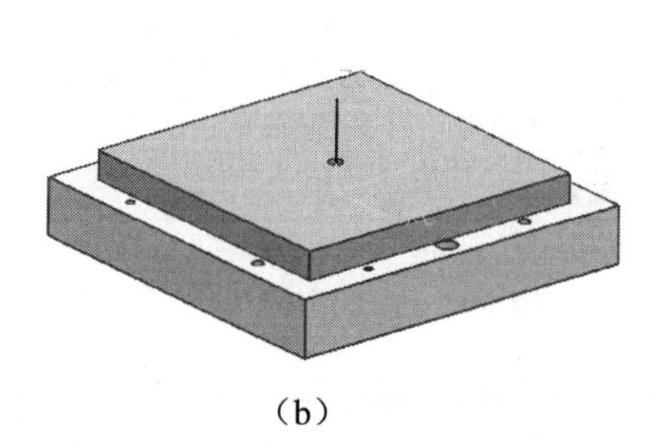

（b）

图 13-6　添加基板与工件

第 5 步　在装配导航器中检查装配结构。

注意：如图 13-7 所示，基板与工件已被添加为组件，装配文件显示装配图符。

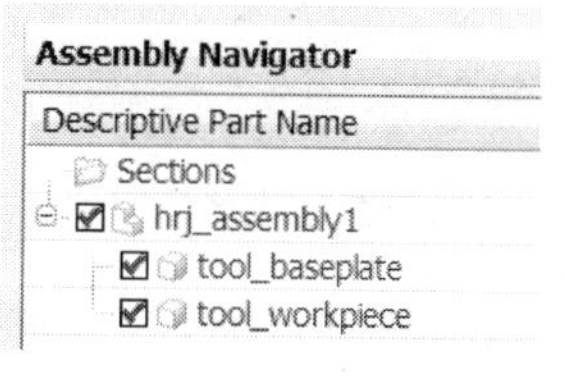

图 13-7　装配导航器

第 6 步　添加 4 个拐角定位块到装配。

- 选择 Assemblies→Components→Add Component 命令。
- 在 Add Component 对话框中单击 Open 按钮。
- 在文件夹\Part_C13 中选择 tool_locator。
- 在 Part Name 对话框中单击 OK 按钮。

注意：如果出现警告信息，单击 OK 按钮。

- 如图 13-8 所示，在 Add Component 对话框的 Duplicates 组的 Count 文本框中输入 4。
- 在 Placement 组的 Positioning 下拉列表框中选择 Select Origin 选项。
- 选中 Scatter 复选框。
- 单击 OK 按钮。

● 在图形窗口中，在已存组件上方选择一个位置，如图 13-9 所示。

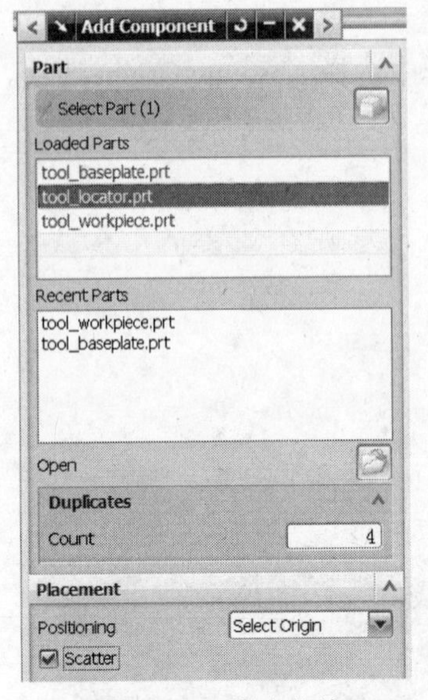

图 13-8　添加定位块

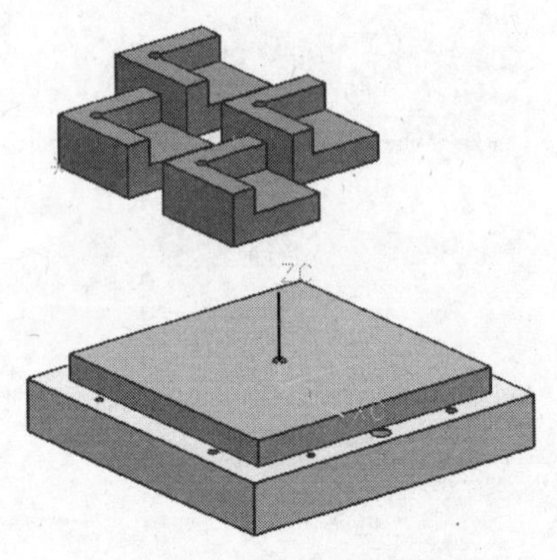

图 13-9　选择定位块位置

第 7 步　检查装配结构。

● 在装配导航器中，右击 tool_locator 组件之一节点并在弹出的快捷菜单中选择 Pack 命令，装配结构如图 13-10 所示。

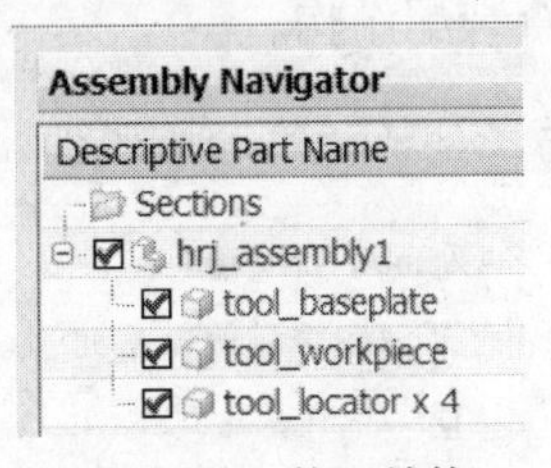

图 13-10　装配结构

第 8 步　添加两个定位销到装配。

● 选择 Assemblies→Components→Add Component 命令。
● 在 Add Component 对话框中单击 Open 按钮。
● 在文件夹\Part_C13 中选择 tool_locator_pin。
● 在 Part Name 对话框中单击 OK 按钮。

注意： 如果出现警告信息，单击 OK 按钮。

● 如图 13-11 所示，在 Add Component 对话框的 Duplicates 组的 Count 文本框中输入 2。
● 在 Placement 组的 Positioning 下拉列表框中选择 Select Origin 选项。
● 选中 Scatter 复选框。
● 单击 OK 按钮。
● 在靠近图形窗口中心处选择一个位置，如图 13-12 所示。

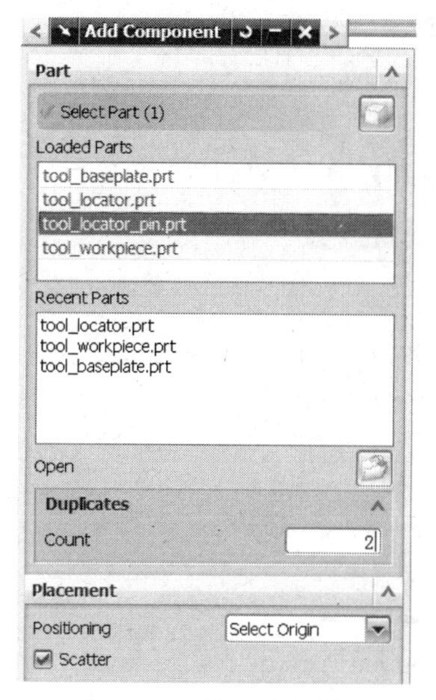

图 13-11　添加定位销

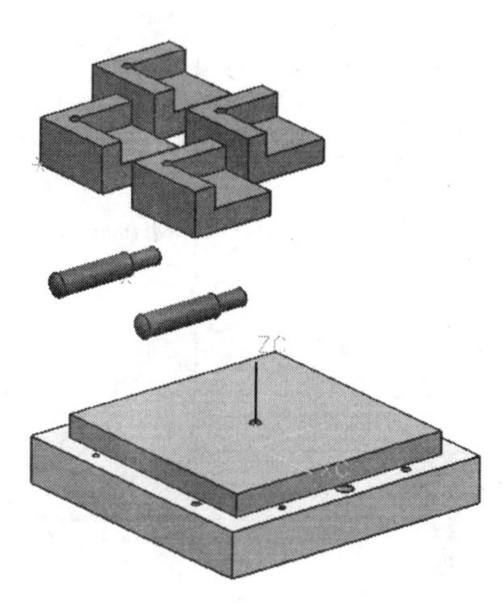

图 13-12　选择定位销位置

第 9 步　检查装配结构。

- 在装配导航器中，右击 tool_locator_pin 组件之一节点并在弹出的快捷菜单中选择 Pack 命令，装配结构将如图 13-13 所示。

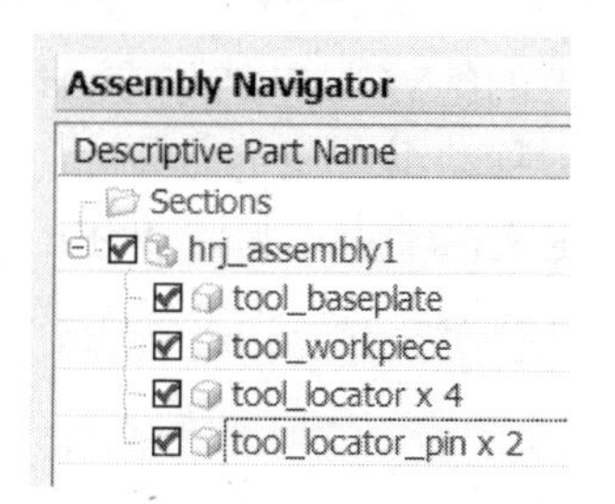

图 13-13　装配结构

第 10 步　保存装配，关闭所有部件。

13.2　移 动 组 件

在 Assemblies 工具条上单击 Move Component 按钮，打开 Move Component 对话框，如图 13-14 所示。

移动组件命令用来在装配中所选组件的自由度内移动它们。

- 可以选择组件去动态移动（如用拖拽手柄），也可以建立约束以移动组件到所需位置。
- 还可以同时移动不同装配级上的组件。

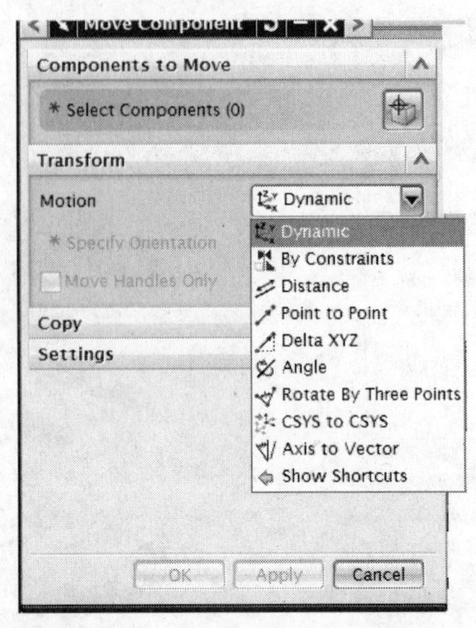

图 13-14 Move Component 对话框

Motion 提供的移动组件选项介绍如下。

- Dynamic：利用手柄拖拽，或在屏幕输入框中规定值移动组件。
- By Constraints：添加装配约束。
- Distance：在规定方向从某一定义点移动组件一定距离。
- Point to Point：从一点到另一点移动组件。
- Delta XYZ：基于显示部件的绝对或 WCS 位置加入一相对距离移动组件。
- Angle：绕轴点和矢量方向移动组件规定的角度。
- Rotate By Three Points：定义枢轴点、起始和终止点，在其中移动组件。
- CSYS to CSYS：从一个坐标系到另一个坐标系移动组件。
- Axis to Vector：绕枢轴点在两个定义的矢量间移动组件。

13.3 装 配 约 束

利用装配约束命令相关地定义组件在装配中的位置。可规定装配中两个组件间的约束关系。例如，可以规定组件上的圆柱面与另一组件上的圆锥面同轴。

利用约束的组合可完全地规定组件在装配中的位置。NX 为组件计算出满足规定的约束的位置。

注意：要在装配模块中使用装配约束功能，需选择 Preferences→Assemblies 命令，并从 Interaction 列表中选择 Assembly Constraints 选项。

在 Assemblies 工具条中单击 Assembly Constraints 按钮，打开 Assembly Constraints 对话框，如图 13-15 所示。

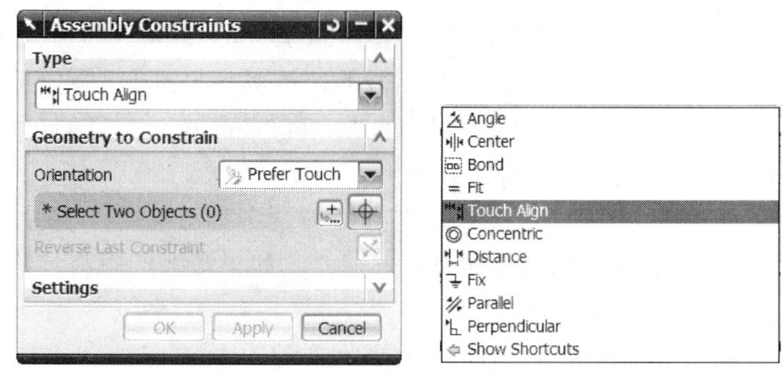

图 13-15　Assembly Constraints 对话框

13.3.1　约束类型

约束类型描述如表 13-2 所示。

表 13-2　约束类型描述

类　　型	描　　述
Touch Align（接触对准）	约束两个组件彼此接触或对准。接触对准是最普遍的约束类型
Concentric（同心）	约束两个组件的圆形或椭圆形边缘中心重合、边缘平面共面
Distance（距离）	规定两个对象间的最小三维距离
Fix（固定）	将组件固定在它当前的位置
Parallel（平行）	定义两个对象的方向矢量彼此平行
Perpendicular（正交）	定义两个对象的方向矢量彼此正交
Angle（角度）	定义两个对象间的角度尺寸
Center（对中）	在一对对象间对中一个或两个对象，或沿另一个对象对中一对对象
Bond（粘合）	“焊接”组件在一起，因而它们移动时可视作一个刚体
Fit（拟合）	将两个具有相等半径的圆柱面放在一起。该约束对定位销或安装在孔中的螺栓非常有用。如果以后半径不相等了，约束也将失效

13.3.2　建立接触对准约束

建立接触对准约束的步骤如下：

（1）在 Assemblies 工具条上单击 Assembly Constraints 按钮。

（2）在 Assembly Constraints 对话框中设置 Type 为 Touch Align。

（3）检查 Settings 并按要求修改它们。

- Arrangements（排列）：规定是否要将此约束作用到其他装配排列。
  - Use Component Properties：服从 Component Properties 对话框中 Parameters 选项卡上的 Arrangements 设置。
  - Apply to Used：在当前使用的排列中作用约束。
- Dynamic Positioning（动态定位）：规定 NX 在建立每个约束时求解约束并移动组件。

- Associative（相关的）：规定在关闭 Assembly Constraints 对话框之后约束被保留。如果取消选中该复选框，约束将是临时的，仅对话框打开时它们才保留有效。可以利用临时约束去移动组件而不结束 Assembly Constraints 交互。

（4）设置 Orientation 到下列选项之一。

- Prefer Touch（接触优先）：当接触与对准解两者都可能时，使用接触约束（在大多数模型中，接触约束比对准约束更普遍）。如果接触约束将过约束装配，Prefer Touch 选项将使用对准约束。
- Touch（接触）：约束对象，使它们的面法向在相反方向。
- Align（对准）：约束对象，使它们的面法向在相同方向。
- Infer Center/Axis（推断中心/轴）：规定 NX 在为约束选择圆柱面或圆锥面时使用面的中心或轴代替面本身。

（5）（如果需要）单击 Select Two Objects 按钮，并为约束选择两个对象。

注意：可以利用 Point Constructor 帮助选择对象。

（6）如果有两种解的可能，可以单击 Reverse Last Constraint 按钮以在可能的求解中反转。

（7）当完成添加约束时，单击 OK 或 Apply 按钮。

13.3.3 建立同心约束

建立同心约束的步骤如下：

（1）在 Assemblies 工具条上单击 Assembly Constraints 按钮。

（2）在 Assembly Constraints 对话框中设置 Type 为 Concentric。

（3）检查 Settings 并按要求修改它们。

- Arrangements（排列）：规定是否要将约束作用到其他的装配排列。
  - Use Component Properties：服从 Component Properties 对话框参数选项卡上的 Arrangements 设置。
  - Apply to Used：在当前使用的排列中作用约束。
- Dynamic Positioning（动态定位）：规定 NX 在建立每个约束时求解约束并移动组件。
- Associative（相关的）：规定在关闭 Assembly Constraints 对话框之后，约束永久保留。

（4）（如果需要）单击 Select Two Objects 按钮，并为约束选择两条圆形曲线。

注意：如果装配参数预设置中选中了 Accept Tolerant Curves 复选框，也可以选择在建模距离公差内的椭圆或近似圆曲线。

（5）如果有两种解的可能，单击 Reverse Last Constraint 按钮以在可能的求解中反转。

（6）当完成添加约束时，单击 OK 或 Apply 按钮。

13.3.4 建立距离约束

建立距离约束的步骤如下：

（1）在 Assemblies 工具条上单击 Assembly Constraints 按钮。

（2）在 Assembly Constraints 对话框中设置 Type 为 Distance。

（3）检查 Settings，如果不使用它们的默认值，修改它们。

- Arrangements（排列）：规定是否要将约束作用到其他的装配排列。
  - Use Component Properties：服从 Component Properties 对话框参数选项卡上的 Arrangements 设置。
  - Apply to Used：在当前使用的排列中作用约束。
- Dynamic Positioning（动态定位）：规定 NX 在建立每个约束时求解约束并移动组件。
- Associative（相关的）：规定在关闭 Assembly Constraints 对话框之后，约束永久保留。

（4）（如果需要）单击 Select Two Objects 按钮，并为距离约束选择两个对象。

（5）如果有多种解的可能，可以单击 Cycle Last Constraint 按钮在可能的求解方案中循环。

（6）当完成添加约束时，单击 OK 或 Apply 按钮。

13.3.5 建立固定约束

建立固定约束的步骤如下：

（1）在 Assemblies 工具条上单击 Assembly Constraints 按钮。

（2）在 Assembly Constraints 对话框中设置 Type 为 Fix。

（3）检查 Settings，如果不使用它们的默认值，修改它们。

- Arrangements（排列）：规定是否要将约束作用到其他的装配排列。
  - Use Component Properties：服从 Component Properties 对话框参数选项卡上的 Arrangements 设置。
  - Apply to Used：在当前使用的排列中作用约束。
- Dynamic Positioning（动态定位）：规定 NX 在建立每个约束时求解约束并移动组件。
- Associative（相关的）：规定在关闭 Assembly Constraints 对话框之后，约束永久保留。

（4）（如果需要）单击 Select Two Objects 按钮，并选择要固定的对象。

（5）当完成添加约束时，单击 OK 或 Apply 按钮。

13.3.6 建立平行约束

建立平行约束的步骤如下：

（1）在 Assemblies 工具条上单击 Assembly Constraints 按钮。

（2）在 Assembly Constraints 对话框中设置 Type 为 Parallel。

（3）检查 Settings，如果不使用它们的默认值，修改它们。

- Arrangements（排列）：规定是否要将约束作用到其他的装配排列。
  - ➢ Use Component Properties：服从 Component Properties 对话框参数选项卡上的 Arrangements 设置。
  - ➢ Apply to Used：在当前使用的排列中作用约束。
- Dynamic Positioning（动态定位）：规定 NX 在建立每个约束时求解约束并移动组件。
- Associative（相关的）：规定在关闭 Assembly Constraints 对话框之后，约束永久保留。

（4）（如果需要）单击 Select Two Objects 按钮，并选择要平行的两个对象。

（5）如果有两种解的可能，可以单击 Reverse Last Constraint 按钮在可能的求解中反转。

（6）当完成添加约束时，单击 OK 或 Apply 按钮。

13.3.7 建立正交约束

建立正交约束的步骤如下：

（1）在 Assemblies 工具条上单击 Assembly Constraints 按钮。

（2）在 Assembly Constraints 对话框中设置 Type 为 Perpendicular。

（3）检查 Settings，如果不使用它们的默认值，修改它们。

- Arrangements（排列）：规定是否要将约束作用到其他的装配排列。
  - ➢ Use Component Properties：服从 Component Properties 对话框参数选项卡上的 Arrangements 设置。
  - ➢ Apply to Used：在当前使用的排列中作用约束。
- Dynamic Positioning（动态定位）：规定 NX 在建立每个约束时求解约束并移动组件。
- Associative（相关的）：规定在关闭 Assembly Constraints 对话框之后，约束永久保留。

（4）（如果需要）单击 Select Two Objects 按钮，并选择要正交的两个对象。

（5）如果有两种解的可能，可以单击 Reverse Last Constraint 按钮在可能的求解中反转。

（6）当完成添加约束时，单击 OK 或 Apply 按钮。

13.3.8 建立角度约束

建立角度约束的步骤如下：

（1）在 Assemblies 工具条上单击 Assembly Constraints 按钮。

（2）在 Assembly Constraints 对话框中设置 Type 为 Angle。

（3）检查 Settings，如果不使用它们的默认值，修改它们。

- Arrangements（排列）：规定是否要将约束作用到其他的装配排列。
    - ➢ Use Component Properties：服从 Component Properties 对话框参数选项卡上的 Arrangements 设置。
    - ➢ Apply to Used：在当前使用的排列中作用约束。
- Dynamic Positioning（动态定位）：规定 NX 在建立每个约束时求解约束并移动组件。
- Associative（相关的）：规定在关闭 Assembly Constraints 对话框之后，约束永久保留。

（4）规定 Subtype。

- 3D Angle：在两个对象间测量角度约束，而没有定义旋转轴。
- Orient Angle：使用选择的旋转轴测量两个对象间的角度约束。

（5）按如下要求为角度约束选择对象。

- 如果 Subtype 是 3D Angle，显示 Select Two Objects 选项，为角度约束选择两个对象。
- 如果 Subtype 是 Orient Angle，显示 Select Three Objects 选项，选择一个轴作为第一个对象，然后再为角度约束选择两个对象。

（6）如果有两种解的可能，可以单击 Reverse Last Constraint 按钮在可能的求解中反转。

（7）当完成添加约束时，单击 OK 或 Apply 按钮。

13.3.9　建立对中约束

建立对中约束的步骤如下：

（1）在 Assemblies 工具条上单击 Assembly Constraints 按钮。

（2）在 Assembly Constraints 对话框中设置 Type 为 Center。

（3）检查 Settings，如果不使用它们的默认值，修改它们。

- Arrangements（排列）：规定是否要将约束作用到其他的装配排列。
    - ➢ Use Component Properties：服从 Component Properties 对话框参数选项卡上的 Arrangements 设置。
    - ➢ Apply to Used：在当前使用的排列中作用约束。
- Dynamic Positioning（动态定位）：规定 NX 在建立每个约束时求解约束并移动组件。
- Associative（相关的）：规定在关闭 Assembly Constraints 对话框之后，约束永久保留。

（4）规定 Subtype。

- 1 to 2：对中第一个选择的对象在后两个选择的对象间。
- 2 to 1：对中两个选择的对象与第 3 个选择的对象。
- 2 to 2：对中两个选择的对象在其他两个选择的对象间。

（5）如果 Subtype 是 1 to 2 或 2 to 1，设置 Axial Geometry 以定义如果选择一个圆柱面

或圆形边缘将会发生什么。

- Use Geometry：对约束使用选择的圆柱面。
- Infer Center/Axis：使用对象的中心或轴。

（6）（如果需要）单击 Select Two Objects 按钮，并选择由 Subtype 定义的相应数量的对象。可以利用 Point Constructor 按钮帮助选择对象。

（7）如果有两种解的可能，可以单击 Reverse Last Constraint 按钮在可能的求解中反转。

（8）当完成添加约束时，单击 OK 或 Apply 按钮。

13.3.10 建立粘合约束

建立粘合约束的步骤如下：

（1）在 Assemblies 工具条上单击 Assembly Constraints 按钮。

（2）在 Assembly Constraints 对话框中设置 Type 为 Bond。

（3）检查 Settings，如果不使用它们的默认值，修改它们。

- Arrangements（排列）：规定是否要将约束作用到其他的装配排列。
  - Use Component Properties：服从 Component Properties 对话框参数选项卡上的 Arrangements 设置。
  - Apply to Used：在当前使用的排列中作用约束。
- Dynamic Positioning（动态定位）：规定 NX 在建立每个约束时求解约束并移动组件。
- Associative（相关的）：规定在关闭 Assembly Constraints 对话框之后，约束永久保留。

（4）（如果需要）单击 Select Two Objects 按钮，并选择两个或更多的粘合对象。

（5）当准备建立约束时，单击 Create Constraint 按钮。

（6）当完成添加约束时，单击 OK 或 Apply 按钮。

13.3.11 建立拟合约束

建立拟合约束的步骤如下：

（1）在 Assemblies 工具条上单击 Assembly Constraints 按钮。

（2）在 Assembly Constraints 对话框中设置 Type 为 Fit。

（3）检查 Settings，如果不使用它们的默认值，修改它们。

- Arrangements（排列）：规定是否要将约束作用到其他的装配排列。
  - Use Component Properties：服从 Component Properties 对话框参数选项卡上的 Arrangements 设置。
  - Apply to Used：在当前使用的排列中作用约束。
- Dynamic Positioning（动态定位）：规定 NX 在建立每个约束时求解约束并移动组件。
- Associative（相关的）：规定在关闭 Assembly Constraints 对话框之后，约束永久

保留。

（4）（如果需要）单击 Select Two Objects 按钮，并选择有同样尺寸的两个几何体，对象拟合在一起。

（5）如果有两种解的可能，可以单击 Reverse Last Constraint 按钮在可能的求解中反转。

（6）当完成添加约束时，单击 OK 或 Apply 按钮。

【练习 13-2】　约束和移动组件

在本练习中，将利用装配约束建立组件间的相关关系。

第 1 步　检查装配加载选项。

- 选择 File→Options→Assembly Load Options 命令。
- 在 Part Versions 组的 Load 下拉列表框中选择 From Folder。
- 在 Scope 组的 Load 下拉列表框中选择 All Components。
- 在 Scope 组中取消选中 Use Partial Loading 复选框。
- 单击 OK 按钮。

第 2 步　从文件夹\Part_C13 中打开 caster3_assm.prt 并保存为***_caster3_assm。

注意：组件已经添加到装配，可以作用约束去定位它们，如图 13-16 所示。

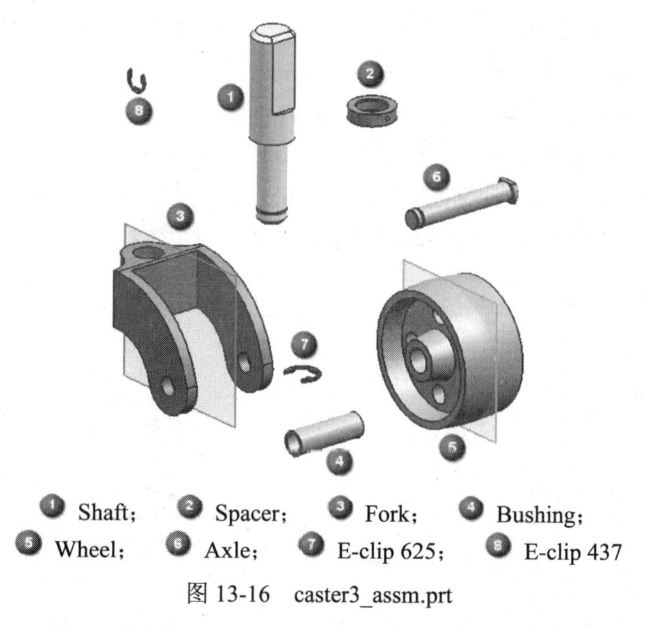

图 13-16　caster3_assm.prt

第 3 步　如图 13-17 所示，显示装配导航器并钉住它，保持其打开。

第 4 步　固定 Shaft 组件的位置。

设计意图：要将轴保留在它的当前位置。如果某人无意中试着拖拽它到另一位置，轴应该不移动。

- 在 Assemblies 工具条上单击 Assembly Constraints 按钮。

- 在 Assembly Constraints 对话框的 Type 组中选择 Fix。
- 在图形窗口中选择 Shaft，如图 13-18 所示。

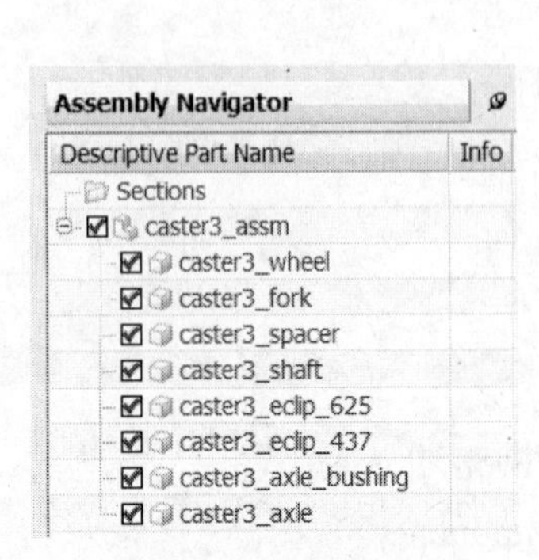

图 13-17　装配导航器

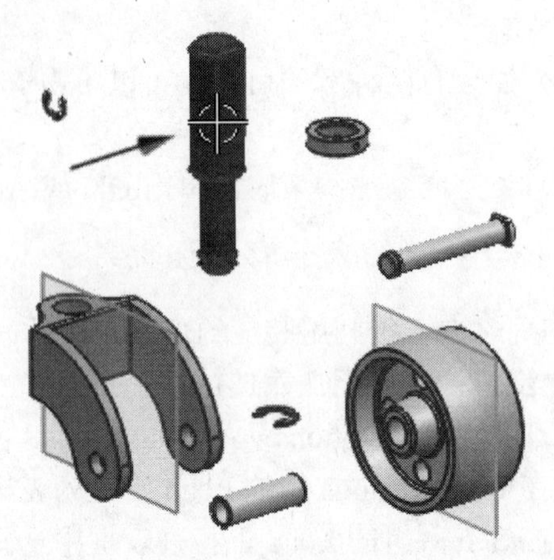

图 13-18　固定轴

注意：在选择轴的位置处，一个 Fix 约束符号出现在轴上。

- 在 Assembly Constraints 对话框中单击 OK 按钮。

第 5 步　检查约束。

- 在 Assembly Navigator 中展开 Constraints 节点，如图 13-19 所示。

第 6 步　约束 Spacer 到 Shaft 上。

- 在 Assemblies 工具条上单击 Assembly Constraints 按钮。
- 在 Assembly Constraints 对话框的 Type 组中选择 Touch Align。
- 在 Geometry to Constrain 组的 Orientation 下拉列表框中选择 Prefer Touch。
- 选择 Spacer 的顶部平表面和轴肩上的平表面，如图 13-20 所示。

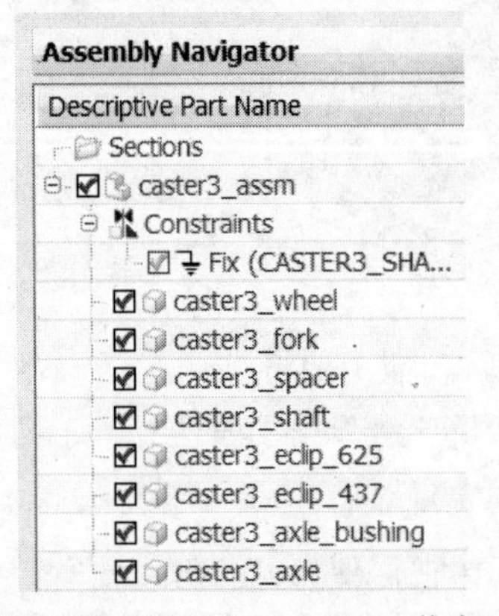

图 13-19　展开 Constraints 节点

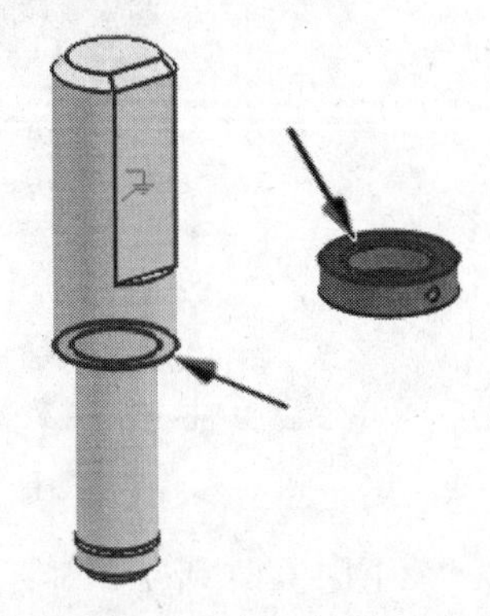

图 13-20　选择接触表面

- 在 Geometry to Constrain 组的 Orientation 下拉列表框中选择 Infer Center/Axis。
- 选择 Spacer 的内圆柱表面和 Shaft 的外圆柱表面，如图 13-21 所示。
- 单击 Apply 按钮，结果如图 13-22 所示。

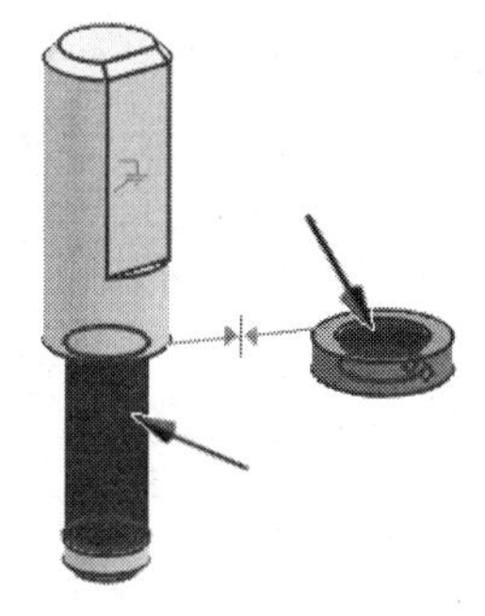

图 13-21　选择对准表面

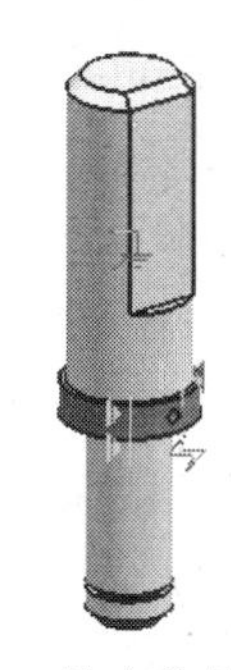

图 13-22　约束垫片到轴上

第 7 步　约束 Fork 到 Shaft 和 Spacer 上。

- 在 Assembly Constraints 对话框的 Type 组中选择 Touch Align。
- 在 Geometry to Constrain 组的 Orientation 下拉列表框中选择 Prefer Touch。
- 选择 Fork 的顶部平表面和 Spacer 的下侧平表面，如图 13-23 所示。
- 在 Geometry to Constrain 组的 Orientation 下拉列表框中选择 Infer Center/Axis。
- 选择 Fork 的内圆柱表面和 Shaft 的外圆柱表面，如图 13-24 所示。

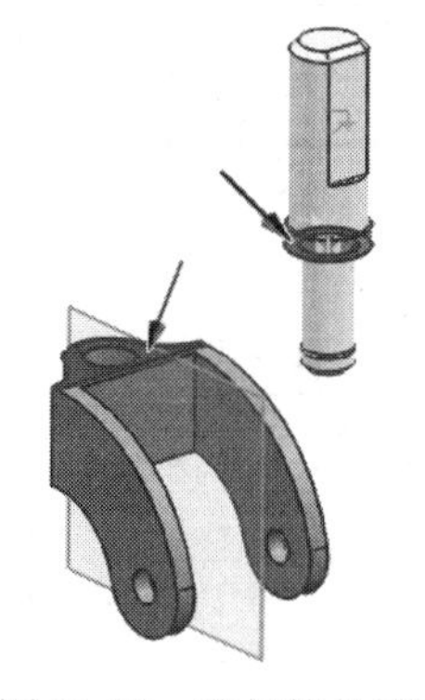

图 13-23　选择接触表面

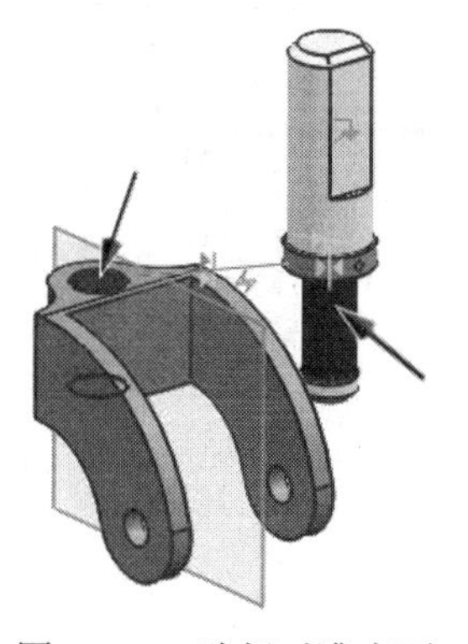

图 13-24　选择对准表面

- 单击 Apply 按钮，结果如图 13-25 所示。

第 8 步　检查约束。

- 在 Assembly Navigator 上展开 Constraints 节点，如图 13-26 所示。

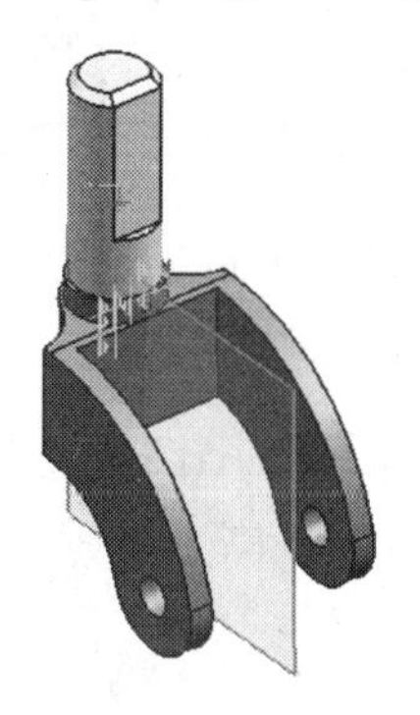

图 13-25　约束叉架到轴和垫片上

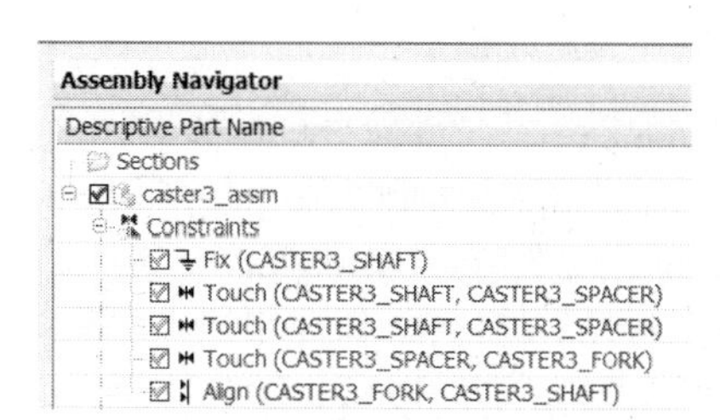

图 13-26　展开 Constraints 节点

第 9 步 约束 Bushing 到 Wheel 上。

- 在 Geometry to Constrain 组的 Orientation 下拉列表框中选择 Infer Center/Axis。
- 选择轴衬的外圆柱面和 Wheel 的内圆柱面，如图 13-27 所示。
- 在 Type 组中选择 Center。
- 在 Geometry to Constrain 组的 Subtype 列表中选择 2 to 1。
- 如图 13-28 所示，选择 Bushing 的两个平端面（❶）为第一个对象；选择 Wheel 的基准面（❷）为第二个对象。

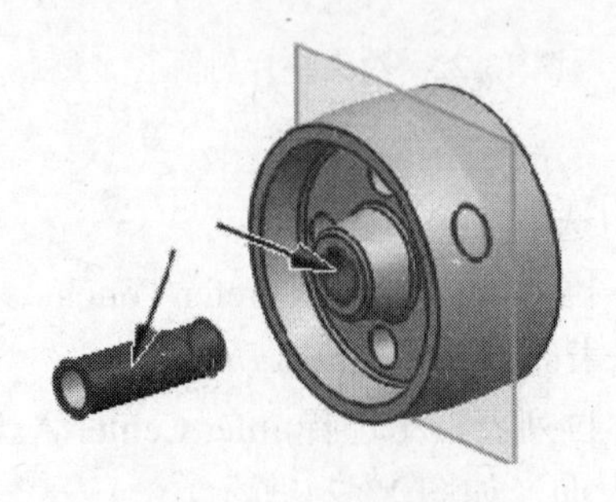

图 13-27 选择对准表面

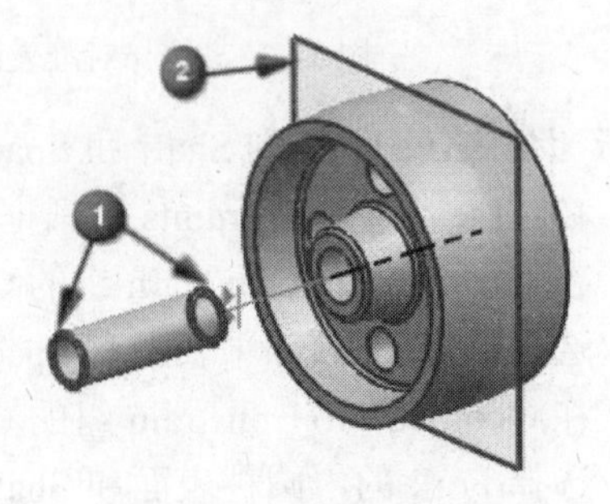

图 13-28 选择对中表面

- 单击 Apply 按钮，结果如图 13-29 所示。

第 10 步 约束 Wheel 和 Bushing 到 Fork 上。

- 在 Type 组中选择 Touch Align。
- 在 Orientation 下拉列表框中选择 Prefer Touch。
- 选择 Wheel 的基准面和 Fork 的基准面，如图 13-30 所示。

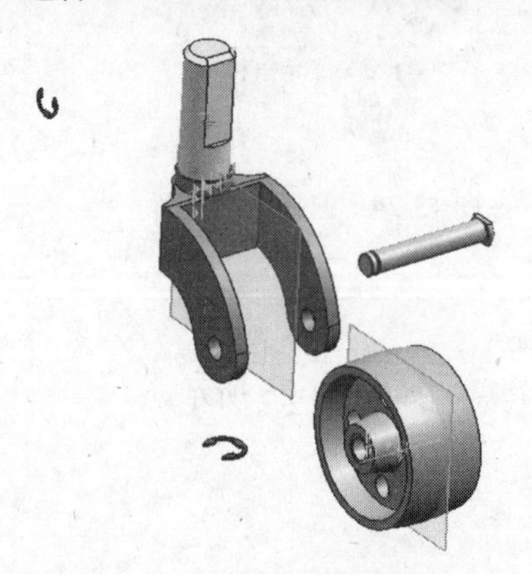

图 13-29 约束轴衬到轮上

图 13-30 选择接触表面

- 在 Orientation 下拉列表框中选择 Infer Center/Axis。
- 选择 Bushing 的内圆柱表面和 Fork 中孔的圆柱表面，如图 13-31 所示。
- 单击 Apply 按钮，结果如图 13-32 所示。

第 11 步 约束 Axle 到 Fork 上。

- 在 Type 组中选择 Touch Align。
- 在 Orientation 下拉列表框中选择 Infer Center/Axis。

- 选择 Axle 的外圆柱表面和 Fork 中孔的内圆柱表面，如图 13-33 所示。
- 在 Type 组中选择 Touch Align。
- 在 Orientation 下拉列表框中选择 Prefer Touch。
- 选择 Axle 头部的下侧平面和 Fork 腿的外侧平面，如图 13-34 所示。

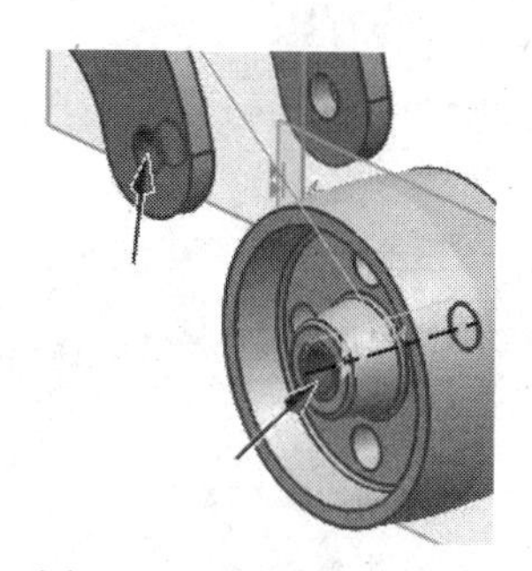

图 13-31　选择对准表面

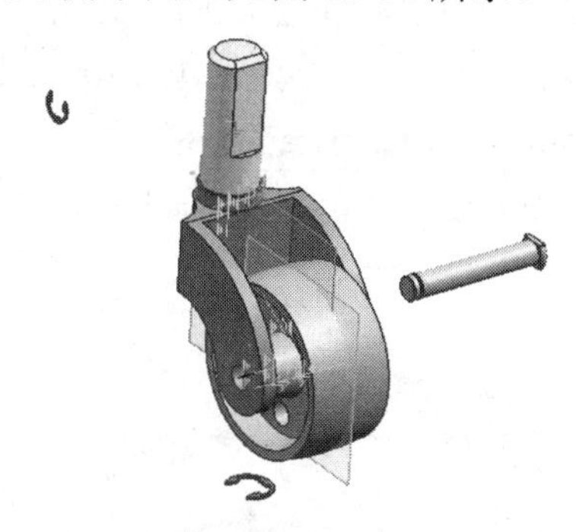

图 13-32　约束轮子和轴衬到叉架

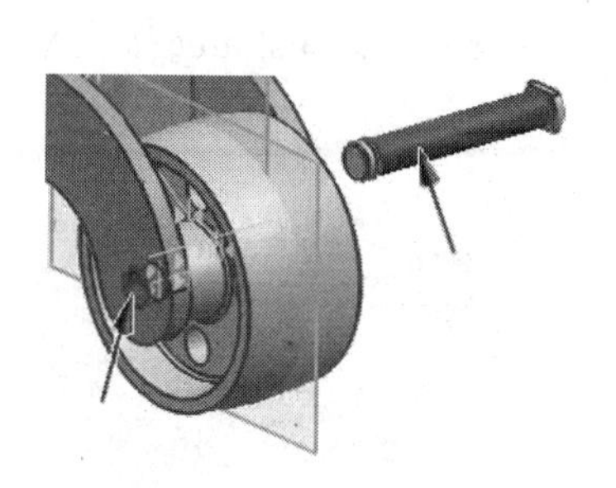

图 13-33　选择对准表面

图 13-34　选择接触表面

- 单击 OK 按钮，结果如图 13-35 所示。

第 12 步　保存装配文件。

第 13 步　移动 Fork。

- 在图形窗口中右击 Fork 组件并在弹出的快捷菜单中选择 Move 命令。
- 拖拽动态手柄移动叉架，如图 13-36 所示。

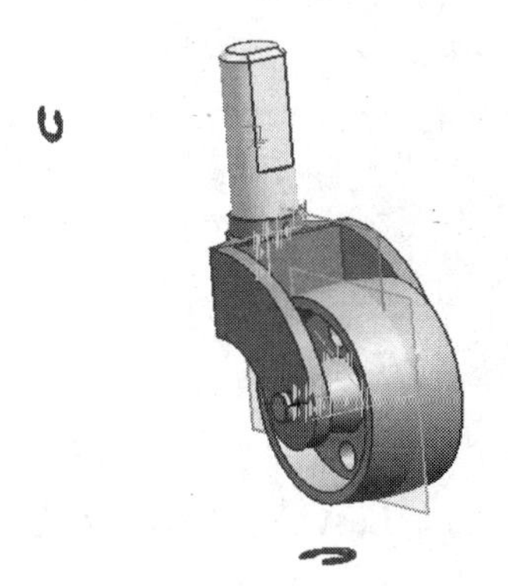

图 13-35　约束轮轴到叉架上

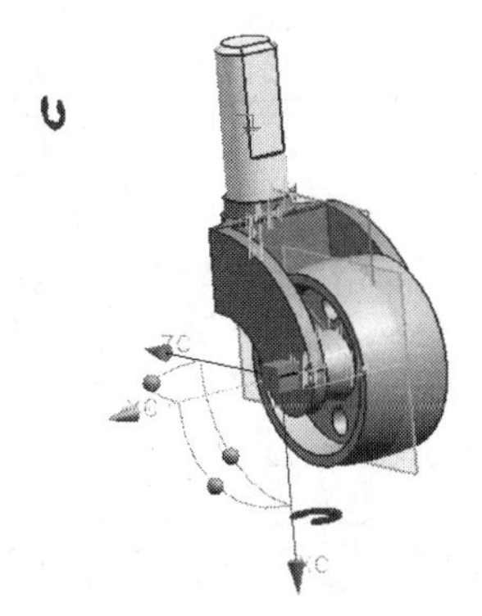

图 13-36　移动叉架

注意：如果正确地作用了装配约束，轮子、轮轴和轴衬组件将随 Fork 一起移动。

- 单击 Cancel 按钮返回组件到原位置。
- 单击 Yes 按钮确认未作用的改变将丢失。

第 14 步　约束 E-clip 625 到 Shaft 上。

- 在 Assemblies 工具条上单击 Assembly Constraints 按钮。
- 在 Assembly Constraints 对话框的 Type 组中选择 Concentric。
- 选择 E-clip 625 和 Shaft 轴的圆边缘，如图 13-37 所示。

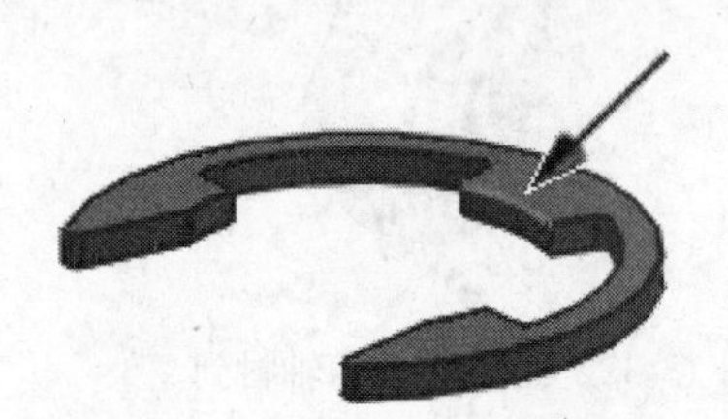

图 13-37　选择要同心的圆边缘

- 如果挡圈移动位置如图 13-38 所示，单击 Reverse Last Constraint 按钮。

注意：挡圈的正确位置如图 13-39 所示。

图 13-38　反向挡圈移动位置

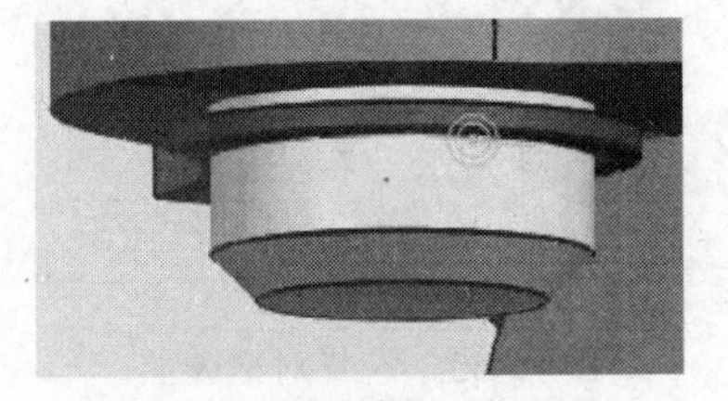

图 13-39　挡圈的正确位置

- 单击 Apply 按钮。

第 15 步　约束 E-clip 437 到 Axle 上。

- 选择 E-clip 437 和 Axle 的圆形边缘，如图 13-40 所示。

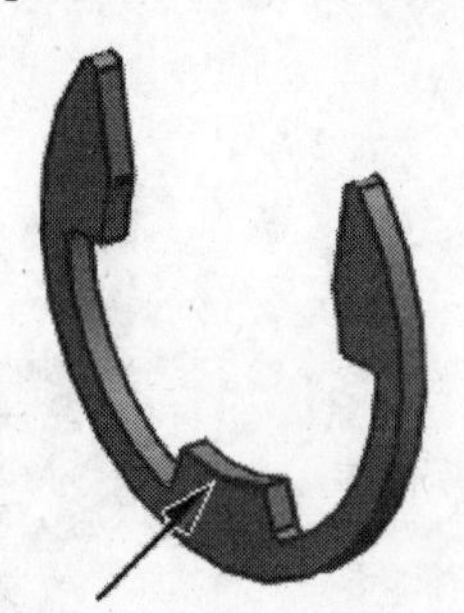

图 13-40　选择要同心的圆边缘

- 如果挡圈移动位置如图 13-41 所示，单击 Reverse Last Constraint 按钮。

注意：挡圈的正确位置如图 13-42 所示。

图 13-41　反向挡圈移动位置

图 13-42　挡圈的正确位置

- 单击 OK 按钮，完成装配约束。

第 16 步　保存装配文件。

第 17 步　关闭所有部件。

第 14 章　编 辑 模 型

【目的】

本章介绍主模型概念与编辑模型技术。

在完成本章学习之后，将能够：

- 建立与检查非主模型部件。
- 编辑主模型参数并更新相关的非主模型。
- 利用同步建模技术编辑模型。

14.1　装配与主模型

如前所述，装配是添加了一个或多个组件对象到其中的 NX 部件，它被专门地连接到其他部件。在装配部件中没有复制的几何体，组件对象允许装配显示驻留在它们所引用的部件中的几何体。

组件对象储存了关于零部件的信息，如它的位置、属性、原点和方向等。

可以指定属性到组件对象，可以改变装配体引用几何体的显示特性，如颜色或层，而不影响原部件。

14.1.1　主模型概念

通过建立装配或有正确组件部件的非主模型部件来应用主模型概念。组件部件是主模型，对主模型的编辑将在非主模型部件中更新。

主模型概念允许在开发阶段中多个设计流程访问同一几何体，它的优点包括：

- 推动并行工程。在几何体构造阶段就可以启动下游应用，如制图、制造和分析等。
- 下游用户不需要具有对几何体的写权限，这样可防止意外的修改。
- 避免模型几何体的复制。

主模型的工作模式如图 14-1 所示。

每个应用使用一个分离的装配部件。当修改主模型时，其他应用自动更新，并保证相关性丢失最少或无丢失。

通过限制在主模型上的写权限，可以维护各种设计应用的设计意图。

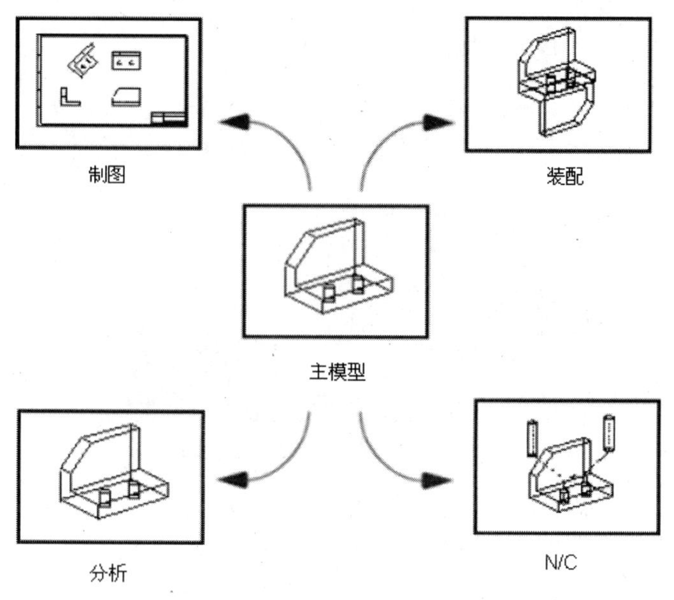

图 14-1　主模型的工作模式

14.1.2　主模型示例

制造工程师需要设计夹具装置、定义加工操作和指定切削刀具，并储存这些数据到它们的模型中。

通过建立制造“装配”，并添加组件到其中，工程师可以建立包含特殊应用的几何体或数据的分离部件，它们引用同一主模型，如图 14-2 所示。

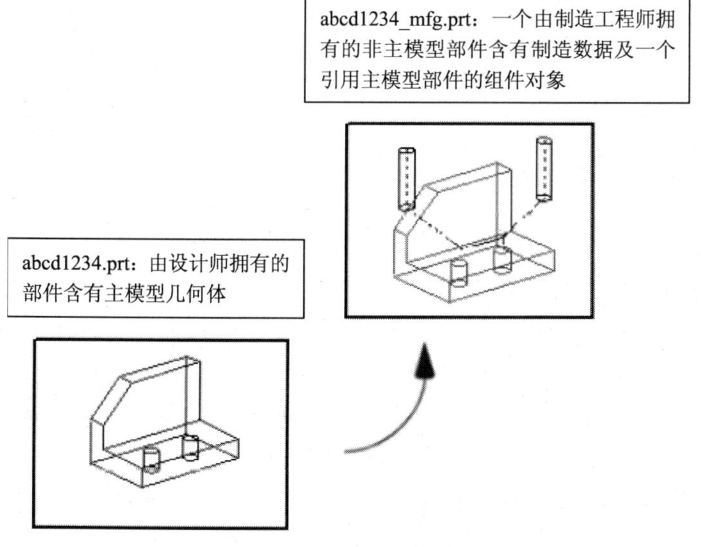

图 14-2　主模型与制造装配

制造工程师拥有装配部件，但不要求对主模型有写权限。

【练习 14-1】 建立非模型部件

在本练习中，将建立一个非主模型部件，它引用一个已存主模型。

第 1 步 打开\Part_C14 目录中的 vise_base.prt，如图 14-3 所示。

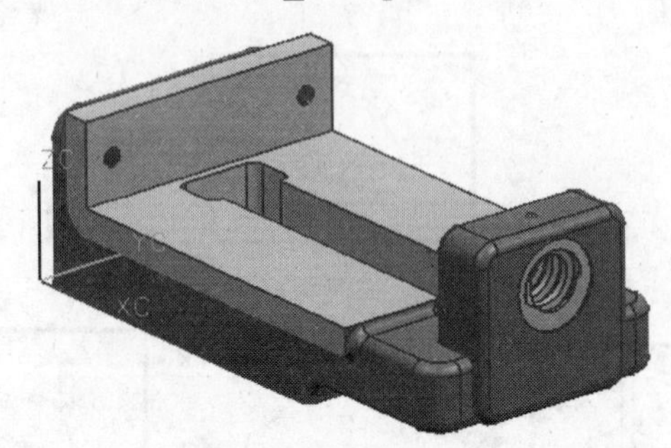

图 14-3 vise_base.prt

第 2 步 在 Standard 工具条上展开 Start 菜单并确保 Assemblies 应用被激活。

第 3 步 建立非主模型部件。

- 在 Standard 工具条上单击 New 按钮。
- 选择 Drawing 选项卡。
- 展开 Units 列表并选择 Inches，如图 14-4 所示。

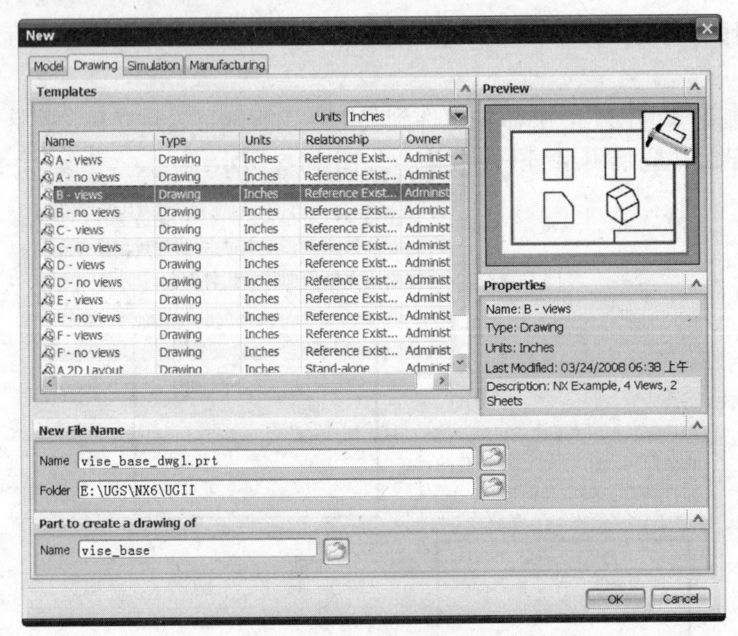

图 14-4 New 对话框

- 从列表中选择 B-views 尺寸模板。

注意：在 Part to create a drawing of 组的 Name 文本框中已输入打开的部件名 vise_base。

- 单击 OK 按钮。

注意：预览中右视图是不正确的。

第 4 步　打开 Assembly Navigator 并检查装配结构，如图 14-5 所示。

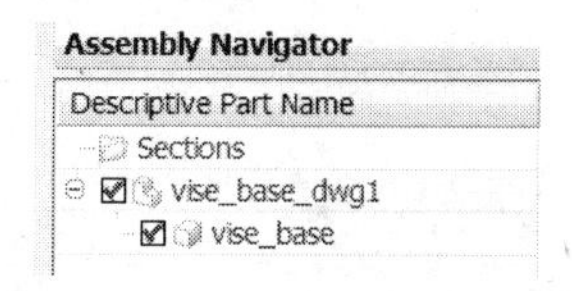

图 14-5　装配导航器结构

第 5 步　关闭所有部件。

14.2　编辑参数化模型

用于编辑参数化模型的技术依赖于创建部件所使用的建模策略及特征历史。建模策略是综合考虑了部件的需求、特征间关系和潜在改变的设计意图后决定的。

对参数化模型而言，下列改变非常典型：

- 编辑草图尺寸和约束。
- 编辑特征参数（如拉伸距离、边缘倒圆半径或孔直径）。
- 编辑表达式值或公式。
- 重附着或代替特征。
- 添加或删除特征。

【练习 14-2】　编辑主模型参数

在本练习中，将以参数化编辑主模型的参数并更新相关的二维工程图文件。

第 1 步　打开\Part_C14 目录中的 tape_dispenser_dwg.prt。

- 单击 Open 按钮。
- 单击 Options。
- 在 Load Options 对话框中确保 Load Method 设置为 From Folder。
- 在 Scope 组中选中 Use partial Loading 复选框。
- 单击 OK 按钮。
- 从列表中选择 tape_dispenser_dwg.prt。
- 单击 OK 按钮，查看装配导航器，如图 14-6 所示。

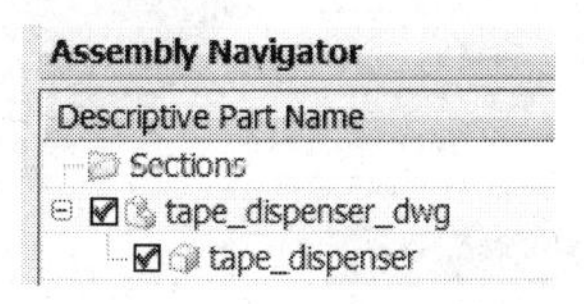

图 14-6　装配导航器

第 2 步　检查工程图的尺寸值。

- 放大剖视图 B-B 并注意槽宽 22.0 和拐角半径 3.0，如图 14-7 所示。

注意：尺寸被圆整到小数点后一位。

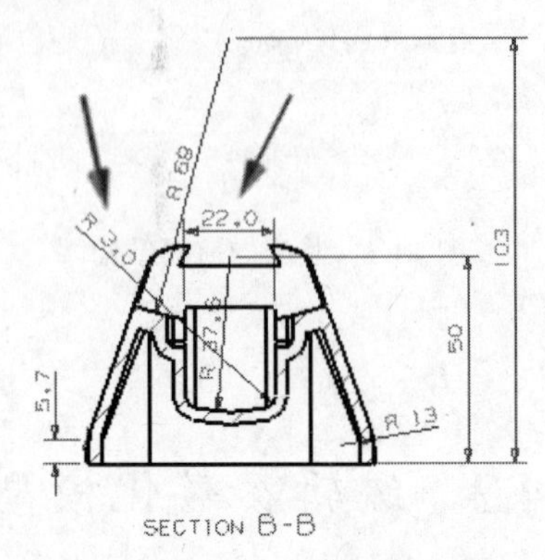

图 14-7 剖切视图

- 从视图快捷菜单中选择 Fit。
- 在图纸的左下角，注意图纸名为 SH1。

第 3 步 考察装配结构。

- 启动 Modeling 应用。
- 在资源条上单击 Assembly Navigator 按钮。

注意：装配导航器显示 tape_dispenser_dwg 的装配结构，并指出有一个名为 tape_dispenser 的组件。

- 在装配导航器中单击 tape_dispenser 节点。

注意：在图形窗口中实体高亮。此组件部件 tape_dispenser 为主模型。

第 4 步 完全打开和显示主模型部件。

- 在 Assembly Navigator 中放置光标在 tape_dispenser 节点上，右击并在弹出的快捷菜单中选择 Make Displayed Part 命令，显示主模型部件，如图 14-8 所示。

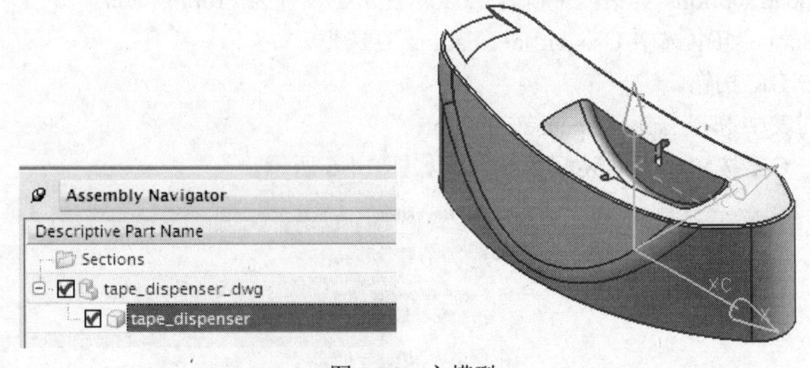

图 14-8 主模型

第 5 步 编辑表达式 roll_width。

设计意图：在主模型中改变两个参数，并观察在自动更新视图前后的效果。

- 在菜单条上选择 Tools→Expression 命令。
- 如果需要，在 Listed Expressions 组中展开列表并选择 Named。
- 选择 roll_width，如图 14-9 所示。
- 在 Formula 文本框中改变 22 为 19 并单击 Accept Edit 按钮，如图 14-10 所示。

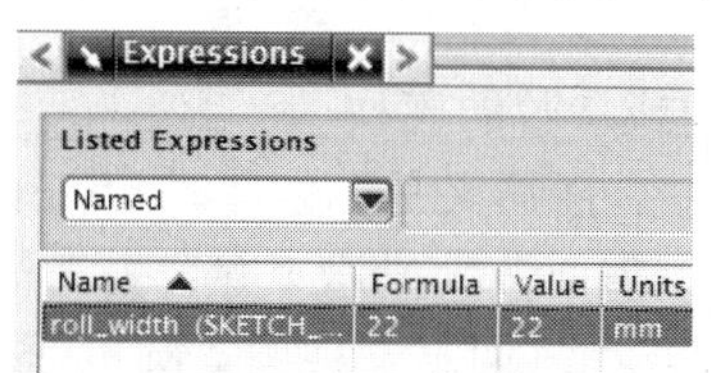

图 14-9　选择表达式

图 14-10　编辑表达式

- 在 Expressions 对话框中单击 OK 按钮。

第 6 步　编辑卷轴腔内侧的倒圆。

- 在资源条上单击 Part Navigator 按钮。
- 在部件导航器中双击 Edge Blend(14)节点。
- 在 Radius 1 文本框中输入 1.5 并按 Enter 键。
- 在 Edge Blend 对话框中单击 OK 按钮。

第 7 步　改变显示部件为 tape_dispenser_dwg.prt。

- 在菜单条上选择 Window 并选择 tape_dispenser_dwg。
- 启动 Drafting 应用。

注意：图名现在附加“ (Out of date) ”，提醒用户视图未更新。

第 8 步　更新视图。

- 在 Drawing Layout 工具条上单击 Update Views 按钮。
- 在 Update Views 对话框中单击 Select All Out-of-Date Views。
- 单击 OK 按钮。

第 9 步　再次放大剖视图，观看主模型的改变在二维工程图上的反映，如图 14-11 所示。

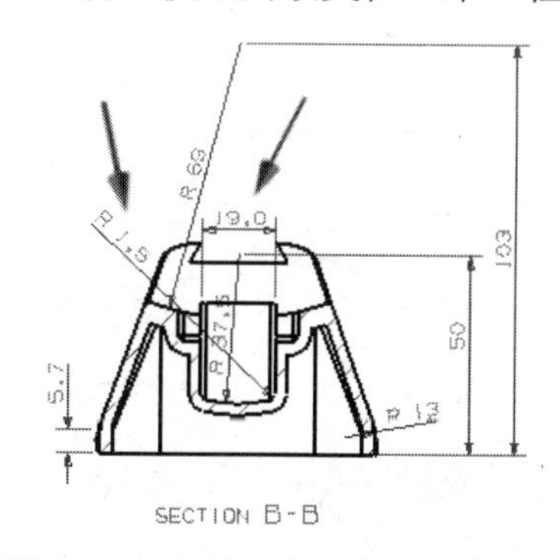

图 14-11　主模型的改变反映在图上

第 10 步　关闭所有部件。

14.3 同 步 建 模

可以利用同步建模命令来修改模型，而不用去考虑它的来源、相关性或特征历史。

能够应用同步建模去：

- 编辑从其他 CAD 系统读入的、没有特征历史或参数的模型。
- 编辑模型，由于该模型发生了设计意图的改变，而这又是在创建时没有预期到的。如果在已存在的构建历史中去实现这些改变，需要做大量返工并会丢失相关性。

同步建模主要适用于由解析形状表面组成的模型，如平面、圆柱面、圆锥面、球面、环面。但这并不意味着必须是“简单”的部件，因为哪怕具有数千个表面的模型可能都是由这些类型的表面所组成的。

14.3.1 移动面

利用 Move Face 命令移动一组面并自动调整相邻的倒圆面。可以利用线性或角度变换方法来移动选择的面。

在设计过程中，移动面是方便设计改变的一种有用的设计工具。在诸如工装设计、制造、仿真等下游应用中它也很有用。能够直接对模型做改变，而不管特征历史，也不需要将模型送回原来的设计工程师。

选择 Insert→Synchronous Modeling→Move Face 命令，打开如图 14-12 所示的 Move Face 对话框。

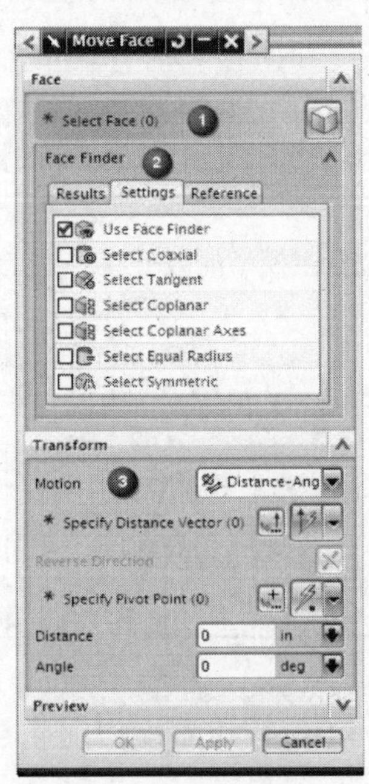

图 14-12 Move Face 对话框

移动面选项介绍如下。

（1）Select Face（选择面）：选择一个或多个要移动的面。

（2）Face Finder（面识别器）：基于面的几何形状怎样对照已选择的面来选择它们。

（3）Motion（运动）：为选择的要移动的面提供线性和角度的变换方式。

14.3.2　代替面

利用 Replace Face 命令去改变一个面的几何形状。使用该命令可使用简单面或复杂曲面代替被替换面。

使用该命令，能够：

- 用一个或多个面代替一组面。通常情况下，替换的面来自于不同的体，但也可以来自于被代替面的同一实体。
- 代替实体面或片体面。
- 当替换面是单个面时，系统将自动地重新进行相邻的倒圆面的倒圆。
- 延伸替换面，与实体形成完全的相交。
- 偏置要代替的面。

可以在非参数化模型上使用 Replace Face。

选择 Insert→Synchronous Modeling→Replace Face 命令，打开如图 14-13 所示的 Replace Face 对话框。

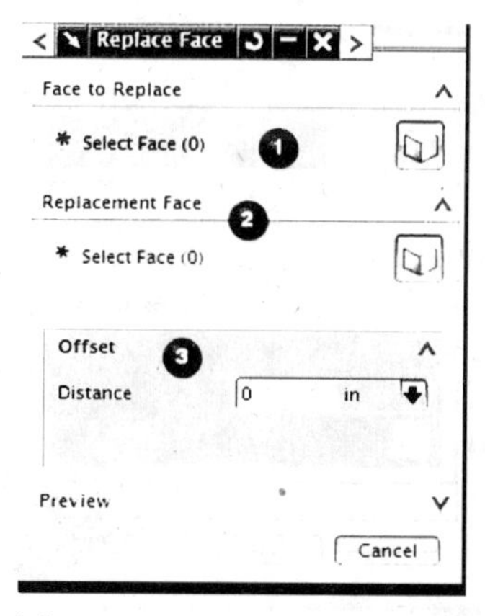

图 14-13　Replace Face 对话框

代替面选项介绍如下。

（1）Face to Replace（要代替的面）：选择一个或多个要代替的目标面。

（2）Replacement Face（替换面）：选择一个或多个面作为要代替面的替换面。

（3）Offset（偏置）：为要代替的面规定偏置距离。

【练习 14-3】　利用同步建模编辑模型

本练习中将利用同步建模编辑装配部件中的组件实体。

第 1 步　打开\Part_C14 中的 sm_assembly.prt。

- 从\Part_C14 目录中打开 sm_assembly.prt，如图 14-14 所示。

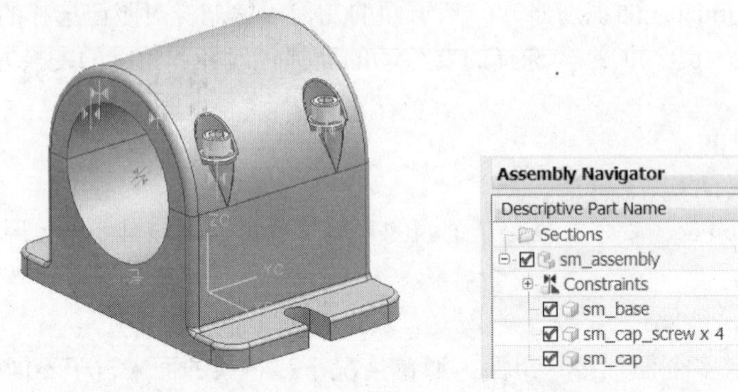

图 14-14　sm_assembly.prt

设计意图：如图 14-15 所示，为了支撑定向在 15° 角的轴，装配需要进行设计变更。基础组件 sm_base (1)是参数化模型，但在它原来设计时并没有预计到这种类型的改变。盖子组件 sm_cap (2)是从另一个系统读入的，没有特征或参数。

注意：利用同步建模来快速地编辑基础与盖子组件，而不用重建特征或装配约束。

第 2 步　设置 sm_base 为工作部件。

- 在装配导航器中右击 sm_base 节点，并在弹出的快捷菜单中选择 Make Work Part 命令。
- 在装配导航器中右击 sm_base 节点，并在弹出的快捷菜单中选择 Show Only 命令，结果如图 14-16 所示。

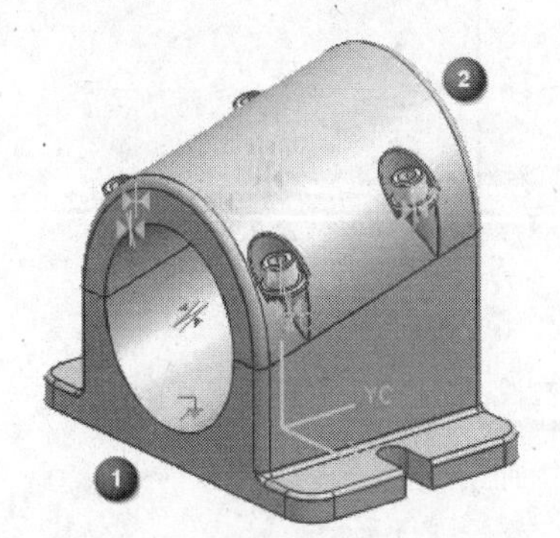

图 14-15　设计意图

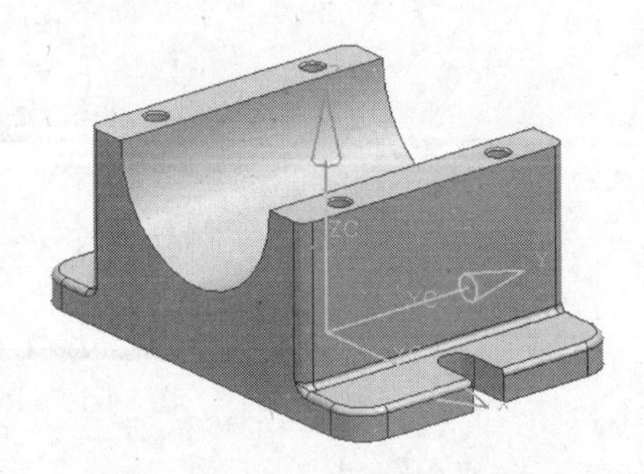

图 14-16　sm_base 为工作部件

第 3 步　移动基础中的面。

- 选择 Insert→Synchronous Modeling→Move Face 命令。
- 在 Move Face 对话框的 Face Finder 组中选择 Settings 选项卡。
- 选中 Use Face Finder、Select Coaxial 和 Select Coplanar 复选框，如图 14-17 所示。
- 在 Selection 条的 Face Rule 列表中选择 Single Face。
- 在图形窗口中选择一个顶部平面，如图 14-18 所示。两个顶部平面将被高亮显示，因为它们是共平面的。

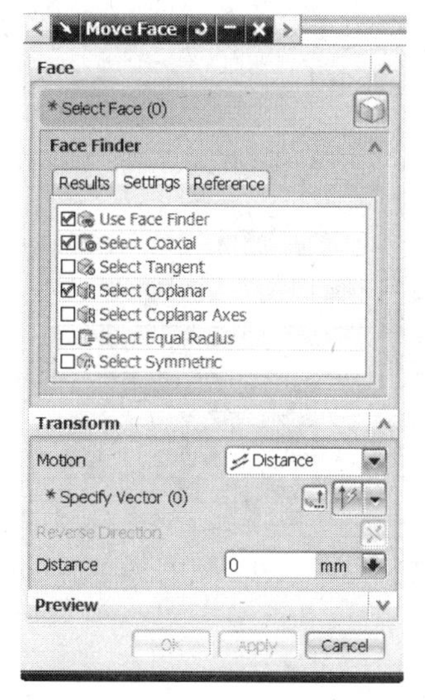

图 14-17　设置面寻找器

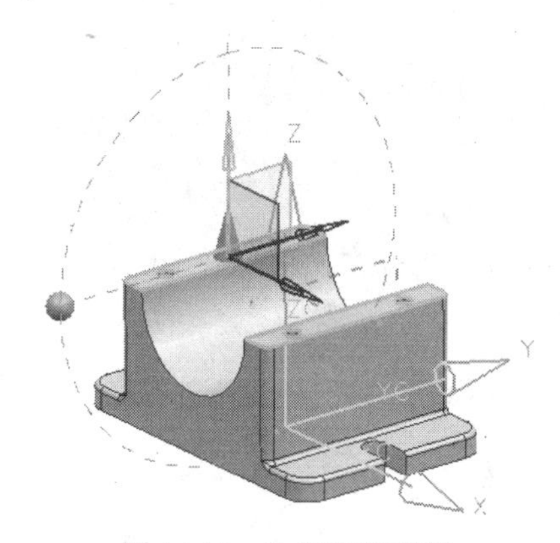

图 14-18　选择顶部平面

- 选择大圆柱面，如图 14-19 所示。
- 在 Selection 条的 Face Rule 列表中选择 Feature Faces。
- 选择一个圆柱孔面，如图 14-20 所示。

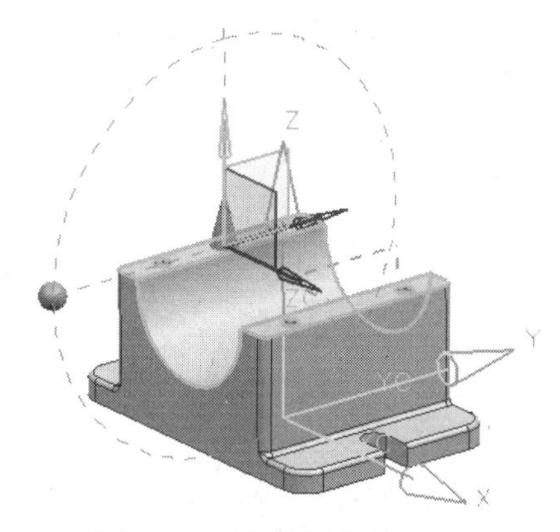

图 14-19　选择大圆柱面

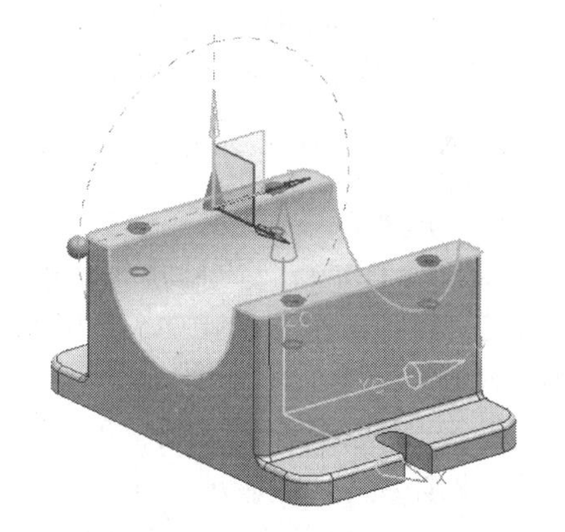

图 14-20　选择一个圆柱孔面

注意： 4 个孔是作为一个特征创建的，所以所有孔的面都高亮显示。

- 在 Transform 组中展开 Motion 列表，并选择 Angle。
- 如图 14-21 所示，选择 X 轴为旋转矢量，选择边缘中点为轴点。
- 在 Angle 文本框中输入 15。
- 单击 OK 按钮，结果如图 14-22 所示。

第 4 步　设置盖子为工作部件。

- 在装配导航器中右击 sm_assembly 节点，并在弹出的快捷菜单中选择 Show 命令。
- 在装配导航器中右击 sm_cap 节点，并在弹出的快捷菜单中选择 Make Work Part

命令，结果如图 14-23 所示。

第 5 步 代替盖子的平端面以匹配基座。

- 选择 Insert→Synchronous Modeling→Replace Face 命令。
- 选择盖子的前平面，如图 14-24 所示。

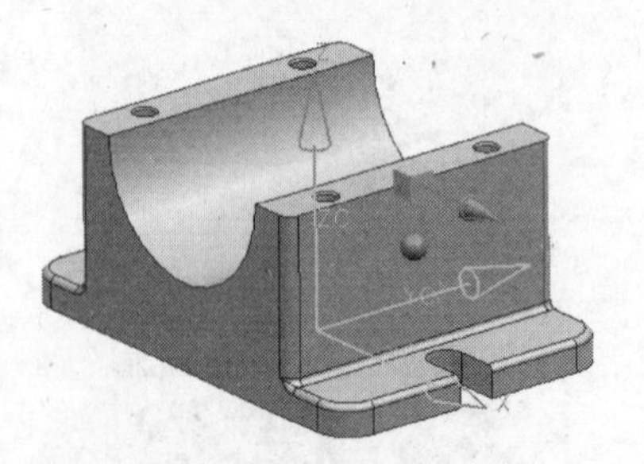

图 14-21 选择旋转矢量与轴点

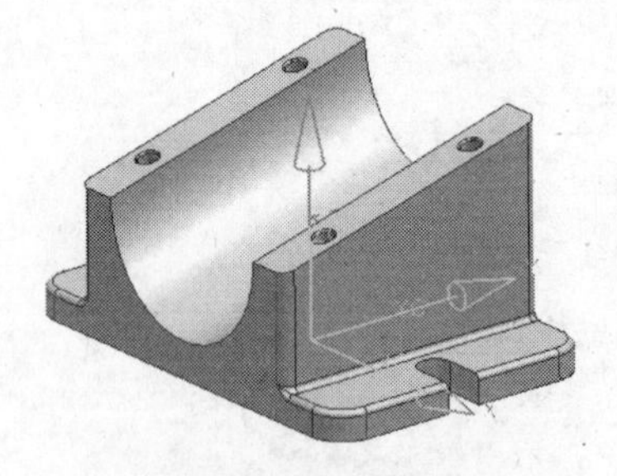

图 14-22 面移动结果

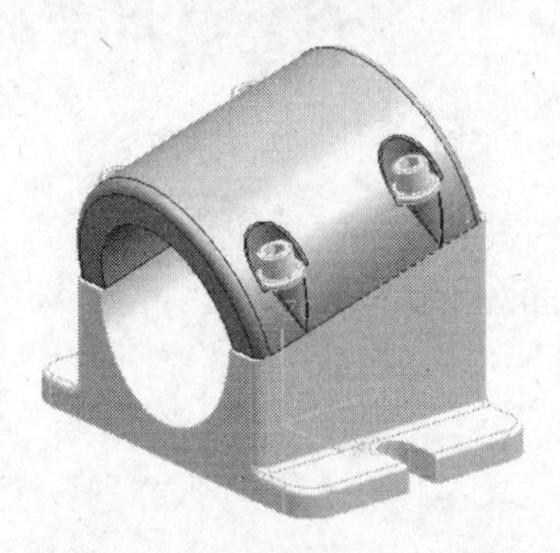

图 14-23 sm_cap 为工作部件

图 14-24 选择盖子的前平面

- 单击鼠标中键。
- 在 Selection 条的 Selection Scope 列表中选择 Entire Assembly。
- 选择基座的前平面，如图 14-25 所示。
- 单击 OK 按钮。
- 重复上述操作步骤，代替盖子的后平面以匹配到基座的后平面。
- 结果如图 14-26 所示。

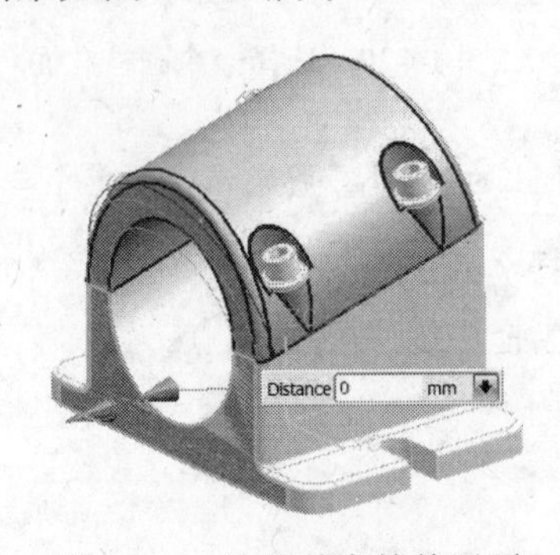

图 14-25 选择基座的前平面

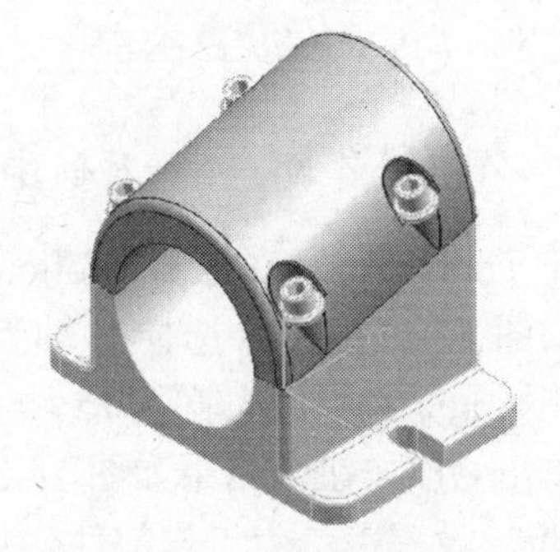

图 14-26 代替面结果

第 6 步 不储存关闭所有部件。

第 15 章　制图介绍（一）

【目的】

本章是对制图应用的介绍。

在完成本章学习之后，将能够：

- 应用主模型概念建立工程图。
- 建立、打开、编辑和删除图纸。
- 预设置视图参数。
- 添加基础视图、投射视图到工程图上。
- 编辑和移除图纸上的视图。

15.1　制 图 应 用

1. 制图应用综述

Drafting 应用允许直接从 3D 模型或装配部件上生成和维护标准 2D 工程图。在制图应用中建立的工程图与模型完全相关，对模型做的任何改变将自动地反映到工程图上。

Drafting 应用的某些优点包括：

- 一个综合的工程图中，建立视图的工具组，支持所有视图类型的高级渲染、安放、关联与更新需求。
- 完全相关的制图注释，当模型更新时也随之更新。
- 对工程图更新与大装配图的控制，能够提高用户生产率。
- 支持主要的国际与国内制图标准，包括 ANSI/ASME、ISO、DIN 和 JIS。
- 支持在部件中和 3D 模型中建立并行工程图：
    - ➢ 选择在部件自身内部，或在与主模型部件完全相关的分离部件中，直接存储 2D 制图细节。
    - ➢ 支持并行工程实践，当设计师并行地工作在模型上时，使制图员能并行进行制图。

在 NX 中，术语 drawing sheet 用于定义视图的集合，每个图纸都可想象为工程图部件中一个分离的页。一个工程图部件可以含有许多图纸。

2. 从已存模型建立 2D 图的过程

下面示例是从已存 3D 模型（如图 15-1 所示）建立 2D 图的通用过程。此综述并不给出某种特定功能或操作的详细描述。

图 15-1 3D 模型

3. 设置制图标准与制图参数预设置

在建立一张工程图之前，建议为新图设置制图标准、工程图视图与注释参数预设置。一旦设置，所有制图视图和注释都将用相应的可视化特性和符号来创建，这些特性和符号具有在预设值定义的一致性。

4. 建立新工程图

建立工程图的第一步是，直接在当前工作部件内，或在建立的含有模型几何为组件的非主模型图部件中，建立工程图，如图 15-2 所示。

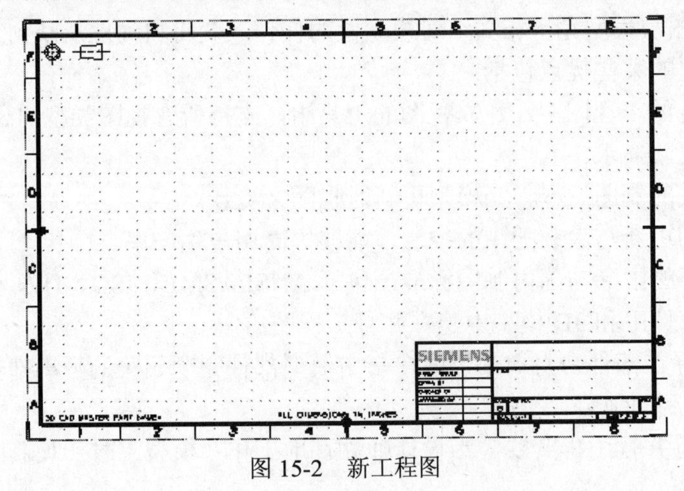

图 15-2 新工程图

5. 添加视图

NX 能建立单个视图或同时建立多个视图，如图 15-3 所示。所有视图直接从模型导入得到，并可被用于建立其他视图，如剖截和细节视图。基础视图决定所有投射视图的正交空间和视图对准规则。

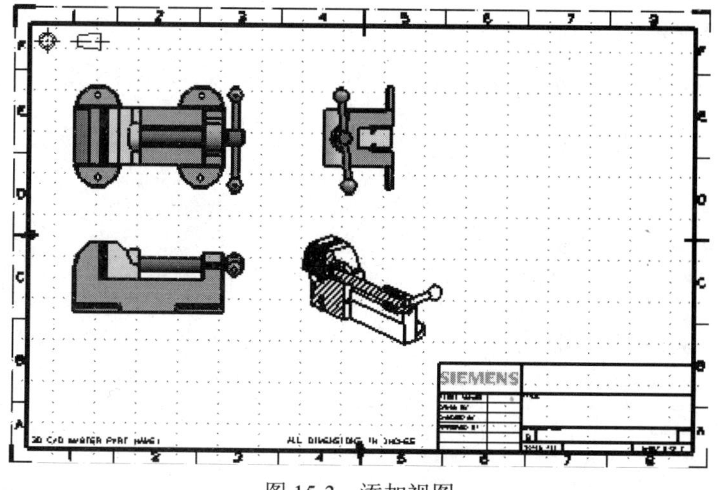

图 15-3　添加视图

6. 添加注释

一旦已放置视图在工程图上，下一步将准备注释，如图 15-4 所示。

注释，如尺寸与符号，是与视图中的几何体相关联的。如果一个视图被移动，相关的注释将随视图移动。如果模型被编辑，尺寸与符号更新也将会改变。也可以添加注解、标记，还可以在装配图中添加明细表。

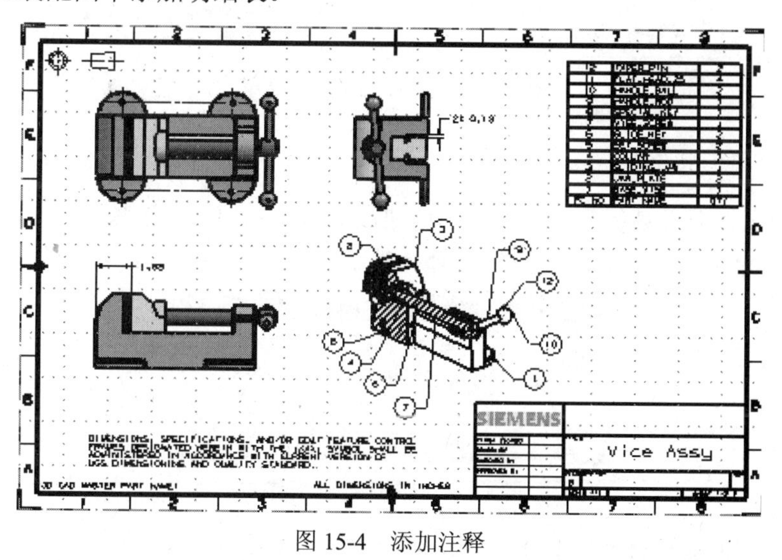

图 15-4　添加注释

7. 选择制图应用

选择制图应用的方法如下：

- 选择 Start→Drafting 命令。
- 在应用工具条中单击 Drafting 按钮。
- 利用快捷键 Shift+Ctrl+D。

8. 制图应用下拉式菜单

制图应用下拉式菜单如图 15-5 所示。

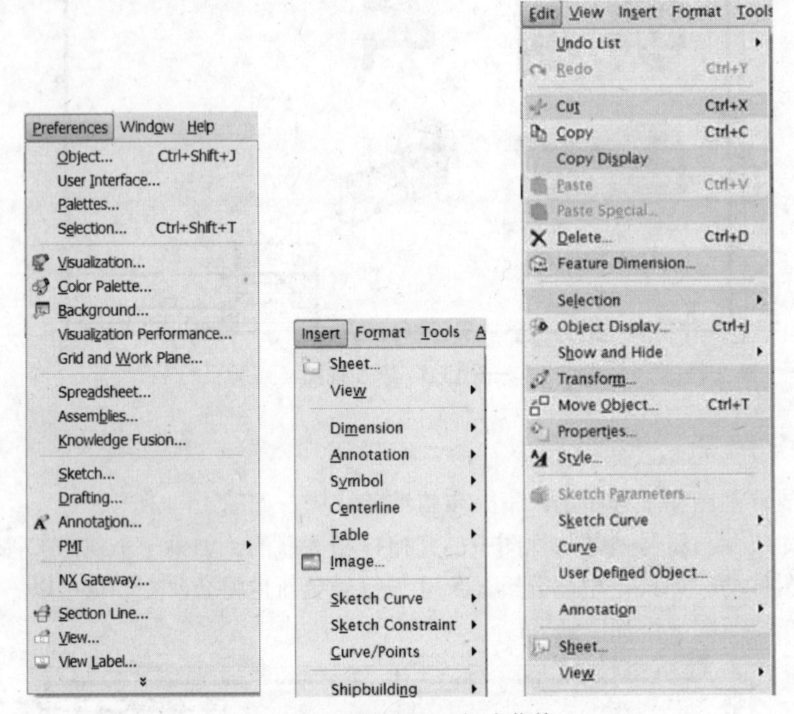

图 15-5 制图应用下拉式菜单

9. 制图应用工具条

制图应用有许多工具条，以帮助用户快速浏览所需要的制图选项。

- Drawing（工程图）工具条如图 15-6 所示。

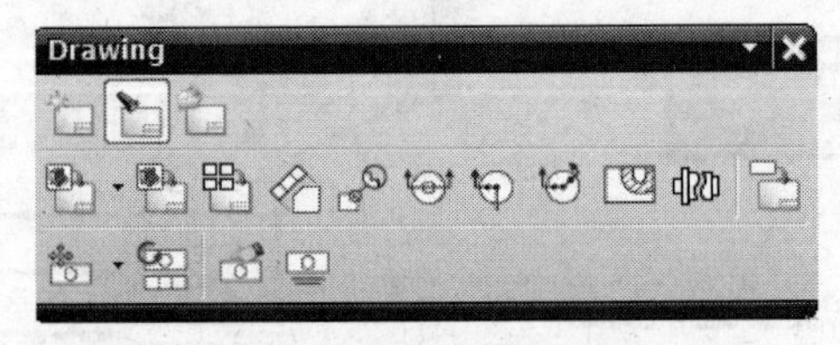

图 15-6 Drawing 工具条

- Annotation（注释）工具条如图 15-7 所示。

图 15-7 Annotation 工具条

- Dimension（尺寸）工具条如图 15-8 所示。

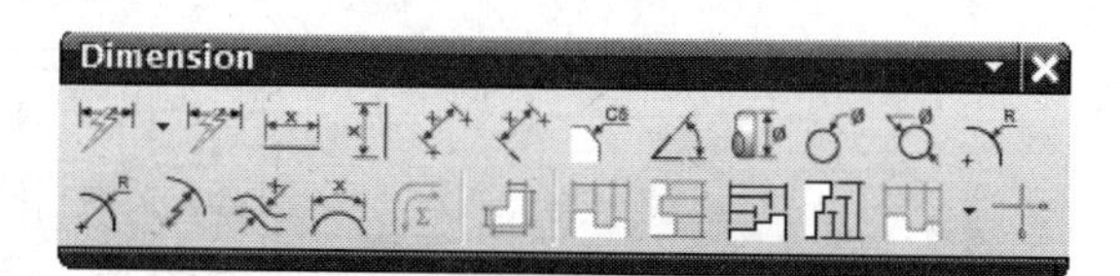

图 15-8　Dimension 工具条

- Drafting（制图）工具条如图 15-9 所示。

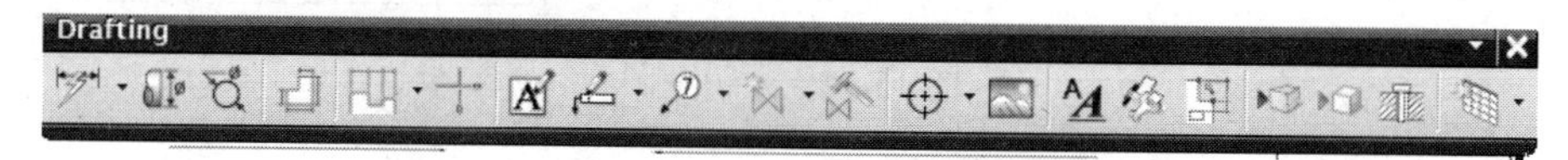

图 15-9　Drafting 工具条

- Track Drawing Changes（跟踪图改变）工具条如图 15-10 所示。
- Drafting Edit（制图编辑）工具条如图 15-11 所示。

图 15-10　Track Drawing Changes 工具条

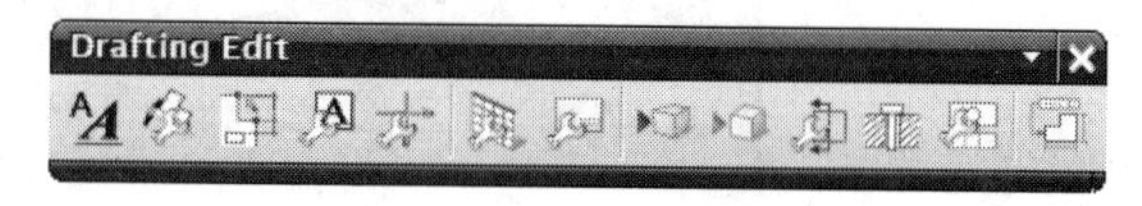

图 15-11　Drafting Edit 工具条

10. 制图应用界面

除了标准工具与选择工具条外，制图应用界面含有一些独特特征，如图 15-12 所示。

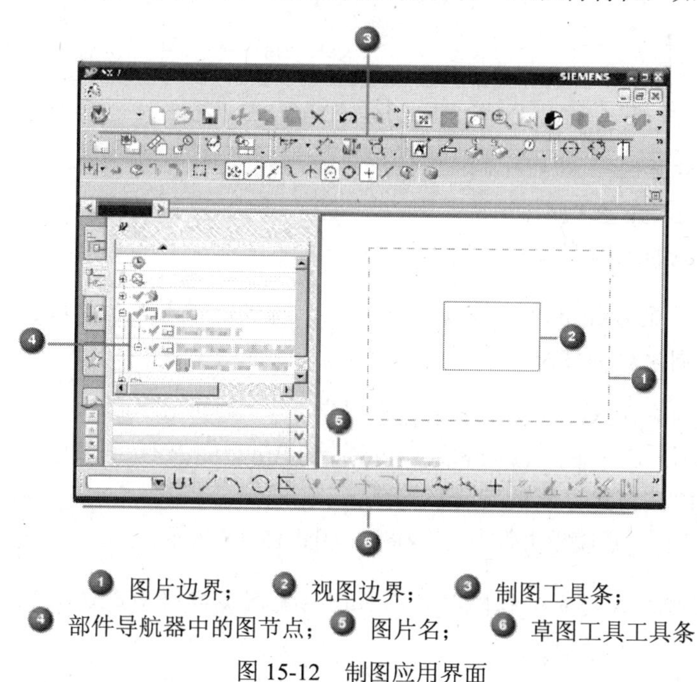

❶ 图片边界；❷ 视图边界；❸ 制图工具条；
❹ 部件导航器中的图节点；❺ 图片名；❻ 草图工具工具条

图 15-12　制图应用界面

11. 建立新的主模型图

通过建立装配或有组件部件的非主模型部件实现主模型概念，如图 15-13 所示。组件部件是主模型。对主模型进行编辑，将会在非主模型部件中自动更新。

图 15-13　主模型图

部件作为一个组件被添加到工程图文件。

下面展示怎样从主模型（如图 15-14 所示）建立非主模型工程图，具体操作步骤如下：

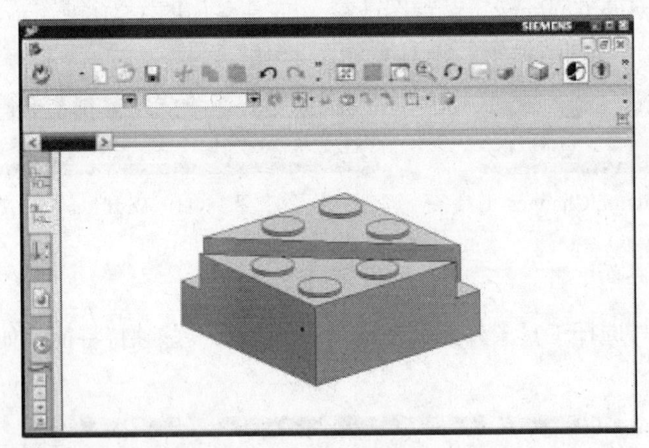

图 15-14　主模型

（1）打开部件并选择 File→New 命令。

（2）选择 Drawing 选项卡。

（3）选择合适的工程图模板。

提示： 当单位设置为 millimeters 或 inches 时，将显示特定单位模板。确使选择与当前部件相同单位的模板。

（4）（可选项）在 Name 文本框中输入名字。

（5）（可选项）通过单击 Folder 文本框右边的 Browse 按钮选择新的文件夹位置。

（6）单击 OK 按钮建立新的工程图部件。

在本例中建立了尺寸模板并添加了视图，如图 15-15 所示。

注意： 当用这种方式建立工程图时，工程图的制图参数将由默认模板所包含的参数来设置。

（7）单击资源条中的 Assembly Navigator 按钮。

注意： 如图 15-16 所示，用户正工作在装配文件中，原部件文件已作为一个组件被添加进来。

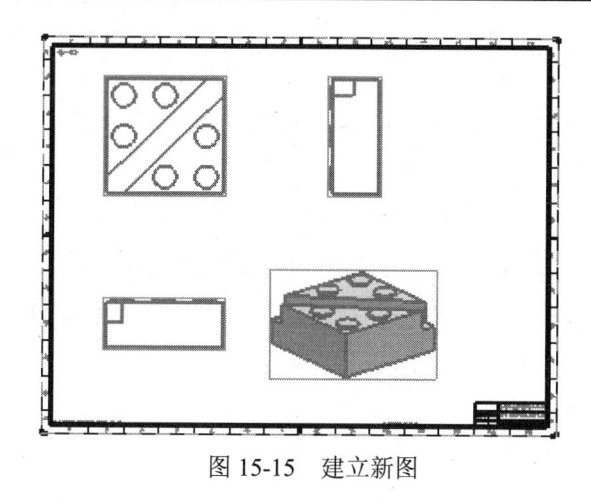

图 15-15　建立新图

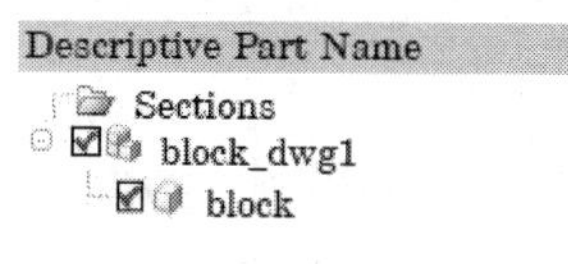

图 15-16　装配导航

尽管这是原部件的装配，但是所有制图命令和操作的进行方式就如同在原部件中一样执行。

15.2　图 纸 操 作

15.2.1　建立新图纸

利用 New Sheet 命令建立一个具有指定大小、比例、名称、测量单位和投射角的图纸。新图纸将代替当前的显示。

当启动 Drafting 应用时，将看到：

- 已存图纸。
- 如果在部件中没有图纸，看到的将是 Sheet 对话框。

提示：控制 Sheet 对话框自动出现的步骤如下：

（1）从菜单条中选择 Preferences→Drafting 命令。

（2）选择 General 选项卡。

（3）在 Drawing Work Flow 组中选中 Automatically Start Insert Sheet Command 复选框。

建立新图纸的步骤如下：

（1）在 Drawing Layout 工具条中选择 New Sheet。

（2）在 Sheet 对话框中定义图纸尺寸、比例、名字、测量单位和投射角。

（3）单击 OK 按钮。

可通过下列方法之一，在已含有图纸的部件中建立新图纸：

- 在 Drawing Layout 工具条上单击 New Sheet 按钮。
- 从菜单条上选择 Insert→Sheet 命令。
- 在 Part Navigator 中右击 Drawing 节点，并在弹出的快捷菜单中选择 Insert Sheet 命令。

注意：图节点 Drawing 是 Part Navigator 中的一个节点。

15.2.2 打开图纸

可通过下列操作之一打开图纸：

- 在 Part Navigator 中双击图纸（Sheet）节点。
- 在 Part Navigator 中右击图纸（Sheet N）节点，并在弹出的快捷菜单中选择 Open 命令。
- 在 Drawing 工具条上单击 Open Sheet 按钮。

15.2.3 编辑图纸

可通过下列操作之一编辑图纸：

- 在 Part Navigator 中右击图纸，并在弹出的快捷菜单中选择 Edit Sheet 命令。
- 右击图纸的视图边框，并在弹出的快捷菜单中选择 Edit Sheet 命令。
- 在 Drafting Edit 工具条上单击 Edit Sheet 按钮。
- 从菜单条上选择 Edit→Sheet 命令。

注意：只有在图纸上没有投射视图存在时，才可以改变投射角。

可以编辑图纸为较大或较小尺寸。如果编辑图纸尺寸太小以致成员视图整个落在图纸边界外侧时，将弹出错误信息。

提示：如果需要编辑图纸为较小尺寸，而不因视图当前位置而出现错误，可移动视图靠近图纸左下角处的图纸原点。

15.2.4 删除图纸

可通过下列操作之一删除图纸：

- 选择 Edit→Delete Sheet 命令。
- 右击图纸边框，并在弹出的快捷菜单中选择 Delete 命令。
- 在 Part Navigator 中右击图纸节点，并在弹出的快捷菜单中选择 Delete 命令。

Monochrome Display 选项在单色中显示图纸。改变工程图显示为单色的步骤如下：

（1）选择 Preferences→Visualization 命令。

（2）选择 Color Settings 选项卡。

（3）在 Drawing Part Settings 组中选中 Monochrome Display 复选框。

默认颜色是黑色与灰色。可以规定线或背景颜色。

提示：在 Part Navigator 中右击图节点，并在弹出的快捷菜单中选择 Monochrome 命令。单色将被应用到部件中的所有图纸。

在 Visualization Preferences 对话框的 Line 选项卡中，选中 Show Widths 复选框显示线框，并使显示接近绘图仪的输出。

【练习 15-1】　建立新的非主模型图

在本练习中将：

- 建立新的非主模型部件，它引用已存的主模型。
- 在非主模型部件中建立一个新图纸。

第 1 步　打开\part_C15 中的 drafting_arm_1.prt，如图 15-17 所示。

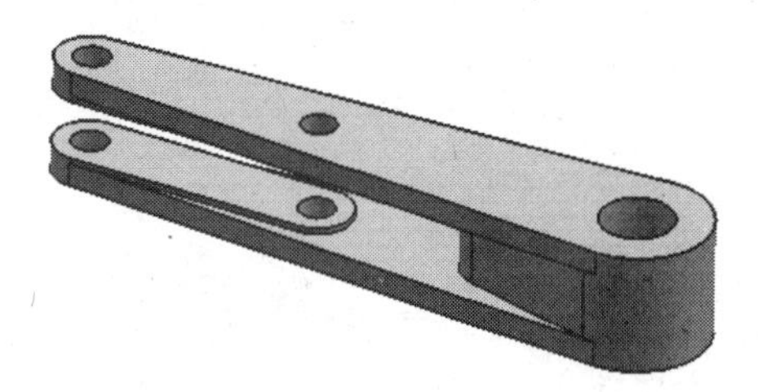

图 15-17　drafting_arm_1.prt

设计意图：建立非主模型部件来创建臂零件的图纸。

第 2 步　在 Standard 工具条上展开 Start 菜单，确保 Assemblies 应用是激活的。

第 3 步　建立非主模型部件。

- 在 Standard 工具条上单击 New 按钮。
- 如图 15-18 所示，选择 Drawing 选项卡。
- 展开 Units 列表，选择 Inches。
- 从列表中选择 C-views 模板。

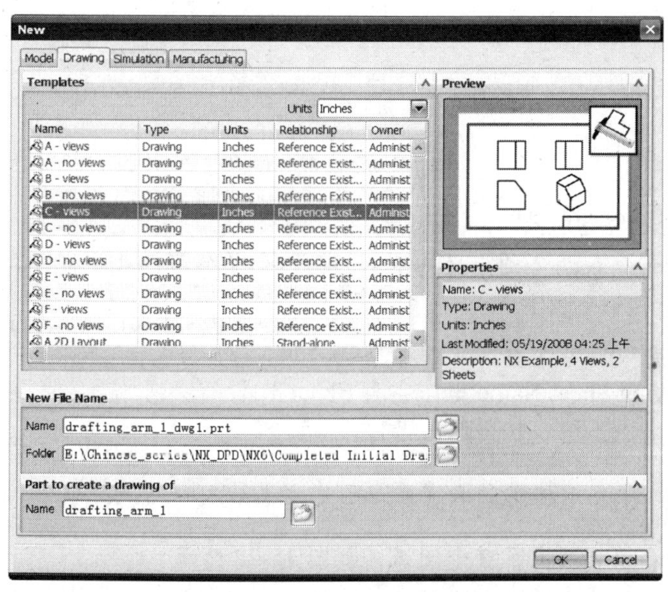

图 15-18　建立非主模型部件

- 单击 OK 按钮，显示如图 15-19 所示的预定义图纸。

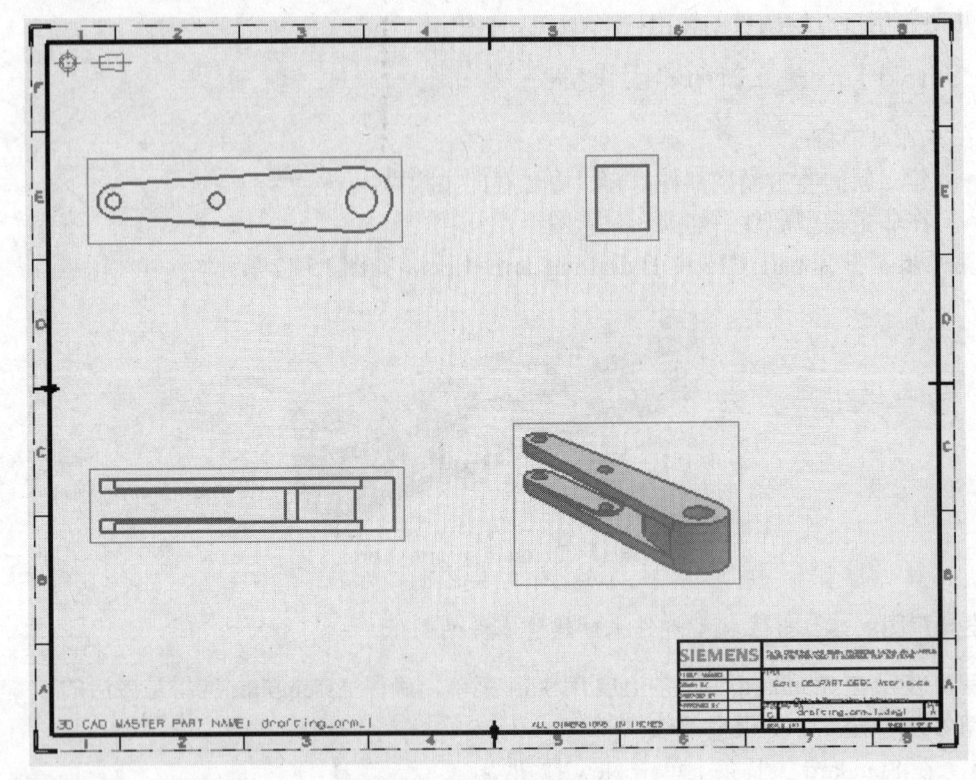

图 15-19 预定义图纸

第 4 步 检查装配导航器。

如图 15-20 所示，这是一个非主模型部件。主模型部件 drafting_arm_1 被添加为一个组件。

图 15-20 装配导航器

第 5 步 检查部件导航器。

如图 15-21 所示，有两个预定义的图纸。第一个图纸包括 4 个视图。

第 6 步 添加另一个图纸。

- 在 Drawing Layout 工具条上单击 New Sheet 按钮。
- 确保 Drawing Sheet Name 框中含有 Sheet 3。
- 单击 OK 按钮，接受其余默认设置。

注意：图形窗口中左下拐角的名字显示已建立了第 3 个图纸。

注意：Part Navigator 列出了 3 个图纸，如图 15-22 所示。

第 7 步 不储存关闭所有部件。

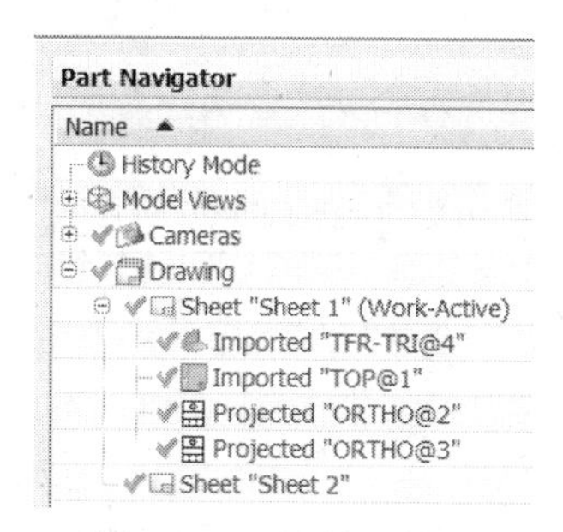

图 15-21　部件导航器

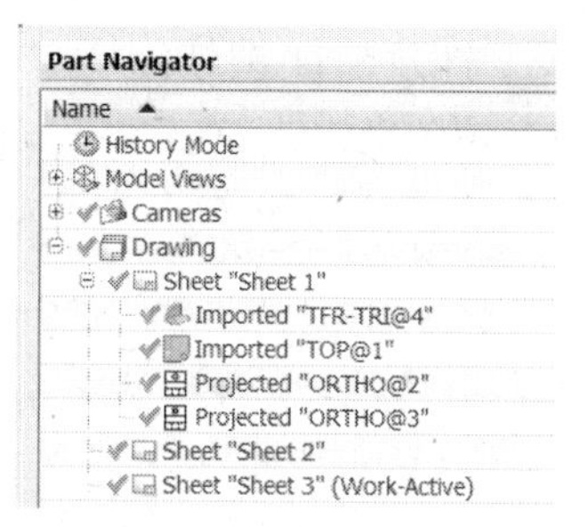

图 15-22　部件导航器列出 Sheet 3

【练习 15-2】　打开与编辑图纸

在本练习中将打开和编辑已存图纸。

第 1 步　在\Part_C15 目录中打开 drafting_edit_1.prt。

注意：这是一个非主模型部件，主模型部件 drafting_edit_1 被添加为一个组件。显示 93A12345_3 图纸。

第 2 步　改变图纸尺寸。

- 右击图纸虚线框，并在弹出的快捷菜单中选择 Edit Sheet 命令。
- 在 Sheet 对话框的 Size 组中展开 Size 列表，并选择 A1-594×841。
- 单击 OK 按钮。

第 3 步　改变图纸比例。

注意：工程图当前正以一半尺寸显示所有视图，即比例为 1:2。需要图纸上的每个视图以全尺寸显示，即 1:1 比例。

- 在菜单条上选择 Edit→Sheet 命令。
- 在 Size 组中展开 Scale 列表并选择 1:1。
- 单击 OK 按钮。

注意：视图位置不随比例而改变，如图 15-23 所示。

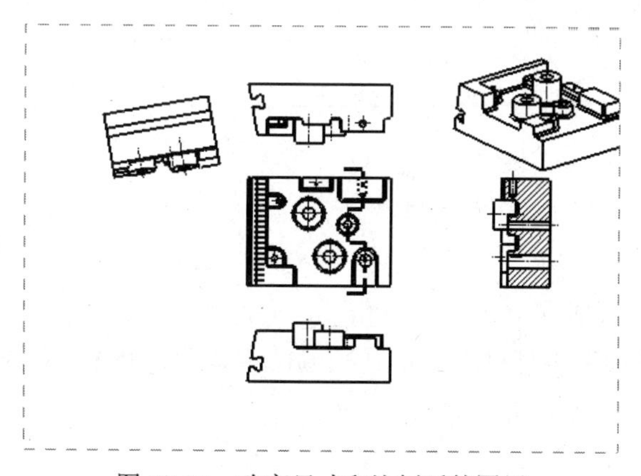

图 15-23　改变尺寸和比例后的图纸

第 4 步　打开 SH1 图纸。

- 在资源条上单击 Part Navigator 按钮。
- 在 Part Navigator 中双击 Sheet “SH1”节点，结果如图 15-24 所示。

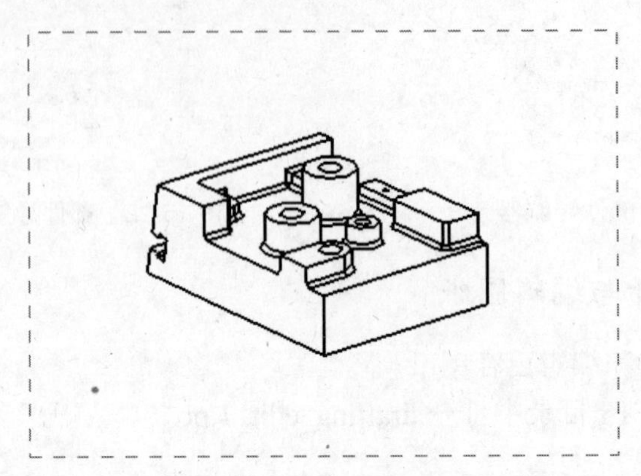

图 15-24　SH1 图纸

第 5 步　重命名图纸。

- 在 Part Navigator 中的 Sheet “SH1”节点上右击，并在弹出的快捷菜单中选择 Rename 命令。
- 输入 Trimetric 并按 Enter 键。

提示：重命名当前图纸的另一种方法是：

（1）右击图纸边框，并在弹出的快捷菜单中选择 Properties 命令。

（2）在 Drawing Properties 对话框的 Name 文本框中输入新名称。

（3）单击 OK 按钮。

第 6 步　改变视图渲染样式。

- 移动光标到视图边框上，右击并在弹出的快捷菜单中选择 Style，如图 15-25 所示。

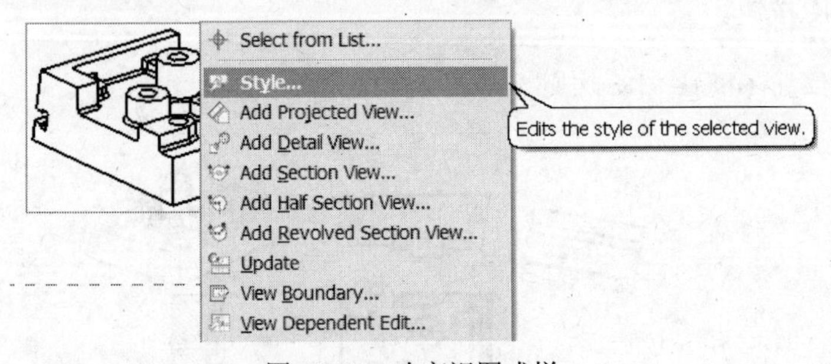

图 15-25　改变视图式样

- 在 View Style 对话框中选择 Shading 选项卡。
- 在 Shading 选项卡中展开 Rendering Style 列表并选择 Fully Shaded。
- 单击 OK 按钮，结果如图 15-26 所示。

第 7 步　关闭所有部件。

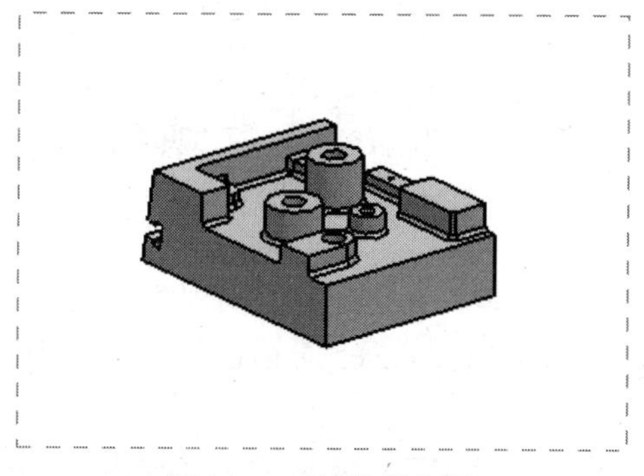

图 15-26　渲染的视图

15.2.5　改变工程图显示为单色

单色显示（Monochrome Display）选项以单色显示图纸。可以规定线与背景颜色，具体操作步骤如下：

（1）选择 Preferences→Visualization 命令。

（2）打开如图 15-27 所示的 Visualization Preferences 对话框，选择 Color Settings 选项卡。

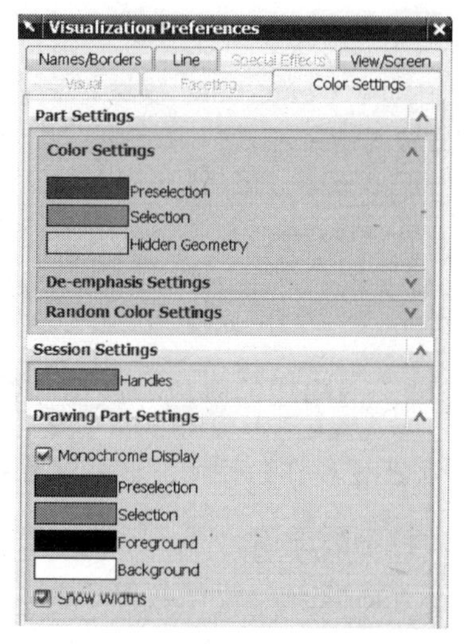

图 15-27　Visualization Preferences 对话框

（3）在 Drawing Part Settings 组中选中 Monochrome Display 复选框。

注意： 默认颜色是黑色与灰色。可以规定任一颜色。

提示： 在 Part Navigator 中右击工程图节点，并在弹出的快捷菜单中选择 Monochrome 命令，单色选项将作用到部件中的所有图纸。

在 Visualization Preferences 对话框的 Line 选项卡中，可以选中 Show Widths 复选框显示线宽并使显示接近绘图仪的输出。

15.3 视图参数预设置

可以通过选择 Preferences→View 命令来控制视图的显示。

如图 15-28 所示，利用 View Preferences 对话框可以定义消隐线、轮廓线、光顺边缘、剖切视图背景线等的显示。

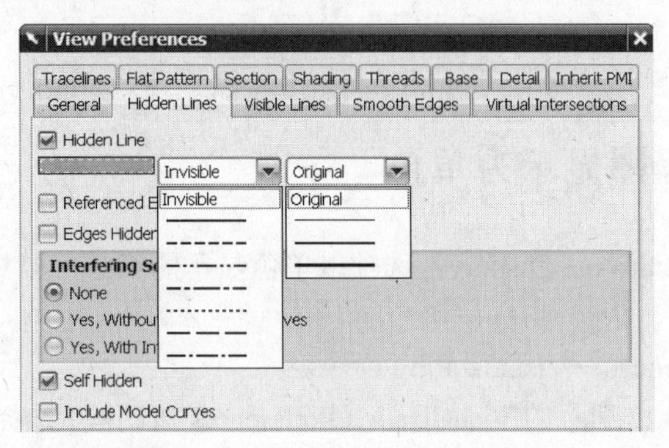

图 15-28 View Preferences 对话框

在 General（通用）选项卡中选中 Centerlines 复选框，在添加视图时，系统将自动地建立线性、圆柱和螺栓圆中心线。

1. 消隐线

如果取消选中 Hidden Line 复选框，将不执行消隐线处理，在视图中所有消隐线均显示为实线。

如果选中 Hidden Line 复选框，消隐线的颜色、线型与线宽将由设置决定。

注意：颜色、线型与线宽列表没有名称和标记，这种配置在制图时的对话框中是共用的。

在单色显示方式中颜色选项将不被应用。

在 Visualization Preferences 对话框中，只有选中 Show Widths 复选框，线的宽度才能显示出来。

2. 边缘消隐边缘

边缘消隐边缘（Edges Hidden by Edges）选项，控制被其他重叠边缘消隐了的边缘的显示。如果取消选中该复选框，被重叠边缘消隐了的边缘将从视图中擦去。

此选项在两种情况下是有用的：

- 在绘图时，如果取消选中 Edges Hidden by Edges 复选框，绘图仪将不会在一条线的上面重复画第二条线。
- 当部件没有被别的边缘消隐的边缘时（如弹簧），通过选中 Edges Hidden by Edges 复选框可以增强消隐线的性能。

3．光顺边缘

光顺边缘（Smooth Edges），是那些相邻面有同一相切面时，在它们会合边缘处的边。

如图 15-29 所示，在 Smooth Edges（光顺边缘）选项卡中可以选中 Smooth Edges 复选框并利用颜色、线型和宽度设置来规定光顺边缘的外观。

可以选中 End Gaps 复选框来改变边缘相交点的外观。

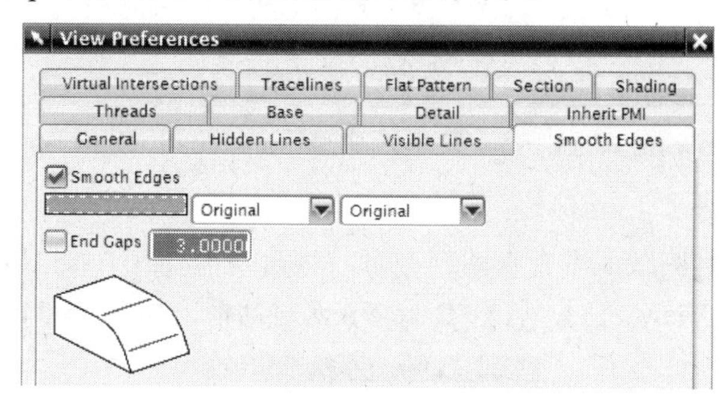

图 15-29　Smooth Edges 选项卡

4．虚拟交线

虚拟交线（Virtual Intersections）选项允许按 JIS 标准和 ISO 128_1982 标准的要求来显示虚构交线。

当要在成员视图中显示曲线来表示倒圆面理论交线时，可以选中 Virtual Intersections 复选框。如图 15-30 所示，在选择 Virtual Intersections 选项卡后，可以控制虚拟交线的颜色、线型及宽度。

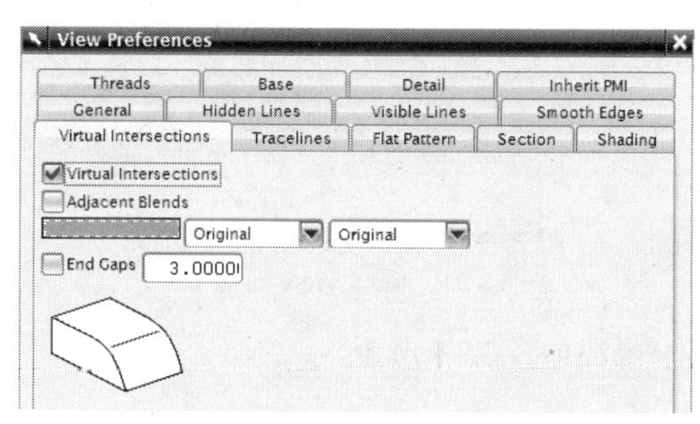

图 15-30　Virtual Intersections 选项卡

注意：在倒圆之前，如果原表面是连接的或相交的，虚拟交线就会显示。

15.4　添加基础视图

利用基础视图命令向图纸添加第一个视图，并可以从该视图投射出其他视图。一张图纸可包含多于一个的基础视图。添加基础视图的方法如下：

- 在 Drawing Layout 工具条上单击 Base View 按钮。
- 右击图纸边框，并在弹出的快捷菜单中选择 Add Base View 命令。
- 在 Part Navigator 中右击图纸节点，并在弹出的快捷菜单中选择 Add Base View 命令。
- 选择 Insert→View→Base View 命令。

提示：控制 Base View 对话框自动出现的步骤如下：

（1）从菜单条中选择 Preferences→Drafting 命令。

（2）选择 General 选项卡。

（3）在 Drawing Work Flow 组中选中 Automatically Start Base View Command 复选框。

当进入制图应用且图纸上没有视图存在时，将自动地打开 Base View 对话框。

在单击 Add Base View 之后，打开 Base View 对话框，如图 15-31 所示。

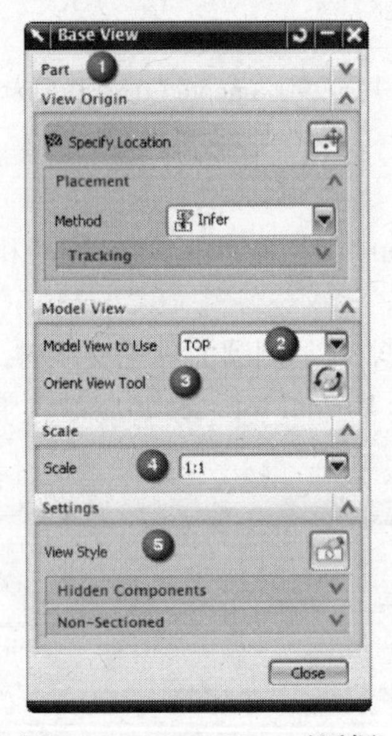

图 15-31 Base View 对话框

Base View 对话框选项描述如表 15-1 所示。

表 15-1 Base View 对话框选项描述

#	选　项	描　述
❶	Part（部件）	从规定的部件添加视图
❷	Model View to Use（使用的模型视图）	从列表中选择基础视图。可以选择 NX 默认的或自定义的模型视图
❸	Orient View Tool（视图方位工具）	为视图定义定制的方位，如正交于模型表面
❹	Scale（比例）	从具有几个预设置比例的列表中选择比例，也可加入定制的比例，或由表达式定义比例
❺	View Style（视图式样）	打开 View Style 对话框，设置要应用到正在添加的视图上的式样

15.5　添加投射视图

在放置基础视图到图纸上之后，可以立即通过在用户所要的投射方向上移动光标，并单击放置视图来建立投射视图。也可以从已存父视图建立投射视图。

可以通过下列操作之一建立投射视图：

- 在 Drawing Layout 工具条上单击 Projected View 按钮。
- 右击已存视图边框，并在弹出的快捷菜单中选择 Add Projected View 命令。
- 在 Drawing Navigator 中右击视图节点，并在弹出的快捷菜单中选择 Add Projected View 命令。
- 从菜单条中选择 Insert→View→Projected View 命令。

提示：控制 Projected View 对话框自动出现的步骤如下：

（1）从菜单条中选择 Preferences→Drafting 命令。

（2）选择 General 选项卡。

（3）在 Drawing Work Flow 组中选中 Automatically Start Projected View Command 复选框。

1. 投射线

在添加投射视图时移动光标，将看到投射线。可以在与基础视图成任一角度的位置上安放投射视图。可以：

- 手工放置视图。角度捕捉增量为 45°。
- 定义折页线。
- 选择一个平表面，正交于它投射。

2. 预览

如图 15-32 所示，当移动光标时，预览式样可以是：

- 视图边框。
- 线框视图。
- 消隐的线框视图。
- 着色的图像。

注意：为了选择预览选项，可在放置视图之前，右击并在弹出的快捷菜单中选择 Preview Style 命令。

3. 投射视图选项

当建立投射视图时，打开如图 15-33 所示的 Projected View 对话框。

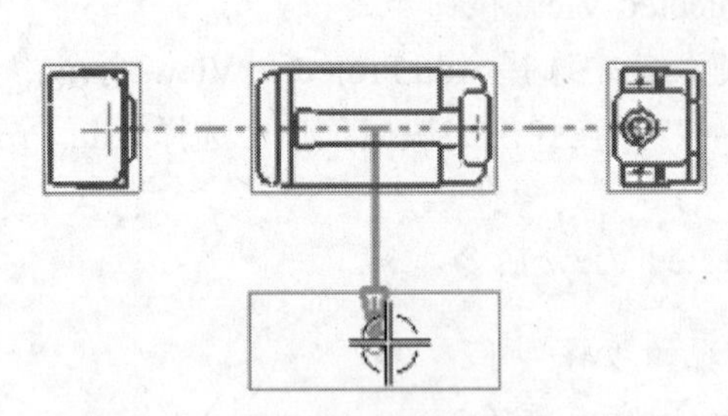

图 15-32 预览式样

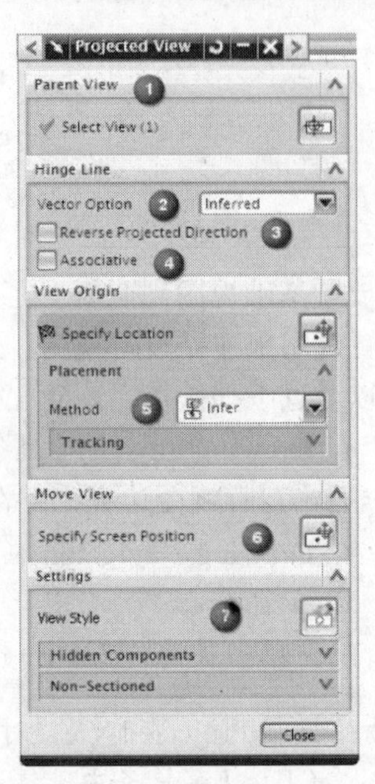

图 15-33 Projected View 对话框

Projected View 对话框选项描述如表 15-2 所示。

表 15-2 Projected View 对话框选项描述

#	选 项	描 述
1	Parent View（父视图）	选择不同的基础视图用作父视图。当有多于一个的基础视图存在时有效
2	Vector Option（矢量选项）	推断折页线或显式地定义固定的折页线
3	Reverse Projected Direction（反转投射方向）	反转投射视图的方向
4	Associative（相关联）	使投射视图关联到定义的折页线
5	Placement（放置）	对准投射视图到水平、垂直或与折页线正交，也可基于光标位置推断放置
6	Move View（移动视图）	移动已存视图而不中断安放投射视图的交互
7	View Style（视图式样）	打开 View Style 对话框

15.6 编辑已存视图

1. 编辑已存视图的式样

有下列 5 种方法可用来改变已存视图的式样：

- 双击视图边框。
- 右击视图边框并在弹出的快捷菜单中选择 Style 命令。

- 在 Part Navigator 中双击视图节点。
- 在 Part Navigator 中右击视图节点，并在弹出的快捷菜单中选择 Style 命令。
- 选择 Edit→Style 命令。

2. 在图纸上拖拽视图

在图纸上拖拽视图的步骤如下：

（1）（可选项）选择一个或多个要移动的视图。

（2）保持光标在一个视图的边框上 （如果选择的视图多于一个），直到它改变到拖拽模式。

（3）按需要拖拽视图。

注意： 当相对于其他视图移动视图时，将会出现对准线。当在对准线可见时放置视图，它将自动地捕捉到对准的位置。

3. 从图纸上删除视图

可以通过下列操作之一从图纸移去视图：

- 右击视图边框并从弹出的快捷菜单中选择 Delete 命令。
- 在 Part Navigator 中右击要移去的视图，并从弹出的快捷菜单中选择 Delete 命令。
- 单击 Delete 按钮并选择视图。
- 选择 Edit→Delete 命令并选择视图。

一旦从图纸移去视图，所有关联到该视图的制图对象或视图修改将被删除。

【练习 15-3】　添加视图到工程图上

在本练习中，将添加基础视图和投射视图到工程图上。

第 1 步　打开\Part_C15 目录中的图部件 drafting_bearing_mount_dwg.prt。

注意： 这是一个非主模型部件。主模型部件 drafting_ bearing_mount 被添加为一个组件。装配结构如图 15-34 所示。

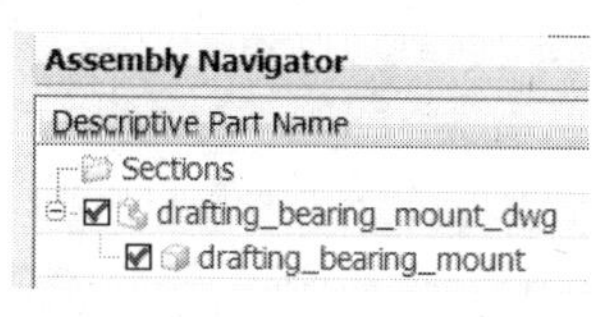

图 15-34　装配导航器

第 2 步　启动 Drafting 应用。

注意： 不要退出 Base View 对话框。

第 3 步　添加基础视图。

设计意图： 利用顶视图作为基础视图（默认）。如图 15-35 所示，右击预览视图并从弹出的快捷菜单中选择 Preview Style→Wireframe 命令。

- 在 Base View 对话框的 Settings 组中单击 View Style 按钮。
- 选择 General 选项卡。
- 如图 15-36 所示，确保 Centerlines 是激活的，在 Scale 文本框中输入 0.5。

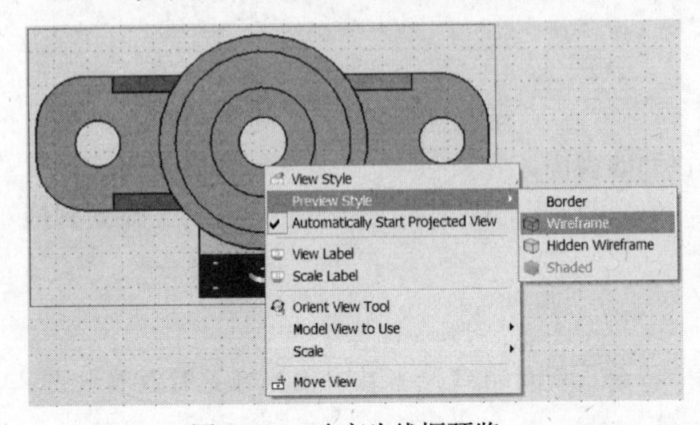

图 15-35 改变为线框预览

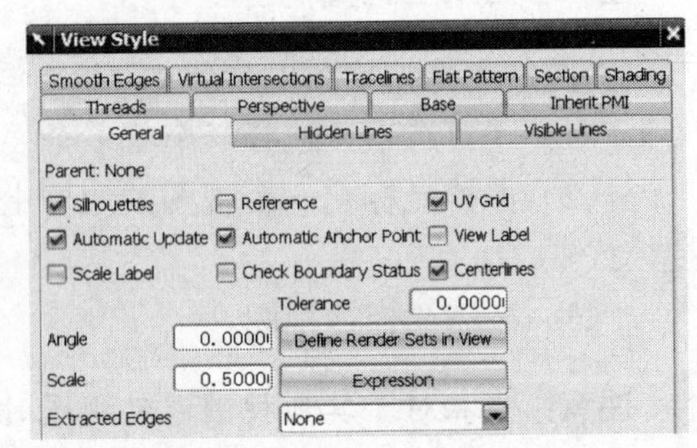

图 15-36 General 选项卡设置

- 选择 Hidden Lines 选项卡。
- 如图 15-37 所示，确保 Hidden Line 是激活的并设置线型为 Invisible。

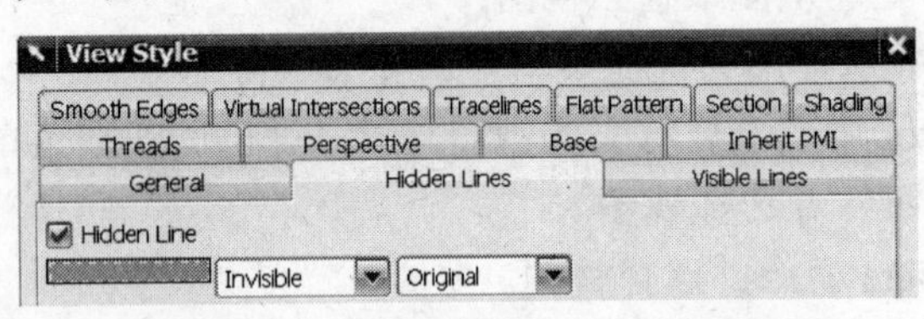

图 15-37 Hidden Lines 选项卡设置

- 单击 OK 按钮。
- 定位光标在图的左上角，并单击放置视图，如图 15-38 所示。

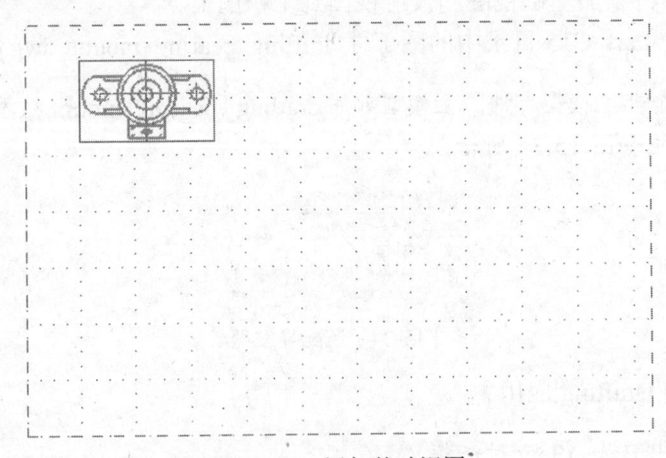

图 15-38 添加基础视图

第 4 步 投射前视图。

- 在基础视图下方竖直移动光标，因而对准线是垂直的。
- 定位光标在顶视图的底部，并单击放置视图，如图 15-39 所示。

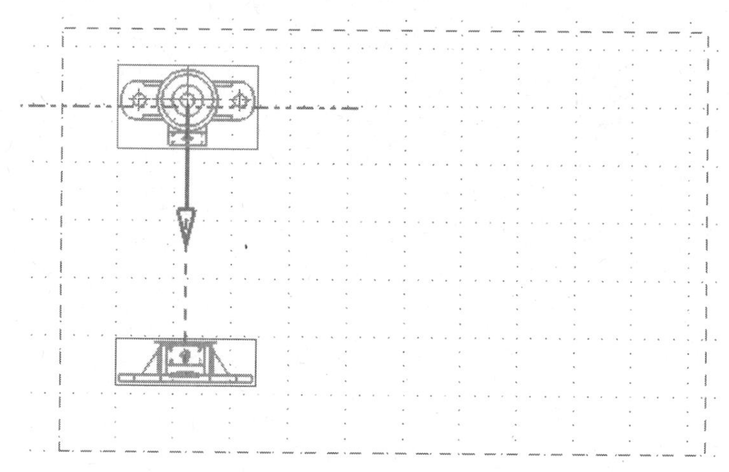

图 15-39　添加投射视图

- 保持对话框打开，以方便下一步操作。

第 5 步　从前视图投射右视图。

- 在 Parent View 组中单击 Select View 按钮。
- 选择前视图边框。
- 移动光标到前视图的右边，因而对准线是水平的。
- 定位光标在图的右下角，并单击放置视图，如图 15-40 所示。

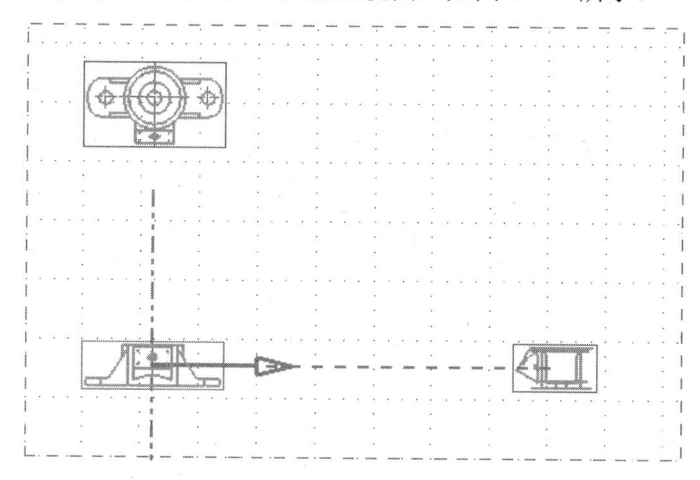

图 15-40　添加投射视图

- 保持对话框打开，以方便下一步操作。

第 6 步　投射辅助视图。

- 在 Hinge Line 组中选中 Associative 复选框。
- 在 Parent View 组中单击 Select View 按钮。
- 选择右视图边框。
- 绕右视图逆时针移动光标从 12:00 钟位置到 10:00 钟位置。
- 在近似位置单击，如图 15-41 所示。

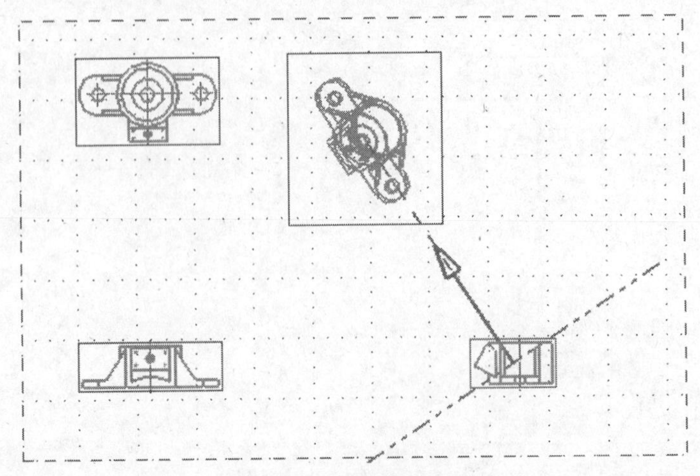

图 15-41 添加辅助视图

● 单击鼠标中键退出 Projected View 对话框。

第 7 步 关闭所有部件。

第 16 章　制图介绍（二）

【目的】

本章继续对制图应用进行介绍。

在完成本章学习之后，将能够：

- 建立中心线和符号。
- 建立尺寸。
- 添加注释到图纸。
- 为主模型建立图。

16.1　自动中心线

Automatic Centerline 命令可在任一已存视图中自动地建立中心线，在这些视图中，孔或销轴正交或平行于视图平面。

在 Annotation 工具条的 Centerline Drop-down 列表中选择 Automatic Centerline 选项，或从菜单条中选择 Insert→Centerline→Automatic Centerline 命令，打开如图 16-1 所示的 Automatic Centerline 对话框。

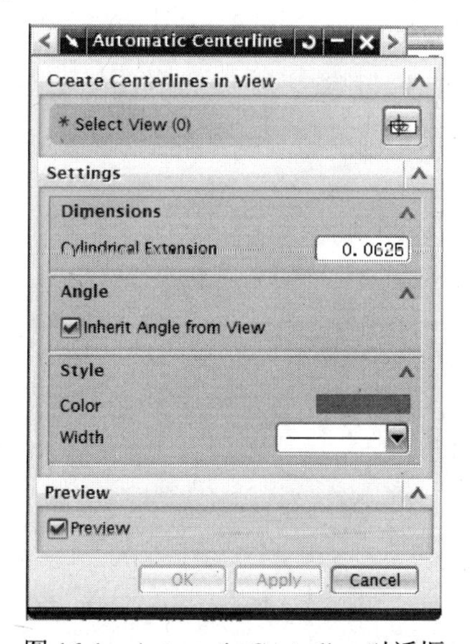

图 16-1　Automatic Centerline 对话框

Automatic Centerline 对话框选项描述如表 16-1 所示。

表 16-1 Automatic Centerline 对话框选项描述

选　　项	描　　述
Select View（选择视图）	从图形窗口选择要在其中自动建立中心线符号的视图
Inherit Angle from View（从视图继承角度）	在建立辅助视图的中心线时继承其折页线的角度。此选项仅对 Linear Centerline 和 Automatic Centerline 符号类型有效

在已存视图上建立自动中心线的步骤如下：

（1）选择 Insert→Centerline→Automatic Centerline 命令。

（2）选择要在其中建立中心线的视图。

（3）在 Cylindrical Extension 文本框中输入要求的值。

（4）单击 Apply 按钮。

有效的自动中心线类型介绍如下。

- 螺栓圆中心线：孔是一个圆形引用阵列组。
- 中心标志：孔不是一个圆形引用阵列组。
- 3D 中心线：孔轴平行于视图平面。

自动中心线仅作用到全圆边缘或圆柱面，部分圆边缘被忽略。

通过从图形窗口选择中心线或符号，并在 Standard 工具条中单击 Delete 按钮，可以删除中心线或符号。

可以在任一位置选择中心线或符号。如果删除中心线或符号，任一关联的对象如尺寸也将被删除，除非选中 Preferences→Drafting 中的 Retain Annotation 复选框。

【练习 16-1】 建立线性中心线

在本练习中将建立线性中心线。

第 1 步 打开\Part_C16 目录中的 drafting_sym1_dwg.prt。

注意：这是一个非主模型部件，主模型部件 drafting_sym1 被添加为一个组件，如图 16-2 所示。

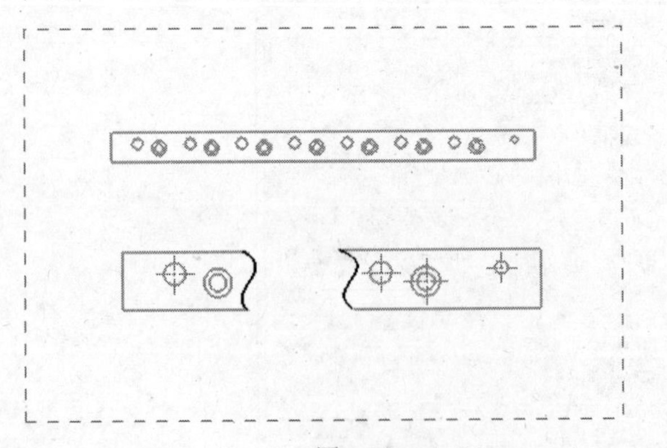

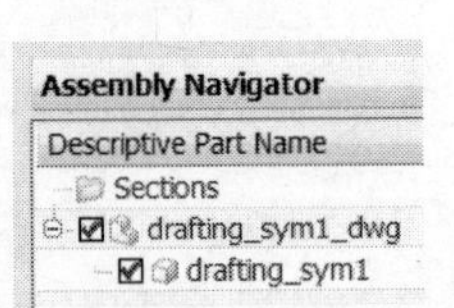

图 16-2 drafting_sym1.prt

第 2 步 建立线性中心线。

- 在 Centerline 工具条上单击 Automatic Centerline 按钮。

- 选择前视图。
- 单击 Apply 按钮建立中心线，如图 16-3 所示。

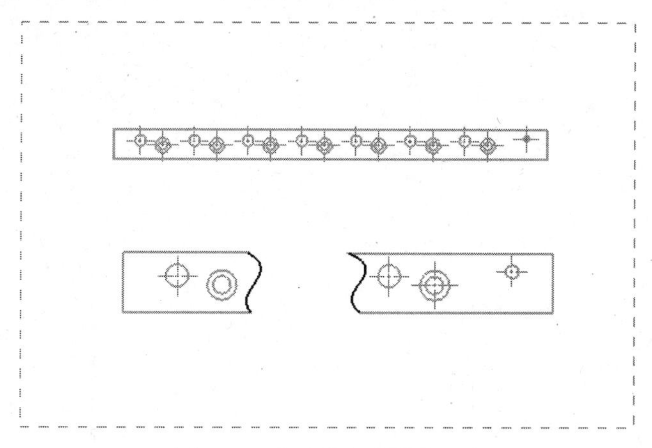

图 16-3　自动建立线性中心线

第 3 步　关闭所有部件。

【练习 16-2】　建立圆柱中心线

在本练习中将建立圆柱中心线。

第 1 步　打开\Part_C16 目录中的 drafting_sym4_dwg.prt。

注意：这是一个非主模型部件。主模型部件 drafting_sym4 被添加为一个组件，如图 16-4 所示。

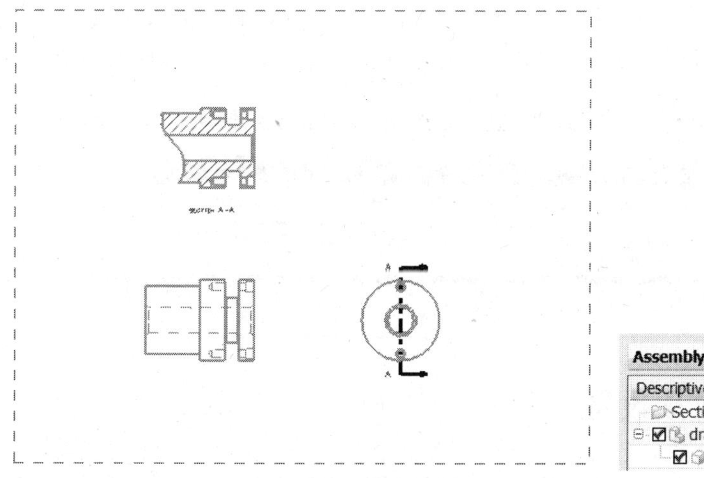

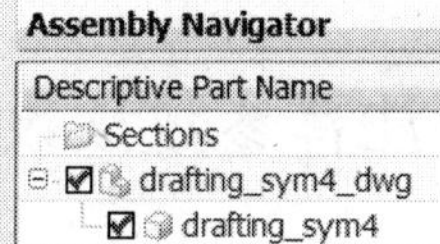

图 16-4　drafting_sym4_dwg.prt

第 2 步　建立圆柱中心线符号。

- 在 Annotation 工具条的 Centerline Drop-down 列表中单击 Automatic Centerline 按钮。
- 选择 3 个视图。
- 单击 Apply 按钮，建立圆柱中心线，如图 16-5 所示。

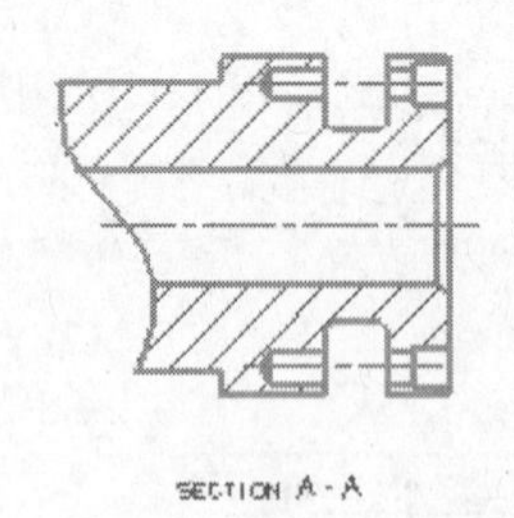

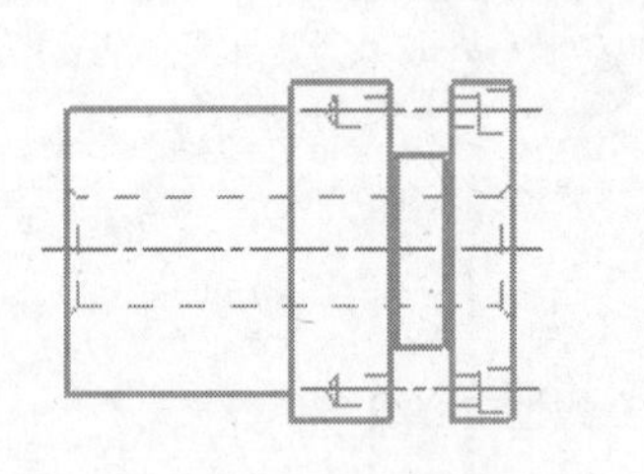

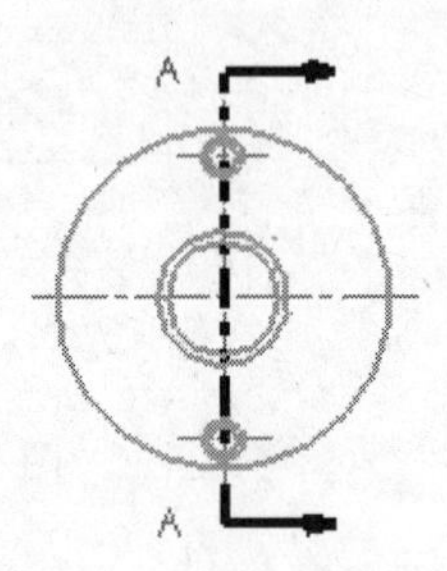

图 16-5　自动建立圆柱中心线

第 3 步　关闭所有部件。

16.2　尺　寸

为了使用各种尺寸类型，可以在 Dimension 工具条的 Drafting Dimension Drop-down 列表中选择需要的尺寸类型，或选择 Insert→Dimension 命令，然后选择尺寸类型。

提示：常常使用的尺寸类型可以用 Add or Remove Buttons 添加到工具条，如图 16-6 所示。

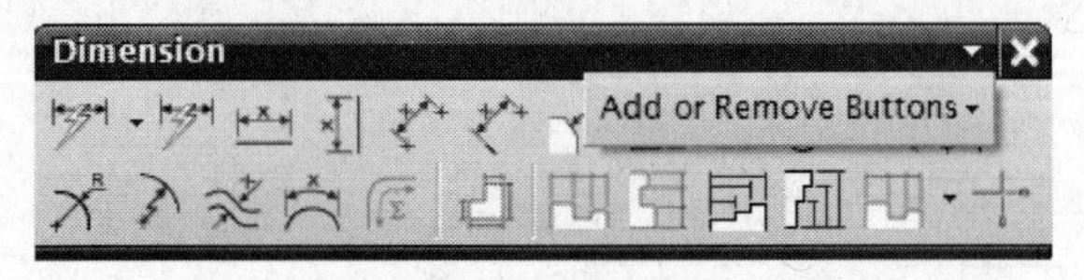

图 16-6　添加尺寸类型

16.2.1　注释参数预设置

选择 Preferences→Annotation 命令，打开如图 16-7 所示的 Annotation Preferences（注释参数预设置）对话框。利用该对话框可配置影响尺寸的全局设置。

Annotation Preferences 对话框中应用于尺寸的选项卡介绍如下。

- Dimensions：控制延伸线与箭头的显示、文本的方位、精度和公差、倒角尺寸和狭窄尺寸。

- Line/Arrow：控制尺寸和其他注释的引线、箭头及延伸线的式样和大小。预览区提供了带有引线与尺寸的符号的示意。
- Lettering：控制文本的对准、调整、尺寸和字体。
- Units：控制测量尺寸所要求的单位和是否以单尺寸或双尺寸格式建立尺寸。
- Radial：控制直径和半径尺寸的独特设置。

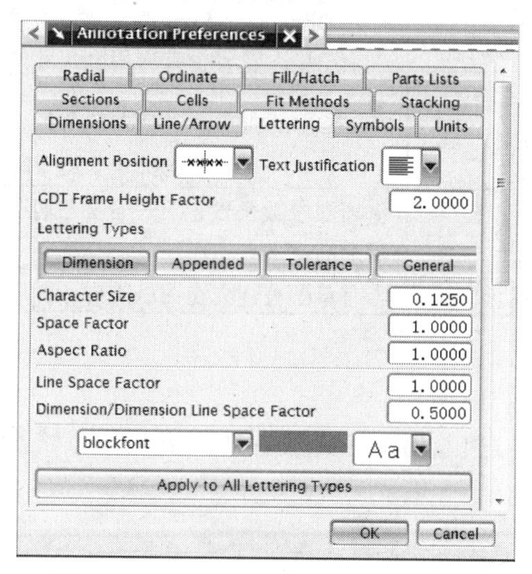

图 16-7　Annotation Preferences 对话框

16.2.2　尺寸对话条

当选择尺寸类型时，出现相应的尺寸对话条。

在对话条上的设置仅会影响当前正建立的尺寸。当退出尺寸建立或选择 Reset 时，设置将返回全局值。

如图 16-8 所示为 Inferred Dimension（推断尺寸）对话条。

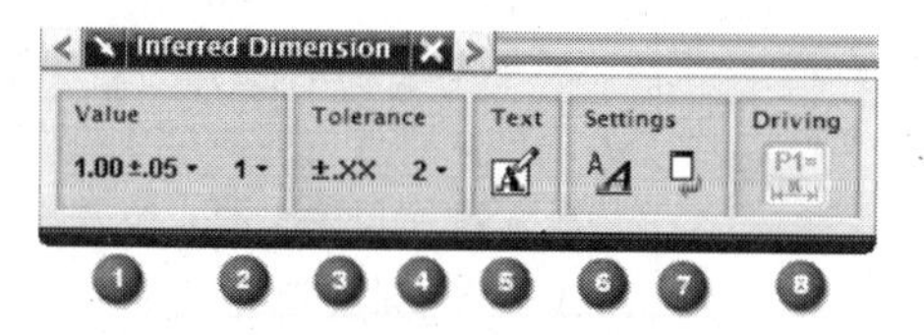

图 16-8　Inferred Dimension 对话条

表 16-2 为 Inferred Dimension 对话条选项描述。

表 16-2　Inferred Dimension 对话条选项描述

#	选　　项	描　　述
1	Tolerance Types（公差类型）	从列表中选择公差类型
2	Primary Nominal Precision（主名义尺寸精度）	从列表中选择小数点后 0～6 位的主名义尺寸精度。如果参数预设置的格式是分数，则列表中显示分数的精度值
3	Tolerance Values（公差值）	利用在屏文本框加入公差值

续表

#	选　项	描　述
4	Tolerance Precision（公差精度）	设置主公差精度为小数点后 0～6 位
5	Annotation Editor（注释编辑器）	显示完整的文本编辑器对话框，可以在该对话框中加入符号或附加文本
6	Dimension Style（尺寸式样）	打开 Dimension Style 对话框，此框是注释参数预设置对话框的一个子集，它仅含有应用到尺寸的特性页 提示：在建立一个或多个尺寸时，可使用此选项来影响设置。当退出建立尺寸时，将恢复全局设置。
7	Reset（重设置）	将局部参数预设置重设置为部件中的前一个当前设置，并清除附加的文本
8	Driving Dimension（驱动尺寸）	当有草图被建立在图纸上时，此选项才有效

1. 注释放置选项

当选择了要建立的尺寸类型时，注释放置选项出现在选择条上，如图 16-9 所示。

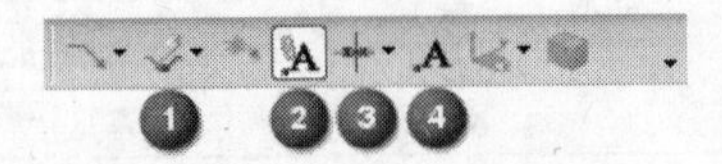

图 16-9　注释放置选项

表 16-3 描述了注释放置选项。

表 16-3　注释放置选项

#	选　项	描　述
1	Leader Orientation（引线方位）	控制引线方向。设置引线在： ● 左侧 ● 右侧 或 ● 自动地推断在哪一侧
2	Associative Origins（相关原点）	关联尺寸原点与另一尺寸或注释对齐
3	Alignment Position（对准位置）	规定对准在尺寸上的点位置。对准方法为下列选项之一： ● 顶-左对齐 ● 顶-中对齐 ● 顶-右对齐 ● 中-左对齐 ● 中-中对齐 ● 中-右对齐 ● 底-左对齐 ● 底-中对齐 ● 底-右对齐
4	Origin Tool（原点工具）	打开 Origin Tool 对话框

2. 捕捉点选项

在使用尺寸工作时，捕捉点选项出现在选择条上。这些选项可作为选择几何点的一个过滤器。如果要将选择限制到专门的点类型，可以选择或不选择这些选项中的任一个。

使用 Two-curve Intersection 按钮（在工具条右端）可选择不能拟合在选择球内的两个相交边缘。当单击该按钮时，所有其他按钮都是无效的。

提示：在任何时候都可通过按 Esc 键释放所有已选择的对象。

3. 动态对准

在建立尺寸时，可以对准它们到一个已存尺寸，当两个尺寸是垂直或水平对准时会出现图形提示，如图 16-10 所示。

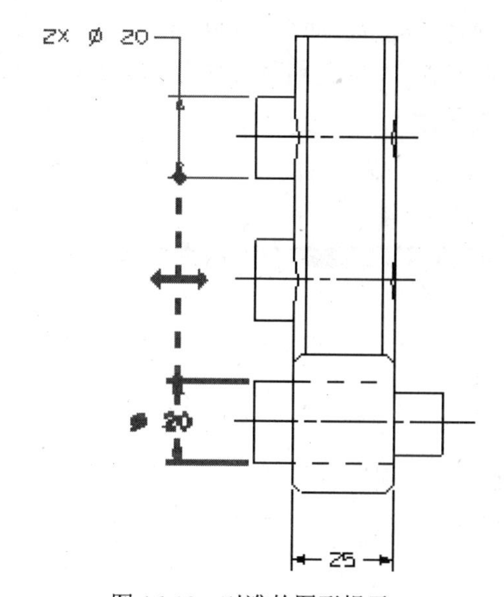

图 16-10　对准的图形提示

注意：

（1）如果要使新尺寸与已存尺寸关联，须确保 Associative Origins 按钮 是激活的。

（2）如果正放置尺寸，不对准它们，按下和保持 Alt 键，这样可阻止帮助线出现。

16.2.3　添加附加文本到尺寸

在建立尺寸时，可以为其添加附加文本。如果仅要添加一行附加文本，选择标注尺寸的对象，在放置尺寸之前，在快捷菜单中选择一个附加文本选项。如果文本是复杂的，可利用文本编辑器。

可执行下列操作之一来添加附加文本到先前建立的没有附加文本的尺寸：

- 双击尺寸，并从对话条中打开 Text Editor。
- 双击尺寸，并利用键盘上的→、←、↑和↓键得到要添加附加文本的位置，输入文本并按 Enter 键。

- 双击尺寸，然后从快捷菜单中选择 Appended Text（对单行文本）或 Text Editor（对复杂文本）。

可执行下列操作之一来编辑已存附加文本：

- 双击附加文本。
- 双击尺寸，并利用键盘上的→、←、↑和↓键得到要编辑附加文本的位置。
- 选择尺寸，并打开在附加文本上的快捷菜单。

16.2.4 添加公差到尺寸

选择要标注尺寸的对象之后，可以：

- 在 Value 组中设置公差类型，如图 16-11 所示。
- 在 Tolerance 组中设置要求的公差值，如图 16-12 所示。

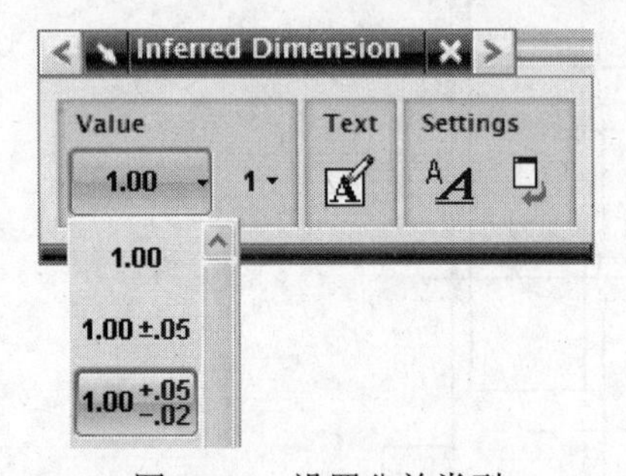

图 16-11 设置公差类型

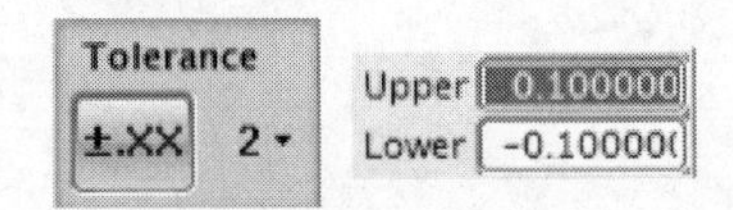

图 16-12 设置公差值

可以利用下列 3 种方法之一编辑公差：

- 在公差上，从快捷菜单中选择 Edit 命令。
- 双击公差。
- 双击尺寸以获取尺寸对话条。

16.2.5 改变文本方位与文本箭头放置

- 在建立尺寸时，为了设置文本箭头放置或文本方位，在安放文本之前，打开快捷菜单。
- 为了改变已存尺寸的文本方位或文本箭头放置，编辑尺寸式样。

16.2.6 编辑已存尺寸

在已存尺寸上显示的快捷菜单有两种可能：

- 当尺寸建立未激活时，在尺寸上出现如图 16-13（a）所示的快捷菜单。
- 当双击已存尺寸（为了编辑它）并打开快捷菜单时，将出现另一快捷菜单，如图 16-13（b）所示。

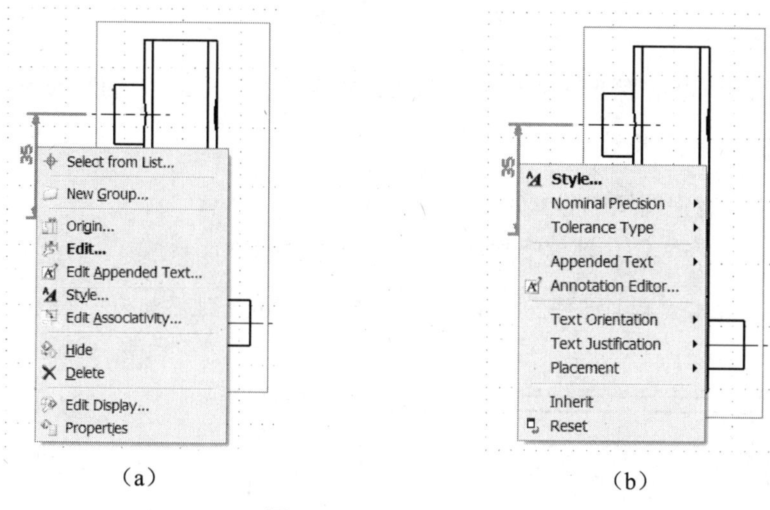

（a）　（b）

图 16-13　尺寸快捷菜单

当编辑尺寸时，出现 Edit Dimension 编辑尺寸对话条，如图 16-14 所示。

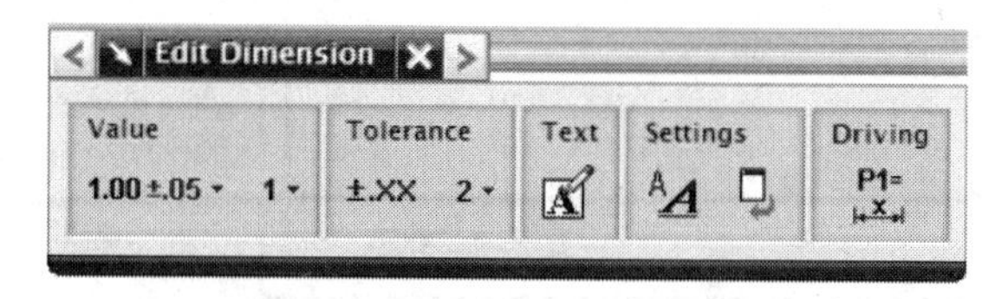

图 16-14　Edit Dimension 对话条

光标改变为⸸，指示正处于编辑模式中。

1. 改变尺寸的精度

改变已存尺寸的精度的步骤如下：

（1）双击尺寸。

（2）执行下列操作之一：

- 从快捷菜单中选择 Nominal Precision 命令。
- 在 Edit Dimension 对话条的 Value 组中展开精度列表。
- 输入与要求的精度相对应的数字键。

2. 从已存尺寸继承参数预设置

在建立尺寸之后，可以编辑它的参数预设置，以便与另一尺寸相匹配，具体步骤如下：

（1）双击要改变的尺寸。

（2）在尺寸上右击，并在弹出的快捷菜单中选择 Inherit 命令。

（3）选择具有所要求的参数预设置的尺寸。

3. 移动尺寸

要改变已存尺寸的原点，在没有命令激活时可通过简单拖拽移动它。

当处在移动模式中时，光标将改变为⸸。

4. 删除尺寸

可以使用快捷菜单删除尺寸；也可以先选择要删除的尺寸，再选择 Delete 命令。

【练习 16-3】 建立尺寸

在本练习中，将在图纸中建立尺寸。

第 1 步 打开\Part_C16 目录中的 drafting_fitting_dwg.prt。

注意：这是一个非主模型部件。主模型部件 drafting_fitting 被添加为一个组件，如图 16-15 所示。

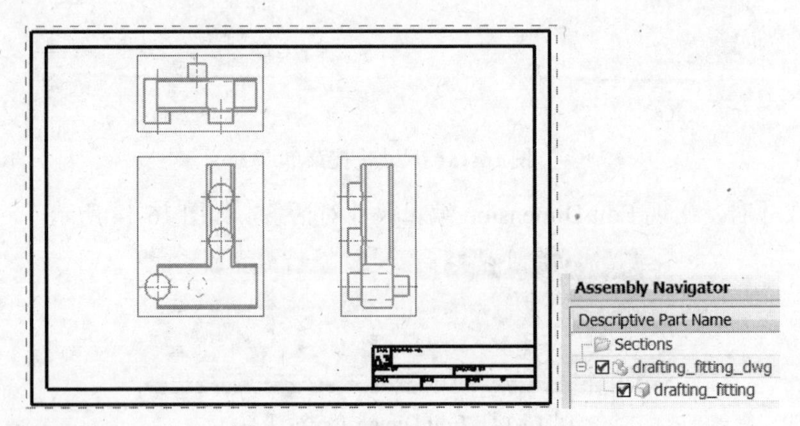

图 16-15 drafting_fitting_dwg.prt

第 2 步 建立水平尺寸。

- 在 Dimension 工具条上单击 Inferred Dimension 按钮。
- 选择实体边缘的两个端点，如图 16-16 所示。

提示：如果选择了错误对象，按 Esc 键取消选择，并重选。

- 在要求的位置单击以放置尺寸，如图 16-17 所示。

图 16-16 选择两个端点　　图 16-17 放置尺寸

提示：如果需要改变已存尺寸的式样，右击它并在弹出的快捷菜单中选择 Style 命令。

第 3 步 建立垂直尺寸。

设计意图：建立的尺寸要基于线性中心线而非圆弧中心。

允许在中心线符号和尺寸延伸线间有间隙显示出来。

- 选择中心线符号❶和❷，如图 16-18 所示。

注意： 先不要放置尺寸。

- 在 Vertical Dimension 对话条的 Value 组中展开公差列表，并选择 Equal Bilateral Tolerance，如图 16-19 所示。

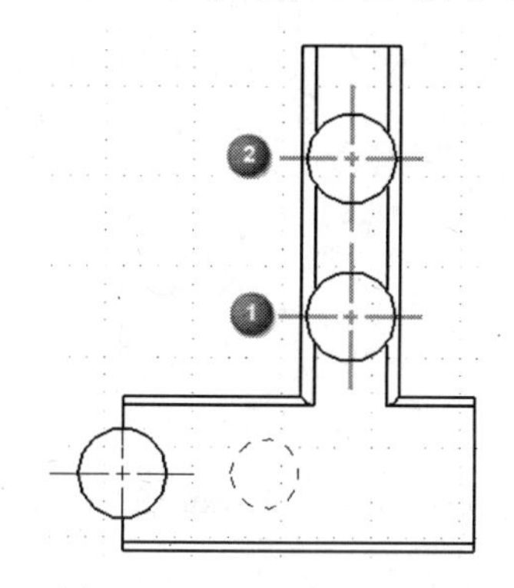

图 16-18　选择中心线符号

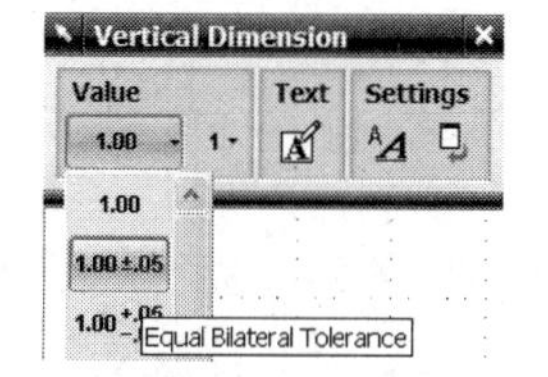

图 16-19　选择等双向公差

- 在 Tolerance 组中展开公差精度列表，并选择 1 位小数点位数，如图 16-20 所示。
- 在 Tolerance 组中单击 Tolerance Values 值。
- 在 Tolerance 文本框中输入 0.1 并按 Enter 键，如图 16-21 所示。

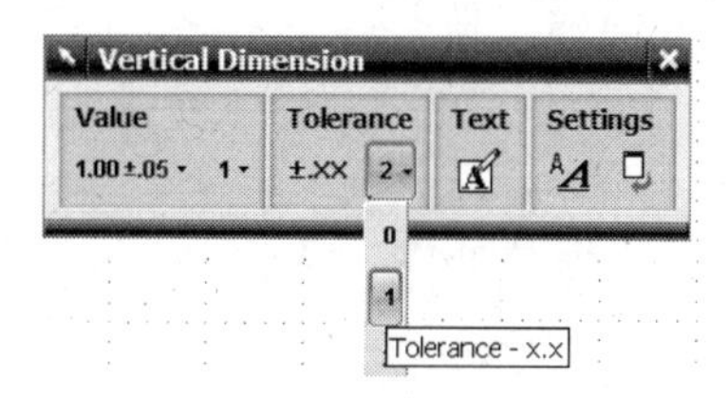

图 16-20　选择公差精度

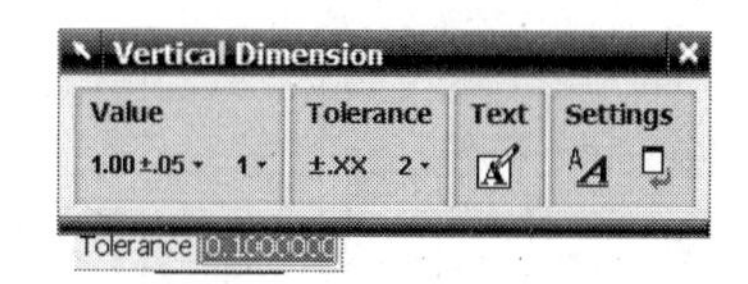

图 16-21　输入公差值

- 放置尺寸，如图 16-22 所示。
- 单击鼠标中键，取消尺寸建立。

第 4 步　为凸台直径建立圆柱尺寸。

设计意图： 此尺寸要求在直径符号前添加附加文本 2X，如图 16-23 所示。

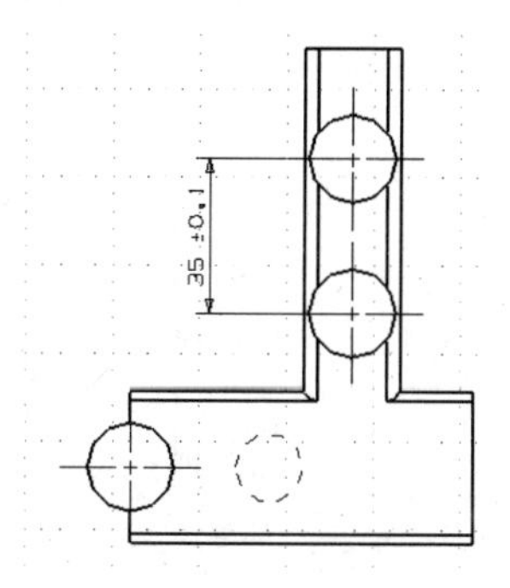

图 16-22　放置尺寸

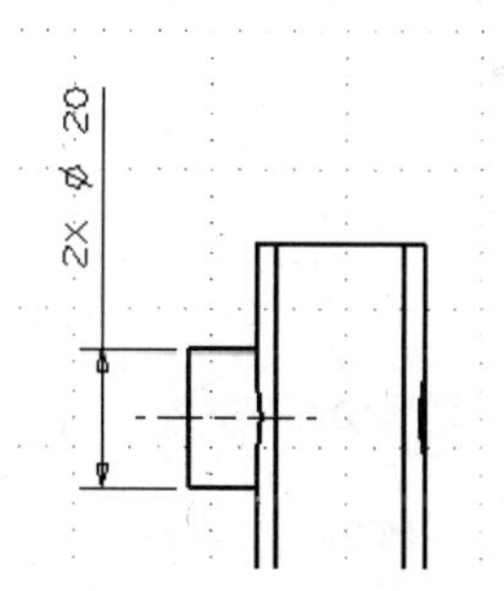

图 16-23　对尺寸的要求

- 在 Dimension 工具条上展开 Dimension 列表，并选择 Cylindrical 选项。
- 选择凸台的两个边缘，如图 16-24 所示。
- 在放置尺寸之前，从弹出的快捷菜单中选择 Appended Text→Before 命令，如图 16-25 所示。

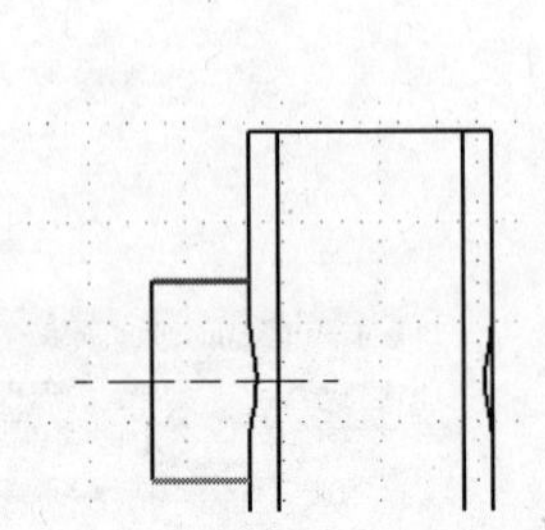

图 16-24　选择凸台的两个边缘

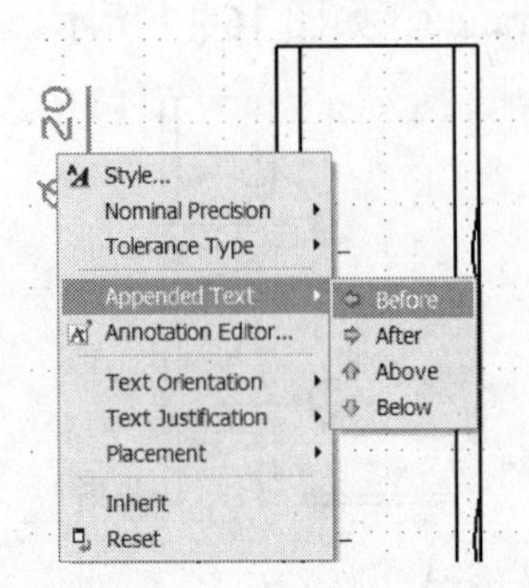

图 16-25　选择 Appended Text→Before 命令

- 在动态输入域输入 2X 并按 Enter 键，如图 16-26 所示。

设计意图：在建立尺寸之前，还需要调整对准和放置。

- 从弹出的快捷菜单中选择 Placement→Arrows In 命令，如图 16-27 所示。

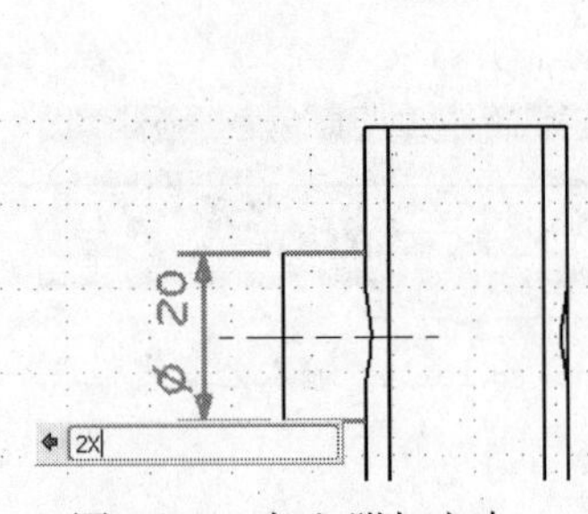

图 16-26　加入附加文本

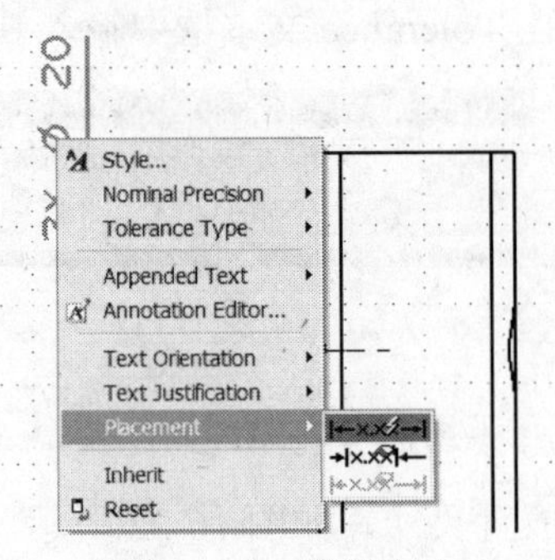

图 16-27　箭头在内

- 从弹出的快捷菜单中选择 Text Orientation→Horizontal 命令，如图 16-28 所示。
- 放置尺寸，如图 16-29 所示。

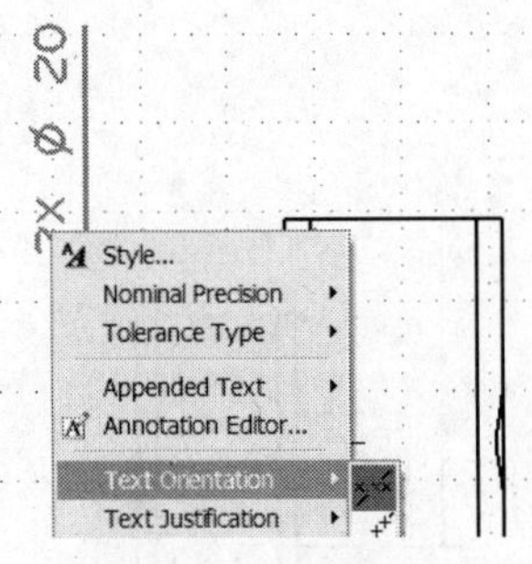

图 16-28　文本水平

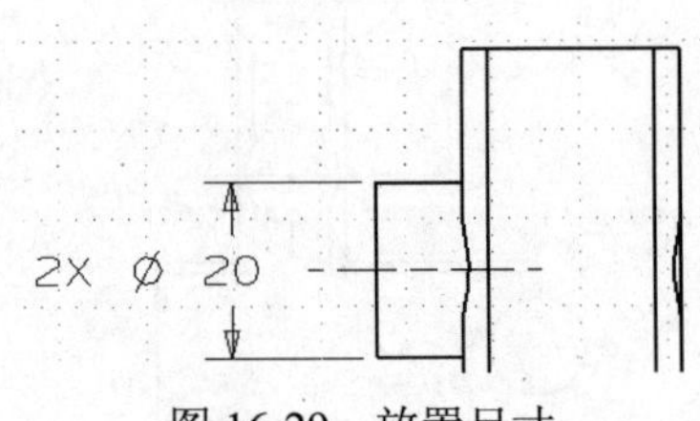

图 16-29　放置尺寸

第 5 步　对准尺寸与另一已存尺寸。

- 选择两个边缘，如图 16-30 所示。

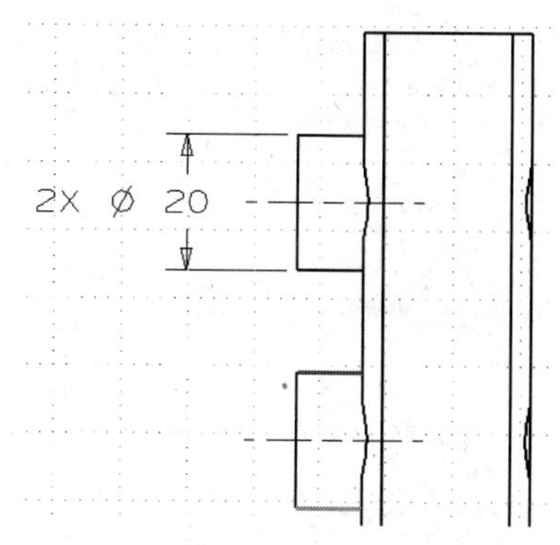

图 16-30　选择另一凸台的两个边缘

设计意图：不再需要附加文本与水平方位，可直接接受默认放置方法。

- 在 Cylindrical Dimension 对话条上单击 Reset 按钮。
- 在 2X Ø 20 尺寸上移动光标。
- 定位了尺寸，因而对准线指示其与其上方的尺寸已经对准，如图 16-31 所示。

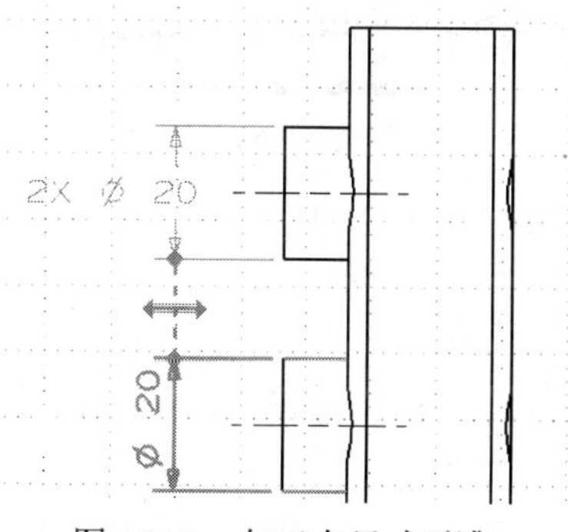

图 16-31　与已存尺寸对准

- 单击鼠标中键退出尺寸功能。

第 6 步　关闭所有部件。

16.3　建立文本

注释（Note）对话框提供建立注释、标记和 GD&T 符号的选项。可在 Text Input 文本框中为注释和标记加入文本及符号。

获取文本编辑器的方法如下：

- 在 Annotation 工具条上单击 Note 按钮。
- 选择 Insert→Annotation→Note 命令。

Note 对话框如图 16-32 所示。

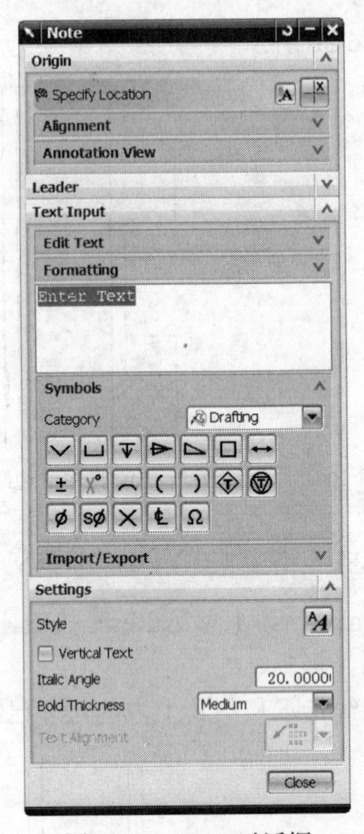

图 16-32 Note 对话框

16.3.1 帮助线

帮助线担当指导任务，允许将注释、标记、尺寸、符号及视图等与图纸上的其他对象对准。帮助线显示为虚线。

要使用帮助线，可在放置新的注释时将光标在要对准的对象上移动，注释将高亮显示并出现帮助线，如图 16-33 所示。

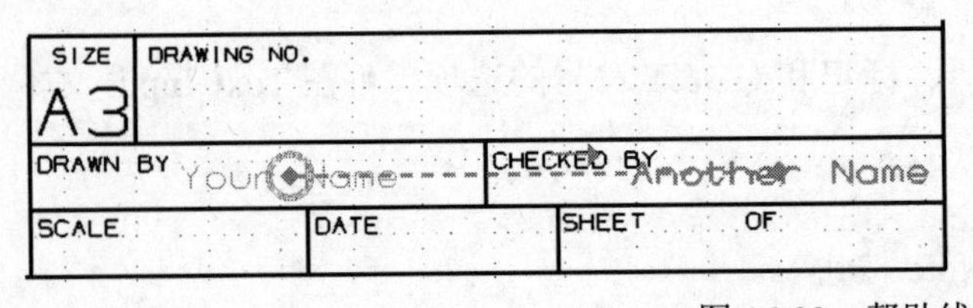

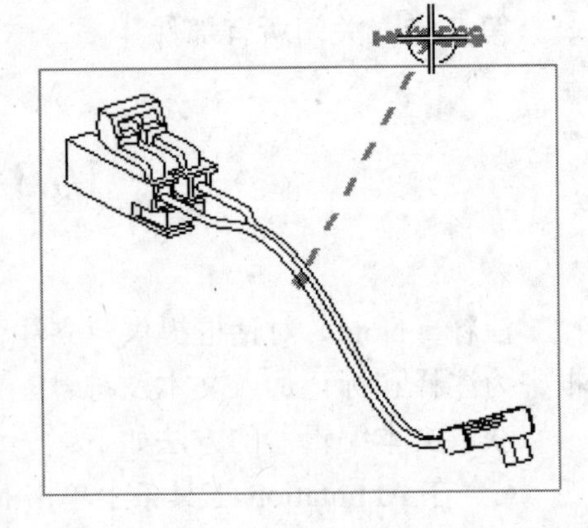

图 16-33 帮助线

单击以放置注释在需要的位置。

16.3.2　建立注释和标记

建立注释的步骤如下：

（1）在 Annotation 工具条上单击 Note 按钮或选择 Insert→Annotation→Note 命令。

（2）在文本框中输入需要的文本。文本将显示在文本框和图形窗口中。

（3）在希望放置注释的地方单击鼠标左键。

注意： 在定位文本之后，它保留在编辑窗口中以方便建立下一注释时重用或编辑。

提示： 也可以通过从操作系统窗口拖拽一文本文件（.txt）到图纸中的方法来建立注释。

建立标记的步骤如下：

（1）在 Annotation 工具条上单击 Note 按钮或选择 Insert→Annotation→Note 命令。

（2）在文本框中输入需要的文本。文本将显示在文本框和图形窗口中。

（3）定位光标放置箭头在其上的曲线/边缘/表面上。此时光标显示如图 16-34 所示。

（4）拖拽光标离开选择的点。

（5）单击一个位置以放置文本，如图 16-35 所示。

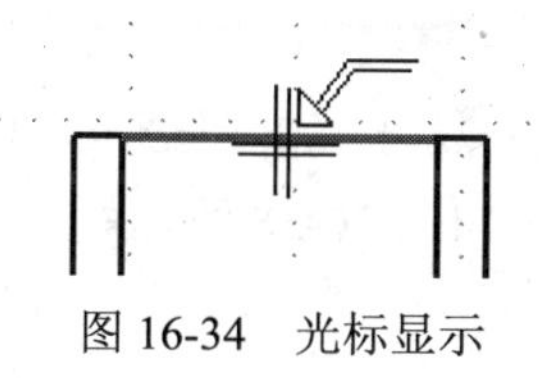

图 16-34　光标显示

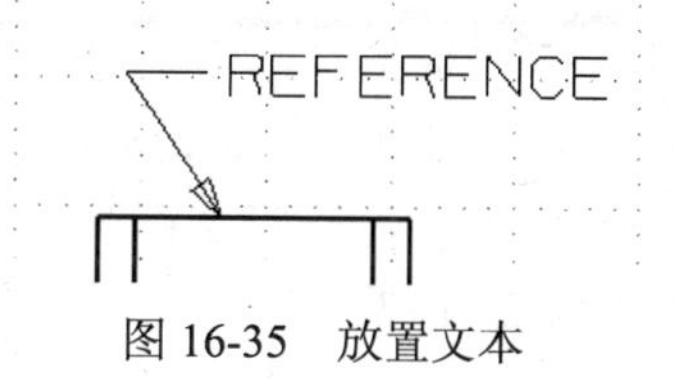

图 16-35　放置文本

16.3.3　编辑已存注释或标记

编辑已存注释或标记可通过以下两种方法：

- 从图纸上选择已存注释或标记。
- 从快捷菜单中选择相应选项。

提示： 可以通过双击注释或标记来打开 Note 对话框并编辑文本。

【练习 16-4】　建立注释与标记

在本练习中，将在图上建立注释与标记。

第 1 步　打开\Part_C16 中的 drafting_fitting_dwg.prt，启动 Drafting 应用。

第 2 步　建立注释。

- 在 Annotation 工具条上单击 Note 按钮。
- 在 Note 对话框中随着 Text Input 组中的窗口激活，按下 BackSpace 键以移去默认文本。

设计意图： 要放置的名字在标题栏中。

- 输入姓名，如图 16-36 所示。

第 3 步　放注释到图中。

- 在图形窗口中放大标题栏。
- 拖拽注释到图中需要的位置并单击指示放置，如图 16-37 所示。

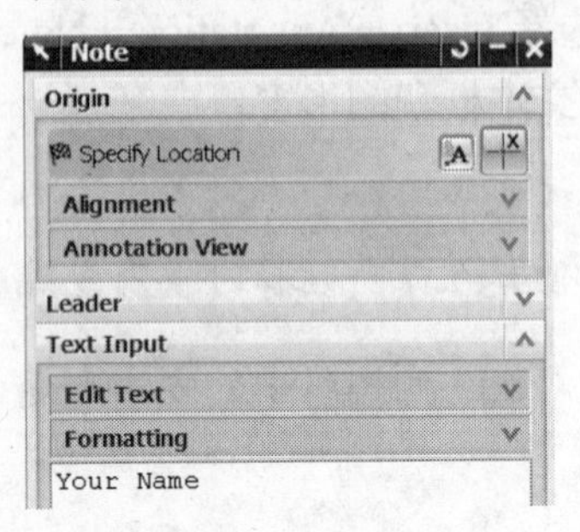

图 16-36　输入姓名

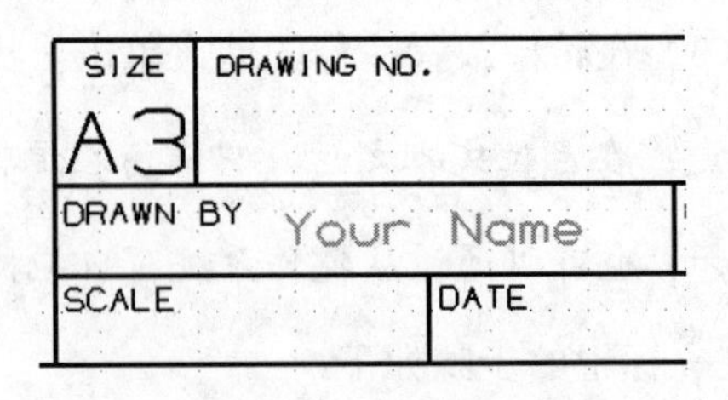

图 16-37　放置注释

注意：文本的默认对齐位置是注释的中-中。

注意：放置注释之后，在图形窗口中保留在光标后面。文本会继续跟随光标直到文本对话框关闭。再次放置文本之前可以修改它，也可将相同文本放在多个位置。

第 4 步　建立标记。

- 在 Note 对话框的 Text Input 组中输入文本 Omit Paint for 和 Electrical Bonding。
- 从前视图中的虚线圆开始拖拽，直至见到引线，如图 16-38 所示。
- 单击放置标记。

第 5 步　建立注释。

- 在 Note 对话框中随着 Text Input 组中的窗口激活，按下 BackSpace 键以移去先前的文本。
- 使用大写字母并分 3 行输入如下注释：

NOTES:

1. DIMENSIONS AND TOLERANCING PER ASME Y14.5M-1994.

2. BREAK ALL SHARP EDGES.

- 单击放置注释到图的左下角，如图 16-39 所示。

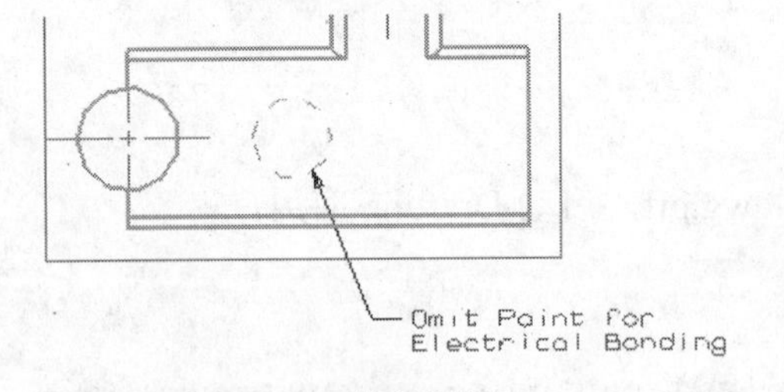

图 16-38　拖拽标记

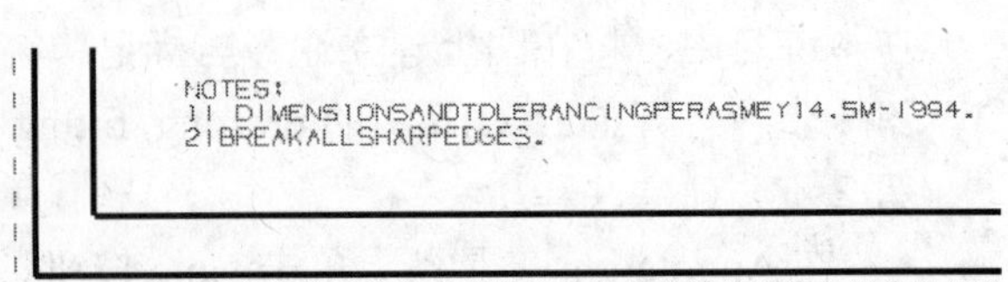

图 16-39　添加注释

第 6 步　建立另一注释。

- 在 Note 对话框中随着 Text Input 组中的窗口激活，按下 BackSpace 键以移去先前的文本。

- 在 Note 对话框的 Settings 组中单击 Style 按钮 A。
- 在 Style 对话框的 Lettering 选项卡中，设置 Font 为 blockfont，Character Size 为 5.5，如图 16-40 所示。

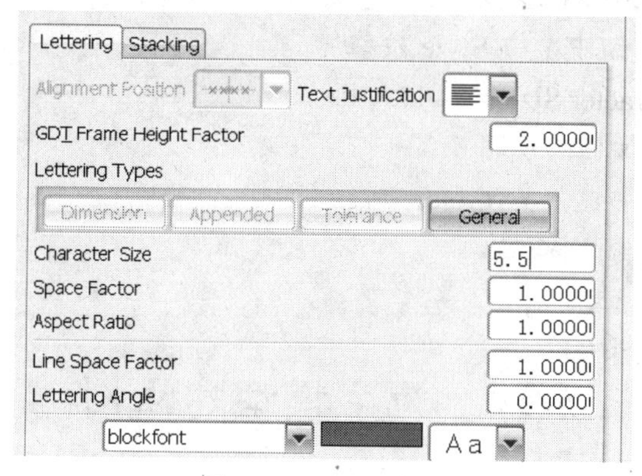

图 16-40　设置字体

- 在 Note 对话框的 Text Input 组中输入图号 05-FIT-2475。
- 移动光标在 A3 注释上通过，由此将显示一条虚线对准帮助线，如图 16-41 所示。
- 放置注释到标题栏的 DRAWING NO 区中。

第 7 步　完成标题栏。

- 在 Note 对话框中随着 Text Input 组中窗口的激活，按下 BackSpace 键以移去先前的文本。
- 输入 1:1。
- 放置注释到标题栏的 SCALE 区中，如图 16-42 所示。

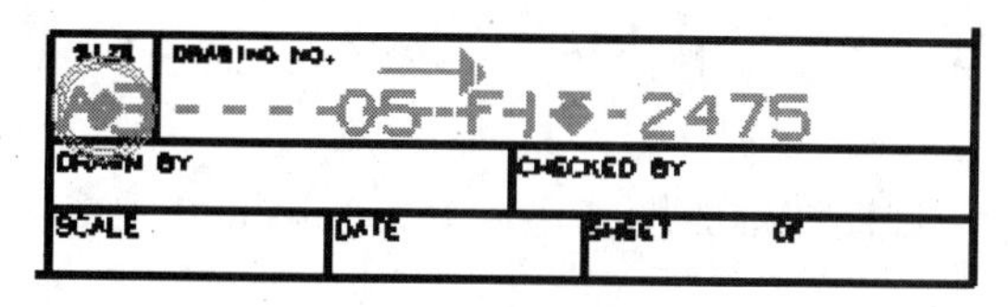

图 16-41　对准帮助线

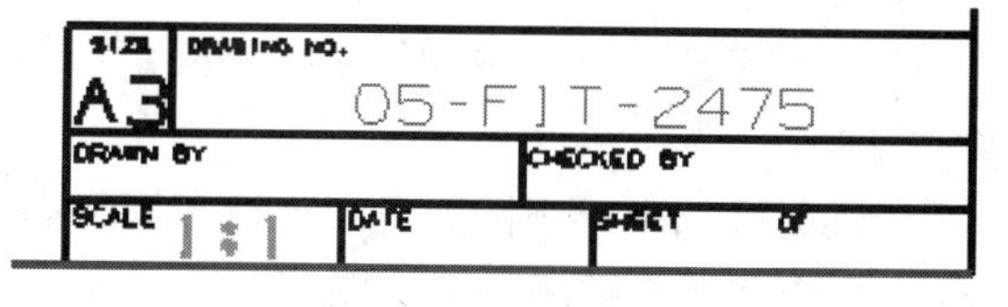

图 16-42　输入比例

- 输入 7/4。
- 移动光标在 1:1 注释上通过，由此将显示一条虚线对准帮助线，如图 16-43 所示。
- 放置注释到标题栏的 DATE 区中。
- 继续添加图纸号以完成标题栏，如图 16-44 所示。

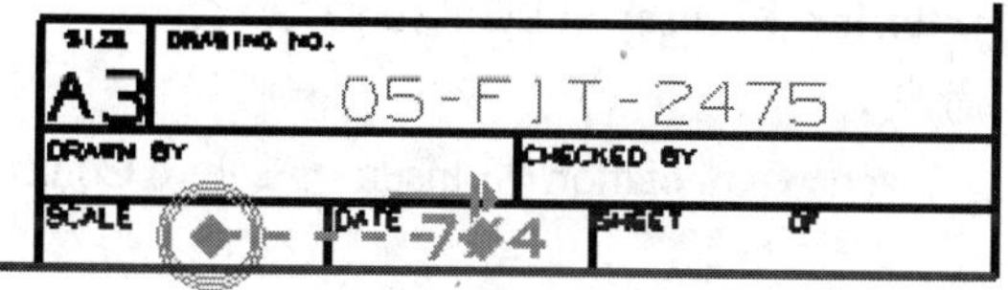

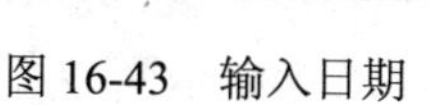

图 16-43　输入日期

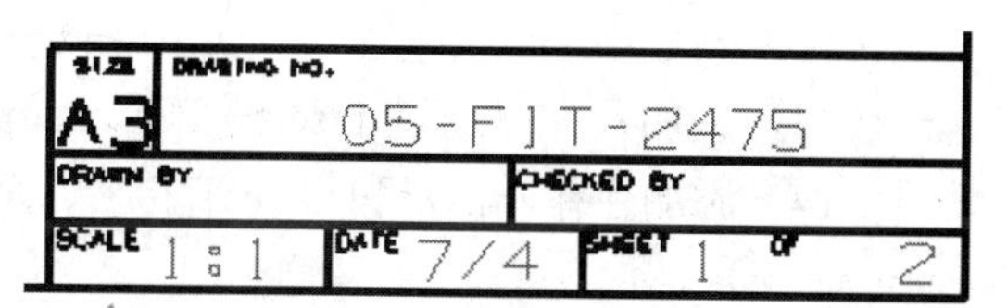

图 16-44　完成的标题栏

第 8 步 将图上的日期改变为当时的日期。

- 在图形窗口中右击标题栏中的日期注释 7/4，并在弹出的快捷菜单中选择 Edit 命令。
- 在 Note 对话框的 Text Input 组内 7/4 高亮，输入日期（MM-DD-YY）。

注意： 如果更改后的日期相对 Date 框来说太大，可以：

- 在 Setting 组中单击 Style 按钮。
- 设置 Character Size 为 3.175。
- 单击 OK 按钮。
- 单击鼠标中键，关闭 Note 对话框。

第 9 步 关闭所有部件。

16.4 为主模型建立图

为主模型建立图的步骤如下：

（1）打开主模型部件（通过 File→Open 命令）。

（2）启动 Assemblies 应用（通过 Start→Assemblies 命令）。

（3）建立新的父部件（通过 Assemblies→Components→Create New Parent, xxxxx_dwg）。

注意： 也可以通过选择 File→New 命令并选择一个图模板的方法来建立一个“图”文件。

（4）启动 Drafting 应用（通过 Start→Drafting 命令）。

（5）调整图纸：名称、单位、尺寸和投射角（通过 Edit→Sheet 命令）。

（6）添加图格式：标题栏、边框、版本块和标准注释。

（7）设置视图参数预设置：去除消隐线、截面背景和螺纹（通过 Preferences→View 命令）。

（8）添加基础视图，通常会选择模型中的顶视图或前视图（通过 Insert→View→Base View 命令并选择要添加的视图）。

（9）添加更多的视图：投射、细节（放大）、剖切、等参数（轴测）和爆炸视图（通过 Insert→View 命令）。

（10）调整视图显示：尺寸、方位等（通过 Edit→Style 或 Edit→View 命令）。

（11）用视图相关编辑功能清理个别视图：擦去对象、编辑整个对象和编辑对象段（通过 Edit→View→View Dependent Edit 命令）。

（12）添加中心线和符号（通过 Insert→Centerline 和 Insert→Symbol 命令）。

（13）添加尺寸（通过 Insert→Dimension 命令）。

（14）添加注释、标记和 GD&T 符号（通过 Insert→Annotation 和 Insert→Feature Control Frame 命令）。

附录A 表达式运算符

本附录描述了可用于表达式的各种各样的运算符及函数。

A.1 运 算 符

表 A-1 列出了可能在表达式语言中用到的几种算术运算符。

表 A-1 算术运算符

运 算 符		示 例
+	加	p2=p5+p3
–	减	p2=p5–p3
*	乘	p2=p5*p3
/	除	p2=p5/p3
%	模	p2=p5%p3
^	指数	p2=p5^2
=	等号	p2=p5

表 A-2 列出了关系运算符和布尔运算符。

表 A-2 关系运算符和布尔运算符

<table>
<tr><th>运 算 符</th><th>描 述</th></tr>
<tr><td>></td><td>大于</td></tr>
<tr><td><</td><td>小于</td></tr>
<tr><td>>=</td><td>大于等于</td></tr>
<tr><td><=</td><td>小于等于</td></tr>
<tr><td>==</td><td>等于</td></tr>
<tr><td>!=</td><td>不等于</td></tr>
<tr><td>!</td><td>否定</td></tr>
<tr><td>& 或者 &&</td><td>逻辑 AND</td></tr>
<tr><td>| or ||</td><td>逻辑 OR</td></tr>
</table>

A.2 优先权和关联性

在表 A-3 中，同一行中的运算符有相同的优先权，随后行中的优先权依次降低。

表 A-3 运算符的优先权和关联性

运算符	关联性	运算符	关联性
^	从右向左	== !=	
-（改变标志）		&&	
* / %	从左向右	||	
+ -		=	从右向左
> < >= <=			

当在表达式中使用具有相同优先权的运算符并且没有括号时，遵循表 A-3 中的从左向右或者从右向左规则。例如：

X = 90 – 10 + 30 = 110（不是 50）

X = 90 – (10 + 30) = 50

A.3 遗留单位换算

尽管指定了的维数被指定并分配了单位，系统处理转换，遗留的部件可能使用单位转换的功能。为了遗留部件单位的兼容性，可支持表 A-4 中的函数。

表 A-4 单位转换函数

函数名	描述
cm	cm(x)将 x 从 cm 转化为默认单位
ft	ft(x)将 x 从英寸转化为默认单位
grd	grd(x)将 x 从弧度转化为角度
in	in(x)将 x 从英尺转化为默认单位
km	km(x)将 x 从千米转化为默认单位
mc	mc(x)将 x 从微米转化为默认单位
min	min(x)将 x 从分钟转化为度
ml	ml(x)将 x 从 mils 转化为默认单位
mm	mm(x)将 x 从毫米转化为默认单位
mtr	mtr(x)将 x 从米转化为默认单位
sec	sec(x)将 x 从秒转化为度
yd	yd(x)将 x 从码转化为默认单位

A.4 机内函数

构入机内的函数包括数学、字符串和工程函数。

可以有选择性地在科学记数法中输入数字，输入的值必须包含一个正或负符号。例如，可以输入：2e+5 相当于 200000，2e−5 相当于 0.00002。

表 A-5 为机内函数列表。

表 A-5　机内函数

函　数　名	功　　能
abs	返回给定数字的绝对值
arcos	返回给定角度的反余弦
arcsin	返回给定角度的反正弦
arctan	返回-90～+90 之间给定角度的反正切
arctan2	返回-180～+180 之间角度 x 与 y 的商的反正切
ASCII	返回给定字符串第一个字母的 ASCII 码，如果字符串为空，返回 0
ceiling	返回比给定数字大的最小的整数
Char	返回 1～255 之间给定整数的 ASCII 码
charReplace	从给定原字符串和字母中返回一个新的字符串和相应的替换字母
compareString	两个字符串的比较，区分大小写
cos	返回给定角度的余弦
dateTimeString	返回时间和日期，格式为 Fri Nov 21 09:56:12 2005/n
floor	返回小于等于给定数字的最大整数
format	返回带有格式的字符串，利用 C 风格的格式指定
getenv	返回给定环境变量字符串的字符串
hypcos	返回给定数字的双曲余弦
hypsin	返回给定数字的双曲正弦
hyptan	返回给定数字的双曲正切
log	返回给定数字的自然对数
log10	返回给定数字的以 10 为底数的对数
MakeNumber	返回指定数字字符串的整数个数
max	从给定数字和附加数字中返回最大的数字
min	从给定数字和附加数字中返回最小的数字
mod	返回两个数的模（整除）
NormalizeAngle	对 0～360 之间的角度规格化
pi()	返回 pi
Radians	将角度转化成弧度
replaceString	将出现的所有 str1 换成 str2
round	返回最接近给定数字的整数，如果给定数字以 0.5 结尾，返回整数部分
sin	返回给定角度的正弦
sqrt	返回给定正数的平方根
StringLower	返回给定字符串的小写字符串
StringUpper	从给定字符串返回大写字符串
StringValue	返回给定值的包含本义表达的字符串
subString	返回原始列表中包含元素子集的新字符串
tan	返回给定数字的正切
ug_functions	详见文档说明的数学和工程函数

附录B 点对话框选项

本附录描述了各种可以使用的点构造方法。

B.1 点对话框

如图 B-1 所示，Point（点）对话框提供了规定点的标准方法，它允许建立点对象并决定其在三维空间的位置。

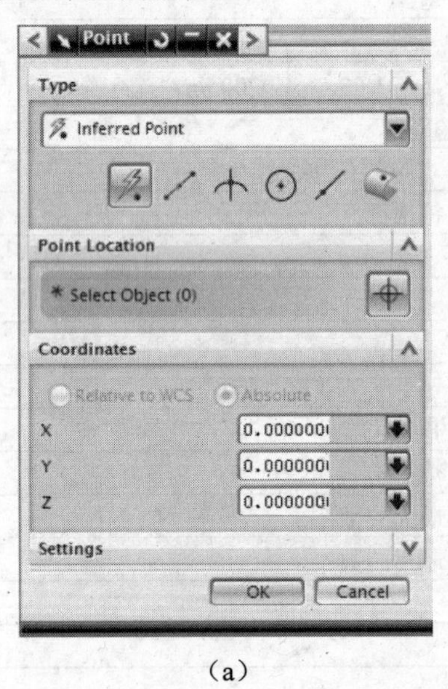

（a）

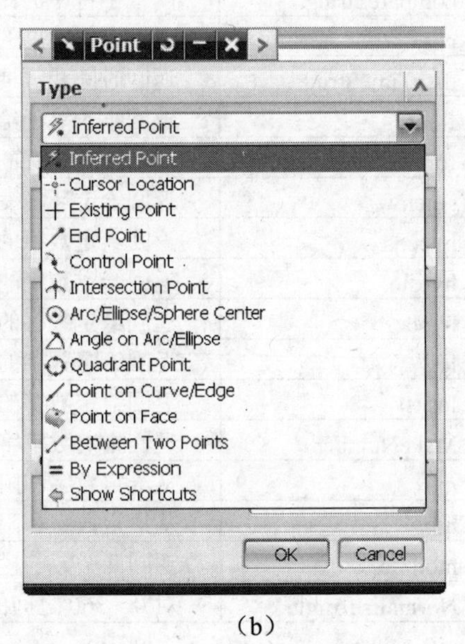

（b）

图 B-1 Point 对话框

可以通过以下两种方法之一规定点：在对话框顶部单击一个按钮以过滤有效的选择，或在提供的域中直接加入 X、Y、Z 坐标。

B.2 规定一个点的方法

如图 B-1（b）所示，Point 对话框的 Type 组中含有代表规定一个点的各种方法的按钮。当光标在这些按钮上通过时，文本将显示方法名。各种规定点的方法描述如表 B-1 所示。

表 B-1　规定点的方法描述

方　法	描　述
Inferred Point（推断点）	基于用户选择了什么及在何处选择，NX 推断出使用哪个点选项
Between Two Points（两点间）	在两个点中间规定一个位置
Intersection Point（交点）	在两条曲线交点上或在曲线和曲面或平面的交点上规定一个位置
Arc/Ellipse/Sphere Center（弧/椭圆/球中心）	在圆弧、圆或椭圆边缘或球的中心上规定一个位置
Point on Curve/Edge（在曲线/边缘上的点）	通过距离或长度的百分数在曲线或边缘上规定一个位置
Point on Face（在面上的点）	在面上规定一个位置，可以编辑 U 和 V 参数

如图 B-1（b）所示，Type 组中含有点的附加方法。这些方法描述如表 B-2 所示。

表 B-2　规定点的附加方法

方　法	描　述
Cursor Location（光标位置）	基于光标位置，NX 推断规定一个点位置
Existing Point（已存点）	在已存点上规定一个点位置
End Point（端点）	在已存直线、圆弧、二次曲线和其他曲线的端点上规定一个点位置
Control Point（控制点）	在几何对象的控制点上规定一个点位置
Angle on Arc/Ellipse（在弧/椭圆的角度上）	沿圆弧或椭圆在角度位置上规定一个点位置
Quadrant Point（象限点）	在圆弧或椭圆的象限点上，规定一个点位置。也可以在圆弧的延伸段上定义一个点

B.3　工作坐标系与绝对坐标系

当设置组中的 Associative 选项不激活时，可在 Coordinates 组中选中 Relative to WCS 或 Absolute 单选按钮（默认）来规定参考坐标系，如图 B-2 所示，并可在 X、Y 或 Z 文本框中输入值。

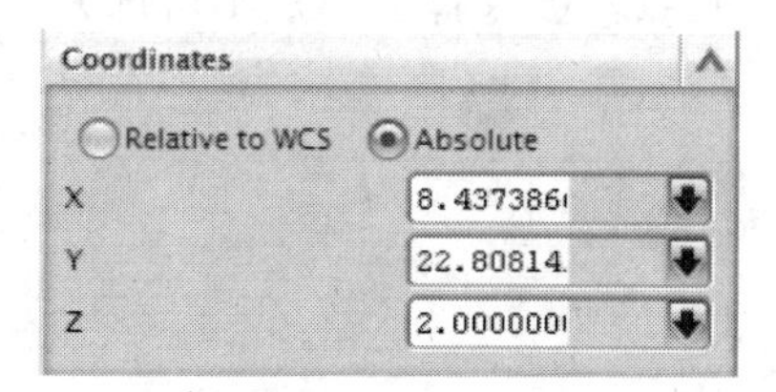

图 B-2　Coordinates 组

附录C　有预定义形状的特征的定位

本附录讨论有预定义形状的特征（先前称为成形特征）的定位。

C.1　定 位 方 法

定位是相对于其他几何体来安放传统成形特征的一种传统方法。

1. 水平定位尺寸

如图 C-1 所示，Horizontal 规定两点间的水平距离，一点在目标实体上，另一点在工具实体上。水平是沿特征坐标系的 X 轴测量的（水平参考）。

在选择边缘时，最近的有效点将被选择（中点不可选）。

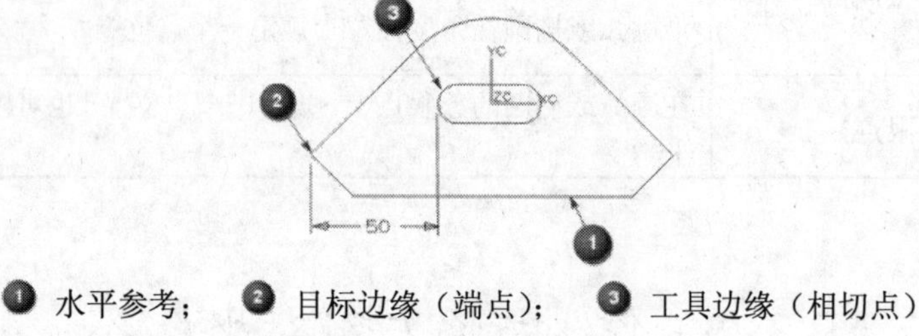

❶ 水平参考；　❷ 目标边缘（端点）；　❸ 工具边缘（相切点）

图 C-1　水平定位尺寸

2. 垂直定位尺寸

如图 C-2 所示，Vertical 规定两点间的垂直距离，一点在目标实体上，另一点在工具实体上。垂直是沿特征坐标系的 Y 轴测量的（正交于水平参考）。

在选择边缘时，最近的有效点将被选择（中点不可选）。

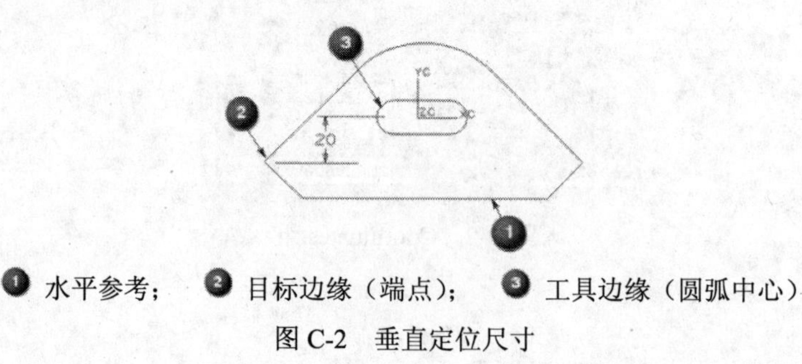

❶ 水平参考；　❷ 目标边缘（端点）；　❸ 工具边缘（圆弧中心）

图 C-2　垂直定位尺寸

3. 正交定位尺寸

如图C-3所示，Perpendicular规定目标实体上的一个线性边缘（也可以是基准平面或基准轴）和工具实体上的一个点间的最短（法向）距离。首先选择的总是线性目标边缘。

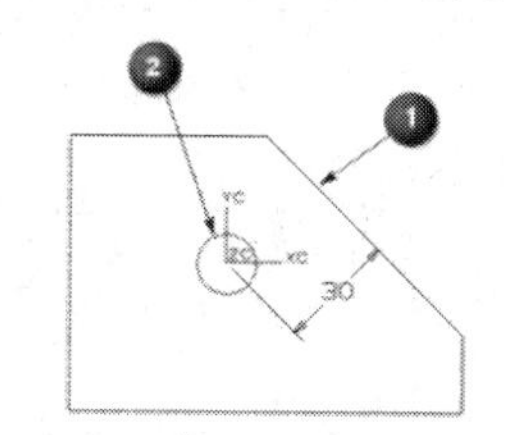

❶ 目标边缘；　❷ 工具边缘（圆弧中心）

图C-3　正交定位尺寸

4. 点落到线上

如图C-4所示，Point onto Line规定目标体上的一个边缘（也可以是一个基准面或基准轴）与工具实体上的一个点间的距离是零。

点落到线上的方法相当于自动设置值为零的正交定位尺寸。在编辑特征时，可以改变它为一个非零值。

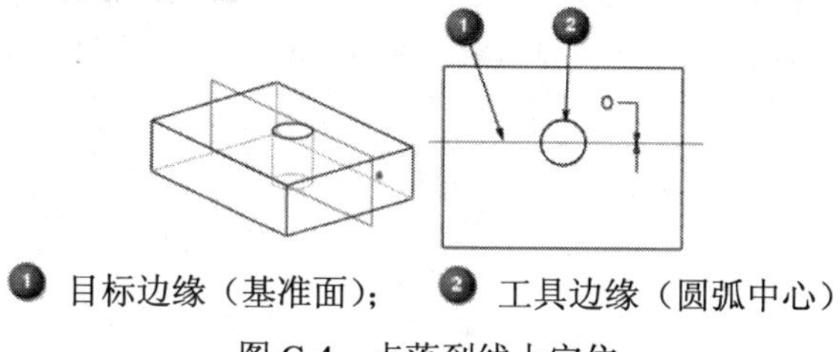

❶ 目标边缘（基准面）；　❷ 工具边缘（圆弧中心）

图C-4　点落到线上定位

5. 平行定位尺寸

如图C-5所示，Parallel规定两点间的最短距离，一点在目标实体上，另一点在工具实体上。在选择边缘时，最近的有效点将被选择（中点不可选）。

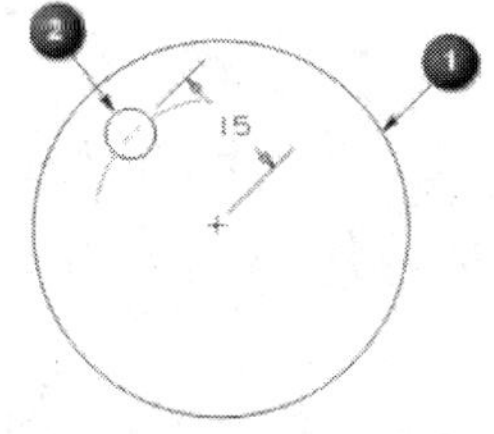

❶ 目标边缘（圆弧中心）；　❷ 工具边缘（圆弧中心）

图C-5　平行定位尺寸

6. 点落到点上

如图C-6所示，Point onto Point规定目标实体上的一个点与工具实体上的一个点间的距离为零。此选项通常用于对准圆柱或圆锥特征的弧中心（同心）。此方法将充分约束它们的位置，因为对圆柱或圆锥来说，旋转并不是一自由度。

点落到点上相当于自动设置值为零的平行定位尺寸。在编辑特征时，可以改变它为一个非零值。

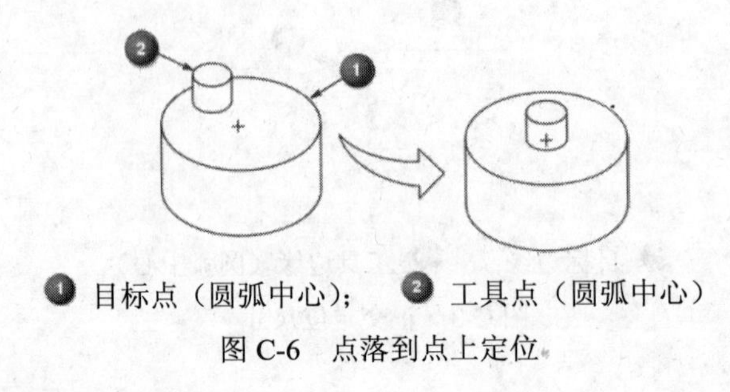

❶ 目标点（圆弧中心）；　❷ 工具点（圆弧中心）

图 C-6　点落到点上定位

7. 在一给定距离上平行

如图 C-7 所示，Parallel at a Distance 规定目标实体上的一线性边缘（也可以是一个基准平面或基准轴）和工具实体上的一线性边缘必须平行且在一给定距离上。此选项通常用于具有长度的特征（如键槽、矩形腔或矩形凸垫）。

利用 Parallel at a Distance 将解决有长度的特征所需充分规定的 3 个自由度中的两个（在一个方向的旋转与平移）。添加另一个 Parallel at a Distance 或 Line onto Line 尺寸将过规定特征的位置。

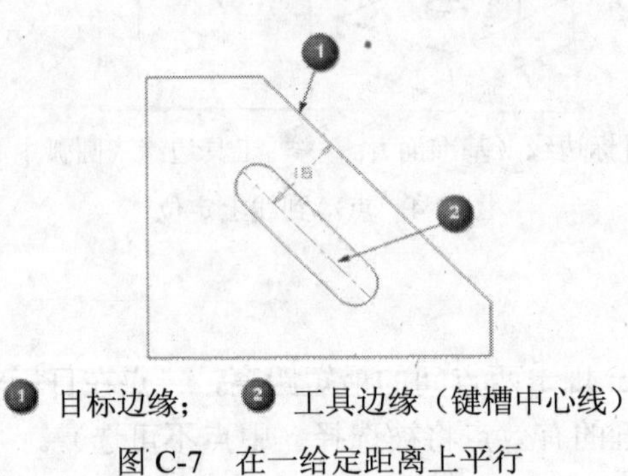

❶ 目标边缘；　❷ 工具边缘（键槽中心线）

图 C-7　在一给定距离上平行

8. 线落到线上

如图 C-8 所示，Line onto Line 规定目标实体上的一线性边缘（也可以是一个基准平面或基准轴）和工具实体上的一线性边缘彼此平行且距离为零。此选项通常用于有长度的特征（如键槽、矩形腔或矩形凸垫）。

利用 Line onto Line 将解决有长度的特征所需充分规定的 3 个自由度中的两个（在一个方向的旋转与平移）。添加另一个 Line onto Line 或 Parallel at a Distance 尺寸将过规定特征的位置。

线落到线上相当于自动设置值为零的在一给定距离上平行定位尺寸。在编辑特征时，可以改变它为一个非零值。

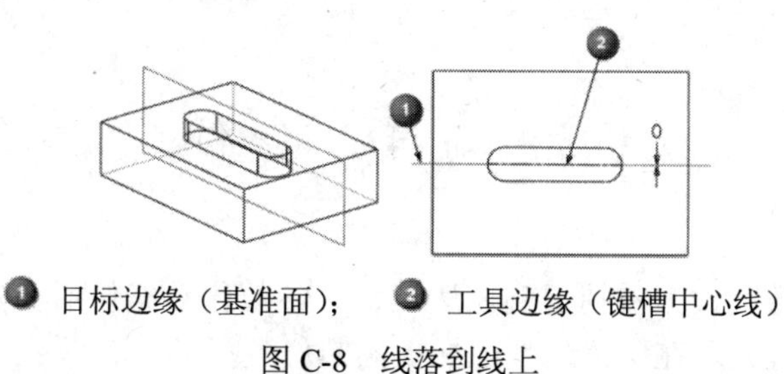

❶ 目标边缘（基准面）；　❷ 工具边缘（键槽中心线）

图 C-8　线落到线上

9. 角度

如图 C-9 所示，Angular 规定目标实体上的一线性边缘（也可以是一个基准平面或基准轴）和工具实体上的一线性边缘彼此成一给定角度。角度是沿逆时针方向（相对于特征坐标系），从选择物体时最接近的边缘的端部测量的。

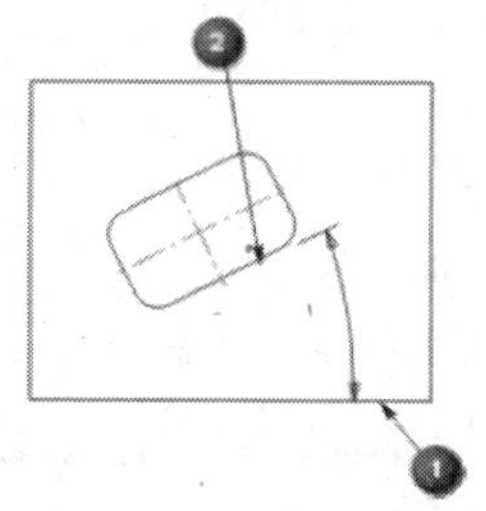

❶ 目标边缘（实体上表面边缘）；　❷ 工具边缘（腔体侧面的上边缘）

图 C-9　角度定位

C.2　定位沟槽

如图 C-10 所示，仅需沿圆柱形或圆锥形安放表面定位沟槽。定位对话框将不会出现，仅需要通过选择一目标边缘，再选择一工具边缘或中心线来规定沿轴的水平尺寸。

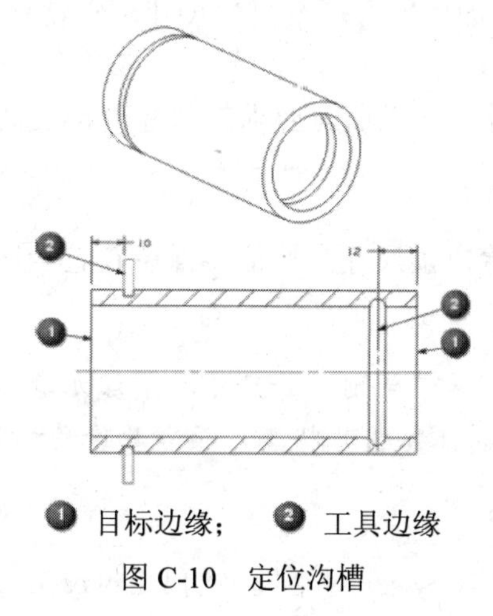

❶ 目标边缘；　❷ 工具边缘

图 C-10　定位沟槽

C.3 编 辑 定 位

建立特征时，参数化数据被捕捉到表达式中。参数化数据包括实际特征尺寸定位数据（如直径、高、长度等）及在定位尺寸中捕捉的定位数据。

编辑定位选项允许通过编辑一个特征的定位尺寸来移动它。另外，定位尺寸可以被添加到特征，此特征或定位尺寸规定不足或在创建时没有给出任何定位尺寸。

如图 C-11 所示，一旦选择了特征，基于所选特征的定位状态，将提供下列选项：

- Add Dimension（添加尺寸）。
- Edit Dimension Value（编辑尺寸值）。
- Delete Dimension（删除尺寸）。

1. 添加尺寸

此选项可用于添加定位尺寸到特征。

如图 C-12 所示，在添加定位尺寸时，任一由正被定位的特征（❷）与目标实体上的一个面（❸）相交所得的边缘（❶）均不可以被选为工具边缘。

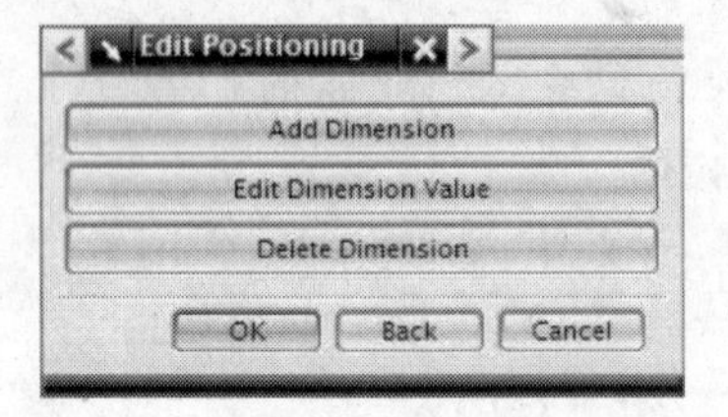

图 C-11　Edit Positioning 对话框

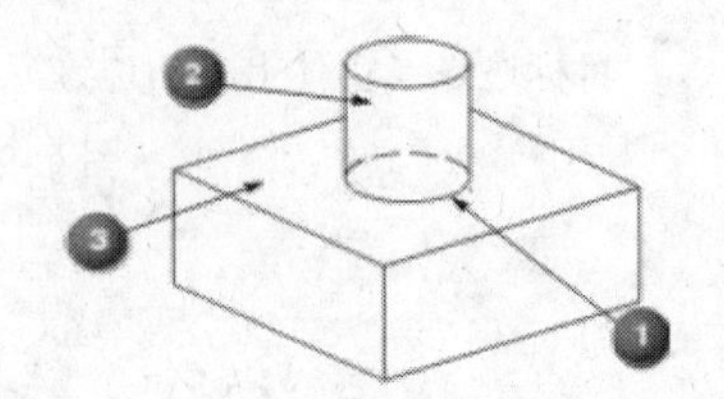

图 C-12　不可选相交边缘为工具边缘

2. 编辑尺寸值

通过改变特征的定位尺寸值，可以移动特征。要利用此选项：

- 选择要编辑的尺寸（如果仅有一个定位尺寸，它将被自动选择）。
- 输入新值。

按需要继续编辑其他尺寸，一旦所有要求的尺寸值都已被编辑，单击 OK 按钮。

3. 删除尺寸

利用此选项可从特征删除定位尺寸。特征将保留在它当前位置，而它的位置不再关联到模型。

提示： 如果正替换一尺寸，可在删除老尺寸之前添加新的尺寸。在添加尺寸时，Edit Positioning 对话框将保持打开状态，而当删除尺寸时，它会被自动地关闭。

4. 显示尺寸

如图 C-13 所示，Feature Browser 对话框中的 Display Dimensions（显示尺寸）选项，

可在图形窗口中临时显示所选特征的尺寸和位置参数。刷新图形窗口将移除参数的临时显示。

显示尺寸也可利用部件导航器获取。

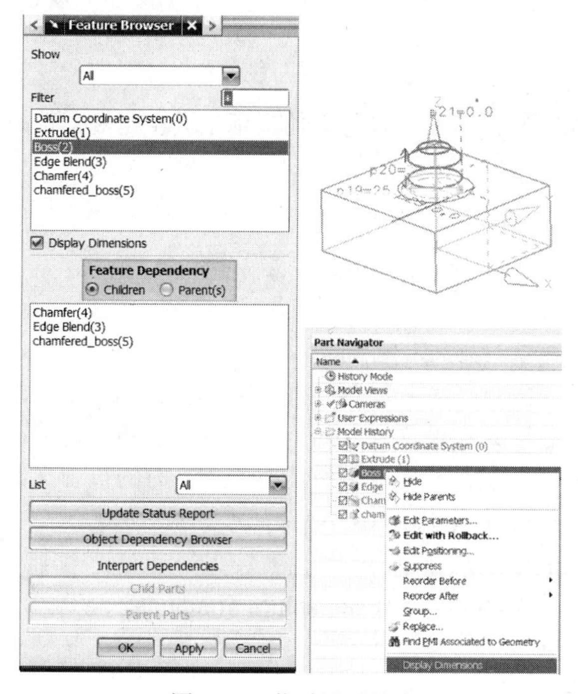

图 C-13　临时显示尺寸

附录D　客 户 默 认

本附录描述了影响 NX 默认界面及行为的实用工具和定制文件。这些课题通常是系统管理员的职责。

D.1　用 户 默 认

通过选择 File→Utilities→Customer Defaults 命令可以访问用户默认参数设置。

在 NX 首次启动时，默认被设置为 User，系统变量会指向可能存在或可能不存在的用户文件。以下是名为 nxuser 的用户登录后首次打开 NX 时的日志文件的摘录：

Processing customer default values file
  C:/Documents and Settings/nxuser
  /Local Settings/Application Data/Unigraphics Solutions
  /NX6/nx6_user.dpv
User customizations file
  C:/Documents and Settings/nxuser
  /Local Settings/Application Data/Unigraphics Solutions
  /NX6/nx6_user.dpv does not exist

文件不存在没有影响，因为登录用户可以改写路径。

如果用户对默认参数进行了修改，NX 会创建 nx6_user.dpv 文件。

如果管理员想阻止用户改变默认设置，如设置它们为只读，可以通过以下几种方法：

- 创建文件并按照需要定制，然后设置为只读。
- 定义在路径中的文件为只读，文件和路径实际上不一定存在。
- 在更高的级别上（如 Group 级或 Site 级）锁定一个或多个默认属性。

D.2　用户默认级别

系统管理员可以设置 3 种默认级别，即站点（Site）、组（Group）和用户（User）。虽然经常将 Site 和 Group 级别设置为只读的（如图 D-1 所示），但一般情况下这 3 种级别都是可以读写的。

在 Site 和 Group 级，对话框中的默认参数旁有一个锁形图标（如图 D-2 所示），表示允许系统管理员为较低级用户锁定该参数默认值。

当锁定时，选项和参数值都不能修改。即使 Site 级别（或更低）的 DPV 文件可以写，锁定的默认值也不能修改，除非解除锁定。

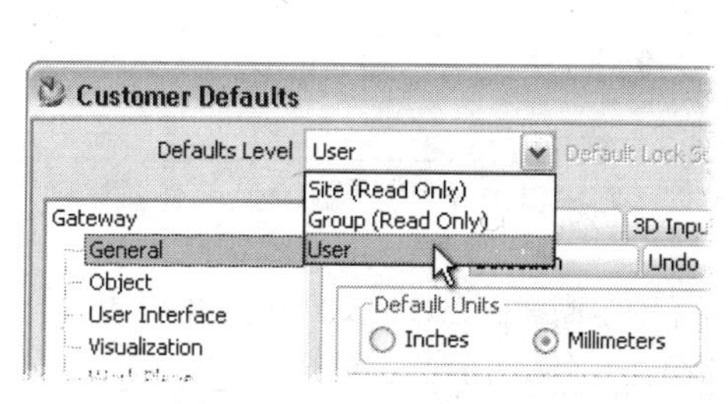

图 D-1 选择用户级别

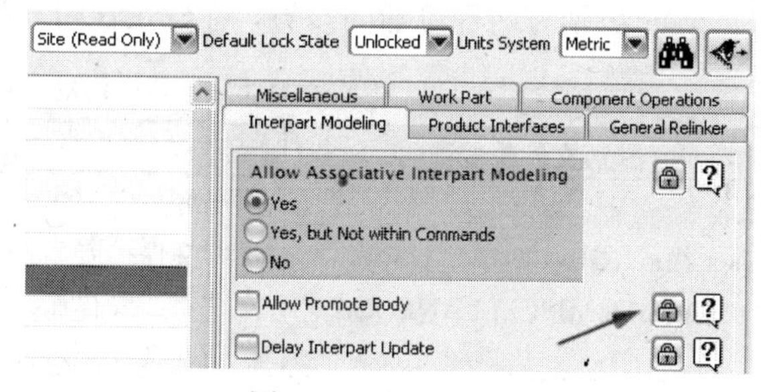

图 D-2 默认参数锁定

例如，为了锁定不能创建提升（Promotion），Site 或 Group 级的管理员可以单击该选项旁的锁形图标（如图 D-3 所示），图符改变颜色，文本变灰，这样该选项就不能使用了。

在 User 级，该默认选项是灰的，在它旁边显示了锁形图标，如图 D-4 所示。

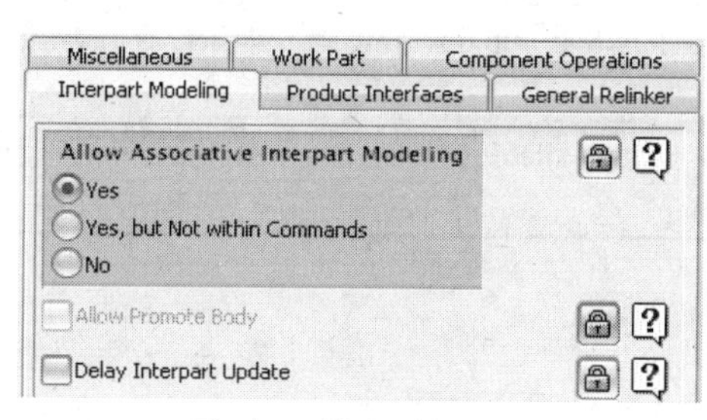

图 D-3 锁定默认选项

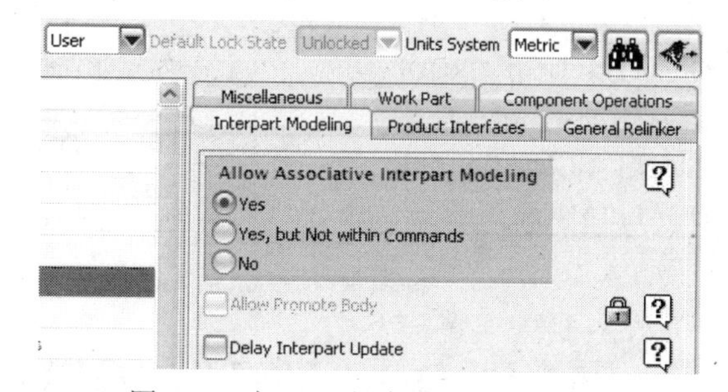

图 D-4 在 User 级中锁定的默认选项

系统管理员可以利用默认锁状态在所有默认页为所有用户默认值设置全局锁定状态。允许“除了……全部锁定”或者“除了……都没有锁定”，而不需要大量单独的锁。

用户默认值设置全局锁定状态，在 Group 级别的锁改变了颜色，文本变灰。然后用户可以看到所有 Site 标准的选项变灰和被锁定。现在没有 Site 标准可以在 User 级别被改变。

D.3 设置用户默认值

用户默认值具有很难编码的预设置。当在任何级别改变默认值时（假定允许写而且级别已定义），一个文件将会被创建以保存设置。文件被默认保存为 nx 6_user.dpv、nx 6_group.dpv 或 nx 6_site.dpv。

只有那些难编码的设置的改变被保存，所以 DPV 文件容量很小。

用户默认文件由环境设置定义。这些设置在 Windows 系统的 ugii_env.dat 文件中或在 UNIX 的 ugii_env 文件中定义。然而，管理员可以在 NX 安装目录下的 UGII 目录中创建定义特殊环境变量的 ugii_env.master 文件，以防止用户修改默认参数设置。这个文件创建后，任何企图重新定义环境变量的尝试均会被忽略。

注意：修改默认值后不会马上生效，在 NX 下次启动时这些设置才会有效。

User 级别有两种可能的设置，而 Group 和 Site 级别各有一种设置方法，如表 D-1 所示。

表 D-1 各种级别的客户默认设置方法

默认文件头变量	描 述
User 级：UGII_LOCAL_USER_ DEFAULTS MISCELLANEOUS	这个变量完全指定了文件：它可以是任何位置的任何文件名称 推荐文件扩展名为.dpv 文件不需要存在。当初始的定制被保存时，文件被创建 在创建文件时，目录路径必须存在并且是可写的
User 级：UGII_USER_DIR UGALLIANCE 变量	为了建立文件，这个路径必须存在且可写，并必须具有下面概述的结构中定义的 starup 路径。当初始定制保存时，文件 nx 6_user.dpv 被创建（如果不存在）在 starup 文件夹下 注意：只有在 UGII_LOCAL_USER_DEFAULTS 未定义时才定义它。
Group 级：UGII_GROUP_DIR 未定义	当初始定制保存时，文件 nx6_group.dpv 被创建（如果不存在）在指定路径的 starup 文件夹下
Site 级：UGII_SITE_DIR UGALLIANCE 变量	当初始定制保存时，文件 nx6_site.dpv 被创建（如果不存在）在指定路径的 starup 文件夹下

D.4 USER、GROUP 和 SITE 目录

用户 site 菜单安装文件和共享库具有标准结构，该结构定义了 3 个子目录。本节只需要 starup 文件夹，但如果有 site 定制，也许会看到其他的。

- Starup：包含 site 指定的菜单文件、默认文件和 NX 启动时自动加载的菜单动作的共享库，以客户化 Gateway。
- Application：包含 site 指定的菜单定义文件和菜单动作的共享库，以定制 NX 或第三方应用程序，如 NX Open 程序。每个共享库的加载被延迟直到进入菜单文件定义中 LIBRARIES 语句描述的库的名字的应用。菜单文件动作可引用用户工具定义文件、GRIP 程序、用户功能程序。
- Udo：包含共享库，定义 site 指定用户定义对象（另一个 NX Open 主题）的方法。

D.5 管理用户变更

DPV 文件只包含 hard-coded 设置中变化的默认值。

任何时候都可以查看用户作出的改变。

- 设置默认级别到想检查的默认级别：Site、Group 或 User。
- 在用户默认对话框中单击 Manage Current Settings 按钮。

如图 D-5 所示是一个 Group 级别的标准设置的例子。

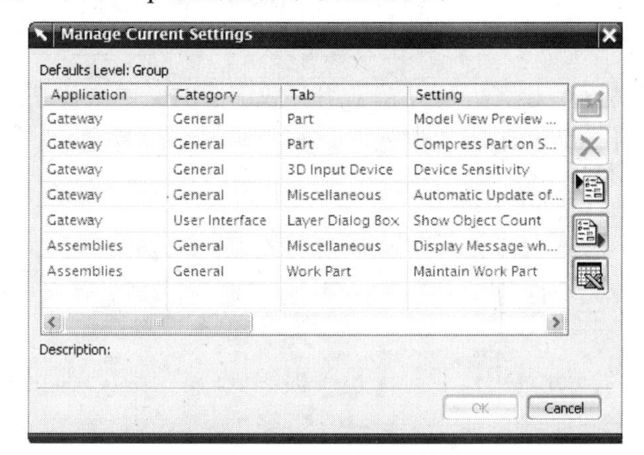

图 D-5　Group 级别的标准设置

D.6　升级到 NX 的新版本

为了升级到 NX 的新版本，用户只需要定义 DPV 文件，该文件可以在用户的组织所使用的任何级别使用。

当接收到新的软件之后可利用 Import Defaults（读入默认值）来验证旧版本是否与新版本兼容：

Importing Customer Defaults values file: <full path specification of DPV file.>

Total settings and locks imported: 10

Total settings rejected due to values not valid in this rclcasc: 0

Total settings rejected due to values being locked at the higher level: 0

Total settings already set to the same value and lock status: 0

Total settings not recognized in this release: 0

附录E 定 制 角 色

角色提供了一种方法，让我们可以基于用户或部门的需要来建立定制的用户界面。本附录讨论建立用户级和组级的角色。

E.1 用户定义的角色

根据默认设置，当开始 NX 作业时，系统提醒核心功能组，但更多特定的角色（工具组）可以通过资源条来获取。

这些预先包装的角色相当于“起始点”，可以在其基础上定义 NX 用户界面并存储为一个人的用户角色。

需要重点了解的是，作为一个用户，可有两个不同的仓库用于定义用户定义角色：

- “用户”文件夹，可以储存反映个人用户界面布局的个人角色，该布局具有它们特定的菜单、工具条等。如图 E-1 所示，注意专门的资源条面板按钮和飞出窗口的标题。

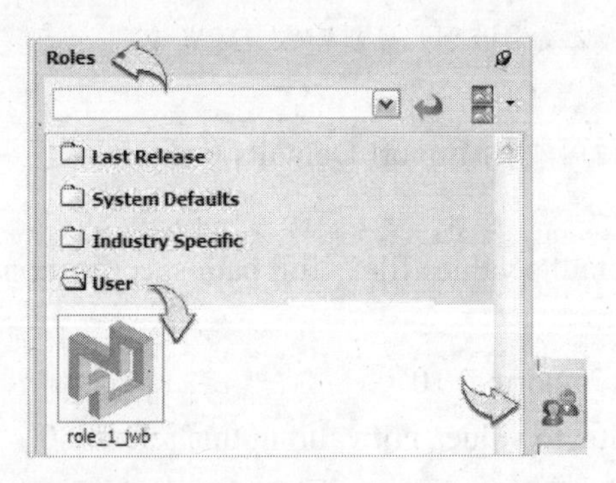

图 E-1 资源条上的角色面板按钮和飞出窗口的标题

因为这些个人角色是“你的”，所以定义你的角色的.mtx 文件驻留在你的主目录中。

在 Windows 中，这些角色驻留在\Documents and Settings\<yourname>\Local Settings\Application Data\Unigraphics Solutions\NX 6\Roles\中；在 UNIX 中，这些角色驻留在< your home directory>/NX 6/roles 中。

- 也可以定义角色为新面板，它引用一个位于指定目录中的角色。注意专门的资源条面板按钮与飞出窗口的标题，如图 E-2 所示。

预期会有许多公司希望使用这些“面板化”的角色，以作为定义部门和组角色的地方，并限制在它们各自的目录上发放许可权，因而可提供适合于相应部门/组的专门需要的用户界面布局。

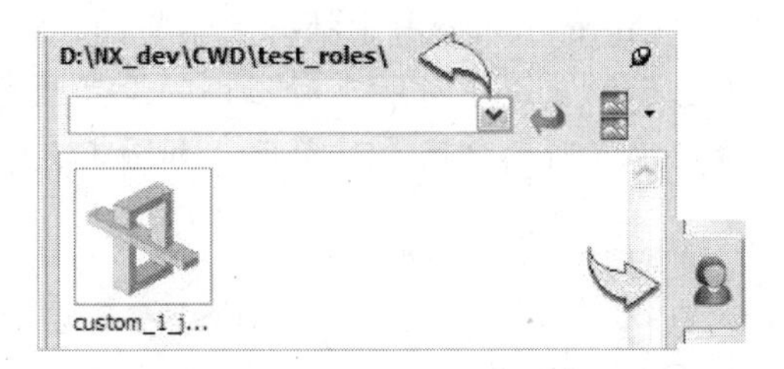

图 E-2　资源条上的角色面板按钮与飞出窗口的标题

E.2　建立用户角色步骤

注意： 重要的是在建立角色之前，已具有所要的所有工具条组。如果之后决定要附加由专门角色储存的定制，则必须重建角色。具体步骤如下：

（1）在资源条上单击 Roles 按钮。

（2）在角色面板的空白处右击，打开如图 E-3 所示的快捷菜单。

（3）选择 New User Role 命令，打开 Role Properties 对话框，如图 E-4 所示。

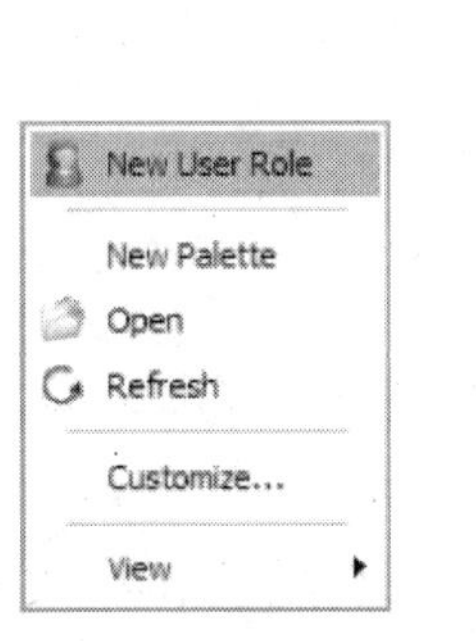

图 E-3　角色快捷菜单

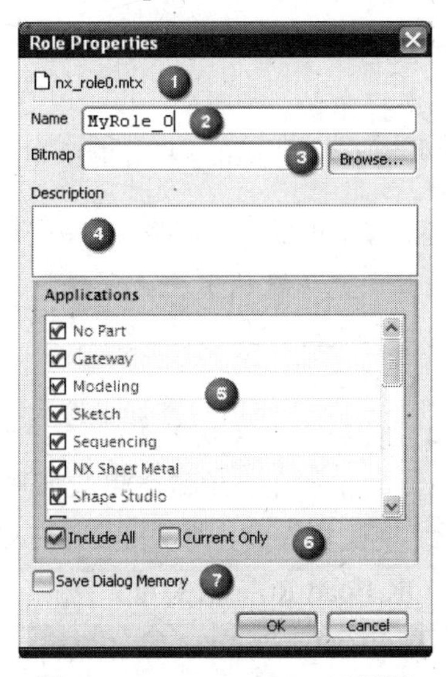

图 E-4　Role Properties 对话框

图 E-4 中：

❶ 将储存的.mtx 文件名。

❷ 在 NX 界面中引用的角色名。

❸ 用作 Role 图标的图片，输入名字或浏览。

❹ 该区域用来提供角色描述。

❺ 该窗口展示角色中引用的应用。

❻ 触发构建角色，Current Only 用于捕捉定制界面。

❼ 如果选择，在选择的应用中对所有对话框的设置随角色存储。

（4）单击 OK 按钮建立新的“用户”角色，如图 E-5 所示。

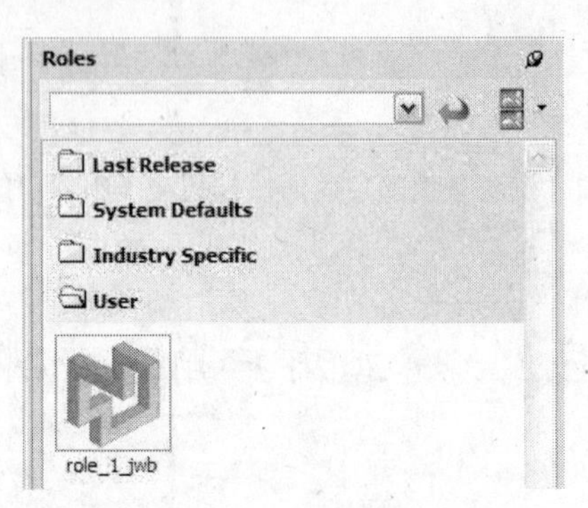

图 E-5　建立的新角色

【练习 E-1】　建立用户角色

在本练习中，将以最直截了当的方式建立用户角色。

第 1 步　打开\Parts_appended 目录中的 roles_1.prt。

注意：这里看到的按钮与菜单选项反映了在启动新部件时 Gateway 所具有的基本功能。

第 2 步　选择角色。

- 在资源条上单击 Roles 按钮，并钉住 Role 面板。

注意：如同资源条上其他某些按钮一样，可以修改资源条的显示到：

（1）预览（默认）。

（2）列表。

（3）图符。

（4）Tiles（瓦片状）。

（5）Thumbnails（拇指甲状）。

- 从系统默认文件夹，单击 Advanced 角色。
- 打开 OK Load Role 信息框。
- 利用 Tools→Customize 命令按需要改变用户界面（菜单、选项、工具条）。

注意：此时，要忽视定制对话框上的 Roles 按钮，关于它的用途以后学习。

第 3 步　建立用户角色，储存定制的用户界面

- 在角色面板的背景中右击。
- 在弹出的快捷菜单中选择 New User Role 命令，打开 Role Properties 对话框。

第 4 步　定义用户角色特性。

- 在 Name 文本框中输入 role_1_xxx，其中 xxx 是姓名首字母。

注意：这是角色的名称，它将出现在资源条角色面板中。

注意：.mtx 文件的名称是系统指定的，而角色名必须由用户指定。

- 单击 Browse 按钮并导航到部件目录，那里是图像文件所在地。
- 设置 Files of type 为 JPEG 文件。
- 选择 role_image_xx 文件，单击 OK 按钮。
- 在 Description 域中输入日期<mmddyyyy> – 姓名<your last name, first name> – 第一个用户角色（例如，11032005 – Doe, John – first user role）。

注意：部门或许将为这个数据设置适当的描述标准。

- 在 Role Properties 对话框中选中 Current Only 复选框。

注意：Current Only 开关捕捉由用户的当前应用所定制的用户界面。

- 单击 OK 按钮，建立用户角色，如图 E-6 所示。

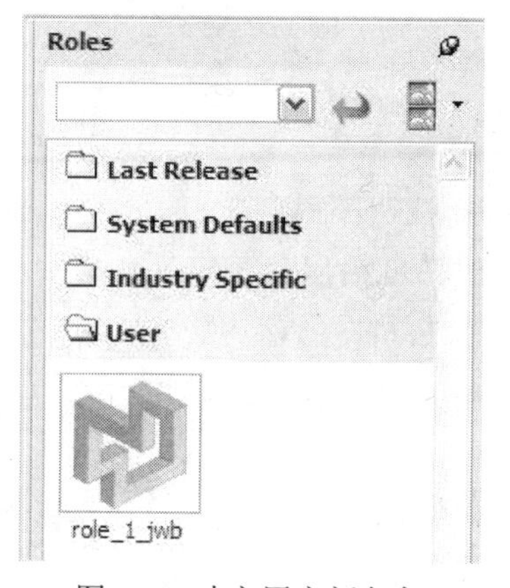

图 E-6 建立用户新角色

第 5 步 为下一练习的需要，保留部件打开。

E.3 建立组角色步骤

为部门或组建立新的角色面板的步骤略有不同，下面是通用步骤的综述。

注意：重要的是在建立角色之前，已具有所要的所有工具条组。如果之后决定要附加由专门角色储存的定制，必须重建角色。

（1）建立文件夹以储存组角色在可写目录中。
（2）选择 Preferences Palettes 命令。
（3）单击 Open Directory as Role 按钮，如图 E-7 所示。

（4）如图 E-8 所示，导航到新角色面板指向的目录。这将在资源条上建立一个面板按钮。

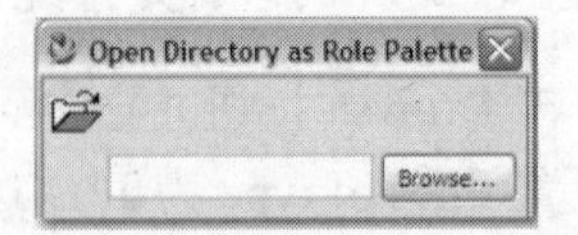

图 E-7 单击 Open Directory as Role 按钮　　图 E-8 导航到新角色面板指向的目录

（5）在资源条上右击并在弹出的快捷菜单中选择 Customize 命令。

- 按要求定制界面。

（6）在 Customize 对话框中选择 Roles 选项卡，如图 E-9 所示。

（7）单击 Create 按钮，导航到角色目录，如图 E-10 所示。

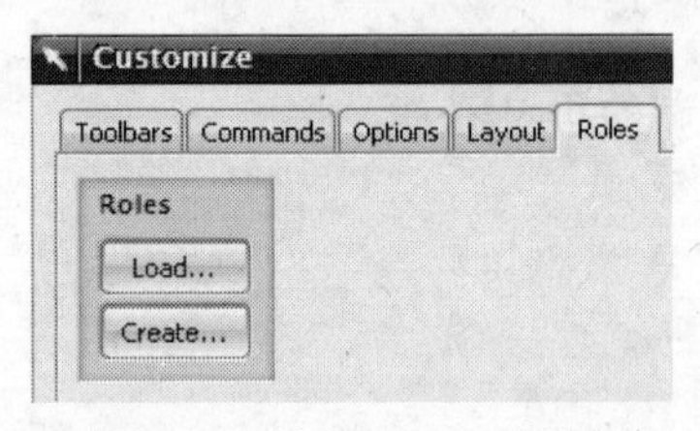

图 E-9 选择 Roles 选项卡

图 E-10 新角色文件

（8）命名角色然后单击 OK 按钮。

（9）利用 Role Properties 对话框给出角色定义。

（10）单击 OK 按钮确认角色特性定义。

（11）在新建立的面板中右击，并在弹出的快捷菜单中选择 Refresh 命令来观看新角色的图标，如图 E-11 所示。

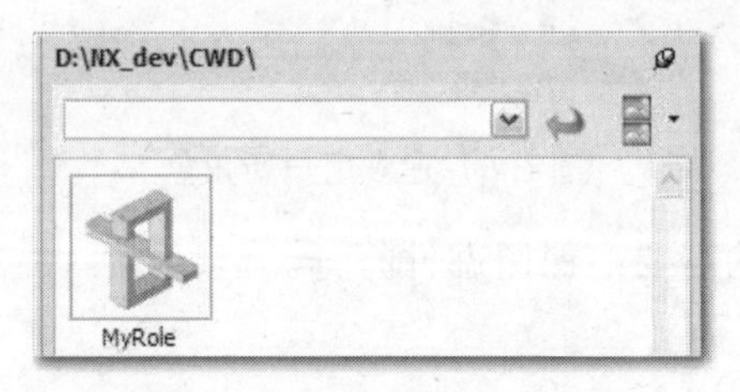

图 E-11 观看新角色的图标

【练习 E-2】 建立具有组角色的角色面板

第 1 步 在可写目录中，建立一个名为 grp_role_xxx 的文件夹，其中 xxx 是姓名首字母。

注意：组的专门角色将被储存在此文件夹中，在制作组角色面板时，它将指向此目录。

第 2 步 定制用户界面。

注意：这里描述定制组设计中所需的界面。

- roles_1 部件应仍然是打开的。
- 定制用户界面。

第 3 步 建立角色。

- 确使 Customize 对话框仍然打开（通过选择 Tools→Customize 命令）。
- 选择 Roles 选项卡。

注意：这里能够加载一个已存用户角色（.mtx 文件）或建立一个新角色。在这个对话框中，也可以定义与角色相关的键盘快捷键。

- 单击 Create 按钮，打开 New Role File 对话框。

第 4 步 定义新角色文件。

- 在 Save in 域中导航到建立的可写目录。
- 在 File name 域中输入 custom_role_1_xxx，其中 xxx 是姓名的首字母，单击 OK 按钮。

注意：这个将是定制的.mtx 文件名，在建立的第一个（用户）角色中，此动作由 NX 内部完成。

第 5 步 定义新角色的特性。

- 在 Name 文本框中输入 custom_1_xxx，其中 xxx 是姓名的首字母。

注意：这个是角色名，它将出现在资源条 Roles 面板上。打开 Role Properties 对话框。

- 单击 Browse 按钮并导航到部件目录，那里是图像文件所在处。
- 设置 Files of type 为 JPEG 文件。
- 选择 role_image_xx 文件并单击 OK 按钮。
- 在 Description 域中输入日期<mmddyyyy> –一个角色的简短描述（如 11032005–custom UI for xyz project）。
- 在 Role Properties 对话框中选中 Current Only 复选框。
- 单击 OK 按钮。

注意：建立定制角色并放在定义的可写目录中。

- 关闭 Customize 对话框。

注意：下一步将定义用户个人的角色面板。

第 6 步 定义新角色面板。

- 选择 Preferences→Palettes 命令。
- 单击 Open Directory as Role 按钮。
- 单击 Browse 按钮到定制的.mtx 文件驻留的可写目录。
- 选择 custom_role_1_xxx.mtx 文件并单击 OK 按钮。

注意：如果没有看到任何记录，确使文件类型设置为所有文件（*.*）。

- 如果目录是正确的，单击 OK 按钮。

注意：新的面板按钮被添加到资源条，并显示定制角色，如图 E-12 所示。

- 关闭 Palettes 对话框。

第 7 步 关闭所有部件。

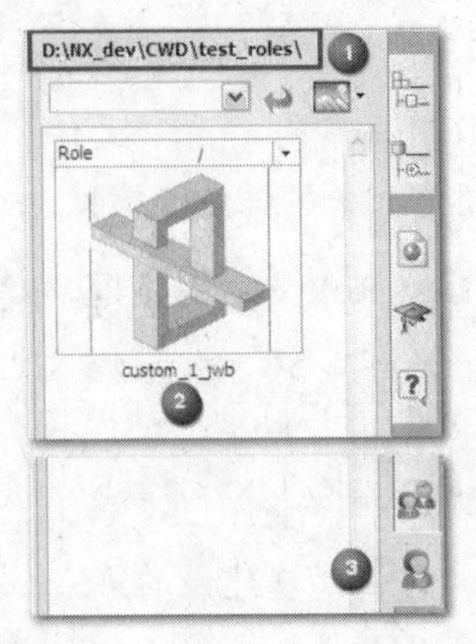

❶ 建立的用以保存定制角色的目录； ❷ 定制角色特性名； ❸ 建立的角色面板按钮

图 E-12 定制角色

E.4 受保护的角色

通过公司的系统管理员为授权工作流建立“受保护的”角色，可以让角色的能力在几个级别上延伸并遍及工业企业。

可能的场景：添加系统默认角色。

- 各个部门的过程/分部的组领导必须定制 NX 用户界面以反映该组的设计需求，如装配、设计评审、制图等（活动程序）。
- 组领导为每个过程/分部建立个别的角色。
- 组领导告诫 NX 系统管理员这些角色（.mtx）文件放在哪里，并要求移动它们到 NX 版本内的/UGII/menus/roles 目录中。这是一个权限保护区。
- 一旦.mtx 文件移入/UGII/menus/roles 目录中，它们将成为系统默认文件中有效的角色，如图 E-13 所示。

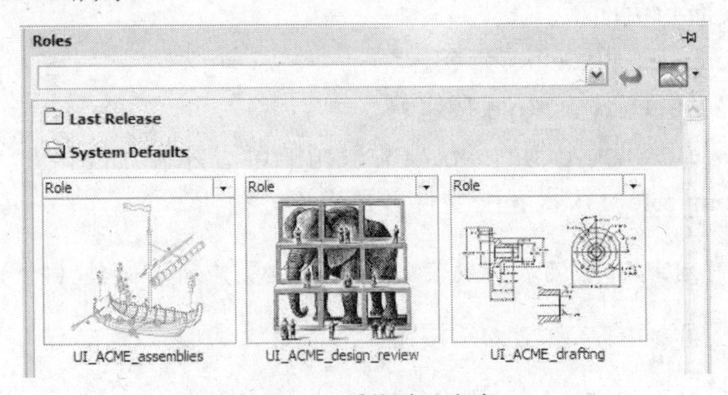

图 E-13 系统默认角色

附录 F　NX 7 HD3D 与 Check-Mate

F.1　HD3D 综述

如图 F-1 所示，HD3D 作为一个开放和直观的可视化环境，可以帮助全球产品开发团队开启 PLM 信息价值，大大增强他们的效率和有效的产品决策能力。一个创新的环境将从各种资源接收数据为在产品开发中“高清晰度定义 High-Definition”可视化分析设置一个新标准。

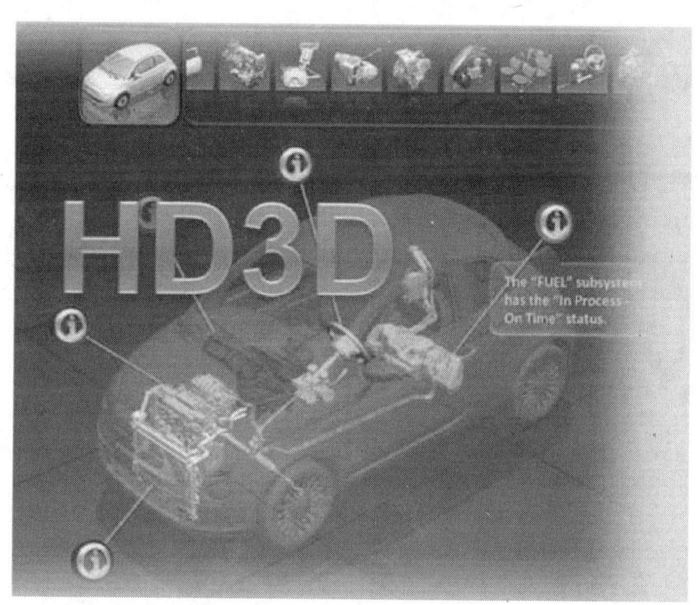

图 F-1　高清晰度定义的 3D

HD3D 扩展 NX 和 Teamcenter 能力，在今天的全球分布和不同种类的产品开发环境中，可视化地递交公司需要了解、协作和做决策的信息。HD3D 提供简单和直观的收集、比较和呈现产品信息的方法，在那里它可以立即应用在关键决策中。

除了这个基于 PLM 数据的可视化分析能力外，HD3D 将被执行在 NX 7（NX 7.5）Check-Mate 内，Check-Mate 是一个基于标准的检查应用，它确使与设计标准兼容、在 CAD 模型文件结构中的一致性和坚持各种公司与行业标准。IID3D 将用新的分析与报告发布的可视化用户界面增强在 Check-Mate 中的确认工具。新的环境在产品确认期通过提供直观、可视的查看 Check-Mate 结果和评估发布改进做决策过程。

HD3D 是一种快速寻找和解释关于用户的产品或设计的信息的技术。

HD3D 能够接通被消隐的和难以找到的数据，用户可以立即存取驻留在其上的知识，进而加速设计过程。这是通过利用标签和视图式样覆盖信息到 3D 设计上来完成的。此外，视觉上动人的用户界面显示也提供帮助导航在图形窗口中呈现的信息。

提供不同的 HD3D 工具直接在 3D 模型上显示与交互信息，如图 F-2 所示。

图 F-2　可视化的 PLM

如图 F-3 所示，在 3D 设计的上下文中可视的分析，为做正确的决策提供正确的信息。

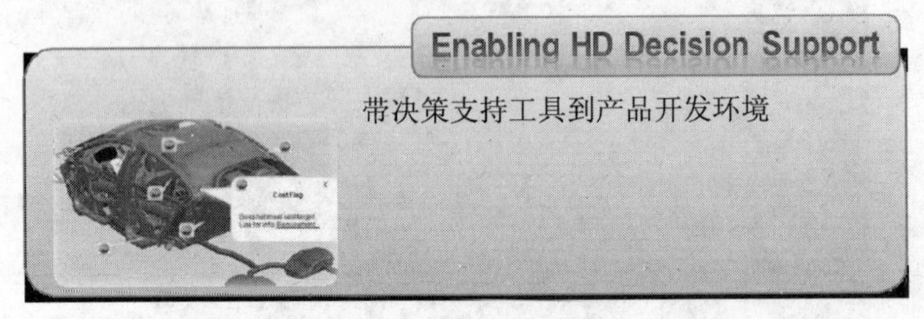

图 F-3　HD 决策支持

用户可以：

- 从如图 F-4 所示资源条上的 HD3D 工具管理器中存取 HD3D 工具。

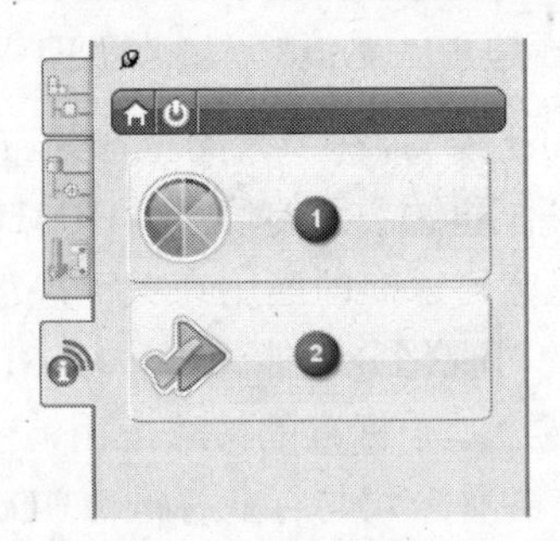

❶ Visual Reporting 工具；　❷ Check-Mate 工具

图 F-4　存取 HD3D

- 一次存取多于一个 HD3D 工具。

- 用标签在图形窗口中观察与交互。
- 如图 F-5 所示，标签识别对其 HD3D 工具有信息的对象。Check-Mate 标签识别有问题的区或检查结果信息。可视化报告标签显示为颜色轮。
- 如图 F-6 所示，利用 See-Thru 式样控制怎样观察标签和在 3D 模型内的其他信息。

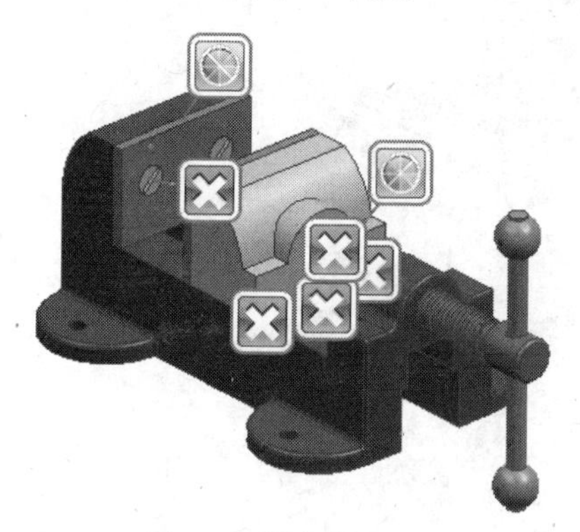

图 F-5 标签识别

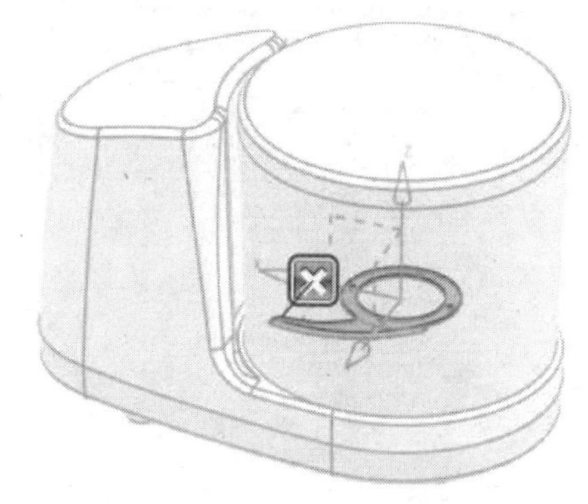

图 F-6 See-Thru 式样

- 利用可视化报告得到模型上信息的可视报告。例如，可以变组件颜色代码显示它们的加载状态。在图 F-7 中，■组件是部分地被加载，□组件是全加载。
- 显示信息在 HD3D 对话框的不同式样中。例如，可以通过滚卷预览图标来寻找所要的结果，在 Check-Mate 工具中利用 Flow List+Tree 视图式样，如图 F-8 所示。

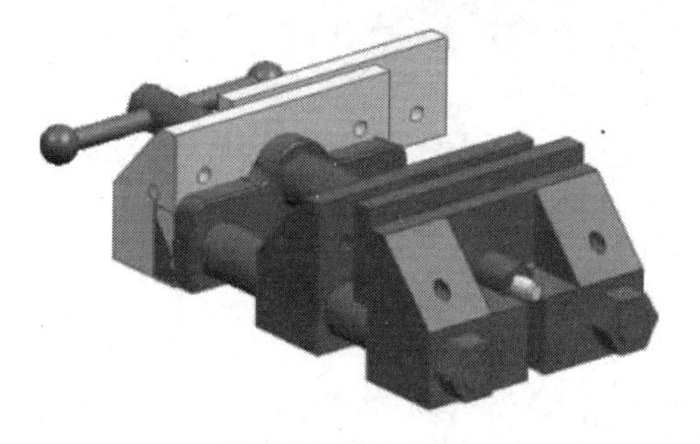

图 F-7 颜色代码

图 F-8 Flow List +Tree 视图式样

- 当首次激活 HD3D 工具时，视图式样显示在工具对话框中。也可以显示工具的结果在它自己的分离窗口中。
- 利用 HD3D Tools 对话框为 HD3D 工具设置预设置参数。

可以利用 HD3D 工具与提醒对图形窗口中的信息可视地交互。这些信息先前已被提醒在对话框列表和信息报告中。

HD3D 延伸 NX Check-Mate 的能力，如图 F-9 所示。

在图形区中改进的交互充足的反馈如下：

- 直觉的。
- 可视的外观。
- 效率。

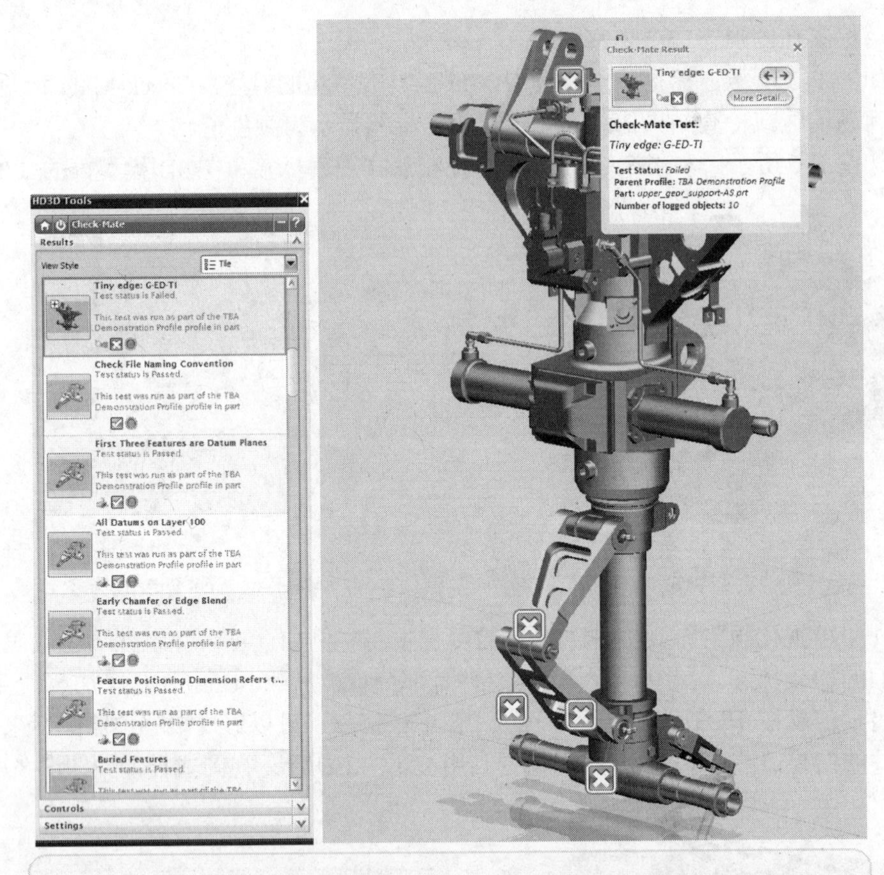

图 F-9 Check-Mate 的 HD3D 环境

F.2 HD3D 工具条管理器

如图 F-10 所示，HD3D Tool Manager 提供对 HD3D 工具的存取。Visual Reporting 工具帮助用户可视地分析产品信息，Check-Mate 工具帮助用户验证产品信息。

从 HD3D 工具管理器中可以：

- 观察每个工具的状态。
- 激活或不激活工具。

当激活 HD3D 工具时，工具对话框代替 HD3D 工具管理器。

- 在对模型做改变之后刷新报告。
- 不激活 HD3D 工具，因而没有报告信息出现在工具的按钮中。
- 存取 HD3D Tool Properties 对话框，其中可以选择要存取 HD3D 工具的应用。

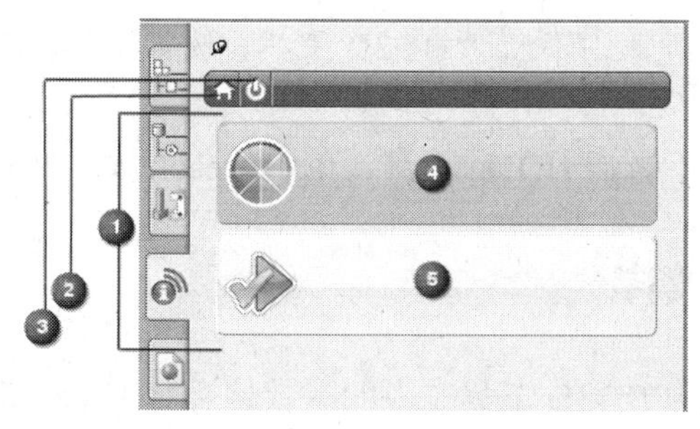

❶ HD3D 工具管理器；❷ 返回到 HD3D Tool Manager 按钮；
❸ Deactivate 按钮；❹ Visual Reporting 工具；❺ Check-Mate 工具

图 F-10　HD3D 工具管理器

F.2.1　激活 HD3D 工具

（1）单击资源条中的 HD3D Tools TAB 按钮，有效的 HD3D 工具显示在 HD3D 工具管理器中，如图 F-11 所示。

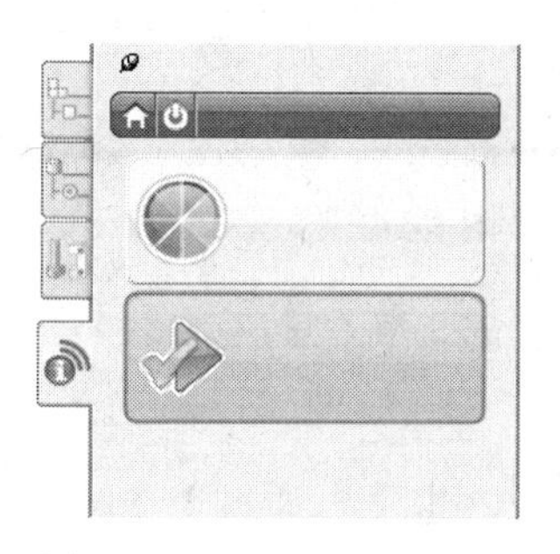

图 F-11　显示 HD3D 工具

（2）在下列方式之一中激活工具：

- 选择工具并双击。
- 选择工具，右击并单击 Activate，如图 F-12 所示。

HD3D 工具被激活，它的 UI 被显示在 HD3D 工具管理器中，如图 F-13 所示。

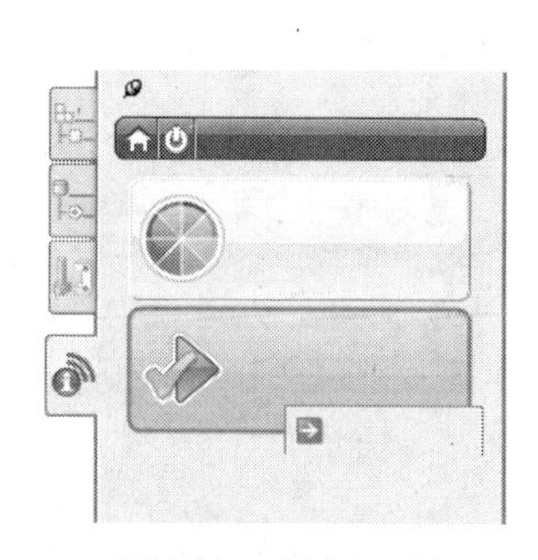

图 F-12　激活工具

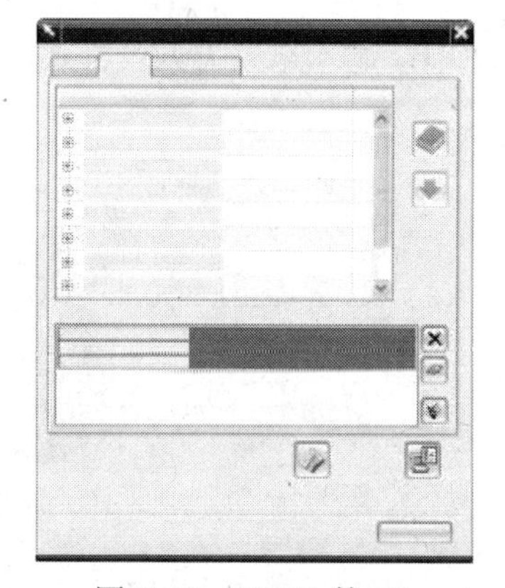

图 F-13　HD3D 的 UI

为了在 HD3D 工具管理器中不激活 HD3D 工具，选择工具，右击并在弹出的快捷菜单中选择 Deactivate 命令。

为了在工具对话框中不激活 HD3D 工具，单击 Deactivate 按钮。

F.2.2 HD3D 视图式样

视图式样观察和导航由 HD3D 工具制成的有效信息。在 Visual Reporting 工具中，视图式样被称为图例式样。

下列式样是可用的：

- Flow List+Tree：显示结果可以通过滚卷预览图标，如图 F-14 所示。

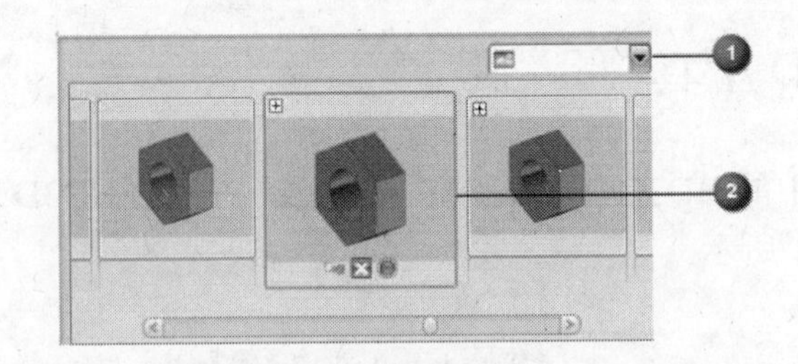

❶ View Style 列表； ❷ 标签对象的高亮预览图标

图 F-14 Flow List+Tree

注意：此式样在 Visual Reporting 工具中是不生效的。

用户可以：

> ➢ 利用滚卷条预览图像。也可以通过单击任一图像到中心、图像的右边或左边滚卷列表。
> ➢ 显示工具的结果在工具对话框外，在分离的窗口中。
> ➢ 伸展列表的尺寸使它变长、变窄，然后呈瓦片状垂直地排列。
> ➢ 扩展和压缩有加号的预览图标结果。
> ➢ 聚集观察在图形窗口中选择的标签。
> ➢ 选择与标签相关的对象。

- Tile List：显示结果为列表格式，包括预览图标和结果摘要，如图 F-15 所示。

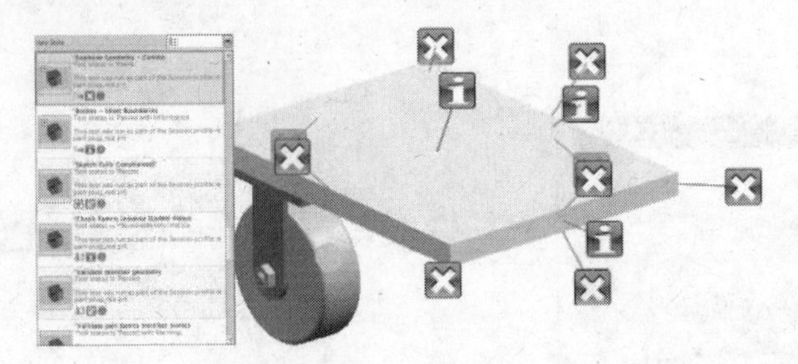

图 F-15 Tile List

- Tree List：在栏中显示结果。可以在栏头上单击，用那个栏中的值分类结果。例如，可以用名字、类目、部件名、文件夹名或结果状态分类结果，如图 F-16 所示。

- Info View：一次显示关于一个结果或一段信息的细节在分离窗口中，如图 F-17 所示。

当首次激活 HD3D 工具时，视图式样显示在工具对话框中。当双击标签或列表项目，或右击并在弹出的快捷菜单中选择 Show Info View 命令时，信息视图窗口显示那个标签或列表项目的信息。

可以单击 More Detail 按钮以查看测试的完全描述。

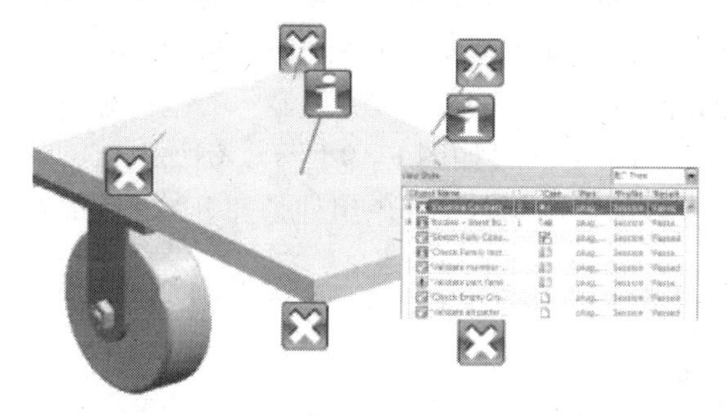

图 F-16　Tree List

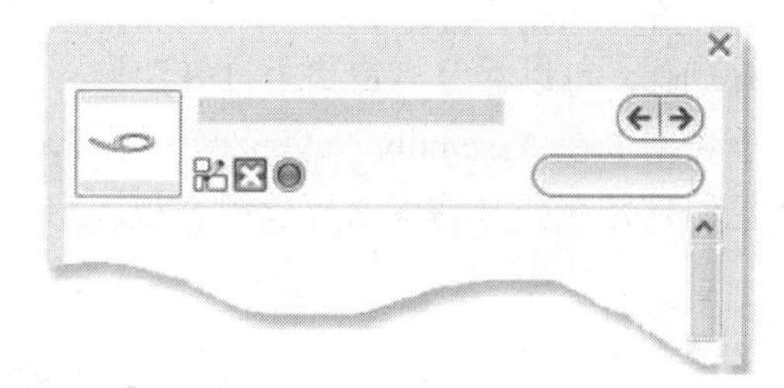

图 F-17　Info View

F.2.3　指定应用到 HD3D 工具

可以指定在其中工具出现的应用，具体步骤如下：

（1）选择 Preferences→HD3D Tools 命令，打开 HD3D Tools 对话框，如图 F-18（a）所示。

（2）在 Name 栏中选择工具并单击 Properties 按钮，打开 HD3D Tool Properties 对话框，如图 F-18（b）所示。在其中当前选择的工具出现的带选择的应用复选框被显示。

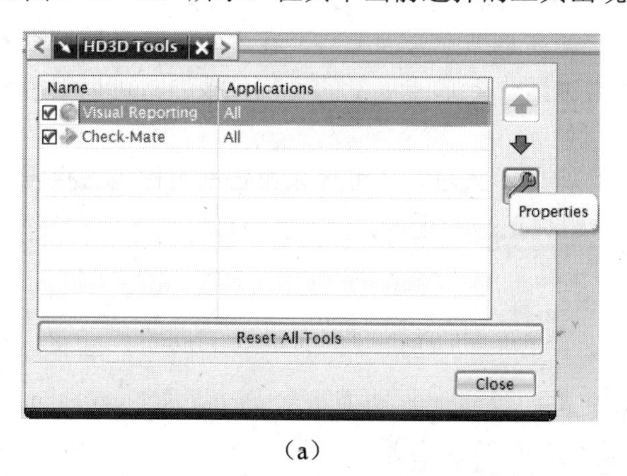

（a）

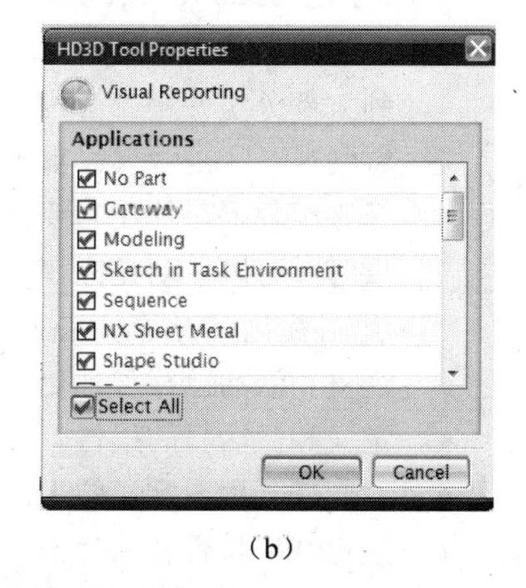

（b）

图 F-18　HD3D Tools 对话框和 HD3D Tool Properties 对话框

（3）为了在应用中显示 HD3D 工具，可选中应用复选框。

如果从应用中移除 HD3D 工具的显示，可取消选中应用复选框。

F.3 可视化报告

利用Visual Reporting工具按照规定的可视化报告结果显示组件。报告由下列各项组成：

- 报告特性，它用于颜色或标签部件。
- 报告范围，它定义术语控制那些组件用于报告中。可视化报告作用到在显示部件中所有加载的组件，除非不同的范围规定或当组件被抑制或通过引用集被排除时。

在 Visual Reporting 对话框中的一个图例解释结果，并在用同一颜色显示的组件组上执行动作。可以在分离窗口中打开图例。在图形窗口中的结果如图 F-19 所示。例如，可视化报告基于在 Assembly Navigator 中的 Position 栏显示每个组件。红色组件是部分被约束，黄色组件是充分被约束，蓝色组件被固定。

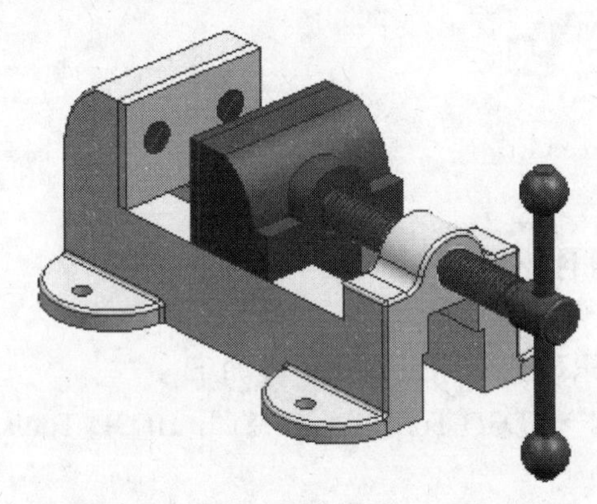

图 F-19 有颜色对象选项的可视化报告

可以利用 Visual Reporting 工具快速可视关于正工作在其上的设计信息。

- 颜色组件帮助快速解释大量信息，如在装配中总的趋势。在本例中可以快速查看到大部分组件被部分地约束。如果激活一个基于重量的可视化报告，可以很容易看到一个区是否大大重于另一个。
- 标签组件提供比用自身颜色更多的信息。例如，当可视化报告利用标签去报告重量时，可以移动光标在标签上查看组件正确的重量。

当利用可视化报告时，可以：

- 恢复和激活已存可视化报告。
- 定义和激活新的报告。
- 改变任一用户定义的术语范围的值。
- 规定结果是否表示为在组件上的颜色、标签或两者。
- 通常用 NX 功能。如果做影响可视化报告的改变，可以单击 Refresh 按钮更新结果。

可以利用下列特性构建报告：

- 等价于 Assembly Navigator 栏的组件特性。

- 部件属性。
- 可以从项目、项目版本或数据集恢复的 Teamcenter 特性。

在 NX 中包括某些例子的报告模板。可以在 Visual Reporting 对话框的 Report Name 列表中找到它们。

当定义可视化报告时，可以：

- 规定报告特性和范围。
- 规定出现在图例中的组，或可以让软件自动地决定组。例如，可以在 Teamcenter 的 Status 中建立可视化报告。
- 存储可视化报告为 VPX 文件，可以用来建立可视化报告模板。

F.3.1　定义可视化报告

在本节中，装配有两个组件，组名为 stable_items 和 handles。对属于 stable_items 组的组件，将利用组件位置状态为报告特性定义可视化报告。

在图 F-20 中，红色组件属于 stable_items 组，黄色组件属于 handles 组。其余组件在可视参数预设置中定义的不强调颜色（灰蓝）中，它们不属于任一组。

图 F-20　有颜色对象选项的可视化报告

定义可视化报告的步骤如下：

（1）激活 Visual Reporting 工具。

- 在光源条上单击 HD3D Tools TAB 按钮。
- 在 HD3D Tool Manager 上双击 Visual Reporting 按钮，打开 Visual Reporting 对话框。

（2）在 Report 组中单击 Define New Report 按钮，或单击 Open Visual Report 按钮并选择可视化报告模板。

提示： 当 Visual Reporting 工具不激活时，为了定义可视化报告，可选择 File→Utilities→Define Visual Report 命令。

（3）在 Visual Report Definition 对话框的 Visual Report 组中，加入报告名和可选项描述。

（4）在 Report Property 组中为报告特性规定 Source 和 Property。

注意：如果设置 Source 为 Part Attribute，在 Property 框中输入属性名，并规定属性的数据类型（如字符串）。

注意：对此例，Source 被设置为 Component Property，Property 被设置为 Position，因为报告特性是组件位置。如果现在作用报告定义，它将作用到所有组件，如图 F-21 所示。因为要限制报告结果到 stable_items 组中的组件，必须定义范围。

图 F-21 报告作用到所有组件

（5）（可选项）如果要限制展示结果的组件，为报告规定范围。

- 选择 Match all Terms 或 Match any Terms。
- 为每一个条件规定 Source、Property、Operator 和 Value。

注意：当定义条件时，与条件不相关的框成为不可用。

注意：对此例，Source 被设置为 Component Groups，Property 被设置为 Value，因为定义的条件必须限制报告范围到 stable_items 组件组中，双击 Value 并输入 stable_items。

注意：无论何时激活这个可视化报告模板，都可以设置 Property 为 User Specified，然后输入任一个在 Visual Reporting 对话框中的组件组名。

- 单击 Add Term 按钮⊞。
- 重复步骤（5）的前两步添加附加条件。

注意：如果要删除一个范围条件，单击 Remove Term 按钮⊟。

（6）在 Results 组中规定结果怎样被报告。

- 从 Default Reporting Style 列表中选择一个选项，规定是否要报告使用颜色、标签或两者。

注意：对本例，选择 Color and Tag Objects。

- 从 Grouping Method 列表中选择一个方法。

注意：在 Groups 区中的其他选项可以成为有效，取决于报告特性和成组方法。

注意：对本例，选择 Automatic。

- 从 Group by 列表框中选择 Value 或 Range。
- 从 Range by 列表框中选择 Percentage 或 Number。
- 如果要为用户定义组输入名字，在 User Defined Groups 节中选中复选框。当成组方法设置为 Manual 或 Semi-Automatic 时，用户定义组选项有效。
- 规定值或范围。
- 在 Display Style 列表中，为用户定义的组中组件选择颜色式样。
- 单击 Add Group 按钮。

注意：如果要添加更多用户定义的组，重复步骤（6）的 5～8 步。

- 如需选中或取消选中 Create a Group for Unmatched Objects 复选框。

（7）（可选项）为了存储报告为模板，单击 Save Report 按钮或 Save Report As 按钮。

（8）单击 OK 或 Apply 按钮作用可视化报告定义，如图 F-22 所示。

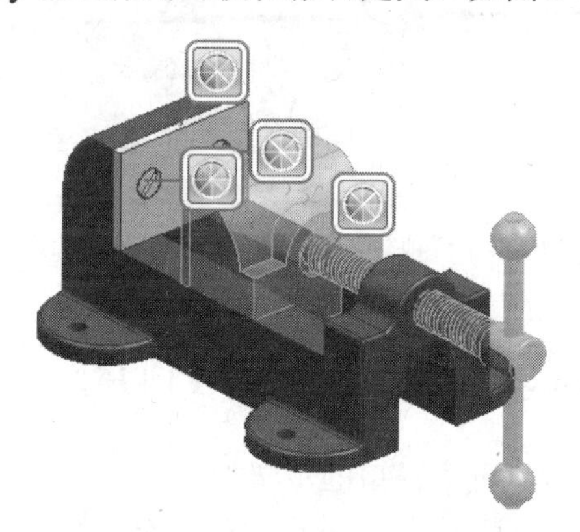

图 F-22　报告作用到指定组件

F.3.2　作用已存可视化报告

作用已存可视化报告的步骤如下：

（1）激活 Visual Reporting 工具。

- 在资源条上单击 HD3D Tools TAB 按钮。
- 在 HD3D Tool Manager 上双击 Visual Reporting 按钮，打开 Visual Reporting 对话框。

（2）在 Report 组中单击 Open Visual Report 按钮。

（3）在 Open 对话框中浏览含有可视化报告定义 VPX 文件的目录，选择它，并单击 OK 按钮。

注意：Visual Reporting 对话框展示选择的可视化报告的设置。如果报告定义包括报告范围，有范围条件的 Report Scope 组出现在 Visual Reporting 对话框中。

（4）（可选项）单击 Edit 按钮修改可视化报告定义。

（5）（可选项）改变 Visual Reporting 对话框中的默认设置，如通过改变 Reporting Style 或 Legend Style。

（6）单击 Activate 按钮生成可视化报告。

结果按颜色或标签出现在图形窗口中。在 Visual Reporting 对话框中，Legend 列表框显示用于结果的颜色代码和每个颜色意味着什么的定义。

图 F-23 展示为装配，它的可视化报告结果展为颜色与标签。对此例，报告特性是组件定位状态。

图 F-23 可视化报告结果展为颜色与标签

F.3.3 送 HD3D 可视化报告图例到分离窗口

送 HD3D 可视化报告图例到分离窗口的步骤如下：

（1）在 Visual Reporting 对话框的 Results 组中，设置 Reporting Style 为 Color Objects 或 Color and Tag Objects。

注意：如果设置 Reporting Style 为 Tag Objects，图例不出现。

（2）激活可视化报告。

注意：在图形窗口中，装配现在出现在颜色-代码组中，在 Visual Reporting 对话框中，图例解释每种颜色意味着什么。

（3）在 Visual Reporting 对话框中右击 Legend 列表框背景，并在弹出的快捷菜单中选择 Send to Window 命令。

注意：图例在分离窗口中打开，现在当切换 Resource Bar 到不同功能，如 Assembly Navigator 时，可以存取它和它的快捷菜单选项。

F.3.4　改变一个 HD3D 可视化报告组的颜色

改变一个 HD3D 可视化报告组的颜色的步骤如下：

（1）在 Visual Reporting 对话框的 Results 组中，设置 Reporting Style 为 Color Objects 或 Color and Tag Objects。

（2）激活可视化报告。

注意： 如图 F-24 所示，在图形窗口中，装配现在出现在 color-coded 组中。例如，被部分约束的组件是红色，需要改变颜色为绿色。

（3）在 Visual Reporting 对话框的 Legend 框中，右击有红色样本的行并在弹出的快捷菜单中选择 Edit Group Style 命令。

（4）在 Group Style 对话框中，确使 Display Style 被设置为 Specified Color。

注意： 可以规定在它们原来颜色或不-强调颜色中，在选择的组中替换那些组件。

（5）在 Group Color 选项中单击颜色样本。

（6）在 Color 对话框中选择一个新颜色并单击 OK 按钮。

（7）在 Group Style 对话框中单击 OK 按钮。

注意： 如图 F-25 所示，在图形窗口中，装配出现在更新的颜色中。

图 F-24　被部分约束的组件是红色

图 F-25　被部分约束的组件变为绿色

F.4　Check-Mate 综述

Check-Mate 是质量保证测试的收集，它们被用于检查部件、装配和图以确使它们：

- 遵循公司设计标准。
- 利用最佳实践。
- 满足建模质量标准。

图 F-26 所示为 Check-Mate 检查示例。

怎样与 Check-Mate 交互取决于公司里的角色。

- 设计师在 NX 中运行 Check-Mate 测试。在运行检查之后，它们审视在模型中的问题区并编辑模型去修理问题。

注意：设计师为了运行 Check-Mate 测试与观察结果需要的所有操作步骤，可从 HD3D Tools TAB 键上的 Check-Mate 工具存取，如图 F-27 所示。

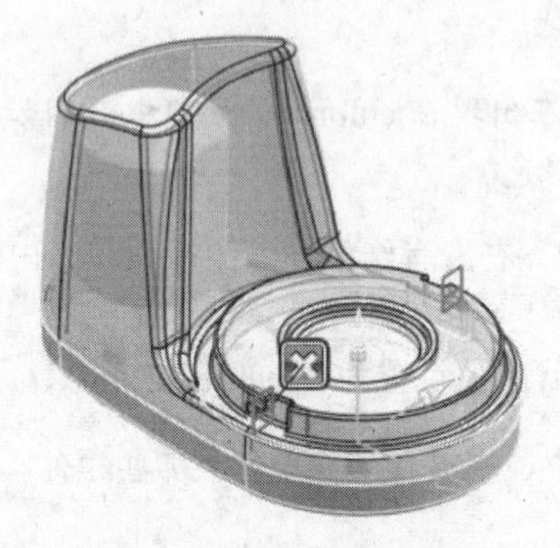

图 F-26 Check-Mate 示例

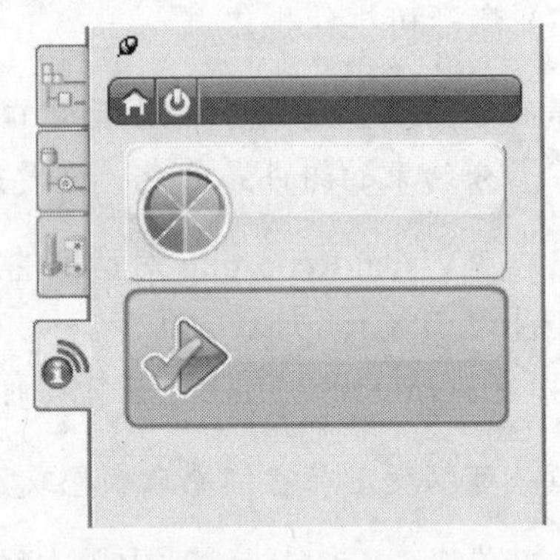

图 F-27 存取 Check-Mate 工具

- 项目管理员通过在一个设计项目中的多个模型审视报告可以监视一个设计的质量。他们可以工作在 NX 或 Teamcenter 中去管理生命周期过程，也可以使用外部的质量仪表板报告生成器。
- 站点的编程员可以创建专门的测试或测试组满是用户的独特需要。

注意：如图 F-28 所示，对创建 Check-Mate 测试要求的某些更高级步骤是 Check-Mate 工具条或菜单有效。

图 F-28 Check-Mate 工具条

- 系统管理员设置计算机系统，因而所有用户可存取到要求的测试。他们也配置系统有正确的许用权与环境变量，因而 Check-Mate 存储日志文件在正确位置。

F.5 设计师的 HD3D Check-Mate 工作流程

如果你是一个运行 Check-Mate 测试和利用结果审视在模型中问题区的设计师，则需要的所有 Check-Mate 功能可从资源条的 HD3D Tools 面板键上存取。具体步骤如下：

（1）打开正被设计的部件，如图 F-29 所示。

（2）在 HD3D Tools 面板键上双击 Check-Mate，如图 F-30 所示。

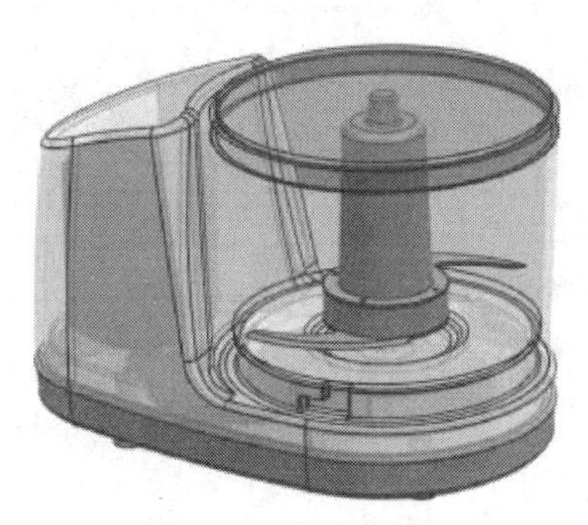
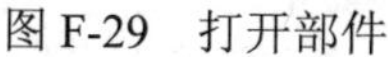

图 F-29　打开部件

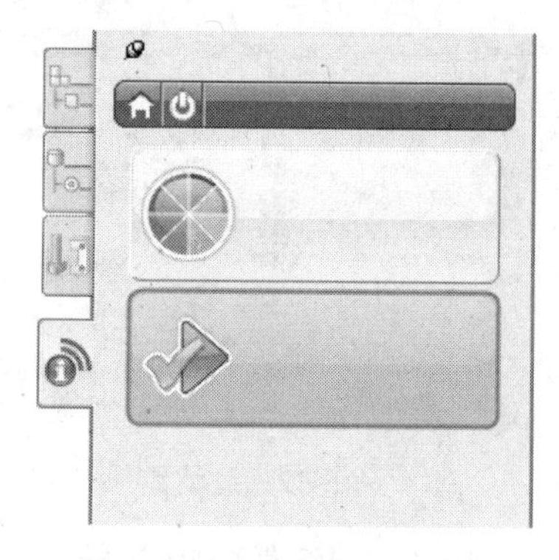

图 F-30　双击 Check-Mate

（3）在 Settings 组中单击 Set Up Tests 按钮，如图 F-31 所示。

- 在 Parts 面板键上，选择要检查的部件文件和装配级别。
- 在 Categories 列表中选择要运行的测试，从标准测试或当地公司测试组选择。
- 单击 Add To Selected 按钮移动选择的测试到 Chosen Tests 列表框中。
- 单击 Close 按钮。

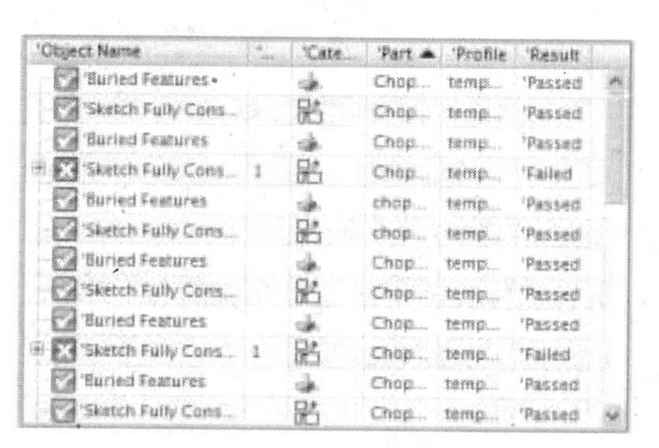

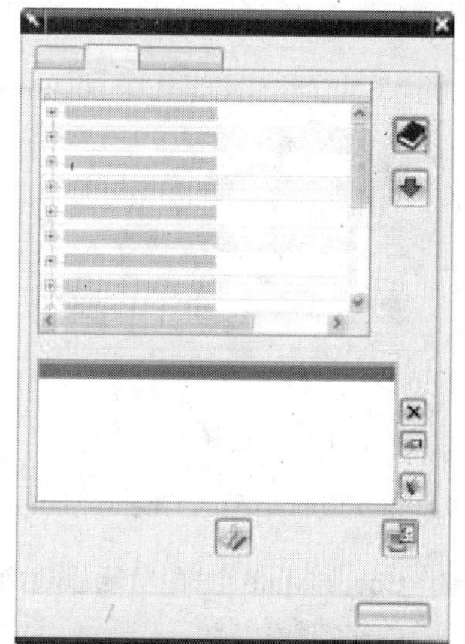

图 F-31　设置测试

（4）为了运行选择的测试，在 HD3D Check-Mate 对话框的 Controls 组中单击 Execute Check-Mate Tests 按钮。

（5）为了用结果状态分类，在 HD3D Check-Mate 对话框的 Results 组中，在 Result 栏标题头上单击。

注意：为了过滤结果，利用 Settings 组中的选项，如图 F-32 所示。

（6）为了审视任一问题区，在 Results 组中的结果对象上单击，双击 Check-Mate Result 窗口查看信息，如图 F-33 所示。

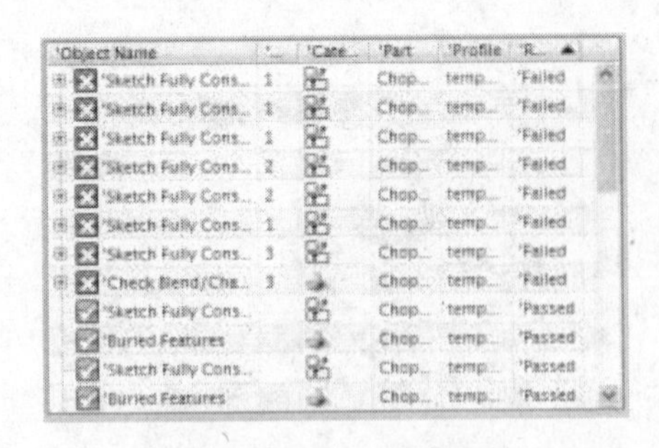

图 F-32　过滤结果

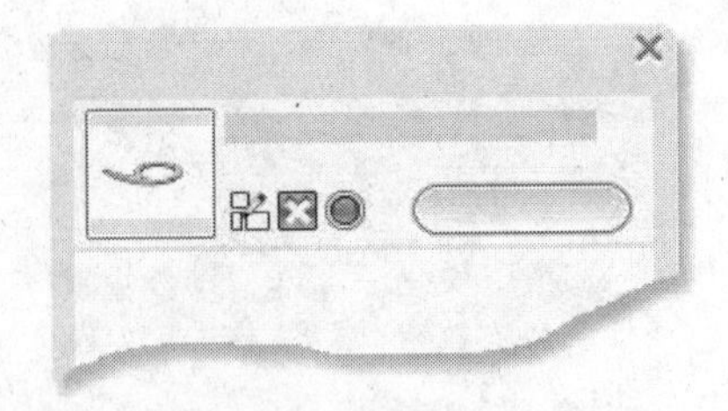

图 F-33　查看结果

（7）编辑装配组件中的特征。

- 右击错误并选择 Make Work Part 命令，如图 F-34 所示。
- 右击并选择 Select Associated Objects 命令。
- 利用 Part Navigator 编辑特征。

（8）继续用模型工作和审视测试。

按下 Ctrl+3 键临时在图形窗口中消隐 HD3D 标签。

注意： 如图 F-35 所示，打开其他部件运行同一测试。

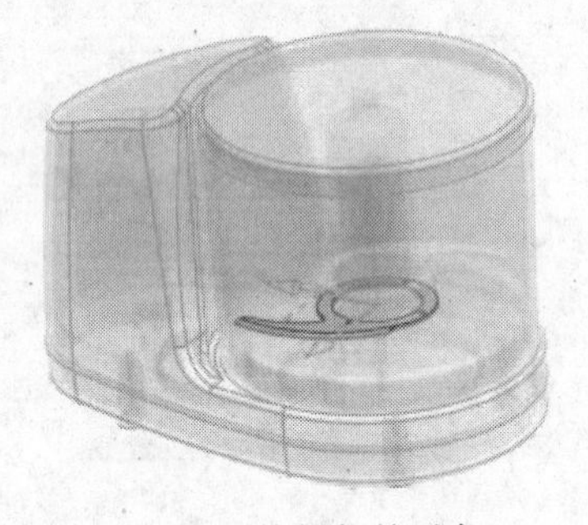

图 F-34　选择相关对象

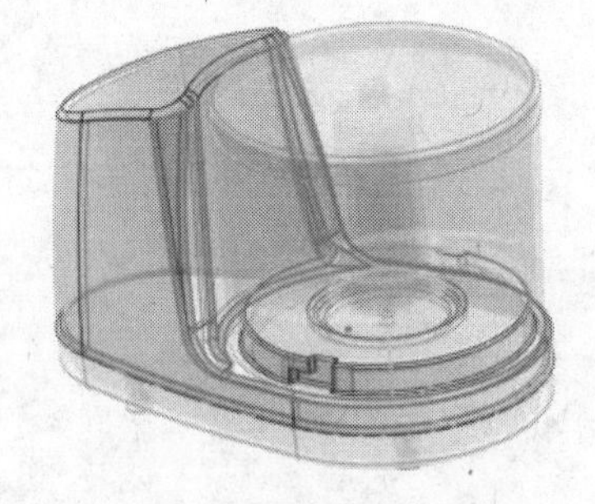

图 F-35　选择另一个对象

（9）当完成时不激活 Check-Mate，利用 HD3D Tools Manager 顶部的 Deactivate 按钮。

注意： Check-Mate 不自动地修理问题，但提供选项帮助用户识别和选择含有报告问题的组件和特征。

F.6　Check-Mate 例子

F.6.1　用预配置的检查组检查模型

本小节展示怎样利用 HD3D Check-Mate 工具在已配置的 Check-Mate 站点上运行检查组。当已在一组部件上运行了一组测试，在另一组部件上运行同一组测试时，此程序也适用。

第 1 步　用显示的部件、装配或图启动，如图 F-36 所示。

图 F-36　启动

第 2 步　在资源条上单击 HD3D Tools TAB 键，然后双击 Check-Mate。

注意：打开 HD3D Check-Mate 对话框，如图 F-37 所示。

第 3 步　在 HD3D Check-Mate 对话框的 Controls 组中单击 Execute Check-Mate Tests 按钮，如图 F-38 所示。

图 F-37　HD3D Check-Mate 对话框

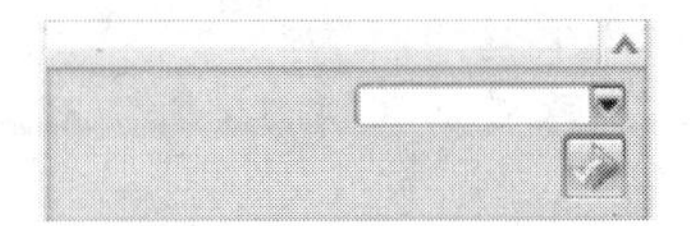

图 F-38　单击 Execute Check-Mate Tests 按钮

第 4 步　观察列在 Results 组中的测试结果。

注意：单击结果列表中的项目查看流动列表，如图 F-39 所示。

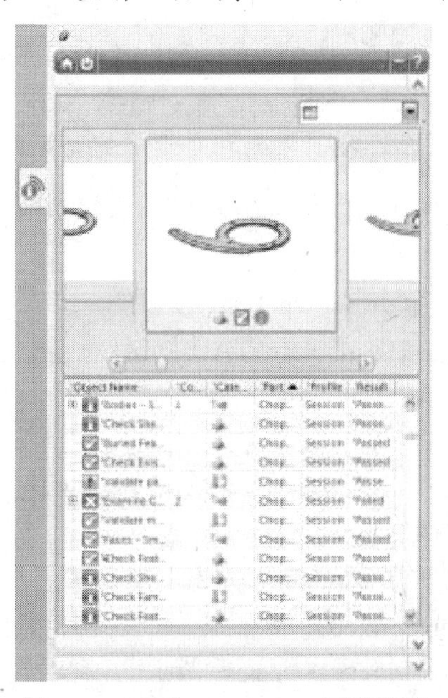

图 F-39　查看 Check-Mate 测试结果

第 5 步 双击结果列表中的项目或模型上的 HD3D 标签观看 Check-Mate Result 窗口，如图 F-40 所示。

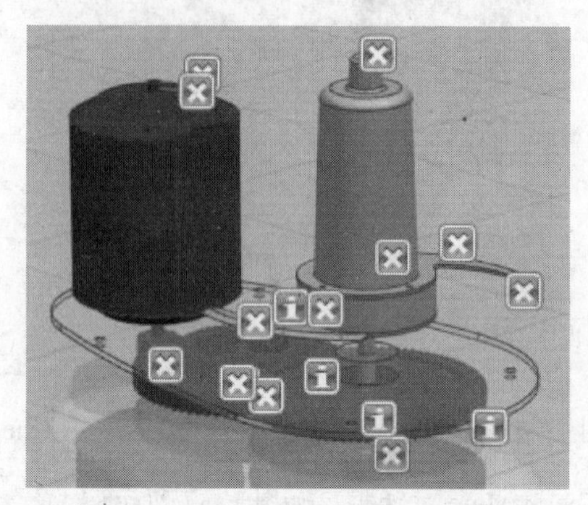

图 F-40 观看 Check-Mate Result 窗口

第 6 步 在模型中的修理问题区单击 Result 栏标题头上的分类列表。

注意： 扩展对同一测试有多个事件的节点。为了选择与编辑问题特征，在列出的结果上或对多选项的标签上右击。

F.6.2 找不约束的草图

某些公司有标准：部件中的所有草图在发放模型时应充分被约束。本小节展示怎样使用 HD3D Check-Mate 工具在装配中的所有部件中测试未约束的草图。

第 1 步 用显示的部件或装配启动。

注意： 本小节中的装配已遵循在 NX Essentials→I-deas to NX Transition 指南中的指令被建立。如图 F-41 所示，指南中的指令没有完全地约束装配中的每个草图。

第 2 步 在资源条上单击 HD3D Tools TAB 按钮，然后双击 Check-Mate，打开 HD3D Check-Mate 对话框。

第 3 步 在 Settings 组中单击 Set Up Tests 按钮。

- 在 Check-Mate 对话框中单击 Parts TAB 按钮。
- 在 Parts to Test 列表框中选择装配文件。
- 选择 Current Part。
- 在 Load Components 下拉列表框中选择 All Levels。

第 4 步 单击 Tests TAB 按钮。

- 在 Categories 列表中扩展 Modeling 节点，然后扩展 Sketch 节点。
- 选择 Sketch Fully Constrained。
- 如图 F-42 所示，单击 Add To Selected 按钮，移动选择的测试到 Chosen Tests 列表框中。

- 单击 Close 按钮。

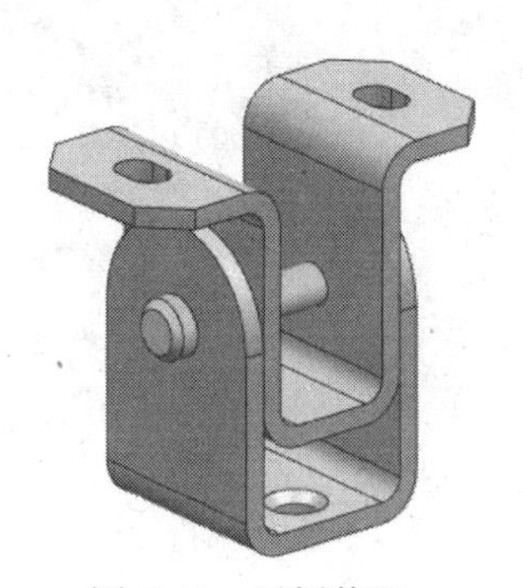

图 F-41　示例装配

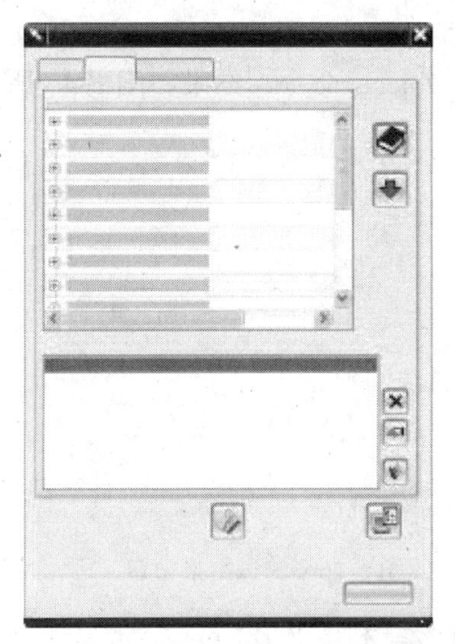

图 F-42　添加到选择

第 5 步　在 Check-Mate 工具对话框的 Controls 组中单击 Execute Check-Mate Tests 按钮。

注意：观察 Results 组中列出的测试结果。

此测试在 3 个部件上执行，一个部件故障，另外两个通过，如图 F-43 所示。

图 F-43　测试结果

第 6 步　在 Results 组中，右击故障的测试对象并在弹出的快捷菜单中选择 Make Work Part 命令，如图 F-44 所示。

第 7 步　扩展故障的测试节点，查看部件中测试故障的每个草图（仅有一个故障的草图）。

- 右击故障的测试对象并在弹出的快捷菜单中选择 Show Object 命令，HD3D 标签显示在草图上，如图 F-45 所示。

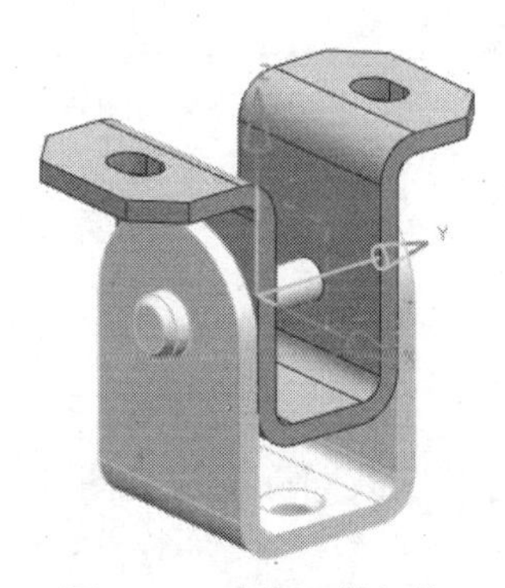

图 F-44　改变工作部件

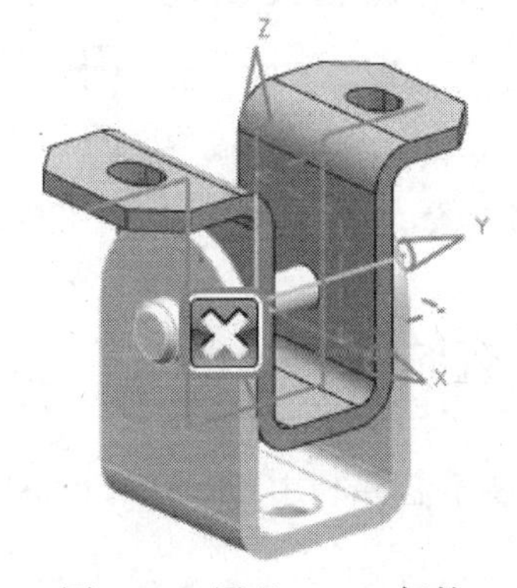

图 F-45　展现 HD3D 标签

第 8 步 双击 HD3D 标签，显示关于测试信息的 Check-Mate Result 窗口，如图 F-46 所示。

第 9 步 右击列出的检查结果或 HD3D 标签，并在弹出的快捷菜单中选择 Select Associated Objects 命令，结果如图 F-47 所示。

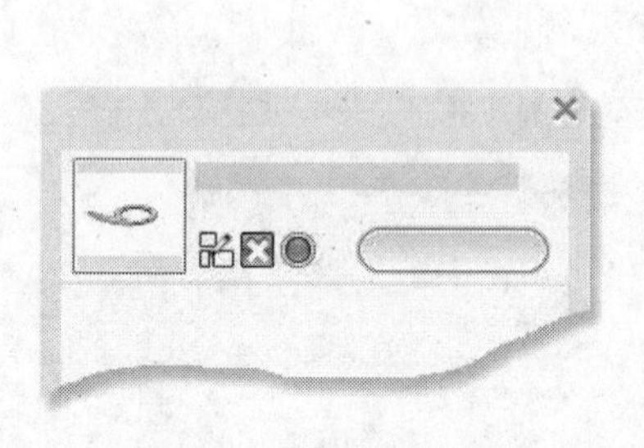

图 F-46 测试结果窗口

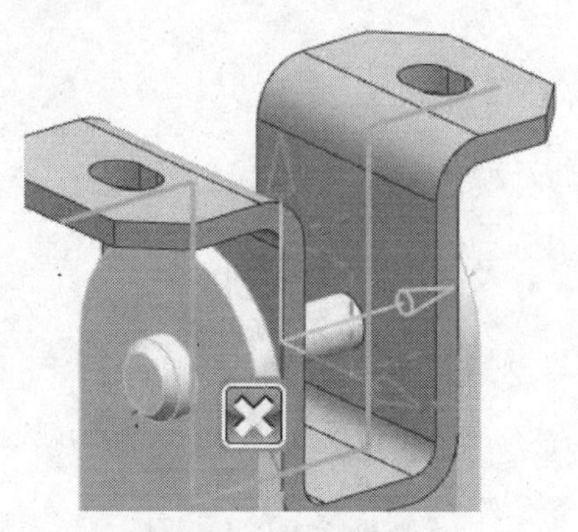

图 F-47 选择相关草图

第 10 步 利用 Part Navigator 编辑草图。

添加要求的尺寸和约束，充分约束草图，如图 F-48 所示。

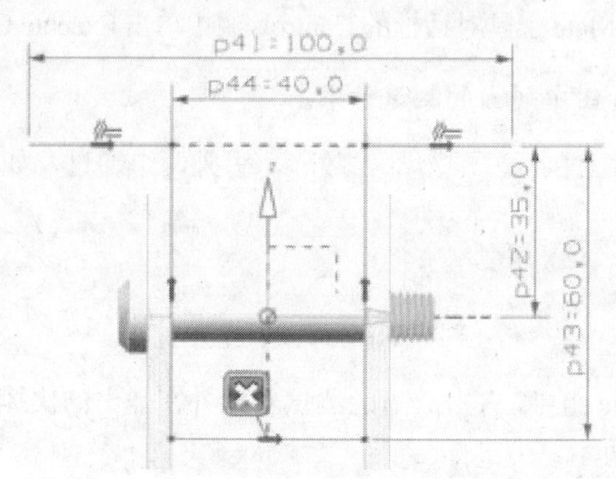

图 F-48 充分约束草图

第 11 步 使装配为工作部件。

再次执行 Check-Mate 测试，所有部件通过测试，如图 F-49 所示。

图 F-49 全部通过测试

F.6.3 检查装配

本小节展示怎样利用 HD3D Check-Mate 工具针对某些共同标准检查图 F-50 所示的装配。

图 F-50　要测试的装配

第 1 步　在资源条上单击 HD3D Tools TAB 按钮，然后双击 Check-Mate，打开 HD3D Check-Mate 对话框。

第 2 步　在 Settings 组中单击 Set Up Tests 按钮。

- 在 Check-Mate 对话框中单击 Parts 面板键。
- 在 Parts to Test 列表框中选择装配文件。
- 选择 Current Part。
- 在 Load Components 下拉列表框中选择 None。

第 3 步　单击 Tests 面板键。

- 在 Categories 列表中扩展 Assembly 类目。
- 右击 Assembly 类目，并在弹出的快捷菜单中选择 Select All in Category 命令。
- 单击 Add To Selected 按钮移动选择的测试到 Chosen Tests 列表框中。
- 单击 Close 按钮。

第 4 步　在 HD3D Check-Mate 工具对话框的 Controls 组中单击 Execute Check-Mate Tests 按钮。

- 观察列在 Results 组中的测试结果。
- 列出每个测试，两个测试故障，如图 F-51 所示。

图 F-51　测试结果

第 5 步　在 Results 组中，右击列出的第一个故障的测试，对测试的解释选择 Show Test DFA File 命令。

注意：这个测试发现间隙分析未曾运行在此装配上。

第 6 步　在 Results 组中选择第一个故障的测试。

- 右击并在弹出的快捷菜单中选择 Show Test DFA File 命令。

注意：这个测试发现组件中的引用集名与装配中的哪些不匹配。

F.6.4 检查图标准

本小节展示怎样使用 HD3D Check-Mate 工具测试某些典型的图标准。

第 1 步 用一个显示在制图应用中的图启动。

如图 F-52 所示，建立在 I-deas to NX Transition 指导 Help 中，为了本例操作目的对图做了某些改变。

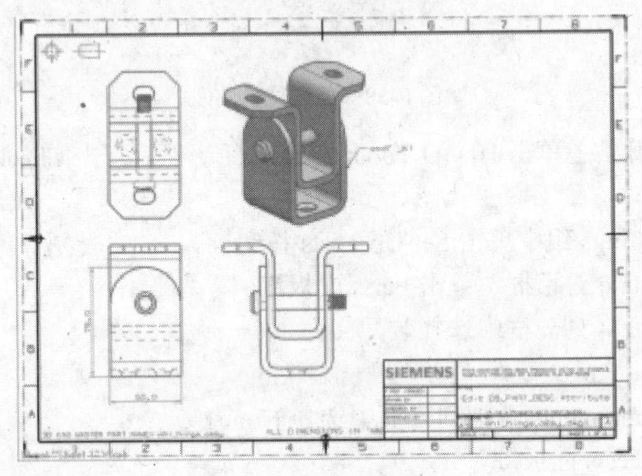

图 F-52 示例图

第 2 步 在资源条上单击 HD3D Tools TAB 按钮，然后双击 Check-Mate，打开 HD3D Check-Mate 对话框。

第 3 步 在 Settings 组中单击 Set Up Tests 按钮。

- 在 Check-Mate 对话框中单击 Parts 面板键。
- 在 Parts to Test 列表框中选择装配文件。
- 选择 Current Part。
- 在 Load Components 下拉列表框中选择 None。

第 4 步 单击 Tests 面板键。

- 在 Categories 列表中扩展 Drafting 节点，选择：
  - ➢ Check Dimension with Manual Text。
  - ➢ Check Drafting Up-to-date。
  - ➢ Check Overlapped Member Views。
  - ➢ Check View Within Sheet。
- 扩展 Spell Check 节点，并单击 Spell Check on Annotations。
  - ➢ 单击 Add To Selected 按钮移动选择的测试到 Chosen Tests 列表框中。
  - ➢ 单击 Close 按钮。

第 5 步 在 Check-Mate 工具对话框的 Controls 组中单击 Execute Check-Mate Tests 按钮。

- 观察列在 Results 组中的测试结果。
- 列出每个测试，两个故障测试有多个事件，如图 F-53 所示。

第 6 步　在 Results 组中右击列出的第一个故障的测试，并在弹出的快捷菜单中选择 Show Info View 命令，此测试发现重叠的视图。

- 右击故障的测试对象并在弹出的快捷菜单中选择 Focus View on Tag 命令，将中心视图放在问题区，如图 F-54 所示。

注意：移动视图或改变视图边界以修理问题。

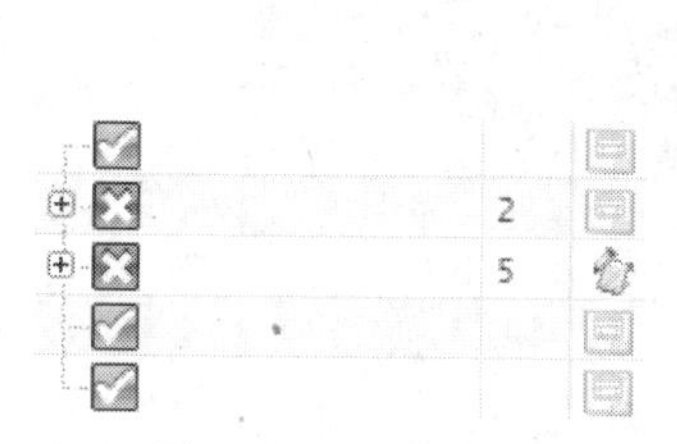

图 F-53　测试结果

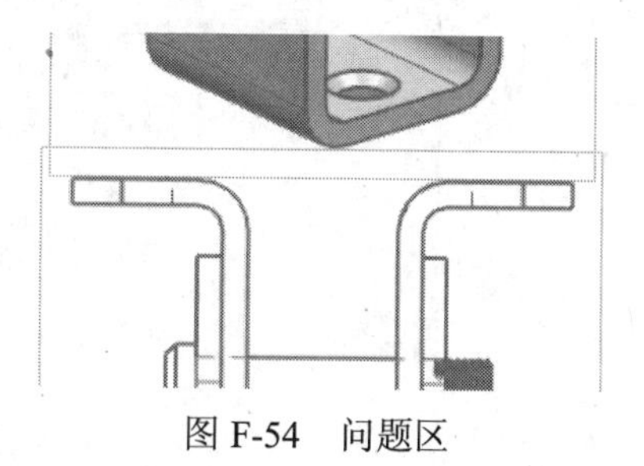

图 F-54　问题区

第 7 步　在 Results 组中选择第二个故障测试。

- 右击并在弹出的快捷菜单中选择 Show Info View 命令。
- 右击并在弹出的快捷菜单中选择 Show Test DFA File 命令。

注意：此测试找到在注释中拼写错误。

- 扩展节点，查看所有可能的拼写错误，某些是在标题栏中，如包括的文件名可能拼写错误。

为了移去不是问题的测试结果，右击并在弹出的快捷菜单中选择 Delete Results 命令，如图 F-55 所示。

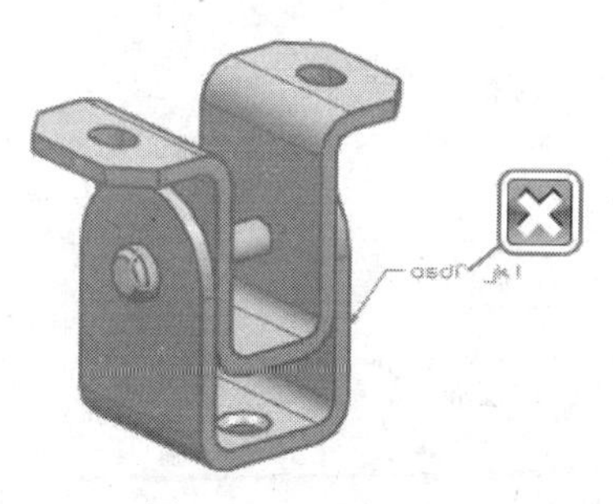

图 F-55　删除结果

F.7　练　　习

【练习 F-1】　HD3D 与 Check-Mate

通过利用 Check-Mate 与 HD3D 检查可视化信息。

第 1 步　打开\Part_appended 目录中的 01_HD3D_Assy.prt。

第 2 步 在 HD3D 面板中双击 Check-Mate，如图 F-56 所示。

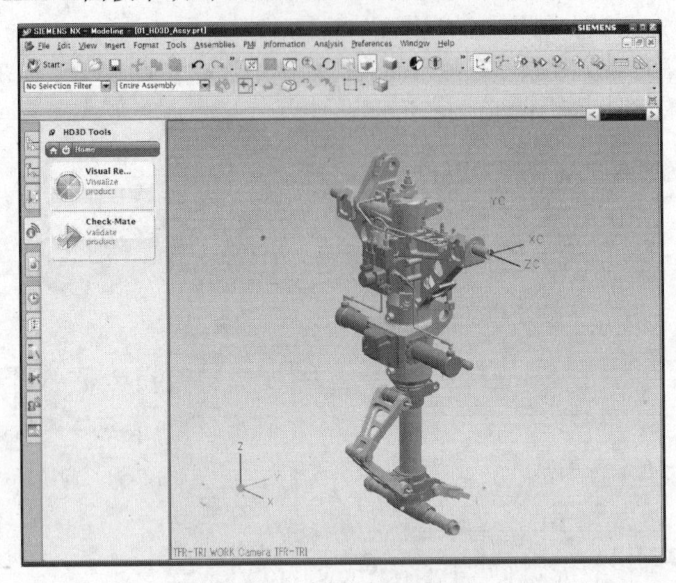

图 F-56 打开 Check-Mate

第 3 步 在表的底部单击 Set Up Tests 按钮，如图 F-57 所示。

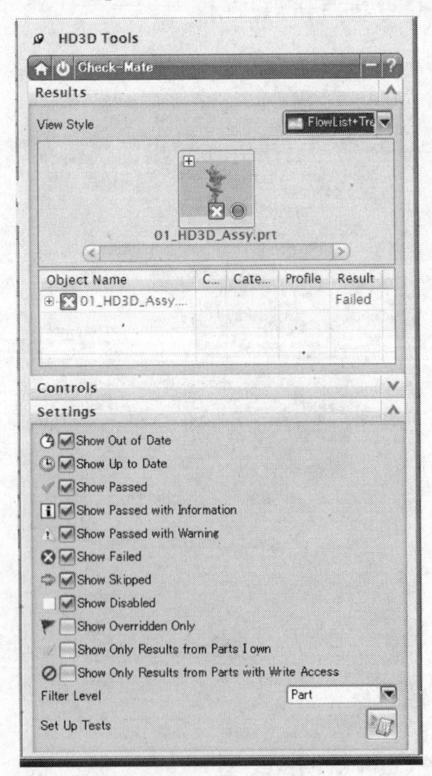

图 F-57 设置测试

第 4 步 从 Load Components 下拉列表框中选择 First Level 选项，如图 F-58 所示。

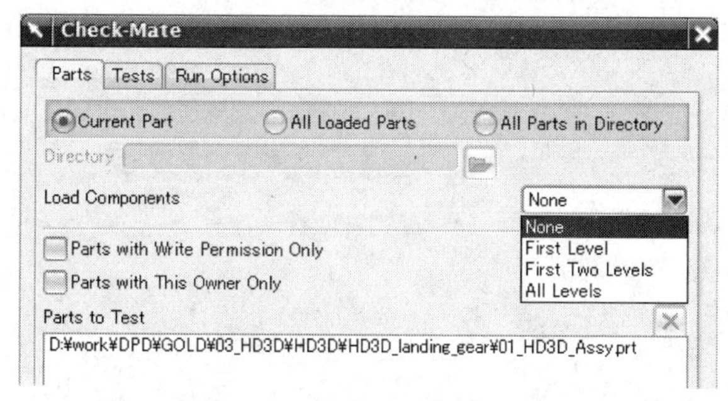

图 F-58　选择 First Level 选项

第 5 步　选择 Tests 选项卡，并选择下列 3 个测试，如图 F-59 所示。

- Modeling＞Features＞Feature Positioning Dimension Refers to Chamfer or Blend。
- Modeling＞Examine Geometry＞Objects-Tiny。
- SASIG-PDQ＞Edge (G-ED) ＞Tiny edge：G-ED-TI。

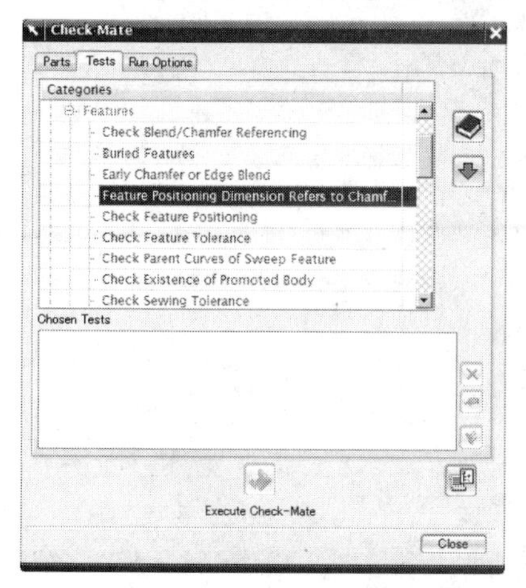

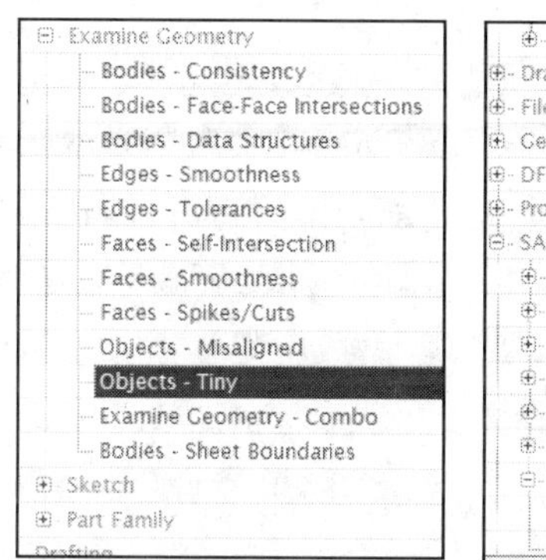

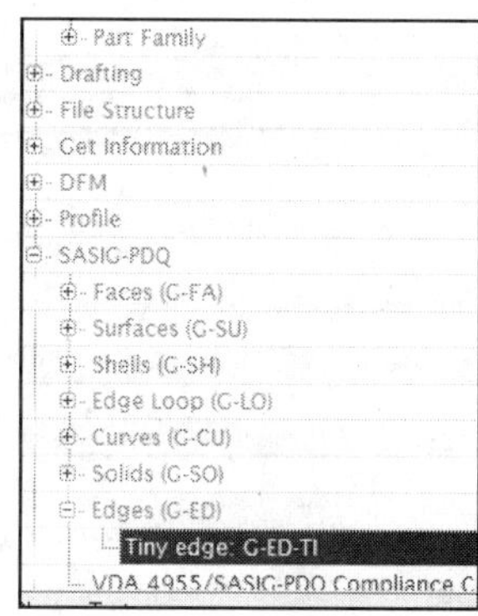

图 F-59　选择测试

第 6 步　单击 Execute Check-Mate 按钮和 Close 按钮，如图 F-60 所示。

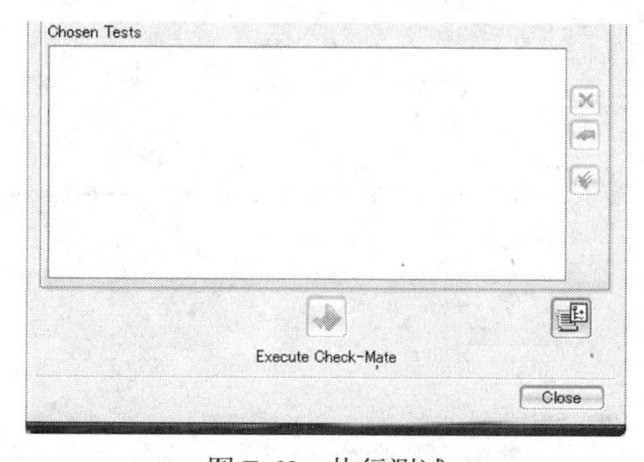

图 F-60　执行测试

第 7 步　在 Settings 组中取消选中 Show Passed 复选框，通过单击箭头图符关闭设置，如图 F-61 所示。

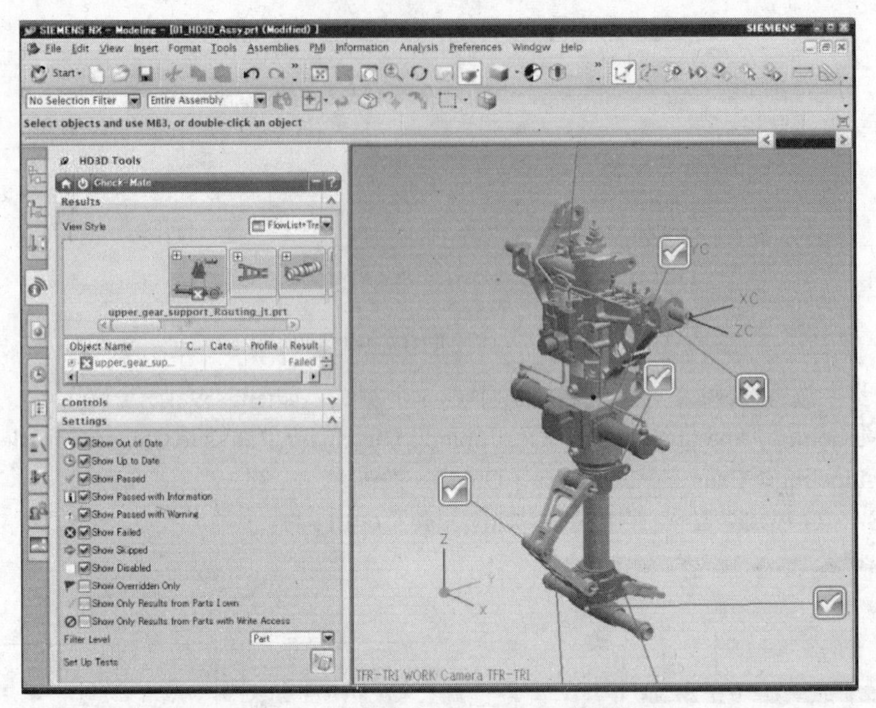

图 F-61　取消选中 Show Passed 复选框

第 8 步　当鼠标箭头在面板页上时显示信息，如图 F-62 所示。

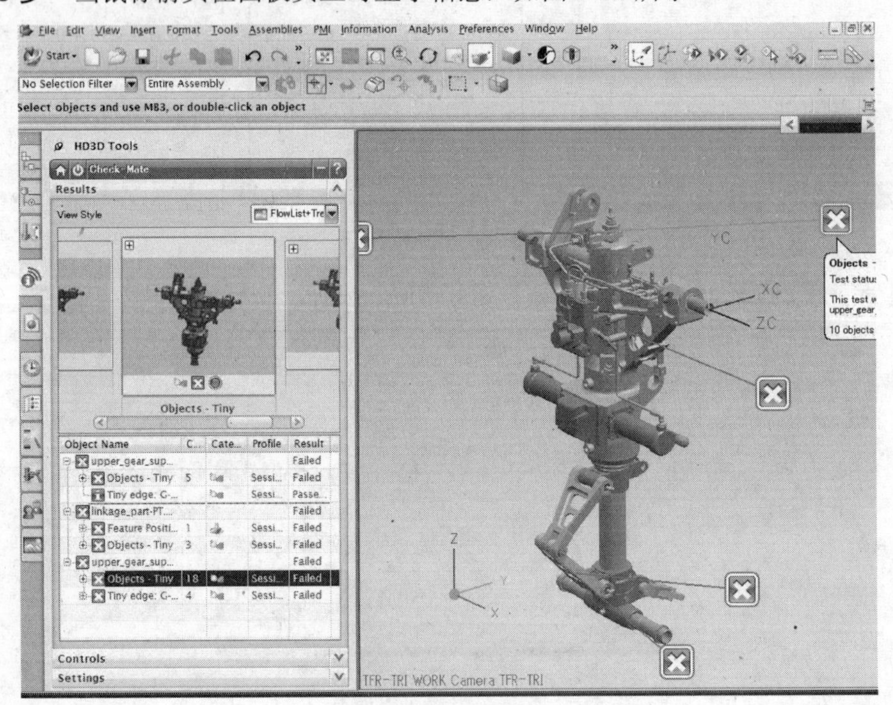

图 F-62　显示信息

第 9 步　在面板上右击，弹出快捷菜单，如图 F-63 所示。

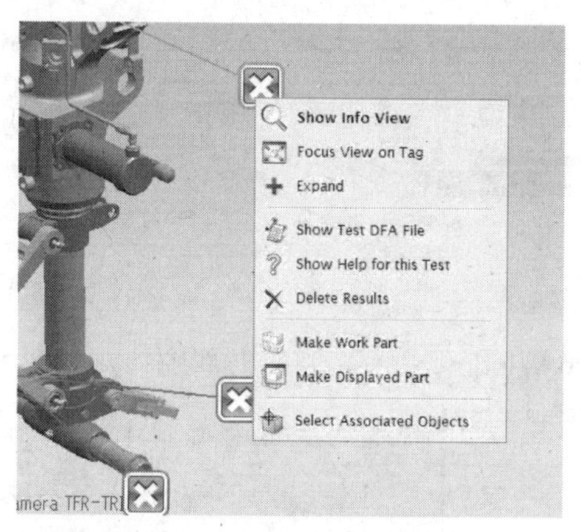

图 F-63　显示快捷菜单

第 10 步　选择 Make displayed part 命令，检查详细信息，如图 F-64 所示。

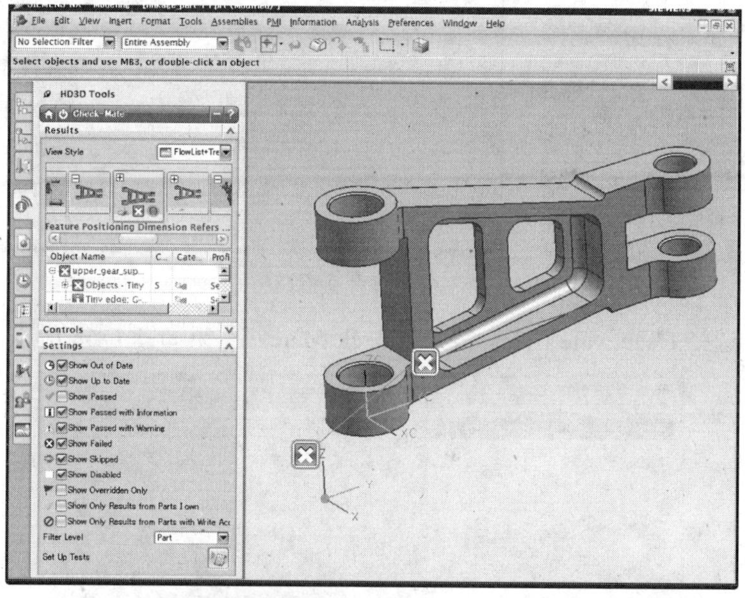

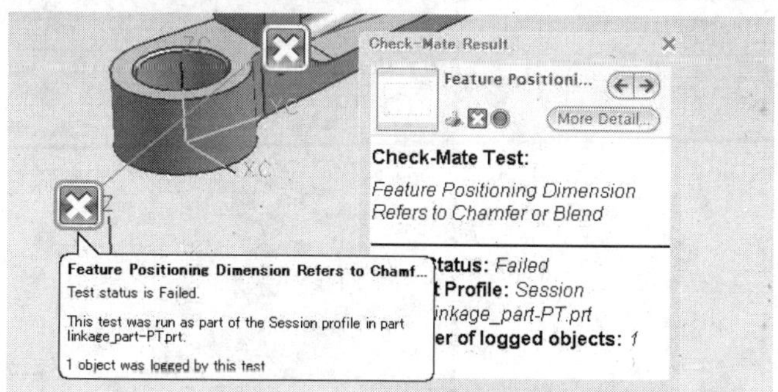

图 F-64　检查详细信息

第 11 步　从装配导航器的 Display Parent 命令中选择顶级装配，如图 F-65 所示。

第 12 步　使顶级装配为工作部件，选择 Make Work Part 命令，如图 F-66 所示。

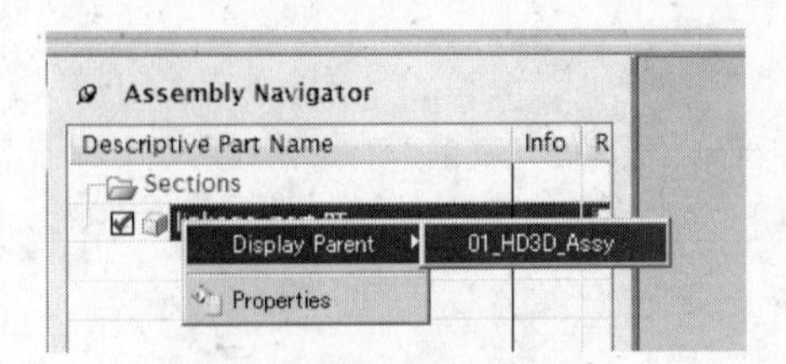

图 F-65 选择顶级装配

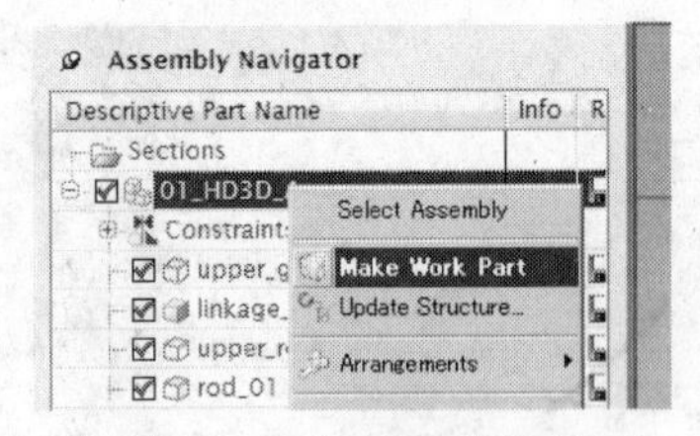

图 F-66 使为工作部件

第 13 步 选择 Send to Window 命令，将打开新窗口，如图 F-67 所示。

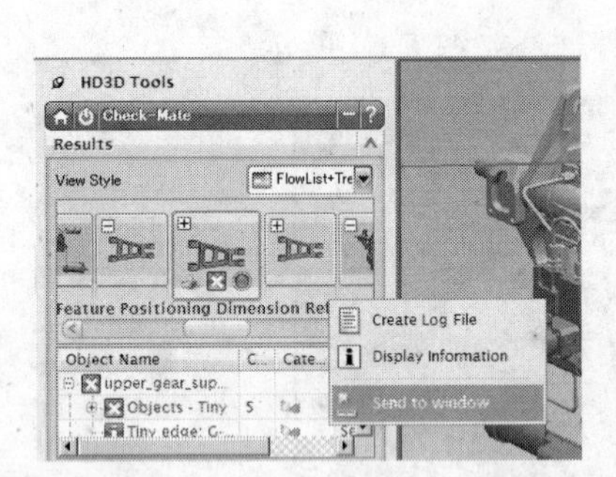

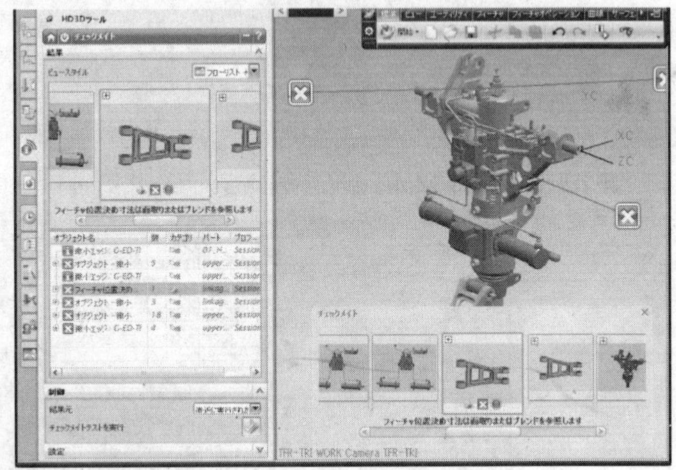

图 F-67 打开新窗口

第 14 步 选择 Deactivate 图符，关闭 Check-Mate，结果如图 F-68 所示。

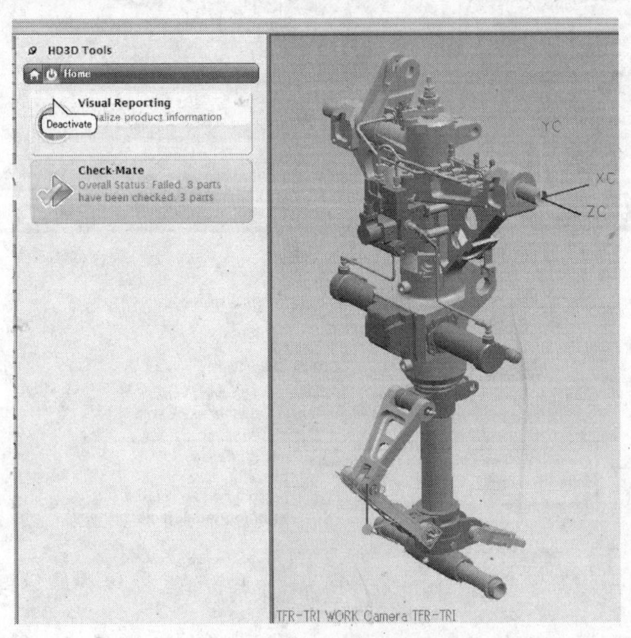

图 F-68 关闭结果窗口